在游戏中评估儿童 ❷
以游戏为基础的多领域融合评估

[美]托尼·林德◎等著
童歌营◎等译　姜佳音◎审校

TPBA 2

Transdisciplinary
Play-Based
Assessment
Second Edition

华东师范大学出版社
·上海·

图书在版编目(CIP)数据

在游戏中评估儿童.2,以游戏为基础的多领域融合评估/(美)托尼·林德等著;童歌营等译.—上海:华东师范大学出版社,2024
 ISBN 978-7-5760-3564-3

Ⅰ.①在… Ⅱ.①托…②童… Ⅲ.①儿童-游戏发展-研究 Ⅳ.①B844.1

中国国家版本馆CIP数据核字(2024)第072099号

Transdisciplinary Play-Based Assessment, Second Edition (TPBA2)
By Toni W. Linder, Ed. D.
Originally published in the United States of America by Paul H. Brookes Publishing Co., Inc.
Copyright © 2008 by Paul H. Brookes Publishing Co., Inc.
Simplified Chinese translation copyright © East China Normal University Press Ltd., 2024.
All Rights Reserved.

上海市版权局著作权合同登记 图字:09-2017-550号

在游戏中评估儿童2:以游戏为基础的多领域融合评估

著　　者　[美]托尼·林德(Toni W. Linder)等
译　　者　童歌营 等
审　　校　姜佳音
责任编辑　彭呈军
特约审读　聂夏北　单敏月
责任校对　宋红广　时东明
装帧设计　卢晓红

出版发行　华东师范大学出版社
社　　址　上海市中山北路3663号 邮编200062
网　　址　www.ecnupress.com.cn
电　　话　021-60821666 行政传真 021-62572105
客服电话　021-62865537 门市(邮购)电话 021-62869887
地　　址　上海市中山北路3663号华东师范大学校内先锋路口
网　　店　http://hdsdcbs.tmall.com

印 刷 者　上海商务联西印刷有限公司
开　　本　787毫米×1092毫米 1/16
印　　张　33
字　　数　674千字
版　　次　2024年11月第1版
印　　次　2024年11月第1次
书　　号　ISBN 978-7-5760-3564-3
定　　价　138.00元

出版人　王焰

(如发现本版图书有印订质量问题,请寄回本社客服中心调换或电话021-62865537联系)

感谢多年来与我一起工作过的所有儿童和家庭,是你们教会了我关于发展、学习、耐心、灵活、决心和爱的一切。

中文版赠言

我对《在游戏中评估儿童2：以游戏为基础的多领域融合评估》《在游戏中发展儿童2：以游戏为基础的多领域融合干预》与《以游戏为基础的多领域融合评估与干预实施指南》中文版的出版感到非常自豪。长期以来，我在中国的同仁们一直致力于对儿童进行更真实、更实用的评估，并在包容性课堂中为儿童提供服务。他们认识到，观察是了解每个儿童的个体发展差异和技能的关键。观察能够使我们看到儿童相对于同龄人的功能水平，识别可能阻碍其进步的因素，以及确定可以实施哪些支持以促进其发展。无论专业背景如何，我们都可以成为观察儿童的专家，并结合我们对儿童和家庭的独特知识与专业知识，来提供更好的教育和治疗干预。基于个体差异需要个别化教育这一事实，TPBA2和TPBI2提供了一个框架，指导我们确定观察什么、如何解释观察结果，以及如何将从评估中获得的信息转化为有效的教育方法。

我们必须在一个整体框架中看待儿童，理解影响一个发展领域发展的因素总是会影响其他领域这一规律。我们不能通过单独的测试来"割裂"儿童，以期了解儿童的整体发展情况。通过结合我们在自然环境中观察儿童时所获得的知识，我们可以更准确地了解儿童和可能影响其学习的因素。此外，这项工作也强调了家庭在了解儿童的背景和经历以及这些如何影响儿童整体发展方面的重要性。家庭是评估和干预过程以及干预最终成功的关键。因此，我鼓励专业人士将家庭成员作为团队的重要成员，而非教育过程中的旁观者。我衷心感谢那些承担翻译这一艰巨任务的人们，并祝福他们成功培养专业人员的观察技能，从而在中国推进真实的评估和干预。这可能是一个具有变革性的过程，能够影响早期教育、幼儿特殊教育和治疗专业领域的主要领导者，促使他们共同为所有儿童和家庭的利益而努力。在大学课程和教师专业发展培训中运用这些内容，可以促进教师理解个体差异，以及认识到为有特殊需要的儿童修改教育目标和教学策略的必要性。这项工作有望对中国残障儿童的评估和教育的未来产生深远影响。它可以作为了解残障儿童的基础，并为构建教育计划以满足儿童的广泛需求提供基础。最后，我想用中文对你们说："加油！"

托尼·林德

译 者 序

一、为什么将这套书介绍给大家

有幸结识这套书的主要作者托尼·林德（Toni Linder）教授，是我在 1996 年受到道兹（Joiash B. Dodds）教授的资助到美国丹佛大学进修的时候。托尼·林德教授当时教授研究生课程"儿童发展"和"儿童评估"，并且领导着一些重量级的研究项目。她在学术生涯中，一直带领多个学科的团队研究儿童发展的规律，以及通过对临床个案的分析来获得和验证儿童行为的评估指标，寻找发展的年龄轨迹；她秉承从生活中、游戏中促进发展的理念，将达成发展指标的干预过程与生活和游戏相贯通，她的工作既具有学术性也具备重大现实意义，更具有较高的学术和实践专业地位。

托尼·林德教授是一位非常关注当下需求、具有创新性的人。为了解决实践中面临的挑战，她重新审视并突破以往的理论和实践做法，带领多个学科的学者和临床医生们，在儿童早期残障的鉴别与干预、特殊教育、融合教育等多个领域都推进了创新。*Transdisciplinary Play-based Assessment：A Functional Approach to Working with Young Children*（简称 TPBA，中文译名为《在游戏中评价儿童：以游戏为基础的跨学科儿童评价法》）和 *Transdisciplinary Play-based Intervention：Guidelines for Developing a Meaningful Curriculum for Young Children*（简称 TPBI，中文译名为《在游戏中发展儿童：以游戏为基础的跨学科儿童干预法》）这两本书的内容，是托尼和她的合作者们基于科学证据发明的用于儿童和家庭的一套系统化的诊断与干预方法。第一版已经在 2008 年翻译介绍给中国的相关专业人士，以推动这种跨学科的早期发展的专业服务。

《在游戏中评估儿童 2：以游戏为基础的多领域融合评估》（简称 TPBA2）、《在游戏中发展儿童 2：以游戏为基础的多领域融合干预》（简称 TPBI2）和《以游戏为基础的多领域融合评估与干预实施指南》（*Administration Guide for TPBA2 & TPBI2*，简称《TPBA2 和 TPBI2 实施指南》）是对两本书第一版的丰富和修订完善。本人在研读及与来自相关学科的译者们讨论时，感到这三本书对当下儿童早期发展评估干预领域有不可多得的价值。这套书在四个方面的突出特点使得译者们倾注了热情，开展艰苦细致的翻译工作。

1. 在逼近真实的情境下评估儿童的真实水平

多年来，国内在儿童发展评估方面一直以应用标准化测验为主。许多临床儿科医生和心理学家发现，在使用标准化测验时虽然尽最大可能地消除儿童接受测试时的陌生感和紧张情绪，但是有些儿童仍然难以配合测试。在一些发达国家，儿童发展的问题需要由各类医学机构、教育评估机构分别评估，家长和儿童都不堪其扰；而在使用各类标准化测验时，更是由于儿童的不配合，其结果的准确性受到家长的质疑。各自分割的学科专业从各自的视角出发，经常得到相互矛盾的结果；干预措施也是各开其方，效率不高。对于这样的情况，不仅幼儿难以承受，家长也有许多投诉，他们认为测验的分数不准确。托尼·林德教授集合众多学者潜心研究，创立了 TPBA 方法，就是为了解决这些现实问题。

TPBA 这本书的开篇就用两名幼儿的故事来说明他们在被评估时的经历。一名幼儿不停地被送到各种陌生情境中进行各种"测验"，另一名则在亲人的陪伴下玩各种好玩的游戏。后者不仅自己感觉轻松好玩，还发挥出了能力的最好水平；而干预也是在游戏中、在好奇心的驱使下和在周围人的陪伴鼓励下进行，取得了好的效果。在教室或者家里，通过设定可刺激儿童进行表现的环境来进行评估，这种条件下的评估结果最大限度地逼近儿童的真实水平。为了让中国的幼儿也能够得到准确的评估和有效的干预，需要学习和借鉴这样的最接近原生态的方法。

2. 基于大量研究的指标体系，集结了大量儿童发展的知识宝库

这套书是儿童发展科学研究和临床经验的结晶，它首先是研究儿童发展和教育的一个知识库。记得在 1996 年读到 TPBA 和 TPBI 初版时，我就被书中儿童发展的知识之全面而吸引，比如它在情感发展领域中纳入了幽默感的指标，这个指标在当时的研究"知识库"里才刚刚出现。这套方法里的评估指标大都很新，真真切切地展示了儿童行为表现的内部因素。比如，动机是儿童学习的重要推手，但是它在标准化的结局性的测验里是不作为指标的。随着阅读的深入，我更为书中对巨量的研究成果进行的解读和运用，以及进而发展出的丰富观察指标所叹服。而目前的新版又根据研究的发展进行了知识的更新。

读懂儿童，是当今幼儿教育质量提升中教师亟需提升的一个关键能力。要实现高质量的融合的教育，这种读懂儿童的能力更为关键。TPBA 极为丰富的观察指标，不仅适用于对残障儿童的鉴别和衡量，还适用于所有正常发展的儿童；书中反映幼儿能力的发展脉络和年龄特点（集中体现在年龄表上）的描述适用于所有儿童，它是一种普遍的、"正常"的发展轨迹。这些展现儿童早期发展各个方面的丰富指标，其深度涵义让我们似乎可以通过显微镜来放大看到儿童发展的肌理。尤其可贵的是，许多指标是从各学科领域收集而来的，又经过多学科专家的实践和碰撞进行了融合，达到可靠和精准，以综合视角帮助我们全面看待一个整体的儿童。我们有理由相信，在如此全面深刻地了解儿童的基础上制订的干预计划，会非

常扎实地影响和帮助到儿童。

TPBA丰富的指标都是基于对研究的分析得出的。TPBA完整地呈现了跨学科综合评估儿童的理念、科学基础和实施方法。"我们评估我们重视的东西。"但是如果没有大量的研究，我们怎么知道什么是最重要的东西呢？TPBA通过大量的研究文献综述，对儿童的所有经验对其发展的作用都进行了研究和分析。一开始读这本书可能会觉得比较冗长，但这正是因为作者想把指标背后的原理，即儿童发展的理论和研究成果讲清楚，这也是造成这套书标题层级多的原因。比如，TPBA的"读写能力"这一章，就是基于丰富的研究结论，把儿童读写能力如何形成的机制，婴儿时期的口头语言能力和交流意识与读写能力的联系都说清楚，这样读者能理解指标的真正含义。在TPBI里有如何在读写方面为入学作好准备的问题。书中建议的入学准备干预措施，不流于表面，而是细致地说明了读写能力怎样在家庭和幼儿园的日常生活、游戏、交往中，一步一步由口头语言、交流意识的产生，到对书面材料和印刷品、符号的辨识，再到产生书面的、含有信息交流功能的作品这一系列过程发展而成。这样更加有依据地、透彻地说明了幼儿教育应当如何帮助儿童作好入学准备。

在幼儿教育专业化的过程中，包括我国的《3—6岁儿童学习与发展指南》在落实过程中遇到的困难，使许多专家意识到，幼儿教师普遍缺乏的是对儿童发展的价值的认识。托尼·林德教授主创的这套方法极大程度上有助于增加我们对儿童发展的规律性的认识，提高各项工作的科学性和专业性。

3. 以游戏为基础的观察、评估和干预，结合生活的干预方式

TPBA和TPBI方法的理论基础是生态学理论、活动理论、社会学习理论、家庭系统理论和交互作用理论（Transactional Theory）等，它们在自然环境中进行干预，包括帮助儿童在日常生活情境中与家庭和社区成员一起学习；后两个理论通过设置"情境化学习"和"情境实践"将学习融入日常活动的场景中。"儿童的一整天中有成千上万个可以成为学习机会的经历，其中有一些可能是有计划或无计划的，有意的或偶然的。能否认识到每一次经历都提供了学习的机会是嵌入式干预目标的关键。"

正如《TPBA2和TPBI2实施指南》的第一章对TPBA的简介中所述，传统的方法往往包含成人导向的治疗或教育、细分的方案和根据成就标准衡量的针对性技能。传统的家庭和学校（幼儿园）的干预方案虽然都包括直接与儿童打交道的专业人员，但照料者或教育者不参与其中，他们可以观看或从事其他活动。传统意义上的教育或治疗旨在通过成人的监督、支持、指导或鼓励来完成特定的任务。其中纳入的任务可能来自发展项目检核表、治疗方法或课程目标。也正是因为有针对性的目标通常是从发展测试或检查表中获得的，所以干预常常是"应试教学"或目标指向的。在许多情况下，专家作出的建议是让儿童重复练习某些技巧或活动。在许多方法中，整合功能性活动的技能都没有被列为计划的一部分。托尼指

出,"一些研究表明,成人导向的干预、抽离式疗法和治疗场景以外的有针对性的技能练习,其效果比不上由持续与儿童互动的人进行的干预、在实际功能的情形中实施的干预和练习,以及利用交往互动来激发学习动机的干预"。这使她找到游戏这个关键的、顺应规律的方法,让儿童成为了自身在与环境互动中发展的带领者。

自 21 世纪初,这套方法就不仅看到、而且发挥了游戏在儿童发展评估中和对有特殊需要的儿童的价值,是非常领先的。这套方法的创新意义在美国等国家得到高度承认,其对儿童早期的发育发展的干预,契合了整个教育理念的转变——儿童的游戏天性可以使其达到最高的可能表现水平。除了游戏在评估中的作用,在游戏中进行相对应的功能性的干预时也可以达到最优效果。

TPBI 超越了测验分数甚至智商等结局性评定,将实际的全面性的结果与特定的功能过程和行为作为干预目标。TPBI 另一个同等重要的特征是基于对儿童学习特征的深刻理解,相信和尊重儿童主动学习的潜能,超越成人主导的训练主义,创立了从成人导向到儿童导向的一系列连续方法,和以"最少催促系统"(System of Least Prompts)为指导的干预措施,以为儿童提供支架。

TPBI 是一种功能性的方法,侧重于使儿童有效地解决问题、在游戏中互动、沟通交流、学习新的技能,并引导儿童完成成为独立的人需要学习或做的事情。这些理念体现为具备以下三点:确定儿童个体已经完备的功能性结果;确定儿童自身的优势和学习过程;落实可能支持儿童发展进步或学习的环境调整。这是一个灵活的过程,允许照料者、教育者和治疗师将个性化优先事项确定为儿童日常环境干预的焦点,这体现了对离儿童最近的周围人的信任和尊重。为了调整成人与儿童的互动和环境,最大限度地支持儿童的功能发展,TPBI还建议干预者帮助那些与儿童互动最多的人。

传统的治疗方法通常也是通过领域内的特定技能来解决干预问题。我们看到过一些为了达到一个小的方面的进步,用机械训练的痛苦来挫伤儿童心理和个性发展的训练法。在TPBI 中,虽然针对个体领域和技能确定了具体的策略,但其目的是将这些策略整体合并。TPBI 鼓励专业团队共同合作,制订全面的干预策略,使用贯穿生活的方法将发展的所有领域融入现实生活中,在家庭和学校的游戏与日常活动中进行整体的干预。

在对儿童的各个侧面都透视的基础上,又要把各个方面需要特别干预的点融入一个有情感的、活生生的人的生活过程中去。好的干预方案就像织一条美丽的毯子,经线和纬线都要交织。其核心理念是调动人的兴趣去发展,以此作为扬长补短的动力。从缺陷补偿性的技能训练到发挥儿童自身的主动性的游戏型的干预方式,我们需要有清楚的理念导向。这套方法的创立者深深认识到,儿童学习成功的一个最重要的因素是完成目标的动力。他们看到,最大限度地提高儿童学习效率的关键是:自发性和自主导向性的问题解决、儿童的积极参与或卷入，以及掌握动机。他们把这三个关键要素作为TPBA的基础，使团队能够观察儿童的学习方式和有助于学习的因素，同时也作为TPBI干预过程的基础性条件。TPBI的"游戏"部分提醒我们，干预应该是做儿童想要做的事情，做儿童觉得很有趣的事情，它们是儿童活动的动力。几乎所有的活动都可以设置成游戏的形式。

TPBI2提供了在家庭、幼儿保育中心、学校或社区环境中实施干预的策略。干预是融入到生活常规和互动中的。每一方面的干预，都明确了在生活和托幼机构里可以做的事情，以及着力的重点。这套干预方法强调以儿童的兴趣为出发点的干预原则。儿童的兴趣各不相同，他们即便面对相同的挑战也未必就能产生同样的动力。玩物品、与人玩耍或运动给不同的儿童带来的动力程度也是不同的。当儿童感兴趣时，他们的注意就会更集中；当更加专注时，他们就会变得更投入；当更加投入时，他们就有动力去学习。对于大多数早期儿童教育工作者来说，这并不新鲜，但将这些原则纳入有特殊需要的儿童的干预模式中，对那些受过在成人导向性活动中"做治疗"或"教育"训练的人而言则是个挑战。"儿童主动"并不意味着将儿童放在常规的教室里，然后希望他们自己有兴趣、有动力去自主学习，而是意味着在儿童的兴趣和能力水平上设计一个吸引儿童与物体或其他人接触的活动。成人也可能需要通过环境改造、增加情绪感染、由行动或同伴示范展示新效果来增加儿童的兴趣和兴奋度。

TPBA2和TPBI2提供的大量实例表明，日常生活的设置和活动是对婴幼儿与学龄前儿童进行干预的重点。教育者和家庭成员都可以利用自然发生的活动和互动来促进儿童的发展进步。TPBI2中的策略对于从出生到6岁的所有儿童都是适宜和有效的，包括普通发展水平的儿童、有特殊需要的儿童等。TPBI2中列出的各个发展领域的许多策略也都有益于因各种因素而发育迟缓的儿童。全面的发育迟缓、特定遗传疾病、发育障碍，或有与语言和交流、情感或社会发展、认知或学习有关的具体问题，以及有与感觉或感觉—运动相关的特定问题的儿童，均可从TPBA2的多个部分提及的策略中获益。TPBI2和TPBA2中所提出的策略对于各种环境中的儿童都是有用的，包括家庭、托儿所、早期教育机构和诊所等。在专业人员的支持下，TPBI2的流程对于所有需要额外支持以最大化发展的儿童都是有用的。

4. 该套方法非常鲜明地确立了成人与儿童在评估和干预中的角色

托尼·林德带领团队创造了TPBI，旨在弥补传统干预方法的缺陷。书中特别指出，个别治疗、专业人士导向的干预和孤立的技能练习等干预措施，并不总能为儿童带来大的收益或更多的功能独立性。传统的治疗和干预已被证明有其局限性，包括没有给照料者赋能，照料者难以识别儿童可能获得的新的技能，不了解可以在日常生活里支持儿童学习的必要的干预策略；干预过程由成人驱动，而非儿童发起，也非自我导向；儿童学习那些无功能的单项技能，并不能改善整体功能；儿童学着回应成人的催促，但不会自发地在社交活动中使用，也不会主动利用环境来学习相应技能；照料者往往效能感很低；等等。因此，与过去以"专业的"成人教师为主导的干预关系模式不同,在TPBI的干预中,所有相关者的视角均被采纳,有特殊需要的儿童、干预专业人员、照料者和教育者等都在发挥作用。儿童最亲近的周围人应该被看作最了解和最可能实施干预的人。作为TPBI的基本原则,书中专门指出,TPBA和TPBI是由以照料者和教育工作者为关键成员组成的团队负责实施环境和互动策略的,而专业人士在TPBI过程中承担情感支持者、顾问、教练、榜样、教育者和倡导者等一系列角色。书中特别明确了TPBI专业人员的作用是:支持儿童生活中的重要人物来学习掌握可以全天培养儿童发展技能的策略及过程,由此实现在自然环境中,在玩耍和家庭与学校的日常活动中进行的干预,鼓励儿童在环境中自发学习、练习,以及在不同情境和环境中迁移技能。

TPBI中反复强调了父母和照料者在儿童早期干预中的核心地位。"大部分时间,父母和其他照料者都与儿童在一起。他们每天与孩子交流数百次,提供数百个与环境和其他人互动的机会,通过每天的日常活动来引导孩子。有了这些互动的机会,他们也有了数以千计的支持发展的机会,通过让孩子置身于情境中,以特定的方式呈现需要的或激励性的材料,鼓励孩子应用更高水平的沟通和问题解决方式,并使用协助的技巧来促进孩子独立性与知识和技能获取能力的发展。"随之,书中指出,在大多数最先进的干预模式中,专业人员的角色已经转变为更多参与儿童生活的人。在专业照料者或教师与儿童相处的很多时间里,专业人员可以参与共同解决问题,成为榜样、演示、观察、鼓励反省,并提供反馈、信息或资源。这种关系是一种非评判性的支持性协作。这是大多数经训练的专业人员需要面临的在理论和实践方面的重大转变,许多专业人员将需要额外的培训和监督才能充分实现向新角色的转变。由此,TPBA2和TPBI2提供了专业人员如何与家庭合作来支持他们的学习和实践的原则与范例。

二、关于如何"读"和"使用"这套书

这套书大小标题相互嵌套,开始会有些摸不着头绪,读时需要解构。

由于观察指标以大量的研究为基础,所以你会看到每一个观察指标下都简述了其所基于的研究文献。书中还基于研究划分了观察领域范畴及其子类。比如,在情感范畴中,有情感表达、情感风格、情感调控、儿童对自我、儿童对他人等子类。在每个观察的范畴和子类下面,都会先呈现一段或几段新近的研究。比如,在儿童社会情感方面,书中就指出了婴幼儿具备的幽默感的价值和发展脉络,让我们能更好地读懂儿童的情感丰富性。在行文上,从评估和干预入手,但是反过来又追述了相关的概念和原理:为什么要观察这些方面,其意义和内涵以及表现是什么,其发展脉络是怎样的,等等。

为了满足操作性需要,书中不仅讲了应该怎么做,而且告诉了读者应该避免的做法,尽

管因此花了一些篇幅,但这样做有助于避免在实操中走弯路,提高对儿童评估和引导的效率,以及帮助读者快速地在专业方面成长。书中还有大量值得称道的案例,比如在《TPBA2和TPBI2实施指南》的第七章,在游戏引导员的策略部分,每一个策略后面都给出了不当的引导和更好的引导范例,在真实的情境中向读者说明了成为一个成熟的游戏引导员的策略。第八章则呈现了三名儿童的整体个案。TPBA和TPBI两册书中也充满了个案,帮助读者理解和在实践中参照。

三、读法

以TPBA2为例,除了按照发展领域划分章,如"第四章 情绪情感与社会性发展",对应英文原版书里的发展领域(Domain),我们在翻译过程中还为每章划分了节,对应发展领域里包含的子类,比如第四章里的"第一节 情绪情感表达观察指南""第二节 情绪情感风格/适应性观察指南",在节下面细分了由罗马数字代表的观察指标。

每个发展领域的所有子类下的观察指标(TPBA2中)和与观察指标相对应的干预建议(TPBI2中)部分都使用了罗马数字编号。它们是贯穿TPBA2和TPBI2,由观察指标和干预建议共享的唯一的身份编号。例如,对于TPBA2认知发展领域的注意子类(第七章第一节)里的观察指标"I. A. 儿童在任务中的注意选择、注意集中程度以及注意稳定性如何?",在TPBI2认知发展领域的注意子类(第七章第一节)里的 I. A. 是与其对应的干预建议。

四、感谢贡献者

感谢华东师范大学出版社能够在2008年可能不被市场看好的情况下决定出版《在游戏中评价儿童:以游戏为基础的跨学科儿童评价法》和《在游戏中发展儿童:以游戏为基础的跨学科儿童干预法》。

北京大学第一医院儿科的李明主任有志于共同推动该方法在国内的推广使用,他召集了杭州儿童医院的李海峰团队和北京联合大学的毛颖梅教授等,一起负责《TPBA2和TPBI2实施指南》的翻译,他还帮助校对了TPBA2和TPBI2的相关章节。TPBA2和TPBI2这两卷书的翻译,集合了老中青专业人员,并尽量根据各人专长来分配相关章节的翻译。比如,视觉障碍儿童的评估和干预由北京大学第一医院小儿眼科的李晓清主任负责;华东师范大学周兢老师推荐了从事儿童语言发展研究的张义宾博士负责语言和交流部分;郭力平教授领导团队负责了认知发展部分的翻译并认真地审校。这些多学科专家的倾情参与使这套书的跨学科性知识体系的翻译质量得到了保障。

《TPBA2 和 TPBI2 实施指南》译者表
李明 毛颖梅 李海峰 等译

所在部分	具体章节	译者/第一次详细审校者	译者单位
第一部分 以游戏为基础的多领域融合评估（TPBA2）	中文版前言、关于作者、序言、致谢	姚骥坤/姜佳音	北京全纳教育研究中心、国家开放大学培训中心
	第一章 以游戏为基础的多领域融合评估（TPBA）简介	毛颖梅/毛颖梅	北京联合大学特殊教育学院、国家开放大学培训中心
	第二章 TPBA2 的流程	张茜/李明	北京大学附属第一医院儿科
	第三章 计划实施 TPBA2 的注意事项	毛颖梅/毛颖梅	北京联合大学特殊教育学院
	第四章 克服实施 TPBA2 的障碍	毛颖梅/毛颖梅	北京联合大学特殊教育学院
	第五章 预先从家庭获取信息	武元/武元	北京大学附属第一医院儿科
	第六章 协调家庭参与：家庭成员是团队的一部分	段若愚、张茜/段若愚、张茜	北京大学附属第一医院儿科
	第七章 游戏的实施——互动的艺术	毛颖梅/毛颖梅	北京联合大学特殊教育学院
	第八章 报告的书写——结构、过程和个案	毛颖梅/毛颖梅	北京联合大学特殊教育学院
	附录 报告范本	毛颖梅/毛颖梅	北京联合大学特殊教育学院
第二部分 以游戏为基础的多领域融合干预（TPBI2）	第九章 TPBI2 的基本原理	李晨曦、李海峰/李晨曦、李海峰	浙江大学医学院附属儿童医院康复科
	第十章 TPBI2 的过程	李晨曦、李海峰/李晨曦、李海峰	浙江大学医学院附属儿童医院康复科
附录 TPBA2 和 TPBI2 表格	家庭信息表	张茜、毛颖梅/张茜、毛颖梅	北京大学附属第一医院儿科、北京联合大学特殊教育学院
	儿童评价表 儿童干预表	毛颖梅/毛颖梅	北京联合大学特殊教育学院

除了以上译者，在此还要衷心感谢柳沅铮、赵爽对第一至四章的初译，浙江大学医学院附属儿童医院康复科阮雯聪、丁利、严方舟在第九章和第十章的翻译与校对工作中作出的贡献，以及参与了该书附录初译的北京联合大学特殊教育学院原学生白巍、张欢和张雨涵。

TPBA2 译者表

童歌营 等译，姜佳音 审校

具体章节	译者/第一次详细审校者	译者单位
中文版前言、作者简介、序言、致谢	姚骥坤/姜佳音	北京全纳教育研究中心、国家开放大学培训中心
第一章 以游戏为基础的多领域融合儿童评估与干预体系概述	姚骥坤/姜佳音	北京全纳教育研究中心、国家开放大学培训中心
第二章 感觉运动发展领域	周楠/李海峰	首都师范大学学前教育学院
第三章 视觉发展	李晓清/童歌营	北京大学第一医院小儿眼科
第四章 情绪情感与社会性发展	苏玲/赵爽	中国儿童中心
第五章 交流能力发展领域	张义宾/李建芳	华东师范大学脑科学与教育创新研究院、独立执业翻译
第六章 聋儿或听力受损儿童的听力筛查和矫正	张义宾/李建芳	华东师范大学脑科学与教育创新研究院、独立执业翻译
第七章 认知发展领域	郭力平/李佩韦	华东师范大学教育学院学前与特殊教育系、剑桥大学出版与考评院
第八章 读写能力	张涛/姜佳音	国家开放大学培训中心

除以上译者外，还要感谢童馨汇儿童康复中心来晶晶、浙江大学医学院附属儿童医院康复科周斯斯和赵茹在 TPBA2 第二章的校对工作中作出的贡献。

TPBI2 译者表

童歌营 等译，姜佳音 审校

具体章节	译者/第一次详细审校者	译者单位
中文版前言、关于作者、序言、致谢	姚骥坤/姜佳音	北京全纳教育研究中心
第一章 以游戏为基础的多领域融合干预概述	姜佳音/姚骥坤	国家开放大学培训中心、北京全纳教育研究中心
第二章 以游戏为基础的多领域融合干预计划要点	赵爽/姜佳音	北京建筑大学、国家开放大学培训中心
第三章 促进感觉运动发展	刘昊等/李海峰	首都师范大学学前教育学院、浙江大学医学院附属儿童医院康复科
第四章 对视觉障碍儿童的工作策略	李晓清/童歌营	北京大学第一医院小儿眼科
第五章 促进情绪情感与社会性发展	苏玲/赵爽	中国儿童中心　北京建筑大学
第六章 促进交流能力发展	张义宾/李建芳	华东师范大学脑科学与教育创新研究院、独立执业翻译
第七章 促进认知的发展	郭力平/李佩韦	华东师范大学教育学院学前与特殊教育系、剑桥大学出版与考评院
第八章 支持读写能力的策略	张涛/姜佳音	中国儿童中心

除以上译者外,还要感谢浙江大学医学院附属儿童医院康复科翟芳佳、李彦璇在 TPBI2 第三章的校对工作中作出的贡献。

最后,我想代表所有热情的、有专业精神的跨学科译者团队在此呼吁,希望看到此书的读者不仅把它们当作一套书来读,更能够行动起来,实践这套跨学科多领域融合的评估和干预方法,让有特别需要的孩子们在多学科、跨学科的专业人员的支持下得到更好的成长机会。还特别希望托儿所、幼儿园和学校的老师们了解这套方法,能够利用这套方法让有特殊需要的孩子融入到普通班级中,和家长们共同努力,在更高质量的融合教育环境下发挥所有儿童的潜能,实现在儿童发展上的起点公平。

译 者

2024 年 10 月 25 日

中文版序

当前关于神经系统和环境对大脑发育影响的研究表明,早期经验对以后的发展和学习有着巨大的影响。这对于生活在贫困中的儿童,因各种形式的创伤或消极的环境影响而遭受毒性压力的儿童,或者有发育迟缓、残障或学习障碍的儿童尤其重要。我们现在明白,及早对这些儿童及其家庭进行干预,可为幼儿的整体发展和学习带来长远的积极结果。虽然儿童保育中心和幼儿园形式的儿童早期服务已经在许多国家存在了几十年,但新兴研究强调了对因遗传、神经系统或环境问题而易受伤害的儿童进行重点关注的、高质量的早期教育的关键性。

在过去 15 年中,一些国家和国际组织认识到早期生活的重要性。联合国儿童基金会、世界卫生组织、世界学前教育组织、联合国教科文组织、救助儿童会、国际儿童教育协会等机构在协助全球制订重点关注的方面发挥了重要作用,包括高质量的幼儿早期方案标准、制订从出生到学龄阶段的地方方案,以及建立以幼儿为重点的高等教育专业培训方案。此外,这些组织还注意到,在这些为儿童及其家庭提供更多支持的早期儿童方案中纳入高危儿童和有特殊需要的儿童是非常关键的。随着这些儿童被纳入幼儿教育项目中,一些伴随的问题也出现了。几十年来在幼儿方案中使用的策略并不能对所有儿童有效。幼儿专业人员需要专门的知识和技能,以便为那些功能水平低于同龄人、学习方式不同或需要治疗支持和策略的儿童提供个性化教育,使他们可以最大限度地参与到同伴当中,并取得发展意义上的进步。

作为科罗拉多州丹佛市丹佛大学的一名教授,我指导了培养幼儿特殊教育工作者和儿童与家庭专家的研究生项目。在开发这些项目的过程中,我意识到让我的学生了解儿童发展、残障、评估和干预方法、课程方法和家庭支持等方面的知识是很重要的。然而,大多数儿童发展方面的文章都涉及发展研究,却很少提供关于儿童何时获得特定技能或如何看待高危儿童的差异的实际信息。关于残障的文章描述了残障问题,但没有具体说明干预策略。教给幼儿教师的评估方法侧重于标准化测试,这些测试通常不适合高危儿童和残障儿童,并且实际上标准化测验对于任何幼儿来说都很难引起兴趣。残障的鉴别和干预计划的制订往往靠医学的一套基于评估与干预的模式来进行。关于干预的方案往往属于正式的行为矫正,它是碎片化的、针对特定发展领域的治疗活动,而不是将治疗纳入自然的日常活动中。家庭被视为边缘角色,需要"咨询"。此外,许多文章并没有为教师提出一种整体的方法,而是假设各种治疗师都有这种知识,并为儿童单独服务。为了满足这些培训需求,我确定需要一种建立在几个基本前提之上的新方法。

为了给所有的儿童提供优质的教育,专业人员需要基本的知识和技能,包括：

(1) 在感觉运动、情绪情感与社会性发展、语言和交流、认知等领域的儿童发展知识；

(2) 了解与这些发展领域的关键子领域相关的基础研究；

(3) 观察和识别每个儿童在每个领域及其子领域中学习的特定质性方面；

(4) 确定每个儿童在所有发展领域的功能发展水平；

(6) 为每个儿童确定有效学习策略；

(7) 在项目课程中实施个性化策略,并在每个儿童取得进展时修改目标和策略；

(8) 沟通技巧,以建立从学校到家庭的教育桥梁,使家长和专业人员相互理解,并使用一致的方法来支持儿童的学习和发展。

由于认识到这些需要,我与几位同事合作开发了一种系统的方法,以协助专业人员获得与使用上述知识和技能为从出生到 6 岁的幼儿服务。因此,构想并编写了《在游戏中评估儿童：以游戏为基础的多领域融合评估》[*Transdisciplinary Play-Based Assessment*](TPBA),1990,1993]和《在游戏中发展儿童：以游戏为基础的多领域融合干预》[*Transdisciplinary Play-Based Intervention*(TPBI),1990,1993]。从理论上讲,TPBA 和 TPBI 是基于这样一个事实,即幼儿在具有激励性和参与性、发展水平适当的活动中学习。这就是为什么游戏是幼儿的动力。因此,这套新的体系是以游戏为基础的。此外,与过去将儿童分割成不同专业人员单独检查的"碎片"(例如,言语治疗师评估言语和语言、心理学家评估认知等)的方式大不相同的是,新体系将采取一种整体的方法,与团队一起观察儿童,讨论跨学科的观察(因此这套方法称为多领域融合),并一起规划在儿童的家庭、学校和社区等自然的环境下可行的整体干预策略。虽然这种方法现在听起来合乎逻辑,并被认为是"最佳实践",但是在当时开发的时候它的确是革命性的。

在新体系发表之后的 15 年中,以整体的、基于游戏的目标和治疗策略,以及基于游戏的课程进行"真实的"评估和干预的想法已经被广泛接受了。如今到了更新与修订 TPBA 和 TPBI 的时候,与幼儿有关的研究成果激增,这使得材料的内容大大扩展。两本书变成了三本。

以游戏为基础的多领域融合评估与干预实施指南

第一本是《以游戏为基础的多领域融合评估与干预实施指南》(*Administrative Guide for TPBA2 and TPBI2*,简称《TPBA2 和 TPBI2 实施指南》;Linder,2008),其中界定了评估过程、不同的人在评估中的作用、策略和程序以及报告的样本。多年来,我们发现许多专业人员习惯了"测试"和提供结构化的治疗,所以他们并不真正知道如何引导儿童的游戏。因此,我们增加了一章关于如何与儿童一起玩耍以鼓励更高水平的表现的内容。在多年的观察团队做 TPBA 的过程中,我们还发现,在访谈内容之外还需要指导团队成员与家长互动的方法。因此,我们增加了一章关于如何成为家长引导者的内容。本书的其他章节讨论了如何制订一个满足家庭、学校或儿童保育中心需求的干预计划,并提供了一些案例。

在游戏中评估儿童 2:以游戏为基础的多领域融合评估

《在游戏中评估儿童 2:以游戏为基础的多领域融合评估》(简称 TPBA2,2008)是系统的第二本,为在感觉运动、情绪情感与社会性发展、语言和交流以及认知等领域对幼儿进行观察提供了框架。本书列出了四个领域中每个领域的七个子类的研究基础,以及如何观察儿童与如何解释优势和需要关注的发展领域。观察指南表格提供了在观察儿童时需要回答的关键问题。儿童如何做某事和是否做某事同样重要。观察表现的质量,需要多少支持,什么样的策略帮助儿童表现出更强的技能,这些信息将在以后对老师和家长有帮助。每个领域还包含"年龄表",这些表格列出了每个年龄段的技能。这些表格使观察员能够确定儿童技能的范围,以及技能在变得具有挑战性之前所集中在的年龄段。TPBA2 经常用于幼儿(教师)培训方案中的儿童发展课程,因为它提供了大量关于儿童发展的实用信息以及研究证据,还有如何解释所观察内容的一些实例。

在游戏中发展儿童 2:以游戏为基础的多领域融合干预

《在游戏中发展儿童 2:以游戏为基础的多领域融合干预》(简称 TPBI2,2008)以游戏为主题,是教师、治疗师和家庭的一种资源,用于确定支持儿童学习和发展的人际互动策略与环境调整的方法。每个领域和子类都使用与 TPBA2 相同的指导问题,以方便使用者进入非常具体的需要关注的发展领域,并从多种策略中选择合适的与儿童一起尝试。本书还概述了父母和教师在一天中的各种日常工作中通常用来支持学习的策略。因此,本书既是正常发育儿童的资源,也是有特殊需要的儿童的资源。

虽然 TPBA/TPBI 模式最初是为识别高危儿童和有特殊需要的儿童,并为其制订方案而开发的,但后来发现它对所有类型课堂的所有教师来说都是一个有用的工具。教师关于儿童发展的知识往往仅限于基本的理论认识和关于发展里程碑的信息。为了适应符合儿童个别特点的教学方法和策略,他们需要有一个更全面、更详细的关于发展的图景。在游戏促进和父母促进方面对幼儿教育工作者进行培训也拓宽了他们的技能范围。TPBI 还为教师提供了资源,以确定对在婴儿、学步儿或学前儿童教育项目中的所有儿童提供的额外支持。例如,对于某些幼儿难以参与特定的活动,有一些章节提供了建议,这些建议也可以与家庭分享。

TPBA2/TPBI2 在中国

我与中国专业人员的合作可以追溯到 20 世纪 90 年代,当时我对中国儿童发展中心的员工进行了关于 TPBA 第一版的培训。TPBA 和 TPBI 的第一版中文版于 2008 年出版。TPBA 通过对儿童游戏的详细观察,为专业人员提供了从出生到 6 岁儿童的发展技能的观察、记录框架。随后,我多次来到中国,目的始终是帮助教师和其他专业人员学习如何观察儿童,并制订基于发展需要和个性化学习的课程。

译者团队目前承担了翻译 TPBA2 和 TPBI2 以及《TPBA2 和 TPBI2 实施指南》的艰巨任务。近年来,中国教育界的领袖们已经认识到,需要制订幼儿教育标准,将有特殊需要的儿童纳入幼儿教育项目,并在高等教育中重点培训幼儿教师。通过各级政府和各界相关人士的努力,已经取得了很大进展。随着该套书籍的中文版出版,该模式将用于支持所有这些任务。虽然需要根据文化环境作一些修改,但它的基本模式将为中国早期教育中广大幼儿的评估和教育计划提供一种没有文化偏见的方法。随着中国各地为婴幼儿设立更多的项目,无论是以家庭为基础的、以社区为基础的,还是以学校(幼儿园)为基础的,这套书籍都可以为融合性的项目计划和实施提供资源。

看到我们在 TPBA 和 TPBI 方面的工作成果现在能够提供给中国幼儿教育工作者使用,我感到非常高兴和兴奋!我还希望看到高等教育项目在幼儿发展的学位课程中把这套书作为教科书。我希望这套书成为各地幼儿教育的领先者们规划和制订融合性课程的资源。

我很希望看到一些项目开始实施 TPBA2/TPBI2 模式,以支持所有儿童的学习和发展。我热切期待这套书为加强中国的幼儿教育作出积极贡献。

目　录

作者简介　1

序言　5

致谢　11

第一章　游戏为基础的多领域融合儿童评估与干预体系概述　1

第二章　感觉运动发展领域　5
　　第一节　基本运动功能　6
　　第二节　大肌肉运动活动　11
　　第三节　手臂和手的使用　18
　　第四节　运动规划和动作协调　27
　　第五节　感觉调节与情绪、活动水平和注意力的关系　33
　　第六节　感觉运动对日常生活和自理的作用　38

第三章　视觉发展　68
　　第一节　视觉问题与视觉损伤　69
　　第二节　幼儿常见的视觉问题　69
　　第三节　视觉发育观察指南　71

第四章　情绪情感与社会性发展　102
　　第一节　情绪情感表达观察指南　105
　　第二节　情绪情感风格/适应性观察指南　116
　　第三节　情绪情感和觉醒状态的调节　120
　　第四节　行为调节　132
　　第五节　自我意识　140

第六节　游戏中的情绪情感主题　148
第七节　人际互动观察指南　155

第五章　交流能力发展领域　218

第一节　语言理解　220
第二节　语言的产出　227
第三节　语用学　243
第四节　构音和语音　260
第五节　嗓音、流畅度　267
第六节　口部运动机制　272

第六章　聋儿或听力受损儿童的听力筛查和矫正　314

第一节　听力　318
第二节　视觉交流能力　325

第七章　认知发展领域　352

第一节　注意　355
第二节　记忆　360
第三节　问题解决　367
第四节　社会认知　373
第五节　游戏复杂性　379
第六节　概念性知识　391

第八章　早期读写能力　454

第一节　各子类观察指南问题的相关研究　455
第二节　读写能力的要素　458
结论　483

作者简介

托尼·林德博士(Toni Linder, Ed. D.),从 1976 年开始担任莫格里奇教育学院(Morgridge College of Education)儿童、家庭和学校心理学项目(Child, Family, and School Psychology Program)教授。林德博士一直是幼儿真实性评估(Authentic Assessment)学科发展的引领者,她在"以游戏为基础的多领域融合评估和以游戏为基础的多领域融合干预"(Transdisciplinary Play-Based Assessment and Transdisciplinary Play-Based Intervention)方面的工作在全美和许多其他国家都获得了公认。她开发了《阅读、游戏和学习!® 幼儿故事书活动:多领域游戏课程》(Read, Play, and Learn!® Storybook Activities for Young Children: The Transdisciplinary Play-Based Curriculum, 1999),这是一套适用于幼儿园儿童学习和发展并基于儿童文学和游戏的包容性课程。此外,林德博士还是丹佛大学儿童游戏和学习评估诊所(Play and Learning Assessment for the Young Clinic, PLAY)主任,她带领专家及专业学生团队在这里为幼儿及其家庭提供基于游戏的多领域融合评估。林德博士为儿童评估及干预、儿童早期教育、家庭参与等议题提供了广泛咨询。她主持了多类研究,如多领域融合研究对发展的影响、亲子互动、课程成果以及技术在农村地区专业发展中的应用。

坦尼·安东尼博士(Tanni L. Anthony, Ph. D.),科罗拉多州教育部视觉障碍项目主管和州顾问(Supervisor and State Consultant on Visual Impairment),科罗拉多儿童视觉和听觉损失服务项目主任(Director, Colorado Services for Children with Combined Vision and Hearing Loss Project)。联系方式:美国科罗拉多州丹佛市东科尔法克斯大道 201 号科罗拉多州教育部,邮编 80203(Colorado Department of Education, 201 East Colfax Avenue, Denver, Colorado 80203)。

安东尼博士是一位全美公认的专门针对幼儿视觉障碍或失聪(visual impairment or deafblindness)的培训师和作家。安东尼博士在国际上为视觉障碍儿童及其家庭提供早期干预服务项目设计的咨询。她在联邦政府项目中为面向患有感觉丧失的幼儿的服务人员设计职前和在职培训材料。安东尼博士是北科罗拉多大学教育学学士,在丹佛大学获儿童与家庭研究及跨学科领导力方向博士学位。

安妮塔·邦迪博士(Anita C. Bundy, Sc. D., OTR, FAOTA),悉尼大学健康科学学院职业治疗专业教授。联系方式:澳大利亚悉尼新南威尔士 2041,邮政信箱 170(P. O. Box 170,

Sydney, New South Wales, Australia 2041)。

邦迪教授接受了职业治疗师的专业培训。她从事儿科教学和实践已经有30多年了。她的研究强调儿童游戏的作用,包括利用游戏促进身体活动、心理健康和亲子互动。她撰写了两份与游戏相关的评估报告,一份是《游戏的充分性测试》(Test of Playfulness),用于考察儿童的游戏方式;另一份是《环境支持性测试》(Environmental Supportiveness),用于考察照顾者、玩伴、空间和对象对游戏的作用。她还是《感觉统合:理论与实践(第2版)》(Sensory Integration: Theory and Practice, 2nd ed., F. A. Davis)的主编,并撰写了该书的若干章节。

蕾妮·查利夫-史密斯硕士(Renee Charlifue-Smith, M.A., CCC-SLP),科罗拉多大学医学院儿科系肯尼迪合作伙伴项目(JFK Partners)高级讲师,语言病理学家。联系方式:科罗拉多州丹佛市东第九大道4900号,邮编80262(4900 East 9th Avenue, Denver, Colorado 80262)。

蕾妮·查利夫-史密斯是科罗拉多大学医学院儿科系教师。她是口头言语病理科(Speech-Language Pathology Department)主任,在肯尼迪合作伙伴项目中担任充分使用社区和家庭自然物资源(Enrichment Using Natural Resources in the Community and Home, ENRICH)儿童早期干预团队(Early Intervention Team)协调员。她曾担任多个美国联邦政府资助的示范、研究和培训项目的语言病理学顾问。她的专业兴趣包括早期干预、孤独症谱系障碍(autism spectrum disorders)和运动性言语障碍(motor speech disorders)。

简·克里斯蒂安·哈弗博士(Jan Christian Hafer, Ed.D.),加拉特大学教育系教授。联系方式:美国华盛顿特区佛罗里达大道西北800号,邮编20002(800 Florida Avenue NW, Washington, DC 20002)。

简·克里斯蒂安·哈弗在华盛顿加拉特大学教育系专门从事以家庭为中心的早期教育。她的学术兴趣包括游戏、评估失聪(deaf)及听觉障碍(hard-of-hearing)儿童以及与听力正常的人群进行手语交流。

福里斯特·汉考克博士(Forrest Hancock, Ph.D.),儿童早期教育顾问。联系方式:美国得克萨斯州奥斯丁市卵石海滩大道2305号,邮编78747(2305 Pebble Beach Drive, Austin, Texas 78747)。

汉考克博士是得克萨斯州中部地区的儿童早期教育顾问。她在普教和特教领域耕耘了40年,涵盖从小学到大学学生和从业者的教学。汉考克博士相继获得得克萨斯州立大学语言和学习障碍(language and learning disabilities)硕士学位、得克萨斯大学早期儿童特殊教育博士学位,之后在得克萨斯大学从事早期语言发展的研究生教学。她为学前教育工作者和管理者、早期干预服务协调者和早期干预专家开发和提供专业发展培训,并为寻求认证的一年级特殊教育教师提供支持。

琪瑞考·罗克硕士（Cherylecole Rooke），资深临床医生指导师，口语治疗师（M. A.，CCSLP）。联系方式：卡拉莱多大学丹佛医学中心丹佛第九大道东街4900号，邮编80220。

罗克博士该中心任教职，并自1994年以来一直担任言语语言病理学家。她在多领域融合儿童早期干预和父母培训、儿科诊断和言语性学习障碍的矫治方面具有丰富的经验。她的兴趣包括儿童语言发展，社交沟通，孤独症、运动口语发展、失读症和父母教育。罗克博士目前参加大学的孤独症和发展失常的诊断的教学团队，通过"丰富环境"（ENRICH）团队来为婴儿和学会儿提供基于家庭环境的融合性干预，她同时在父母培训中担任工作。她同时在丹佛公立学校并独立执业，进行阅读障碍治疗的工作。

序　言

《在游戏中评估儿童2：以游戏为基础的多领域融合评估》(*Transdisciplinary Play-Based Assessment*, Second Edition，TPBA2，下简称TPBA2)，包括许多程序和内容的变化，旨在使儿童评估更整体、全面和好用。基于当前儿科评估和干预领域的理论、研究、政策和哲学理念，TPBA2现在已成为一个多维度评估，它将来自家庭、教师和儿童看护者的信息与专业人士的观察相结合。TPBA2将众多不同来源和上下游的信息集成到一个基于生态和游戏的模型中，成为一个更加全面、高效和有效的评估过程。《TPBA2和TPBI2实施指南》(The Administration Guide for TPBA2 & TPBI2)描述了TPBA2中包含的新表单如何使用。本卷要讨论TPBA2的观察要素。

TPBA2包含"以游戏为基础的多领域融合评估"（简称TPBA）进程的每个领域和子类的具体内容。对感知运动、情绪情感和社会性、交流和认知等各个发展领域的研究导致了将原TPBA中使用的子类重组为新的和修订后的观察领域。现在每个发展领域包含多达七个子类。虽然TPBA观测过程并没有发生实质性的变化，但每个领域的内容都作了改变，以反映当前理论、研究和实践成果。下文将描述每个领域中作出的改变。此外，TPBA2中每个领域的年龄观察表将以更详细的方式呈现，以便读者快速浏览在所有子类中的儿童发展水平。TPBA2观察指南(TPBA2 Observation Guidelines)的架构将使TPBA2团队能够回顾评估问题和记录观察结果，以便立即能看到儿童的优势和为下一步发展所需准备的方面。这使得TPBA过程更加高效。讨论和报告撰写所需的所有步骤都可以在TPBA2观察指南中找到。本书第一章将回顾TPBA2/TPBI2体系。

感知运动领域的变化

基于当前该领域的研究和实践的发展，安妮塔·邦迪博士(Dr. Anita C. Bundy)与我一同对第二章感知运动发展领域进行了广泛的修订。作为新的子类，潜在运动能力(Functions Underlying Movement)是探究让幼儿保持稳定同时能有效移动的基础过程。在早前TPBA中，这部分分为三个不同的区块。对感知输入的反应性(Reactivity to Sensory Input)已经扩大，现在称为感知调节(Modulation of Sensation)及其与情绪情感、活动水平和注意力的关系。在早前TPBA中用于游戏的固定位置和在游戏中移动现在被整合到大肌肉运动活动

(Gross Motor Activity)中。抓握和操作已经扩展为新的子类"手臂和手的使用"(Arm and Hand Use)。运动计划与协调的子类得以重新修订和扩展。所有这些子类的更新都是基于该领域的最新研究和实践。

安妮塔·邦迪博士为 TPBA2 感知运动发展领域贡献了一个新的重要组成部分：第三章是关于视觉发展的新章节，包含视觉发展相关 TPBA2 观察指南以及可作为 TPBA2 一部分使用的视觉发展指标图。许多残障儿童有继发性的视力问题，即便通过传统的视力测试也可能无法确定。这些新的 TPBA2 视觉观察指南提供了一个观察视觉是否会对其他发展领域产生影响的机制。他们还将为许多尚未接受视力筛查的儿童提供初步的视力筛查。

情绪情感和社会性发展领域的变化

第四章(初版的第七章)的第一项主要修订是名称。为了体现情绪情感及其发展对儿童走向社会的重要性，我们将原来的社会情感(Social-emotional Development)发展领域改称为情绪情感和社会(Emotional and Social)发展领域。该领域的内容也反映了对情绪情感和在子类中情感适应性的日益重视。

在初版 TPBA 中，第一项子类是气质(Temperament)。最近研究者开始更密切地关注气质以及气质的各个方面与其他发展领域的关系，如注意力、解决问题能力和感觉统合。因此，一些研究人员正在重新定义气质并开发新的架构，使我们能够看到情绪情感在社会、认知和交流发展中的作用。在 TPBA2 中，所有传统的气质类型都已论及，但是它们被整合到一个框架中，这个框架反映了当前关于自我调节、感觉统合和执行功能的研究。

情绪情感表达(Emotional Expression)是第一个新的子类。情感是人存在的根本，有意识地表达情感和感受是情绪情感和社会性发展的基础。情感表达部分不仅着眼于儿童表达情感的能力，还研究了各类情感得以展现的环境。这一子类还考察了儿童更广泛的情感状态或者情绪。这一子类中对儿童的观察为其他情绪情感和社会性子类的观察奠定了基础。例如，新子类情感类型/适应性就和情感表达相关，用以检视儿童一日常规、活动或互动的变化如何影响情感。

新版增加了情感调节和觉醒状态(Regulation of Emotions and Arousal States)的子类，以检查儿童对内部和外部刺激调节觉醒状态和情感反应的能力。早前在气质研究中包括的各方面(如接近/退缩、适应性、响应阈值和反应性)现在正被纳入这一新的研究领域。情绪情感和觉醒状态的调节包括生理调节，如维持正常的体内平衡，进、出不同的觉醒状态(如睡觉和哭泣)，以及能够使自己平静下来。自我调节还包括能够调整情绪情感和对感官输入的反应。对感官输入调整反应的能力在第二章(感知运动发展领域)进行讨论。

相比于儿童和家庭问卷(the Child and Family History Questionnaire，CFHQ)具有的一些和调节方面相关的评估、在情绪情感和社会性领域的观察，TPBA2更侧重于注意力和情绪的调整。

新版将行为调节与情绪情感和觉醒状态调节分开，以研究这些自我调节技能是如何影响行为的，如服从、冲动控制、对与错的认知、社会习俗的使用和对言谈举止的控制等。行为调节与情绪情感调节密切相关，但更多地关注行为结果，而不是情绪情感的控制。这一子类中涉及的许多问题都包含在先前称为社会习俗和幽默感(Social Conventions and Sense of Humor)的子类中。

自我意识(Sense of Self)是一个新的子类，考察儿童区分"自我"特点与其他人，并积极主动建立个人优势以实现目标的能力。儿童的自我意识以及自我区别于他人的意识是发展同理心和对他人责任心的基础，也是建立有效社会关系的关键。这一子类还考察了儿童达到目标的动机、自信程度、独立性和毅力，以及完成技能发展所需要的外部支持。我们对初版TPBA中掌握动机(Mastery Motivation)的子类重新组织和扩展，将在这个新子类自我意识中产生的更广泛的问题涵盖其中。

初版中与父母的社交互动(Social Interactions with Parents)、与游戏促进者的社交互动(Social Interactions with the Play Facilitator)和与同伴的社交互动(Social Interactions with Peers)三个子类在新版中聚合为一个单独的类别，称为社交互动(Social Interactions)。这个子类关注儿童与不同人群的互动模式，包括儿童在一个小组中的参与度、儿童与他人的社会推理能力以及他在一个小组中的社会地位。

修改后的情感和社会领域中的最后一个子类是游戏中的情感主题(Emotional Themes in Play)。这一内容在初版的TPBA中也有涉猎，但在TPBA 2中得以扩展，包括游戏反射出的儿童内在情感状态或需要，以及游戏水平和游戏中的社会复杂性。

交流发展领域的变化

交流发展领域(第五章)已经由我和蕾妮·查利夫·史密斯(Renee Charlifue Smith)及谢丽尔·科尔·鲁克(Cheryl Cole Rooke)修订。在这一章中，我们将以往TPBA的语用阶段(Pragmatic Stages)、交流的意义范畴及功能(Range of Meaning and Functions of Communication)的子类结合起来，形成了一个新领域称为语用学(Pragmatics)。语用能力与情绪情感和社会发展领域中的社会技能密切相关，应一并考察。之前几个子类的信息归入语言理解(Language Comprehension)和语言产生(Language Production)的新子类。这些子类描述儿童理解的概念和儿童表达他们所理解的事物的能力。

三个附加或修改的子类包括构音（Articulation）和音系学（Phonology），涉及：儿童的发声和发音能力；声音和流利性，儿童的声音质量和产生流利的语音和语言序列的能力；以及口语机制。

还有一项主要的修改是在 TPBA2 中为失聪和重听儿童增加了一个关于听力筛查和改进的单独章节（第六章）。简·克里斯蒂安·哈弗（Jan Christian Hafer）、谢丽尔·科尔·鲁克（Cheryl Cole Rooke）和蕾妮·查利夫·史密斯（Renee Charlifue-Smith）为此作出了贡献。经过多年的信息收集，再次可以确定地在评估中看到，许多儿童没有进行近期的听力筛查，或者在某些情况下根本没有进行听力筛查。听觉处理能力，或儿童理解和记忆声音和单词的能力，也需与听觉一起加以考量。

认知领域的变化

第七章（认知发展领域）进行了重组和扩展。新近的研究揭示了注意力、记忆力和解决问题能力对执行功能（executive function）的重要性，这对于整体思维策略具有重要意义。因此，初版 TPBA 中"注意持续时间和解决问题"（Attention Span and Problem Solving）在新版中扩展为三个部分：注意、记忆和解决问题的能力。

此外还增加了一个新的子类社会认知（Social Cognition），描述儿童对他人思维的认知理解。这一领域对认知理解、交流、社交和情感能力非常重要，在孤独症和其他相关疾病的识别中尤其重要。

游戏的复杂性涵盖了儿童游戏中所看到的不同游戏水平和类型，以及在每个发展水平内揭示的复杂行为。儿童在游戏中使用物体的方式，他或她自发产生或模仿游戏行为的能力，以及他或她假扮的能力，都是儿童表现自己世界能力的一部分。TPBA 初版在几个不同的子类中包含了这些信息，包括游戏的类别（Categories of Play）、儿童早期使用物体（Early Object Use）、手势模仿（Gestural Imitation）和符号/表现性游戏（Symbolic/Representational play）。

概念性知识和读写能力（Conceptual Knowledge and Literacy）（包括以前的区分/分类、一一对应和图画等子类）是鉴于目前对学前技能的重视而增加的。概念性知识和前读写（the Emerging Literacy）子类章节（第 8 章）都与交流发展领域中的语言理解（Language Comprehension）和语言产生（Language Production）子类重叠并相关。所有这些子类都应该结合起来进行探究。由于 2001 年美国出台《不让一个儿童掉队法案》（第 107—110 页）（No Child Left Behind Act of 2001(PL 107‐110)），前读写阶段成为一个越来越重要的领域。为此福里斯·汉考克（Forrest Hancock）在第八章中对前读写阶段进行了探讨，以便充分论述

0—6岁儿童在这一领域的发展。

每个领域附有的新表格(TPBA2观察笔记和观察总结表,TPBA2 Observation Notes and Observation Summary Forms)使得记录具体定性和定量的优势和关注点成为可能。此外,TPBA2中观察指南和各领域的年龄表进行的深度修改,使TPBA2更全面、更易于使用,并与家庭和教育工作者相关联。

致　谢

对以游戏为基础的多领域融合评估和干预体系的修订已经酝酿了很多年,过程中涉及到数百名儿童、家庭、学生和专业人士的贡献。我知道我永远无法对每一位参与到这一创作过程中的人士一一致谢,但是我将非常高兴地列举几位作出重大贡献的关键人物。

首先,这项工作是建立在原有 TPBA 和 TPBI 基础之上的。为此,我感谢原著的主要贡献者,苏珊·霍尔(Susan Hall)、金·迪克森(Kim Dickson)、葆拉·哈德森(Paula Hudson)、安妮塔·邦迪、卡罗尔·雷(Carol Lay)和桑迪·帕特里克(Sandy Patrick)。所有这些专业人士都帮助塑造了 TPBA/I 的形式和内容。这些同仁在进行初版 TPBA 和 TPBI 工作时,他们的动力并不是来自各领域的奖励,而是纯粹源于一种信念,即游戏是促进幼儿及其家庭的最佳途径。他们在这一进程中的信念对于完成第一版和随后 TPBA 体系的成功至关重要。

那些为 TPBA2、TPBI2 和《TPBA2 和 TPBI2 实施指南》作出贡献的同仁,在完成这项任务时,更多考虑的是正当性和有效性,因为在早期干预和幼儿特殊教育领域已经有很多研究来支持,我们所做的正是基于以往各种最佳实践的。这些同仁也致力于为幼儿及其家庭提供功能性的、有意义的评估和干预。再次感谢安妮塔·邦迪,尽管她已经搬到了澳大利亚,但她继续在 TPBA2 和 TPBI2 中提供感知运动发展方面的专业知识。苏珊·德维纳尔还是儿童游戏和学习评估诊所团队和 TPBA 乡村培训团队(TPBA rural training team)的成员,我感谢她及她为手臂和手的使用有关干预的章节所做的工作。蕾妮·查利夫·史密斯教会了我很多关于口语能力和语言的知识,并且她是儿童游戏和学习评估诊所的一位不可缺少的成员。她的专业知识有助于建立和扩大我们工作的经验基础。蕾妮不仅撰写了几个章节的重要部分,她还审编和贡献了所有的交流和听觉评估及干预的章节。蕾妮一直是名坚定的游戏拥护者和忠实的朋友,我非常感谢她的支持。谢丽尔·科尔·鲁克(Cheryl Cole Rooke)和娜塔沙·霍尔加入进来支持蕾妮,为我们打气,并贡献了交流领域的章节。来自华盛顿加拉特大学的简·克里斯蒂安·哈弗将她在聋哑教育方面的专业知识带到了 TPBA2 和 TPBI2,为听觉评估和干预增加了所需要的新的组成部分。同样的,坦尼·安东尼贡献了视觉方面的内容,这一领域经常被非视觉专家所忽视。坦尼对 TPBA2 的视觉部分的研究表明,来自不同学科的专业人员能够可靠地观察视觉,并为进一步的视觉评估做出决定。安·彼得森-史密斯(Ann Petersen-Smith)将她的护理背景和专业经验带到我们的博士项目,然后带到儿童游戏和学习评估诊所,之后又带到她对儿童和家庭问卷(the Child and Family

History Questionnaire，CFHQ)的研究中。她的工作显示了这部分内容对 TPBA2 和 TPBI2 的重要性。凯伦·莱利(Karen Riley)在儿童游戏和学习评估诊所里领导了一个小组，对患有脆性 X 综合征(fragile X syndrome)的儿童进行了 TPBA 研究。她在诊所的领导力、她写报告的技巧、她对研究的热情以及她永恒的友谊都是无价之宝。谢谢你，凯伦！福里斯特·汉考克率先将 TPBA 和 TPBI 的培训带到得克萨斯州以表达她的支持，她随后为读写部分的评估和干预提供了贡献。此外，她有一个伟大的编辑的眼光！福里斯特的合作、友谊和支持帮助我度过了不止一个艰难的夜晚。

许多人为 TPBA2 和 TPBI2 各个方面的实践工作和研究作出了贡献。我要感谢伊萨·阿尔-巴尔汗(Eisa Al-Balhan)、坦尼·安东尼、安·彼得森-史密斯和凯利·德布鲁因(Kelly DeBruin)对这一过程中不同组成部分的专题论文研究。凯利·德布鲁因关于 TPBA2 同时效度和社会效度(concurrent and social validity)的研究为整个过程提供了一个重要的视角。此外，得克萨斯州的几个小组进行了评估研究，用于检验 TPBA 的有效性，随后获得德州教育部授予的"前景实践奖"(Promising Practices Award)。来自普莱诺(Plano)、康罗伊(Conroy)、朗德罗克(Round Rock)和凯蒂(Katy)的得克萨斯州团队均收集了数据以显示这一过程的有效性和各种成果带来的影响力。例如，凯莉·约翰逊(Kellie Johnson)和她在朗德罗克的团队证明，与一些流行的看法相反，使用 TPBA 并不会导致更多的儿童被认为需要特殊服务。事实上，由于儿童表现更好而没有资格获得特殊教育服务，朗德罗克得以取消两个特殊教育学前班。儿童能够通过 TPBA 方法展示更高水平的技能。感谢所有"前景实践奖"团队致力于实施和分享儿童友好及家庭友好的实践。此外，我要感谢福里斯特·汉考克、伊莱恩·厄尔斯(Elaine Earls)、简·安德烈亚斯(Jan Andreas)、玛吉·拉森(Margie Larsen)、林恩·沙利文(Lynn Sullivan)、斯泰西·沙克尔福德(Stacey Shackelford)和其他独立学区及德州地区服务中心，感谢你们的领导力、实地测试和反馈！安妮玛的德科特-扬(AnneMarie deKort-Young)、科林·加兰(Corrine Garland)和斯特拉·费尔(Stella Fair)自始至终是支持我的同事。

许多人审阅了手稿片段。我要感谢俄亥俄州聋哑学校的凯莉·达文波特(Carrie Davenport)，她对听觉章节给出了重要的反馈。我还要感谢约翰·内斯沃斯(John Neisworth)、菲利普帕·坎贝尔(Phillippa Campbell)、莎拉·兰迪(Sarah Landy)、马西·汉森(Marci Hanson)、安吉拉·诺塔里-赛弗森(Angela Notari-Syverson)、凯瑟琳·斯特雷梅尔(Kathleen Stremmel)和朱利安·伍兹(Juliann Woods)，再次感谢安妮塔·邦迪、凯伦·莱利、蕾妮·查利夫·史密斯和坦尼·安东尼，感谢他们参与跨领域影响的研究，从而证明了跨领域融合结构的有效性。我相信这项工作将引起未来对干预计划的有趣研究。

关于 TPBA2 的一个令人难以置信的满足是有机会与来自世界各地不同文化的人分享

TPBA和TPBI。由于评估和干预模型的灵活性，它们很容易适应不同的情景。我要感谢那些已经开始使用TPBA和TPBI(包括第一版和第二版材料)的人们的支持和正在进行的研究和反馈，特别是挪威的珍妮·辛(Jenny Hsing)和安妮-梅雷特·克莱佩内斯(Anne-Merete Kleppenes)，爱尔兰的玛格丽特·高尔文(Margaret Galvin)、凯文·麦格拉廷(Kevin McGrattin)和露丝·康诺利(Ruth Connolly)，葡萄牙的曼努埃拉·桑切斯·费雷拉(Manuela Sanches Ferreira)和苏珊娜·马丁斯(Susana Martins)以及中国的陈学锋。你们都给了我灵感，让我知道你们是如何为儿童和家庭进行倡导和创造变革的。谢谢你们！

当然，和每位教授一样，我以很多方式和我的学生们一起工作。虽然我无法——感谢，但我要对他们多年来的辛勤工作表示感谢。我从你们每个人身上都学到了东西！我要特别感谢凯丽·利纳斯(Keri Linas)、金·斯托卡(Kim Stokka)和珍妮·科尔曼(Jeanine Coleman)在他们的博士项目中的合作。你们每个人都把游戏作为学习的重要组成部分，你们每个人都将为我们的领域作出巨大贡献。谢谢你们积极的、敢作敢为的态度！去吧，追逐梦想！

对于保罗·布鲁克斯出版公司(Paul H. Brookes Publishing Co.)(过去和现在)的所有人，包括保罗·布鲁克斯(Paul Brookes)、梅丽莎·贝姆(Melissa Behm)、希瑟·什雷斯塔(Heather Shrestha)、塔拉·格布哈特(Tara Gebhardt)、简·克雷奇(Jan Krejci)和苏珊娜·雷(Susannah Ray)，我感谢你们持续的支持、宽容、耐心和辛勤工作。

最后，我要感谢我的家人和朋友们，他们在这个看似难以承受、无休止的任务中几乎被抛弃了，我感谢你们坚定不移的爱和支持(即使在我犹豫不决的时候，你们让我继续前进！)。你们的爱支撑着我，为我提供情感能量！谢谢你们！

第一章　游戏为基础的多领域融合儿童评估与干预体系概述

第一版《在游戏中评估儿童：以游戏为基础的多领域融合评估》（*Transdisciplinary Play-Based Assessment*，1990）比较了多领域团队使用传统方法评估和用游戏评估的两种评估体系。这些年人们评论该书开篇处的一篇短文让他们见识到他们所作的儿童评估的真实的样貌。本次修订版将此短文再次呈现给读者，以说明儿童和家庭可以有不同的评估过程。《TPBA2 和 TPBI2 实施指南》（*the Administration Guide*）的第一章讨论了为何现在的理论、研究和立法都要求对幼儿的评估应该是自然的、功能性的，并能反映儿童和家庭的需求。

传统评估

想象你自己是一名 3 岁的幼儿，因为被怀疑发展迟缓而被推荐到一家发展中心进行评估。你的爸爸妈妈和你一起去了一个叫"中心"的地方。

当你走进门，一位女士看见你，带你去她的办公室。你坐在你妈妈的腿上，桌子后面的女士开始问爸爸妈妈你的出生情况和你这三年的生活。你爸爸妈妈听起来很担心，你妈妈一提起你就哭起来。你感到很伤心，觉得肯定是自己的事让她哭了。

过了一会儿，另一位女士走了进来，要带你去"玩游戏"。你爸爸妈妈告诉你，和这位和蔼的女士走，会很好玩。那位和蔼的女士牵着你的手，带着你沿着大厅走到一个小房间。房间里有一张桌子，两张木椅，墙上挂着几幅画。你环顾房间，看不到任何游戏。然后这位女士拿出一个手提箱，开始把一些像积木和拼图之类的东西放在你面前，然后她让你摆弄这些东西。一开始你觉得还挺好玩，但过了一会儿，这位女士开始让你做一些不太好玩的事情了。你告诉她，真的好难，但她还是继续把不好玩的东西摆在你面前。她还会问你一些你答不上来的问题。你想回到爸爸妈妈身边，但是这位女士一直告诉你"很快"就完成了。这个"很快"真的好漫长。女士终于说你已经玩完游戏了。你舒了一口气！这位女士真不懂怎么才能玩得开心。

你上完厕所，小哭了一会儿之后，这位女士让你见到了爸爸妈妈。但没过多久，另一位女士带你去了另一个小房间，房间里又有一张桌子和几把椅子，墙上挂着不同的图片。这位女士不怎么说话，她只是不停地把图片摆到你面前，问你图片上是什么。很多东西都是你见过的，但你就是不知道怎么称呼它们。你只好一会低头看看地板，一会又抬头看看墙上的图片。你手拽着衣角扭动起来。你希望这位女士不要再让你看图片了,你看的图片已经够多了。接着这位女士拿出另一个颜色不同的手提箱。她每次掏出几个玩具,告诉你用它们做什么。其中有些玩具很漂亮,你真的很想和它们一起玩。然而每当你开始做一些不是那位女士让你做的事情时,她就会把玩具拿走。这位女士真是好小气。你开始累了,把头搁在桌子上,那位女士却让你坐起来。终于结束了,她把你带回你爸爸妈妈身边,告诉他们你"有点抗拒"。

爸爸妈妈看起来很担心,所以当他们问你的时候,你告诉他们你和女士们玩游戏很开心。这真是个错误,因为在车里他们告诉你明天你要回来玩更多的游戏!当你告诉他们你不想回去、你不喜欢那些女士的时候,他们说明天你会和另一位和蔼的女士一起玩。

大错特错!第二天,一位男士出来见你,他说你会玩更多好玩的游戏。你才不信呢。这一次你去了一个大房间,里面有很多摇晃的楼梯和木板,也有不摇晃的木板,挂着网和球,还有各式各样有意思的东西。你想这次或许会很有趣!你跑呀,跳呀,爬楼梯,总的来说玩得很开心。然后这位男士把你放到一个大球上,试图让你摔下来。尽管他一直说他不会让你摔下来的,但至少你是这么觉得的。你不相信他。你想要你的爸爸妈妈,所以你哭了。然后这位男士让你的胳膊和腿朝不同的方向移动,让你在一些地方弹跳。这已经不再好玩了。虽然这位男士很和蔼,但他就是不知道什么时候该停下来!你哭得更大声了,最后那位男士说:"我们今天可以了。"这回他说得对。

你回到爸爸妈妈那里,看见他们仍然坐在那里,脸上带着忧虑的表情。他们告诉你,因为你表现很好,他们会带你去买汉堡包吃。你不会告诉他们你其实没表现得那么好,他们不需要什么都知道。

以游戏为基础的多领域融合评估

你仍然是那名 3 岁的孩子,因为被怀疑发展迟缓而被介绍去评估。当你走进中心,迎接你的那位女士到过你的家,和妈妈交谈过,还和你一起玩过。这次她带你去了一个大房间,里面有很多不同的玩具。一个区角有游戏小屋,一个区角摆着积木和玩具汽车,一个区角摆着一张放满拼图和小玩具的桌子,还有另一个区角里摆着有玩具的水桌。哇!都是你喜欢的东西!

嘿,这个地方真整洁!妈妈牵着你的手,但是你放开了她的手,跑向了娃娃家区。这里有跟家里一样的水池、冰箱和灶台,只不过小了一点。这里还有布娃娃、床、餐盘和电话。你打开冰箱,发现里边还有一个插着蜡烛的生日蛋糕!忽然你发现边上还有一位女士。她说:"哇,你找到生日蛋糕了!"她似乎一点都不介意,你从冰箱里拿出来蛋糕,并且还把蜡烛都拔出来了。她说:"也许我们应该邀请其他小宝宝参加聚会。""好啊!"于是,你抱起娃娃,喂她吃蛋糕。那位女士也喂了她的宝宝蛋糕。她说,她的宝宝饿了。你说,你的宝宝也饿了。当然事实上,你只发出一半音节说"ungy",但她似乎听懂了,往你宝宝的杯子里倒上更多的"牛奶"。你和那位女士在房子里一起玩,有时她会做你正在做的事,有时你会看着她并做她正在做的事。你觉得她才真的是位和蔼的女士。

突然间你想起了爸爸妈妈。你环顾四周,看到他们坐在那里看着你,还在和另一位女士说话。一个男士举着一台摄像机,也在看着你。你想跟爸爸妈妈打招呼,于是那位女士递给你一部电话,告诉你爸爸妈妈在电话的另一头。你跟爸爸妈妈说话,他们问你:"嗨,玩得开心吗?"接着你就和那位陪你一起玩的女士说话。你们玩得很开心,准备让娃娃上床睡觉,给她刷牙、梳头,然后要放上床。每隔一段时间你就会看看爸爸妈妈是否还在。他们一直都在。

一个小男孩走进了游戏室。你不知道是谁邀请他的,但他也想玩玩具。那位爱做游戏的女士说:"小男孩想和你一起玩。"你觉得只要他不拿走你的娃娃就没事。他玩着盘子和厨具,倒了果汁,并给了你一些。你拿了果汁,接着回去把你的娃娃放到床上。那位爱做游戏的女士给了男孩一些盘子,他把它们放到桌子上,说晚饭准备好了,所以你又带着小宝宝一起回到桌边开始喂你的小宝宝。男孩和你说话,但你并没有回答,你就是不想和他说话。过了一会儿,他溜达到别的地方去玩了。你觉得没什么不可以。

然后那位爱游戏的女士带着她的娃娃走到水桌边,开始给娃娃洗澡。看起来很好玩,所以你也过去了。你洗了一会儿娃娃,然后玩水车、船、漏斗和其他有趣的东西。当你厌倦了这个,你就去了积木区。那也很好玩。你和爱游戏的女士一起搭桥、开车过马路、给车加油、撞车玩、再把车修好。这地方的玩具真不错!

你爸爸妈妈告诉你他们要去喝杯咖啡,马上回来。你看着他们走了,有一点担心,但你不介意和爱游戏的女士呆在这里。几分钟后爸爸妈妈回来了,爸爸过来和你玩。你给他小汽车,你俩开车把车撞下桥,然后大笑。紧接着妈妈过来给你看桌上的东西。你们两个一起拼图。虽然有一些拼图很难,但妈妈会帮你做。妈妈是个好帮手。然后你和妈妈画画,她数一数你画的线,之后一起看书。和爸爸妈妈一起玩真的很有趣。

当你完成了所有的图片和拼图后,爱游戏的女士带你到另一个房间。房间里有楼梯、摇晃的木板、不摇晃的木板、悬挂的网、球和三轮车。你跑啊,跳啊,在楼梯上爬上爬下。爱游戏的女士把球扔给你、爸爸和妈妈。你让爱游戏的女士跟着你,在玩具间上蹦下跳。这位女士真是好样的!当她看起来筋疲力尽时,你就让她休息一下。你试着骑三轮车,但太难了。又让爱游戏的女士和爸爸将你在空中抛来抛去。最后你玩一个大球,你和爸爸轮流在上面蹦蹦跳跳,在上面滚来滚去。

所有人,也包括你,都精疲力竭了。你们都回到游戏室。桌子中央放着点心,有饼干和果汁，那个小男孩就在那里。爱游戏的女士让你倒果汁，在饼干上涂上黄色奶酪。你分给小男孩一些，自己拿了一些。你想给爸爸妈妈一些，但他们似乎不太感兴趣。那位爱游戏的女士跟你和小男孩说话。你问小男孩是否还想要更多吃的，毕竟他看起来是个很好的小伙伴。

你吃喝完后，爱游戏的女士说该走了。你累了，但你还是想和小汽车再玩会儿。爱游戏的女士说也许改天吧。听起来不错。明天怎么样？

差不多 20 年后

尽管世界从 1990 年以来发生了很大的变化，但是僵化的测试流程仍然在使用，在美国的个别州甚至是有规定必须要使用它们的。TPBA 在很多方面是一样的，但它也在不断发展和完善。现在 TPBA 可以在家里、教室或社区环境中容易地完成。父母可以更频繁地成为主要的游戏引导员，他们在评估前、评估中和评估后会有更多的参与。然而这一过程基本没有大变：对儿童和家庭友好的评估带来了实用的、有意义的信息。

由于《TPBA2 和 TPBI2 实施指南》（the Administration Guide for TPBA2 & TPBI2）已经描述了整个 TPBA 过程和实施，包括讨论如何获得初步信息、介绍与家庭交谈和促进儿童游戏的策略，以及总结数据并将其整合到报告中的方法。因此《在游戏中评估儿童 2：以游戏为基础的多领域融合评估》（Transdisciplinary Play-Based Assessment，Second Edition，TPBA2）中会有详细的章节描述每个领域各个重要方面的研究成果和文献资料。这几个章节内容广泛庞大，对每一子类的文献资料进行了综述，并提供了观察指南和如何解释获得的信息；也提供了大量的年龄表，用于记录获得技能的年龄范围和应在何时展示技能的年龄上限。这些章节是 TPBA2 评估过程的核心部分，应仔细阅读，以便充分理解 TPBA2 观察指南的基本原理以及涉及的服务和干预需求。该体系的第三部分是《在游戏中发展儿童 2：以游戏为基础的多领域融合干预》（Transdisciplinary Play-Based Intervention，Second Edition），介绍对需要支持以促进发展的 0—6 岁儿童从计划、实施到干预效果评估的过程，提供干预策略的框架构思、观察手段和对策略效果的评估。

第二章　感觉运动发展领域

与安妮塔·C·邦迪（Anita C. Bundy）合作

一般来说，儿童会因为想到自己想做的事而有所行动。在某种程度上，这表明运动是思想的基础。事实上，我们经常都是靠操作对象或者在纸上画草图来解决问题的。由此，一些当代的哲学家（Clark，1997；Rowlands，1999）认为，行动是思想的一部分。运动有许多功能；它使成长和表达跨越了发展领域（如认知、情感、社会），支持人际关系的成长，同时它也是快乐的源泉。因此，我们研究儿童的运动技能是否能使他们每天都能做自己需要做的和想做的事情。

熟练的行动能力是由感觉神经系统和肌肉骨骼系统的成熟和整合所支持的，这就是为什么一个自信的12岁冰球运动员的动作与一个5岁首次穿上溜冰鞋踏上冰面的人的动作有明显的不同。同样地，在一对双胞胎中一个患脑瘫的儿童尝试站起来的表现也会与正常发育的另一个有很大的不同。

除了儿童的能力，任务要求和环境条件也在决定行动和困难程度方面起着重要作用。任何一名儿童，拿起干燥的水杯比拿起涂有肥皂水的水杯要容易得多。同样，在友谊赛中踢球比在争夺冠军赛中踢球要容易得多。

在本书（TPBA2）中，感觉运动领域会考察儿童运动技能的现状和一些支持运动的基本功能（即姿势、肌张力）。具体地说，感觉运动领域考察以下部分：1.基本运动功能；2.大肌肉运动活动；3.手臂和手的使用；4.运动规划和协调；5.感觉调节及其与情绪、活动水平和注意的关系；6.感觉运动对日常生活和自理的作用。

了解描述运动技能词语的定义是非常重要的。感觉运动，该术语用来描述这个领域的所有内容，它承认了所有运动对视觉、听觉和触觉的依赖性。例如，"伸手去碰"这一个简单的动作不仅需要视觉指导手达到目标物品，还需要来自肌肉的感觉（本体感觉）使手去定位。运动规划，或者说组织有目的的运动过程，它特别依赖于感觉，告诉我们身体在空间中的位置。感觉的调节，会让人做出与感官体验成比例的动作，它也是感觉运动能力的一种形式。

本章中几个子类给出了感觉运动的大致分类。例如，我们区分大肌肉运动和小肌肉运动。大肌肉运动指的是诸如奔跑、投掷和攀爬之类的大动作，而小肌肉运动包括抓或指等小动作。手臂和手的动作可分为大肌肉动作（如投掷）或小肌肉动作（如抓）。虽然嘴唇、舌头和眼睛的小动作是小肌肉运动,但更具体地说,它们是口部运动和动眼神经运动。视觉运动和手眼协调指对眼睛,特别是对眼手协调动作的适应。(第三章讨论了对视觉的研究、发展和观察,第六章探讨了听力以及对听障儿童的筛查的指导方针和修订。)

第一节 基本运动功能

1.1 基本运动功能

在观看儿童玩耍时,我们观察到熟练的动作是由动作发生的情境以及动作背后的功能所定义的。而两个重要的且相互关联的功能,是运动的姿势和肌肉张力。

I.A. 姿势是如何支持动作的?

姿势是一切动作的基础,因为它提供了稳定身体的方法,使得四肢可以与身体协调一致(Sugden & Keogh, 1990)。姿势控制(postual control)由两部分组成:姿势定向和姿势稳定性(Shumway Cook & Woollacott, 2001)。

姿势定向(postual orientation)使儿童能够保持与环境的最佳关系。直立姿势最适合大多数任务,尤其是那些涉及手工操作的任务。姿势定向也能使儿童保持与身体各部分之间的最佳关系,尤其是头部和躯干。简言之,它意味着虽然人体头部和躯干都不固定,但是一般处于同一直线上。两者相对稳定,所以可以自由地移动。

姿势定向(postual orientation)需要从以下几个来源整合感觉:肌肉、关节、皮肤、耳朵(包括听觉和运动感)和眼睛。每种感觉在采取和保持姿势方面都起到作用。例如,当儿童坐在地板上时,通过腿部和臀部的皮肤压力来获得信息,让他/她知道在与地板接触。没有压力的其他身体部位(如腹部)则可以提供额外的信息。肌肉和关节发出的信号告诉儿童,他/她的臀部屈曲到 90 度。眼睛和耳朵的信号告诉他/她身体是挺直的。

姿势控制的第二部分是姿势稳定(postual stakility),也就是平衡,它能使孩子们保持在特定范围内的体位(支持的基础;Weisz, 1938)这被称为稳定极限(stability limits)(Shumway-Cook & Woollacott, 2001)。

当儿童超过他们的稳定极限时,他们通过伸展一个或多个肢体,然后将身体移到新的位置,建立一个新的支撑基础和一个新的体位。这些动作可能是有意识完成的。例如,一名儿童可能选择依靠手和膝盖从坐在椅子上到坐到地面,就需要靠伸展手臂,把重量都转移到这只手臂上,旋转下半身,再靠膝盖到地面的接触。建立一个新的支撑基础也可能在无意中发生。例如,当要够的地方离坐姿太远,失去平衡,这时他就要伸展肢体以避免摔倒脸着地。

对姿势控制的解释

物理治疗师和职业治疗师通常采用神经成熟模型(neuromaturation model)来解释姿势控制(Alexander, Boehme, & Cupps, 1993; Campbell, Vander Linden, & Palisano, 2000; Piper & Darrah, 1994)。神经成熟模型认为,姿势反应几乎完全由中枢神经系统的发展决定,然后出现在一个已知的顺序中。使用神经成熟模型的治疗师所描述的自动体位机制包括三部分:平稳(头部和躯干的运动,让儿童保持直立并获得新体位),保护扩展(延长肢体而防止坠落),平衡(头部和躯干的代偿反应以使得身体重心保持在支撑之上)(Bobath, 1985; Shumway-Cook & Woollacott, 2001)。这每一种反应都是神经系统中逐步"高级"中枢的责任。

尽管如舒姆韦·库克(Shumway Cook)和伍拉科特(Woollacott, 2001)的神经成熟模型和系统模型(System-based Model)都可以用来解释发展中的姿势反应,但如今的系统模型具有更大的吸引力。他们把多个因素(不仅仅是发展中的中枢神经系统)纳入对技能获取的解释中。系统论者明确地提出任务和环境在决定动作如何表现中发挥同等的作用(Reed, 1989; Shumway-Cook & Woollacott, 2001; Thelen, 1995; Thelen & Smith, 1994)。

不像神经成熟模型,系统方法(与游戏为基础的多领域融合评估法(TPBA2)并存)也认为儿童预测或主动选择形成姿态不是简单的反应作用(例如恢复平衡)。当一个儿童准备接球,在代偿活动中会激活的那些肌肉,使孩子保持直立后向后推(Nashner & McCollum, 1985,引用在 Reed, 1989)。儿童预期的姿势最终形成了一个自主的、有目标的动作体系。预测能力是姿态控制的一个重要特征(Reed, 1989; Shumway-Cook & Woollacott, 2001)。

关于姿势如何支持任务表现这个问题上有几个需要考虑的因素。首先,用双手自由的直立姿势来操作物体是最容易的。其次,虽然比起俯卧,坐着和站立更容易保持姿势来抵抗引力,但也需要更好的平衡方式。

虽然俯卧或者靠手和膝盖不容易玩玩具,但这些情况也告诉我们很多关于控制姿势的信息。儿童需要充分的伸展来抵消引力,同时,为了使儿童保持良好的身体准线,必须要用弯曲的姿势让伸展动作更舒适。当儿童难以保持身体呈直线,我们会质疑姿势控制的合理性。

姿势控制的发展首先发生在头部和颈部,并逐渐向躯干和四肢扩展。姿势反应受到视觉、运动、触觉、来自肌肉的感觉以及儿童所想的影响(Shumway Cook & Woollacott, 2001)。在大约2月龄,协调的颈部姿势反应开始出现。4—6个月龄的婴儿在俯卧的时候,能够通过视觉和运动的信息来伸展颈部、背部、臀部(Piper & Darrah, 1994)。神经成熟模型把这个姿势称为俯卧悬垂反射或者中枢俯卧。

坐姿所需的姿势控制直到6—7个月才发生的。在这之后,触觉和来自支撑面的阻力在姿势控制中起主要作用(Shumway Cook & Woollacott, 2001)。这是感觉对平衡有显著影响的另一个例子。

在8到10个月时,大多数儿童可以扶着站立了。一般来说,直到11—14个月,儿童才能不靠双手扶着独自站立,而此时他们也开始走路了。但他们在接下来几周内还要用手臂来保持平衡(Piper & Darrah, 1994)。跑步和走路都对姿势提出了新的要求,因为儿童需要更快更经常地去躲避障碍、改变方向和停止运动。

改变姿势需要头部、躯干和四肢的协调。当身体部位不协调时,儿童会被卡住而无法移动。有时儿童会失去一个支持面而失去身体协调。如果没有好的协调能力,他们也会发现很难用胳膊和手去够玩具。

I.B. 肌肉张力可以多好地支持姿势?

肌肉张力是肌肉用来抵抗被拉长的力量,它通常被认为是绷紧的。张力通常是通过被动地移动肢体并测试抵抗的程度得到的(Shumway Cook & Woollacott, 2001)。然而,在本书中,我们主要是通过观察对张力和其他功能进行评估。

一定的肌肉张力对所有动作都是必要的。张力为预期姿势提供了基础,也为改变姿势或失去平衡时的代偿反应提供保障。张力还能支持所有肢体动作:伸展、行走、奔跑、踢腿等等。

正常的张力对运动和姿势的确切作用是很难观察的。然而,异常的张力会导致运动控制能力差,明显限制了一些儿童能完成的动作。因此,观察异常张力的影响是相对容易的。

异常张力的各种变化很明显:张力过高、过低或存在明显的"波动"(即出现在震颤、不自主运动中)(Sugden & Keogh, 1990)。肌张力异常是许多神经系统障碍的表现之一(如脑瘫、唐氏综合征、运动障碍)。

当肌肉张力过高时,对运动的抵抗力增强,运动看起来机械而缺乏可变性。任务越困难,张力越有可能增加。这适用于所有相关联的肢体,而不仅仅是参与运动的肢体。最常见的高肌张力组合包括在身体一侧的肢体或者是四肢。当身体两侧张力增加时,它的一侧通常比另一侧高;当涉及四肢时,腿部可能比手臂更受累。

当肌张力增加时,儿童难以开始、维持和终止运动(Stamer, 2000)。因此,他们移动缓慢,似乎固定在某些姿势。有些儿童似乎很难向任何方向移动,而另一些儿童则更难从一个方向移动到另一个方向。一般来说,儿童屈曲手臂比伸展手臂更容易,而伸展腿比屈曲腿要容易。

　　研究人员认为,有些看起来肌张力很高的儿童,可能是自愿地"(使用)增加绷紧度作为一种代偿策略来控制姿势,防止身体其他部位进行不必要的或不受控制的运动"(Nashner, Shumway-Cook, & Olin, 1983; Stamer, 2000, p. 66)。例如,一个有震颤的儿童可以试图通过紧绷他的躯干和手臂来减少震颤并使动作更准确。另一个儿童可能绷紧她的腿并踮起脚走路来抵消臀部不稳定带来的影响。儿童可以用绷紧来帮助自己更好地运动。

　　过低的肌张力特点是运动范围增加和表现出异常灵活的姿势(Dubowitz, 1980, cited in Stamer, 2000; Sugden & Keogh, 1990)。因此,低张力儿童的动作看起来很异常。例如,他们从坐姿换到俯卧的方式可能是通过张开双腿并用头或者手推(Sugden & Keogh, 1990)。低张力的儿童可能很难发起和完成动作,而且他们的动作可能不好分级(例如太硬、太快)。因为难以协调动作,他们可能会通过降低到支撑面、把身体的一部分压在另一部分上或者用锁定关节的方式来支撑体位(例如头竖直、坐着、站立)。Stamer(2000)认为,人在收缩肌肉、平衡肌肉关节两侧和调动不同肌肉发力这三方面存在困难时,会导致动作和姿势的异常。一般而言,肢体肌张力低的儿童其躯干的肌张力也会减弱。

　　一些肌张力低的儿童在出生后第一年会出现新的症状。他们可能会出现共济失调,这是脑瘫的一种,其特征表现为震颤和用更多的身体部位来支撑坐姿或站姿。患有共济失调的儿童往往害怕移动且平衡能力差。因此,广泛的支撑基础和低姿倾向对他们很有帮助。尽管他们害怕,但他们似乎行动频繁,还可能被贴上过度活跃的标签。他们依赖于视觉固定来移动,这意味着他们不能扫视环境,因此会经常绊倒或撞到物体。此外,他们的动作协调性和组织性都很差,他们很难发起动作,但可能随后又越过了目标地点。他们的能力似乎非常不稳定,每天都有不同。此外许多患有共济失调的儿童在手臂、头和眼睛都有震颤(Stamer, 2000)。

　　儿童还可能出现以低张力先出现,张力波动的症状。其特征是进行高度复杂的、无目的的、不受控制的和看似不自主的运动(Stamer, 2000; Sugdun & Keoh, 1990)。"波动"一词可能是通过观察躯干或四肢关节两侧肌肉交替收缩得出的。出现这类扭动或旋转运动的儿童通常会被诊断为患有手足徐动型脑瘫(athetoid cerebnal pulsy)。他们用一些不必要的力来发起运动,并且会向着与预期运动相反的方向上发力。同时,他们的姿势通常是非常不对称的,并且难以负重和控制头部。

　　更复杂的是,儿童可能有不止一种类型的异常张力。例如,那些可能被诊断为手足徐动类脑瘫或者有张力波动情况的儿童通常在婴儿时期就已肌张力过低。最后,儿童的肌张力,无论是正常还是异常,会在他们处于不同状态或移动时而有所不同。例如,儿童在休息时的张力比兴奋时要低(Stamer, 2000)。

1.2 使用《观察指南》评估基本运动功能

I.A. 姿势能多好地支撑动作？

在使用 TPBA2 时，干预小组成员应该注意各种姿势能多好地支持大肌肉和小肌肉运动技能。儿童会呈现哪一种发展姿势并且在玩游戏的时候能保持多好？干预小组还应观察儿童保持头部和躯干协调并自由移动的能力。当他们伸手去够或准备去接球时，他们能准备好面对不可避免的干扰吗？当发生意想不到的事情时（比如轻推），他们如何反应？干预小组成员还需要评估儿童跌倒时是否能控制住自己。

I.B. 肌肉张力能多好地支撑姿势？

干预小组应该观察肌肉张力对外观和动作的影响。有没有证据表明躯干或四肢的肌肉张力降低了？肌肉张力低的儿童似乎有软塌塌的肌肉。他们的姿势很差且很难抵抗重力。例如，一个儿童可能很难控制他的头，当他从平躺要起身来坐的时候，他可能会用下巴而不是前额来引导自己，从而导致他的头慢慢地向后倒。通常，肌张力低的儿童还会弓着背坐着，他们的腿会伸展得很开。这反映出他们的肌肉张力低，同时也能更好地支撑躯体。他们可能会因为依赖支撑面且偏离身体基准线，从而卡在一个姿势中。在负重的状态时，他们可能会"锁住"关节以最大限度地降低对肌肉的需求。例如，一个儿童可能会在站立时锁住膝关节，而在手掌和膝盖受力时锁住肘关节。

有没有肌肉张力增加的证据？当肌肉张力过高时，儿童会显得僵硬。他们倾向于以特有的姿势握住手臂和手（如手臂弯曲、握紧双拳）并以典型的方式移动。如果他们能够坐，他们的腿倾向于并拢，只提供一个非常狭窄的支撑基础，并且他们可能倾向于斜坐在骶骨上而不是正坐在臀部上。他们常常踮起脚尖，由于四肢的僵硬，他们很难发起动作。然而，增加胳膊和腿部肌张力的儿童可能会降低躯干的肌张力。

是否有震颤或其他非自主运动干扰手和手臂的证据？这种动作通常被描述为"波动张力"。比如有儿童在控制肌肉收缩时会快速地按下电灯开关。出现非自主运动的儿童通常会躯干肌张力降低，而身体其他部位可能出现肌张力增强的情况。

因为各种姿势是由肌张力形成的，所以有着异常肌张力的儿童往往不善于作出姿势反应。他们可能缺乏稳定性，难以保持或变换姿势。他们很容易失去平衡，在跌倒时无法控制自己。

亚历杭德拉（Alejandra）的家人为他们安静、害羞的 6 岁女儿来寻求 TPBA2 的帮助。因为疏忽她的运动发展，她 4 岁的妹妹跑步和爬山都比亚历（Ali，小名）好，而且在其他方面也开始超越她。亚历的评估在一部分覆盖着厚床垫的游戏区进行。她只能跌跌撞撞地穿过那个区域，并且她的支撑肌肉张力明显很低。她站在那儿，膝关节紧锁，背部弓着，肌肉显得软塌塌的。当亚历试图在地板上拖一个装满玩具的大袋子时，她明显感觉到更困难了。她的力量来自她的手臂，但她的躯干似乎并没能提供充分的支持。亚历的父母说，每当走在柔软或不平坦的地面上时，她都会遇到类似的困难，尤其是在搬运大件或重物时。

虽然干预小组成员比较容易观察到亚历（Ali）低肌张力的证据，但更值得关注的是这种肌张力对她姿势和运动技能的影响。亚历的低肌张力导致躯体和四肢不稳定。因此，她锁住膝关节弓着背，尽量减少对肌肉的需求。她的不稳定不仅使她难以搬运或拖拽重物，还让她难以保持身体平衡。低肌张力和不协调的姿势导致亚历会在生活中遇到各种各样的困难，这些都会反映在她的治疗计划中。需要注意的是她的目标应该是提高特定的技能（例如，有效地拖拽或推动重物），而不是笼统地说应该改善平衡或建立肌肉张力。

第二节 大肌肉运动活动

2.1 大肌肉运动活动

大肌肉动作是指肢体大幅度运动和大肌肉的动作。它们涉及身体多个部分一起运作以移动身体并接收或推动大型物体（Burton & Miller, 1998）。例如，跑步和投掷都是一种大肌肉动作的活动。它们的动作幅度大，并且用到了躯干和手脚。大肌肉动作的实际定义一直没有被明确，也许是因为它只简单地反映了词典对大肌肉的定义："大"（Random House, 2000）。然而，该定义详细地反映在对大肌肉运动能力的评估项目中（例如，Bruininks, 1978; Folio & Fewell, 1983）。

有必要提醒：小肌肉动作（fine motor movement）经常是用手进行的，所以大肌肉动作和小肌肉动作有时分别特定地（但不正确地）与手臂和腿相连。也就是说，有时有人会把用上肢做的任何动作都称为小肌肉动作，而把用下肢做的都称为大肌肉动作。如果"大"和"小"之间没有明显区别，该定义只会更加混淆。"伸手去拿"这个动作是一个很好的例子。它是大肌肉动作还是小肌肉动作呢？一个踮着脚并用力伸手从架子顶部上拿玩具的儿童显然是在做一个大肌肉动作。但如果是坐在桌边的儿童伸手去拿在他面前的盘子里的炸薯条呢？

他是在做大肌肉还是小肌肉的动作呢？因此，为了简便起见，在 TPBA2 中，我们把主要涉及上肢的所有活动，无论是大肌肉运动还是小肌肉运动，都划分到"手臂和手的使用"的部分（第三节），这一部分在大肌肉动作部分之后。

Ⅱ.A. 一般来说，你如何描述儿童的大肌肉动作？ 大肌肉动作存在问题会对动作功能有多大影响？

在评估大肌肉运动时，我们首先要从儿童的动作来看。他们能做他们想做的事吗（即他们的行动有效吗）？做得怎么样（即行动反映的效率和质量）？有多容易（即他们付出了多少努力）？他们乐意做出大肌肉动作吗？

儿童也许完成任务完成得不好，并且他们可能花费很多精力去做本来非常简单的事情。跑步就是一个很好的例子。当发育正常的儿童（5 岁以上）跑步时，他们身体前倾，手臂有节奏地摆动（Keogh & Sugden, 1985; Seefeldt & Haubenstricker, 1982; Williams, 1983），几乎随时可以停下来。他们可能会喘不过气，但很快就会恢复过来。然而，跑步困难的儿童看起来很笨拙，动作相对较慢。他们很容易疲劳，并且你会发现许多这样的儿童如果不碰到什么东西就很难停下来。

此外，重要的是询问影响儿童进行大肌肉动作的不同环境条件，包括积极的和消极的。例如，一个儿童也许可以在地下室里骑他的两轮车，但是害怕在倾斜的表面上骑行，比如在车库门前的斜车道或者他家前面的小山坡上骑行。

我们也会观察儿童似乎很喜欢的那些包含大肌肉动作的游戏。害怕移动或者因动作不协调而被嘲笑的儿童可能会避免做出大肌肉动作。有时，父母和其他人会把儿童的动作困难误认为是个人偏好（Cermak & Larkin, 2002; Lane, 2002; Reeves & Cermak, 2002）。然而，大多数儿童，尤其是男孩，至少在学龄前会喜欢玩感觉运动游戏（Clifford & Bundy, 1989）。

Ⅱ.B. 儿童用什么姿势玩耍？

大多数儿童都有一系列的姿势。然而，他们做游戏时只用到几个。大多数发育正常的儿童在大约 15 个月时能够呈现共同的游戏姿势（Aylward, 1995; Bly, 1994; Case-Smith, 2001; Folio & Fewell, 1983; Piper & Darrah, 1994）。这些姿势开始于不依赖手臂的仰卧（约 4 个月），之后包括用前臂支撑的俯卧（5 个月），在俯卧时伸展手臂（7 个月），不依赖手臂而稳定地坐着（约 8 个月），有支撑面的站立（10 个月），单独站立（13 个月），最后是蹲（15 个月）（Piper & Darrah, 1994）。一旦儿童能够坐下了，他们就很少会以非直立的姿势来玩耍了（Alexander 等人，1993）。

为了以一种特定的姿势玩耍,儿童必须一直保持这种姿势,即使他们受到轻微的打扰。比如伸手,转身去看或者当别人撞到他们时。但他们至少需要一只手空着,最好双手都空着。缺乏足够内部稳定性,无法独立玩耍的儿童可由椅子或其他设备从外部提供支撑。然而,即使椅子很合适,它也不能取代内部的稳定性。也就是说,它不能帮儿童去移动重心或轻易转动。因此,游戏开放性和儿童独立性在一定程度上会被限制。

缺乏近端稳定性或下肢肌张力高的儿童通常更喜欢双腿呈"W"形地坐着。"W"形坐有一定的优势,因为儿童只需简单地把手和膝盖穿过腿部并向后移就可以呈现这种姿势,而不需要转动躯干。此外,这个姿势非常稳定,双手完全自由。然而,"W"形坐也有劣势。其中最重要的一点在于,它会拉紧臀部和膝关节并可能导致腿部畸形,尤其是那些长期保持弯曲腿部的儿童。

儿童保持姿势的能力有助于自身稳定性的发展。例如,Alexander 和其同事(1993)就描述了 7 个月大的婴儿手和膝盖支撑摇晃时,姿势的稳定性、力量性和协调性得到发展,这反过来又改善了儿童对肩膀、骨盆和臀部的控制。

类似的例子也适用于儿童所有发育部位控制力和稳定性的发展。

Ⅱ.C. 儿童能否独立地完成姿势间的转换?

为了能独立进行游戏,儿童必须得不断变换姿势。否则,他们在游戏中的选择非常有限。典型发育正常的儿童经常变换姿势。随着游戏的发展,玩具的移动或者对舒适度的需求,他们都会调整姿势。

姿势的变换取决于身体的校准(postual alignment,Alexander 等人,1993)。这是重心移动自然发展的结果。事实上,早期(例如从腹部俯卧向背部仰卧滚动等)转换可能首先发生,因为儿童不能对重心移动进行分级,当他们转换过度时,会意外地"跌倒"到新的姿势(Alexander 等人,1993)。逐渐地,随着他们获得更大的控制力和稳定性,姿势的被动转变就会成为自愿发生的事情。

从一个姿势转变到另一个姿势是随时间发展的。从 7—9 个月大的时候开始滚动,包括从坐姿到靠手和膝支持(8—10 个月)、从坐姿到俯卧(8—12 个月)、被拉着站立(8—10 个月)、沿着低地面徘徊(9—13 个月)、从站姿到蹲下(9—11 个月)和从蹲或手膝支撑到站立(12—15 个月)(Piper & Darrah,1994)。毫无疑问,姿势转换反映并有助于姿势控制的发展。

Ⅱ.D. 儿童怎样从一个地点到另一个地点? 有多独立? 质量如何?

从一个地点到另一个地点的转移方法有很多种,而幼儿的游戏通常就综合了多种方式。例如,儿童可以步行或爬行,可以连蹦带跳或双脚跳,骑三轮车、使用学步车或轮椅。然而,与发育阶段的姿势一样，儿童只使用那些在他们的游戏中有意义的动作。例如，已经会走路的儿童很少会再恢复爬行，除非是游戏时的需要（例如假扮动物）。

到 15 个月大的时候，正常发育的儿童已经掌握了大部分的运动技能，尽管许多技能（例如，跑步和跳跃）在接下来的几个月甚至几年里都在不断完善（Burton & Miller, 1998; Folio & Fewell, 1983; Keogh & Sugden, 1985; Williams, 1983）。在 6—8 个月大的时候，俯卧时，运动开始于翻身，包括滚动、用腹部支持的爬行（8—9 个月）、用手和膝盖匍匐爬行（9—13 个月）和步行（大约 12 个月开始）（Piper & Darrah, 1994）。更高级的运动技能发展较晚。比如跑步在大约一岁半时发展，随后被保留下来。其他的，如双脚跳跃和蹦跳，开始得较晚（分别为 2 岁半—3 岁和 4 岁半—5 岁）（Keogh & Sugden, 1985; Seefeldt & Haubenstricker, 1982; Williams, 1983）。

当然，并非所有的运动技能在任何情况下都是可能的或可接受的。例如，即使一名儿童能很好地骑三轮车，可能也不会允许他在学校或教堂使用它。此外，他/她可能缺乏在山地或沙地上骑行的技能。

有明显运动障碍的儿童可能无法独立或安全地移动。一些儿童可能要耗费大量的精力来完成同龄人认为相当容易的事情。当儿童移动有困难时，我们试图确定其原因。与运动能力有关的许多因素中的任何一个（例如，姿势控制、肌肉张力、两侧平衡、运动规划）都可能是其移动困难的原因。然而，干预小组也应该通过评估任务的性质和环境的条件来确定原因。

II.E. 儿童能把身体两侧协调得多好？（两侧平衡）

协调运用身体两侧的能力对儿童的感官运动功能至关重要。使用双手一起进行在相对于身体的任何空间方向上的熟练操作，是在两侧平衡协调长期发展中的一个重要里程碑。（Keogh & Sugden, 1985; Williams, 1983）。许多两侧平衡都会涉及儿童对未来状况的预期（例如，用双手抓球）。除了需要他们两侧肢体平衡，这些任务还高度依赖于发展一套姿势来支持他们的行动和运动规划能力。

一些学者（Keogh & Sugden, 1985; Williams, 1983）提供了关于两侧肢体平衡使用发展的信息，以下是一些总结（Koomar & Bundy, 2002）。然而，由于身体位置、特定任务和任务周围环境的影响，两侧肢体平衡的需求变化很大，所以很难给出儿童掌握使用双侧肢体运动的确切年龄表。

- 手臂的两侧运动发展较早于腿部。
- 两侧协调从分散运动逐渐发展到较连贯的动作。
- 对称运动比交替运动更早发展。

虽然两侧协调的评估通常集中在四肢，特别是上肢，但实际上是指整个身体，包括躯干的评估。为了完全理解这个概念，我们可以想象一条线将身体在正中矢状平面上平分，使得右侧和左侧身体相接。因为肢体运动需要靠姿势来支撑，为了能在一侧空间中使用肢体来反映双边协调并提供支撑，人们可能会想到躯体转动时穿过身体中线。

当然，如果一个儿童身体左右两侧有明显的差异，那么两边协调就会受到负面影响。身体两侧的差异通常反映了肌肉张力和姿势控制的差异。在这种情况下，这个孩子可能几乎只用一只手做所有事且完全不用另一只手，哪怕只是辅助。

另一种两侧协调不良的表现则完全相反，儿童似乎没有明显地对利手的偏爱。这样的儿童可以用两只手交替地做一个特定的任务（即用餐具吃饭，扔球）。有些儿童，尤其是那些左利手的儿童，通常用右手完成一些任务，而用左手完成其他任务。但这并不能反映出两侧协调关系不佳。

2.2 利用《观察指南》来评估大肌肉运动活动

Ⅱ.A. 一般来说，你如何描述儿童的大肌肉运动？ 大肌肉运动的问题对日常活动有多大影响？

在干预小组仔细观察大肌肉运动动作之前，他们应该全面观察儿童综合的运动。在儿童对应的年龄，他们是否能够完成这个年龄段应该能做到的动作？完成的质量如何？他们付出了多少努力？他们乐意做大肌肉运动吗？

如果大肌肉动作是问题的来源，那么干预小组应该尝试判断问题的严重程度。也就是说，你看到的问题是否严重干扰了这个儿童的游戏和其他任务，还是说它不是干扰儿童的最大困难来源？回答出这个问题会给你的评估奠定一个思考模式。许多来评估的儿童都存在很多问题。有些问题会比其他问题更干扰他们的日常活动功能，而有些问题对特定的儿童或家庭是至关重要的。所以在决定干预的相对重点时，干预小组需要仔细权衡每一个发展领域。例如，在她发展的某个阶段，如果这个儿童的家庭已经更多地关注她的腿部而不是手臂，那么干预小组可能反而会决定把干预的重点放在她最擅长和最容易的事情上，而不是步行上。因此，对她的干预目标可能会强调手臂和手的技能，如游戏或穿衣服。

Ⅱ.B. 儿童以什么姿势玩耍？

在运用 TPBA2 时，我们最小限度地"操控"儿童。相反，我们更愿意通过观察获得尽可能多的信息。我们看重的是，儿童呈现或维持一个姿势的能力是如何受到游戏和环境的影响。哪些因素会提高儿童的能力？哪一些降低儿童的能力？当预料到将要发生的情况会影响他现有姿势的话,儿童能相应地做出该有的姿势准备吗?

II. C. 儿童能多独立地完成姿势间的转换?

　　当然,有些儿童只能以他们被放置的姿势玩耍。在没有帮助的情况下,他们无法转换姿势。因此,重点在于从照顾者那里了解儿童通常玩耍的姿势,把儿童放置或帮助他们处于对应的姿势,然后进行观察。我们将观察的是儿童需要多少帮助才能保持这个姿势(包括家具或适应性设备的协助)以及儿童玩玩具的能力。

　　"W"形坐是一种常见的现象,而儿童和照顾者之间却有分歧。干预小组必须权衡"W"形坐姿对每个儿童的利弊。当决定尽可能减少或消除"W"形坐时,干预小组成员必须非常努力地帮助孩子开发出一个可接受的替代方案(即,易于维持,并且不依靠双手支撑)。除了"W"形坐,儿童们还可能以其他不常见的姿势玩耍。干预小组成员必须多方考量想出最好的解决方案。

II. D. 儿童怎样从一个地点到另一个地点? 是否独立? 质量如何?

　　TPBA2 小组不需要评估儿童可能使用的每一个大肌肉运动动作。相反的,干预小组应该评估那些发生在儿童游戏时自发的动作,记录那些出现的动作,以及动作的发展与儿童的年龄的接近程度,评估动作的质量。这些动作是否与其正常发育的同龄人相似? 这些动作看起来有不寻常吗? 是否安全? 儿童花了多少努力做到的? 再次,关注儿童的行动能力如何受到游戏和环境的影响。哪些因素会提高孩子的能力? 哪些会降低?

　　兔子跳(双手和膝盖在一起移动)与 W 形坐一样,具有优点和缺点。像前面提到的 W 形坐一样,如果干预小组成员希望消除兔子跳或其他形式的有效但可能对关节造成损伤的感知觉运动,那么他们必须非常努力地帮助孩子发展出一个可接受的替代方案。

II. E. 儿童能把身体两侧协调得有多好?(两侧平衡)

　　在评估两侧协调的质量时,干预小组应该观察其对称性和不对称性。两侧的身形尺寸是否相似? 儿童能同时使用双手或双脚做需要的任务(例如拍手、骑脚踏车)吗? 因为执行大肌肉运动任务需要同时使用双手而这可能特别困难,所以干预小组应该尝试观察涉及此技能的活动。用网球玩抛接球(或滚球)是一项特别适合的活动,同时它还允许干预小组观察其他两侧平衡技能(例如越过中线)。而桌面活动也有利于干预小组观察儿童使用身体中线的情况。

　　身体中线交叉通常与躯干旋转一起发生。它们应该自发发生,而不是因为孩子被要求这样做。问题在于不交叉的趋势,而非能力不足。特别是在玩球时,当球接近身体中线时,我们会看到中线交叉和躯干旋转得很好。如果球在手的附近,用一只手抓住它就更自然了。

同样,桌面活动也是很合适观察的活动。

我们预期大多数学龄前儿童已经有偏爱的利手,而且我们将在诸如投掷、击球、扫地、伸手臂够或其他熟练的小肌肉动作任务中看到这一点。儿童总是用同一只手来做同样的任务吗?

我们也要确保儿童有一只好的辅助手。一般来说,儿童使用利手握住物体。当辅助手的技能得到充分发展时,儿童可以用它来定确定物体的移动方向。在需要操作的活动中,这可能是最容易被观察到的。

按顺序进行两侧行动是特别困难的,而我们也寻找机会来观察儿童是如何处理的。他们能在多次重复中保持有节奏的顺序吗?鼓掌和跳跃游戏特别适合观察重复的两侧动作。推动秋千或坐着旋转(儿乐宝(玩具品牌)/孩之宝)也有同样的用途。手脚协调的对称顺序比相反的次序更容易观察(参见 TPBA2 观察指南,第四节运动规划和协调及其评估)。

最后,观察孩子用胳膊和腿在一起的活动。快速跑,加速胳膊和腿的运动,就是很好的例子。孩子的动作应该轻而易举。

当评估两侧协调时,集中观察自发产生的动作。如果干预小组对孩子是否能够执行特定的动作感到好奇,请让游戏引导员创建一个可以让动作自发产生的场景。如果不能引发特定的动作,小组应该询问父母儿童是否能执行这个动作。

威廉(William)是一个有先天性脊柱裂的可爱的 4 岁男孩。他和发育正常的同龄人一起上当地的幼儿园。威廉将在即将到来的学年开始上学前班。他的父母关心他如何在学校建筑和操场间活动。到目前为止,家长没有让他坐轮椅,因为他们担心他可能失去行走的动力。他的感知运动能力如何?怎样在学校安置他?对这两个问题的担忧促使家长带他来进行评估。

威廉能靠手和膝盖独立地爬行,而这是他在家和幼儿园的主要运动方式。他还使用一个用手臂驱动的改装三轮车。在 TPBA2 评估时,威廉会爬到他想去的任何地方。虽然他最近在理疗师的帮助下开始练习步行器和站立的姿势,但是在没有帮助的情况下,他不能独自安全地使用。他刚来评估时,干预小组就观察了威廉使用这些设备的情况。后来,他们让他选择自己要用的方式去使用设备。

威廉的家人和干预小组一致认为,对他干预的重点应该是为上学做准备的运动。他们讨论了几种选择。威廉可以在走廊和操场上使用三轮车,但不能在教室里使用。虽然他可以在教室里爬行,但他们都觉得爬行不该是他四处移动的唯一方法。他们定下了两个目标。一个目标是通过强化的理疗课程来衡量他使用设备的进展。第二个目标是要能使用轮椅。干预小组一致认为,威廉有时需要快速到达某个地方,但三轮车和步行车都不实用(例如,消防演习、班级旅行)。尽管起初并不情愿,威廉的父母还是完全接受了这个决定。威廉的体型越来越大,不再适合在社区里使用婴儿车，而且他们感觉邻居的孩子们会认为他很幼稚。

威廉的家人认为与整个干预小组分享他们的担忧、想法和共同观察的机会是非常宝贵的。他们开始评估时是完全反对使用轮椅的，但他们最终接受了这个解决方案。这个评估过程改变了他们和他们的意见。他们感受到了整个干预小组的支持，并认同了使用轮椅在家里和学校里都有好处。

第三节 手臂和手的使用

3.1 手臂和手的使用

手臂和手是我们与物体互动的主要手段，也是社会交往、交流的重要方式。它们是具有实用性、创造性的，同时也是社会性的。手臂使得手伸出并定位到任何物体上。反过来，手可以作为平台，发展出钩状抓握、钳状抓握或指尖捏（Henderson & Pehoski, 1995）。

我们可以通过手臂和手直接作用于物体：伸手、抓握、操纵、戳和捅和探索。我们还能使用工具来使得一些操作过程具有更大的精度或力量。我们可以在空中接住足球，使用锤子或钳子，穿针，或吹笛子（Henderson & Pehoski, 1995）。

我们也通过手势来表达情感。我们可以用手臂和手来抚摸、拍打或嬉戏。我们可以用它来表达"我爱你""来这里"或者"走开"（Henderson & Pehoski, 1995）。

手部动作需要精确的操作，是所有运动技能中最先进的，既需要有意识的控制，也需要大量的感官输入和反馈。它们的复杂性反映在一个漫长的发展期，这个时期一直延续到青春期早期（Henderson & Pehoski, 1995）。许多类型的疾病会导致手臂和手部的使用困难。

因为许多需要熟练使用手臂和手的任务也伴随着视觉需求（例如，球类运动、艺术和手工艺），我们经常同时观察眼-手（视觉-运动）的协调。所以，无法熟练使用手和手臂的儿童通常伴有手眼协调的困难。

Ⅲ.A. 通常，你如何形容儿童的手臂和手的使用？手臂和手使用的问题在多大程度上干扰正常功能？

干预小组应该从检查儿童手臂和手部的总体使用状况开始。在总体的评估中，提出一些问题。儿童是否能完成期望的行动（有效性）？完成状况如何（质量）？多容易完成（付出多少努力)?

儿童也许可以用手臂和手来完成任务,但是他们的动作质量可能不好,他们可能花费很多精力去完成本该非常简单的任务。用剪刀剪是一个很好的例子。到 7 岁时,发育正常的儿童可以相当熟练地使用剪刀(Exner,2001)。他们自动将拇指和中指插入剪刀环中,按纸张的厚度成比例地张开剪刀,并快速有节奏地切割。辅助手熟练地握住纸,每剪一刀就重新定位一次。观察使用剪刀剪东西有困难的儿童常会发现,他们从决定把哪个手指插进环里开始,每一步都可能是戏剧性的。他们可能很难用小指的一侧来稳固。实际剪切的动作可能是没节奏的,剪刀开度的大小也不稳定。辅助手可能出现另一个问题。儿童可能无法防止纸片在用剪刀开合时掉下来。还可能无法保持移动纸张的时间和节奏,因此在切割过程中会有很多中断。

另一个观察的重要方面是儿童有多喜欢玩需要用手臂和手的技巧的游戏。手臂和手使用困难的儿童通常避免需要复杂的手部运动或需要熟练使用手眼合作的玩具和活动。与要求精确技能的活动相比,儿童可能更偏爱选择对技能要求很少的大动作(例如,打闹),特别是对男孩来说。然而,如果它与儿童需要完成的任务(例如,自理、入学准备)或想要完成的任务(例如,运动)同时出现困难时,那么它可能反映为功能障碍(Clifford & Bundy, 1989)。

当手臂和手的使用是儿童的困难之一时,干预小组应该首先确定应关注的程度。也就是说,我们认为这个问题严重到干扰正常生活,还是确实有些干扰但可能比其他一些困难小?或者,反过来说,这个问题是否严重到必须做出适当调整才能做出需要手部技能的活动?例如,计算机是否可能是该儿童写作的最佳手段?正如前面对大肌肉运动行为的讨论一样,回答这些问题有助于确定干预计划的优先次序并制定干预计划。

Ⅲ. B. 儿童能多好地伸手够物体?

伸手够使得手达到抓住物体的位置。伸手够不仅取决于视觉,还取决于触觉和本体感觉(源于肌肉的感觉),也就是术语所说的手眼协调。伸手够的初始动作是在本体感觉控制下非常快速地完成的,这个动作使手接近要接触物体的位置。当手靠近物体时,速度会减慢,而视觉对于塑造手的动作和朝向就变得更加重要。要抓握的对象越小,最后的阶段越慢(Rösblad, 1995)。

时机的掌握是"伸手够"的重要组成部分。当抓握目标在运动或非常小时,时机的掌握就显得格外重要。除非时机非常精确,否则抓握将不成功(Keogh & Sugden, 1985)。当伸手够到达最后阶段时,手应该准备好对对象做出动作。这要求它要相对于对象做出定向并随后做出动作。伸手、定位手的方向、准备对物体起动作是同时发生的(Rösblad, 1995)。因此,我们用"伸手够"这个术语来表示这一套组合的功能,来使手伸向需要作用的对象上。

非常小的婴儿无法通过伸手够而获得玩具。然而，大约 6 个月时，伸手够这个动作已经发展得很好了。也就是说，"伸手够"的运动轨迹很少需要加速和降速以便使手靠近接触物体。到 9 个月时，婴儿能通过调整手张开的大小以匹配对象物体的大小来准备抓握。到 13 个月时，手张开的时机已与成人相似。早期的延伸运动是两侧运动，但是随着儿童能够控制姿势和坐姿，他们能够更好地进行单侧的伸展(Rösblad，1995)。

尽管对发育不完善的儿童"伸手够"的技能知之甚少，但已知有几个因素可能影响他们，特别是在有神经功能障碍的儿童中。这些症状包括姿势控制不佳、运动时机控制不佳、视觉和本体感觉之间或两侧间本体感觉之间缺乏对应。这些困难意味着"伸手够"的动作需要更长的时间，同时也更不精确，特别是当物体不是静止的时候(Erhardt，1992；Rösblad，1995)。

Ⅲ.C. 儿童能多有效地抓握

抓握物体与捕获物体意思相近。捕获之后，物体被操纵、使用、传输或保持。当任何尺寸的物体能够以精简的运动方式被抓住，并且以这种方式为下一次动作做出准备时，抓握就是有效的。这种效率通常会在出生后前 2 年内得到发展(Case-Smith，1995)。

20 到 24 周大的婴儿第一次学会自主抓握时，他们使用手掌的（小指）尺侧，而拇指几乎不参与。因此，"抓得住的物体"必须是相对较大的。在抓握之后，物体将在手中保持或传递出去，但不再可能在手中操作(Case-Smith，1995)。

在接下来的 18 个月中，抓握的贴合面以及前臂的使用发展成为有效的抓取。抓握将逐渐从手的尺侧逐渐移向桡骨（拇指）侧。拇指在大约 24 周时开始活跃，到了 36 周大的时候，"剪刀"式的抓握（即大拇指和第一指侧面之间的小物体的抓握）就很常见了。在 40 周时，儿童能够通过不成形的钳状抓握用拇指顶住手指垫。直到孩子一岁，他们才能熟练地靠拇指和手指尖来抓握物体，且不需要外部固定(Case-Smith，1995)。

抓握的效率和有效性取决于对前臂的定位，使手指朝向物体。最初，儿童保持前臂外翻。在大约 28 周时，儿童将能够将前臂充分地向下转动，以便将桡骨手指和手掌之间的物体送到嘴里(Case-Smith，1995)。随着技巧的提高，儿童将能够将手和前臂定位到需要灵巧抓握的任何位置，并且这种动作将与伸手够同时发生。

另一个提高抓握效率的前提是对外部稳定性的需求下降。在大约 20 周时，儿童抓握物体的唯一方法，是沿着支撑面拉动物体使之与另一只手相碰，并将其挤压到那只手中。这不是真正的抓握。甚至在 40 周时，儿童仍需要将前臂稳定在表面上，才能同时用拇指和食指不成形的钳状抓握来抓握小物体。同时，外部支持被手部本身增加的稳定性所替代。这方面的一个例子是，儿童在使用桡侧抓握时能够与手的尺侧保持稳定，这也经常与约 1 岁时的上钳抓握结合使用。一旦儿童不再需要外部力量将手稳定住,他们可以很容易地从任何方向和任何表面抓取物体(Case-Smith,1995)。

抓握能力也随着手的肌腱弓和内在肌肉的发展而提高。几个重要的观察告诉我们肌腱弓正在发展。虽然与握力没有明显的关系,但当儿童的手负重时,肌腱弓是清晰可见的。由于肌腱弓的存在,手看起来并不平坦,并且儿童可以使手在承重位置上移动(例如,当移动重心或摇摆时)(Boehme,1988)。与抓握关系更明确的是,随着肌腱弓的发展,儿童可以把指尖和拇指呈相反姿势,用相对伸展的手指来握住物体。因此,如上所述的更高级的"捏",大约会在儿童一岁时出现,这也反映了肌腱弓的发展。这种小肌肉的抓握,通过手中肌腱弓的存在来实现,使儿童能实现高效准确地抓握(Case-Smith,1995)。

当儿童能够独立地控制单独的手指和移动手的两面时,抓握也将变得更有效率。到1岁时,儿童能单独使用食指来戳,并且一只手可以握住两个小物体。这些能力将在之后6个月内继续发展。越来越高效的抓握还意味着儿童可以适应要抓握物体的重量和形状。

我们预期18个月的儿童,能在不捏坏物体的情况下,捡起并握住小而相对脆弱的东西(例如,饼干、纸杯)。两岁的儿童抓握时能适应各种重量的物体。然而,和成年人相比,即使是8岁的儿童的抓握能力也是不稳定的(Eliasson,1995)。同样,儿童必须学会调整自己的力量以匹配物体的大小,这种能力直到3岁才开始发展,至少要到7岁才能完成(Eliasson,1995)。

III.D. 儿童放开物体的情况如何?

抓握的物体总是要被放开的。因为放开的动作是在抓握这一功能之后,因而它发展得滞后也并不足为奇。放开这一动作的初期形式是儿童将物体从一只手拉到另一只手中,或使用外表面来协助将物体从手指中滚出(大约28周时)。而同时,这个儿童已经练习抓握4到8周了。主动放开的动作要到40—44周才会开始,即使到那时,这动作最好被描述为"用力扔",因为它经常涉及到肘部和手腕手指的运动以及手指全张的动作(Case-Smith,1995;Erhardt,1994)。

仅在1岁时,当儿童能熟练地抓住微小物体时,他们才开始在做放开动作时不把手完全张开。这就是所谓的"受约束的放开"。然而,在接下来的6个月里,儿童必须把前臂稳定在支撑面上,以便准确释放小物体。直到2岁左右,儿童才会调整手指的张开的大小以精确地适应物体的大小和形状(Case-Smith,1995;Erhardt,1994)。

III.E. 儿童能多好地单独用手指做指示、戳和轻敲的动作?

到1岁时,儿童就可以把食指和其他手指分开来戳和转动小物体,这样小物体就能很容易地被抓握。这种技巧出现的同时,儿童发展了将小物体夹在拇指和食指尖之间的能力(Case-Smith, 1995)。这两种技能都是相关的,因为两者都反映了手两侧的分离度增加,以及手桡(拇指)侧熟练使用手指的能力增加。

虽然儿童能够在 1 岁前将食指与其他手指分开,但直到 15 至 18 个月大,他们也一般不会在任何需要力量的玩具上(例如,玩具钢琴、收银机)使用单独的一个手指。他们可能更喜欢使用多个手指。

单独手指的使用将持续发展一段时间。使用所有手指进行单独运动的能力(例如,在键盘或钢琴上)要到 10—12 岁才能发展,并且需要接触和训练(Case-Smith & Weintraub, 2002)。

需要单独手指运动的活动通常涉及到视力,然而,一旦被学会,它们更多地依赖于来自肌肉的输入(Case-Smith & Weintraub, 2002)。涉及多个手指单独运动的大多数活动都是快速和有顺序地完成的。它们涉及到预期动作,因此,也将涉及到动作的计划。

Ⅲ.F. 儿童的手部操作的有效性如何?

虽然放下物体比抓握更困难,但是在使用或放开之前调整物体在手中的位置的能力却是更困难的。事实上,它是所有手部动作中最具技巧的。在不使用外部支撑的情况下微调物体的位置,被称为在手中的操作。根据它们的困难程度,手中的操作可能在 7 岁时也还没有完全发育好。即使当儿童能够进行某些手中操作时,他们也可以选择不使用(Exner, 1992, 2001; Pehoski, 1995)。

与许多其他手部技能不同,手中的操作并不依赖于视觉。触摸和本体感觉才是最重要的。要想成功地进行手中的操作,就必须紧抓物体不让它掉下来,而又要足够松才能让它顺利移动(Pehoski, 1995)。

有三种手中操作的基本类型(Exner, 1992, 2001; Pehoski, 1995)。第一种类型是使用拇指将物体从手掌移动到指尖,或从指尖到手掌。这就是所谓的平移。例如,当将硬币或食物移入或移出掌心时,儿童会使用平移(Exner, 1992, 2001; Pehoski, 1995)。

手中操作的第二种类型是在手指和拇指之间旋转物体。当物体被旋转一点点时,它被称为简单旋转。例如,当重新定位最初用笔尖端指向小指侧的蜡笔时,会发生简单的旋转。当物体旋转超过 180 度时,则会使用复杂旋转。例如,当一个孩子手里拿着一支蜡笔,笔的尖端朝向拇指内侧,然后在手中转到适用于绘画的位置。这时可以看到一个复杂旋转(Exner, 1992, 2001; Pehoski, 1995)。

最后,当一个物体线性地移动一段小的距离时,这种手中的操作被称为移位。例如,当手指沿着蜡笔向下移动到笔尖,或玩扑克牌铺成扇面时,会发生移位(Exner, 1992, 2001; Pehoski, 1995)。

执行每种类型的手中操作不一定要靠"稳定"（即，同时持有另一个物体在指环和小手指）。显然，在具有稳定性的手中操作比在没有稳定性的手中操作更困难，而且发展得较晚（Exner，1992，2001；Pehoski，1995）。

即使是在手中操作的三种基本类型（即，平移、旋转和移位）中，难度以及出现顺序上也存在差异。手指到手掌的平移是最容易的，在儿童12至15个月大的时候，就可能会出现。比如当儿童重新放置饼干或玩具时。手掌到手指的平移和简单的旋转（例如，打开罐子盖）出现在2岁到2岁半之间。移位和复杂的旋转更困难，大多数4岁或5岁的儿童都能够这样做，但是要到大约6岁半才能稳定地操作。即使年幼的儿童也能够掌握这些困难的技能，但除非特别要求，他们也不一定会选择使用它们。手中操作的技能会持续发展到12岁（Case-Smith & Weintraub，2002；Exner，1992，2001；Pehoski，1995）。

面对不同的物体，手需要做出不同的操作。以特定方式操作一个物体的儿童可能无法对大小或形状不同的物体使用相同的操作手段。一般来说，小的物体比大物体或微小物体更易于操作。微小物体需要用指尖的精确控制，而大物体需要熟练地使用几个手指进行操作（Exner，1992，2001；Pehoski，1995）。

Ⅲ.G. 儿童的建构能力有多好？

建构游戏需要把东西放在一起。常见的例子有：把玩具放在收纳盒中，搭积木，把栓子安插在板上，拼拼图。建构性游戏利用了我们上述的所有手部技巧，它也非常依赖于视觉、视觉感知、触摸、本体感知和认知能力。儿童在大约1岁时开始堆放积木。学步儿童可以堆叠更多的积木，进行简单的拼图和安插小木板。在3岁或4岁的时候，儿童能堆出复杂的三维结构，并把相互关联的拼图组合起来。随后，建构能力将持续发展，并反映在手工作品和学校的作业中（Case-Smith & Weintraub，2002）。

Ⅲ.H. 儿童如何有效地使用工具？

从锤子到铅笔和镊子，儿童使用各种工具。工具的用途从敲击、制造噪音到绘画和切割有很大的不同。因此，使用工具所需的手部技能大不相同也不足为奇。使用锤子需要大肌肉动作，书写时需要使用精确的手指动作。除了手的技能，工具的使用很大程度上取决于视觉。此外由于受力，近端稳定性也是很重要的。

用一个物体打击另一个物体的情况有：击球、拍打或锤击。在这时，儿童使用的打击器具就好像是手臂的延伸，用来对另一个物体施加力量。敲击发展得很早，在1岁的时候，孩子们就会用勺子敲打桌子表面，而1岁半到2岁时，他们可以使用棍棒和玩具锤子。这种游戏所需要的是直接的大肌肉运动。敲打最初是源于肩部的运动（Case-Smith & Weintraub，

2002)。

用棒球球棒或玩具高尔夫球棍击打是侧臂运动(Williams,1983)。此处还有关于击打的发展年龄和阶段的参考。该技能在 2 岁时出现，到 5 岁时发展相对成熟(Williams,1983)，但直到 8 或 9 岁仍需继续完善(Seefeldt & Haubenstricker,1982)。击打所需的运动技能与投掷非常相似。儿童必须移动臂膀使之与对象接触，并在接触它们时完成动作。他们还必须形成足够的姿势控制来支持他们的四肢运动(Keogh & Sugdn,1985)。

画画、书写和用剪刀剪也是使用工具的重要例子，而这些动作发展很早，并且持续一生。这些动作也涉及小肌肉的手指运动。视觉、触觉和本体感觉的促进作用越来越明显，认知也变得越来越重要。

两岁的儿童用记号笔或蜡笔涂鸦(Ziviai,1995)。到 3 岁时，他们摹画出线条和圆圈，并可以摹出一个十字架(Pooi & FeWess,1983)。他们可能把记号笔夹在大拇指和食指中指之间(像成年人一样)，但是直到他们 4 岁或更大时，他们的手指动作才真正开始。他们也可以用剪刀剪(Case-Smith & Weintraub,2002)，但是剪的技能会持续发展到 6 岁。

书写的困难往往会引起专家小组的关注。书写是一个非常复杂的功能，因为它取决于认知能力，如感觉运动，而这远远超出了本章的范围。然而，用拇指和食指中指抓铅笔并用手指运动(动态三脚架)写字是最理想的铅笔抓握，但许多其他抓握也是可以接受的。仅是铅笔握姿差并不是一个值得关注的问题(Ziviai,1995)。

3.2 基于《观察指南》来评估手臂和手的使用

Ⅲ.A. 通常情况下，你如何描述儿童的手臂和手的使用？
手臂和手使用的问题会多大程度地干扰正常功能？

在详细了解手臂和手的技能之前，干预小组通常应该观察儿童。儿童能完成他们的年龄段所预期的动作吗？完成质量如何？他们付出了多少努力？他们喜欢需要手臂和手参与的游戏吗？

如果手臂和手的技能是儿童的困难之一，一般来说，干预小组应该尝试确定这个问题的严重程度。也就是说，你看到的问题是否严重干扰了这个儿童的游戏和其他任务，还是说它不是干扰儿童的最大困难来源？这个问题是否严重到我们需要考虑使用适应性设备来最大限度地减少与游戏和学习相关的运动需求？

Ⅲ.B. 儿童能多好地伸手够物体？
在 TPBA2 中，伸手够是很容易观察到的。儿童几乎每次试图获得任何物体时都能接触到。最相关的因素似乎是动作的准确性和直接性,而良好的姿势支撑也是至关重要的。儿童能同时用双臂够到吗?当仅需要一只手臂时,他/她能同样很好地使用任一只手臂吗?他/她将手放在物体所在位置的准确度如何?他/她容易撞到物体吗?伸手够是直接的还是伴以不相干的动作?当手靠近物体时,手掌是否朝向物体?儿童的姿势能够伸展吗?

Ⅲ.C. 儿童能多有效地抓握?

抓握也很容易观察到,因为儿童每次拿起一个物体时抓握都会发生。如果儿童能够接触到各种大小和形状的物体,那么干预小组成员应该借此机会观察什么活动会影响抓取。有几个相关因素。首先,前臂是如何定位的?手指和手掌是否直接指向物体?物体被抓握在手上的什么位置?是被指尖和拇指拿住,还是用手指抵着手掌?用哪根手指:无名和小指还是食指和中指?拇指是否起作用?手看起来是平的还是弯成拱形?物体的大小如何影响抓取?儿童能把手的两侧分开吗?他/她能一次在手上拿多个物体吗?观察儿童需要多少外部的支撑。儿童能否把手倚在桌上而拿起东西?物体的大小如何影响对外部支撑的需要?最后,观察抓握的质量,它看起来简单有效吗?

Ⅲ.D. 儿童能多好地放开物体?

每当儿童放置、扔或者把物体投进一个容器中时,干预小组都可以观察到放开的动作。如果儿童能够接触到不同大小和形状的物体,并且有机会放开不同的物体,那么干预小组成员将有机会观察物体和任务如何影响放开的动作。对放开这一动作而言,最重要的就是准确性。也就是说,物体是否落到了预定的位置?当放开的动作发展得很好时,即使在手臂移动(抱着)时,儿童也能准确轻松地放开物体。

目标物的大小和形状,以及它是移动的还是静止的,都会对放开动作产生显著的影响。儿童根据物体的大小来调整手部张开尺度的能力也会影响准确性。对于非常年幼或相对不熟练的儿童,干预小组应特别关注放开动作在多大程度上是儿童自愿做出的。儿童能不用一只手把物体从另一只手上拔出来就放开吗?是否需要依靠外表面(如桌面、嘴、身体部位)?需要扔吗?

Ⅲ.E. 儿童能多好地单独使用手指来指、戳和敲击?

指和戳看起来很相似,但用途完全不同,所以我们会在不同的情况下看到。当儿童想向别人展示什么或者要求什么的时候,他们会指。他们用戳来定位小物体,以便他们可以轻松抓住或者探索小空间。干预团队应该观察儿童是否能够将食指和其他手指分开来戳或指。其余的手指弯起来了吗?动作看起来轻松流畅吗?

将所有手指分开单独做任务的能力，比如打字，只有通过指导和练习才能做到，而这要等到至少 10 岁才能得到发展。

Ⅲ.F. 儿童的手部操作有多有效？

当儿童需要重新定位被抓住的物体以便能够使用时，手部操作就发生了。尤其是铅笔、蜡笔和木栓，会引起自发的手部操作。将硬币存入存钱罐，或将其他小物件放入有小开口的容器中，也有机会看到自发的手部操作。对于非常小的孩子来说，放在手掌上的曲奇或饼干就足以让他们进行手部操作。当儿童正确进行手内操作时，他们应通过使用一只手的手指和拇指而不靠外表面（例如，另一只手、嘴、桌面）来重新定位物体。在进行 TPBA2 时，干预小组成员应该关注儿童自发使用的手部操作。如果特别想看到某个手部操作，请确保游戏活动需要这个动作。如果没有充分的理由，尝试着不要打断游戏过程，让儿童完成这些困难的动作。手部操作很困难，即使儿童有能力做到，他们也可能会选择不执行这些操作。因此，口头要求，甚至是示范，在某些情况下可能是必要的。

Ⅲ.G. 儿童的建构能力有多好？

涉及到建构和工具使用的活动是许多儿童最喜爱的，而且许多儿童玩具促进了这些活动的开展。当然，干预小组成员会关注建构成品的质量（例如，它是否建构有序；如果是模仿的，它与模型的匹配程度如何）以及上述手臂和手的技能。然而，除了感觉和运动技能，建构和工具的使用也依赖于认知。因此，与认知相关的观察指导也是有关联的（见第 7 章）。

Ⅲ.H. 儿童使用工具的效率如何？

在观察建构能力时，干预小组成员应该关注儿童如何快速有效地使用材料。建构简单吗？儿童看上去享受建构任务吗？因为建构是许多常见的游戏和学习活动的基础，轻松和享受是非常重要的。

戴望（Devon）是一个聪明、顽皮的 6 岁男孩，被诊断为痉挛型脑瘫。他融入了家庭学校的一年级，在那里他使用许多策略来表达他所学的东西（例如，"指"的动作和电子通信设备）。他在班上有几个好朋友。尽管戴望的语言能力有限，但他和他的朋友们设计了一些活动，并且喜欢一起完成。促使戴望接受 TPBA2 的部分原因是他的家人关注戴望手臂和手的使用。大多数儿童通过手臂和手与物体互动和交流，戴望的手臂使用的特点是无意识的动作和非常延迟的抓握和放开技能。他的家人开始怀疑戴望是否还能具备手的全部功能。他们不希望他的创造力因上肢使用不当而受阻。他们想知道他们是否应该开始关注计算机和其他设备的使用，而不是让他发展更好的手臂使用能力。

在接受 TPBA2 期间，戴望选择玩人形玩偶。然而，当他伸手去够，他的动作飘忽不定，且无意识地旋转着。他不能把手直接对准一个玩偶。然而，戴望非常坚持，他的动作逐渐变得更加精细，直到他的手落在玩具上。戴望的父母报告说，这是他对待任何他非常感兴趣的玩具的典型方式。

当 Devon 接触到玩偶时，他的手是拇指朝下的。虽然这意味着他可以靠拇指和食指夹住这个玩偶，但他的指尖并没有参与抓握，而且他也不能转动他的前臂使自己看到它。因此，尽管他抓住了这个玩偶，但他不能真正使用它，也不能控制自己抓住它的力量。戴望的父母再次报告说，这是他对类似物体的典型抓握动作。

在评估之后，研究小组仔细考虑了干预方案。他们推断戴望不太可能发展精细的抓握，释放，或手工操作能力，但他的认知和创造能力却远远超过他的手部技能。因此，他们认为更有效的干预方式应将是练习依靠其他方式表达自己和"操纵"物体（如虚拟现实）。然而，考虑到戴望操纵玩偶所获得的巨大乐趣，干预小组也同意继续进行触控和大肌肉抓握的干预以支持他对游戏的喜好。

第四节 运动规划和动作协调

4.1 运动的规划和协调

完成一项任务不仅仅是简单地执行它。它至少还需要有该做什么的想法和执行计划。这个想法是决定动作的主要因素。动作规划使行动以协调一致的方式进行。在儿童还没有掌握任务时，规划就显得尤为重要。不良动作规划表现为协调性差，并以多种不同的方式出现（Case-Smith & Weintraub, 2002; Rodger et al., 2003; Smits-Engelsman, Wilson, Westenberg, & Duysens, 2003）。例如，缺乏动作规划的儿童经常难以很好地协调身体两侧，而且他们也可能有姿势上的困难（Geuze, 2003; Johnston, Burns, Brauer, & Richardson, 2002; Wann, Mon-Williams, & Rushton, 1998）。

IV. A. 儿童对玩具的使用有好的想法吗？

有想法的儿童很容易被发现。甚至在很小的时候，他们就经常指挥游戏，比如把衣服杆子变成剑,把旧鞋变成感恩节火鸡等。在创造想法的过程中,儿童"估量"玩具和情境,并想象他们能做什么。因此,这与动作规划紧密相连。这种想法通常来自相同或相似情况下的过去经验。在很大程度上,这种想法依赖于认知能力和记忆力。当儿童难以形成这种想法时,他们可能难以学会如何使用新玩具或识别玩具或物体之间的相似性(Cermak & Larkin, 2002; Keogh & Sugden, 1985; Reeves & Cermak, 2002; Sugden & Keogh, 1990; Williams, 1983)。

IV. B. 儿童发起、终止和安排动作的顺序的能力表现如何?

运动规划不良的儿童可能难以发起行动,这被视为错误的开始。终止行动可能同样有问题,因为儿童可能会打翻牛奶、撞到同学或墙上。跑步时改变方向的问题,甚至是在带横线的纸上书写的困难可能都是与此相关的。

动作规划困难的一个主要特点是难以安排动作的顺序(Cermak & Larkin, 2002; Reeves & Cermak, 2002)。有些儿童甚至很难完成简单的动作顺序,比如在攀登架的拐角处移动。

对于缺乏运动规划的儿童来说,顺利地完成一系列重复的动作也特别困难。例如,他们可能会在儿童旋转椅上旋转一到两次的方向盘,但很快就会失去节奏。同样,他们可能会以相对协调的方式跳跃几次,但不能一直跳到"对岸"(地板)。任务的步骤越多,就越难完成。从一个"漂浮垫"(呼啦圈)跳到另一个可能需要多次停顿来调整身体的方向,特别是如果漂浮垫没有排成一条直线(Reeves & Cermak, 2002)。

除了行动顺序外,有运动规划困难的儿童也可能在对任务进行排序上存在困难。例如,如果一个孩子打算把玩具拿到外面,他可能不会先把门打开,再从门合页旁把玩具捡起来。

IV. C. 儿童的空间能力有多好?

难以满足运动任务的空间需求是运动规划不良的另一个主要特征。空间需求与儿童的运动、目标物的大小以及目标物在环境中的相对运动成正比(Keogh & Sugden, 1985; Sugden & Keogh, 1990)。

当一个相对静止的儿童作用于一个大而稳定的物体时,空间需求被最小化。例如,对一个坐在地板上向墙滚动球的儿童来说,时空需求不是很大。但是,当儿童必须接球时,需求就会增加。当儿童需要接住一个直接向他/她扔来的沙滩球时,它们的变化很小,但当她必须跑去拦截一个投到右外场的垒球时,变化就相当大了(Keogh & Sugden, 1985; Sugden & Keogh, 1990)。

运动规划不良的儿童经常很难接球或踢球。他们不能及时将手或脚移动到合适的位置来拦截球。因此，他们可能会把球夹在身上以便接住球，或在踢球前先把球停下来。从空间的角度来看，骑自行车是一项相当困难的任务。只骑自行车是容易的，但要避开障碍物则困难得多。儿童骑得越快，空间需求就越大。雨水或强风等环境条件也会增加难度，因为它们会降低任务的可预测性（Ayres，1985；Keogh & Sugden，1985；Reeves & Cermak，2002；Sugden & Keogh，1990；Williams，1983）。

IV. D. 儿童对身体有良好的感觉吗？ 可以将物体作为身体的延伸吗？

许多运动规划不良的儿童缺乏对身体各部位之间关系以及身体在空间中的精确位置（即体感）的直觉。他们可能体态欠佳地位于家具或设备上，做出笨拙或不安全的动作。他们经常看起来是在"战斗"，而不是在玩物体和设备。此外，当进入狭小空间，特别是携带物体时，它们可能无法有效地调整身体的大小。要么他们没能合适地调整身体部位使它们"足够小"以适应空间，要么他们"过度收缩"身体，消耗不必要的能量（Reeves & Cermak，2002）。

IV. E. 儿童如何整理衣服和个人空间？

也许这反映了他们很难管理好自己的身体动作。运动规划不良的儿童经常显得蓬乱不整，衣服歪斜。他们对自我管理的混乱也可能延伸到游戏空间中（Ayres，1972，1985；Cermak & Larkin，2002；Reeves & Cermak，2002）。

IV. F. 儿童是否产生合适的力量？

为完成一项任务产生适当的力量对缺乏运动规划的儿童来说是困难的。通常情况下，他们会产生过多的力量，执行动作太用力或太快。过度用力会导致玩具和工具断裂，也会导致疲劳。相反，一些有运动规划困难的儿童无法产生足够的力量来成功完成任务。他们看起来很虚弱，他们的图画或文字可能难以辨认（Ayres，1972，1985；Reeves & Cermak，2002）。

IV. G. 儿童是否根据口头要求或示范而采取行动？

根据口头要求或示范执行动作也反映了儿童的规划能力。但是，除了上述问题，或不是上述问题，这些儿童可能存在语言或视觉的困难（Cermak & Larkin，2002；Reeves & Cermak，2002）。

4.2 使用《观察指南》来评估运动规划和协调

运动规划发生在儿童尚未熟练掌握的活动中，会发生在许多游戏场景中。运动规划有很多方面，儿童在某些方面可能比其他方面表现得更好。与 TPBA2 中所包含的所有能力一样，干预小组应尽可能不打扰而去观察儿童的运动规划。

当运动规划良好时，儿童的动作显得流畅协调，很容易满足任务的需要。如果不是这样，而且没有其他明显的原因，那么可能是运动规划的问题。不良的运动规划导致协调性差和技能发展迟缓。然而，运动规划的困难可能是微妙的。因此，对运动规划的评估可能需要一名专业的观察人员，如职业或物理治疗师，他们熟悉儿童在特定年龄段的运动技能，以及该期望他们表现出相应技能的程度。运动规划不良的儿童通常肌肉张力低，体态差，这些观察指南也可能有用，因为它们与大肌肉运动能力以及手臂和手的使用有关。

评估规划对有认知缺陷的儿童来说是一个特殊的挑战。虽然儿童可能无法支配他们的身体做他们想做的事情，但他们的运动规划并非异常，除非他们的问题比那些可以用年龄或认知缺陷（例如脑瘫）来解释的问题更严重（Cermak & Larkin, 2002）。

IV.A. 儿童是否对玩玩具有好的想法？

有想法是规划的一个重要方面。像计划的所有方面一样，当儿童遇到不熟悉的事物时，我们最容易看到思维能力。如果干预小组成员只观察一个孩子玩他/她最喜欢的玩具，他们可能只是观察到孩子从电视、视频或其他人那里学来的优秀动作或设计。干预小组应该观察儿童是否对使用新玩具有好的想法，以及他们是否能设法利用环境的特点。

同样地，最好在儿童主导游戏时观察他们的思维能力。当干预小组成员总是建议下一个任务或明确告知如何完成任务时，儿童几乎没有机会展示他们的思维能力。思维能力很大程度上依赖于认知。因此，第七章也提供了相关的观察指导。

IV.B. 儿童发起、终止和安排动作的顺序的效果如何？

对于运动规划欠佳的儿童来说，将动作进行排序也很困难。我们观察儿童是否按合理顺序执行动作。在这种情况下，排序指的是运动中的顺序（例如，尝试在攀登架的拐角处移动之前要先转移重心）。它与时机密切相关，因为动作的顺序必须以精确的时间完成。例如，合理排序指的是，在球到达之前，要先把他的手放在需要接球的地方。

运动规划不好的儿童经常很难保持节奏。也许这是因为有节奏动作本身就具有顺序性。观察他们是否能反复有节奏地跳或拍手。他们能驱动滑板车或者在儿童旋转椅上坚持几秒钟吗？他们的动作节奏能配合音乐吗？

IV.C. 儿童的空间能力有多好？

干预小组应该特别关注儿童满足任务空间需求的能力。他们移动手、脚和整个身体的精确程度如何？他们发起和终止行动容易吗？手或脚能与物体很好地接触，还是经常打翻东西或笨拙地接触？

运动规划不好的儿童总是很难把握时机，特别是在预期行动的情况下。例如，一名非常小的儿童或者一个运动规划不好的儿童可能会在球处于最佳接球点时开始伸出手臂接球。当他的手到达那一点时，球就已经越过了那一点。而结果很大可能是球会击中他的胸部，他会把球夹住。

干预小组应该观察几种不同的预期行为，包括涉及儿童移动和目标物移动的行为。同时涉及目标物移动和儿童移动的任务是最困难的，任何一方移动的速度越快，任务就越困难。儿童在移动时能否拦截静止的物体（例如踢球）？他们能在站立时拦截移动的物体吗？那么走路或跑步的时候呢？许多预期任务都是用双手或双脚完成的。因此，关于"大肌肉运动活动"一节 2.1.5 中的双侧协调的观察指南也与此相关。

IV.D. 儿童对身体有良好的感知吗？ 可以将物体作为身体的延伸吗？

计划如何执行行动似乎取决于对身体在空间中的位置的感知（即体感或称身体图式，body scheme）。体感是一个抽象的概念，也不能直接观察到。相反，干预小组应该通过观察行为来探查体感有多好。儿童是否能熟练使用物品？也就是说，他们是与物体相处融洽，还是看起来像在与物体作战？他们是把自己放在椅子中间还是骑在玩具中间？或者他们看起来总是不安全的或笨拙的？他们能在狭小的空间（如隧道、攀岩）内轻松地进出和走动吗？

IV.E. 儿童整理衣服和个人空间，表现如何？

虽然与运动规划的关系还不清楚，但运动规划欠佳的儿童的周围空间经常是杂乱的。他们的衣服看起来不整齐；纽扣可能没有对齐合适的扣眼，衬衫底部可能常年没有翻开。他们玩的地方很混乱，他们的衣橱和桌子也很混乱。当然，除了那些与运动规划相关的原因之外，还有许多原因导致混乱，认知和情感-社会因素当然起到了作用。

IV.F. 儿童是否能产生合适的力量？

这可能与欠佳的体感有关，缺乏运动规划的儿童往往难以产生行动所需的适当力量。例如，他们可能会在房间里跺脚，听起来更像大象而不是小孩。他们可能会破坏玩具，因为他们用力过大。抓着铅笔时,他们的指关节可能因用力太大而变白。难怪他们容易疲劳!相反,他们可能使用的力量太小以至于行动无效。他们的图画和文字可能难以辨认,因为它们太模糊了。他们可能无法将椅子推过地板或自己穿套上高领毛衣。

IV. G. 儿童是否根据口头要求或示范而采取行动?

对命令或示范的响应也需要运动规划。与思维能力一样,这种行为也依赖于认知。因此,第7章中的观察指导也是相关的。我们密切关注模仿或口头命令是否更容易。尽管像"西蒙说"或"红灯、绿灯"这样的游戏可能是观察运动规划的好方法,但要求儿童模仿某个动作或以特定的方式移动可能会对游戏造成很大的干扰。

5岁的安德鲁(Andrew)在上学前来参加TPBA2。他的学前班老师担心他有一段时间了,但他的父母拉尔夫(Ralph)和吉尔(Jill)认为他只是还没发育成熟。安德鲁的儿科医生也同意这个观点,直到他看到安德鲁在体检时脱衣服非常吃力。根据他的观察和与吉尔的进一步讨论,医生建议在当地的门诊医院进行评估。

安德鲁在评估时选择了骑滑板车。他趴在地上,假装让他的"魔毯"飞起来。安德鲁独自上滑板车有点困难。他倾向于把身体更靠近滑板车的右侧。然而,直到滑板车翻了,他似乎也没有意识到这个问题。即使这样,他也没有意识到他的位置造成了这个问题,而他的搭档不得不重新安排他的位置。当安德鲁把他的滑板车推到房间的另一头时,他的玩伴问他能否把滑板车转过来,换个方向走。安德鲁下了滑板车,转过身去,又朝着他最初的方向走去。当他靠近墙壁时,他似乎还对所发生的一切感到困惑。他和他的玩伴开玩笑说他"欺骗了他"。

当安德鲁在一张摆满艺术材料的桌子上玩耍时,他的小肌肉动作明显变困难了。他握笔握得指关节都变白了,用橡皮擦得太用力而在纸上擦出一个洞。他试图剪出一些彩色的方格纸来拼贴,但却不得不用撕纸来代替。他费了很大劲才把食指分开,把胶涂在纸上。10分钟后,纸和胶到处都是,但却没在它们该在的地方。

干预小组认为安德鲁的困难反映了他糟糕的运动规划。事实上,当干预小组讨论他们的观察时,他们注意到感觉运动领域的大多数方面反映出几个值得担忧的问题。相比之下,他们在情感-社会、认知和语言领域的观察被列为主要优势。当把这些结果放在一起时,拉尔夫和吉尔突然对安德鲁的许多行为有了全新的视角。干预小组制定了帮助安德鲁做入学准备的目标。他们能够制定策略来实现这些目标,而这些目标利用了安德鲁的许多优势并解决了他的局限性。

第五节　感觉调节与情绪、活动水平和注意力的关系

5.1　感觉调节（Modulation of Sensation）及其与情绪、活动水平和注意力的关系

感觉调节是指人对感觉的处理和反应能力，与活动和环境中的感觉水平一致（Lane，2002）。感觉的神经调节被认为与情绪、觉醒和活动水平有关。尽管这些联系主要是理论上或统计学上的，但新的研究正在帮助确定感官调节缺陷的生理（交感神经系统）基础（Mangeot et al., 2001；McIntosh, Miller, & Hagerman, 1999；Schaaf, Miller, Seawell, & O'Keefe, 2003）。当儿童有很好的调节能力时，他们对照料者、玩伴和游戏空间内（如触摸、噪音）产生的感觉的反应似乎并不出乎意料。他们对输入的感觉进行简单理解，这有助于他们与物体和人进行适应性的互动。因此，感觉调节对于儿童参与游戏和其他日常生活活动至关重要（Lane，2002）。

V.A. 儿童能在多大程度上调节对感觉体验的反应？感觉体验对儿童的情绪反应有什么影响？

Dunn（1999）将感觉调节困难的儿童描述为感觉阈值高于或低于大多数儿童。在 Dunn 的定义中，感觉阈限高的儿童在做出反应之前需要大量的感觉刺激输入，而阈限低的儿童则需要很少的输入。然而，改变阈限的儿童不一定按照阈限来作出反应。也就是说，高阈限值的儿童可能对感觉反应不足，但他们也在寻求感觉输入，似乎是为了对抗他们神经系统的自然倾向，也许是为了帮助中枢神经系统进行调节。许多对不良感觉调节的反应都表现为情绪反应（Cohn, Miller, & Tickle-Degnen, 2000；Lane, 2002；Mangeot et al., 2001；McIntosh et al., 1999；Schaaf et al., 2003）。

当高阈限儿童处于感觉刺激不足的情况下，他们的行为可能会变得更加明显。也就是说，那些在高阈限下按预期反应的儿童会显得更安静和更退缩，而与预期相反的儿童会更积极地寻求感觉刺激。相反，感觉刺激水平高的情况对于高阈限的儿童来说更容易适应。通常看起来安静和退缩的儿童可能会活跃起来，而那些通常寻求感觉刺激的儿童可能会显得更平静（见第 37 页佩塔（Peta）的例子）。

同样地，低阈限的儿童可能显得过于敏感，如果他们的行为与预期相反，他们可能会躲避感觉刺激并在行为上变得过于刻板。许多注意缺陷/多动障碍的儿童符合第一种情况的描述，而后者适用于许多孤独症儿童。当低阈限的儿童处于有很多感觉刺激的情况下，他们的行为往往会变得更加明显，那些按预期反应的儿童变得越来越敏感，可能会通过打架或逃避来做出反应，而那些与预期相反的儿童则变得越来越退缩和刻板。相比之下，对于两种低阈限的儿童来说，感觉刺激极少的情况都会更容易被适应。通常与阈限表现一致的儿童可能会显得更冷静，而那些与阈限表现相悖的儿童可能会变得更容易接受，也不那么刻板(Dunn, 1999)。

换言之，Dunn(1999)描述了四组儿童：两组看起来过于活跃，两组看起来相对不活跃，但原因完全不同。由于中枢神经系统对感觉信息的反应，一个组的儿童过度活跃，但对感觉刺激的阈限较低。而另外两个组的行为方式却与预期相反。

一个组的儿童过度活跃，但对感觉刺激的阈限较低：也就是说，该组儿童对感觉刺激过于敏感。理论上来讲，这些儿童会到处乱跑，因为他们无法调节输入的感觉刺激，而且他们的唤醒水平也相当高。我们会预期这些儿童对某些类型的感觉刺激有很强的情感反应。第二组儿童看起来也过于活跃，但实际上具有高阈限。他们也无法调节输入的感觉刺激，但如果他们不四处寻找感觉刺激，他们的唤醒水平会很低。我们可能预期他们表现得好像他们非常兴奋(Dunn, 1999)。

对不太活跃组的解释与上面提出的类似。有些儿童的感觉阈限很高，他们似乎没有注意到或无法记录感觉刺激。正如预期的那样，他们唤醒水平很可能很低，他们看起来对事物不感兴趣、容易退缩、过度疲劳。其他儿童的阈限实际上很低，他们在避免感觉刺激控制自己，所以看起来很刻板，不愿意改变(Dunn, 1999)。有一些生理研究的结果支持对后一组的解释(McIntosh et al., 1999)。

V.B. 感觉体验对儿童的活动水平有什么影响？

如果 Dunn(1999)和其他人(Cohn et al., 2000; DeGangi, 2000; Lane, 2002; Mangeot et al., 2001; McIntosh et al., 1999; Schaaf et al., 2003)的观察和推测是正确的，那么很明显感觉调节和唤醒水平之间存在联系。反过来讲，活动水平、注意和情绪反应似乎与唤醒水平有关。然而，正如我们前面提到的，这些关系可能非常复杂。

感觉调节能力不好的儿童可能已经提高或降低了唤醒水平。一般来说，感官接收的阈限与唤醒水平成反比，但情绪反应与唤醒水平一致。也就是说，感觉阈限较低、对感觉刺激反应过度的儿童，其唤醒水平也会增加，并且很可能在情绪上做出反应。相反，阈限越高的儿童在反应前需要大量的感觉刺激输入，他们的唤醒水平倾向于降低，表现出的情绪也就较少(Dunn,1999)。然而,唤醒水平的升高和降低都可能导致活动水平的升高或降低。这些假设关系如图2.1所示。

调节、唤醒水平和活动水平之间的关系不是纯线性的。也就是说,唤醒水平可能影响感觉阈限,而活动水平可能影响唤醒水平。这些假设的关系也如图2.1所示。

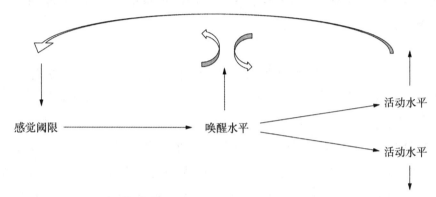

图2.1 调节(阈限)、唤醒水平和活动水平之间的假设关系

Ⅴ.C. 感觉体验对儿童的注意力有什么影响?

儿童的注意力也与感觉调节能力和唤醒水平有关,尽管如前所述,这种关系既不简单也非线性。Hebb(1949,1955)和Kerr(1990)描述了行为和唤醒水平之间的关系,其在这里似乎是适用的,因为注意是行为的一个必要组成部分,并且似乎与之共变。Hebb(1949,1955)将这种关系描述为一种倒U型关系。当这种关系应用于注意时,我们会说,一定量的唤醒水平对于最佳注意是必要的,但过高的唤醒水平会导致注意下降。这种关系如图2.2所示。

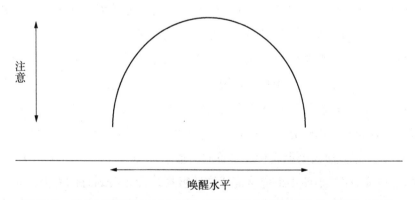

图2.2 注意和唤醒水平之间的假设关系(来源:Hebb,1949,1955)

最近，Kerr(1990)提出了唤醒水平和行为表现之间稍微复杂一些的关系，认为每个人对最佳唤醒水平的理解都是独特的。因此，我们可以假设，儿童的注意将与唤醒水平共变，但在保持最佳注意所需的唤醒水平方面存在个体差异。

5.2 使用《观察指南》来评估感觉调节及其与情绪、活动水平和注意力的关系

感觉调节、唤醒和活动水平之间关系的复杂性使得对这些现象的独立观察变得困难。然而，在执行 TPBA2 的感觉运动部分时，小组应该关注感觉体验和调节如何影响活动水平、情绪反应和注意力。然而，我们要清楚，许多因素都会导致儿童产生异常的情绪反应、活动水平和注意缺陷，感觉调节不良只是其中因素之一。在评估刻板的或重复的行为时也如此，这些行为可能与异常的感觉加工有关，但也可能是寻求注意、交流和试图避免做某事的一种手段(Durand & Crimmins, 1992)。与情感和社会发展相关的观察指导（见第 4 章）也可为解释这些现象提供相关信息。

在进行 TPBA2 时，儿童有时会对感觉刺激做出反应（例如，轻微或意外的触摸；脏手；食物、衣服或玩具的质地；不会干扰他人的运动、声音、视觉信息、味道或气味），这种反应与经验不相称（通常太多），而且不会产生效果。（尽管这种情况不太常见，但考虑到环境中的活动程度，有些儿童的反应可能出乎意料地少。）不相称的反应反而提供了尝试各种类型和数量的感觉刺激的机会，以帮助儿童进行调节。仔细观察反应是否在预期的方向上。如果一个儿童过于活跃，情绪反应过激或无法集中注意，他/她现在不是更加集中注意，较少活跃或是情绪反应过激，反之亦然。如果没有改善的话，可能儿童的行为与他的感觉阈限不符，或者试图自己调节，但没有成功。

干预小组成员还需要注意，区分儿童的行为与他们的感觉阈限水平一致还是相反是一个真正的挑战。考虑到儿童的外显行为可能是儿童感觉阈值的镜像，而不是完全相同的，那么儿童的感觉阈值有助于使事实更清晰，为 TPBA2 观察提供更多可能性。一般来说，从假设儿童的行为是符合阈限水平开始观察是很好的，但要时刻记住你的假设可能是错的。

一般来说，缓慢的重复运动（摇摆或轻柔摆动）、受到压力（被包裹或躺在厚重一致的表面下）、安静的声音和暗淡的灯光使人平静，而与这些相反的做法就是给予更多刺激(Koomar & Bundy, 2002)。更多建议见里克特和奥特的文章(Richter & Oetter, 1990)。因为感觉是非常强大的，当改变它时，干预小组应该信任受过感觉统合方面训练的专业人员。跳跃或移动重物这样的抵抗运动似乎是帮助儿童调节的一种特别有用的方法。有了抵抗，过度反应和活跃的儿童会平静下来，但反应不足的儿童则会活跃起来(Koomar & Bundy, 2002)。

Ⅴ.A. 儿童能在多大程度上调节对感觉体验的反应？感觉体验对儿童的情绪反应有什么影响？

调节能力不良可能与情绪反应的增加或减少有关。过度反应似乎更常见，而且肯定更容易看到。过度反应的儿童很容易对噪音、触摸或其他不会困扰大多数人的感觉刺激感到愤怒或不安。相反，一些反应不足的儿童可能会出现异常的"温和"。

Ⅴ.B. 感觉体验对儿童的活动水平有什么影响？

与情绪反应一样，不良的感觉调节可能与活动水平的增加或减少有关。活动水平通常与情绪反应水平类似。因此，活动水平和情绪反应都增加的模式很常见。尽管活动水平和情绪反应水平降低也能被观察到，但他们在家里和学校不太常见，破坏性也可能较小。

Ⅴ.C. 感觉体验对儿童的注意力有什么影响？

感觉调节不良会导致儿童难以保持一个最佳的唤醒水平。反过来，不太理想的唤醒水平可能会导致注意不集中。太低的唤醒水平往往表现为无精打采，而太高则可能导致焦虑。两者都伴随着不太理想的注意水平。因此，无论他们对感觉过度反应还是反应不足，当儿童难以调节感觉时，他们很可能都难以集中注意(Lane，2002)。

8岁的佩塔(Peta)被诊断为感觉调节不良。她的故事很典型。她的母亲露丝(Ruth)抱怨说，佩塔只愿意穿一套衣服去上学。露丝被这种行为深深地困扰，因为她担心佩塔的老师会认为她的家庭只能买这一套衣服。为了让佩塔看起来像样，她妈妈每晚都洗佩塔的衣服。虽然历史经验表明，佩塔对触摸有防御(即，过度反应；似乎感觉阈限过低)，她的玩伴却表示怀疑，认为佩塔的感觉阈限实际上是非常高的(即倾向于反应不足)，因为佩塔总是异常安静和随和。她似乎对会带给同龄人极大乐趣的游戏缺乏热情，比如同龄人做的，把剃须膏等玩得到处是，或跳进一个装满塑料小球的大桶里等等游戏，佩塔都不感兴趣。

佩塔的玩伴是一个在感觉统合方面接受过相当专业训练的治疗师，他为佩塔设计了一些激烈运动，包括打闹和快速摆动。佩塔立刻活跃起来，变得更加有活力，她也开始笑起来，并且在游戏中变得更加投入，与玩伴游戏。虽然佩塔的母亲担心佩塔变得过度兴奋，但却并未发生过。事实上，在评估结束后，佩塔拿着她带来的书，在一个角落里安静下来，心满意足地等着她的父母。

佩塔最初来参加TPBA2，是因为她母亲担心佩塔的衣着，以及她父母和老师认为她容易分心且注意不集中。据说，她的父亲也有许多同样的问题，父母都不想让佩塔再体验她父亲所经历的一切。因为佩塔的玩伴非常擅长帮助佩塔进行感觉调节,所以干预小组以及她的父母都看到了他们从没见过的佩塔的另一面。否则他们将无从看到。这一点非常真实,因为佩塔的母亲是在一个混乱吵闹的大家庭中成长起来的。她重视平静和安静,并仔细监督她的两个孩子的活动水平。突然间,佩塔的注意分散有了新的含义,干预小组能够设计出成功的策略来帮助她集中注意,并减少她对衣服的消极反应。在坐下来做需要集中注意的任务之前,佩塔会做一些活跃的游戏(如跳跃、跑步)。她经常在读书或画画时嚼口香糖。佩塔的家人还发现一些充满活力的音乐 CD 似乎有助于她坚持完成任务。当音乐可能打扰别人时,她会戴上耳机。

第六节 感觉运动对日常生活和自理的作用

6.1 感觉运动对日常生活和自理的作用

每天,孩子们都在家、日托中心、幼儿园、学校、公园、朋友家里,或者任何他们所在的地方,利用感觉运动技能来完成无数的任务和活动。然而,如果我们把与玩耍、穿衣或任何儿童的任务分割开来去理解不同技能所作用的水平,我们就有可能失去一些非常特殊的东西。通常来讲,总是要大于各部分。然而,日常生活活动反映了儿童的技能,正是在这种思想的引导下,TPBA 才得以产生。可能没有比游戏更适合观测儿童的机会了。

TPBA 的感觉运动领域提供了一种有助于深入观察日常生活活动技能的方式。因为它主要是在儿童玩耍时进行的,所以 TPBA 不会向我们展示儿童拥有的所有技能或他们可以完成的所有活动。相反,它让我们看到了孩子们从事自己最喜欢的游戏时所用到的技能。TPBA 也还包括了"加餐"。它提供了了解与饮食相关的某些技能的机会。也有机会观察穿衣任务,因为孩子们经常穿着可以脱掉的外套。此外,有些孩子喜欢赤脚玩耍,脱掉袜子和鞋子,是评估的自然组成部分。

在本章所附的年龄表(见第 57 页)中,我们提供了与游戏和日常生活活动相关的里程碑。该清单并不是详尽无遗的,因为 TPBA2 的目的是观察游戏和生活情境中技能,而不是让儿童完成所有符合年龄的日常生活任务。因此,没有必要寻求所有发育里程碑的信息。此外,当儿童和家庭关注特定的日常生活任务时,可能需要比 TPBA2 评估过程中获得的信息还要更深入。

我们还要清楚,虽然日常生活活动在感觉运动领域中进行了描述,但完成这些活动需要所有领域的技能。如果儿童不能完成这些任务中的一个或多个,那么我们将检查所有领域的相关的必要技能,看看我们是否能够发现原因。我们还必须考虑环境和任务的作用影响,因为这些因素在决定儿童能否成功地应对日常生活挑战方面同样重要。

VI. A. 儿童吃简单零食吃得如何?

儿童的"零食时间"提供了观察三个相互关联的发展领域的机会,包括口部运动、自己吃饭和行为。

口部运动技能是最早出现的技能。虽然许多技能直到2岁(或2岁以上)才完全成熟,但在第一年会产生很多技能。这两个功能尤其相关:1. 协调吸吮、吞咽和呼吸;2. 咬和咀嚼(Case-Smith & Humphry 2001; Klein & Morris, 1999; Morris & Klein, 1987)。

呼吸与吸吮和吞咽的协调依赖于对下巴、舌头和嘴唇运动的控制。反过来,这种控制取决于食物类型和儿童的姿势(Case-Smith & Humphry 2001)。

许多典型发育的儿童在大约6个月大的时候首先接触的是带嘴的杯子。在接下来的6个月里,他们将逐渐加强对嘴唇和下巴的控制,并过渡到只使用杯子进食。然而,他们要等到大约2岁时,才能在吞咽时舌尖抬高,通过嘴唇而不是牙齿来封住杯口来喝水(Case-Smith & Humphry 2001; Klein & Morris, 1999; Morris & Klein, 1987)。

咬和咀嚼开始于4—5个月大的时候,是牙齿的上下运动,伴随着舌头有节奏的伸展和收缩,这对于喝蔬果汤或吃软质食物非常有效。慢慢地,下颌和舌头的横向运动出现了。在9个月大的时候,儿童可以把食物从舌头的中心转移到两边咀嚼。下颌稳定性以及舌头和嘴唇活动性的增加,这意味着到1岁时,儿童就有了持续的和程度分级的咬合,可以舔嘴唇,并且可以通过向内拉伸来从下唇获取食物。到2岁时,儿童发展了环状旋转下颌运动,可以吃大多数肉和蔬菜了(Case-Smith & Humphry 2001; Klein & Morris, 1999; Morris & Klein, 1987)。

对于可以独立进食的儿童来说,在TPBA2评估期间提供的大多数零食都需要用手指拿着吃到口中和从杯子里喝水。如果需要特别注意儿童餐具的使用,那么干预小组成员应该添加一个需要勺子的零食(如果有必要,叉子或者刀也可以)。

在一岁的下半年,儿童开始形成独立用杯子喝水和用手抓食物吃的能力。到他们1岁时,他们可以自己吃一部分的饭,并能从带嘴的水杯里喝水(Haley, Coster, Ludlow, Haltiwanger, & Andrellos, 1992)。到1岁半时,他们可以用开口的杯子喝水,但他们可能会弄掉杯子。在2岁之前,他们可以很好地握住杯子,举起,喝,然后放回原位(Coley, 1978)。到3岁时,大部分时候能完好地使用勺子(Henderson, 1995)。然而,大多数儿童直到 4—6 岁才能用勺子喝汤(Coley，1978)。

引用一些古老但贴切的资料(例如，Gesell & Ilg，1946；Hurlock，1956；Henderson，1995)它们精辟地总结了独立进食行为的发展，并将获得技能和学习结合起来，以符合文化标准。汉德森(Henderson)指出，儿童在 3 到 4 岁之后才能同时吃饭和说话。直到 10 岁时，他们才能完全独立且熟练地使用刀叉，并注意餐桌礼仪！

VI. B. 儿童在简单的穿衣任务中表现如何？

与独立进食一样，穿衣和脱衣的发展依赖于手的技能以及身体姿势的稳定性。尽管一名幼儿可以用攥着拳头的手轻易地脱掉袜子，但把它们穿回去需要力量和身体双侧的协调。脱衣比穿衣服容易，并且大多数儿童在 2 岁时就可以脱掉除套衫之外的所有衣服，甚至鞋子(Henderson，1995)。

大多数儿童到五岁半(Key，1936，引自 Henderson，1995)时都能完全自己穿衣服(除了带拉链或纽扣的衣服)。学习穿衣技能的最快时期似乎始于 1 岁半左右。大多数穿衣需要手指的灵巧和规划顺序能力，这些技能直到大约 6 岁半才能全部掌握(Henderson，1995)。解开拉链、背扣和鞋带通常是最后要掌握的一系列动作。

除了运动技能外，认知和动机在穿衣技能的发展中也发挥着巨大的作用。同时，经验也起着重要的作用。

6.2 使用《观察指南》来评估感觉运动对日常生活和自理的作用

自理是一系列随着时间发展而发展起来的复杂任务，包括吃饭、穿衣、刷牙、梳头、擤鼻涕，以及许多其他任务。和游戏一样，自理需要的不仅仅是运动技能，认知、行为、语言和情绪都起作用。吃零食是 TPBA2 评估的一部分，因此，干预小组总有机会观察喂食和进餐。同样地，在评估过程中，儿童通常会脱下和穿上至少一件衣服(例如鞋子和袜子、外套)，这提供了观察简单着装技巧的机会。干预小组需要通过家长访谈了解孩子在其他自理任务中的表现。

VI. A. 儿童吃简单零食吃得如何？

零食时间提供了一个观察行动中的感觉运动、认知和情绪—社交技能的机会。干预小组应观察口部运动技能、独立进食能力、喜欢和不喜欢的食物以及餐桌礼仪。如果儿童不能做预期的事情，那么任务就是确定什么在干扰。

口部运动技能是吃零食时最基本的观察任务。干预小组首先要知道幼儿是否安全，然后要知道幼儿的技能是否足以处理所有类型的食物。从半固体到咬一口就会断裂的硬食物，再到嚼劲大的食物，不同类型的食物都对儿童的口部运动技能提出了不同的挑战。当然，要想在加餐时间供应各种食物是不现实的。因此，如果干预小组成员质疑幼儿的能力，他们可能需要从访谈中寻求额外的信息。

把食物放进嘴里后，干预小组要关注幼儿的咀嚼和吞咽的能力以及是否弄掉了食物。观察下颚的运动可以看出幼儿是否可以用舌头左右移动食物，并以旋转的方式咀嚼，还是只能进行上下移动这样不太成熟的模式。

如果是可以自己进食的儿童，那么干预小组要观察儿童如何使用盘子和餐具来"获取"食物并将其送到嘴里。当然，把所有餐具都放在零食时间里可能是不切实际的。幼儿使用玻璃杯或杯子更容易被观察到。如果使用餐具是一个特别需要关注的问题，那么干预小组成员可能需要安排合适的零食。

不管儿童是否可以自己进食，干预小组都该知道儿童吃一顿饭需要多长时间，喜欢和不喜欢的食物，以及餐桌礼仪。对所有这些方面的观察可能需要靠访谈来补充。如果儿童对食物有消极反应，那么这些反应的模式可能会提供感觉调节不良的证据（例如，儿童不喜欢食物质地，或不喜欢需要费劲嚼的食物，如肉）。如果儿童喜欢和不喜欢的食物范围过于狭小，或者他/她的餐桌礼仪不好，那么这个儿童可能很难融入家庭或学校的日常活动和庆祝活动中。

VI. B. 儿童在简单的穿衣任务中表现如何？

和吃零食一样，穿上或脱下衣服也提供了一个可以观察行动中的感觉运动、认知和情感—社交技能的机会。在可以做到的年龄，儿童是否有能力并愿意穿脱衣服？需要多少帮助？需要多少时间？儿童会拒绝穿衣服吗？在某种情况下，穿衣花费的时长和所需的帮助是否可接受？儿童能接受各种各样的衣服吗？在这种情况下，他或她的好恶可接受吗？（有些儿童对袜子或衣服上的标签特别挑剔。如果他们的消极反应符合一个模式，那么就可能会是感觉调节不良的证据。）在这里举例子是有些困难的，因为自理和游戏实际上包含许多技能的成就，而不仅仅是感觉运动。以上所有例子都说明了特定的运动技能对游戏的影响。

显然，并不是游戏或其他日常生活活动的所有方面都可以作为 TPBA2 的一部分。尽管通过家长访谈可以获得关于这些领域的大量信息，但这些都是儿童每天都做的事情。当儿童不能独立完成与年龄相适应的日常生活任务时，其他人必须为他们做这件事，这会给照顾者带来额外的负担。当儿童不能游戏时，他们会错过一个快乐和学习的重要来源。因此，游戏和日常生活活动对儿童及其照料者的安全与健康尤为重要。这些领域中特别令人关注的儿童可能需要进一步评估。

总结

在 TPBA2 的感觉运动领域,我们探讨了六个与动作相关的类别,分别是:
1. 基本运动功能
2. 大肌肉运动活动
3. 手臂和手的使用
4. 运动规划和协调
5. 感觉调节及其与情绪、活动水平和注意力的关系
6. 感觉运动对日常生活和自理的作用

感觉运动领域的第七个子类是视觉。这将在第三章中讨论。

基本运动功能使干预小组能够观察儿童的姿势、平衡性和肌肉张力。大肌肉运动指的是全身运动。我们建议对儿童的能力进行总体的质性评估,然后重点关注几个重要领域:儿童游戏时的体态,以及他们在这些姿势、运动和双侧能力之间转换的独立性。

感觉运动构成许多重要日常生活事件的基础。一些当代哲学家甚至认为运动是认知的关键部分(Clark,1997;Rowlands,1999)。因此,对感觉运动能力的了解是许多儿童干预的重要基础。

在第三章中,坦尼·L·安东尼(博士)(Tanni L. Anthony)拓展了感觉运动领域,将视觉融入其中,为这一子类提供了观察指导。由于大多数专业人员几乎没有接受过视觉发展方面的培训,除非有要求,否则视觉专家可能不包括在评估小组中,因此所有专业人员必须更加熟练地观察视觉技能和视觉运动能力。

参考文献

Alexander, R., Boehme, R., & Cupps, B. (1993). *Normal development of functional motor skills: The first year of life*. Tucson, AZ: Therapy Skill Builders.

Aylward, G. P. (1995). *Bayley Infant Neurodevelopmental Screener-Manual*. San Antonio: Harcourt Assessment.

Ayres, A. J. (1972). *Sensory integration and learning disorders*. Los Angeles: Western Psychological Services.

Ayres, A. J. (1985). *Developmental dyspraxia and adult onset apraxia*. Torrance, CA: Sensory Integration International.

Bly, L. (1994). *Motor skills acquisition in the first year*. Tucson, AZ: Therapy Skill

Builders.

Bobath, B. (1985). *Abnormal postural reflex activity caused by brain lesions* (3rd ed.). London: Heinemann Physiotherapy.

Boehme, R. (1988). *Improving upper body control: An approach to assessment and treatment of tonal dysfunction.* Tucson, AZ: Therapy Skill Builders.

Bruininks, R. H. (1978). *Bruininks-Oseretsky test of motor proficiency: Examiner's manual.* Circle Pines, MN: American Guidance Service.

Burton, A. W., & Miller, D. E. (1998). *Movement skill assessment.* Champaign, IL: Human Kinetics.

Campbell, S. K., Vander Linden, D. W., & Palisano, R. J. (Eds.). (2000). *Physical therapy for children* (2nd ed.). Philadelphia: W. B. Saunders.

Caplan, F. (Ed.). (1973). *The first twelve months of life* (3rd ed.). New York: Perigee Books/Putnam.

Case-Smith, J. (1995). Grasp, release, and bimanual skills in the first two years of life. In A. Henderson & C. Pehoski (Eds.), *Hand function in the child: Foundations for remediation* (pp. 113 – 135). St. Louis: Mosby.

Case-Smith, J. (Ed.). (2001). *Occupational therapy for children* (4th ed.). St. Louis: Mosby.

Case-Smith, J., & Humphry, R. (2001). Feeding intervention. In J. Case-Smith (Ed.), *Occupational therapy for children* (4th ed., pp. 453 – 488). St. Louis: Mosby.

Case-Smith, J., & Weintraub, N. (2002). Hand function and developmental coordination disorder. In S. A. Cermak & D. Larkin (Eds.), *Developmental coordination disorder* (pp. 157 – 171). Albany, NY: Delmar.

Cermak, S. A., & Larkin, D. (2002). *Developmental coordination disorder.* Albany, NY: Delmar.

Clark, A. (1997). *Being there: Putting brain, body, and world together again.* Cambridge, MA: The MIT Press.

Clifford, J. M., & Bundy, A. C. (1989). Play preference and play performance in normal preschoolers and preschoolers with sensory integrative dysfunction. *Occupational Therapy Journal of Research, 9*, 202 – 217.

Cohn, E., Miller, L. J., & Tickle-Degnen, L. (2000). Parental hopes for therapy outcomes: Children with sensory modulation disorders. *American Journal of*

Occupational Therapy, 54, 36 – 43.

Coley, I. L. (1978). *Pediatric assessment of self-care activities*. St. Louis: Mosby.

DeGangi, G. (2000). *Pediatric disorders of regulation in affect and behavior: A therapist's guide to assessment and treatment*. San Diego: Academic Press.

Dubowitz, V. (1980). The floppy infant (2nd ed.). *Clinics in Developmental Medicine Series: No. 76*. London: Mac Keith Press.

Dunn, W. (1999). *Sensory profile: User's manual*. San Antonio: Harcourt Assessment.

Durand, V. M., & Crimmins, D. B. (1992). *Motivation Assessment Scale*. Topeka, KS: Monaco & Associates.

Eliasson, A.-C. (1995). Sensorimotor integration of normal and impaired development of precision movement of the hand. In A. Henderson & C. Pehoski (Eds.), *Hand function in the child: Foundations for remediation* (pp. 40 – 54). St. Louis: Mosby.

Erhardt, R. P. (1992). Eye-hand coordination. In J. Case-Smith & C. Pehoski (Eds.), *Development of hand skills in the child* (pp. 13 – 27). Bethesda, MD: American Occupational Therapy Association.

Erhardt, R. P. (1994). *Developmental hand dysfunction: Theory, assessment, and treatment* (2nd ed.). Tucson, AZ: Therapy Skill Builders.

Exner, C. E. (1992). In-hand manipulation skills. In J. Case-Smith & C. Pehoski (Eds.), *Development of hand skills in the child* (pp. 35 – 46). Bethesda, MD: American Occupational Therapy Association.

Exner, C. E. (2001). Development of hand skills. In J. Case-Smith (Ed.), *Occupational therapy for children* (4th ed., pp. 289 – 328). St. Louis: Mosby.

Folio, M., & Fewell, R. (1983). *Peabody Development Motor Scales and Activity Cards*. Austin, TX: PRO-ED.

Geuze, R. H. (2003). Static balance and developmental coordination disorder. *Human Movement Science*, 22, 527 – 548.

Haley, S. M., Coster, W. L., Ludlow, L. H., Haltiwanger, J. T., & Andrellos, P. J. (1992). *Pediatric evaluation of disability inventory*. Boston: New England Medical Center Hospital, Inc. and PEDI Research Group.

Hebb, D. O. (1949). *The organization of behavior*. New York: John Wiley & Sons.

Hebb, D. O. (1955). Drives and the CNS (conceptual nervous system). *Psychological Review*, 62, 243 – 254.

Henderson, A. (1995). Self-care and hand skills. In A. Henderson & C. Pehoski (Eds.), *Hand function in the child: Foundations for remediation* (pp. 164–183). St. Louis: Mosby.

Henderson, A., & Pehoski, C. (Eds.). (1995). *Hand function in the child: Foundations for remediation*. St. Louis: Mosby.

Johnston, L. M., Burns, Y. R., Brauer, S. G., & Richardson, C. A. (2002). Differences in postural control and movement performance during goal directed reaching in children with developmental coordination disorder. *Human Movement Science*, 21, 583–601.

Keogh, J. F., & Sugden, D. A. (1985). *Movement skill development*. New York: Macmillan.

Kerr, J. H. (1990). Stress and sport: Reversal theory. In J. G. Jones & L. Hardy (Eds.), *Stress and performance in sport* (pp. 107–131). Chichester, England: Wiley.

Klein, M. D., & Morris, S. E. (1999). *Mealtime participation guide*. San Antonio: Therapy Skill Builders.

Koomar, J., & Bundy, A. C. (2002). Creating direct intervention from theory. In A. C. Bundy, S. Lane, & E. Murray (Eds.), *Sensory integration: Theory and practice* (pp. 261–309). Philadelphia: F. A. Davis.

Lane, S. (2002). Sensory modulation. In A. C. Bundy, S. Lane, & E. Murray (Eds.), *Sensory integration: Theory and practice* (pp. 101–122). Philadelphia: F. A. Davis.

Mangeot, S. D., Miller, L. J., McIntosh, D. N., McGrath-Clarke, J., Simon, J., & Hagerman, R. J. (2001). Sensory modulation dysfunction in children with attention-deficit-hyperactivity disorder. *Developmental Medicine and Child Neurology*, 43, 399–406.

McIntosh, D. N., Miller, L. J., & Hagerman, R. J. (1999). Sensory-modulation disruption, electrodermal responses, and functional behaviors. *Developmental Medicine and Child Neurology*, 41, 608–615.

Morris, S. E., & Klein, M. D. (1987). *Pre-feeding skills*. San Antonio: Therapy Skill Builders.

Nashner, L., Shumway-Cook, A., & Olin, O. (1983). Stance posture control in select groups of children with cerebral palsy: Deficits in sensory organization and muscular coordination. *Experimental Brain Research*, 49, 393–409.

Pehoski, C. (1995). Object manipulation in infants and children. In A. Henderson & C.

Pehoski (Eds.), *Hand function in the child: Foundations for remediation* (pp. 136 – 153). St. Louis: Mosby.

Piper, M. C., & Darrah, J. (1994). *Motor assessment of the developing infant*. Philadelphia: W. B. Saunders.

Random House. (2000). Random House Webster's College Dictionary, 2nd revised and updated edition. New York: Author.

Reed, E. S. (1989). Changing theories of postural development. In M. H. Woollacott & A. Shumway-Cook (Eds.), *Development of posture and gait across the life span*. Columbia, SC: University of South Carolina Press.

Reeves, G. D., & Cermak, S. A. (2002). Disorders of praxis. In A. Bundy, S. Lane, & E. Murray (Eds.), *Sensory integration: Theory and practice* (2nd ed., pp. 71 – 100). Philadelphia: F. A. Davis.

Richter, E., & Oetter, P. (1990). Environmental matrices for sensory integrative treatment. In S. Merrill (Ed.), *Environment: Implications for occupational therapy practice, a sensory integrative perspective*. Rockville, MD: American Occupational Therapy Association.

Rodger, S., Ziviani, J., Watter, P., Ozanne, A., Woodyatt, G., & Springfield, E. (2003). Motor and functional skills of children with developmental coordination disorder: A pilot investigation of measurement issues. *Human Movement Science, 22*, 461 – 478.

Rösblad, B. (1995). Reaching and eye-hand coordination. In A. Henderson & C. Pehoski (Eds.), *Hand function in the child: Foundations for remediation* (pp. 81 – 92). St. Louis: Mosby.

Rowlands, M. (1999). *The body in mind: Understanding cognitive processes*. Cambridge, England: Cambridge University Press.

Schaaf, R. C., Miller, L. J., Seawell, D., & O'Keefe, S. (2003). Children with disturbances in sensory processing: A pilot study examining the role of the parasympathetic nervous system. *American Journal of Occupational Therapy, 57*(4), 442 – 449.

Seefeldt, V., & Haubenstricker, J. (1982). Patterns, phases, or stages: An analytical model for the study of developmental movement. In J. A. S. Kelso & J. E. Clark (Eds.), *The development of movement control and coordination* (pp. 309 – 318).

Chichester, England: Wiley.

Shumway-Cook, A., & Woollacott, M. H. (2001). *Motor control: Theory and practical applications* (2nd ed.). Philadelphia: Lippincott Williams & Wilkins.

Smits-Engelsman, B. C. M., Wilson, P. H., Westenberg, Y., & Duysens, J. (2003). Fine motor deficiencies in children with developmental coordination disorder and learning disabilities: An underlying open-loop control deficit. *Human Movement Science, 22,* 495–513.

Stamer, M. (2000). *Posture and movement of the child with cerebral palsy.* San Antonio: Therapy Skill Builders.

Sugden, D. A., & Keogh, J. F. (1990). *Problems in movement skill development.* Columbia, SC: University of South Carolina Press.

Thelen, E. (1995). Motor development: A new synthesis. *American Psychologist, 50,* 79–95.

Thelen, E., & Smith, L. B. (1994). *A dynamic systems approach to the development of cognition and action.* Cambridge, MA: The MIT Press.

Wann, J. P., Mon-Williams, M., & Rushton, K. (1998). Postural control and coordination disorders: The swinging room revisited. *Human Movement Science, 17*(4–5), 491–514.

Weisz, S. (1938). Studies in equilibrium reaction. *Journal of Nervous and Mental Diseases, 88,* 150–162.

Williams, H. G. (1983). *Perceptual and motor development.* Englewood Cliffs, NJ: Prentice Hall.

Ziviani, J. (1995). The development of graphomotor skills. In A. Henderson & C. Pehoski (Eds.), *Hand function in the child: Foundations for remediation* (pp. 184–193). St. Louis: Mosby.

游戏为基础的多领域融合评估法2（TPBA2）观察指南：感觉运动发展

儿童姓名：_____ 年龄：_____ 出生日期：_____
父母：_____ 评估日期：_____
填表人：_____

说明：记录儿童信息（姓名、照料者、出生日期、年龄），评估日期和填写此表的人员。所列的观察指南提供了常见的优势、需要关注的行为举例以及"准备好"下一步。当观察儿童时，请在以下三个类别下与您感兴趣的行为相对应的项目旁边画圈、强调或勾标记。在"注释"栏中列出任何其他观察结果。经验丰富的TPBA人员可以选择仅使用TPBA2观察记录作为评估期间收集信息的方法，而不是观察指南。

问题	优势	需要关注的行为举例	为下一步做好准备的新技能	注释
I. 基本运动功能				
I.A 姿势能多好地支撑动作？	身体朝向任务 头部和躯干成一条直线 独立坐 独立站立 能防止摔倒 当预期的事情发生时伸手（例如伸手够） 当一些意想不到的事情发生时，摔倒时能靠腿腾或支撑地推挤自己 可以在爬行、行走时运输物体 以上部是	头部支撑僵硬 头部与躯干不一致 在两个位置之间移动时卡住 需要支持才能坐下 伸手够时摔倒 无法传递物体 如果发生意外，容易摔倒 摔倒时不安全	提高躯干/头部的稳定性 移动时更自由 坐/站/动的外部支撑更少 降低摔倒的风险 摔倒时提高安全性	
I.B 肌肉张力能多好地支撑姿势？	轻松抬起头 直背 适当的支撑基础 负重时膝盖和肘部不交叉 四肢移动自如 身体各部位能独立地移动 以上部是	看起来无力 肌肉看起来"软塌塌的" 抬头时弓着背 坐着或站着时双腿伸展得过宽 交叉膝盖站立 垫脚尖站立 看上去僵硬 手握成拳 震颤或非自主运动	使畸形风险最小化 减少震颤或非自主运动的干扰 提高肌张力的策略 近端 远端 降低肌张力的策略 近侧 远端 促进独立的外部支持	

第二章 感觉运动发展领域　49

续表

问题	优势	需要关注的行为举例	为下一步做好准备的新技能	注释
II. 大肌肉动作活动				
II.A 一般来说，你如何描述儿童的大肌肉动作？	起作用的 有效率的 愉快的 轻松的	无效的 低效的 困难的 引起恐惧的 不愉快的 躲避	新技能 更多的易变性 更快速 更容易 减少恐惧 更多乐趣	
II.B 儿童用什么姿势玩耍？	用多种姿势游戏 能呈现解放手部的姿势 容易地保持姿势	需要协助来保持姿势 使用很少的游戏姿势 姿势过分地对关节施力（如W形坐姿） 手部没有被解放 花费太多精力	新的游戏姿势 增加解放手部的游戏姿势 增加生物力学性良好的游戏姿势 增加外部支持 减少外部支持	
II.C 儿童能多独立地完成姿势间的转换？	完全独立 轻松地移动	需要照料者的助助 花费太多努力 不安全	呈现新姿势 独立性增强 减少努力 提高安全性	
II.D 儿童怎样从一个地点到另一个地点？有多独立？质量如何？	适龄的技能 符合年龄预期的质量 独立（借助或不借助辅助设备） 轻松地移动 安全地移动	延迟 协调性差 花费太多努力 看起来不常见 过多地对关节施力 需要照料者的助助 不安全	新技能 协调性改进 独立性增强 以良好的生物力学方式增加运动力 辅助器具 提高安全性 减少努力	
II.E 儿童能把身体两侧协调得有多好？（两侧平衡）	身体两侧看起来相同 在身体中线使用两只手很好 横跨身体伸手修 旋转躯干	身体一侧协调不好 在身体中线使用两只手不好 不能横跨身体中线 躯干很少或没有旋转	增加一侧身体的使用 加强身体两侧的协调 增加跨越中线 躯干旋转增加	

续表

问题	优势	需要关注的行为举例	为下一步做好准备的新技能	注释
III. 手臂和手的使用				
III.A 通常，你如何形容儿童的手臂和手的使用？手臂和手使用的问题多大程度干扰正常功能？	更倾向手使用一只手进行熟练的操作 熟练使用辅助手 能够很好地进行对称性活动（例如拍手、跳跃） 能够很好地进行交替活动（例如翻转转、蹬三轮车） 可以在多次重复中保持双臂与腿（如跑步、跳绳） 协调好手臂是 以上都是	手的偏好没有很好地确定 不能很好地使用辅助手 对称性活动困难 交替活动困难 双侧顺序性困难 过多努力	发展手部偏好 更好地使用辅助手 增强了对称活动的能力 增加了交替活动的能力	
III.B 儿童能多好地伸手够物体？	伸手够物体 没有协助 准确地 双臂一样好 定向手掌去触摸物体 以上都是	无效的 低效率的 困难的 不愉快的 避免 需要协助 超过或者不足 多余的动作 无法将手掌定向去触摸物体	新技能 更多的易变性 更快速 更容易 更多乐趣 减少协助 增加准确性 增加将手掌定向物体的能力	
III.C 儿童的抓握有多有效？	将手指向物体 拇指和手指尖的接触 手弯得很好 不需要外部稳定 起作用的 有效率的 轻松的 以上都是	无效 效率低 抓握时主要使用小指/无名指 手显得平；拱不发达 需要外部稳定去抓住物体；能在半空中抓 拇指没有积极参与 用力过大 抓握弱	提高手对物体的定向能力 减少手对外部支持的需求 改进拇指和食指/中指的使用 增强双手环绕物体的能力 提高以适应对象来调整抓握的能力 以更合适的力量	

续表

问题	优势	需要关注的行为举例	为下一步做好准备的新技能	注释
Ⅲ.D 儿童释放物体有多好？	轻松地将物品从一只手转移到另一只手，然后再转移回来 无论大小比例都可以轻松释放 不需要外表面的帮助 按对象大小比例精确地落开目标上 释放一个物体，同时继续将其他物体保留在一只手上 以上都是	无法将物品从一只手传输到另一只手 不能自主地释放 扔而不是释放 需要外表面的帮助 手张开得比需要得更大 无法在拿着其他物体时释放物体 释放的物品没有落大的物体 无法击中小目标	自主地张开手 减少对外部支撑的需求 手指张开程度与物体尺寸的比例 更适合 提高准确性 增加手里拿着其他物体同时释放一个物体的能力	
Ⅲ.E 儿童单独用手指做指示、戳和轻敲的动作有多好？	起作用的 有效率的 轻松的 以上都是	不能分离的 不能独立地移动每一个手指 用力过大	更多的易变性 更快速 更容易 更好的分离	
Ⅲ.F 儿童的手部操作有多有效？	用一只手的拇指和手指重新定位抓握的物体（无外部协助） 可以移动物体 从手指到手掌 从手掌到手指 旋转<180度 旋转>180度 可以轻松地移动对象 用一只手的手指和拇指操作物体，同时将一个或多个物体保留在手掌中 以上都是	手部操作是 无效的 效率低的 太多的努力/力量 当手持有一个物体时无法操作另一个物体 逃避手部操作	提高有效性 提高效率 更轻松	
Ⅲ.G 儿童的建构能力有多好？	起作用的 有效率的 愉快的 轻松的 以上都是	逃避/没有太多乐趣 无效 效率低 用力过大	增加技能 更有乐趣 更轻松 借用设备或者适配器	

续表

问题	优势	需要关注的行为举例	为下一步做好准备的新技能	注释
Ⅲ.H 儿童如何有效地使用工具？	使用工具就好像它们是手臂的延伸 用的有效率的 轻松的 以上都是	无效 效率低 用力过大 力量太小 回避	提高效果 提高效率 更轻松 更合适的力量 更多乐趣	
Ⅳ. 运动规划和动作协调				
Ⅳ.A 儿童是否对玩玩具有好的想法？	利用玩具和环境的特性 以多种方式使用玩具	经常需要想法 以有限的方式使用玩具	以新的方式使用物体	
Ⅳ.B 儿童发起、终止和安排动作顺序的效果如何？	轻松地发起和终止行动 动作排序符合逻辑 按逻辑顺序排列任务	发起（错误地开始）或结束（撞到物体）行动困难 序列似乎不合逻辑 经常打翻东西，碰到东西	提高发起或终止行动的能力 改进动作顺序	
Ⅳ.C 儿童的时空能力有多好？	保持节奏 当运动时拦截静止的物体 拦截运动的物体 当跑着不动时 当站着不动时	节奏感差 踢球前停球；夹住球而不是接球 当运动时，不能接球/踢球	改善节奏 改进时间/空间能力，以便更有效地对物体进行操作	
Ⅳ.D 儿童对身体有良好的感觉吗？可以将物体作为身体的延伸？	把身体放在椅子和骑乘玩具中 在小空间中轻松移动 轻松地使用物体；与物体"合作"而不是"对着干"	在设备上看起来不安全 意识不到身体姿势差 不能使身体足够小以适合或过度"收缩" 笨拙地使用物体	提高使用设备时的安全性 提高身体知觉 当使用对象时 当流畅地移动时	
Ⅳ.E 儿童整理衣服和个人空间能力表现如何？	衣装整洁（例如，纽扣系在合适的扣眼，衬衫塞好） 游戏空间井然有序	衣装不整 游戏空间条理性差	提高组织能力	

第二章 感觉运动发展领域 53

续表

问题	优势	需要关注的行为举例	为下一步做好准备的新技能	注释
Ⅳ.F 儿童是否产生合适的力量？	对物体施加适当的力	力太大或太小	产生更合适的力量	
Ⅳ.G 儿童是否根据口头要求或示范而采取行动？	很容易做出新的反应当口头请求时当示范时	很难做出新的反应当口头请求时当示范时	更容易做出反应当口头请求时当示范时	
Ⅴ.感觉的调节及其与情绪、活动水平和注意力的关系				
Ⅴ.A 儿童能在多大程度上调节对感觉体验的反应？感觉体验对儿童的情绪反应有什么影响？	对来自材料、空间、玩伴和照料者的感觉体验的反应与其他儿童相似引起适应性和适当的行动	反应超过预期击打、愤怒过度的活动水平分散注意力痛苦的表情恶心、头晕恐惧反应延迟或明显低于预期以不可接受的方式寻求感觉体验不断触摸自残行为烦人的声音物体或自我的重复运动"撞"东西推别人摔倒回避感觉体验做刻板行为以试图切断感觉	增强对感觉的适应性反应利用可接受的方法满足感觉需求	
Ⅴ.B 感觉体验对儿童的活动水平有什么影响？	面对感觉需求（如噪音），保持适当的活动水平	活动水平难以容忍地增加活动水平难以容忍地下降	降低活动水平增加活动水平	

续表

问题	优势	需要关注的行为举例	为下一步做好准备的新技能	注释
V.C 感觉体验对儿童的注意有什么影响？	当对相矛盾的感觉需求时，可以保持专注	相矛盾的感觉需求很容易引起儿童的注意 儿童关注不相关的感觉需求	当存在相矛盾的相关感觉需求时，提高对相关感觉需求的认识	
VI. 感觉运动对日常生活和自理能力的贡献				
VI.A 儿童吃简单吃零食吃得如何？	安全地吃零食 能够应付所有食物 液体 泥状的（如苹果酱） 软的或糊状的 硬的（如生蔬菜） 肉沫 耐嚼的（如葡萄干） 混合各种质地、味道和气味的食物 独立进食 用手指吃 用勺子/叉子 使用瓶/杯/玻璃杯 使用的时间是合理的 喜欢良好的餐桌礼仪	无法应付一种或多种质地的食物 无法应付一个或多个餐具 需要照料者多的帮助 不喜欢很多食物 使用时间太长 过多地流口水 不安全	新的/改进的口腔运动技能 新的/改进的餐具处理技能 提高安全性 独立性增强 增加能接受的食物 减少吃饭时间 流口水减少 借用设备或适配器	
VI.B 儿童在简单的穿衣任务中表现如何？	轻松执行所有任务 脱掉袜子 穿上袜子 解纽扣/扣纽扣 拉裤子和外套的拉链 系鞋	一件或多件衣服需要帮助 拉拉链需要帮助 所用时间/精力过多 拒绝	新技能 减少时间/努力 提高意愿 独立性增强 借用设备或适配器	

指南根据安妮塔·C·邦迪(Anita C. Bundy)提供的内容完善
以游戏为基础的多领域融合体系(TPBA2/TPBI2)
由托尼·林德(Toni Linder)设计
Copyright © 2008 Paul H. Brookes Publishing Co., Inc. All rights reserved.

游戏为基础的多领域融合评估法2(TPBA2)观察记录：感觉运动发展

儿童姓名：_____ 年龄：_____ 出生日期：_____
父母：_____ 评估日期：_____
填表人：_____

说明：记录儿童信息(姓名、照料者、出生日期、年龄)，评估日期，填写此表的人员，和你对儿童的观察。建议你在此处记录观察之前查看相应的TPBA2观察指南，因为指导列出了要查找的内容。TPBA2观察指南的新手可以选择使用TPBA2观察指南作为评估期间收集信息的方法，而不是TPBA2观察笔记。

Ⅰ. 基本运动功能(姿势、肌肉张力)

Ⅱ. 大肌肉动作活动(技能的水平、享受、位置、独立性、流畅性、双侧协调)

Ⅲ. 手臂和手的使用(有效性、享受、伸手够、推打、抓握、释放、手部操控、工具使用)

	续表
IV. 运动规划和动作协调（玩具的使用、排序、时空能力、身体定位和两侧的使用、组织、力量、运动时机、运动的便利性）	
V. 感觉的调节及其与情绪、活动水平和注意力的关系（感觉调节、寻求感觉、回避、反应时间、活动水平、注意）	
VI. 感觉运动对日常生活和自理能力的支持（饮食、穿衣、娱乐、大肌肉运动技能、小肌肉运动技能、其他自理任务）	

以游戏为基础的多领域融合体系（TPBA2/TPBI2）
由托尼·林德（Toni Linder）设计
Copyright © 2008 Paul H. Brookes Publishing Co., Inc. All rights reserved.

游戏为基础的多领域融合评估法 TPBA2 年龄表：感觉运动发展

儿童姓名：_____ 年龄：_____ 出生日期：_____
父母：_____ 评估人：_____
填表人：

说明：根据 TPBA2 观察指南观察记录中的观察结果，查看这个年龄表以确定最符合儿童表现的年龄水平。圈出儿童表现的年龄水平。如果项目跨越多个年龄层（即通过查找圈出的项目层来确定哪个年龄水平最多）来找到儿童水平视为该显示的年龄水平。12 个月/1 年的儿童水平给出的是代表范围，而不是单个月份，并由"到"来代替。如果该年龄水平出现最多被全选的项目视为该显示的年龄水平为 21 个月。

在"直到 21 个月"水平中，则儿童在该子类别的年龄水平放入一列。运动规划和动作协调以及其与情绪、活动水平和注意力子类别的关系未被包含在本年龄表中。这些子类帮助观察使用的观察质性表现，但与儿童年龄水平无关。

注意：此年龄表将基本运动功能和大肌肉运动活动的子类目，感觉的调节及其与情绪、活动水平和注意力子类别的关系未被包含在本年龄表中。这些子类帮助观察使用的观察质性表现，但与儿童年龄水平无关。

年龄水平	基本运动和大肌肉运动活动的功能	手臂和手的使用	感觉运动对日常生活和自理能力的贡献
1 个月	肌肉张力：无支撑的头部向前或向后下垂 姿势和大肌肉动作： 仰卧：头转向两侧；随意的手臂和腿运动；双手张开或闭合； 俯卧：手、前臂和胸部能用上力，开始能抬头并保持头使鼻子透气。 坐立：当处于坐立时，能将头部短暂地抬起并保持在中线上。	通常：保持双手握拳或展微张开。 伸手够：双手技能：手臂不对称运动。 抓握：手掌被触摸时，不自觉地抓握。 释放：没有自主地释放。如果手上被触摸，手就会张开。	进食：出现口腔反射（如觅食反射）。舌头进出（吮吸）。可能从口腔两侧流失液体。很少因为极少睡液的产生而流口水。在停下来吞咽或呼吸之前，先从奶瓶/乳房中吮吸两次或更多次。
2 个月	肌肉张力：保持头部短暂直立，但头部仍出现上下摆动。 姿势和大肌肉动作： 仰卧：保持头部在中线位置。 俯卧：抬头不对称，但在 45 度以内。	抓握：抓握成为自愿的行为。会抱着物体一段时间。 释放：不能自愿释放。	进食：随着下巴和舌头在更大范围的运动，流口水增加。
3 个月	姿势和大肌肉动作： 头部处于中间位置，姿势对称，能将双手放在中线；能做双腿一起动，或双腿一起动，或抬腿稍微轻外展。 俯卧：头部对称抬起 45—90 度；肩膀稍微轻外展。 坐立：当被支撑时，有助于保持姿势；极少的头部在前可以短暂地上下摆动。 无支撑坐，保持头部在中线时手臂在前方停止，在身体两侧开始，能经常用握紧拳头开始。 站立：扶着时可以站立，脚用力踩地，并短暂地承重（0—3 个月）；可以弯曲和伸直膝盖，能抱起来时可使身体紧凑地向上；能保持头与身体一致。	通常状况：握着放在胸前，通常没有目标，以身体拉向身体以对小指侧的刺激做出反应；以前臂向上旋转和伸指对拇指侧的刺激做出反应。 伸手够/双手技能：开始挥打，但可能未打到目标（1—3 个月）；用手臂去够物体，从身体两侧开始，在身体前方停止；经常用握紧拳头开始。 抓握：出现自主抓握（例如，主动握取放入手中的拨浪鼓）。	进食：一次持续 20 下或更多的母乳/奶瓶吮吸；用吮吸或握吸的方式来吃汤状食物。 穿衣：双手技能还不够；成人很容易操纵儿童的身体部位进行穿衣；儿童会通过抓身体拉扯衣服练习抓握。

续表

年龄水平	姿势和大肌肉运动活动的功能 基本运动和大肌肉动作	手臂和手的使用	感觉运动对日常生活和自理能力的贡献
4个月	仰卧：转头；收下巴；抬腿时可能会侧身。俯卧：抬起头保持90度，腿部伸展；左右滚动，抬高臀部以下的部分收缩肌肉，可能从容地在腰部以上的承重转动；可能从俯卧位翻转身直立稳定，可能有不受控制的承重转动。坐姿：有支撑地坐10~15分钟，头直立且稳定，背部挺直。站姿：有支撑能站起来，伸展双腿，使身体从肩膀到脚保持在同一平面上；当跌落到地面时，能伸展腿并抓住自己。	通常状况：手使用更灵活，更多样化。伸手够/双手技能：对称，中线运动；双手握住在中线位的物体。抓握：手能够张开；用无名指和小手指抓，但不能操纵物体。释放：用于避免接触的各种手部运动。	进食：自适应张开嘴，闭上嘴唇。用舌头吐出食物。
5个月	姿势和大肌肉动作：头部控制和扶正著改善。仰卧：可能会意外侧翻（4~5个月）；用腿推回伸展；可以抬起头和肩膀。俯卧：抬起头靠主动地下巴拔和拉长脖子；肘部在肩膀前面，髋部外展并向外旋转；可能从俯卧位向仰卧位滚动；可以用手推并伸直膝盖；在俯卧位时倾斜、躯干和四肢反应明显；靠转躯体来滚动。坐姿：被支撑能较长时间坐（30分钟），且背部挺直，头部保持头部稳定并保持续直立。当被拉起来坐着时，下巴收起，并且头部成一条直线；可以靠手臂和腹部肌肉帮助，但开始用头部可能会有轻微的潜后。站立：很容易被拉著站起来。手扶在手臂下，能站立上下移动身体，一只脚跺脚转然后另一只脚。运动：俯卧时，通过摇摆、滚动或扭转躯体来移动；仰卧时，可以自由向前伸出手臂抓住来移动头部，通过踢平面来移动。	通常情况：物体移到嘴边。伸手够/双手技能：将双手够和单手伸持较好地手协调；物体在手之间转移；双手握持并用指头抚弄。抓握：用弯曲的手指按压手掌和所有手指，紧紧抓住物体；可以拿着一个小玩具或被浪鼓，同时摇动或敲击它。释放：可以实现两阶段转移，在释放之前，用另一只手抓住。	进食：可以开始定期吃固体食物；在软饼干上使用原始的咬和吮吸横式，尽管可能还会恢复到吮吸模式。穿衣：变得更加活跃和兴奋，试图翻身。
6个月	姿势和大肌肉动作：仰卧：用手接触脚（5~6个月）；可能会把脚放在嘴边吃脚趾；可能会从仰卧位抱抱起。俯卧：当俯卧姿势抱时，不再出现俯卧悬垂反射；头部保持垂直；头部、臀部和躯干控制的增加允许施行自适动；可以向所有方向转动和扭动；躯干、头部和四肢的运动抵消了可能向后推，手臂伸展。坐姿：靠头部伸展，手臂抬离表面和肩膀骨收缩保持或进行坐位；可以向前伸出手臂抓东西（5~6个月）；不能无限抓住自己和支撑物。运动：无支撑地坐（5~6个月）；不能无限抓住自己和支撑；可以向前伸出前臂抓住来移动头部。	通常情况：旋转手腕，转动，不熟练地操对象。伸手够/双手技能：同时，对称，双手伸出去单手抓握。抓握：用整个手和所有手指抓握物体；用视觉和触觉信息调整手如何对准物体，用两只手吃拿住大球。释放：在有限时双手游戏进行双手游戏或释放物体。	进食：能将瓶子送到嘴里；能从一只杯子里喝一两口；很少在仰卧、俯卧或坐姿时流口水，除非在其他地方发出咿呀声或注意力集中在吞下一些浓稠的食物（4~6个月）。穿衣：脱下帽子；躺好并配合穿衣。

续表

年龄水平	基本运动和大肌肉运动活动的功能	手臂和手的使用	感觉运动对日常生活和自理能力的贡献
7个月	站立：当有支撑时，腿可以完全承重(5~6个月)。 运动：俯卧时可以用腿推动，向后或向前移动。 姿势和大肌肉动作：头部控制非常好；大多数婴儿都非常积极地做反重力运动——滚动、旋转，靠手脚推动身体向两侧滚爬、坐起来，拉身站起来。 仰卧：当仰卧时，头部和四肢抬起可以防止身体不向两侧滚动；躯干、头部和手臂的动作控制身体不向两侧滚；可以从俯卧仰卧位翻滚回仰卧位。 俯卧：靠用一只前臂承重坐起或站起时，头部牵引向前；开始能控制性伸展；用另一只手进行抓握物体。 坐姿：当被拉坐起时，可以单独支撑自己。 不靠手支撑：当被向前推时能用手撑住自己。	通常情况：增加视觉和手部控制使婴儿能够观察玩具。 伸手够/双手技能：用双手的方式去进行双侧操作；双侧物体操作；相关物体的双手动作。 抓取：用手的拇指侧开始抓握；用拇指和小指的拇指上；开始能区分开手的拇指侧和小指侧抓握物体。 释放：将物体从一只手转移到另一只手上；释放到抵触表面上。	吃：自己单手吃软饼干；存在咀嚼行为。
8个月	姿势和大肌肉运动：喜欢站着且活跃；不喜欢仰卧，并转为俯卧或侧躺；手臂可以自由地离开身体。 仰卧：来回摇摆（头部和胸部高出床垫），四肢伸展且背部呈拱形，可以用肘部和腿转动。 坐姿：靠手和身体两侧的支撑而向上坐起；在爬行时，可以将一条腿弯曲到腹部，伸展其将其推向地面，另一条腿跟着；平衡很好，可以单独坐着。 站立：可以拉站，可以支撑在坐面上。 运动：爬行，向上爬；通过许多姿势转换。	通常情况：小指侧稳定。 伸手够/双手技能：可抓过大的手指去抓玩物体，但必须全神贯注。 抓握：增加手指和拇指的灵巧性以拾起小物体，操纵它们等；物体抓握靠近指腹。 释放：靠手腕弯曲在物体表面上释放。	进食：吃泥状或初级的食物和捣碎的餐桌食物；可以用上唇帮助从匙子里取出食物。
9个月	姿势和大肌肉运动：大多数婴儿在不断学习大肌肉和小肌肉运动。 俯卧：旋转滚动从俯卧到仰卧；可以靠手和脚支撑并摇摆；可以旋转并支撑躯干。 坐立：用手臂在身后支撑头部和躯干；可被拉坐着，并转移中心；单手扶着物体短暂站立；可以从支撑坐位上移开自己。 运动：俯卧爬行；可以通过向下推动自己前进，靠手和膝盖将自己拉站立并沿着家具侧走。	通常情况：用拇指与食指侧缘之间抓握小物体。 伸手够/双手技能：手臂对称运动分离；可以一起敲打。 抓握：用拇指和食指抓握小物体，每只手一个，一起敲打。 释放：可以自主释放；可以自己指引导，指向试图戳进洞和钩拉物体。 手指运动：可以用食指来转换物体(7~9个月)。	进食：坐在椅子上，不需要外部支撑；座椅固定带是起安全作用而不需要支撑；在开始吸吮从乳房/奶瓶移开时，不再流失液体；对半固体采用上下吸吮式，将餐盘中少量推给自己的食物喂给自己。 穿衣：孩子会预测成人的动作，并会伸出手臂指；脱下靴子。

续表

年龄水平	基本运动和大肌肉运动活动的功能	手臂和手的使用	感觉运动对日常生活和自理能力的贡献
10个月	姿势和大肌肉动作： 俯卧：可以从平卧位移动到坐或半坐；在平卧地上和双手都在使用时，呈现伸手的平衡；在平卧位时发展平衡。 坐姿：没有支撑地坐并可以玩玩具（5—10个月）；能W形坐姿和侧位坐（8—10个月）；可以从坐姿到平卧位，从坐姿到俯卧位。 站立：站立时几乎没有支撑，不会摔倒。 运动：非常活跃（很少静坐不动），热衷探索，会爬行，可能四肢爬行；在椅子上爬上爬下；当倾斜时，躯干、头部和四肢的动作反应会很好地发展。	抓握：可以用拇指和前两指或偶尔用拇指和食指尖抓；抓握准但不稳；可使用球状抓握。 释放：通过投掷物体主动释放；物体从表面释放。	进食：帮助拿杯子和勺子；倾斜瓶子喝水。用瓶子喂自己餐；用手指像钳子一样夹住食物。 穿衣：脱掉袜子。
11个月	姿势和大肌肉动作： 坐姿：各种坐姿和腿部姿势；腿部进出方便。 站立：可以短暂地独自站立；各种不同的手臂位置。 运动：爬、立、走（通常靠在家具上或握着某人的手）。	通常情况：从三指抓握变为使用拇指和食指钳住物体；喜欢在爬行和行走时携带物品。 伸手够/双手技能：合作；增大范围的释放控制。 手指运动：食指有力可以戳进小孔和标记对象。	进食：握紧勺子（10—11个月）。 穿衣：把脚伸出来穿鞋子，把手臂伸出来穿袖子。
12个月或1岁	姿势和大肌肉动作： 坐姿：利用旋转来实现坐姿，一只手臂可以伸去够远处的物体；双手交替伸过头顶，不会失去躯体的稳定；以弯张的扭曲向后去够。 站立：可能会短暂地单独站立（9—12个月）。 动作：将球滚向成人。 运动：主动且独立；可以拉着手走，或者可以独立地走几步；有些儿童把走步行作为主要的运动方式。	伸手够/双手技能：精确地抓取玩具；越过中线抓取；双手活动可做镜像运动；增加了关联对象能力；可以一只手稳定，一只手操作。 抓握：用拇指和食指的指尖抓握；完成适当的手腕和手部调整。 释放：可实现更大的释放控制；能够将1英寸的方块释放到容器中，将微小物体放到小孔中。物体不总是达预期落到目标点。 手指运动：指着玩具并用食指探索玩具，手指操作：将小物体从食指移动到手掌（转化）。 工具：模仿工具使用，比如使用梳子。	进食：控制住餐桌食物，包括一些容易切碎的肉；主要从杯子中吸取液体和饮用，双手按在杯盖两侧；经常坚持自己吃东西，可以用手指喂自己吃一部分食物；可以从盘中取出咬合大小的食物块，抓握熟练，力度适中，容易释放。 穿衣服：弄脏了就把袜子脱掉。

第二章 感觉运动发展领域

续表

年龄水平	基本运动和大肌肉运动的功能	手臂和手的使用	感觉运动对日常生活和自理能力的贡献
直到 15 个月	姿势和大肌肉动作： 站立：站立、蹲下和弯腰。 运动：较慢速度地行走。爬上楼梯。	伸手够/双手技能：开始双手抓取；可以一手稳定、一手操作。 抓握：灵巧而精确都是静止的；可以同时拿住两个小物体（手每侧的分离）。 释放：受控释放。 手部操作：在手之间传递物体，而不是手内操作。	进食：从杯子中吸吮和吞咽喝食物时能协调好，很少溢出嘴里；把勺子浸到食物里，再送到嘴里；手拿杯柄，手握紧，前臂带动手掌把里面的东西放进嘴里；能倾斜、转动勺子把食物放向嘴里。 着装：脱下手套（12—14 个月）；着装时能够到脚趾。 如厕：当被放好并监督时，可以坐在马桶上 1 分钟。
直到 18 个月	姿势和大肌肉动作： 坐姿：坐在小椅子上；爬上成人椅。 动作：从地板上拿起玩具；抛球（9—18 月）。 运动：可以好好走路；拉动玩具；开始跑；被人牵着一只手上楼。	通常情况：增加手指和双手两侧的力量和分离，使儿童能够使用工具和辅助物体。 伸手够/双手技能：提高优势手和辅助手的使用；可以执行交替的双手动作序列。 抓握：静态抓取勺子。 释放：可以实现受控的释放。 手指运动：伸出全部手指，限制了放置的精度。 建构：用食指指向图片（12—18 个月）。堆迭 3 个方块。 工具使用：拿蜡笔和涂鸦。	进食：勺子盛满送入口中，溢出把勺子举到嘴边，但通常只会完成一半；脱下帽子、袜子、连指手套，并帮助穿上其他衣物；抬起脚让成年人帮忙穿上鞋子或裤子。 如厕：通过放好在马桶上，可以不被监督自坐在马桶上 1 分钟。
直到 21 个月	运动：不使用踏板而在骑的玩具上移动。	通常情况：开始参与多部分任务。 手部操作：可以开始串珠子。	进食：很好地操作杯子；打开食物；嘴唇容易闭紧；不会损失食物或液体；吃各种各样质地的食物。 如厕：表示需要上厕所。
直到 24 个月或 2 岁	姿势和大肌肉动作： 站立：静止时保持平衡；可以短暂地单脚站立。 动作：将球向前抛或向大目标；向前踢球（20—24 个月）。 运动：走路时手时摆动，用脚跟一脚趾推进；从地面上跳（17—24 个月）；有支撑地上楼（12—23 个月）；有支撑地下楼（13—23 个月）。	伸手够/双手技能：始终以优势手加辅助手的方式用手。 抓握：可以用指尖抓握执行需要力量的任务；可以用手掌抓握执行精确任务。可以用手掌抓蜡笔，也可以用大拇指向上或用手指抓蜡笔。 释放：能够实现更高精度和有控制的释放。根据物体的大小和形状调整手的开口。	进食：举起打开盖的杯子喝，但有些倾斜；可以用一只手握住杯子；另一只手准备帮忙；可以使用和吸吮吸管；可以把勺子尖放进口中；拆开和吸吮食物；使用勺子，尽量减少溢出；打开罐子。

续表

年龄水平	基本运动和大肌肉运动活动的功能	手臂和手的使用	感觉运动对日常生活和自理能力的贡献
直到30个月	运动：在没有支撑下下楼（18—30个月）；在没有支撑的情况下上楼（19—30个月）；从第一阶台阶跳（19—30个月）；开始踩三轮车；独立攀爬家具（24—30个月）。	手部操作：可以将一个或两个小物体从手掌移动到手指（简单旋转）；可以拧下瓶盖（简单转化）；可以翻书页（18—24个月）。 工具使用：开始使用简单的工具（如玩具锤，18—24个月）；绘制简单数字（18—24个月）。	穿衣：如果鞋带解开，可以脱鞋（18—24个月）；脱下/拉上裤子（21—24个月）；能够找到袖管的大孔。 如厕：很少有因缺乏肠道控制而发生的事件；白天能接受脱厕训练，晚上能憋住。
		建构：排列对象。 工具使用：开始用剪刀剪。	进食：和家人吃一样的食物；可以根据食物大小来调整嘴张开的大小；握紧叉子（28个月以上）；用叉子和铲食物，且很少洒出来；可从小水罐中倒水（24—30个月）。 穿衣：可脱去腰部有松紧的下拉式的下半身服装（24—30个月）；尝试协助前面的拉链和系带；系上衣服上的一个大纽扣。
直到36个月或3岁	动作：在胸口接住10英寸的球（30—35个月）。 运动：用旋转的躯干和交替摆摇摆的手臂行走；交替双脚上下楼梯（23—36个月）；在儿童室的设备上攀爬（30—36个月）。	抓握：用有效的力量抓工具；用手掌抓勺子。 释放：可以投掷小球至少3英尺，但不具有精准度。 手指操作：将硬币从手掌移动到手指；可以用指尖把粘土滚成小球（简单旋转）。 建构：可堆放9—10个小方块（24—36个月）。	进食：用一只手握住杯子的把手。在帮助下摆好餐桌。擦掉溢出物。用手指抓住勺子。 穿衣：可以解开鞋带并脱掉鞋（24—36个月）。可以穿上鞋子，但可能穿错了脚。可以独立穿下拉式衣服。解开前面和侧面的纽扣。系前扣。脱掉所有的衣服；可以穿袜子、衬衫、外套。 如厕：按常规时间上厕所，通常在其他时间没有大便；自己坐在马桶上（33个月）；在帮助下，调整衣服去厕所；尝试擦自己但可能失败。

续表

年龄水平	基本运动和大肌肉运动活动的功能	手臂和手的使用	感觉运动对日常生活和自理能力的贡献
直到42个月	动作:将球扔5—7英尺远。	工具使用:使用剪刀,用手指交替伸展和弯曲来剪物品。	进食:用一只手举起敞开的杯子喝水;从水龙头里接水;用牙齿研磨咀嚼食物(36—42个月)。 穿衣服:拉开裤子或夹克的前拉链(39个月以上);系三个以上的纽扣;迅速而顺利地脱掉衣服;自己穿衣服。 如厕:即使他/她没有醒来,晚上也不会尿床。
直到48个月或4岁	动作:在身体前方弯曲手肘接球(36—48个月)。 运动:像成年人一样走路;可以骑三轮车绕转和手臂摆动;实现躯干旋转和手臂摆动;实现车绕过障碍物。	抓握:精确(静态三脚架)抓握铅笔或蜡笔(36—48个月)。 手部操作:可以使用简单的旋转来定位记号笔或蜡笔。 工具使用:在线内涂色(36—48个月);画人脸(36—48个月)。	进食:用餐巾;用手指拿勺子吃固体食物。 穿衣服:解开皮带或鞋子(45个月以上);在脱下T恤或穿上内裤、短裤、裤子、袜子或鞋子、鞋带除外时儿乎不需要帮助;区分衣服的正面和反面,并将衣服放在正面朝外,可以把两只手放在后面。 如厕:可以轻松应对衣服。
直到54个月	动作:前移重心把球扔得更远;有一定的定向精度。 运动:33%的4岁儿童能单脚跳,43%的儿童能快跑,但只有14%的儿童能跳(Clark & Whitall, 1989)。	伸手够/双手技能:形成一致的手部偏好;开始着色着画,绘画时稳固纸张。 抓握:抓紧剪刀时,前臂保持在中间位置。 手部操作:五指打开移动单个物品,手上拿着几个小物品。	进食:用手指拿叉子叉着吃(51个月以上);在适当的时候,选择叉子而不是勺子;从大罐或硬纸箱中倒出食物;用刀切软食物。 穿衣服:可以将皮带插入环(48—54个月);解开大多数纽扣(48—54个月);拉上前拉链。

续表

年龄水平	基本运动和大肌肉运动活动的功能	手臂和手的使用	感觉运动对日常生活和自理能力的贡献
60个月或5岁	动作：投掷流畅，能及时释放并与目标一致（36—60个月）；接球时，根据球的位置调整身体位置，肘部位于身体两侧（54—59个月）；用球棒击球时，身体与物体保持良好的距离，并能伸出手臂与物体进行接触。运动：协调跳跃（交替的步骤模式，身体暂时悬空，手臂来回摆动）；单脚跳跃（36—60个月）。可以单脚站立几秒钟，沿着路边走而不摔倒；从高处跳下来，爬梯子（48—60个月）。	抓握：用一个动态三脚架抓握，以灵巧的方式绘画（动作来自手指，而不是手臂和手）。手部操作：操作指尖上的微小物体而不掉落；可以在记号笔或铅笔上将手指向下移动，使其就位。建构：完成10块的拼图（48—60个月）。工具使用：用剪刀剪出形状（48—60个月）。画笔画并写名字（48—60个月）。	进食：吃干燥带有水的合类食品；自己进餐；携带装有水的玻璃杯而不溢出；不需要帮助就能准备好餐桌。穿衣：小心地穿衣服。可以拉开有背部拉链（57个月以上）；将鞋子穿在正确的脚上（54—60个月）；解上的腰带。裙或连衣裙上的背部腰带。如厕：预估自己如厕的需求；完全能自己如厕，包括擦拭；每次使用后冲洗厕所。
直到66个月	运动：发展成熟的跑步模式（60—66个月）；通过赛跑来测试技能。	工具使用：以适当的空间方向绘制形状。	进食：用刀涂抹（60—66个月）。如厕：解开背部纽扣；拉上背部拉链；把鞋子穿在正确的脚上。
直到72个月或6岁	动作：踢向目标。下落时脚掌着地。运动：轻而易举地跳起，手肘弯曲，落在脚掌上；无分协调地快跑（60—72个月）；直线跳跃。	抓握：发展出复杂的剪刀握握，中指位于下部孔，尺指弯曲，食指稳定剪刀下部。手部操作：旋转铅笔使用橡皮擦；在使用剪刀过程中操纵纸张。	进食：在饮食的各个方面都很有效率，不断改进刀叉的使用；用手指拿有水的玻璃杯喝液体食物，且很少洒出来。穿衣：可以小心地穿衣服；可以在围裙连衣服前面系蝴蝶结；扣回按扣。如厕：如厕后洗手，且无需提示。

指南根据安妮塔·C·邦迪（Anita C. Bundy）提供的内容完善
以游戏为基础的多领域融合体系（TPBA2/TPBI2）设计
由托尼·林德（Toni Linder）设计
Copyright © 2008 Paul H. Brookes Publishing Co., Inc. All rights reserved.

游戏为基础的多领域融合评估法2（TPBA2）观察总结表：感觉运动发展

儿童姓名：_____ 年龄：_____ 出生日期：_____
父母：_____ 评估人：_____
填表人：_____ 评估日期：_____

说明：对于以下各子类别，使用TPBA2观察指南或该领域TPBA2观察说明中的发现，按照目标年龄表的1—9量表，圈出表明儿童发育状态的数字。接下来，通过将儿童的表现与TPBA2年龄表进行比较，考虑孩子与同龄人相比顺利的表现。使用年龄表得出每个子类别的儿童年龄水平（遵循年龄表上的说明）。然后，通过计算百分比来圈选AA, T, W或C:

如果儿童的年龄水平 < 自然年龄：1 − （年龄水平/CA）= _____% 延迟
如果儿童的年龄水平 > 自然年龄：（年龄水平/CA）− 1 = _____% 以上

要计算CA, 请从评估日期中减去儿童的出生日期, 然后根据需要向上或向下调整。减去天数时, 应考虑当月的天数（即28, 30, 31）。

TPBA2 子类	功能活动中观察到的儿童能力水平									与同龄人相比的评估 高于 年龄 平均 典型 观察 担忧 水平 (AA) (T) (W) (C)
基本运动功能	1 所有姿势都需要全身支撑。	2	3 保持头部稳定，可以有支撑地坐。	4	5 在各种坐姿和俯卧姿势之间转换。可能会暂时独立地站着。	6	7 展示出预期的姿势调整。独立站立，并能坐在椅子上。	8	9 能够呈现和保持功能性姿势，能够在姿势间顺利而独立地转换。	AA T W C 评估： _____
大肌肉运动活动	1 留在任何被放置的位置；在某一位置外没有活动的移动。	2	3 通过滚动和爬行移动。	4	5 在环境中靠四肢移动，侧走，或者走几步	6	7 走路和跑步很容易	8	9 能够完成复杂的大动作（如蹦跳、跳绳）。	AA T W C 评估： _____
手臂和手的使用	1 可以追踪对象；无法自主控制手臂、手和手指。	2	3 伸手去抓物体和人；不抓就猛击物体。	4	5 使用大致抓握来拿到物体；很少主动放开物体。	6	7 抓握与物体大小形状相匹配；随意地释放。	8	9 能够有效地使用手臂、手够、抓握、操作手上的物体，并精确地释放和放置物体。	AA T W C 评估： _____

续表

TPBA2子类	功能活动中观察到的儿童能力水平									与同龄人相比的评估
	1	2	3	4	5	6	7	8	9	高于平均(AA) 典型(T) 观察(W) 担忧(C) 年龄水平
运动规划和动作协调	对简单的、常规的动作或事件进行有意识的运动;不单独尝试新的或多步操作。		很难理解如何应对环境中的对象或事物。使用无目标的重复动作,甚至难以执行简单、非常规的动作序列。		可以设想一个目标,但需要提示、有意识的努力和多次练习才会组织目标的任务;目标行动可能显得笨拙缓慢,结果可能不准确。		可以设想一个目标或标,并需要提示或努力排序和执行必要的行动,以实现一个多步骤、复杂的任务;通过努力和练习,可以达到准确。		能够设想出一个目标,在极少努力下,能够有效、高效地组织和排序一系列复杂的行动,以达到预期的目标。	AA T W C 评估: ——
感觉的调节及其与情绪、活动水平和注意力的关系	尽管尝试了改变,但对感觉输入反应性过度或过低对环境中的物体人或事件的接触具有显著的负面影响。		对环境或人际互动需要经常改变,才能展现对感觉输入合适的反应。		通过互动或环境改变,表现出对感觉输入的适当反应。		通过对环境或相互作用最小的改变,表现出对感觉输入的适当反应。		几乎总是能在不改变环境的情况下,对所有类型的感觉输入做出适当的反应。	AA T W C 评估: ——
感觉运动对日常生活和自理方面的贡献	由于运动方面的困难,在自理方面的各个方面都依赖于成年人。		能够最小限度地帮助成年人进行运动方面的自理活动。		在运动的方面获得成年人帮助时,可进行各种形式的自理。		在自理活动和日常生活中很少需要帮助。		能够运用运动技能独立进行日常自理活动,包括拉链纽和餐具。	AA T W C 评估: ——

续表

TPBA2 子类	功能活动中观察到的儿童能力水平					与同龄人相比的评估 高于平均 (AA)	典型 (T)	观察 (W)	担忧 (C)	年龄水平
	1 完全不使用视觉功能。	3 即使戴眼镜或适应设备，也具有严重的功能性视力丧失。	5 戴眼镜或适应设备时，有一定的功能性视力损失。	7 戴眼镜或适应设备时，视力损失最小。	9 能够专注、关注局部并使用视觉功能，无需调整。					
视力						AA	T	W	C	—
						评估：				

总体需要：

以游戏为基础的多领域融合体系（TPBA2/TPBI2）
由托尼·林德（Toni Linder）设计
Copyright © 2008 Paul H. Brookes Publishing Co., Inc. All rights reserved.

第三章 视觉发展

与坦尼 L.安东尼合作（with Tanni L. Anthony）

视觉,通常被认为是理解个人世界最有价值的感觉系统,也是所有感觉中研究最多的一个。它拥有组织其他感觉信息,并提供来自远近位置的即时信息的独特能力(Teplin,1995)。8个月至3岁的儿童,其清醒时间的20%都在看人和物(White,1975)。

幼儿视觉系统的完整性对其童年特有的发育进程至关重要,被认为是婴儿概念发展的主要感觉形式(Teplin,1982)。在生后第一年,视觉感知被认为是沟通和学习的最有效途径,并一直是整个童年期和生命期学习这些技能的重要途径(Hyvärinen,1994)。视觉对典型发育的速度和模式做出了重要贡献(Sonksen,1982)。

从出生到7岁发生的变化在儿童视觉发育中起着至关重要的作用。虽然,生命的第一年会经历最快速的视觉发育阶段,但视觉系统的精细调整要一直延续到9至10岁(Hyvärinen,1988)。任何对于幼儿视觉系统发育的干扰都会对儿童的最终视力产生影响(Daw,1995)。

幼年时如果视力受到影响,其结果对儿童发育是不利的,因为视觉与每个发育领域都密切关联。例如,深度感觉差会影响儿童的运动技能,双眼协调能力差会影响以后的阅读能力,视力不能得到矫正就可能导致与概念拓展相关的信息丢失或不完整。幼儿视力问题越大,发生发育迟滞或发育改变的风险就越大。对于有早发视力问题并伴有其他发育问题或残障的儿童更是如此(Allen & Fraser,1983；Ferrell,1998；Hatton,Bailey,Burchinal,& Ferrell,1997)。①

幼童的视力筛查至关重要,特别是当儿童易于出现视力问题的时候。本章回顾了为5岁以下儿童设计的以游戏为基础的多领域融合评估法2(TPBA2)中,视觉发育评估的目的、内容和设计构思。

---

① 本章的部分内容经坦尼·L·安东尼(Anthony,T. L.,2002)许可使用。《TPBA2》中纳入视觉发育指南包括：关于信度和效度的研究 A study of reliability and validity. Dissertation Abstracts International, 63(12),A4271,Pro Quest Information(No. 30-74361)。

第一节　视觉问题与视觉损伤

到底什么是视觉问题？对于幼儿，什么时候这一问题会成为令人担忧的问题？视觉困难的范围从潜在可纠正的视力问题和眼球运动不协调到由于眼损伤和/或视路和/或视皮层神经结构损伤造成的永久性视力丧失。

视觉问题一词可以被定义为一种干扰日常视觉功能，并有可能获得医学矫正的视觉状况。例如可以用眼镜矫正的不良视力。其最佳情况是，视觉问题实际上仅短期存在，对儿童发育的影响有限。而最糟糕的情况是，视觉问题会影响幼儿的发育，如果不加以治疗，可能会成为一种永久性的视觉问题或损伤（美国眼科学会，1997）。即使视觉问题得不到医学矫正，早期发现可以将儿童转介到合适的早期干预项目，以解决因视觉丧失而影响其发育的问题，因而十分重要（Morse & Trief, 1985）。此外，一旦视觉问题得到早期诊断，对于环境的适当调整将有助于幼儿阶段的学习（Calvello, 1989）。

普通人群，包括儿童中的相当一部分，有各种的视觉问题。视觉异常在儿童残疾中最常见（Gerali, Flom, & Raab, 1990）。二十分之一的儿童有不同程度的视觉缺陷，需要医学专家和/或特殊教育者的关注（Schor, 1990）。根据已知视觉损伤的发生率，绝大多数的视觉困难属于视觉问题，真正的视觉损伤属于低发病率的残疾。而教育团队有可能从事帮助视力损伤儿童（有不能矫正的视觉丧失，符合 2004 年残疾人教育促进法案[IDEA][PL108-446]中的残障判断标准），包括伴有其他残障儿童的工作。有视觉问题或视觉损伤风险的儿童包括：

- 早产儿
- 出生前受到毒素侵害的儿童
- 出生时受创伤有缺氧并发症的儿童
- 患有综合征的儿童
- 有产后感染，如脑膜炎的儿童
- 遭受创伤性头部损伤的儿童

每一位进入早期残障干预计划的儿童都有增加视觉问题或损伤的风险。

第二节　幼儿常见的视觉问题

儿童群体中，引起明显视觉问题的三大主因是弱视（amblyopia）、斜视（strabismus），和屈光不正(refractive error)(美国眼科学会,1997；Gerali et al.,1990)。第四个较不常见的问题是色觉障碍(color deficiency)。

用外行话说,弱视就是"懒惰的眼睛"。弱视两个最常见的原因,一是两只眼睛视力的能力不等和在生命早期出现"对眼"(crossed eyes)(美国眼科学会,1997年)。弱视的首要原因是斜视,眼位不正,通常由眼部肌肉或神经的问题引起(Miller & Menacker, 2007)。斜视中,眼睛或向内偏转(内斜视),或向外偏转(外斜视),或向上偏转(上斜视)或向下偏转(下斜视)(美国眼科协会1997, Daw, 1995)。早期发现斜视至关重要,因为它可能干扰视觉系统的正常发育(Schor, 1990)。有斜视迹象的婴儿在六月龄时就应该转诊给眼科专家(Schor, 1990)。及时发现斜视就能够进行相应治疗,如戴镜,单眼遮盖和/或手术。

幼儿的第三个主要视觉问题是屈光不正或需要戴矫正镜片,如框架眼镜。三种屈光不正类型包括近视、远视和散光。屈光不正会导致视力模糊。远视是生后最初几年最常见的屈光不正(Miller & Menacker, 2007)。有远视眼的儿童看远比看近清楚一些。近视眼儿童看远视力差,但他们能看清楚近处的东西。如果儿童很小就有近视,那么在整个儿童期直至青春后期近视水平可能都会迅速增长(Daw, 1995)。如同远视眼一样,一个只是近视的儿童可以通过戴眼镜将视力矫正到正常水平。

散光可以单独存在,或与远视或近视中的任何一种合并存在。当角膜的形状是椭圆形而不是球形时,散光就发生了。角膜形状改变,影响光线进入眼内并最终聚焦在视网膜上的方式(Menacker & Batshaw, 1997)。其结果是图像模糊。如果这个人同时是远视或近视,视力受损可能会更严重。

幼儿的第四个也是较不常见的视力问题是色觉障碍或色盲。8%的白人男性和0.5%—1%的白人妇女有红绿色盲(Goble, 1984)。非洲裔美国人和亚裔美国人中,色弱的发病率大约是欧洲裔美国人的一半。色觉问题表现为从轻度色弱到完全色盲。色弱不会影响视力能力,除非有需要准确识别颜色的情况。颜色感知困难可能会给成长中的儿童带来困难,他们的学前和小学课程有识别、配对、分类和编码颜色的作业。在极其罕见的完全色盲或全色盲病例中,其视力在低视力至法定盲范围内都会受到影响。

职业治疗师(OTS)和有资格教授视力障碍学生的认证教师都受过正规培训来解决儿童视觉技能问题。这两个专业在幼儿视觉技能方面承担着独特的评估角色。通常,职业治疗师专注于手-眼技能,这关系到精细运动发育,以及运动困难儿童的视觉感知能力(Menken, Cermak, & Fisher, 1987)。视觉损伤领域的认证教师在如何解决失明或视力低下学习者的教育需求方面受到培训。认证教师的一个独有角色是,对已诊断或高度怀疑有视力损伤的学生进行综合视功能评估(comphrenensive functional vision assesment, FVA)(Anthony, 2002)。综合视觉功能评估考察儿童如何使用其受到影响的视力,以及采取什么策略、设备和环境来帮助儿童看得更清晰。在 TPBA2 中加入视觉发育筛查的目的,不是为了所有学科学会如何做视力障碍儿童的综合视觉功能评估,而是对转介到 TPBA 的儿童进行粗略的视觉功能的筛查。

第三节 视觉发育观察指南

3.1 视力

与其他感觉一样,视觉发育也是"有序的、连续的,和可预测的"(Fewell & Vadasy,1983,第 37 页)。与其他任何感觉系统不同的是,视觉在出生之前是无法使用的(Slater,1996)。尽管观念如此且事实上人类出生时视觉系统尚未发育完全,但婴儿出生时就有能力看见(Daw, 1995)。视觉发育的第一个主要步骤发生在出生后的前 18 个月。在接下来的七年中,视觉系统逐步发育成熟。视觉注意、视敏度、双眼协同,颜色的敏感性和明-暗适应等生理功能,在出生第一年迅速发育,而出生前两年的发育尤其受到儿童所处视觉环境的影响(Knoblauch, Bieber, & Werner, 1996)。

视觉模式比其他人类感觉系统的研究更充分(Talay-Ongan, 1998)。以下有关视觉发育文献的回顾主要集中在"视觉发育观察指南"中的一些关键领域。在以下讨论中,将回顾与"TPBA2 视觉发育观察指南"相关的视觉发育内容。TPBA 中包含的视觉发育技能,除了儿童感兴趣的物品,以及评估中间休息时常提供的小食品以外,不需要任何专业设备。

I.A. 已注意到哪些视觉方面令人担忧的问题?

测评前与儿童家庭成员交谈,完成关于儿童和家族史的问卷(Child and Family History Questionnaire, CFHQ),以及儿童功能的家庭评估(Family Assessment of Child Functioning, FACF),将为评估团队提供理想的机会,来了解最熟悉孩子的人是否担忧其视力。看护人的信息对于评估团队确定关注领域尤其重要。Walker 和 Wiske(1981)认为父母是儿童机能和问题的首要评估者,也常常是最好的评估者。Glascoe, MacLean 和 Stone(1991)在与儿童父母的协作中证实了这一点;他们的研究发现,父母对孩子发育和行为的担忧之处往往就是真正问题所在。这一发现在法国一项由 Vital-Durand, Ayzac 和 Pinsaru(1996)进行的,针对 2 413 名婴儿的研究中也得到了证实。这一研究评估了 4—15 月龄婴儿的视觉状态。当父母因担忧儿童视力，如对眼，而就诊时，评估往往能发现视力问题。Langley（2004）将父母对孩子的担心作为眼科专家或儿科医生对儿童进行视力筛查的充足理由加入参考标准。

Ⅰ.B. 眼睛和眼睑的外观是怎样的？

　　检测幼儿的视力问题通常不是一个复杂的过程。视觉障碍通常可以通过眼睛的外观和/或行为指标得以观察（Goble，1984）。在标准视力筛查文献中，用"ABC"分析视觉问题，即外观（*appearance*）、行为（*behavior*）和主诉（*complaints*）（Colorado Department of Public Health and Environment，1991）。眼睛的外观显示他们的健康状况。一个好的经验法则是，如果有什么看起来不妥，那可能就存在需要眼科专家深入检查的问题（Anthony，1993a）。

　　双眼的大小、对称性和眼正位的偏差（或缺乏），角膜和瞳孔的清晰度，瞳孔的形状等等都是视觉能力的重要指标（Hollins，1989）。如果双眼异常小，孩子可能患有小眼球症，一种等同于法定盲的疾病（Levack，1991）。眼位不正（两眼不是一致向前注视）预示有斜视问题。如果眼脓性分泌物过多，特别是发生在有唐氏综合征的儿童中，可能患有睑缘炎（Shapiro & France，1985）。虽然睑缘炎最初可能不会影响视力，但如果它变为慢性，就可能使眼睛无法睁开，或由于眼睑的硬皮屑而有刮伤角膜的风险。角膜混浊从来都是不正常的，是视力损害的严重症状。瞳孔浑浊可能是白内障发育成熟或罕见的视网膜母细胞瘤（影响眼睛的癌症）的征兆。眼睛过度发红或流泪可能是过敏，眼部感染，眼睛疲劳或视觉疲劳的症状。瞳孔不对称或瞳孔形状的明显异常，如缺损，瞳孔有裂口，都是视觉问题的明显征兆（Teplin，1995）。如果儿童的单眼或双眼眼睑向下垂落，他可能患有上睑下垂。

　　除了眼睛的大小和形状，还应注意眼球的一般运动。眼球震颤始终是视觉损伤的信号（但如果眼球震颤是由于一个人的快速运动引起，且在停下来一会儿后会消失，则是正常的）。感觉性眼球震颤是指，在出生第一年，累及双眼的早发性视觉缺陷引起的双眼有节律的摆动（往复运动）。

Ⅰ.C. 能够观察到哪些视觉能力？

　　研究人员发现，新生儿对人脸天生具有反应。事实上，Glass（1993）和 Morse（1991）认为人脸可能是促进视觉发育最合适的刺激物。婴儿在 6—8 周龄时就可以与其他人有目光接触，并开始以微笑回应笑脸；到 2—3 月龄时，婴儿可以有深入的目光接触（Hyvärinen，1994）。在此之前，婴儿的视觉被人脸吸引，并关注外部特征，如发际线和面部的对比变化，而不是内在的细节，如眼睛，嘴和鼻子（Bushnell，1982）。Bailey（1994）注意到，通过对比发现更多差异的能力，对于婴儿区分面部特征的能力很重要。在 4—6 月龄时，婴儿对其他婴儿脸和镜子中自己形象的兴趣不断增长(Glass,2002)。

　　Slater(1996)解释说,新生儿有初步的感知形状和感知整体的能力,对分开的元素和部分还不行。出生后数小时内,婴儿就对其母亲的脸表现出超越陌生人脸的喜爱(Bushnell,1982;Slater,1996)。这源于视觉系统所拥有的即刻学习和经验处理能力。在6周至4—5个月龄之间,婴儿开始对友善的面孔微笑(Atkinson,1996)。

　　研究发现新生儿的视力比成年人低10—30倍(Slater,1996)。根据优先注视法视力检测卡的检查结果,婴儿视力从大约20/600提升至1岁时的20/40(Teller, McDonald, Preston, Sebris, & Dobson,1986)。在婴儿6—7月龄时可以看到视觉敏锐度的功能性例子。这时候他们开始注意像食物屑一样的小东西(Hyvärinen,1994)。此外,8月龄拥有正常视力的婴儿可以注视10英寸或更远地方的1.25毫米大小的蛋糕装饰糖果(Pike等人,1994)。到6个月大时,婴儿通常可以注意到5英尺以外的地方(Atkinson & Van Hof-van Duin,1993)。到18个月龄时,儿童可以看到20英尺远处2.5毫米的球(Pike等人,1994)。

I.D. 儿童视野的发展

　　Langley(2004)描述正常视野为"在视线没有移动的情况下,眼睛所看到的整个物理空间"(第142页)。成人正常视野大约是鼻侧65度,两边(颞侧)95度,上方50度,下方70度(Atkinson & Van Hof-van Duin,1993)。虽然研究人员无法在婴儿视野发育的确切时间节点上达成共识,但大多数研究者同意,未满6月龄的婴儿视野尚未发育完善(Mohan & Dobson,2000)。小婴儿的视野在20至30度(Groenendaal & Van Hof-van Duin,1992)。在2月龄时,婴儿视野的形状与成人相同了,但是范围明显较小(Schwartz, Dobson, Sandstrom和Van Hof-van Duin,1987)。到6—7月龄,婴儿的视野已与成人相似(93%)(Mayer, Fulton, & Cummings,1988)。一周岁时,儿童似乎具有与成人相同的视野范围(Sireteanu,1996)。

I.E. 儿童双眼协同性表现如何?

I.F. 儿童的深度知觉表现如何?

　　两个问题是相互关联的,所以放在一起讨论。眼球运动或动眼运动技能在出生时就已经有了,并在接下来的数月中不断完善。出生九分钟后,婴儿就能转动他们的头和眼睛追随移动的脸(Goren, Sarty, & Wu,1975)。这时,眼睛还必须随着头部一起运动而不能单独转动。

Hainline 和 Riddell(1996)指出,为了能清晰地看东西,一个人必须具有看清楚(视力)和控制眼球运动的生理能力——"合格的感觉系统和合理的眼动控制"。双眼配对的组构即是要实现双眼正位。婴儿在 3 至 6 月龄时眼位开始变正(Catalano & Nelson, 1994)。如果 2—3 个月龄后眼睛呈持续内转位,或者 6 月龄后依然向外偏转,就应该转介给眼科专家(Catalano & Nelson, 1994; Teplin, 1995)。

婴儿追踪(追视)移动目标的能力在生后前几个月快速进步。1 月龄时可以引出从中线的垂直追踪(从鼻子向上看);2 个月龄时水平追踪从鼻子到耳朵;4 月龄时水平追踪可以超越中线(Bishop, 1988)。环形追踪出现在 2 至 3 月龄时(Hyvärinen, 1994)。大约 6 月龄时,婴儿可以追踪掉落物体的轨迹。大约在 5 月龄时眼球运动的速度和准确性已经达到成人水平(Harris, Jacobs, Shawkat, Taylor, 1993)。6 月龄时儿童的眼球运动应该具备了良好的协同性。否则,可能预示着视觉系统的不成熟,肌肉不平衡,或一些其他类型的视觉问题(Bishop, 1988)。

随着中心凹(视网膜黄斑的中心部位,具有最高的空间分辨率)的成熟,眼睛能更好地集中注视一个目标。3 至 6 月龄间,固视能力提升,立体视觉(一种深度感觉形式,涉及察觉不同距离物体的能力,而不仅仅是近距离物体)开始出现(Daw, 1995)。此时,已经有了辐辏和稳定的眼球正位。辐辏是人对一个逐渐靠近的物体保持视觉聚焦的能力。双眼辐辏(两眼内聚),以追踪逐渐靠近脸部的物体(Vaughan, Asbury, & Tabbara, 1989)。眼正位是两眼在看同一物体时保持双眼单视(融合图像)的能力(Daw, 1995)。

双眼视觉依靠两眼的协作。各种各样的要素都正常运转才能获得双眼视功能。第一个要素是聚散。聚散可以描述为"双眼看不同距离物体时视轴一致性的变化"(Hainline & Riddell, 1996,第 222 页)。两眼必须能够聚合(对逐渐靠近的目标保持注视)和散开(对逐渐远离的目标保持注视)。其次,双眼必须有良好的视力。第三,必须有一定程度的深度知觉(Daw, 1995)。两眼协同、双眼注视和立体视觉这三种成分大约在 4 至 5 月龄时出现(Birch, Shimojo, & Held, 1985; Yonas & Granrud, 1985)。如果存在眼位不正,立体视觉就不能发育完善(Hainline & Riddell, 1996)。

Atkinson(2000)描述了在婴儿发育中转换注视的技能的发育顺序。转换注视是指将视觉注意力从一个事物转移至另一事物的能力。到 4 个月龄时,婴儿可以越过中线,将注视转换至另一个事物上(Glass, 1993 年)。转换注视首先从距儿童双眼同一深度范围或相同距离的物体开始实现。到 6 月龄时,婴儿可以将视觉注意从一个深度平面(例如,近距离)转换至另一不同深度的平面(如,更远范围)。到 1 周岁时,儿童可以跟随成人的手势将目光转移到另一个物体上,由此,显示出将目光从别人的手转移至远处空间一个物体上的能力。

I.G. 儿童有哪些代偿性视觉行为（compensatory visual behaviors）？

很多行为可以提示儿童有视觉问题。简单观察儿童如何看不同尺寸、颜色和对比度的物体，对光线变化的反应，以及在做视力任务时身体的姿势，就可以发现有关视觉问题或损伤的有用信息。在团队对儿童视觉发育技能持续观察一定时间并做出评估之后，这个问题最终会得到解决。评估团队应回顾特定的行为，分析与视觉问题相关的可能原因。

近距离察看物体

视力差的儿童可能会将物体拿到自己眼前或者将头凑近物体以便察看。将物体拿到眼前，物体增大或被放大而更容易察看。近距离察看也缩小了视野范围。随着物体移近眼睛，占据更多的可用视野，减少了人对其他视觉信息的关注。后者可见于皮质性视觉损伤的儿童，该患儿对无关视觉信息缺乏过滤能力。

独特的头位

转头和歪头的行为可能提示几种不同类型的视觉问题。特定的头部姿势可能提示有视野缺损（Good & Hoyt, 1989）。例如，儿童可能因为上部视野缺损而头向后仰，或者由于一侧（周围）视野缩窄而将头转向一侧。转头或歪头的另一个原因可能是用于代偿不好的眼位，如斜视（Langley, 1998b）。对光敏感的儿童可能会低头以避免对他们来说太亮的光照（Jan, Groenveld, & Anderson, 1993）。Catalano 和 Nelson（1994）发现，患注视麻痹的个体也可能倾斜他们头部以适应他们有限的眼球运动能力。

已经观察到，患有皮层性视觉障碍的儿童在伸手拿一件东西时会将头转向一侧。这一行为被反复研究，有两个主要理论解释了这一行为的目的。一个理论认为，儿童转头是为了获得周边视力（Jan, Groenveld, Syka nda, & Hoyt, 1987）。另一个理论认为，头部转动使目光避开伸出去的手，从而减少看到移动目标（手）所带来的视觉混乱，而保持注视静止的目标（Jan & Groenveld, 1993）。

独特的眼睛位置

偏心注视（eccentric fixation）一词用于描述一种情形，即不能明确一个儿童正在看一个特定的目标，因为其目光没有指向那个特定的目标（Shane Cote & Smith, 1997）。一名儿童可能因为中心视野缺损而使用偏心注视，例如重度弱视（Langley, 1998a）。特殊的眼位（例如，眼睛特别靠右）还可能伴随转头或歪头，用以适应前面章节中曾讨论过的感觉性眼球震颤（sensory nystagmus）（Good & Hoyt, 1989）。

按压和揉搓眼球

某些行为如按压眼球可以显示视觉损伤的来源。例如，按压眼球的儿童（用手指/拳头用力按压闭合的眼睑）经常患有视网膜疾病（Jan et al., 1983）。眼球按压可以诱发"闪光"反应，令儿童兴奋。揉搓眼睛可能是因为眼睛过敏或感染引起眼痒、视觉疲劳或眼睛疲劳。

眨眼/闭眼

当光线突然增强时,快速眨眼或闭眼可以提示对光敏感或畏光。畏光与皮质性视觉损伤(Good & Hoyt, 1989)、角膜干燥、某些眼病,如白化病、先天性青光眼、无虹膜症,一种影响眼虹膜(iris)的病症,有关(Jan et al., 1993)。

眨眼也可以是患有眼球运动异常者的症状(Good & Hoyt, 1989)。眼球运动控制不良的其他症状还包括转头和点头。这些行为可能会帮助患者实现聚焦。

视疲劳可以表现为多种行为,如闭眼、低头、和/或视线从手边的视力功课上移开。患有斜视或眼球震颤的儿童,需要努力维持注视或集中注意力于眼球运动时,会出现视疲劳(Levack, 1991)。

突然减少运动

患有视网膜色素变性的人,难以适应光线增强或减弱的变化(Levack, 1991)。可以看到他们会突然减少或完全停止运动直到适应新的光线条件。一个明-暗适应困难的行为例子就是,从用眼睛看转为用手触摸(从用眼睛看着去拿东西转为摸着去拿)。年幼的儿童黄昏时可能会变得很粘自己的父母,由于夜间视力差,如果摸不到另一个人就不愿意行走(Hyvärinen, 1995)。

视觉相关问题的主诉

年幼的儿童不可能自己说出对视觉表现的担忧,因为他们可能意识不到别人并不像他们那样去看东西。由于视疲劳而引起的头晕、恶心或头痛等,正是通过身体行为而非口述表露出来的问题。

除了认识视觉问题的 ABC,实施早期干预的人员应该了解视觉发育的正常顺序。许多从业人员可能不知道,视觉发育的里程碑是有生理顺序的。回顾这些里程碑时会发现,它们与运动和认知领域的联系非常紧密。

I.H. 观察到有哪些视觉-运动/视觉-认知技能?

随着注视能力的提升和深度知觉的发育,婴儿学会了用手拿东西。有视力的儿童的视觉引导着儿童精细运动的发育。3 至 4 月龄时有了眼-手行为(Bayley, 1993;Hyvärinen, 1994)。健康婴儿在 4 至 6 月龄时可以很协调地用眼看着物体直接伸手去抓(Bishop, 1988;Hyvärinen, 1994)。Sonksen(1993)把婴儿第 4 至第 12 个月发育期称为"整合阶段"。在此期间,视觉与和运动功能相关联的说话、手的技能及运动整合在一起。婴儿在 4 月龄时出现最初的对立体深度线索的辨别,此时,婴儿表现出能更准确地伸手去拿东西(Atkinson, 2000)。

只有单眼视力的儿童从侧面把手移到中线位置,然后再直向前方伸手去拿东西,而不是

（像双眼正常的儿童那样——译者）利用弧线运动着去拿位于中线的东西（Hyvärinen，1994）。随着精细运动技能的发展，婴儿可以捡起的东西越来越小。到5月龄时，儿童能够用全手抓握捡起一只小球（Bayley，1993）。随着伸手抓、拿，更多准确的手眼配合技能出现了，例如将不同大小的物体放入不同大小的容器中，堆叠在一起等等。

虽然色觉不是认知技能，但是颜色命名、配对和分类是认知技能。研究人员已经对年幼婴儿进行了色觉研究。黑白格能吸引出生最初几周婴儿的注意，随后是五颜六色的玩具（Hyvärinen，1994）。大多数有关婴儿色觉的研究表明，婴儿出生后早期辨别颜色的能力比大龄婴儿差（Atkinson，2000）。专门的测试已经证实3月龄的婴儿可以分辨对比色（Brown & Teller，1989）。

第一个从教育角度评估儿童分辨颜色能力的真正方法是在其29至33月龄时，看能否完成原色的配对（Parks et al.，1994）。颜色分类是出现在33至36月龄时的一项发展技能（Parks et al.，1994）。

另一个纯粹的视觉认知能力是视觉模仿。视觉与儿童模仿他人行为的能力直接相关联。二十多位研究人员已报告了新生儿能模仿成人的面部动作，如张嘴、撅嘴、吐舌、快乐或悲伤的面部表情（Slater，1996）。两位研究人员报告，六周龄婴儿在24小时后仍会记得他所看过的成人做出的面部表情。当成人24小时后回来靠近婴儿并不做表情时，婴儿却会模仿这位成人前一天的面部表情（Meltzoff & Moore，1994）。

8至9月龄时，婴儿可以模仿成人对物体的动作（Bayley，1993；Slater，1996）。9至12月龄时婴儿经常进行简单的模仿游戏（Parks et al.，1994）。到18月时，儿童开始模仿成人使用道具的行为，如衣服、餐具和其他熟悉的对象（Johnson-Martin，Attermeier，Hacker，2004）。在生命的第一和第二年，儿童不断地用眼观察他们周围，观察学习其他人的行为（Hyvärinen，1994）。有关视觉认知技能的更多信息，请参阅第7章认知发展领域中的子类别Ⅴ：游戏的复杂性。

视觉技能与其他认知能力密切相关，包括物品、人物、图画和符号的识别。这些技能与视力和图形—背景的感知力相关。在5至10月龄之间，婴儿表现出对图画的兴趣，并能认出有一部分被隐藏的对象（Bayley，1993；Hyvärinen，1994）。图片识别能力的最初迹象发生在1岁龄左右（Hyvärinen，1994）。从17到19个月龄时，孩子可以按要求找出两张图片，从20到22个月龄时，孩子可以说出一张图片的名字（Bayley，1993）。

一旦知道了视觉发育的顺序，就可以评估这些技能。Fewell和Vadasy（1983）强调，我们明白了幼儿视力发育是如何成熟的，就获得了重要信息，知道如何安排早期学习环境以支持和增强视觉发育："成年人了解了视力如何成熟，就可以通过小心监测视觉发育、布置周围环境以改善视觉进程，以及实施促进视觉学习的策略，来为儿童获取信息提供便利。"（第32页）

3.1.1 程序和目的

如前所述,在视觉发育评估领域有教育背景的两个最常见的专家是职业治疗师和在视觉损伤方面取得证书的教师。不幸的是,许多评估团队并非总能够找到这两方面的专家。这种情况下,其他学科对 TPBA 过程中儿童视觉发育的评估将发挥关键性作用。

如果需要额外信息以了解孩子的视觉状态,该儿童应被转介给该领域的专家。这对于 TPBA 的所有部分都适用。只要是团队评估之后,评估团队确定需要更多的诊断或教育评估,无论是视觉、听觉还是其他方面的评估都如此。

TPBA2 工具的评估能力,不仅可以为转诊医学专家(例如,儿科医生,眼科医生)提供信息,还可以为孩子的教育规划提供恰当的信息。例如,团队可能注意到一个患有脑瘫的孩子,在其躯干和头部受到支撑时能更好地完成视觉作业,或者一个孩子需要 30 秒的反应时间后就可以展现良好的注视。

评估小组的目标应该是持续观察儿童如何使用他的视力,例如,是否注意到小物件,一定大小的物件在多远会被注意到等等。

3.2 使用《观察指南》来评估视力

I.A. 在视觉方面有什么问题?

评估前的会面中,应该询问父母对孩子的眼外观或视力是否有何特殊的担忧。一个简单但重要的问题是,"你觉得你的孩子能正常看吗?"如果需要更详细的了解,可以询问儿童是否可以认出在屋里走动的熟人或注意到小物件。如果在 TPBA2 中发现儿童可能有视力问题,应该询问父母这些问题。有时候一些视觉适应行为,例如在看东西时闭上一只眼睛,父母并未注意到,直至评估中才被发现。

应该询问护理者是否带孩子看过眼科专家,如验光师或眼科医生。如果眼科专家已经评估过,那么就要确定是否有任何视力问题的诊断,如近视、远视等。此外,是否开了眼镜处方?应该在评估记录上记录这些信息,并应进一步关注儿童在评估当天是否戴着他/她的眼镜。最后,孩子目前是否在接受药物治疗?某些药物可能影响视觉表现,例如,某些抗惊厥药物可能引起光敏感(Langley, 1998b)。团队应该注意任何儿童因所服药物可能引起的异常视觉行为。需要与家庭医疗护理人员讨论这些信息。

I.B. 眼睛和眼睑的外观是怎样的?

观察儿童的眼睛和眼睑时,遵循"如果什么地方看起来不对"的简单规则。但是,注意不要过度细致地检查儿童的眼睑和面部。如果有问题,很可能会轻易被发现。在整个评估过程中眼位是否处在正位的位置？因为一些眼位不正会出现在疲劳时，在评估结束时变得更加明显。眼睛的大小，虹膜和瞳孔看起来正常吗？眼睑是否有明显下垂？是否有眼睛发红、流泪、混浊、结痂或者眼球不自主运动？随着时间的推移，团队将学会鉴别一些情况，如假性内斜视，看起来眼睛像对眼，但实际上是由于亚裔儿童或某些综合征存在眼皮多余褶皱造成的假象。

I.C. 能够观察到哪些功能性视敏度？

由于传统视力检测需要专门的测试设备（例如，视力表、选择性观看测试卡），所以就用TPBA2模式对功能性敏锐度进行评估。这一子类的第一条包括在评估过程中幼儿与看护者或其他人进行的眼神的互相交流。这一行为可以在儿童与对视者相隔各种距离时出现。最少应该在团队成员距离幼儿10—12英寸内进行评估。

这一子类中的其余项目包括，放在距幼儿各种距离的不同大小的物品。观察幼儿在游戏过程中的自然运动。幼儿是否注意到他/她周围很小的玩具或小片食物？有必要问："你能找到那一根香肠吗？"或者在物件附近轻敲手指吸引幼儿的注意，如果起作用了，要移开手指使小物件成为幼儿接下来盯视的唯一目标。

如果幼儿年龄不足6个月，他/她可能不会看到像一片麦片那样小的东西。因此，这一指标可能不适于评估计分。评估中的零食时间是评估幼儿能看到最小东西的一个绝佳机会——食物是许多人的最大动力。团队要学会注意幼儿周围的所有东西，也许，提供幼儿能看见很小物体信息的，不是带来的1英寸玩具，而是地毯上的一根小线头。

视觉注意在本子类中用于描述儿童看东西的行为。幼儿可能只是停下正在做的事而直接去看人脸或东西，或者在看时还会有意识地伸手去摸。

有些幼儿可能对熟悉的东西更容易产生视觉反应。如果孩子家人提供了玩具或喜爱的东西，可以将它们纳入评估常规。

I.D. 儿童的粗略视野（gross visual field）是怎样观察的？

当儿童自发地去关注各处的东西时，可以观察他的视野。幼儿是否转过头去看旁边走过的人？是否在盯着他/她面前的拼图时还随意去伸手到左或右边的远处拿过来拼图块？这些是周边视力或侧方视力的例子。幼儿向正前方看时，注意到头顶部或者下巴或胸部水平出现的目标，也可以描述为周边视力。要有意识地检测幼儿的视野，团队成员可以在幼儿视野内的上/下/侧方移动一个目标，看看他/她能否注意到它的存在。

视野评估是一个需要团队成员非常小心的领域，不要因为幼儿看起来缺乏反应而过度解读。有可能是幼儿太全神贯注于眼前的另一个目标了，以至于他/她没有注意到新引入的目标。所以仅凭这一点不能说明有视觉缺陷。

Ⅰ.E. 儿童的双眼协同性（eyeteaming）表现如何？

评估双眼协同技能时，保证幼儿身体姿势有很好的支撑很重要。如果幼儿因为太幼小不能坐直，或者有身体缺陷比如脑瘫影响躯体稳定性而要向下坠时，有必要辅助稳定姿势。

注意幼儿的身体姿态可以总体提升其视觉表现。任何时候如果姿势不稳，幼儿的精力都会从正需要完成任务的视觉专注中转移出去（Anthony，2000）。对于一个身姿不稳的孩子来说，又要获得运动的稳定性又要有视觉反应可能要求太高了。

对于姿势的总体指南如下：①幼儿应该看上去对称，不能有偏离中心的倾斜；②姿势支持应是对身体骨骼部分给予支撑，以使身体舒适；③应在需要时给予支持，但是不能让幼儿失去身体的自主自由活动；④幼儿应该被放在不会加强异常肌肉模式的位置（Yates，1989）。对有身体缺陷的幼儿，咨询职业和/或物理治疗师可能会有帮助。

在所有眼球运动任务中，双眼都应该一起工作，并在追随一个移动目标时进行同等程度的运动。集合时也一样——当幼儿看一个正在移近他或她脸部的目标时，双眼均应保持聚焦于目标上。在幼儿玩玩具，尤其是可移动的玩具，如弹簧玩具、小汽车或其他有轮子的玩具和/或球时，常常很容易观察到双眼协同技能。

看吹出的肥皂泡泡是一种非常好的记录眼球运动的方法。可以让泡泡附在魔棒上向幼儿靠近以评估集合运动。如果有必要，一位队员可以用玩具吸引孩子注意力，然后有意识地向各个方向移动玩具，以引出追随、集合和/或散开运动。

给孩子两样零食或玩物供选择可以评估注视转移技能。孩子是喜欢左手上的麦片还是右手上的小饼干？注视转移也可以通过孩子的自发行为来观察。当他打量游戏间看那些放在不同位置的东西时，或者当孩子用眼睛去找爸爸或妈妈然后再重新回来注视手头的游戏作业时。后者是在两个明显不同的距离间注视转移的例子。

Ⅰ.F. 儿童的深度知觉表现如何？

在 TPBA 期间，当幼儿伸手去抓物品时，很容易看到他/她是否总是能准确抓住。团队要注意幼儿是否能准确抓住大小不同的物品。如果幼儿总是超过或者达不到物品位置，要引起注意。另一个需注意的方面是，伸手抓放在地面上的物体比抓空中的物体（例如，别人用手给出的玩具）更精准还是更不准确。当儿童移动时，无论是爬行、翻滚还是行走，团队成员都可以观察他/她是否注意到地面深度的变化。如果进出的游戏区域有楼梯，团队成员应当观察儿童对地面颜色变化做出何种视觉反应（儿童的反应是否会像那里有悬崖一般）和/或对楼梯或其他表面变化有何反应。儿童注意到地面深度变化的标志包括放慢速度，停止和/或成功地越过有变化的表面。一些儿童在向前移动之前，会用手或者脚试探表面的变化。

I.G. 儿童有哪些视觉代偿行为？

这一子类中的内容，是针对视觉问题的一些适应行为，应该在 TPBA2 结束之前完成。该问题旨在通过整个评估阶段来观察儿童是否出现视觉疲劳，以及是否有视觉发育中的预警行为。这些行为提示儿童存在视觉困难，也是儿童已经发现的，能够帮助看得更清楚的有效方法。重要的是，对诸如"在强光下斜视更严重"这样的情况要谨慎。这一说法不是用于描述儿童遇到强阳光时眼轻微偏斜，而是，儿童异乎寻常地被光线变化所困扰的现象。

对于把东西拿得非常近地去看这种代偿行为，也同样需要谨慎对待。评估团队需要弄清楚儿童是一贯这样看东西，还是偶尔为了能仔细地看清楚才这样做。东西的大小也需要考虑在内，如果东西有很小的细节，例如玩具小卡车上的轮胎或者小发条瓢虫背上的黑点，就不奇怪为什么儿童会把它拿到距眼睛很近的地方，或者很近地倾身去看了。

I.H. 可以观察到哪些视觉—运动/视觉—认知能力？

最后一个子类中包含的内容，可以使评估团队进一步了解儿童的视觉技能。选择这些内容是因为，即使并非自然状态下的视觉，也可以提供关于儿童在更高水平的学习技能中如何使用视觉的信息。每项内容需要一个视觉信息的解释。如果儿童的视觉受损，很可能这一项中的指标也会受到影响。例如，如果儿童没有发现，或者没有按照要求找到图画中的小细节，这可能预示其视力差。儿童难以进行同色配对项目，有可能存在色觉缺陷。当然，要小心看待这些指标，因为，其他因素如手眼协调和概念发育，也可能是儿童难以完成特定任务的真实原因。在这些标志性项目中的表现，应该与收集到的其他视觉发育信息，以及 TPBA2 中其他部分的发育信息一起考虑。

3.3 评分

视觉发育筛查的最终结果将是通过或不通过这样的评定。给予儿童一个与年龄阶段有关的发育评定是不合适的。例如一名 3 岁的儿童视力差，不能被评定为"一个更小年龄儿童的视力"。另外，视觉发育不能使用百分比表示，例如"这名儿童的视觉发育能力达到 75％"。这不是一种量化儿童视觉状态的方法，也不是一个合适的报告结果的方法。TPBA2 的设计是要提出诸如儿童视力是否令人担忧这样的问题。如此，儿童或者"通过"或者"不通过" TPBA2 视觉发育观察指南。

这种检测并不像标准视力筛查方法中的情形，不是每一个项目都会导致儿童筛查不通过。"淘汰"项目在视觉发育观察指南中用钻石标志(◆)标注。此类项目将直接决定儿童能否通过 TPBA2 视觉发育筛查指南,如未通过儿童自然需要被推荐至眼科专业医师处。例如,若儿童被注意到有"对眼",就会导致最终评定结果为"不通过"。6 个月以上的儿童存在"对眼"并不合理。单凭这一发现就应该和父母讨论进行眼部检查的必要性,或者至少和家庭医生讨论进一步处理方案。一些视觉问题若发现得早可以进行医学矫正。如果视觉问题不能被眼护理专家矫治,那么教育团队需要讨论确定合适的居住设施。有视觉缺陷的儿童应当经常由视觉缺陷认证教师进行随访,他们可以推荐改善居住设施的方法,例如调整照明亮度,给予所需设备,如屏幕放大软件、大字体印刷书籍和盲文书写器,并且提供所需低视力设备的使用培训。

在此筛查报告中多数项目为"淘汰"项目。眼神交流例外,因为在一些儿童中这不属于标准行为。此外,粗略视野和深度感觉项目中存在多种复杂因素,依据儿童对周边物体反应进行的粗略视野评估,在某些儿童身上难以确定其通过或不通过的分界。那么,什么是真正需要关心的?由于视野对于儿童视觉功能至关重要,尤其对于使用手势语言或其他视觉交流系统的儿童,所以,两项视野相关的项目在方案中被保留下来。评估团队成员应该尽可能去评估儿童的粗略视野,但是,除非他们确信真的存在异常反应,否则,这两个项目不能导致筛查报告的总体不通过。

第二个不作为淘汰项目设计的部分是与深度感觉相关的内容。在这个子类中的这些内容容易与运动技能关联的因素相混淆。患有脑瘫或其他运动问题的儿童手-眼精确性差,可能是由于视力受累、单纯的运动控制差,或两者兼有。因此,团队必须辨认出是否存在视觉因素的影响。一个儿童在深度感知领域可能仍然有一项或多项条目不能通过。除非在分析儿童为什么不能通过这些条目时能够彻底排除运动问题的参与,否则此结果不能单独作为总体评分不通过的理由。不过,如果深度感知确实有问题,儿童在通过其他视觉测试项目时可能也会出现困难。

视觉发育筛查项目与 TPBA 中的其他领域项目以同样的格式进行评分:需要进一步的评估(√),通过(P),不通过(F),未做(NO),或者发育不适宜(NA)(仅针对 I. H.)。每种评分格式都将进一步详细叙述。

如果评分者因为需要更多的信息而不知道如何评分,评分(√)应该予以保留。有时,难以判断儿童缺乏眼神交流是因为这个行为不是他的文化中被普遍接纳的行为规范,还是其患有的其他疾病的特征,比如孤独症(Peeters, 1997)。在这种情况下,团队需要考虑儿童其他的视觉技能是否已经充分展现出来,由此确定缺乏眼神交流确实并非视觉能力问题,而是因为其他原因造成的。例如,团队成员可能希望记录下儿童是否注意到了地上的小团绒毛或线头,或者对房间中移动的玩具有视觉反应,这两个例子都可以表示视力很好。这种情况下，如果眼神交流项目是唯一的一个得到评分(√)或者不通过(F)的项目，就没有充分理由不让这名儿童通过整个视觉发育筛查。

另一个可能使用(√)的例子是在偶尔出现"对眼"的儿童中。他们的眼睛有时看起来向内偏斜，但多数时间不偏斜。在不确定的情况下可以使用(√)。再次强调，这项评分应该与其他发现结合起来判断是否有视觉问题。这种情况下，当观察结果存在疑问时也需要推荐儿童找医学专科医师，他们可以更好地评估眼位状态。

完成评估时，视觉发育观察指南中每一个子类均应该确定一个评分。如果儿童通过了所有"淘汰"项目，那么本项目的总得分是通过，表示该儿童没有视觉发育问题。即使儿童仅一项"淘汰"项目没有通过，该项目的最终得分也是未通过。

如果很明确父母没有发现孩子视力异常，孩子没有视觉补偿行为，并且在视觉发育观察指南中记录了孩子具有与年龄相当的视觉能力，这时可以给予评分通过(P)。

3岁时，安德鲁(Andrew)冲进游戏评估室准备开始。他环视了房间内的所有人，并对坐在他10英尺(304.8厘米—译者)外的一个人回报以微笑，在地面上找到了一小段线头并交给游戏协调员，说出了距离他10英尺远的书中小图片的名称，追赶一个滚动的皮球和一连串飞落的肥皂泡，等等。他妈妈对他没有任何担心。事实上，因为他患有唐氏综合征，3个月前妈妈曾带他去眼科医师处检查是否存在问题。即便团队发现安德鲁存在其他方面的发育问题，但视觉领域看起来很好。

当看护人说出儿童存在视觉问题，有明确的视觉补偿行为，和/或儿童明显没有视觉发育方案中那些视觉指标时，评分为不通过(F)。例如，如果一个儿童总是把东西拿到鼻子前面去看，他会因为视觉补偿行为"看东西离得很近"而得到不通过(F)的评分。

两岁的萨拉(Sara)的爷爷来到基于游戏的评估现场，说他认为萨拉不能看得很远。团队意见一致。当一个小球滚到离萨拉5英尺(152.4厘米)外的地方时，她眯着眼睛看；而且在做评估结束前的书本作业时，频繁揉眼睛；并偶尔存在"对眼"的问题。这些问题结合儿童家人在儿童和家族史问卷(CFHQ)中所提及的问题，都提示需要眼专科医师进一步评估。三个星期后，干预团队看到戴着时髦新眼镜的萨拉在微笑跟他们问好。

评分(NO)意味着在进行基于游戏的评估期间，没有机会观察此项技能。除非儿童有医学上的脆弱或者存在严重的躯体残疾，绝大多数的项目都能够在儿童与人或物的互动中得到观察。对于年幼的儿童，保证其处于稳定安全的姿势，并且有充足的时间对视觉信息做出反应是很重要的。没有儿童是"不可测试的"——总会有一种方法可以用来评估基本的视觉反应。正因如此，应该极少会使用到(NO)的评分。如果评估团队没有足够的技能来评估存在明显残障的儿童，应该寻求进一步的培训以获得所需的专业技术。随着游戏评估的进行，游戏引导者需要和队友一起检查还有哪些技能没有被观察到。这也是个机会,去有意识地与儿童互动,从而诱导出特定的视觉反应。

每一个子领域都需要被特殊的评分程序再次审查:

A. 看护者的忧虑:如果看护人没有任何担忧的问题,这名儿童可以得到通过(P)的评分。如果担忧,那么应该给予(F)评分,并且应该记录所担忧问题的确切性质。如果看护人没能参加评估,应该通过家族史问卷(CFHQ)寻求可能存在的视觉问题的信息。

B. 眼睑及眼球的外观:在检查儿童的眼睑或眼球时,遵循"如果某些地方看起来不正常"这项简单规则。如果眼睑和眼球的外观没有可担忧的问题,应当给予通过(P)的评分,评估者可以继续进行方案中的下一阶段的评估。如果存在担忧的问题,应当给予不通过(F)的评分,而且方案的下一步就是列出所有的问题。应当详细记录这些问题存在于右眼、左眼还是双眼。

后面的项目,C. 功能敏感度;D. 粗略视野;E. 眼球协同能力;F. 深度感觉,都有可能被评为(P)、(F)、(√)或者(NO)。在这些项目中使用相同的评分规则。

G. 视觉补偿行为:这一项应该在评估即将结束时完成。在观察了一段时间后,当儿童疲劳时,一些特殊的行为表现,如"对眼"或者眼偏斜会变得更加明显。对于眼球的问题,无论儿童是否表现出了异常视觉行为,均应该予以首先处理。如果没有任何异常行为的记录,可以给予通过(P)。如果存在视觉补偿行为,就应该给予未通过(F),而且应该在后面详细记录所观察到的行为的类型。

H. 视觉运动/视觉认知能力:这一项应简单评分为(P),(F)或(NA)。(NA)评分适用于某些项目指定了年龄段的情况。这些项目不会影响到筛查总评分是通过还是不通过,它们仅被设计用于为评估团队提供儿童视觉技能相关的附加信息。

3.4 信息共享

如果儿童的总评分为"不通过",那么,谨慎地与儿童的家人分享这一信息尤为重要。因为这些结果并非来源于临床评估,所以不能作为诊断的参考依据,例如诊断斜视、弱视、屈光不正等,只有医学专科医师可以诊断这些眼的问题。而评估团队则应当把这些问题作为筛查结果进行描述。例如,游戏引导员可以描述,他是如何注意到儿童将物体拿到距他/她的脸非常近的地方去观察;或者,儿童没能注意到距离他 5 英尺(152.4 厘米—译者)外的中等大小的玩具。

对于没有通过视觉发育筛查的儿童,下一步将是帮助其家庭获得更多有关孩子视力评估/诊断的信息。家庭成员可能希望复印一份视觉发育观察指南给他们的家庭医生或者眼科专业医师。对于没有通过 TPBA2 视觉发育观察指南的儿童,评估团队可以汇总相关信息的文件并与家庭分享来帮助他们。如果可以提供视力对发育期儿童所起作用的信息、视力问题的一些重要预警征象、需要询问家庭医生的问题列表,那么这将是很值得与家庭分享的手册。

如果有能够为儿童提供更加全面的视觉评估的教育专家,应该向他请教。例如,如果一名儿童有视觉缺陷,应该被介绍到本区域能够进行综合视功能评估和学习媒介评估的认证教师处。学习媒介评估是一种评定视觉损伤儿童为收集信息和读写目的所使用的首要感觉和次要感觉形式的方法。这类专业人员可以为团队提供儿童所需居住条件方面进一步的指导。

结论

普通人群,存在发育迟滞风险和已被认定存在缺陷的特殊儿童人群,都存在着各种视觉问题或损害高危因素。视觉问题越早确定,进行有效的医学和教育干预的可能性越大。

视觉发育,与其他发育领域一样,随着儿童神经、运动和认知的发展,会出现一系列里程碑式的行为表现。影响儿童视觉发育的干扰因素可能会导致视觉发育及其他发育的暂时性或永久性的缺欠。

幸运的是,多数视觉问题通过简单地观察儿童外观和行为就很容易辨别出来。5 岁之内进行发育评估是筛查儿童视觉问题的最佳时机。此种评估应该包括感觉运动、情感、社交、交流和认知等领域,还有儿童的感知能力和局限。TPBA2 提供了理想的条件,可以在其过程中插入视觉发育筛查。

在基于游戏的评估中,设计了可以评估儿童视觉发育各项关键里程碑的方案。此方案的内容、评估注意事项和评分流程在本章节中已进行阐述。

建议将没有通过 TPBA2 视觉发育观察指南评估的儿童推荐至专科医师(例如学校护士、儿科医生、眼科医生和验光师)那里,做进一步的评估。至于推荐至何处可以遵循团队的推荐政策。推荐程序需与跟随团队评估的儿童看护人商议。建议团队在把视觉发育观察指南整合入他们的 TPBA2 方案之前,为儿童家庭准备合适的书面材料,包括视觉发展阶段和在社区转诊机会的名单。

参考文献

Allen, J., & Fraser, K. (1983, Fall). Evaluation of visual capacity in visually impaired and multi-handicapped children. *Rehabilitative Optometry*, 5-8.

American Academy of Ophthalmology. (1997). *Preferred practice pattern: Pediatric eye evaluations*. San Francisco: Author.

Anthony, T. L. (1993a). Functional vision assessment for children who are young and/or multidisabled. In L. B. Stainton & E. C. Lechelt (Eds.), *Proceedings of the Eighth International Conference on Blind and Visually Impaired Children* (pp. 73-94). Edmonton, Alberta, Canada: Canadian National Institute for the Blind.

Anthony, T. L. (2000). Performing a functional low vision assessment. In F. M. D'Andrea & C. Farrenkopf (Eds.), *Looking to learn: Promoting literacy for student with low vision* (pp. 32-83). New York: AFB Press.

Anthony, T. L. (2002). The inclusion of vision-development guidelines in the Transdisciplinary Play-Based Assessment: A study of reliability and validity. *Dissertation Abstracts International*, 63(12), A4271, Pro Quest Information (No. 30-74361).

Atkinson, J. (1996). Issues in infant vision screening and assessment. In F. Vital-Durand, J. Atkinson, & O. J. Braddick (Eds.), *Infant vision* (pp. 135-152). New York: Oxford Press.

Atkinson, J. (2000). *The developing visual brain*. New York: Oxford University Press.

Atkinson, J., & Van Hof-van Duin, J. (1993). Visual assessment during the first years of life. In A. R. Fielder, A. B. Best, & M. C. O. Bax (Eds.), *Clinics in developmental medicine series (No. 128): Management of visual impairment in childhood* (pp. 9-29). London: Mac Keith Press.

Bailey, I. L. (1994). Optometric care for the multi-handicapped child. *Practical Optometry*, 5, 158-166.

Bayley, N. (2005). *The Bayley Scales of Infant and Toddler Development* (3rd ed.). San Antonio, TX: Harcourt Assessment.

Birch, E. E., Shimojo, S., & Held, R. (1985). Preferential-looking assessment of fusion and stereopsis in infants aged 1-6 months. *Investigative Ophthalmology and Visual*

Science, 26, 366-370.

Bishop, V. E. (1988). Making choices in functional vision evaluations: "Noodles, needles, and haystacks." *Journal of Visual Impairment & Blindness*, 82(3), 94-99.

Black, M. M., & Matula, K. (2000). Bayley Scales of Infant Development-II assessment. In A. S. Kaufman & N. L. Kaufman (Series Eds.), *Essentials of psychological assessment series: Essentials of Bayley Scales of Infant Development-II assessment* (pp. 1-145). New York: John Wiley & Sons.

Black, P. D. (1980). Ocular defects in children with cerebral palsy. *British Medical Journal*, 281, 487-488.

Brown, A. M., & Teller, D. Y. (1989). Chromatic opponency in 3-month old human infants. *Vision Research*, 29, 37-45.

Bushnell, I. W. R. (1982). Discrimination of faces by young infants. *Journal of Experimental Child Psychology*, 33, 211-229.

Calvello, G. (1989). Identifying vision impairments in infants. In D. Chen, C. T. Friedman, & G. Calvello (Eds.), *Parents and visually impaired infants* (pp. 5-7). Louisville, KY: American Printing House for the Blind.

Catalano, R. A., & Nelson, L. B. (1994). *Pediatric ophthalmology*. Englewood Cliffs, NJ: Appleton & Lange.

Colorado Department of Public Health and Environment. (1991). *Guidelines for school vision screening programs* (2nd ed.). Denver, CO: Author.

Daw, N. W. (1995). *Visual development*. New York: Plenum Press.

Ferrell, K. A. (1998). *Project PRISM: A longitudinal study of the developmental patterns of children who are visually impaired: Executive summary: CFDA 84.0203C: field-initiated research HO23C10188*. Greeley, CO: University of Northern Colorado.

Fewell, R. R., & Vadasy, P. F. (1983). *Learning through play: A resource manual for teachers and parents*. Allen, TX: DLM Teaching Resources.

Gerali, P. S., Flom, M. C., & Raab, E. L. (1990). *Report of children's vision screening task force*. Schaumburg, IL: National Society to Prevent Blindness.

Glascoe, F. P., MacLean, W. E., & Stone, W. L. (1991). The importance of parents' concerns about their child's behavior. *Clinical Pediatrics*, 30, 8-11.

Glass, P. (1993). Development of visual function in preterm infants: Implications for early intervention. *Infants and Young Children*, 6, 11–20.

Glass, P. (2002). Development of the visual system and implications for early intervention. *Infants and Young Children*, 15(1), 1–10.

Goble, J. L. (1984). *Visual disorders in the handicapped child*. New York: Marcel Dekker.

Good, W. V., & Hoyt, C. S. (1989). Behavioral correlates of poor vision in children. *International Ophthalmology Clinics*, 29(1), 57–60.

Goren, C. C., Sarty, M., & Wu, P. Y. K. (1975). Visual following and pattern discrimination of facelike stimuli by newborn infants. *Pediatrics*, 56, 544–549.

Groenendaal, F., & Van Hof-van Duin, J. (1992). Visual deficits and improvements in children after perinatal hypoxia. *Journal of Visual Impairment & Blindness*, 86(5), 215–218.

Hainline, L., & Riddell, P. M. (1996). Eye alignment and convergence in young children. In F. Vital-Durand, J. Atkinson, & O. J. Braddick (Eds.), *Infant vision* (pp. 221–247), New York: Oxford Press.

Harris, C. M., Jacobs, M., Shawkat, F., & Taylor, D. (1993). The development of saccadic accuracy in the first seven months. *Clinical Vision Science*, 8, 85–96.

Hatton, D. D., Bailey, D. B., Burchinal, M. R., & Ferrell, K. A. (1997). Developmental growth curves of preschool children with visual impairments. *Child Development*, 68(5), 788–806.

Hollins, M. (1989). *Understanding blindness: An integrative approach*. Hillsdale, NJ: Lawrence Erlbaum Associates.

Hyvärinen, L. (1988). *Vision in children: Normal and abnormal*. Meaford, Ontario, Canada: The Canadian Deaf-Blind & Rubella Association.

Hyvärinen, L. (1994). Assessment of visually impaired infants. *Low Vision and Vision Rehabilitation*, 7(2), 219–225.

Hyvärinen, L. (Ed.). (1995). Effect of impaired vision on general development. In *Vision Testing Manual 1995–1996* (pp. 1-7). Villa Park, IL: Precision Vision.

Individuals with Disabilities Education Improvement Act of 2004, PL 108–446, 20 U. S. C. § § 1400 *et seq.*

Jan, J. E., Freeman, R. D., McCormick, A. Q., Scott, E. P., Roberson, W. D., & Newman, D. E. (1983). Eye pressing by visually impaired children. *Developmental*

Medicine and Child Neurology, 25, 755 – 762.

Jan, J. E., & Groenveld, M. (1993). Visual behaviors and adaptations associated with cortical and ocular impairment in children. *Journal of Visual Impairment & Blindness*, 87(4), 101 – 105.

Jan, J. E., Groenveld, M., & Anderson, D. P. (1993). Photophobia and cortical visual impairment. *Developmental Medicine and Child Neurology*, 35, 473 – 477.

Jan, J. E., Groenveld, M., Sykanda, A. M., & Hoyt, C. S. (1987). Behavioral characteristics of children with permanent cortical visual impairment. *Developmental Medicine and Child Neurology*, 29, 571 – 576.

Johnson-Martin, N. M., Attermeier, S. M., & Hacker, B. J. (2004). *The Carolina Curriculum for Infants and Toddlers with Special Needs* (3rd ed.). Baltimore: Paul H. Brookes Publishing Co.

Knoblauch, K., Bieber, M., & Werner, J. S. (1996). Assessing dimensionality in infant colour vision. In F. Vital-Durand, J. Atkinson, & O. J. Braddick (Eds.), *Infant vision* (pp. 51 – 61). New York: Oxford Press.

Langley, M. B. (1998a). Alignment and ocular mobility. In M. B. Langley (Ed.), *Individualized systematic assessment of visual efficiency for the developmentally young and individuals with multihandicapping conditions* (Vol. 1, pp. 1 – 33). Louisville, KY: American Printing House for the Blind.

Langley, M. B. (1998b). Structural integrity. In M. B. Langley (Ed.), *Individualized systematic assessment of visual efficiency for the developmentally young and individuals with multihandicapping conditions* (Vol. 1, pp. 1 – 20). Louisville, KY: American Printing House for the Blind.

Langley, M. B. (2004). Screening and assessment of sensory function. In M. McLean, M. Wolery, & D. B. Bailey (Eds.), *Assessing infants and preschoolers with special needs* (3rd ed., pp. 123 – 157). Upper Saddle River, NJ: Pearson Education.

Leat, S. J., Shute, R. H., & Westall, C. A. (1999). *Assessing children's vision: A handbook*. Oxford, England: Butterworth-Heinemann.

Levack, N. (1991). *Low vision: A resource guide with adaptations for children with visual impairments*. Austin, TX: Texas School for the Blind and Visually Impaired.

Mayer, D. L., Fulton, A. B., & Cummings, M. F. (1988). Visual fields of infants assessed with a new perimetric technique. *Investigative Ophthalmology and Visual*

Science, 29, 452-459.

Meltzoff, A. N., & Moore, M. K. (1994). Imitation, memory, and the representation of persons. *Infant Behavior and Development*, 17, 83-99.

Menken, C., Cermak, S., & Fisher, A. (1987). Evaluating the visual-perceptual skills of children with cerebral palsy. *American Journal of Occupational Therapy*, 41(10), 646-651.

Miller, M. M., & Menacker, S. J., (2007). Vision: Our windows to the world. In M. L. Batshaw, L. Pellegrino & N. J. Roizen (Eds.), *Children with disabilities* (6th ed., pp. 137-156). Baltimore: Paul H. Brookes Publishing Co.

Mohan, K. M., & Dobson, V. (2000). When does measured visual field extent become adult-like? It depends. *OSA Tops*, 35, 2-9.

Morse, A. R., & Trief, E. (1985). Diagnosis and evaluation of visual dysfunction in premature infants with low birth weight. *Journal of Visual Impairment & Blindness*, 79, 248-251.

Morse, M. (1991). Visual gaze behavior: Considerations in working with visual impaired multiply handicapped children. *Re: View*, 23, 5-15.

Parks, S., Furono, S., O'Reilly, T., Inatsuka, C. M., Hosaka, C. M., & Zeisloft-Falbey, B. (1994). *Hawaii Early Learning Profile (HELP): HELP (birth to three)*. Palo Alto, CA: VORT Corporation.

Peeters, T. (1997). *Autism: From theoretical understanding to educational intervention*. London: Whurr Publishers.

Pike, M. G., Holstrom, G., DeVries, L. S., Pennock, J. M., Drew, K. J., Sonksen, P. M., & Dubowitz, L. M. S. (1994). Patterns of visual impairment associated with lesions of the preterm infant brain. *Developmental Medicine and Child Neurology*, 36, 849-862.

Sayeed, C., & Guerin, E. (2000). *Early years play*. London: David Fulton Publishers.

Schor, D. P. (1990). Visual impairment. In J. A. Blackman (Ed.), *Medical aspects of developmental disabilities in children birth to three* (2nd ed., pp. 269-274), Rockville, MD: Aspen Publications.

Schwartz, T. L., Dobson, V., Sandstrom, D. J., & Van Hof-van Duin, J. (1987). Kinetic perimetry assessment of binocular visual field shape and size in your infants. *Vision Research*, 27, 2163-2175.

Shane Cote, K., & Smith, A. (1997). Assessment of the multiply handicapped. In R. Jose (Ed.), *Understanding low vision*. New York: American Foundation for the Blind.

Shapiro, M. B., & France, T. D. (1985). The ocular features of Down syndrome. *American Journal of Ophthalmology*, 99, 659-663.

Sireteanu, R. (1996). Development of the visual field: Results from human and animal studies. In F. Vital-Durand, J. Atkinson, & O. J. Braddick (Eds.), *Infant vision* (pp. 17-31). New York: Oxford Press.

Slater, A. M. (1996). The organization of visual perception in early infancy. In F. Vital-Durand, J. Atkinson, & O. J. Braddick (Eds.), *Infant vision* (pp. 309-325). New York: Oxford Press.

Sonksen, P. M. (1982). The assessment of "vision for development" in severely visually handicapped babies. *Acta Ophthalmologica Supplement*, 157, 82-90.

Sonksen, P. M. (1993). Effect of severe visual impairment on development. In A. R. Fielder, A. B. Best, & M. C. O. Bax (Series Eds.), *Clinics in developmental medicine series (No. 128): Management of visual impairment in childhood* (pp. 78-90). London: Mac Keith Press.

Talay-Ongan, A. (1998). *Typical and atypical development in early childhood: The fundamentals*. St. Leonards, Australia: Allen & Unwin.

Teller, D. Y., McDonald, M. A., Preston, K., Sebris, S. L., & Dobson, V (1986). Assessment of visual acuity in infants and children: the acuity card procedure. *Developmental Medicine and Child Neurology*, 28, 779-789.

Teplin, S. (1982). Assessment of visual acuity in infancy and early childhood. *Acta Ophthalmologica Supplement*, 157, 18-26.

Teplin, S. (1995). Visual impairment in infants and young children. *Infants and Young Children*, 8(1), 18-51.

Vaughan, D., Asbury, T., & Tabbara, K. F. (1989). *General ophthalmology* (12th ed.). Norwalk, CT: Appleton & Lange.

Vital-Durand, F., Ayzac, L., & Pinsaru, G. (1996). Acuity cards and the search for risk factors in infant visual development. In F. Vital-Durand, J. Atkinson, & O. J. Braddick (Eds.), *Infant vision* (pp. 185-200). New York: Oxford Press.

Walker, D. K., & Wiske, M. S. (1981). *A guide to developmental assessments for young children* (2nd ed.). Boston: Massachusetts Department of Education, Early Childhood

Project.

White, B. (1975). *The first years of life*. Englewood Cliffs, NJ: Prentice Hall.

Yates, C. (1989). *Positioning and handling. ADAPT-A-STRATEGY booklet series for parents and teachers of infants/young children with multiple disabilities*. University of Southern Mississippi, Hattiesburg.

Yonas, A., & Granrud, C. E. (1985). The development of sensitivity to kinetic, binocular and pictorial depth information in human infants. In D. Ingle, D. Lee, & R. N. Jeannerod (Eds.), *Brain mechanisms and spatial vision* (pp. 113–146). The Hague: Nijhoff.

TPBA2 观察指南：视觉发育

儿童姓名：_____ 年龄：_____ 出生日期：_____
父母：_____
填表人：_____ 评估日期：_____

说明：如果儿童有处方眼镜，在筛查期间应一直配戴，除非眼保健专家有其他建议。
◆ = 项目未通过而自动转介至眼保健专家。

计分说明：
P = 儿童成功演示了该技能
F = 儿童没有演示该技能
√ = 需要进一步评估以计量分数
NO = 没有机会观察该技能
NA = 该技能对儿童的发育程度不适用（对于 I.H. 仅适于视觉-运动/视觉-认知技能）

问题	优势/强项	需要关注（担忧）的行为举例	等级评定	备注
I. 视觉能力				
I.A. 已经注意到哪些视觉方面令人担忧的事情？	照料者未发现担忧之处 既往视觉评估未发现问题	照料者担忧有视觉方面的问题 既往评估确认有视觉问题 所用药物对视觉有影响	P　F 　√　　NO ◆ Pass = 眼位或视觉行为没有问题 Fail = 有问题	
I.B. 眼睛和眼睑的外观是怎样的？	眼睛和眼睑的外观没有问题	偏斜或不对称 眼球大小 眼正位 瞳孔和虹膜的形状及大小担忧 眼睑异常有异常下垂 眼睛异常充血/刺激 眼分泌物过多/流泪 角膜和瞳孔区透明 有眼球不自主震颤	P　F 　√　　NO ◆ Pass = 未观察到异常 Fail = 观察到异常	

续表

问题	优势/强项	需要关注（担忧）的行为举例	等级评定	备注
I.C. 能够观察到哪些视觉能力？	至少在10英寸距离有眼神回应 能够盯视10英寸远处的1—3英寸大小的目标 能够盯视5英寸远处10英寸或更小的目标 能认出7英寸或更远处无声的熟悉面孔	无眼神回应交流 不能够看10英寸远处的小目标（如果年龄＞6个月） 眼睛不能注意到5英寸远处无声等大小的目标 不能辨认出7英寸或更远处无声的熟悉面孔	P F NO √ ◆ Pass＝观察到相应的行为 Fail＝即使去诱导相应行为，依然未观察到相应行为	
I.D. 儿童的粗略视野是怎样的？	在所有视野区域都能注意到目标	在下列视野区域未注意到移动的目标： 前额稍上方 下巴稍下方 左侧（左耳水平） 右侧（右耳水平）	P F NO √ ◆ Pass＝观察到相应的行为 Fail＝即使去诱导相应行为，依然未观察到相应行为	
I.E. 儿童双眼的协同性怎样？	双眼一起追视、集合、分开和转动	如下方面有困难： 维持注视从一侧向另一侧水平移动的目标 追视一个近距离范围内的目标 从一个近距离范围内的目标转换注视另一个近距离范围内的目标 持续聚焦于一个缓慢靠近脸部的目标（集合） 持续聚焦于一个缓慢远离面部的目标（散开）	P F NO √ ◆ Pass＝观察到相应的行为 Fail＝即使去诱导相应行为，依然未观察到相应行为	
I.F. 儿童的深度知觉表现如何？	准确抓到物品，放入狭窄的容器内，码放物品 眼睛能注意到表面的变化（例如，在台阶前停步） 能准确踏上或爬上变化的表面	如下有担忧： 准确抓握摆放物品 眼睛抓握注意到地板表面的下降或其他深度变化	P F NO √ ◆ Pass＝观察到相应的行为 Fail＝即使去诱导相应行为，依然未观察到相应行为	

续表

问题	优势/强项	需要关注（担忧）的行为举例	等级评定	备注
I.G. 儿童有哪些视觉代偿行为？	未观察到视觉代偿行为	看近时眯一只眼或看近时挡上一只眼 遇光过度眯眼 把物品拿到离眼很近处看 用异常的眼或头部姿势看 过度频繁揉眼	P F √ NO ◆ Pass = 未观察到异常注视行为 Fail = 观察到异常行为	
I.H. 观察到哪些视觉-运动/视觉-认知技能？	模仿动作： 大人微笑时也微笑（1—2个月），模仿别人拿玩具的动作或行为（8—12个月），胡乱涂画（10.5—16个月），用蜡笔涂画（12—21个月），沿着别人画的圆圈画图（30—42个月） 识别颜色： 找出两个相同颜色（26—42个月），指出要求的颜色（30—42个月），按颜色排序（21—42个月） 能用眼睛看出镜子中的像，对镜子中的影像有反应（4—6个月），能认出镜子中的自己（15—16个月） 对图画有视觉反应： 看书上的图画（10—14个月），把书转成正面朝上（18—22个月），将熟悉物品的图画做配对（19—27个月），找出图画书中的细节（24—27个月），将图画配对（24—36个月），说出图画中发生的动作（26—30个月），通过用途辨别物品的图画（42个月），看着照片/图画讲故事（42—48个月）	如下方面担忧 适合年龄发育水平的视觉模仿技能 适合年龄发育水平的色觉识别 适合年龄发育水平的镜像反应 适合年龄发育水平的对图画的视觉反应， 适合年龄发育水平的对图画象征性的理解	P F NA ◆ Pass = 有技能 Fail = 没有技能 认知部分的所有发育评分均应参考这一信息 NA = 技能不适合该儿童年龄发育水平	

指南依据坦尼·L·安东尼（Tanmi L. Anthony）提供的内容完善以游戏为基础的多领域融合体系（TPBA2/TPBI2）
由托尼·林德（Toni Linder）设计
Copyright © 2008 Paul H. Brookes Publishing Co., Inc. All rights reserved.

视觉发育指标——为评估团队提供观察特定视觉行为的方法

分类	项目	年龄范围	判断内容	如何评估
照料者的担忧	担忧儿童眼位或其他视觉行为	所有年龄	眼外观和一般视觉表现	与照料者面谈，询问是否对孩子眼睛有任何担忧以及孩子是怎样看东西的？询问孩子眼位有过"对眼"的情况，是否曾经有过"对眼"的情况？照料者被他人告知过孩子视力有什么情况，比如老师、医生、老师或其他人。
眼球和眼睑外观	眼睑异常充血或有结痂	所有年龄	眼睑一般健康状况	查看眼睑是否有异常充血或发炎表现，寻找眼睑异常结痂。
眼球和眼睑外观	眼睑下垂	所有年龄	眼睑状态	检查两眼眼睑是否对称，看起来是在标准水平还是有明显的下垂。
眼球和眼睑外观	眼经常充血/发炎	所有年龄	眼的一般健康状况	查看儿童的白眼球（巩膜），眼是否有异常充血发红现象？孩子可能揉眼以缓解眼瘙痒或眼灼热感。
眼球和眼睑外观	眼泪过多	所有年龄	眼的一般健康状况	查看儿童是否异常多泪，眼流泪可能由于过敏。
眼球和眼睑外观	眼睛看起来浑浊不清	所有年龄	眼的一般健康状况	查看眼角膜（眼球前面透明的表面），角膜是否清晰透明，角膜或瞳孔（中央的黑孔洞）是否有任何浑浊不清。
眼球和眼睑外观	眼球的形状或大小有差异	所有年龄	眼的一般健康状况	查看两眼眼球是否显示同样大小和形状。
眼球和眼睑外观	瞳孔和虹膜的大小或形状有差异	所有年龄	眼的一般健康状况	检查两眼瞳孔（眼中央的黑点）和虹膜（环绕瞳孔的有色环）是否形状和大小相同，锁眼形瞳孔是异常的。
眼球和眼睑外观	眼位不正（眼向内、外、上、下偏转）	6个月	眼位状态	检查两眼是否一致正，一只眼向内（对眼）还是向外偏斜？是否一只眼比另一只眼高或低？眼位不正可以是持续的也可以偶尔出现。
眼球和眼睑外观	眼球不自主震颤运动	所有年龄	眼的一般健康状况	查找双眼的眼球震颤（眼球震颤），眼球震颤在儿童疲劳或集中注视时更明显。
功能视力判断	在1英尺距离进行眼神接触	2～3个月	注视和视力	儿童与1英尺或更远距离的人做眼神互换，眼神接触包括与另一人的相互注视。

摘自 Anthony, T. L. (2002). The inclusion of vision-development guidelines in the Transdisciplinary Play-Based Assessment: A study of reliability and validity. *Dissertation Abstract International*, 63(12), A4271, Pro Quest Information (No. 30 - 74361). 经作者同意。

续表

分类	项目	年龄范围	判断内容	如何评估
功能视力判断	视觉注意到1—3英寸目标	1—3个月	视力（近视力）	儿童眼睛能否看到10英寸距离或更远处的1—3英寸小的目标。孩子可能停住直接看目标或试图去拿它。他对目标有感觉注意即给予计分。
功能视力判断	视觉注意到麦片、小球或其他很小的东西	4.5—7个月	视力（近视力）	在活动中包含有麦片、面包屑、小球等，孩子眼睛可以注意到与这堆东西分开来的其中一个小物件，孩子可能直接看着它并试图去拿它。
功能视力判断	看5英尺或更远处的10英寸或更大的目标	5—6个月	视力（近视力）	儿童对呈现在5英尺或更远处的玩具或食物作出反应，微笑、发声、伸手抓等。
功能视力判断	识认7英尺或更远处的人脸	6—8个月	视力（近视力）	儿童对7英尺或更远一张熟悉的脸（无声的）作出反应，包括眼神接触、发声、伸手去够等。儿童和站在7英尺更远处的人保持眼神接触吗?
粗略视野	注意到周边部的目标（脸的左侧或右侧）	6—12个月	视野范围	在儿童注视前方时，他能够注意到位于头部一侧约45度，与眼水平同高的无声视标。可能需要摆动视标以引起该子注意。
粗略视野	注意到上方或下方视野中的目标	6—12个月	视野范围	在儿童注视前方时，他能够注意到位于前额上部或胸部以上水平的无声视标。可能需要摆动视标以引起该子注意。
双眼协同	持续注视感兴趣的目标或人	出生—3个月	视力、双眼协同	儿童直接看着放在他眼前的目标，两眼同看向目标，眼神保持稳定数秒钟。
双眼协同	追视目标从一侧到另一侧（180弧度）	2—4个月	双眼协同、视野	儿童追视（双眼同时看向目标）一个缓慢移动的目标，如一个人走过去，一个人上发条的玩具横跨桌面，或者故意将一个目标从中线水平移动到一边，再移动回来越过中线到另一边。
双眼协同	追视垂直移动的目标	2—4个月	双眼协同、视野	儿童追视（双眼同时看向目标）一个目标，从胸部水平移至前额上部，反之亦然。
双眼协同	追视环形移动的目标	2—4个月	视野、双眼协同	儿童追视面前一个呈圆环形缓慢移动的目标。
双眼协同	眼从一个目标转向注视另一个目标	1—3.5个月	视野、双眼协同	儿童从一个目标看向另一个目标，间隔大约8—10英寸。目标物应放在水平分开的距离，应该先放在距离孩子相等的距离和位置，然后再放在垂直分开的位置。

续表

分类	项目	年龄范围	判断内容	如何评估
双眼协同	眼睛从近处目标转移到更远处目标	6—12个月	双眼协同、视野、固视近目标然后再远视远目标的能力	儿童把双眼从近处目标移到5英尺远的其他东西上。儿童可以沿着手指的方向去看远处的目标（看人的手指，然后被远处一个人手指的目标）
双眼协同	保持聚焦手慢慢靠近脸部的目标（集合）	2—4个月	当目标物的距离改变时，双眼协同调整眼位以聚焦	当目标缓慢向儿童的脸部移近，他的两眼保持聚焦在目标上，随着目标移近，两眼也缓慢向鼻侧靠近，有一只眼先偏离目标吗？
双眼协同	保持聚焦手慢慢远离脸部的目标（散开）	4个月	双眼协同调整，保持聚焦于适当距离	儿童保持聚焦于目标上。当一只球从孩子身边滚远时，这种情形会自然发生。
深度知觉	准确抓住近处的物品	5—9个月	深度觉、手眼配合	儿童能够准确抓住放在中间，距离眼睛8—10英寸的无声玩具。注意是否总是超过或者达不到目标物所在位置。
深度知觉	把小物件放入狭窄容器	13个月	深度觉、手眼配合、双眼协同	儿童以很稳固的准确性将小物件放入狭窄容器中。可以把1英寸的积木放入小罐子中作为例子。
深度知觉	准确叠放1—2英寸的物品	12—19个月	深度觉、手眼配合、双眼协同	儿童将积木、小罐等物品准确地叠放好在另一物品放在另一件上。注意在将大积木放入小罐表面时，是否总是准确。
深度知觉	视觉注意到台阶、下降陡坡等	18—30个月	深度觉	在有台阶或下降陡坡时，儿童会停下来，调整身体的动作或停下来，孩子可能会停下来，在继续前行之前用手或脚去感觉变化。
代偿视觉行为	看东西时眯一只眼	6个月	屈光不正、两眼视力不平衡	当儿童专心看东西时，观察双眼，看是在看近处东西时眯眼。
代偿视觉行为	看东西时闭上或挡住一只眼	6个月	屈光不正、两眼视力不平衡	当儿童专心看东西时，观察双眼，看是在看近处和看远处东西时有闭眼或挡住一只眼的行为。
代偿视觉行为	强光下过度眯眼	所有年龄	对光过度敏感	观察儿童对来自窗外或户外活动时强光的反应。儿童会过度眯眼或者眼睛躲避像阳光这样的强光吗？

续表

分类	项目	年龄范围	判断内容	如何评估
代偿视觉行为	过于频繁眨眼	所有年龄	对光过度敏感、屈光不正	注意儿童是否在集中注意看东西时，如看书或玩玩具时，出现过度眨眼。
代偿视觉行为	频繁揉眼或戳眼睛	所有年龄	视力、眼部一般健康状况	注意儿童是否经常揉自己眼睛。
代偿视觉行为	移动到距离目标很近处看（如1—3英寸远）	所有年龄	视力、视野	注意儿童看不同物品时距离有多近。儿童是眼睛凑到离它们异常近，还是把它们拿到面前异常近地去看。儿童是仅一次在一个极近的范围内看一个物品。
代偿视觉行为	看东西时头部偏转或倾斜	所有年龄	视野、双眼视力平衡性	观察在视觉活动中孩子头部的姿势。儿童看东西时头总是偏转或倾斜吗？当目标位于孩子视野某一特定部位时孩子有头部偏转或倾斜吗？（比如，侧面或向下方注视时）
视觉运动/视觉认知	微笑以回应另一个微笑	1—4个月	视觉模仿	儿童对熟悉或不熟悉的人还以微笑。另一个离儿童不应远于10英寸。
视觉运动/视觉认知	模仿涂鸦	10.5—16个月	视觉模仿、手眼配合	看其他人涂鸦之后，孩子也模仿涂鸦。
视觉运动/视觉认知	模仿蜡笔画	12—21个月	视觉模仿、手眼配合	看其他人在纸上画一个符号之后，儿童也在一张纸上模仿画符号。
视觉运动/视觉认知	复制一个圆环	30—42个月	视觉模仿、手眼配合	儿童看别人画了一个例子之后，也用彩笔在纸上模仿画圆圈的动作。
视觉运动/视觉认知	给2种或更多种颜色配对	26—42个月	颜色匹配	当给儿童一个例子"可以找一个像这个颜色的吗？"儿童可以给2种或更多种原色配对（红、蓝、黄）。
视觉运动/视觉认知	用积木完成彩色图形	35—37个月	颜色匹配	儿童按照模型复制一个由彩色积木搭建的简单图形（三个不同形状的积木，三种不同颜色）。
视觉运动/视觉认知	指出要求的颜色	30—42个月	颜色辨别	当要求"指给我看"时，儿童指出一种物品，儿童按照要求的颜色（红、蓝、绿）。
视觉运动/视觉认知	按照颜色排列物品	21—42个月	颜色辨别	给不同颜色的同一种物品，儿童按照颜色（没有示范）将物品排序。
视觉运动/视觉认知	对镜的反应	4—6个月	对自我的视觉反应	儿童对镜子里自己的像微笑、发声或者触摸。

续表

分类	项目	年龄范围	判断内容	如何评估
视觉运动/认知	认识镜子中的自己	15—16个月	自我视觉认知	儿童冲着镜子微笑并看其他人,寻求他们的认可。孩子触摸镜子中的自己并观看镜子中的动作。
视觉运动/认知	看书中的图画	10—14个月	图画兴趣、图画认知	儿童愿意看熟悉的或不熟悉的书中的图画。
视觉运动/认知	翻转图书至正面朝上	18—24个月	图画、书的空间方向	当儿童熟悉或不熟悉的书被上面朝下递给他时,儿童能纠正过来。
视觉运动/认知	命名图画	18—22个月	图画认知	儿童能说出图画中物品的名称。
视觉运动/认知	物品与图配对	19—27个月	物品与图画象征理解	儿童把物品与它的图画配对(例如实物鞋与鞋的图画);孩子给图画书里有的物品的实物,如小花、动物,或人脸的图画,孩子找出图画中的那一项,给图画中的细节,说出名称,或者专注地查找所说东西的正确方位。
视觉运动/认知	在熟悉的图画书中发现细节	24—27个月	图形/范围识别、视力、图画认知	要求儿童找出一本熟悉的图画书中的小细节;儿童可能会指出那一项,或者专注地查找所说东西的正确方位。
视觉运动/认知	图画配对	26—30个月	图画认知、理解"相同"	儿童把两张相同的图画进行配对。可能是使用语言或者动作去配对。
视觉运动/认知	命名图画中发生的行为	24—36个月	行为的图画认知	儿童说出图中描画的一种行为,或者按照说出来的行为找出来那张图画。
视觉运动/认知	根据用途识别物品的图画	42个月	图画认知	当被要求"指给我看那件用于……"时,儿童可以说出或指出图画中的那件特定物品。
视觉运动/认知	看着照片和/或图片讲故事	42—48个月	图画认知、视觉排序	儿童通过看一系列的照片或图片,讲述或者编一个故事。

REFERENCES

Atkinson, J. (2000). *The developing visual brain*. New York: Oxford University Press.
Bayley, N. (1993). *The Bayley Scales of Infant Development* (2nd ed.). San Antonio, TX: Harcourt Assessment.
Brigance, A.H. (1991). *BRIGANCE Diagnostic Inventory of Early Development* (Rev. ed.). North Billerica, MA: Curriculum Associates.
Foundation for Knowledge in Development. (1988). *Miller assessment for preschoolers*. New York: Harcourt Assessment.

续表

Frankenburg, W. K., & Dobbs, J. B. (1990). *Denver Developmental Screening Test II*. Denver, CO: University of Colorado Medical Center.
Glass, P. (1993). Development of visual function in preterm infants: Implications for early intervention. *Infants and Young Children*, 6, 11 – 20.
Good, W. V., & Hoyt, C. S. (1989). Behavioral correlates of poor vision in children. *International Ophthalmology Clinics*, 29(1), 57 – 60.
Hollins, M. (1989). *Understanding blindness: An integrative approach*. Hillsdale, NJ: Lawrence Erlbaum Associates. Hyvärinen, L. (1994). Assessment of visually impaired infants. *Low Vision and Vision Rehabilitation*, 7(2), 219 – 225.
Hyvärinen, L. (1995). Effect of impaired vision on general development. In L. Hyvärinen (Ed.), *Vision testing manual 1995 – 1996* (pp. 1 – 7). Villa Park, IL: Precision Vision.
Johnson-Martin, N. M., Attermeier, S. M., & Hacker, B. J. (1990). *The Carolina curricula: The Carolina Curriculum for preschoolers with special needs*. Baltimore: Paul H. Brookes Publishing Co.
Johnson-Martin, N. M., Jens, K. G., Attermeier, S. M., & Hacker, B. J. (1991). *The Carolina Curriculum for infants and toddlers with special needs* (2nd ed.). Baltimore: Paul H. Brookes Publishing Co.
Parks, S., Furono, S., O'Reilly, T., Inatsuka, C. M., Hosaka, C. M., & Zeisloft-Falbey, B. (1994). *Hawaii Early Learning Profile (HELP): HELP (birth to three)*. Palo Alto, CA: VORT Corporation.
Sireteanu, R. (1996). Development of the visual field: Results from human and animal studies. In F. Vital-Durand, J. Atkinson, & O. J. Braddick (Eds.), *Infant vision* (pp. 17 – 31). New York: Oxford Press.
Teplin, S. (1995). Visual impairment in infants and young children. *Infants and Young Children*, 8(1), 18 – 51.
Vital-Durand, F., Ayzac, L., & Pinsaru, G. (1996). Acuity cards and the search for risk factors in infant visual development. In F. Vital-Durand, J. Atkinson, & O. J. Braddick (Eds.), *Infant vision* (pp. 185 – 200). New York: Oxford Press.
Yonas, A., & Granrud, C. E. (1985). The development of sensitivity to kinetic, binocular and pictorial depth information in human infantsl. In D. Ingle, D. Lee, & R. N. Jeannerod (Eds.), *Brain mechanisms and spatial vision* (pp. 113 – 146). The Hague: Nijhoff.

以游戏为基础的多领域融合体系(TPBA2/TPBI2)
由托尼·林德(Toni Linder)设计
Copyright © 2008 Paul H. Brookes Publishing Co., Inc. All rights reserved.

第四章　情绪情感[①]与社会性发展

在对儿童的综合评估中常常没有给予情绪情感与社会性发展领域充分的重视。对儿童在认知、交流、语言、感觉运动等领域的能力的评估，只表明了儿童能够达到的能力水平，但没有说明儿童是怎样获得这些能力的，以及他们在与他人的互动中是如何使用这些技能的。"怎样"学习和"如何"发展是建立在情绪情感与社会性发展基础上的，因为很多学习是受情感需求和情感回应驱动的，并依赖于社交信号的刺激。情绪情感表达了儿童主动发起互动，或者保持、重复、避开，以及改变与周围的人、物体的互动的意愿（Saarni，Mumme，& Campos，1998）。调整自身情绪情感以及读懂和回应他人情绪情感的能力，极大地促进了积极的人际互动。因此，发展首先是聚焦于情绪情感的发展上，然后是聚焦于儿童与父母、其他照料者、兄弟姐妹，以及同伴的相互关系的发展上。

情绪情感和社会行为的发展对儿童的整体发展起关键作用（Cheah，Nelson & Rubin，2001；Clark & Ladd，2000；Gauthier，2003；Sroufe，1997），情绪失调和情绪缺陷会对其他领域的发展产生负面的影响（Brinton & Fujiki，2002；Diamond，2002）。例如，一个不能理解他人情绪线索的儿童会对特定类型的感觉刺激有负面的情绪反应，自我概念较差，还可能在人际交往上出现困难，难以理解和记忆概念，出现缺乏感觉统合的问题，在沟通中使用不当的词语。情绪问题还会产生其他方面的问题（比如，长时间的哭泣妨碍他们参加有意义的活动），导致其他领域出现问题（比如不喜欢强烈的触觉刺激可能会使其沮丧或愤怒），因此，发展上的缺陷应该根据与其他领域的关联和影响一起来予以检验。

对于儿童研究人员和幼儿照料者来说，社会情绪情感方面的筛查、评估和干预越来越重要了，这些人员正在着手对低龄时就出现的情绪问题进行诊断、干预和治疗。我们已经看到，这一新的侧重点正在婴儿心理健康领域的研究和治疗中突显出来。以下是正在开展的一些重点研究领域：

1. 自我调整（self-regulation）、行为调节（behaviour regulation）、情感（affection）、行为（Bronson，2000；De-Gangi，1991a，1991b；Fox，1994；Neisworth，Bagnato，& Salvia，1995；Weathers-ton，Ribaudo，& Glovak，2002；Williamson & Anzalone，2001）。

2. 成就动机以及与儿童的自我意识相关的问题（Erwin & Brown，2003；Hauser-

[①] 译者注：emotion在不同语境下，译为"情绪"或者"情感"；作为标题时，统称为"情绪情感"。

Cram，1998；Morgan，Harmon，& Maslin-Cole，1990；Roth-Hanania，Busch-Rossnagel，& Higgins-D'Alessandro，2000；Wehmeyer & Palmer，2000）。

3. 对父母的依恋行为以及与其他照料者、兄弟姐妹、同伴之间的人际互动（Brown & Dunn，1996；Clark & Ladd，2000；Goldberg，1990；Howes，Galinsky，& Kontos，1998）。

儿童从出生到3岁的分类诊断系统已经建立起来，包括由"零至三岁"组织、国家婴幼儿以及家庭服务中心制定的《调节障碍分类诊断（针对0—3岁儿童）》（The Diagnostic Classification of Regulatory Disorders，2005），其他几个针对婴幼儿心理健康的评估工具也已制定出来。还有一些针对社会情感特点的评估工具，包括《气质和非典型行为量表》（Temperament and Atypical Behavior Scale）（Neisworth，Bagnato，Salvia，& Hunt）（1999）、《婴幼儿社会情感简易评估》（Brief Infant Toddler Social Emotional Assessment，BITSEA；Briggs-Gowan & Carter，2005）、《婴幼儿症状检查表》（Infant-Toddler Symptom Checklist）（DeGangi，Poisson，Sickle，& Wiener，1995）、《婴幼儿感知觉概况》（Infant-Toddler Sensory Profile）（Dunn，2002）、《学前期儿童感觉运动状况回顾性问卷调查》（DeGangi & Ba lzer-Martin，1999）、《婴幼儿发展状况评估》（Provence，Erikson，Vater，& Palmeri，1995）、《年龄和阶段问卷：社会情感部分》（Ages & Stages Questionaires®：social-emotional Squires，Bricker，& Twombly，2002）（已经引进、翻译在国内使用——译者）。干预的手段也更加容易获得（Bronson，2000；DeGangi，2000；Gome z，Baird，& Jung，2004；Kranowitz，1998，2003；Weider & Greenspan，2001；Williamson & Anzalone，2001）。

以前被视为普遍概念的领域，比如"气质"（temperament），正在得到全面分析，并分解成各个易于观察的组成部分，这样就可以直接用于早期干预，或者通过心理健康治疗方法加以解决（DeGangi，2000；Neisworth et al.，1999；Williamson & Anzalone，2001）。

人际互动和人际关系的发展也正在重新被审视，一些有关亲子关系、文化影响以及其他社会背景对儿童社会性技能发展的重要性研究都为我们评估和干预提供了新的思考方向（Gifford-Smith & Brownell，2003；Goldberg，1990；Shonkoff & Phillips，2000；van IJzendoorn & Sagi，1999）。科学家和从业人员正在开始考虑儿童互动的环境以及儿童的社交功能。

神经学研究不断地揭示出有关大脑的哪些部分负责各种情绪和行为反应的新信息。了解大脑的生化过程是一个新兴的领域，药物治疗广泛的情绪障碍目前是可行的。然而，这些手段对儿童的长期影响尚不明确。TPBA2的目的是确定发展的水平，而不是发现可用药物进行治疗的一些问题的神经学原因。因此，所有发展领域，特别是社会情绪情感领域，需要评估团队进一步的观察并与父母进行讨论，通过这些方法了解行为的模式，并且需要参考神经学或者精神病学的评估。

本章提供了《观察指南》，用以对儿童的社会情绪情感进行定性检验，本章还提供了可确定儿童社会性技能发展水平的年龄标准。《TPBA2 观察指南》和《年龄表》可以结合起来使用。专业人员可以参考《年龄表》看看儿童是否表现出符合他/她年龄水平的情绪情感和社交技能。对《观察指南》中所提问题的回答，提供了儿童如何进行情感表达、如何进行人际互动的有关信息。所涉及到的社会情绪情感领域包括：(1)情绪表达；(2)情绪风格/适应性；(3)情绪和觉醒状态的调整；(4)行为调节；(5)自我意识；(6)人际互动；(7)游戏中的情绪情感主题（每一个子类的定义，参见表 4.1）。在总览了当前在儿童早期情绪情感与社会性发展、儿科心理健康、游戏治疗，以及早期干预研究等方面的文献和评估程序后，我们对 TPBA 的第一版进行了修订。

情绪情感与社会性发展领域的前四个范畴是有关儿童的"情绪动力（emotional dynamics）"的，或者说是情绪发展的参数（Thompson, 1990）。尽管这些方面可划归在"自我调整"或者"气质"这一范畴之内，但在 TPBA2 中，它们被划分为可以直接进行干预的几个领域。本章是建立在这样一个前提之上的，即：*情绪情感的表达是身体、认知、行为等各个组成部分发展的基础*（Bronson, 2000; DeGangi, 1991a, 1991b; Kopp, 1992; Neisworth et al., 1995; ZERO TO THREE, 2005），并涉及到这些组成部分的范围、变量、强度，以及其他依赖于生物的、环境特点的临时因素。情绪风格与情绪的灵活性和对各种类型的输入的适应性有关，并在日常、活动和环境中有所改变。情绪风格还与下一个子类，即情绪和觉醒状态的调节密切相关。儿童需要能够通过觉醒状态来监测、评估和调整他们的情绪反应，以及反应的强度和时长。行为调整与前几个领域都有关联，但是更多的是针对儿童外部需求的反应，而不是内在需求的反应。再接下来的两个子类与情感和社会性发展有关，建立在第一、第二两个子类所确定的情绪影响的基础上。*自我意识*以前面几个情绪情感子类为基础，强调了儿童将自我与他人区别开来，表现出了他们的掌控动机和渴望独立的需求。儿童的*自我意识*（sense of self）影响到了他们与父母、照料者、兄弟姐妹、同伴的人际关系，而这些人际关系反过来又影响到了儿童的自我意识。除了积极和消极的社会技能之外，对人与人之间、环境与环境之间的互动方式和差异研究也被纳入社会关系之中。最后一个子类，即*游戏中的情绪情感主题*，对所有这些子类如何影响到儿童内在的情感世界提供了深入的认识。生物的、心理的、社会的、环境的影响共同提供了一个内在的情感框架，儿童就是通过这个框架来看待世界。这些影响可能有助于儿童形成信任感和好奇心，或者是形成不信任、焦虑、恐惧以及其他社会情感上起抑制作用的心态。这七个子类是相互联系的（情绪调节与情绪表达、情绪风格、游戏中的情绪主题相关联，所有这些方面又都影响到人际关系和行为调节）。这些子类相互结合，就既包含了定性的社会情感问题，也包含了定量的技能以及与年龄有关的各种期待。

表 4.1 情绪情感与社会性领域的子类及其定义

子 类	描 述
情绪情感表达	通过面部表情、肌肉张力、身体姿势、位置、动作、手势、语言,对反应、感受、他人意图进行沟通交流,还包括各种情绪和心境(mood)。
情绪情感风格/情绪情感适应性	儿童对不同的情境给出的典型的情感回应,包括气质的两个方面的成分——接近或者避开新的刺激物,以及对变化的适应力。
情绪和觉醒状态的调节	调整生理状态的意识的能力(睡眠、哭泣等),以及控制对内部和外部刺激的情绪反应的能力,包括能够自我平复、阻止冲动行为和冲动情绪。
行为调节	控制冲动的能力,监控自己的行为和互动,以及以文化允许的行为方式做出反应,包括服从成人的要求,对被认为是错误的行为进行自我控制。
自我意识	了解到自我是独立的个体,能够对周围的环境产生影响,包括渴望实现目标、想要独立和有竞争力。
游戏中的情绪情感主题	通过游戏活动,特别是通过自己或者玩具娃娃在戏剧性游戏中的表演,来表达内心的感受,包括担心、害怕、创伤等。
人际互动	在独立游戏、平行游戏、联合游戏、合作游戏,以及担任补充角色的游戏互动中,能够参加社会性游戏、读懂他人线索、理解和沟通社会性信息、与他人友好相处、避开与他人(包括父母、陌生人、兄弟姐妹、同伴)发生负面冲突等。

本章的结构

下面的章节,将对社会情绪情感的各个子类进行详细的讨论。评估团队人员提出的一些问题在《TPBA2 观察总结表》中的社会情绪情感领域都可找到。可以利用在《TPBA2 和 TPBI2 实施指南》中第二节介绍的观察总结表,和 TPBA2,即本书本章附的观察指南中提问的指导语,通过对这些问题的回答,可以确定儿童在该问题领域最好的表现和最好的行为是怎样的,并可对干预项目的计划制定起到指导作用。

第一节 情绪情感表达观察指南

1.1 情绪情感表达观察指南

尽管在很多情况下,情绪、感觉、心境、感情(emotion, feelings, mood, and affect)等词是可以互换使用的,但实际上它们截然不同。情绪(emotion),在一般意义上,指的是儿童在对其内部和外部刺激做出反应时所体验到的"包含心理的、躯体的、行为的多种成分在内的复杂的感觉状态"（feeling state）（Benham，2000，p.253）。面部表情特征大部分都伴随有各种情绪，比如快乐、难过、生气、厌恶等。感觉（feelings）是从情绪以及情绪过程中神经系统的自发变化中派生出来的，感觉比情绪持续的时间要长，但通常也不会超过几分钟的时间（DeGangi，2000）。例如，对生气的表达可能会很简短，但是内心生气的感觉可能会持续更长一些。心境（mood）是一种随时间推移可被感知与察觉的普遍情绪。当一种感觉持续了更长时间，通常超过一个小时，就成为了心境（Benham，2000）。长时间的易怒、抑郁、激动，这些都是一种心境。尽管一个人激动时可能会表现出微笑，以及感到快乐，但是心境并没有相应的面部表情。情绪向他人发出了社会情感的信号。感情（affect）一词描述了儿童正在经历的情绪表达和行为。如卡普兰（Kaplan）和萨多克（Sadock）所定义的那样："感情指的是别人可以观察到的情绪表达。感情涉及各种不同性质的感觉状态，包括适当的、深层的或者单调的、强烈的、不稳定的感情（Benham，2000，p.256 引用）。"

各种情绪情感表达的范围、清晰度、强度、时长、频率都影响到发展和学习的许多方面。情绪对动机（Saarni et al.，1998）、注意、认知过程（Lewis，1999；Lewis，Sullivan，& Ramsay，1992）、人际关系（Stein & Levine，1999）、沟通交流（Sullivan & Lewis，2003），甚至身体健康（Friedman，2002）都有一定的影响。

情绪和感觉在发起动作和行为上发挥着主要的作用。儿童往往会做那些使他们感到舒适的活动，而避开使他们感到不舒适或者不高兴的活动。由于情绪为我们生活注入了一些蕴意，因此，它们具有指导性的功能（Dodge & Garber，1991）。情绪能够促使儿童为了实现某个目标而做出行动，它们还能激发思考和动作，并能够赋予某个情景一定的含义（Campos，Mumme，Kermoian，& Campos，1994；Saarni，1999）。与不同情境相关联的情绪构成了记忆的组成部分，因此影响到了某些行为今后是否还会出现（Charney，1993；LeDoux，1996；Sullivan & Lewis，2003）。例如，一个曾经被医生打过针的儿童，可能在医生再次来他家访问时感到害怕。因此，情绪既是对某个情境加以掌控的结果，同时也是下一段学习经历的基础。当一个小婴儿看到一个小玩意从盒子中弹跳出来时，他的第一个情绪就是感兴趣，这样的情绪会推动他去按盒子的按钮。当按了按钮后一个玩具从盒子中跳出时，他可能会体验到惊奇，但是当他认识到了他的动作以及结果时，他的情绪可能会转化为高兴。愉快的感受激励了他去重复某个动作，以便再次体验到这种愉快的情绪。当一个活动成为机械性的重复且不再让人感到愉快时，儿童就驱使自己去尝试新的动作或者活动，这些会引领他体验到新的愉快感受。

情绪帮助我们看到儿童是怎样看待他们自己以及他人的，他们如何解释其周围发生的事情，当遇到挑战性情境时他们是否能很好地进行自我调整（DeGangi，2000）。例如，微笑表示他们用积木成功搭起高塔时的自豪感，皱眉可能表明他对新的情境感觉不舒服，哭泣可能表明他不能按自己的愿望行事时的沮丧。当儿童表达自己的情绪，或者回应他人情绪时，情绪还是人际互动的基础（Sullivan & Lewis, 2003）。在下面的章节中，我们将在有关情绪情感与社会性领域的观察指南各子类所列问题的范围内，对有关情绪情感发展的研究，以及情绪情感对自我认同和人际关系的重要作用给予介绍。

I.A. 儿童是如何表达他们的情绪的？

情绪情感表达是"在人际互动中对他人的反应、感觉、意图进行的沟通交流"（DeGangi, 2000, p. 122）。儿童对他们周围环境中的各种事件展现出多种多样的体验、解释和回应。一些儿童表现出多种不同类型的情绪，而这些情绪都与当时的情境相适应；另一些儿童展现出的情绪类型则可能少一些，且其中有一种情绪类型是主导的（例如，很开心或很悲伤）；还有些儿童可能会迅速转变为极其强烈的情绪表达（例如，从微笑到气愤地尖叫）。儿童表达情绪的能力，以及读懂其他儿童各种情绪的能力，都是进行良好人际互动的关键。

情绪情感表达的种类、清晰度、强度、时长、频率以及可观察到的儿童情感和心态都影响到发展和学习的许多方面，诸如对认知任务的注意和与他人的人际互动。展现出细微情绪的能力，这也很重要。因此靠语言和手势，而不是靠发脾气，才能够更好地交流感受。残障儿童往往给出一些别人不易读懂的情绪线索，因为这些情绪线索转瞬即逝，且很微弱、杂乱无序（Kasari & Sigman, 1996; Kasari, Sigman, Mundy, & Yirmiya, 1990; Sigman, Kasari, Kwon, & Yirmiya, 1992）。进而，情绪表达上的困难会影响到社交技能的发展（Sullivan & Lewis, 2003）。

情绪情感的表达还通过面部表情、肌肉张力、身体姿势、手足位置、动作、手势和语言展示出来。这样的身势语使他人能够确定儿童的感觉是怎样的，儿童对他的体验是如何解释的（DeGangi, 2000; Ekman & Friesen, 1969）。因此，情绪情感表达对儿童的社会性发展、情绪调节、早期语言发展以及学会文化所规定的情绪展示规则是很重要的（Mundy & Willoughby, 1996）。

在婴儿期，面部表情提供了理解儿童内在情绪状态的最佳线索。基本的感觉状态能够从面部肌肉的运动中推测出来，包括快乐、惊奇、恐惧、生气、难过、厌恶。世界各地的人对这些感觉的表达方式基本一致（Izard, 1991; Izard et al., 1995），然而，对感兴趣、轻蔑、羞愧的表达则各地不同。许多情绪信号与生俱来，但是更加细微的情绪则依赖于随后发展出的认知理解能力。

整个婴儿期，婴儿的内在状态可以通过面部、声音、姿势以及调节行为予以确认。随着时间推移，儿童的情绪适应性变强。这主要是通过与照顾者的交流实现的，因为婴儿学会了他的行为和情绪在不同的情景下应该如何反应。因为婴儿的面部表情每7—9秒发生一次变化,照料者有很多机会给出回应,促进儿童的情绪表达(Malatesta, Culver, Tesman, & Shapard, 1989)。情绪表达的方式是受文化影响的。每种文化都有其独特的"情感表达规则",决定了一种情绪在何时、何地、如何表达,由于这些内在变化和与他人的社会互动,因此,父母对于评估各种情绪性事件以及在特定情境如何展示情绪,具有不同的亚文化、家庭或个人的目标和价值观。儿童通过模仿和社交参照了解到了他们应该如何评估他人的情绪,以及在不同情境下如何表达情绪(Zahn-Waxler, Friedman, Cole, Mizuta, & Hiruma, 1996)。大多数文化都教给儿童在公众场合要展示积极的情绪、隐藏消极的情绪。例如,亚洲儿童相较美国儿童,更加看重对消极情绪的掩饰(Cole & Tamang, 1998;Matsumoto, 1990)。情感表达规则中还存在性别差异,往往允许年轻女性比年轻男性有更多的情感表达(Weinberg, Tronick, Cohn, & Olson, 1999)。这些情感表达规则是很重要的,因为按照文化所接受的方式进行情绪表达,使儿童能够得到持此文化价值的成人和同伴更加积极的对待(McDowell & Parke, 2000)。

I.B. 儿童是否能展现出各种不同类型的情绪,包括积极的情绪、不舒服的情绪,以及有关自我意识的情绪?

积极的情绪(positive emotions)

积极的情绪包括兴趣和快乐。虽然惊奇也包含在这个领域,但是它实际上是一种中性情绪,跟随它的可能是快乐、也可能是不快乐,或者其他自我意识到的情绪。积极情绪的表达尤其重要,因为它表明了儿童意识到并理解了令人愉快的情境。兴趣和快乐的发展进程与儿童不断发展的认知理解力相对应。缺乏愉快的体验和积极情绪的表达,会极大地阻碍儿童认知、沟通和社会性发展。

兴趣(interest)是一个信号,它表明儿童能够积极接近并接受周围的环境。新生儿通过警觉、安静、睁大眼睛的凝视来表明他的兴趣。对"皱眉头"的兴趣,可以在2—8个月的婴儿身上看到,并且通常在10—12个月大的婴儿身上再次出现(Malatesta & Haviland, 1982)。这种表现似乎是说明了注意集中与记忆力和解决问题能力增强有关(Sullivan & Lewis, 2003)。对周围环境感兴趣的婴儿,其父母很容易就能让他们玩起来,由此促进了人际互动基础的建立。儿童缺乏兴趣是具有诊断学的意义的。不同类型的残障儿童可能只对为数不多的事情表现出兴趣(注意范围),而且兴趣持续的时间也较短,或者也有可能表现出有限的或者极端强烈的兴趣。

快乐(happiness)是通过微笑、大笑和整个身体的兴奋表现出来的,它使成人参与其中,并增加互动。从一出生,当婴儿吃饱了、在快速眼动睡眠中,以及被挠痒痒时,他们会笑。

6—8周大的婴儿,在他感兴趣的视觉、听觉、触觉刺激出现时,也会用笑来回应;在12—14周之间,用笑容回应人际互动的行为达到峰值。12—16周时,他们还开始对会动的刺激物发笑,而且他们有了更高的辨别力,看到熟悉的人,会有更多的笑容(Sullivan & Lewis, 2003)。快乐的感觉一开始是与身体的状态相连的,比如吃饱后感到满足,稍大些后则反映了心理的状态,比如与父母玩游戏时感到愉快(Isley, O'Neil, Clatfelter, & Parke, 1999)。大笑和做鬼脸出现在大约5个月大的时候(Sroufe & Waters, 1976),是对强烈的视觉、听觉或者触觉刺激的反应。儿童正在不断发展的幽默感也可能在此时出现。大约12个月大的时候,儿童将会对不协调的、新奇的、自造的动作和像躲猫猫这样的游戏发笑。在4—12个月的大婴儿中,开始可以看到他们会因掌控事物而感到愉快,并且这样的愉快会持续一生(Busch-Rossnagel, 1997; Lewis, Sullivan, & Alessandri, 1990)。

残障儿童可能在情绪表达上会有不同的表现,这将对他们的发展有一定的影响。患有唐氏综合征的儿童在积极情绪的表达上可能会比较迟缓,很少会主动微笑,这会对他们的人际互动带来不利影响(Carvajal & Iglesias, 2000; Kasari & Sigman, 1996)。脑瘫患儿可能会有不对称的或者是"做鬼脸"的笑容,盲童或者视觉受损的儿童可能在人际互动中享受愉悦的几率较低,且质量较差(Castanho & Otta, 1999)。孤独症儿童往往很少在社会性游戏和玩具游戏中表现出愉悦感,并展现出相矛盾的情绪(Yirmiya, Kasari, Sigman, & Mundy, 1999)。

惊奇的情绪通常发生于对意料之外的刺激物的反应。一旦儿童评估了刺激物的意义并决定了对其如何回应时,通常会表现出感兴趣、微笑,或者消极的表情(Bennett, Bendersky, & Lewis, 2002)。不是所有儿童都会展现出惊奇的情绪,只在情绪反应较为积极的儿童身上可以看到。有关惊奇情绪的研究并没有表明它们在诊断学意义上与其他情绪有关联。

对大一些的婴幼儿来说,引起积极情绪事件的数量和类型迅速增加。人际互动的数量和类型也更多了,特别是语言技能的发展,扩大了沟通和交流。大肌肉动作和小肌肉动作技能,增加了进行愉快探索的机会。认知和解决问题能力的增长使儿童体验到了掌控感与成功感。所有这些能力的发展都能够让儿童享受到学习和参与活动带来的快乐。对于许多残障儿童来说,情绪享受的延迟和差异具有诊断和干预的意义。检验愉快的表情的可读性、频率和强度并对引发积极情绪的情境加以分析,这些都是非常有必要的。

不舒服的情绪(emotional discomfort)

不舒服的情绪包括厌恶、愤怒、悲伤和恐惧。不舒服情绪的表达是自然的,所有这些不舒服的情绪都是在出生后第一年发展起来的,缺乏这样的情绪表达,表明儿童有潜在的缺陷。

厌恶(disgust)是一种不舒服的情绪,它在儿童一出生时就能够看到。婴儿对苦味和酸味的表情反应,表明不喜欢,他们会转开脸、皱眉、吐舌头。尽管味道测试不是 TPBA 的组成部分,但是父母也可能会报告这种反应。到 6 个月大时,婴儿开始对他不喜欢的视听刺激表现出厌恶。稍后,他对社会性激发物的厌恶也会发展出来,并在文化和社交方面受到他人反应的影响。

尽管新生儿对不舒服的感受的普遍性反应是啼哭,但是愤怒和悲伤等特定的情绪在出生后一个月就会出现。常见的是,负面的面部表情混合在"无差别"的痛苦状态中(Sullivan & Lewis, 2003)。到了 3—4 个月大的时候,当婴儿受到限制或者他没有得到想要的东西时,就可看到他愤怒的表情(Bennett et al., 2002; Braungart-Reiker & Stifter, 1996)。随着婴儿获得更多行为控制力,并能更好地理解什么导致了事件的发生,就会发展出愤怒情绪。当他的目标不能实现、受挫时,或者当照料者不以他期望的方式回应他时,他会通过面部表情、啼哭、身体语言表达出他的不高兴。尽管父母总是希望看到积极的情绪,但是,如果儿童不能很好地表达出自己的不舒服或者不高兴,则表明他缺乏这方面的意识,并可能存在某些方面的障碍。

在婴儿身上,尽管悲伤或者"噘嘴"的情况不如生气那么常见,但也时有发生,且在婴儿出生 6 个月后更多地出现(Sullivan & Lewis, 2003)。悲伤的表情并不与特定的刺激物或者特定的情境相关,但当婴儿熟悉的照料者离去,或者他的照料者身患严重的抑郁,悲伤就成为婴儿期占主导地位的情绪(Martins & Gaffan, 2000; Teti, Gelfand, Messinger, & Isabella, 1995)。因此,了解家庭情况和父母精神状态非常重要。到大约 8 个月大时,婴儿表现出的不愉快,已经可以区分为愤怒、悲伤、厌恶、恐惧(Sroufe, 1997)。悲伤的表情通常是短暂的,因为它们常与愤怒密切相关。如果对儿童愤怒的情绪不加制止,或者受照料者的影响,儿童会从愤怒转为悲伤。如果从婴儿身上看到其表现出的悲伤情绪占据主导地位,那么,这具有临床意义,比如婴儿缺乏对父母的依恋,或者母亲有抑郁。对此,应加以注意(Barr-Zisowitz, 2000)。

恐惧(fear)是在出生后第一年的下半年发展起来的情绪。随着婴儿逐渐理解并认识了周围的人和情境,获得了探索周围环境的动作技能,以及遇到了新的情境,这使他们开始小心谨慎起来。尽管恐惧的情绪反应受到婴儿所处文化的影响,但是婴儿 6—9 个月的时候,他们普遍会开始对高度感到恐惧,对陌生人感到焦虑(Saarni et al., 1998; Tronick, Morelli, & Ivey, 1992)。认知技能的发展使 7—12 个月大的婴儿开始会将有威胁的情境与无威胁的情境区分开来(Bronson, 2000)。学习经历以及文化的样板作用,似乎都影响到了儿童可能会感到恐惧的体验(Sullivan & Lewis, 2003)。

从 2 岁开始,儿童的想象开始发展,但此时他们还不能将幻想与现实区分开来。儿童的想象力与其不断增长的探索能力相结合,就使得儿童要面对新的谜团,确定新的威胁,比如吓人的怪物等。儿童可能会对黑暗或者上床睡觉感到害怕。随着儿童在 3—4 岁开始意识到死亡,他们开始担心父母或者他们自己会死亡。还有一些恐惧的出现是与特定的情形相关,或者与儿童生活中使他们感到害怕或者受到威胁的特定经历相关(Barr-Zisowitz, 2000)。

有神经缺陷或者情绪障碍的儿童,可能缺乏恐惧反应,或者对非威胁性的情境做出过度的恐惧反应。另外,有些儿童可能会对并非一定会导致恐惧反应的情境而产生负面的情绪,例如对医生打针的反应。与父母讨论儿童害怕什么并加以观察,可以了解到儿童恐惧的事物和范围是什么。

沙利文(Sullivan)和刘易斯(Lewis)(2003)指出表示痛苦、感兴趣、愤怒和厌恶的表情在出生后的头两年相对保持稳定。环境会引发这些情绪的变化,主要的变化发生于 4 个月、7—9 个月和 18—20 个月大时。通过观察儿童对不同情境的反应,可以了解他的发展状态。另外,父母的叙述和观察也暴露出儿童的偏好、不喜欢的事物以及反应的风格。

与自我意识有关的情绪(self-conscious emotions)

随着儿童的发展,他们产生了一些新的情绪,这些情绪需要更复杂的认知理解力,包括羞耻、尴尬、内疚、嫉妒和自尊心。这些情绪反映了儿童对自身有怎样的感觉,并且与儿童正在发展中的自我意识有关。与自我意识有关的情绪于出生后第二年的末期开始表现出来,其中羞耻和尴尬可能会表现得更早一些。羞耻、自尊心和尴尬开始出现于 18—24 个月大时,嫉妒和内疚大约在 3 岁时出现(Lewis, 2000; Lewis, Alessandri, & Sullivan, 1992)。随着这些情绪的发展,儿童将表现出一些行为,诸如讨厌被盯着看,用手蒙住脸,转过身去,低下头表示羞愧、尴尬、自责,嫉妒别的小朋友时会抢玩具或者生气,在成功完成一些事情时会用开心的笑对成就表示骄傲。这些举动都说明儿童对他自己的想法和行动有了更多的意识,并且他们正在将这些行为和想法与其他儿童的进行比较,理解(尽管可能不遵循)了他所处环境中人们的规则和期望。这样的行为对评估他自己的行为、意识和自我概念的发展打下了基础。儿童感受到与自我意识有关的情绪需要一定的条件,这些条件因年龄不同而有区别。很小的儿童常常感到内疚,即使有些行为纯属偶然,因为他们还不能区分偶然事件带来的后果和有目的的行为之间的不同(Graham, Doubleday, & Guarino, 1984)。而对学前儿童来说,只要是成人看到了他们的错误行为,他们就会感到内疚(Harter & Whitesell, 1989)。成人在引导儿童了解行为的标准上发挥了重要的作用。

意识不到他人想法和感觉的儿童,例如孤独症儿童、有情绪障碍或者对正确和错误缺乏认知理解的儿童,可能不会表现出与自我意识有关的情绪。

I.C. 什么样的经历使儿童产生快乐的、舒服的、或者与自我意识有关的情绪?

如前面说过的,随着儿童的不断成熟,他们在越来越广泛的经历中表现出更加宽泛的情绪类型。哪种类型的经历会使儿童感到快乐或者感到不快乐，这对评估和干预计划具有指导意义。有关儿童喜欢什么活动、不喜欢什么活动，或者避开什么类型的玩具和游戏材料以及他的经历的具体信息，在进行 TPBA 评估之前，要通过询问家庭成员和儿童照料者进行了解和掌握。开始实施 TPBA 时，要结合儿童喜欢的活动，或者使儿童感到快乐的活动来进行，帮助他们建立愉快的游戏情景，与游戏引导员建立积极的人际关系。通过分析他喜欢的活动的特点，还可以确定儿童发展上的优势。了解儿童避开或者会使他们感到不高兴的玩具和游戏材料，可以知道儿童在哪个领域存在问题，以及儿童的需要是什么。例如，一个儿童最喜欢的游戏类型是照料玩具娃娃，那么表明他对角色扮演游戏感兴趣，并能够理解具象性思维，表达出与养育有关的积极情绪。相反，听到大的噪音就会哭闹或者用手捂住耳朵的儿童，可能对于特定类型或者特定水平的听觉刺激过于敏感。观察与自我意识有关的情绪也非常重要，因为，通过观察会导致尴尬、羞愧或者骄傲的活动，可以对儿童的自我意识的水平进行深入的认识，并理解他的行为是如何被人接受的。在进行 TPBA 有关情绪表达的评估过程中，针对需要注意观察的内容所提出的建议，将在下一节给予介绍。

1.2 运用《观察指南》评估情绪情感的表达

在《TPBA2 观察指南》有关社会情绪情感领域的部分，提出了有关的几个问题，这几个问题涉及到因不同的人、物和事件而引发各种不同情绪的刺激物类型。这些问题的答案将有助于制定干预计划，最大限度地为儿童提供愉快的经验，并协助儿童处理不舒服的情况。在情绪表达的子类中，《观察指南》探讨儿童对不同类型输入的情绪反应，包括对不同玩具、物料以及 TPBA 中发生的事件的反应。这些信息将有助于规划干预活动和为家庭互动提出建议。来自情绪情感和社会观察准则这一子类的数据将与其他子类的数据结合起来，以观察儿童的整体情绪情感发展和社交互动。

重要的是，要认识到儿童有些方面的障碍是与特定的情感模式或者是与影响到情绪表达的特征相关联的。例如，患有安格尔曼症候群（Angelman syndrome，又称快乐木偶综合征）的儿童，看起来似乎是高兴的，好像总在微笑（Summers, Allison, Lynch, & Sandler, 1995）；患有孤独症的儿童，由于社会性发展方面的限制，可能只会展现出为数不多的几种情绪；脑瘫患儿可能由于面临运动障碍，限制了他们情绪表达的行为，即使他们可能内心体验到与正常发展的儿童同样的情绪。评估团队应该努力了解儿童的情绪"体验"，以及情绪的表达。这样做可能需要分析儿童的行为，而不仅仅是作为情绪反应指标的面部表情。例如，重复性的动作可能表明他在活动中感到愉快，而他从活动中退缩或者离开的行为则可能表明他不高兴或者不喜欢这个活动。残障儿童可能会表现出与其典型同龄人相似或不同的情绪。评估小组应该通过观察、与儿童照料者交谈解读儿童的行为等方式来确定儿童的情绪范围。帮助家庭成员了解儿童的情绪表达是读懂儿童情绪线索并对其做出回应的基础。

Ⅰ.A. 儿童如何表达情绪？

尽管儿童表达的情绪有不同的类型，但是评估小组应该注意儿童是怎样表达他的感受的。眼睛、嘴、身体姿势、四肢的动作，甚至手指、脚趾都提供了一定的线索，即使这些线索是微弱的，它们也表明了儿童的感觉状态。不寻常的动作，比如拍打手、扮鬼脸，或者重复性动作，也可能表示某种情绪。有些儿童可能会以特异的方式表达情绪。有运动障碍的儿童，比如脑瘫，可能展示出非典型的笑容，或者肢体动作的增加——看上去好像是消极反应的行为——事实上，他们感到很享受。专业干预人员应该与儿童照料者探讨儿童的特定行为，以及面部表情，通过这些行为和表情了解儿童快乐还是不快乐。识别声音、手势、动作所表达的情绪含义，能帮助家长和专业人员更有效地回应孩子。

Ⅰ.B. 儿童是否能展现出各种类型的情绪，包括积极的、不舒服的、与自我意识有关的情绪情感？

在实施 TPBA 期间，观察者应该确定儿童在什么情况下展现出什么情绪。通常，在儿童（对不熟悉的人）表现出害羞、尴尬、（对新的玩具）感兴趣、（玩有意思的活动时）激动、（遇到挑战时）沮丧、（受到限制时）生气、（掌握一项技能时）骄傲、（打坏玩具时）内疚，也有些儿童可能（在陌生或危险情境下）表现出害怕的时候，就提供了了解他的机会。这样的机会大多是自然出现的，但是专业人员也可以"安排"一些事件以便观察儿童的反应。特别是如果儿童家庭对某些特定的情绪（比如生气或者恐惧）特别在意，那么做些"安排"尤为重要。评估团队要观察儿童的这种情绪会持续多长时间、强度如何，他们还要确定观察到的情况是否与儿童在其他情境中的表现相一致，以及儿童照料者是怎样解释和回应儿童情绪的。不同的家庭持有的价值观不同，对儿童的期望不同，那么儿童的回应也将有不同的结果。那些认为这些"原始的"情绪不适宜的照料者，可能他们本身就需要干预，以便帮助他们调整儿童的环境或者他们与儿童互动的方式，从而增加儿童积极的情感和与儿童之间愉快的交流。那些展现出极端消极情感的儿童，可能在情绪调整方面也会有困难（见第 120 页情绪调节部分）。

除了注意到积极的情绪和感到不舒适的情绪外，评估团队还应观察儿童与自我意识有关的情绪，例如通过努力完成任务后的自豪感。儿童可能向他的父母展示他画的画，或者搭建的高塔，并会笑着说道"爸爸，看我做了个什么"。但是，当儿童展示出他的成就而得到称赞时，他会显出有点害羞的情绪。评估团队还可以观察儿童对突发事件的反应，例如当儿童把泡沫打翻、把颜料洒到桌上时，他可能会转移视线、不去看父母、低下头，或者努力去掩盖错误。

如果儿童超越了一个设定的界限或者规则,那么儿童对成人制定的要求或者照料者提出的警告是如何反应的呢?例如,在游戏室里的要求是不允许儿童破坏玩具或者伤到他人。如果一个儿童把玩具弄坏了,那么他会表现不好意思或者羞愧的情绪吗?对儿童在家时的规则和要求可能会有不同,因此,评估团队搞清楚儿童在家里时的规则并询问父母当儿童做了违反规则的行为时他的常规反应是怎样的,这对评估团队来说非常重要。对儿童与自我意识有关的情绪的表达,除了根据生理的、发展的、心理的考虑外,还应该结合家庭的期望来予以了解。

在进行游戏评估时,儿童可能不会表现出所有潜在的情绪,儿童当天的心境可能与他通常的心境有所不同。在了解儿童的情绪时,一定要搞清楚该家庭认为儿童展现出来的哪些情绪是重要的,哪些情绪他们认为是不合时宜的,或者在特定场合是应被限制的。不同的文化(甚至不同的家庭),对情绪情感的表现、情绪情感的范围、情绪情感表达的环境,都有不同的期望(Chavira, Lopez, Blacher, & Shapiro, 2000)。这些都应该加以了解,因为儿童可能展示出他所处文化和家庭的情绪情感模式特征,而这些模式可能不同于主流文化。例如,一个儿童可能很安静,很少表现出自己的情绪,因为家庭有同样的情绪情感模式,或者儿童所处的文化要求儿童要保留并不展示自己的情绪情感。与此相反的情况也是有的。家庭成员在应对问题时显现出来的暴怒情绪可能会在他们孩子身上镜像似地折射出来,类似的负面情绪在这种应对模式下可能正是家庭或社会文化所期望的。

Ⅰ.C. 什么样的经历会使儿童感到快乐、不舒服,或者产生/增强自我意识?

观察者应该把引发儿童各种情绪反应的刺激物记录下来。评估团队应该观察儿童对游戏的偏好,因为他喜欢的活动通常能引发积极的情绪。同时还要观察儿童避开或者抗拒的那些活动,这些活动通常是会让他们感到不适的。了解儿童选择什么游戏,可以帮助评估团队确定儿童情绪表达的模式。

搞清楚能使儿童产生积极情感的人际互动和环境特征非常重要,因为可以把有这些特征的刺激物融合到早期干预方案中。积极的情绪可以增进儿童的注意力、动机和学习能力(Goleman, 1995)。发现促进积极情绪、感受、心境的方式,是认知、情绪、社会性、感觉动作等发展的核心内容。因此,注意到能激发儿童兴趣、惊奇和快乐的物体、活动和人际互动是非常重要的。

观察者还应该关注引起愤怒、悲伤、厌恶、恐惧等情绪的情境,这些情绪的表达不应该被认为是负面的,相反,它揭示出儿童正在体验到的感觉是怎样的。评估团队要注意引起这些情绪的情境是什么,他们的感觉持续时间有多长,情绪的强度怎样,以及观察到的情境是否在其他场合也会出现。

如之前介绍过的那样,评估团队了解儿童的全部情绪表现是非常重要的,但是掌握引起积极情绪和消极情绪的各种信息才是进行干预的关键所在。分析引起这些情绪的情境,有助于干预人员和儿童照料者调整环境和互动方式,以促进儿童做出积极的回应,并因此激发其参与互动的动机,最大限度地减少消极情绪,降低儿童避开或者抗拒参与各种互动的情况发生。

妮娜(Nina),2岁,因怀疑发展迟滞而加入TPBA项目。TPBA项目由她母亲坦娅(Tanya)和她父亲麦克(Mike)在家里进行。妮娜对来到她家的陌生人没有表现出任何兴趣,她安静地玩着那个令人爱不释手的柔软玩具娃娃,只有在麦克晃晃她或者挠她痒痒时,她才会有笑容或者大笑起来。妮娜会从她妈妈手里拿过图书,爬到妈妈膝盖上看书上的图片。当评估团队的人员来到妮娜家里时,妮娜会避开他们,每次评估团队的人员递给妮娜玩具时,她都会退缩到她父母身边。她对吹起的泡泡感兴趣,但只是在她爸爸吹泡泡并发出很大的声音时,她才会大笑。妮娜的父母说她通常对陌生人会非常害怕,她的情绪通常是平静的,表现出的情绪种类不多。坦娅说,尽管妮娜得到她特别想要的东西时她会笑,但是想让她大笑则"非常困难","她非常安静,很容易让人忘记她的存在"。麦克同意她的说法,并说:"我想她是快乐的,但我希望她能更经常地兴奋起来,我甚至想要看到她疯狂一会儿。"

评估团队很少看到妮娜的情绪表达,他们和妮娜的家庭成员都认为妮娜表现出的情绪范围有限。妮娜作为一个"易养"和易满足的孩子,唯有在得到大量的触觉刺激(挠痒痒)、高抛(由父亲把她抛到空中)或者其他身体刺激信号时,才会显出较为强烈的情绪。她很明确地想要得到来自她熟悉的人的信号输入。妮娜对新玩具和游戏材料表现出兴趣,特别是那些不费力就能带来大量触觉、视觉和听觉反馈的玩具和游戏材料,但是她很少表现出兴奋,因此动机不强。坦娅和麦克希望看到妮娜能够表现出更多种类和更大强度的情绪表达,他们还希望看到她不那么害怕其他儿童,因为她不久就要去上儿童日托中心。

实施TPBA过程中的观察,将有助于评估团队形成一些具体想法来帮助妮娜实现上述目标。他们将利用能引起更积极的情绪的一些活动,比如利用感知游戏来增加妮娜的注意,并开始将这些活动与那些不那么有激发性的活动结合起来。例如,利用原因-结果的玩具,当把那些能震动的玩具放到她的肚子上推拉时,就会使她大笑起来。原因-结果的玩具还可以用来促动她去探索原因与结果的关系。

第二节　情绪情感风格/适应性观察指南

2.1　情绪情感风格/适应性（emotional style/adaptability）观察指南

儿童往往有其典型的行为方式，这种行为方式是他们回应新的情景或者所期待的情景发生改变时的反应特征。就 TPBA 的目标来说，儿童通常对各种刺激物，包括新的或者变化了的情境如何接近与反应被称为情绪风格。情绪风格包括：（1）对新奇事物的反应。儿童是否容易接受和融入新的事物，包括人、物、事等；（2）灵活性。儿童是否容易应对变化或者活动、常规日程、环境以及活动模式的调整；（3）情绪情感反应水平。儿童对各类刺激物的典型的反应强度，包括积极的或者消极的反应。上述三个方面，以及其他范畴的各种因素，一般划归在气质的范畴之内。

气质有九个领域：活动水平(activity level)、趋避性(approach/withdrawal)、注意力分散度（distractibility）、适应性（adaptability）、坚持性（persistence）、心境（mood）、节律性（rhythmicity）、敏感性(sensitivity)以及反应强度(intensity of reaction)(Thomas，Chess，& Birch，1968；Thomas，Chess，Birch，Herzig，& Korn，1963)。其中，适用于大多数儿童的气质特点的三个不同簇群为"易养"儿童、"性情"儿童、"慢热"儿童（Thomas et al.，1963，1968）。儿童气质与环境要求相匹配是儿童成功适应的关键（Chess & Thomas，1996；Thomas & Chess，1977）。类似的关系，也存在于教师与喜怒无常的残障儿童之间（Keogh，2003；Martin，Olejnik，& Gaddis，1994）。其他的一些方面，比如父母的个性以及互动风格，对儿童气质的形成也有一定的影响（Goldsmith & Campos，1982；Kochanska，1995）。

多年以来，研究人员已经确定了气质的不同方面，对"气质"的定义也大同小异（Buss & Plomin，1975，1984；Neisworthet al.，1999；Pelco & Reed-Victor，2001，2003；Pullis & Cadwell，1985；Rothbart & Derry berry，1981）。尽管气质的定义在不同的研究中有所不同，但是它们都表明气质与儿童的行为、社会适应性以及成就有关（Carey，1998；Goldsmith & Lemery，2000；Keogh，Coots，& Bernheimer，1995；McDevitt & Carey，1996；Newman，Noel，Chen，& Matsopoulos，1998；Pelco & Reed-Victor，2001），并且对儿童社会认知的发展有重要意义。

气质的所有方面在《TPBA2 观察指南》中都以某种方式有所涉及，但是它们并非全部都被涵盖在某一个范畴内。因此，在 TPBA2 中，气质不是从其整体结构上来予以考虑的。通常被列在"气质"范畴内的几个因素，被归纳在了情绪风格的范畴里，并会在下一节给予介绍。将这些特殊的方面放在一起，是因为它们常常出现在残障儿童身上，并且当把它们与其他领域的某些模式一起进行考察时，也具有诊断意义（Benham，2000；DeGangi，2000；Neisworth et al.，1999）。

Ⅱ.A. 儿童是如何接近陌生人、参与新活动、进入新情境的？（考虑年龄因素）

情绪风格指的是哪种方式能使儿童轻松地适应环境中的新事物。当面对新奇的经历时，儿童是否会表现出害怕、焦虑、谨慎、感兴趣或是热切等情绪呢？无论儿童表现出感兴趣或是退缩，都提供了有用的信息。如果儿童对人和物微笑、触摸、发声、接近，那么这表明他对这个人或者物体感兴趣，羞怯的儿童可能会离开人或物、拒绝目光接触、反抗、哭闹、努力接近更安全的人比如父母，或者物体。

羞怯的或者极端害羞的儿童常常会有负面的反应，并会长时间地避开新奇的刺激物。研究表明，极端害羞的儿童生理上有所不同，他们在高度威胁性的情境中会有类似典型的生理反应（Kagan，1996，1998；Kagan & Saudino，2001；Kagan，Snidman，& Arcus，1998）。如果早期的羞怯情绪继续发展，会导致过度的社会性退缩和社会性隔绝（Caspi & Silva，1995）。进行这方面的观察很重要，这有助于明确如何更好地帮助儿童以与他们的个性风格相符的方式进行探索和学习（Carey & McDevitt，1995）。

Ⅱ.B. 儿童是如何适应活动转换和常规习惯的改变的？

情绪风格涉及到儿童的灵活性和适应能力，比如从已有的习惯转变为他人期望的做法。Thomas 及其同事（1968），将其描述为适应性，或者称其为对新的、有变化的情境的延展性。许多儿童"沉浸"于他们的常规惯例，难以转变为他人所期待的模式。父母报告说，他们的孩子"不愿离开家"，"每天必须要做同样的事情"，"如果你要他停止做某件事而去做另外的事情，他会感到不安"。这些儿童可能在游戏和互动中墨守成规，可能很难从一种游戏类型转换到另一种，甚至在同一个活动中也很难从一个动作转换为另一个动作。儿童可能期望一个扮演特定角色的玩伴，比如听从他或她的指令。如果这个期望没能实现，他就会不安。互动时或者日常生活中适应改变的能力对于儿童社会情感的全面发展是至关重要的（Neisworth et al.，1999）。此外，还需要了解他在家中和在游戏评估时这方面的具体情况。

Ⅱ.C. 儿童对各种刺激的反应强度如何？

儿童对刺激的典型的情绪反应强度，包括积极情绪和消极情绪，是情绪风格的第三个方面。这个方面与灵活性有重叠，但是它突出强调了对程度不同的刺激物的反应水平的特点。有些儿童给出的反应只带有微弱的情绪特征，而另一些儿童则显示出适度的情绪反应，还有些儿童有强烈的情绪反应。情绪反应较低的儿童给出的线索更不易于察觉,还可能被照料者认为他们是不愉快的,因为更大量的、更长时间的刺激才能唤起他们积极的反应(Fox, Henderson, Rubin, Calkins, & Schmidt, 2000; Kagan et al., 1998; Landy, 2002)。有高强度情绪反应的儿童可能也会有困难,特别当他们的情绪反应处于消极的情况下。有关反应强度的信息,应与其他感觉统合和情绪调节的信息结合起来,为针对个体化的信号输入提供基础,并使儿童受益(DeGangi et al., 2000)。教师、治疗师和父母要经常给残障儿童提供高强度的信号输入,以便获得他们积极的回应。例如,触觉、视觉、听觉敏感度降低的儿童,他们可能需要更强烈的信号输入,以便能得到可察觉到的或者积极的反应,即参与到玩玩具或者与他人的互动中。有些需要更强烈信号输入的儿童,他们的反应"窗口"很小,因此,这会导致高估他们对信号输入的容忍度。例如,当刺激时间过长或过于强烈时,早产婴儿对于刺激物短暂的积极反应会突然变成反抗式的哭闹(DeGangi, 2000; Field, 1983)。了解儿童反应的阈值有助于掌握儿童所需要的以及能容忍的信号输入的水平和数量(DeGangi, 1991a, 1991b, 2000)。换句话说,仅仅知道什么类型的经历能够引起儿童出现情绪表达是不够的,还必须要知道保持儿童专注和兴趣所需的各种类型信号输入的数量和强度。让一个儿童愉快地保持对人和物的兴趣,这将会使干预措施更有成效(Bronson, 2000; DiGa ngi, 1991b, 2000; Gowen & Nebrig, 2000; Landy, 2002)。

2.2 运用《观察指南》评估情绪情感风格/情绪情感适应性

情绪风格这一子类检验儿童对环境中的各个方面做出情绪反应的强度,包括新奇的刺激和环境的变化等。对这个子类的观察,在 TPBA 一开始实施,儿童遇到陌生人、新的活动和环境时就开始了。大多数儿童,会产生适度的情绪反应,这时他们能很好地与人互动,并从中有所收获。通过观察儿童的情绪风格,以确定用什么方式能够使他的学习潜能得到最大限度的开发,比如说刺激物的调整、转换策略的实施,或者采用有助于儿童融入并适应各种环境的其他干预方案。

对于有些残障儿童,例如孤独症儿童、感觉统合失调儿童、情绪紊乱儿童,可以观察到他们在这个子类的特定反应模式(比如,极端敏感的反应)。结合对其他领域的观察,评估团队可以根据观察的结果进行有效的诊断,并针对这些反应特征制定合理的治疗计划。

Ⅱ.A. 儿童是如何接近陌生人、参与新活动、进入新情境的?(考虑年龄因素)

在实施 TPBA 之前,评估团队应该询问儿童的父母,了解儿童对新的食品、游戏材料、照料人员有何反应,这样可以让评估团队有效预测儿童对 TPBA 会有怎样的反应。对许多儿童来说,游戏评估是一种新的体验,其中有新的玩具、不熟悉的人,可能还有从没见过的情境。如果评估是在游戏室进行的,那么,评估团队能看到儿童进入游戏室时有何种反应,他是否表现出焦虑、谨慎、热忱或者对新的体验感兴趣。或许他一开始是警觉的,但是很快就放松下来,感到舒适。评估团队应观察儿童是否很快就能与室内陌生的成人熟识起来,是否去拿玩具(儿童照料者给儿童指出哪些玩具和材料是新的)。如果评估是在家里或者在社区进行,陌生的人和游戏材料(由评估团队购买)也是观察的一个要素。儿童对玩具的选择也是观察的内容,儿童是选择他熟悉的玩具还是他不熟悉的玩具?选择新的玩具表明他能接受新奇的事物,甚至偏爱新的事物。

观察儿童如何应对陌生人、新的物体、新的事件,以及他需要多长时间进行调整,这些都很重要。评估团队应该注意儿童需要多长时间来放松自己,用来自我调整的机制是怎样的。有的儿童可能开始时不太情愿,然后逐渐地融入新的情境、新的人、新的物体;有的儿童可能会自言自语:"那看起来像是个有趣的滑梯。"有的儿童可能会将父母当作安全的港湾,让父母和他一起加入某项活动,但在父母撤出后他继续活动;有的儿童可能需要父母或者其他成人不断的口头保证和鼓励;还有些儿童完全不能适应,不断逃避新的或者不熟悉的情境。重要的是不要强迫儿童,因为那样会导致儿童产生进一步的抗拒或者退缩。给儿童预热的时间,这样将缓解儿童、父母和评估团队人员的紧张情绪。随着儿童逐渐适应,评估团队可以与家庭成员交谈,或者让家庭成员与儿童一起玩。向父母询问评估团队人员看到的行为是不是儿童对新情境的典型反应,这一点很重要。评估团队还应该关注什么策略能使儿童放松下来。如何帮助儿童适应陌生人、新的物体和环境的相关信息,对家庭成员和评估团队都将有所裨益。

阿森诺(Arsenio)是一个3岁男孩,他的儿科医生怀疑他有发展迟滞的问题,因而介绍他加入TPBA。阿森诺的父母都是建筑师。他们说,他们认为阿森诺是个非常阳光的男孩,他认识所有的字母,甚至开始会念出它们。他们担心的是他那些非同寻常的情绪反应,包括抗拒常规事物的任何改变,物体没有放在原来的位置时他就会大声尖叫,对球着迷,以及他很难适应上幼儿园。阿森诺跟在他妈妈身后进入游戏室,躲着评估团队人员,直到他看到屋子那边有一个篮球筐。他大声尖叫着跑向篮球筐,夺过球,投到筐内。他投了几次之后,引导员把篮球筐移远了一点,让阿森诺有更大的投篮空间。这种改变结果导致阿森诺无休止地尖叫,甚至当他们把篮球筐放回到原来位置时,他仍尖叫不已。之后,阿森诺拒绝看引导员,只与他的父亲互动,把他在一个袋子中发现的小石头排成一排。大约用了15分钟的时间,阿森诺才与引导员熟络起来。而且只有当引导员用小石头模仿他的动作时,他才与引导员交流。当他与引导员进行互动时,他也不看对方,只是自言自语地说他正在干什么,在情感上仍然是疏离的。

通过对阿森诺情绪风格的简短介绍,表明了几个方面的问题。首先,他是小心谨慎地接近新的环境的,当他看到了熟悉的玩具时,他才会热切地进入到新的房间。尽管有他最喜欢的玩具——球——可以玩,让他容忍了引导员的出现,但是当引导员把环境改变一下,变成他不喜欢的环境时,他会给出极端负面的反应并退缩。根据他父母的叙述,他很难适应新的幼儿园。通过观察他在游戏评估时的活动情况,发现阿森诺并不能很好地适应新的变化,不论是积极的还是消极的,他在情绪上的反应都是剧烈的。有趣的是,并没有发现他对各种类型的输入刺激(如听觉)有强烈的情绪反应,而是对他所期望的游戏情境反应强烈。这种信息对于实施干预是非常重要的,因为它表明,对阿森诺来说,如果他所期望的情境有所改变的话,那么,提前让他做好准备是非常关键的。

评估团队与阿森诺的父母讨论了要帮助阿森诺对变化事先有所预期,允许他自己对改变有一定的掌控力,并教给他一些应对变化的手段。评估团队还讨论了如何帮助幼儿园教师了解阿森诺对可预测性和控制性的需要,这样,在今后与幼儿园教师一起讨论有关阿森诺的问题时就能形成一些具体想法。尽管情绪风格只是TPBA所涉及到的儿童发展的一个方面,但是该领域的有关信息对于阿森诺的诊断和整个干预计划的制定是至关重要的。

第三节 情绪情感和觉醒状态的调节

3.1 情绪调节和觉醒状态(Arousal States)

德甘吉(DeGangi, 2000)为自我调整所做的定义是"调节情绪、自我平静、延迟满足和容忍活动中的转变的能力"。其他人从更广的范围看待自我调整,将其定义为儿童对感觉动作、情绪、行为和认知系统进行控制的能力(Bronson, 2000)。在相关文献中,自我调整(self regulation)是一个正获得关注的术语。最近的一些文献已经提到了对这一领域的研究正在不断增长(Bronson, 2000;DeGangi, 2000;Gomez et al., 2004;Shonkoff & Phillips, 2000)。自我调整对所有发展领域都非常重要,它能够使儿童集中注意并一定程度上保持机体和情绪水平的稳定,以便使机体和情绪的各种功能得到正常发挥。

依据 TPBA2 的目的,自我调整的整体结构被划分为不同的方面、不同的领域。儿童需要学会调整自己的情绪、行为和对感觉信号输入的反应,以便更好地进行社会交往。情绪调节,即对回应各种信号刺激时的情绪水平的调节能力,将在本节内给予说明。行为调节(behavioral regulation),即儿童控制自身行为以满足环境期待的能力,将分别被包含在情绪发展领域和社会性发展领域内。感觉调节(sensory regulation),即调节对各种类型、各种水平的感觉信号刺激的反应的能力,被涵盖在感觉动作领域以及与注意力和解决问题技能有关的认知领域内。

有情绪调节问题的儿童,常常也难以应对其他类型的调节,他们在感觉调节和行为调节方面也面临挑战。注意力和问题解决能力可能还会因人际交往而受到影响。将情绪调节的情况与在 TPBA2 该子类中的发现进行比较,将对诊断和治疗都具有指导意义。

尽管在 TPBA2 中,与调节有关的各个领域是分开进行的,但是对它们应该同时予以检验,因为各个领域之间相互影响。在讨论观察的内容时,评估团队应该将观察的结果与情绪表达、情绪风格、情绪调节联系起来,确定有关的感觉运动和认知发展方面是否存在其他的问题。例如,一个在睡眠模式调节上有困难的儿童,常常会有爆炸性的脾气,并且还很难平静下来,对特定的刺激会过于敏感,表现出注意不集中、解决问题的能力不足等问题。进行跨领域观察能帮助评估团队针对各个领域制定整体的、跨学科的干预计划。

Ⅲ.A. 儿童能够轻松地调节生理意识的状态吗?(比如从睡眠到清醒)

在婴儿早期,其内在的生理状态和反射行为发出行为指令,使婴儿在很大程度上依靠成人来帮助他们调整感觉信号的输入、觉醒状态,以及情绪反应(Greenspan,1997)。新生儿在不同的觉醒状态之间转换,包括定期睡眠、无规律睡眠、嗜睡、安静的警觉状态、睡醒后的活动、啼哭等。随着婴儿的神经系统逐渐成熟,婴儿在每种状态的时间也发生了变化,觉醒状态变得更加有规律了。到了 2 岁时,儿童平均睡眠时间是 12—13 个小时,而且睡眠之间的间隔时间更长了,清醒的时间相对固定了,有更长的时间是处在安静的警觉状态、观看或者参与周围环境的人和事中,并通过这些进行学习。了解儿童用在每种状态的时间有多长很重要,花在任何一种状态的时间太多或者太少都应引起家庭的关注,因为这可能对儿童的学习和发展带来影响。文化差异也对这些模式的发展具有影响作用。例如,某些家庭或者托幼中心会安排长时间的午睡,有的父母想要儿童晚上睡晚些,这样儿童可以和较晚回家的爸爸或妈妈多相处会儿。但是,儿童可能因不能调整自己的系统来满足家庭或者托幼中心的需要而引发一些问题。父母是否认为儿童自身的行为模式是一个重要问题,这也可能与文化有关(Super 等,1996)。一些与儿童调整需求相关的观察结果,可能表明了儿童发展的状态,因此它们是重要的,必须结合家庭的价值观和生活方式来予以综合考虑。

然而，每个儿童的实际调节模式变数很大，入睡困难的儿童和睡不醒的儿童，往往是易激惹的，并容易产生行为问题，而且在其与父母和他人之间有更为复杂的互动模式。睡眠问题常常同时伴随有调整障碍，并且可能与生物的、社会的、依恋等方面的问题相关。儿童睡眠问题可能给家庭带来很大的压力，因此，进行这方面的调查研究是非常必要的。

研究表明，睡眠问题可能与神经系统（比如睡眠呼吸暂停症、感知觉反应）、生理（比如耳朵发炎、过敏、胃食管反流、肺部和其他医疗问题）、情绪（比如夜惊、夜怕）、环境（比如家庭压力、父母放纵）有关，或者是这些因素的综合性后果（Ghaem, et al., 1998; Minde et al., 1993; Owens-Stively, at al., 1977; Rosen, 1997）。

哭闹是婴儿与他们的照料者进行交流的第一种方式，这种方式有利于父母和儿童之间形成密切的纽带。哭闹是在告诉父母他饿了，他痛苦（温度的变化、疼痛、噪音、身体上的问题），儿童稍大一些后，哭闹还表明他们的焦虑、恼怒、生气。它还可能表明儿童感到疲倦，或者想要被拥抱和安抚。成人听到儿童哭闹即刻就会有心理和身体上的反应，促使成人对儿童给出回应（Crowe & Zeskind, 1992; Thompson & Leger, 1999）。这种保护性反应对儿童是有益的，但是面对一个哭闹剧烈且难以平静下来的儿童，常常令人感到紧张不安。

情绪调节的另一个重要方面，是儿童处于安静的警觉状态的时间有多久，这种状态是进行学习的关键。随着婴儿不断成长，睡眠的时间固定并增长，其结果是醒着的时间也固定了。自我平静能力的增强，使儿童能更长时间地关注外部环境。不断成熟的神经系统还为儿童提供了更多视觉的、大肌肉动作和小肌肉动作的、交流的技能。随着技能的提高和保持注意的能力的增强，儿童能够通过观察、实际操作和互动进行学习。

Ⅲ.B. 儿童是否能够顺利地调节（控制、进入、离开）其情绪状态？

情绪调节指控制和调节我们自身情绪强度的能力。这样，我们就可以体验各种各样的情绪，而不会让它们妨碍到我们。情绪调整不仅仅是对强烈情绪的压制，相反，它是以增进学习和人际互动的方式来感受各种情绪的（Eisenberg et al., 1995, 1998; Thompson, 1994）。适当的情绪调节的能力，有助于产生"情绪上的自我效能感"（emotional self-efficacy）（Saarni, 1999）和维持行为准则的能力（Zahn-Wexler, Radke-Yarrow, Wagner, & Chapman, 1992）。在出生后的头几个月，儿童的视觉能力增强，神经结构得到发展，特别是大脑皮层和边缘系统的发展，使儿童对刺激的容忍度不断增强，并能做到自我安抚（self-smoothing）（Bronson, 2000）。平稳的常规生活和家庭成员间的人际互动，也有助于儿童学会如何平静下来。

对于在不同情景中如何展现情绪，每种文化都有其规则。在各自的文化中，儿童学会了如何寻求舒适、避开情绪激动的情况、做到自我平静（self-calm），以及必要时如何掩饰自己的情绪(Buss & Goldsmith, 1998; Grolnick, Bridges, & Connell, 1996; Harris, 1993; Thompson, 1990)。婴儿向成人发出有关需要食物、睡眠、关注和平静的暗示,婴儿离不开成人对这些情绪暗示的回应。在出生后的头几个月,睡眠和进食变得更加有规律,并建立起日常的惯例。通常情况下,婴儿到了3—7个月大时,开始表现出一种固定的习惯。然而,在嘈杂的环境中,神经系统发育不成熟的或者过于敏感的儿童,可能难以建立饮食和睡眠习惯,这些儿童可能只保持短暂的睡眠周期,易醒,更多的时候表现为易烦躁或者哭闹,而且不能长时间地保持安静和集中注意。

随着婴儿获得了更多种类的情绪表达,在父母的支持下,他们还能更好地控制自己的情绪(Sroufe, 1997)。当儿童更大些后,父母会与儿童交谈,会向他们解释压力性事件,以便让儿童对周围环境感到安心。这些技能逐渐被内化,这样儿童就能独立地运用它们。情绪调节从由他人控制转化为由自己控制(Schaffer, 1996; Sroufe, 1997)。随着儿童不断成长,他们能够自己移向感兴趣的物体和活动,并避开那些会产生负面反应的事物,所以儿童不断发展的动作技能也有助于他进行情绪调节(Boekaerts, Pintrich, & Ziedner, 2000)。随着探索能力的增强,儿童开始需要更多地控制冲动情绪,也因此更需要从照料者那里获得如何应对这些冲动情绪的方法。

随着儿童的成熟,自我反省(self-reflection)也变得愈加重要(Fonagy, Steele, Steele, Moran, & Higgitt, 1991; Gowen & Nebrig, 2002)。儿童开始能够思考他们的感受、区分各种不同的感受,并将这些感受与引起其情绪的原因联系起来。两岁后,儿童能够谈论他们的感受,并积极尝试通过身体、语言或人际社交方法来控制自己的感受。他们可能会避开情绪化的情境,转移自己的注意,寻找给自己带来安慰的人,或者在某种情景中自言自语。他们也更多地意识到了别人的感受,以及其他人是如何管理其情绪的。因此,他们就有了模仿他人情绪调节的优势(或者是劣势,这取决于其他人是如何应对情绪的)。他们开始能够更好地读懂人际线索,理解人际情境,评估他们在各种人际环境中应该做出如何反应。在这些方面有困难的儿童可能在情绪调节方面也会面临困难。

照料者在帮助儿童分析各种情景上发挥着重要作用,他们可以对儿童正在经历的感觉做出反思,并与儿童讨论如何应对这些情绪。成人的中介作用常常为儿童自我调整的发展提供了桥梁(Boekaerts et al., 2000; Bronson, 2000; Butterfield, 1996; Shonkoff & Phillips, 2000)。

Ⅲ.C. 当儿童难以进行情绪调节时,是否存在可辨识的模式和情绪"触发点(triggers)"?

应当确定导致儿童出现难以控制的情绪的具体刺激物是什么。这一点很重要,因为对调节障碍进行早期干预,有助于预防今后出现情绪、行为和发展问题(DeGangi, Teerikangas, Arnonen, Martin, & Huttunen 1998; Williams & Anzalone, 2001)。触发强烈情绪的刺激物往往因年龄以及生理上的敏感性而有所不同。对各种感觉刺激极度敏感或敏感不足,包括听觉、触觉、视觉、前庭刺激,进食和睡眠问题,以及在自我平静、转换适应、行为控制方面的问题,都会影响到儿童的觉醒水平和情绪反应(DeGangi, 2000; DeGangi, at al 1997; Williams @Anzalone, 2001)。退缩以及情绪爆发的诱因可能包括刺激过度的环境、无法应对的特定高强度刺激物,比如噪音、强烈的光线或者视觉刺激、触觉输入、不舒服的运动、身体姿势的改变等(DeGangi, 2000; DeGangi, & Breinbauer 1997; Williams & Anzalone, 2001)。具有低敏感系统的儿童,可能表现出调节方面的问题,他们会寻求一个或者多个感觉系统的更强烈的感觉刺激。《0—3岁儿童诊断分类手册》(2005)明确了调节问题的3种类型:

1. 过度敏感型(hypersensitive type)。该类型表现为对特定刺激物或情境表现出恐惧或过于谨慎。该类型也可叫作负向对抗型(negative and defiant type),表现为难于接受变化,想要掌控,并容易被激怒。

2. 反应不足型(under reactive type)。该类型难以参与各种活动并做到自我专注。

3. 运动紊乱型(motorical disorganized type)。该类型可能表现出高度的活动水平,具有冲动性、攻击性,以及渴望感觉刺激(零至三岁组织,(Zero to Three) 2005),对此类型需要细心的观察,以便确定其反应模式。

例如,过于敏感的儿童对特定类型的触觉刺激、动作、声音、光线等等,可能表现出恐惧或过于小心谨慎的反应。例如,在有调节障碍的儿童中,当过度敏感型儿童不得不停止或者改变某种活动,例如离家去商店买东西时,他们可能会大声尖叫或者非常生气。反应不足型儿童可能表现得没精打采、情感冷淡,需要特别强烈的刺激才能引起他们参与的兴趣。运动紊乱型的儿童,常常看来是多动的、粗野的、漫不经心的。更详细的描述可见于第二章感觉动作领域。

Ⅲ. D. 当儿童情绪激动时,他是否能够轻松做到自我平静下来?

自我平静(self-calming)是情绪调节的一个重要方面。集中注意以及与此相关的能力,在平静的状态下能得到最佳发挥。起初,当婴儿心烦意乱时,他们完全依赖照料者的帮助才能平静下来。随着儿童对自己的觉醒状态获得了更多的控制力,他们对自己的情绪表达也获得了更大的选择权。他们能够大笑或者大哭,然后自我平静下来。当儿童变得不那么依赖父母或成人的辅助时,他们有各种各样的方法可以用来调节觉醒状态和情绪。当儿童受到过度刺激时,转移注意是他们采用的方式之一。避开刺激源可以为儿童提供"重组"的机会,并对信息的吸收进行管理(Thompson, 1994)。早期的情绪调节在很小的婴儿身上就可以看到,他们会转身避开刺激信号,让自己"喘口气"。

尽管语言的发展有利于儿童情绪的自我调整，但它不是先决条件，儿童还可以使用内心对话或者默默地自言自语，来告诉自己需要做什么以平静下来。这种无需成人支持而平静下来的能力，是情绪调节的一个重要能力。

当婴儿长大一些后，父母可以利用转移作为平复儿童的一个方法。他们可以引导儿童看一些新的情境，或者听新的声音，以此来转移儿童的注意。儿童到了一岁时，他们就能够使用分散注意和自我安慰的方法了。12—18个月的儿童，他们能够躲开给他带来痛苦的刺激信号，并寻求成人的安慰。他们可能会利用一个过渡性物体，并能够确定自己感到痛苦的来源是什么(Kopp，1992)。到2岁时，他们能够有目的地调整自己的行为方式，例如，通过玩新的玩具来减轻压力和不安(Grolnick et al.，1996)。再大些的儿童，他们还会改变自己的想法，以便减少自己承受的压力。

III.E. 儿童是否能够为了完成某个任务而抑制自己的冲动行为和冲动情绪（比如身体上、声音上、语言上的冲动）？

注意的调节在更深的层次上与认知能力有关，而且它在情绪调节方面更加重要，因为情绪是与注意错综复杂地交织在一起的。情绪既能有助于注意的保持，也能扰乱人的注意。积极的情绪，比如感兴趣、快乐，甚至轻微的焦虑，都有助于儿童持续参与社交的、精神的、身体的等各项任务。消极的情绪，比如生气、恐惧、极度的焦虑，则对注意和社交有不利的影响(Calkins，1994；DeGangi，2000；Thompson，1994)。儿童往往倾向于加入那些他感兴趣和感到愉快的活动，而抗拒和避开那些让他不高兴的、使他焦虑、引起恐惧的活动。当儿童对期望目标的注意受到干扰或儿童不知所措时，通常会表现出气愤。通过观察儿童的注意和对特定活动的反应，即使儿童的情绪在身体上的表现并不明显，我们也可以推断出儿童的情绪状态。这对制定提高儿童对不同活动的注意力以及容忍度的干预方案具有重要的意义。

注意的偏好(attention preference)并不一定对那些注意极其分散、有注意缺陷或者多动的儿童产生影响。注意极其分散的儿童，很容易从一个活动被吸引到另一个活动，他对每件事似乎都感兴趣，但他的兴趣只是短暂的。这些儿童可能很难完成一项任务，很难遵从指令去做，很难注意到事物的细节，很难注意倾听别人的讲话。他们的注意很容易被打断和偏离方向。兰迪(Landy)(2002)指出："按照一般规则，2岁的儿童应该至少能够集中自己的注意7分钟，4岁儿童能集中12分钟，5岁儿童是15分钟。"

冲动控制(impulse inhibieation)对于注意的持续和情绪调节是非常必要的，儿童需要能够观察周围的情境，分析他应该怎么做，或者他能够做什么，并按照他们的计划去做。任性的儿童不会安排计划一项活动，他们往往会不假思索就行动(Rothbart & Bates，1998)。事实上,对正在发生的事情以及将要发生的事情进行思考,并观察各种不同的反应,这需要认知技能,这样的认知技能通常是在出生后第二年获得的(Gronau & Waas,1997)。冲动控制方面有困难的儿童,可能对挫折的容忍度很低,相应地,他们可能会攻击其他儿童。冲动控制不良的儿童在自我调整和注意方面也会遇到困难,他们想要掌控一切,并很难做到延迟满足(delaying gratification)。德甘吉(2000)进一步描述了难以抑制冲动的儿童的各种行为模式:活动水平增加,过度地说话并打断别人说话,排队或轮流做什么事时不能等待,不考虑行为的后果就先去触摸东西,在完成需要仔细去做的任务时回应太快,拒绝转变或者转变时不考虑后果,高度需要新奇的事物,喜欢不断地变换活动。行为抑制有困难的儿童在组织和维持游戏活动上也会有困难,而且不能接受和采纳他人的建议。

Ⅲ.F. 儿童主要的情绪状态是什么? 儿童的这种感觉状态或者心境会持续多长时间?

除了观察儿童自我平静的能力之外,儿童在各种情绪状态所用的时间也是自我调整的一个重要方面。经历了极端情绪的儿童,往往会在较长的一段时间内保持这种情绪状态,强烈的感受还使儿童很难平静下来。如我们在之前所指出的那样,心境(moods)就是持续相当长一段时间的情感状态(DeGangi,2000)。心境可以是积极的,也可以是消极的。很明显,长时间的沮丧、生气、恐惧对儿童极为不利,会干扰到儿童的认知过程和人际交往。因此,搞清楚儿童的情感状态通常会持续多长,这种情感状态的开始、保持、终止的条件是什么,这十分重要。在某些情况下,情绪会"泛滥成灾",任何一点刺激都会触发情绪和心境的爆发,而且很难调整过来。当儿童情绪强烈或泛滥时,他们就很难按照日常惯例来行动和进行学习。

格林斯潘(Greenspan)(1997)、格林斯潘(Greenspan)和韦德(Weider)(1999)采用发展—结构主义的方法将情绪调节与发展水平联系起来,认为情绪调节与以下因素有关:(1)密切关系建立和依恋的程度;(2)对情感、沟通交流和认知体验的组织能力;(3)通过象征符号表达思想和情绪的能力。对心态失调的儿童,需要由具有该方面专业技能的专业人员,采用复杂的发展评估方法对其进行综合的评估。

3.2 使用《观察指南》评估情绪和觉醒状态的调节

如在前面的章节所描述过的那样,在实施 TPBA 的过程中,评估团队要不断地观察儿童在各种不同情境中情绪反应的范围、类型、数量。在情绪调节和觉醒状态的范畴内,评估团队人员应检验儿童是否能够轻松地监测、评估和控制他在特定情境中的情绪反应。换句话说,如果儿童极其激动,或者极其不安,那么他是否能够找到一种方式使自己平静下来呢?

在一个小时之内,评估团队可能没有机会观察到极端的情绪状态,但是他们能够观察到儿童如何进入或者离开某种情绪状态。例如,如果儿童很无聊,那么他是不是会通过发现某些令他感到愉快的东西的方式,来提升自己的情绪呢?评估团队还应观察儿童如何应对诸如焦虑、恐惧、愤怒这样的情绪。有些儿童会向父母寻求帮助,有些则会自己独立处理这些情绪,还有些儿童似乎全然不知道怎么应对自己的情绪。对这方面的观察有助于评估团队了解是否需要采用外部控制策略来支持儿童内部控制机制的发展。

III.A. 儿童能够轻松地调整生理意识的状态吗?(比如从睡眠到清醒)

对儿童觉醒状态的分析是通过 TPBA 中对父母的问卷调查和与儿童照料者的讨论来进行的。《观察指南》中提出的问题都与儿童觉醒状态调节的能力有关。儿童能够轻松地从一种状态转移到另一种状态吗?比方说他是否能从睡眠状态进入惺忪状态,再进入到警觉状态?儿童是否能独自从一种状态进入到另一种状态?还是他需要在成人的支持下才能做到?比如,一个儿童,当他被放在摇篮里时,他是能够入睡,还是需要父母摇晃才能入睡?需向家庭成员询问儿童在每种觉醒状态下所用的时间,父母需要用多长时间才能让儿童平静下来,或者让儿童入睡。入睡困难和睡眠短暂是最常见的睡眠问题。易激怒和哭闹也是父母面临的重要问题。这两个方面的问题都对家庭造成压力,并影响到儿童的依恋和学习。

在偶然情况下,婴儿或者幼儿会在游戏评估开始时犯困,或者在某个活动(比如给他一个瓶子)时间睡着了。这时,评估团队就能够观察到儿童从一种意识状态自然过渡到另一种意识状态的过程。

III.B. 儿童是否能轻松地调节(控制、进入和离开)其情绪状态?

实施 TPBA 的过程中,评估团队不仅能观察到儿童表达各种情绪的能力,而且还有机会看到儿童是如何从一种情绪状态进入到另一种情绪状态的。游戏评估提供了使儿童感到愉快的情境,同时也提供了具有挑战性的情境。评估团队能够确定儿童是否能独自或者在成人的帮助下从一种情绪状态转移到另一种情绪状态。例如,当 4 岁的劳伦(Lauren)把弹球聚到一起时,她笑了,并说出当把这些弹球放到斜槽里时会发生什么。当她努力把一个弹球放到正确的地方时,她的表情严肃起来,说道:"真讨厌。它不动了。"然后她站起来,把其他的弹球撒了一地,站在那里生闷气,不再继续做她的游戏。劳伦表现出了从快乐的情绪到生气情绪的转换,但是她的情绪几乎都"淹没"了她,抑制了她继续游戏和正常行为的能力。

评估团队还能够检验儿童用来应对的策略是什么类型的,或者成人需要采用什么类型的策略来帮助儿童从一种极端的情绪状态中退出(见第 129 页 III.E.),并进入更平静一些的情绪状态。

Ⅲ.C. 当儿童难以进行情绪调节时，是否存在可辨识的模式或者情绪"触发点"？

如前面介绍过的那样，在游戏评估期间，儿童可能偶尔会表现出极端的情绪，而且难以转入到另一个情绪状态，比如，不停地嚎叫，或者大笑不止，没完没了地哭泣等。因此，搞清楚什么会引发不可控的情绪爆发，这一点很重要。情绪"触发点"可能包括：

1. 特定类型的刺激，比如，快速运动或者强烈的感觉刺激；
2. 要儿童去做某件事或者要他停止做某件事的口头命令和建议；
3. 儿童看到他特别喜欢或者特别不喜欢的人、物、动作等。

家庭协调员应该向儿童照料者询问这些类型的反应在类似的情境中是否常见。

如果触发点可以确定下来，那么评估团队和家庭成员就能找到帮助儿童以更为适宜的方式应对当时情景的途径（见第 129 页 Ⅲ.E.）。在某些情况下，对于实时反应来说，可能还没有明确的刺激模式，针对这种情况，评估团队可能需要更多的信息，需要尝试各种策略，以此确定通过什么手段来帮助儿童建立内在控制机制。

Ⅲ.D. 当儿童情绪激动时，他是否能轻松地做到自我平静下来？

TPBA 评估团队应和父母一起了解儿童自我平静的能力，并确定家庭中采用的哪些策略是有帮助作用的。在进行游戏评估的过程中，评估团队可能有机会看到儿童感到不安时试图自我平静下来的过程，但也可能没有这样的机会。如果照料者报告说儿童在各种情境中，比方说当儿童去上床睡觉、当他试图解决某个问题时遇到挫折、或者当一个目标不能实现时，他能够做到自我平静下来，那么，这就不成为问题了。然而，如果儿童照料者报告说儿童很难于做到自我平静，那么就应该建议父母或者游戏评估的引导员让儿童去做那些父母认为通常会令孩子感到不安的事情（比如夺走玩具）。这不是一种"手段"，而是通过此来找到儿童使用或者成人需要使用的能帮助儿童自我平静下来的策略。这种方法对于那些愿意尝试各种方式来使其孩子能够更好地自我平静下来的父母，常常能起到帮助作用。父母还要确保评估团队看到与他们日常在家中看到的是"同一个"儿童，这对父母接受评估团队的分析结果是至关重要的。

一旦儿童的行为被激发出来，评估团队就可以尝试各种策略来使儿童平静下来。环境调整、用语言来解决问题、对儿童的情绪给出反馈、身体刺激或者感觉信号输入，比如深压（deep pressure），等等，都是有用的。这些策略以及其他的技能在实施游戏评估的过程中都可以尝试，看看它们是否起作用，尽管这可能会占用更多的时间。如果有必要，可以安排在其他情境中或者另外的游戏评估中进行更多的观察。

III.E. 儿童是否能够为了完成某个任务而抑制自己的冲动行为和冲动情绪（比如身体上、声音上、语言上的冲动）？

在情绪和人际关系领域，评估团队人员正在关注情绪在保持儿童注意力方面的作用。情绪在儿童保持注意力中发挥作用吗？或者说儿童是被其他因素"推动着"从一个活动进入到另一个活动？儿童是持续进行他感到愉快的活动吗？当儿童受到挫折或者不高兴时，他是否能继续保持对一项任务、一项活动的关注？

在游戏评估的过程中，可以看到儿童是否能够抑制自己的冲动行为。不论是在诊所，还是在课堂上、在家里，游戏的情境都为儿童提供了与人和物进行互动的各种机会。儿童要能够以某种结构化的方式适当地探索环境和操控玩具，那么他就必须离不开对冲动的控制。评估团队应该观察儿童，看他对他感兴趣的事物保持兴趣的能力，甚至是在其他玩具吸引了他的注意的情况下他对原事物保持兴趣的能力。如果儿童变得沮丧，或者不能继续完成他原有的目标时，他会怎么做呢？他会有某种导致冲动行为的特别举动吗？例如，某些儿童会停止原来的活动，不继续做了，如果某人想要接近他们或者触摸他们，他们可能会动手打人。另一些儿童，当遇到问题时，会表现出冲动的行为，他们会不加思考就行动起来。认知上的挑战和人际交往上的挑战（比如受到限制或冲突）都可能会导致一个儿童出现冲动性反应。对引起冲动行为的事件进行分析，可以确定儿童是否有发育迟缓或者发育障碍的问题，并能够据此制定更为适当的干预计划。

TPBA 小组应该检验有关冲动抑制与自我调整、人际交往、感觉统合、感觉运动能力以及认知和沟通能力之间的各种关系。例如，患有多动注意缺陷（ADHD）的儿童，除了有多动问题和认知问题外，在注意力和冲动控制上也常常表现出有一定的局限性。患有注意缺失症（ADD）的儿童，除了不会有多动的表现外，可能会与 ADHD 有许多相同的特征。有其他情绪和行为障碍的儿童，可能也会表现出许多上述同样的问题。进行跨领域的仔细分析是必不可少的，只有这样，才能搞清楚某个儿童当时正在发生的真实情况是怎样的。

III.F. 儿童主要的情绪状态是什么？ 儿童的这种感觉状态或者心境会持续多长时间？

一般而言，TPBA 实施的时间近一个小时，在这期间，评估团队可以观察儿童情绪的种类、儿童进入和离开某种感觉状态的能力，评估团队还可以观察儿童在游戏评估过程中表现出的每种情绪状态所持续的时间。然而，TPBA 并不能提供足够的时间来断定通常情况下儿童的情绪状态持续的时间有多长。因此，通过问卷和访谈，从父母那里了解儿童的情绪状态，包括积极的和消极的两种状态在内，其持续的时间是多长，彼此相互关联的背景是怎样的，这非常重要。心境可以被归类为持续时间超过一个小时的情绪状态。如果父母描述他们的孩子，说他很长时间的情绪状态都是沮丧、恐惧、愤怒，那么就需要对其进行进一步的评估。询问父母他们是怎样应对儿童长时间的悲伤、恐惧、愤怒等情绪的,这也可使评估团队深入了解到针对这个儿童和家庭哪些措施会起作用,哪些不会起作用。

儿童的情绪在一天内可能会有许多变化,儿童表现出的情绪的数量和持续时间是了解情绪状态的重要指标。长时间表现出恐惧、焦虑、悲伤、愤怒的儿童,可能会有情绪紊乱的问题,这会对人际交往和人格发展产生负面的影响。显然,一个小时的观察是不够的,不能确定儿童的整体情绪状态,来自家庭成员和其他儿童照料者的有关信息非常关键。家庭精神病史问卷的复查以及了解父母对情绪问题的关注应该在游戏开始之前完成。

另外,有必要在多个评估环节和不同的环境中观察儿童的表现。在对儿童进行了诊断性评估后,评估团队应该根据《0—3岁儿童诊断分类》和《美国精神病学协会精神疾病的诊断和统计手册》(第四版)(Diagnostic and Statistical Manual of Mental Disorders of the American psychiatric Association (DSM-IV))进行复核。对由儿童照料者观察到或者提供的一些情况,评估团队应根据其他的发展指标,对特定的情感和心境模式进行仔细的验证。情感紊乱(disorders of affect)可以被看作是儿童整体运作方式的一个特征,也或者是一种情境和一种关系下的特定表现。对情绪出现的特定背景进行评估,这非常重要。这方面的问题包括下列持续时间超过2周的情感状态或者心境,以及干扰到了儿童开展游戏或者融入日常活动中的能力。

1. 过度的恐惧、焦虑和惊慌;
2. 退缩、无精打采,或者在相当一段时间内情感的范围受到局限;
3. 感到沮丧,伴随有兴趣降低和快乐减少;
4. 过度的易怒、发牢骚、哭泣和愤怒,且与婴儿早期腹绞痛无关;
5. 年龄超过3岁的儿童出现极端的情绪转换模式。

上述列举的情况可能表明儿童存在心理健康方面的问题(如,双向情感障碍(bipolar disorder)、抑郁症),对此需要由称职的心理健康专业人士,比如婴幼儿心理健康专家、心理学家、精神病学家等做进一步的评估。这些情感状态可能伴随着自我调整障碍或者各种发展缺陷而出现。评估团队应该针对所有的发展领域,结合其他方面的观察,对这些问题的各个相关因素予以检验。

约书亚(Joshua)是一位学龄前儿童,他因在教室中大发脾气而被他的教师领到了这里。他的教师说,约书亚上一分钟还很高兴,下一分钟就会尖叫起来。只要不按他的意思行事,或者有其他小朋友拿了他的玩具,或者因为能力所限而做不了某些事情时,再或者仅仅是他"想要听到自己的声音",他就会尖叫。他的教师说,约书亚总是生同伴的气,在教室中常常表现出冲动行为,他往往是"上蹿下跳"的,一会儿参加这个活动,一会又去做那个活动,还经常惹麻烦,不是打人就是咬人。"上课时间到了"这样的话对他毫无意义,因为他不停地尖叫,扰乱了整个课堂。他的教师只好让他自己选一项活动,由他单独去做,直到他平静下来再让他加入到群体中。约书亚的父母也觉得这孩子在家中很难带,他们也认同"到该干某事的时间了"对他不起作用。每次他们把约书亚送到教室,他都在那里尖叫并大哭,直到哭累了为止。他的父母说,约书亚一直难以控制自己的情绪,因此总是"不愿带他去任何地方,因为担心他会尖叫不止"。在 TPBA 期间,约书亚开始时是与他的教师一起做游戏,然后是和他的父母一起做游戏。评估团队看到,他会告诉教师或者父母该如何去做,丝毫不顾他们的建议,当事情不是按照他所期望的进行时,他就会尖叫或者大哭。在游戏评估的过程中,约书亚通常的表情是无聊、沮丧、愤怒。他唯一一次表现出高兴,是在他跳起来够他爸爸吹出的泡泡时。约书亚避开任何要求他坐下并集中注意力的活动,比如画画、搭建某个东西等。他会做个鬼脸,说道:"不,我不要去做。"

在游戏评估完成后,评估团队人员、教师、父母一起讨论评估的结果。他们一致认为,在情绪和人际领域,约书亚需要他们的辅助才能进行情绪调整,他的情绪还不能帮助他集中注意力,事实上,还影响了他的发挥。在他们的辅助下,占主导地位的负面情绪才能与积极的情绪达到平衡。他们讨论了他需要发展抑制冲动的能力。人际互动、倾听、模仿等对于学习都是必需的。约书亚对掌控的需求限制了他学习的能力,他的冲动导致他只能进行无组织的、重复性的游戏。约书亚在小肌肉动作上也反映出了发育迟缓,在动作计划上有问题,这也导致他对需要更加集中注意的游戏缺乏兴趣。然而,如果他选择用语言说出他想要什么、他的感觉如何,而不是用尖叫和大哭来表达时,则会更加有益。认知、动作、人际互动相结合,特别是与计划、组织、参与和做事结合到一起时,所有这些都让约书亚难以应付,因为他无法对他人做出适当的回应,他就只能依赖哭叫来实现其掌控需求。然而,这是有悖初衷的,因为这最终只引发了一场短时间的、令人不愉快的人际互动,这样的互动令他沮丧又愤怒。这导致恶性循环,随着约书亚年龄的增长,要求越加复杂,情况会变得越来越糟。

为了解决影响约书亚发展的认知和感觉运动方面的问题,评估团队认为重要的是要同时解决约书亚的情绪和人际交往问题。在 TPBA 接下来的讨论会上,家庭成员和评估团队人员畅所欲言,探讨了如何帮助约书亚与他人分享决策以及控制自身情绪的各种方式。

第四节　行为调节

4.1　行为调节观察

行为调节与情绪调节、认知理解、社交技能、意识发展、文化期望、环境影响等有密切的关系。随着儿童对情绪有了一定的了解，懂得了在何时、该如何表达自己的情绪，儿童还获得了记住前因后果、预期反应和理解社会对行为的期望的能力。控制冲动、监测自己的行为和互动，以及在文化所接受的行为范围内给出回应的能力，是随着情绪调节的发展而发展起来的。巴克利（Barkley，1997）论述道，为了调节行为，一名儿童需要能够抑制其对一个事件的最初反应，停止正在做出的反应，并控制对正在从事的活动的任何干扰。早在5—12月大的婴儿，就显示出了延迟反应的能力（Hofstader & Resnick，1996）。到了2—3岁时，其抑制性控制力得到增强，使其能够遵守规则。

行为调节的子类验证了儿童理解和遵从规则、价值观，以及遵从其成长于其中的家庭和社会所期望的行为的能力。自我调节有助于儿童学会遵守外在的和内化的行为标准。（Zahn-Waxler & Radke-Yarrow，1990；Zahn-Waxler et al.，1992）。包括在行为调节这一子类内的四个领域分别是：服从，理解是非，遵守社会习俗，不寻常的行为举止。不寻常的行为举止指的是那些行为举止在文化上被认为是不适当的，而且通常不是儿童所能控制的。

IV.A. 儿童如何遵从成人的要求？

遵从指的是学会如何遵守最先由父母然后由其他人提出的"哪些可做，哪些不可做"的要求。兰迪（Landy，2002）说，遵从与"一个儿童调整他的行为以满足照料者的期望和限制的能力和意愿"有关。这不仅仅依赖于儿童对自身反应的控制，而且依赖于他是否想这样去做的动机（Gowen & Nebrig，2002）。为了做到遵从，儿童需要发展出独立感，以及对自身行为做出决策的能力。

出生后的第一年间，婴儿学会了读懂成人的情绪线索，并理解了父母的感受。在12—24个月之间，婴儿还不能始终如一地遵从成人的指令。在出生后的第二年，婴儿还学会了行走、使用词汇，以及操作物体，想要独立的驱动强于服从的动机。到12—18个月大时，婴儿能够意识到照料者的意愿，并能够自愿地服从非常简单的要求和命令（Kaler & Kopp，1990）。然而，到了14个月大时，婴儿服从"不要做某事"的要求的次数占到45%，服从"要做某事"的要求只占到14%（Kochanska，Coy，& Murray，2001）。伴随着这期间语言能力的发展，儿童在做某些不被允许的事情之前产生了类似于"应该"和"不应该"的意识(Kochanska,1997),这表明,他知道了别人不期望他那样去做。例如,儿童可能会一边走到电源线的插头那里,一边会说道:"不,不要去碰。"他知道这样的动作是不应该的,但是他又抗拒不了诱惑。儿童在18—30个月之间,其延迟满足(delay gratification)能力增强,使得儿童发展出更多的控制力,因此他也更加能够等待他想要的东西,或者为了得到赞扬而做某事(Vaughn, Kopp, & Krakow, 1984)。尽管他有了这些能力,但是对大多数儿童来说,这个"不应该"还仅仅是一个词语,如果没有父母在场,限制也消失不见。

在儿童出生后的第二年,他在父母的帮助下开始将规则内化。可以看到,儿童在接近不能碰的物体、训斥自己的玩具娃娃、或者自己的行为使某人感到不高兴或者生气时,他们会观察父母的面部表情(Hay, 1994;Landy, 2002)。到了3岁时,儿童有了自我控制的能力,并能够对自己的行为做出有意识的决定。在3—4岁之间,听从"不要做某事"要求的情况增加到了85%,但服从"要做某事"要求的只有30%(Kochanska et al., 2001)。这个阶段的儿童,羞愧和内疚这些与自我意识有关的情绪开始出现,它有助于儿童建立服从命令的内在动机。语言和认知技能的发展,使儿童能够就成年人的要求和规则进行"争论"和"协商"。当儿童到了学前阶段时,他们可能会"拒绝"之前他们服从的要求,尽力要成人给出承诺,或者以其他方式坚持自己的权利。这与3—4岁儿童日益增长的自我意识,以及获得控制感的渴望是相一致的。

尽管与儿童进行"讨论"和争论对父母来说并不是一件轻松容易的事,但是这样做可以使儿童谈论并知道各种规则的理由是什么,这有利于儿童今后将各种规则进行内化(Hoffman, 2000)。讨论还能够使儿童学到与父母"谈判",学会诸如推迟(我过一会儿去做)、妥协、说明不服从的理由、就跟没人提出要求似的我行我素(假装没听见)等等策略(Kuczynski & Kochanska, 1990;Leonard, 1993)。然而,儿童可能不能容忍他们的照料者使用同样的谈判策略。当他们意识到一个规则被父母打破,或者父母"不好"时,他们甚至可能会对父母说"到你的房间去"。到了5—6岁时,儿童已经将许多行为标准内化了,然后,他们将这些标准应用于其兄弟姐妹、同伴、父母,并可能僵化刻板地应用各种行为规则以及允许所做的事情。要他们理解同一个标准针对不同的儿童和不同的场合会有不同的应用,这是很困难的。

根据定义,遵从一词涉及到的不仅是儿童,而且包括父母以及设定限制的其他儿童照料者。因此,观察父母与儿童典型的互动方式,并与其讨论有关管教儿童的具体方法,是非常关键的。

IV. B. 儿童如何控制自己被认为是错误的行为的?

培养良知(conscience)是儿童早期的一项核心任务。如兰迪(Landy)所定义的那样,良知是"内在的声音,或者内在的道德价值体系,它不仅仅使一个人判断特定的行为是正确的还是错误的,还使他感到内疚或者不舒服。"儿童通过与其周围的人互动、经历、观察、倾听关于是非的讨论,良知就会发展起来。在这方面,父母和其他家庭成员的影响很大,因为儿童想要取悦于这些人,其结果是儿童常常将其家庭成员的价值观和信仰体系,包括他们关于正确和错误的观念、什么是合乎道德的、什么是非道德的等等,内化为自己的良知(Hay, Castle, Stimson, & Davies, 1995)。

理解规则并知道为什么有些事情被认为是错误的是一种能力,它影响到儿童的社会性发展。如前面已经说过的那样,儿童到了5岁的时候,就对规则有了很好的理解,缺乏自制力的儿童和不遵守规则的儿童,往往不受其他儿童(或者成人)的待见。关心他人,是发展良知、理解对错的另一个关键因素。

遵从的发展,为儿童学习规则以及明白为什么规则是重要的奠定了基础。15—18个月大的儿童,就开始有迹象表明,他们能够理解正确和错误,他们开始"自吹自擂",并在顺从后寻求表扬。到了18—21个月大时,儿童能够执行一步到位的指令,这表明他们理解别人对他们的期望。当18—24个月大的儿童遭到训斥的时候,他们的情感会受到伤害,表现出惭愧和内疚的征兆。如果因为自己的举动而伤害到了另一个儿童,他们也开始会感到内疚。到了21—24个月大时,儿童表现出了内疚、惭愧和尴尬的明显迹象(低下头、避免眼神接触),并使用"好""坏"这样的词语来评估一种行为(Eisenberg, 2000; Rose, 1999)。

对道德的理解(moral understanding)开始于生命的第二年,并延伸到成年期(Smetana & Braeges, 1990; Turiel, 1998)。2岁时,儿童认识到,自己的行为会影响到别人的感受,他们还知道,自己的行为会导致其他人悲伤、愤怒。良知的形成和对错认知的发展,都扎根于不断发展的情绪情感系统中。

同时,在儿童出生后的第二年,儿童开始建立起自我意识(见第五节自我意识(sense of self)),随之而来,"我的"或者所有权的想法开始成为重要的观念。与兄弟姐妹、同伴的冲突通常会围绕权利、所有物、领地展开(Slomkowski & Dunn, 1992)。"对与错"是非常个人化的,甚至早在2岁时,儿童就知道要与他人分享,但是为什么要分享,则更多的是基于对个人得失的考虑,而不是出于对公平观念的理解。这种个人化的视角,后来又结合了从他人的视角看问题的能力,还可能促进了儿童有关"权利与自由"概念的发展(Nucci, 1996)。在2岁之前,有关"对与错"的观念是具体的,并且是受成人引导的。到了2岁时,儿童开始将规则内化,懂得了他们不应该做什么。

到儿童3岁时,他们有了伤害他人的概念(Helwig, Zelazo, & Wilson, 2001)。他们懂得了在成人眼中,伤害他人是错误的。儿童想要达到成人设定的标准,但是他们也知道自己达不到,其结果是他们产生了惭愧和内疚这些与自我意识有关的情绪。伴随着这些情绪而发生的神经系统的变化,为保留记忆痕迹打下了基础,这些记忆痕迹将建立起情境和相关感受的一个目录。这个感觉"记忆库"与不断发展的认知技能相结合,就使得儿童开始不仅仅将做什么会受到惩罚进行归类,而且将为什么那么做是错误的(原因)也进行了归类。

儿童在 36—42 个月大时,他们明知道一个行为是错误的,但是可能还会继续这个错误的行为。然而,到了 42—48 个月大时,如果他们做了错事,他们会感到不舒服,并可能会尽力做些弥补。在这个年龄的儿童,对他人的感受变得更加敏感,他们的行为受到想要保持积极的人际关系这种动机的影响。到了 54 个月大时,他们意识到自己的行为能够伤害到他人,或者使他人生气,因此,他们的行为因渴望使他人快乐这一愿望而予以调整(Brazelton & Sparrow, 2001)。

随着儿童形成了良知,他们成了他人行为的严厉法官。4—5 岁的儿童,会评论他人,并提出对他人的惩罚;而 6—7 岁的儿童,会知道自己做错了什么,并接受惩罚。然而,他们可能不能理解操控自身行为的所有规则,因为他们仍处在积累经历的过程之中,这些经历将逐渐形成有关正确与错误的总体原则(Stillwell, Galvin, & Kopta, 1991)。

对他人权利的关注是缓慢发展起来的。在 2—5 岁之间,儿童开始产生了分配公平的概念,或者说是如何公平地分配东西。到了 6 岁时,儿童懂得了平等的概念,或者叫均等分配的概念,并将其作为"公正"或者公平的标准(Smetana & Braeges, 1990)。

培养是非观念与符合家庭和文化标准的行动能力,算得上是童年早期的两个最重要的技能。如前面讲过的那样,在人生的第二年,随着对规则和标准的认知的发展,儿童开始显示出了良知的初期迹象(Kagan, 1981)。毫无疑问,没有形成这种能力的儿童,对他们自己和他人来说,都是一种危险。正是出于这个原因,根据儿童在遵从、社会习俗、自我意识、自我调整等方面的表现,对幼儿身上正在萌发的这种能力进行检验,是非常重要的。这些方面的能力共同为儿童今后的人际交往和社会贡献奠定了基础。

IV. C. 儿童是否能够认识并遵守家庭和主流文化所认可的社交习俗?

社交习俗(social conventions)可以与道德问题区分开来,因为它们"只是由共识所决定的各种风俗"(Landy, 2002)。比如行为举止、着装风格、见面打招呼的方式、各种仪式等等,都是非正规地由文化或者亚文化所决定的。违反社交习俗不会伤害到他人,但是可能会引起他人的谴责,或者使他人看不惯。社交习俗基本上是通过观察和直接指导而习得的。图列尔(Turiel, 1998)发现,在道德和社交习俗之间存在一个有趣的差别,*道德过错*(moral offenses)属于损害、公平、公正的范围,比如打人或者偷东西(Helwig & Turiel, 2002)。对儿童的道德过错行为,其他儿童会有强烈的反应,这是在告诉他要停止那么做,并将他的行为与其后果联系起来。成人对违反对与错观念的行为会有更强烈的反应,告诉儿童其行为的受害者有什么权利和感受。还有另外的情况,那就是其他小朋友对违反社交习俗的行为通常反应平淡,或者全无反应,而成人的反应则通常是不做任何解释只是一味地要求儿童服从。应该注意的是,在某些文化中,服装、食物、行为方面的惯例可能隐含着道德过错,而不是社交习俗(Shweder, Mahatra, & Miller, 1987)。评估团队确定什么样的社交习俗是特定家庭所期待的,这一点非常重要。

社交习俗的目的通常是关乎可接受的人际交往(说"请"字)、适当的外表(把衣服穿好)、清洁、安全以及有序(把玩具整理好)等方面。同样的,它们也会因文化不同而有差别。但是,美国社会在整体上往往把这些看作是有价值的习俗。所有的文化都有其社交习俗,但它们之间又有很大的差别。在一种文化中成为社交习俗的东西在另一种文化中可能会成为道德问题。因此,了解参与 TPBA 计划的儿童和家庭所处文化的社交习俗和道德要求是很重要的。社交习俗在不同的家庭以及不同的文化中可能会有不同,一些家庭可能鼓励男孩蓄长头发,而另一些家庭可能会认为这是不可接受的。穿着带有大头钉的皮夹克和在身体上打孔可能在某个家庭看来是时尚,而在另一个家庭看来就是丑陋的。这些个体差异在一个比较大的文化中通常是被接受的,尽管它们在特定场合中难以被接受。

事实上,大多数父母在儿童早期就非常重视社交习俗,甚至在孩子会说话之前,父母就开始教给他使用"请"和"谢谢"的词语了。因此,这些词常常列于儿童最先会说出的词语之中。随着儿童长大一些后,父母教给他大量的社交习俗,这样他就不会被别人认为是粗鲁、无礼貌的。例如,插队就被认为是粗鲁、无礼貌的。

社交习俗对残障儿童非常重要。对社交习俗缺乏了解,不能遵守社交习俗,这会使残障儿童受到同伴的排斥。例如,在公共场合就餐时,把食物塞得满嘴都是、嘴里含着食物说话、把食物扒拉到自己碗里、打断别人说话,残障儿童的这些行为,都会使同伴远离他们。普通的、无异于常人的外表有助于残障儿童融入社会。尽管他们可能不得不套上背带,或者戴上助听器,但是当他们在外表上和行为上遵循了有关的社交习俗时,他们在人际交往方面就更能被他们的同伴所接受,更能融入集体中。由于这个原因,实施 TPBA 期间,非常有必要观察儿童在行为上遵循社交习俗的情况,以及了解儿童所处文化中重要的社交习俗。

一些儿童不遵守特定的社交习俗,其原因可能是与他们的残障或者缺陷状况有关。例如,有些儿童不能控制自己的双手,有些儿童受不了梳头、刷牙、往他们嘴里塞东西,还有些儿童无法排队等待,这些行为可能是由于他们在行为调节方面的障碍而导致的。因此,有一点很重要,即要知道这些行为不仅仅引起儿童发展方面的问题,而且还影响到了他在社会上如何被看待。

由于不同的文化习俗在对年龄的期待上是不同的,因此,在这个领域没有统一的年龄表。表 4.2 提供了三种类型的社交习俗的范例,评估团队可以就此进行观察,或者与家庭成员进行讨论。由于在许多方面,各文化有所差别,因此将在家庭中所观察到的行为与父母讨论是不是他们所期待的,这很关键。尽管其中的一些行为可能出现在其他子类(比如,与他人谈话时要眼睛看着对方,这是语言应用的一个重要组成部分),但是也应将它们列入观察的范围内,因为它们表明了儿童社会认知的水平。

表 4.2　社交习俗(social conventions)

人际互动的社交习俗	外表的社交习俗	功能性社交习俗
见人打招呼； 使用"请"和"谢谢"； 当与人谈话时眼睛要看着对方(不同的文化有所不同)； 当有人对你说话时,要给予回答； 等待着轮到自己； 尊重他人的东西； 不打断别人； 说话声音大小要适度； 不用手指向他人。	定期洗澡； 勤梳头； 穿与天气和场合相宜的服装； 嘴里有食物时不说话； 不把食物塞满一嘴； 拉上你的裤子拉链； 经常刷牙； 穿着整洁(尤其内衣)； 正式场合要穿鞋。	便后冲厕； 饭前便后洗手； 在自己的床上睡觉(因文化和家庭不同而有变化)； 过马路要左右看； 自己整理玩具； 独立进食； 关门； 宗教仪式期间保持安静； 不使用他人的碗、杯子。

Ⅳ. D. 儿童是否表现出一些文化上不被认可、但却阻止不了的不寻常的行为举止？

儿童有时会展现出不寻常的、不适宜的、甚至奇特的行为。程式化的行为,比如拍手、翻眼睛、不停地跳跃、摇晃等都是在有特殊需要儿童中有发生的一些行为表现。许多这些不寻常行为可能与特定的残障有关,比如孤独症、失明等。一些怪癖,比如闻东西、拨弄绳子、摩擦某种表面材料等,都是值得注意的举止动作,并且是特定发展阶段中的典型动作。

例如,有的幼儿常常出现咬人和打人现象,然而要判明这种行为是否属于发育迟缓或者发育障碍的范围,或者是不是与发展无关的行为举止或者不良行为,则需要依据这种行为出现的年龄以及表现程度来分析。

4.2　使用《观察指南》评估行为调节

儿童的行为调节可以在游戏评估环节中观察到,但是还需要与儿童照料者进行讨论。儿童的行为在陌生人面前可能会有不同,特别是如果游戏评估是在儿童不熟悉的环境下进行时就更是如此。《TPBA2 和 TPBI2 实施指南》第五章从家庭获取初步信息(Obtaining Preliminary Information from Families)中,包含有一个《关于我的一切问卷调查》(All About Me Questionnaire),从该问卷调查中获得的信息,可以使评估团队了解到儿童控制自身行为的能力如何,后续的相关问题则可提供更深入的了解。尽管游戏引导员是跟随着儿童的引导,在整个评估过程中不去挑战儿童的行为,但是,如果照料者报告说儿童的行为存在问题,那么可以在游戏评估环节的末尾对这种行为产生的特定情境予以重造和再现。通常,当父母在常规活动中与儿童进行互动时,评估团队能够观察儿童对成人的要求、限制性情境,或者被认为是"错误的"行为作出怎样的反应。另外,评估团队应该注意发现与行为的文化模式无关的不寻常行为。创造一种游戏情境,使评估团队能从中看到与社交习俗相符的行为举止,是游戏评估环节的组成部分。游戏评估环节使得评估团队观察到儿童打招呼、进食、离开的模式,以及该环节中互动的模式。着装和行为习惯也可以在游戏评估环节给予观察。但是,所有的行为和习惯不可能在一个小时内都看到。

IV.A. 儿童能很好地遵从成人的要求吗?

在 TPBA 期间,可以在儿童与游戏引导员以及父母进行互动的过程中看到儿童遵从的行为。来自父母有关儿童在家中遵从行为的信息,对于获得完整的情况是至关重要的。儿童可能在游戏情境中表现出"最好的"行为,特别是当他不熟悉的评估团队人员在场的情况下。游戏引导员应力求与儿童建立自然和谐的关系,因此,尤其是在游戏评估刚开始时,他们使用的策略主要是对儿童给出回应,比如,跟随着儿童的引导、不给儿童下指示、不设定限制。如果父母认为儿童遵守规则的问题是他们关注的重点,那么评估团队将要注重观察儿童在游戏评估环节结束之前对"要"和"不要"的反应情况。评估团队还将在游戏评估环节其与父母互动的过程中观察儿童遵从的情况。在这个时候,通常的情况是父母给孩子发出指示,要他去做某个特定的行动。父母还常常在孩子玩耍过程中给出直接的评论(比如,他们会对孩子说:不要在桌子上乱画,把积木收拾整理好,穿上外衣准备出门)。评估团队应该确保在游戏评估环节中,儿童正在面临各种限制的挑战,因此他们可以观察到儿童的反应。然而,在设定限制之前,引导员应判断父母通常对孩子的不服从行为是如何反应的。游戏评估环节为了解父母如何应对孩子的不服从行为,以及尝试用来帮助儿童及其家庭的其他可选策略,提供了一个机会。

如果游戏评估是在儿童家里进行的,那么,儿童和家庭成员多半会在遵从问题上表现出"典型的"模式。所处的环境是他熟悉的,父母可以使用"暂停"椅("time out" chair),或者他们平时常用的其他纪律约束手段,儿童也更可能展现出他在家庭环境中的遵从模式。当教师报告说儿童有遵从方面的障碍时,那么在教室中进行观察也是非常重要的。

IV.B. 儿童是如何控制自己被认为是错误的行为的?

在开展 TPBA 的过程中,评估团队将有机会看到儿童在遵守规则方面存在的问题,以及有东西被搞坏了或者使用不当时他们会有何种反应。当儿童与同伴或者兄弟姐妹进行互动时,评估团队能发现儿童是否具有公平感,以及与他人分享、关心他人权利的能力。在这个领域获得的很多信息,都来自儿童照料者对儿童在家中和在社区中行为的描述。一些做法还可穿插到游戏评估中,比如,让儿童分发食物,这样能够使评估团队人员了解儿童的公平感;让儿童玩可以拆卸的玩具(比如,一个可以很容易拆开的玩具),儿童玩这样的玩具可以使评估团队看到当儿童认为是自己把玩具搞坏时他会作何反应;以及儿童为尽力去"纠正"自认为是错误的行为而做出何种尝试。这些都为与4—5岁儿童谈论做哪些事情是错的、做哪些是对的提供了机会。当所处情境中涉及到了"对与错"的问题时,评估团队应与父母一起探讨他们的孩子在遇到"对与错"的问题时通常的反应是怎样的。

Ⅳ.C. 儿童是否能认识到并遵守家庭和主流文化所认可的社交习俗?

在开展 TPBA 评估过程中,评估团队要在整个环节观察社交习俗的状况。儿童可能会在评估团队人员进屋时与他们打招呼,在茶点时间会有适当的行为举止,帮助收拾整理玩具,等等。然而,与这个范畴有关的许多信息必须从父母那里得到,听父母描述他们的孩子在家里和社区里的具体表现是怎样的。然后,评估团队必须将来自家庭成员的信息与他们在游戏情境中的观察结果加以整合。游戏评估中的观察与道德评估无关,而是与儿童遵从成人的行为期待有关。

Ⅳ.D. 儿童是否表现出一些文化上不被认可、但却阻止不了的不寻常的行为举止?

评估团队要评估这些行为的模式,以及行为所发生的环境,以便来确定可能的原因,并提出干预办法。在游戏评估过程中,只观察到一次某种不寻常的行为,并不一定表示儿童就有某种缺陷,评估团队应进一步观察实实在在的不寻常的行为模式,并由儿童照料者加以确认。对非典型行为进行行为干预,常常是有效的,但是不经过了解所有与行为有关的发展问题或者身体问题,就不能给出确切的答案。例如,患有抽动秽语综合征(Tourette syndrome)的儿童,可能会有口头上或者肢体上的不寻常行为举止,或者抽搐;而患有孤独症的儿童可能会表现出明显的"自我刺激"行为。评估团队应该熟知各种综合征的表现和医疗状况,以便掌握何时需要转诊增加神经或者医学评估。

在对 5 岁的杰森(Jason)开展 TPBA 过程中,在他遵从并理解"对与错"的问题上发生了这样几个实例。在涂颜色时,杰森用笔太过用力,把蜡笔搞断了。这时他既没有看游戏引导员玛丽,也没有看自己的父母,他仅仅是把折断的蜡笔扔在一边,重新拿起一个新的蜡笔。在水桌上玩动物园玩具时,杰森用嘴咬橡胶大象的长鼻子,一边笑着一边说:"我弄疼他了。"一个小朋友正在杰森旁边搭建一个高塔,杰森故意把他的高塔弄倒,并大笑起来。这些实例表明杰森不知道做事什么叫"正确"。评估团队不仅注意到杰森做了几个被父母认为是"错误"的事情,还注意到他似乎不知道他伤害到了别人,而且这种负面的行为甚至好像给他带来了快乐。通过与杰森的父母进行沟通,父母几次要求杰森做一个特定的活动,或者停止做某事。例如,他的父亲说道:"把积木放回到积木盒子里,这样我们能玩其他的玩具。"他的妈妈坚定地说:"杰森,请不要扔东西。"在大多数情况下,杰森不理睬父母,继续做他想要做的事情。他的父母抱怨说:"杰森总是我行我素。"评估团队需要向他的父母询问几个问题:杰森能理解要他做的事情吗?他能理解被家长认为是错误的行为吗?他知道为什么这些行为是错误的吗?他知道别人(或者动物)会有怎样的感受吗?换句话说,评估团队需要搞清楚杰森的这种行为到底是认知上的理解力发育迟缓问题,还是行为调节问题,或是会发展成为情绪失衡的情绪问题。

首先,评估团队利用从父母那里和TPBA观察中得到的所有信息,确定了认知发育迟缓不是杰森行为问题的原因。尽管他的游戏技能稍微有些落后于其他儿童,但是认知上的迟滞与他不能理解破坏东西、咬人、捣毁别人搭建的玩具是错误的行为还不是在同一个量级上的。其次,杰森确实展现出在冲动控制方面存在问题,然而,他在游戏的总体上还是组织良好的,是思考周全的,冲动似乎主要是与被认为是"错误的"行为有关。遵从方面的行为问题集中在与权力和控制有关的行为,将此与遵从问题结合起来进行分析,发现杰森缺乏对他人的关心,缺乏对正确与错误的认识,这正表明需要针对他在社交和情绪情感方面的问题进行干预。

第五节 自我意识

5.1 自我意识观察

当儿童懂得了他是独立的个体时,他就开始确认自己的能力,明白自己能独自做什么事,并发现为得到自己想要的东西需要付出什么样的努力。随着他们自信心的发展,儿童还想要自己做出选择和决定。在18—30个月大的时候,儿童发展出了类型化自我(categorical self),并能够根据年龄、性别、身体特征、"好的"和"坏的"、以及他们能做的事情将自己归为某一类(Stipek, Gralinski, & Kopp, 1990)。幼儿还意识到了自己的个人愿望。"想要(want)"常常是儿童学到的第一个动词。到了学前阶段,儿童开始建立自我概念(selfconept），它包含与儿童本身有关的具体特征、对自身能力的认识、对他人的态度、描述自己的能力，以及自己喜欢什么、不喜欢什么，等等。自我概念对于儿童的全面发展是重要的，它促进了发生于婴儿期、蹒跚学步期以及学前期众多的发展进程。TPBA 的具体项目涵盖了促进儿童自我意识（sense of self）发展的三个方面：自主性、成就动机和身份认同（identity）。之所以选择这三个因素，是因为它们对儿童的全面发展有着长远的影响（Shonkoff & Phillips, 2000；Yarrow, Morgan, Jennings, Harmon, & Gaiter, 1982）。自主性和成就动机对于残障儿童尤为重要，因为它们有利于儿童克服与其残障有关的各种不利条件（Erwin & Brown, 2003）。为实现目标而积极努力的儿童与那些动机不强，或者总要求别人帮助的儿童相比更善于学习（Erwin & Brown, 2003）。独立的程度和控制感还有利于儿童整体自我概念的发展，这是儿童发展中另一个重要的层面（Morgan et al., 1990）。

Ⅴ.A. 儿童是否展现出自主性（autonomy），以及做出符合家庭文化的决定的愿望？

自主性是儿童自己选择和决定干什么的愿望和能力（Erikson, 1950）。当儿童在出生后的第一年逐渐形成一种独立于他人的自我意识时，自主性就会得到发展。许多理论家已经假定一些发展的阶段，在这些发展阶段中，婴儿逐渐地获得了自主感。大多数理论家都赞同第一个阶段是在出生后最初几个月，在这个时期，婴儿还不能区别出自我，或者还不能意识到他是不同于周围其他人的一个人。随着儿童开始获得了发出特定的声音、按照自己所愿移动身体的不同部位以及引起成人回应的能力，他开始懂得他能够用自己的身体做一些事情，并引发某些事情。开始将自己与他人区分出来的第一个信号，就是分享共同注意（joint attention）的能力，或者是转动身体、观看另一个人正在看什么（Moore & Corkum, 1994）。这种情况通常发生于约 6 个月大时（Butterworth & Cochran, 1980）。随着儿童能够探索其他人的面部，检视自己的手和脚，他们开始发现了自己的存在，也发现他们是与其他人分离的。当给儿童两个物体时，他会选择他想要的那一个，这时个人兴趣开始表现出来。到约 9 个月大时，儿童能够爬离看护者，然后回头看看他们，并按照自己的意愿爬来爬去。此时，选择的范围扩大到了儿童能触及到的事物之外，儿童在他周围环境中能看到什么，就能移向哪里。儿童世界的扩大以及愿望的表达还与其掌控需求相一致（见第四节行为调节）。

在有些情况下，儿童可能难以在由父母做出选择和完全由自己做出选择之间达到平衡。控制问题对于自我意识的发展很重要，因为过多控制儿童的选择会引起他们的极大恐慌。儿童需要感到他们有能力处理好自己的决定所带来的一切后果。通常情况下，有情绪障碍的儿童会要求独立做出选择，但却发现他们应付不了自己所做决定的后果。

在各个发展领域，控制感的发展都很重要。随着儿童运动技能不断增强，而获得了独立性，其认知技能也就在不断扩展。儿童识别出了他熟悉的人，包括他自己。如果给儿童一面镜子,他会拍拍镜中的自己,还会朝(镜中的)他微笑。12—18个月大的婴儿,脱离开父母的能力增强了,当儿童能够行走时,他尝试着走开、走回来,并在没有照料者陪伴的情况下探索他能做什么。18—24个月大的儿童建立起自我表征的能力。儿童在假扮游戏中能够表征他自己和其他人的动作,这表明儿童对他人做的各种动作有了一定的理解。24个月大以后,儿童用口头语言表明他认识到了自我,会叫出自己的名字,并把名字与自己联系起来,他认识到了他的所有物,比如"我""我的"(Roth-Hanania et al.,2000)。从3岁开始,儿童认识到自己有独特的身体特征,有关自我的看法就是在与具体特征的关联中发展起来的(Jacobs, Bleeker, & Constantino, 2003)。

V.B. 儿童如何展现出他的成就动机（achievement motivation）？

成就动机,作为儿童自我意识的一个方面,与自我概念有关,并且对儿童的全面发展至关重要,因为每一个新的发展阶段都要求熟练掌握相应的能力。根据肖可夫(Shonkoff)和菲利普斯(Phillips)(2000)的观点,成就动机包括:(1)*掌控动机*（mastery motivation)。就是儿童想要通过探索和坚持从完成任务的过程中获得乐趣的愿望(White, 1959);(2)*内在动机*(intrinsic motivation)。就是儿童想要不因外部要求或者外部强化而从事活动的愿望(Deci & Ryan, 1985; Lepper, 1981);(3)*认知方面的动机*（cognitive aspects of motivation),包括儿童是否期望成功、是否乐于寻求挑战、是否相信他有足够的能力获得成功(Atkinson, 1964; Harmon, Morgan, & Glicken, 1984)。与这三个动机密切相关的,是"*自我决定*（self-determination)"的出现。自我决定最初主要被认为与年龄较大的残障人士有关,但是目前也认为与儿童有关,是儿童取得成功的动机和决心(Doll et al., 1996; Erwin & Brown, 2003; Wehmeyer & Palmer, 2000)。

儿童自我意识的一个重要方面,是儿童为实现目标而努力的程度。成就动机对残障儿童来说尤为重要,因为他们在发展上的障碍使其在实现目标上更加困难重重。成就动机是儿童在面对困难时能继续保持努力的情绪燃料或者能量。

成就动机比起标准性测验更能预测儿童今后的成功状况(Scarr, 1981; Yarrow et al., 1982)。尽管大多数幼儿都认为他们什么事情都能做到(Stipek & Green, 2001),且对成功持乐观态度,但是这种积极的想法常常在进入学校后就大打折扣了。成就动机与认知发展密不可分,因此,动机持续性与能力之间似乎相辅相成(Morgan et al., 1990; Stipek & Kopp, 1990)。提出了"效能动机(effectance motivation)"理论的怀特(White, 1959),在其早期作品中指出,掌控动机始于婴儿早期要掌握和控制环境的天生内驱力。詹宁斯(Jennings)及其同事(1979)发现,儿童对其周围环境进行探索并施以影响的动机为他们掌握各种技能提供了基础。在自由游戏期间,在集中注意力方面有较强能力的儿童能成功完成更多的任务,并能在解决问题的任务上坚持更长的时间。婴儿的探索的质量或者说认知成熟度比进行探索的次数更重要。特别是儿童玩玩具的能力与掌控动机密切关联。婴儿在 6 个月大的时候就可以坚持以目标为导向的行为,并似乎能从目标实现中获得快乐。

到 9 个月大时,儿童会从一般性的探索转向以任务导向的行为(MacTurk & Morgan, 1995; Morgan & Harmon, 1984)。儿童会重复有因果关系的、组合性的,以及手段—目的的行为。到了 15 个月大时,儿童能持续进行多重组合的任务,比如拼图、图板玩具,以及更多手段-目的的任务,比如收款机。当儿童到了学前时期,那些具有较高掌控动机的儿童更偏爱挑战性的任务,而不是那些较容易完成的任务。到了 4 岁时,儿童能够自我发起掌控性活动,在不寻求他人帮助的情况下自己尝试着解决问题。

与自我概念一样,大多数学前儿童和幼儿园的小朋友都能对自身能力表现出乐观的态度(Stipek & Greene, 2001),并且把自己看得比小时候的自己更有能力(Frey & Ruble, 1990)。对大多数儿童而言,他们到达学龄阶段之后,或者大约 4 岁的时候,才会面对失败。有些儿童对失败的体验很敏感,产生了"习得性无助(learned helplessness)",这是一种消极的情感,会使儿童逃避挑战,对成功期待很低(Cain & Dweck, 1995; Smiley & Dweck, 1994)。习得性无助多见于学龄期儿童,但是它的最初迹象似乎是出现在童年早期。对有残障的儿童而言,缺乏动机的情况甚至在最初几个月时就能看到。评估儿童的掌控行为,可以观察儿童对环境的注意程度、对环境的参与性、行为是否恰当、行为的细化程度、是否具有目标指向性和坚持性等(McWilliam & Bailey, 1992)。

随着儿童长大,其他的几个因素也会影响到他们取得成就的动机。申克(Schunk)和帕哈雷斯(Pajares)(2002)讨论了有关激发、指导并使儿童保持努力的几个因素。*自我效能感*(self efficacy),即相信自己在学习上,或者说执行一项任务的潜能,会影响人的学术动机、任务选择、学习和成功的能力(Pajares, 1996; Schunk, 1995)。结果预期,即儿童对他们付出努力所带来的结果的一种确信,将影响到他们会付出多大的努力,以及会对任务做出怎样的选择。有价值的任务会增强动机。*效能动机*,即对环境有影响和掌控作用的动机,也影响到人的学习。如前面讨论的那样,自我胜任感(self-competence)包括了与其他儿童进行比较的能力。所有这些因素组成了在婴儿阶段所称的掌控动机和在学龄阶段所称的成就动机。

V.C. 儿童能够识别出哪些与自我有关的发展特点?

识别自身的感受是自我意识的早期指标。在出生后的第一年内,婴儿开始将镜子中的自己与他人区分开来(Bahrick, Moss, & Fadil, 1996)。到了第二年,儿童能确认自己是"我",并认识了自己身体的各个部位,认识到什么是属于他的,以及他的行为(Pipp, Easterbrooks, & Brown, 1993)。通常来讲,儿童使用"我"这类词汇,被认为是语言发展的指标,而不是社会性发展的指标。事实上,儿童对自我的这种认识,为他了解自己长什么样、将自己与他人区分开来奠定了基础。而且,这种认识影响到后来儿童是以积极的还是消极的特征来看待自己以及他人(Harter,2003)。

3—4岁之间,儿童的记忆力得到增长,这使得儿童能够将自己与其他儿童进行比较,比较的结果通常是觉得自己的能力强于别人(Harter,2003)。到了5岁时,儿童会将他们的表现与他人做比较,但是他们仍然保持有高度的自我信任(self-beliefs),并乐观地认为,他们的技能会随着年龄的增长而不断提升(Harter,2003;Jacobs et al.,2003)。到了5—7岁之间,儿童将会整合他们有关自己的认识,这些认识由不同的方面所构成,并建立在与他人相比较的基础之上。有关自我概念的多维观点考察了四因素模型,包括社交能力(social competence)、体能/运动能力(physical/athletic competence)、学术能力(academic competence),以及外貌(physical appearance)(Marsh,1990)。最近,家庭和情感作为新的能力被加入之内,建立了六领域模型。这些领域每个方面的重要性,都受到家庭和文化价值的影响(Bracken, Bunch, Keith, & Keith, 2000)。对于那些发展过程中有困难的儿童,尤其需要关注他们对自身能力的看法。帮助他们了解并看到其自身的能力和长处,是干预措施中的重点。

5.2 使用《观察指南》评估自我意识

在 TPBA 实施过程中,评估团队可以通过观察儿童在游戏期间与他人互动中表现出的自主性、成就动机、身份认同感的水平,来了解儿童的自我意识。游戏引导员要确保给儿童提供体验、决策、尝试独立完成任务的机会。此外,还应该给儿童一段"等待时间",以检验儿童对目标的坚持性如何。最后,还应该让儿童有机会谈论他自己。

Ⅴ.A. 儿童是否展现出自主性,以及做出符合家庭文化的决定的愿望?

非常有必要分析从《TPBA 儿童与家庭情况问卷调查》、《TPBA2 儿童家庭状况评估》(包括《一日常规评分表》以及《关于我的一切问卷调查》)中获得的信息,以及家庭引导员从与父母的交谈中得到的信息,来确定家庭对儿童独立性的期望。在西方社会,父母很重视儿童的独立性、独自睡觉,以及自做决定的能力。而在许多东方国家则强调相互依赖(Lynch & Hanson, 2003)。因此,与儿童照料者讨论他们在儿童"自己做事情""自己做选择""自己做决定"等问题上所持的价值观是非常有必要的。

除了观察儿童在做出选择时的自主性外,评估团队还应该观察儿童独立完成任务的能力。同样,文化价值与此有关,并应对其进行分析了解。例如,不同的文化对儿童自己独立进食、如厕、穿衣等的期待是有差别的。对诸如自理技能等的实际运用情况在第二章中有所介绍。这个子类涉及到了儿童想要不依赖父母独立做事的意愿(desire),无论他是否掌握了各种个人技能。如果儿童不能独立做事情,评估团队就需要检验那些影响到儿童独立性的各种因素,包括文化上的(比如家庭价值观)、发展上的(比如身体缺陷)、环境上的(比如缺乏机会),等等。

如前面已经提到过的那样,如果儿童有过多的掌控欲或者过强的自主性,这也会成为一个障碍。在游戏评估中,当一个儿童想要去做特定的游戏活动,或者想要以特定的方式去做活动,但是在没有成人的帮助下他又不知道该如何去扩展游戏,这时,就表现出了他的过强的自主性。这个儿童想要独立自主,但是他还没有充足的技能和情绪能力去应对他所选择的事物。因此,评估团队需要结合儿童在其他领域的表现,诸如情绪调节、行为调节、人际交往等,来综合检验儿童的自主性。

V.B. 儿童如何展现出他的成就动机?

TPBA 提供了一个机会,来检验儿童面对有难度的任务时的坚持性、内在动机、外在动机,以及儿童会寻求什么类型的挑战,等等。在游戏评估期间,重要的是提供一些与儿童年龄相适应的玩具,这可以为儿童提供适度的挑战。玩具是必不可少的,使用按钮、杠杆、表盘等,可以对儿童产生视听的效果。另外,竖起的围栏要求儿童绕过一个障碍物,才能实现一个目标。对年龄稍大些的儿童来说,需要进行关联性思考(relational thinking)和问题解决技能的玩具,比如洞洞板、格子板、形状分类器,都适宜于激发成就动机。对学前儿童来说,他们更适宜完成较高水平的、更复杂的玩具和活动。用有棱有角的积木搭建一个复杂的结构,完成一个有一定难度的拼图,这些都会引起儿童的兴趣。由儿童引导的 TPBA 项目为评估团队提供了机会,使他们可以观察儿童所选择的活动的难度水平。引导员可以让儿童从难度不同的多种玩具中自己选择。

评估团队的观察包括确定儿童如何应对具有挑战性事物和情境。有些儿童的反应可能是检视、探索以及适当地使用一个物体,有些儿童可能只在某种特定类型的活动中表现出持续性的、任务导向的行为。评估团队还应观察儿童是否经常能完成具有挑战性的任务,儿童选择的任务的难度水平怎样。另外,评估团队还要确定儿童在完成任务过程中需要多大的帮助,以及儿童在多大程度上愿意在没有成人的辅助下自己去解决问题。

一个允许儿童自由发起并开展活动的环境,能促使儿童更好地发展其成就动机。提供对儿童的发展水平来说有一定挑战性的玩具和游戏材料在 TPBA 过程中是至关重要的。同时,将外部强化降低到最低也很重要。有许多残障儿童,他们"努力去做"只是为了取悦父母,而不能从活动中感到愉快,这样儿童会逐渐地丧失掉他的内在动机,只有在受到赞扬时他们才会努力去完成一项任务(Brockman, Morgan, & Harmon, 1988)。正因如此,评估团队需要对他们赞扬每个儿童的次数做到心中有数。许多有残障的儿童没有强烈的内在动机,他们需要外在的支持和鼓励,来激发他们发起活动、进行探索以及解决问题的动力。在一开始,应该将外部强化的程度降到最低,只有在需要时才予以增加。评估团队应该注意最能有效促使儿童坚持完成任务的强化方式是什么。

TPBA 评估团队还应了解儿童对成功和失败的情绪反应。当儿童完成了一项任务时,他是否会表现出自豪,比如微笑、拍手、大笑,或者仅仅是重复做这项任务?当一项任务完成起来有困难、儿童受到挫折时,他的表现是怎样的?他会停止努力、把物体扔到一边、哭闹、尖叫吗?

从父母那里获得有关信息是很重要的,比如儿童感兴趣的事物是什么,在家中他会做什么样的努力,他们期望孩子能做什么类型的活动,以及他们给孩子提供了多少辅助和强化,等等。当父母谈论他们对孩子完成有价值的活动的期待时,评估团队可以清楚地看到家庭的优先重点是什么。对于那些容易懈怠或者挫折容忍度较低的儿童,干预措施可以集中在增强其掌控动机上。评估团队应该从儿童感兴趣的玩具和游戏材料以及有利于让儿童持续努力的强化类型开始着手。

Ⅴ.C. 儿童能够识别出哪些与自我有关的发展特点?

TPBA2 能够检验一个儿童对他自己身份的了解程度,这通过观察儿童的动作、倾听儿童对自己和他人的评论来实现。需要注意的是,所提供的玩具和游戏材料应该是可以使儿童展示和谈论个人特点的。例如,可以提供一面镜子,这样就可以观察儿童看到镜中的自己时会做出怎样的反应。在小婴儿身上,就可以看到他对自我的初步认识,而在稍大些的儿童身上,可以看到他们会对自己的外表进行评论。当儿童能够使用语言时,游戏引导员可以与儿童讨论他的情绪,他喜欢什么不喜欢什么,以及他的个人特点。例如,在从事扮演性游戏时,引导员可以让儿童选择他想要扮演什么。"看看所有这些服装,你想要扮演谁呢?"有些儿童会很快地选择出他想要做什么,而有些儿童则会犹豫不决,等待引导员来决定。在儿童做选择时,引导员可以谈论儿童的偏好:"你想要当一名医生吗?""告诉我你是一个什么样的医生。"必要时,引导员可以问些特殊的问题,比如:"你是个男医生还是女医生?""你是个刻薄的医生还是个友善的医生?"这样会使评估团队了解到儿童对自身的特点是否有了一定的理解。

儿童如何看待他自己的优势也很重要。评估团队可以听到儿童有关自我概念的评估,比如"我很善于做那事""这事我能做"等等。除此之外,评估团队还可以在学前儿童做游戏时问一些有关他擅长做什么的问题。例如,"你真正喜欢做的是什么?你最擅长的是什么?""什么事情你想要做得更好些呢?"这些问题可以引导儿童谈论他对自己的看法以及对自己能力的评估。

儿童对自己的负面评估也要引起重视,诸如"我不行""我不知道怎么做"等一些说法反映了儿童对自己的看法,它们也是观察儿童成就动机的指标。这些问题一旦搞清楚了,与身份认同有关的问题就可以作为儿童全面发展计划的一部分,在干预中加以解决。

迈尔斯(Miles)是13个月大的非裔美国男孩,他患有轻度的脑瘫。他的父母想要在家里实施TPBA。因此,职业治疗师和心理学家带着玩具和游戏材料到他家走访。迈尔斯的父母所填写的家庭问卷调查表明,由于迈尔斯的运动障碍,有很多玩具他都不能玩,他更愿意看着其他人玩。此外,迈尔斯还不会走路,也不会说任何一个词。

玛丽(Mary),职业治疗师,也是游戏引导员;塔玛拉(Tamara),心理学家,她负责游戏评估过程的录像。玛丽和塔玛拉来到起居室,开始和迈尔斯的父母谈话。迈尔斯,这时正在妈妈怀抱里,饶有兴致地看着她们把摄像机架好,并拿出几个玩具来。玛丽邀请迈尔斯的母亲萝宾(Robin)在地板上玩玩具。迈尔斯坐在他妈妈身边,探索这些新的玩具。在游戏评估过程期间,迈尔斯与他妈妈玩,与他爸爸拉塞尔(Russell))玩,偶尔也和玛丽玩。迈尔斯快速地从一个物体转向到另一个物体,把它们拿起来,看一看,然后扔到一边。无论何时,他的妈妈或者爸爸展示给他看某个玩具能怎么玩,他都会抢过玩具,击打它,尖叫几声,然后扔掉它。他的父母会安抚他,给他一个新的玩具玩。这个新玩具能够让他摆弄上几秒钟。玛丽退到了一边,这样迈尔斯就不会因她的出现而受到影响。但是迈尔斯并没有尽力去移动自己,他的偏瘫使他移动起来有某种程度的困难,也使他不能摆弄物体。但是,与他的运动技能相比,他的探索意愿更加有限。

对迈尔斯、他的父母以及他们互动方式进行了一个小时的观察。很明显,迈尔斯有着极低水平的掌控动机,挫折容忍度也很低。他的注意力有限,这主要是因为缺乏努力而非缺少兴趣。换句话说,如果他能玩好这些玩具,那么他的注意就将保持更长一段时间。由于他缺乏毅力,这还导致了"给予"和"安抚"成为他与父母互动的主要方式。他扔玩具和哭闹的行为,被父母的拥抱加以强化。评估团队感到,对于迈尔斯来说,重要的是让他从玩具那里得到更多的反馈和乐趣,以便使他能更多地关注到物体的特性以及如何使用它们。评估团队建议让迈尔斯玩那些打开开关就能动起来的玩具,这样,不用费过多精力去尝试也能做大量的运动。之后,当迈尔斯开始认识到他可以对玩具以及父母产生影响时,就可以让他玩那些需要一些努力才能起变化的玩具。

第六节　游戏中的情绪情感主题

6.1　游戏中的情绪情感主题观察指南

对儿童来说，游戏是一个安全的场所，因为游戏为他们提供了一个在放松、无威胁性的情境中表达自我的环境。游戏时，儿童掌控着他们自己的世界，在其中，他们能够体验各种不同的情绪，并通过操作玩具娃娃的举动或者他们自己的戏剧性表演，来表达他们的感受。一些诸如快乐感、安全感、亲昵之类的感情都可以在游戏中展现出来。另外，担忧、恐惧、沮丧也可以表达出来（West，2001）。对于语言发展不充分的儿童来说，游戏是一个可以让他们与人有效地沟通其想法和感受的途径（Fall，2001；Shen & Sink，2002）。我们希望儿童的内心世界是快乐的，在游戏中展现出他们无忧无虑、天真、积极的情绪，然而，有时情况并不是这样的，经历过创伤的儿童，或者处在极其焦虑状况下的儿童，可能在游戏中表现出消极的情绪，或者是引起消极情绪的那些事件。

儿童的情绪情感—人际交往方面的发展，在不同的阶段是不尽相同的，但是甚至很小的婴儿也会在游戏中暴露出他们内心的感受。如在之前有关情感表达的章节所讨论过的那样，儿童在出生后的第一年，就开始体验到焦虑、恐惧、沮丧的情绪（见第一节情绪表达）。经历过极度的情感剥夺或创伤的儿童，不仅通过面部表情，而且还会通过他们的游戏活动来展现其内心的混乱。幼儿存在的一些困扰，比如分离、兄弟姐妹之间的关系、纪律、身体或性虐待等，在2岁半到3岁的儿童玩动物和娃娃游戏时就可以表现出来（Benham，2000）。然而，对儿童的行为做出判断时要格外谨慎，因为在一般儿童中也会表现出许多情绪或精神异常的症状（Campbell，1997）。例如，在某个阶段经历了较多的恐惧、焦虑、过度依赖某个照料者的儿童中，这种情况就很多见。同样的，儿童在童年早期的某个时期，往往渴望权力和控制力。大多数儿童还对幻想性游戏有着活跃的想象力，并喜欢参与其中。

反常的情绪和行为可能代表该儿童有情绪问题。如果儿童表现出过度的退缩、游戏时很少显出高兴和愉快、不分场合长时间没有理由地生气，那么，他可能就存在问题了（Campbell，1997）。

不同的心理学理论流派，所采取的游戏手段也有不同。多茨（Dodds）注意到，以"自我"为主要研究对象的精神分析理论学派（ego-psychoanalytic therists）研究了儿童游戏对其社会心理和性心理的影响、内疚感（feeling of guilt），以及儿童用来保护自身情感的防卫机制。他注意到，与精神分析理论相反，现象学派理论家研究了儿童自我意识的水平，以及形成这种信念体系的经历;行为学派理论家可能发现游戏评估不如观察"儿童真实的生活状态,以发现环境的刺激因素以及目标行为的强化物"更有用(p.40)。这些观点,以及其他的观点都影响到了心理学家在游戏中与儿童互动的风格,以及他们对儿童行为的解释(Fall, 2001; Hall, Kaduson, & Schaefer, 2002)。

接下来的章节介绍了对儿童游戏结构和内容的检验、儿童对自己和他人的意识,所有这些因素对儿童的情感与社会性发展都很重要(Gitlin-Weiner, Sandgrund, & Schaefer, 2000)。但这并不意味着本书采纳任何一个理论观点,而是提供了有关儿童情感生活和儿童如何看待自己的更为折衷的观点。

VI. A. 儿童在整个游戏过程中的思维模式是否灵活而合乎逻辑?

随着儿童在游戏中逐步形成遵循先后次序的能力,在简单利用物体之外,儿童开始能够组织自己的游戏,将时间、空间、背景、社会角色等因素结合起来。游戏中开始出现了认知上的、语言上的、人际关系的理解,这显现出儿童的逻辑思考和社会性理解(social understanding)。儿童情绪失调表现出的特点就是思维过程的非逻辑性和不流畅。儿童的这个特点可以在假扮游戏中反映出来,他的想法总是碎片化的,不连贯的。应注意将这种行为特点与儿童的发展水平较低区分开来,发展水平低的儿童会因为受到发展水平的限制而行为动作不连贯。有情绪问题的儿童,从认知能力上来讲,通常在玩耍过程中更有条理性,但是他们的情绪问题干扰了其思维的过程。

儿童到了一定年龄就会对过去、现在、未来之间的关系有了一定的理解。经历过创伤的儿童,可能会将以前发生的事情与当前发生的事情、以及未来可能发生的事情混淆起来,例如,他们可能在扮演性游戏中不断重复一个他们以前在情绪上深陷其中的过往情景。

患有多动/注意缺陷(ADHD)的儿童,还可能表现出游戏的无组织性(Barkley, 1997; Westby, 2000)。在游戏中,他们的注意很容易从一个方面或者一个对象转移到另一个对象上。尽管这种情况不是情绪问题,但是这种思维过程上的混乱,将影响到游戏中的人际互动。

VI. B. 儿童在角色扮演游戏中是否反映出对其他人的情绪角色和动作有所意识,如有的话,是怎样的意识?

如同我们在前面讨论过的那样,即使很小的婴儿都能意识到他人的动作,并对他人的情绪给出反应。有情绪问题的儿童,可能会深陷于自身的情绪里面,以至于不能够考虑其他人的感觉和行为。他们自己的情绪过于强烈,以至于对他人的敏感度被削减了。格林斯潘(Greenspan, 1997)指出了儿童在游戏中表达想法、情绪、人际关系的能力的重要性,因其揭露了儿童情绪发展的诸多信息。韦斯特比(Westby, 2000)也注意到,儿童的语言使用情况,可以反映出他们对角色和情绪的理解，但是，儿童某些类型的缺陷（比如自闭谱系障碍、脑积水）会导致其语言能力高于其人际关系理解能力的情况出现。因此，有必要观察儿童游戏的所有方面以确定其发展状况。

VI. C. 儿童在游戏中表达出的情绪情感主题是什么？

儿童游戏的内容是需要进行观察的另一个关键因素。同样，不同的心理学流派对这些内容也有不同的解释。儿童游戏中可能表现的情绪主题包括快乐、安全感、抚育、依赖、丧失、权力或者掌控方面的问题、与特定担忧有关的恐惧或焦虑，以及自我概念较差或者自我概念膨胀（Dodds，1987）。费恩（Fein，1989）通过一个双相情感障碍（狂躁抑郁型精神病）量表（bipolar scale），确定了在儿童的假扮游戏中起作用的 5 个方面：

1. 连通性（connectedness）（依恋对分离）；
2. 身体状况（健康对身体上的伤害）；
3. 赋能（掌控对无助）；
4. 社会适应（支持社会规则对反抗社会规则）；
5. 尊重物质世界或者抗拒物质世界。

这些情绪情感主题出现在 3—5 岁儿童游戏中，随着儿童在游戏中的沟通与协调能力的增加，情绪情感主题会变得越来越多样和复杂（de Lorimer，Doyle，& Tessier，1995；Goncu，Patt，& Kouba，2002），至少在西方社会是这样的。然而，在有情绪障碍的儿童的游戏中，可以看到上述几个方面中的一个或者多个问题很突出。他们的游戏是不平衡的，缺少常规儿童在游戏中表现出的自发性和热情。他们的不快乐、生气、担心可能在其选择扮演的角色以及在情感、语言和动作上反映出来（Marvasti，1997）。

玛丁丽（Mattingly，1997）提出了有关的指导建议，这可能有助于我们依据儿童的个人背景和个性来综合理解游戏中的情绪主题。她注意到，当儿童正在讲述或者正在表演一个故事时，他所使用的特定的道具或者人物都可以帮助我们了解儿童的情绪。各种各样的情绪主题可能与不断重复的游戏有关，包括：

1. 女巫和巨魔可能反映出恐惧；
2. 男巫和小精灵可能暗示着权力；
3. 巨大的动物、恐龙、鳄鱼可能用来表明攻击；
4. 火车、汽车、交通工具可能表明想要逃避的愿望；
5. 森林、丛林、黑暗常常与空虚有关；
6. 下雨、刮风、暴风雪可能表明内在的骚动；
7. 太阳、花朵、鸟与满足和希望有关。

所有儿童都可以在其艺术创作和不同时间的游戏中表现出他们的情绪主题。但是那些仅仅偶尔探索这些情绪主题和感情的儿童，与在情绪表达上已经令人担忧的儿童相比，在其从事的游戏的频率、强度、感情方面都是有差别的。如果看到有些儿童深陷于某个特定情绪主题不能自拔，或对某些主题表现出强烈的不舒适，或者持续地做出一些象征担忧的动作（比如受伤、迷路、担心）等，都应该就其是否存在潜在的情绪障碍做专门的评估。

另一个重要的因素就是儿童在情感游戏世界里能够辨别和区分幻想与现实的能力。游戏是虚幻的世界，儿童可以在游戏中实现其所思所想。当儿童发现这个虚幻的世界是如此令人满意，以至于他选择不要进入真实的世界时，问题就出现了。4—5 岁的儿童应该懂得游戏是假想的，人物是扮演出来的，活动人偶或者毛绒动物不是真的。如果他认识不到这些，表明这个儿童需要进一步的评估。

VI. D. 在角色扮演游戏中，儿童是如何将想法、动作和情绪整合起来并使之相互匹配的？

随着儿童对客体的掌控及其理解能力不断发展，他们也逐渐懂得了在不同的场合应该对人和物做什么，以及这些不同的场合与特定的情绪有怎样的联系。当儿童从表达自身的意愿发展到了能理解他人的意愿，象征性游戏就发展了起来（Greenspan，1997；Westby，2000）。游戏反映出儿童认知和情感发展的整合能力，当游戏的结构和内容与儿童的主导情绪相匹配时，就能看到这种整合能力（Russ，Niec，& Kaugars，2000）。例如，儿童可能表现出愤怒，并把玩具娃娃扔到床上以此来"惩罚"它的错误行为。儿童表现出来的动作，反映了其认为是正确的想法，所表达的情绪表明了儿童认为这样的情绪是与这些动作相适应的。儿童在游戏中会展现出其解决问题的创造性技能以及人际互动技能。他们试图通过体验各种不同的情感和方法来掌控情绪冲突。情绪失调的儿童，可能不会将想法、动作、情感匹配起来。例如，上述实例中，儿童一边笑着，一边惩罚宝宝，这样的情绪反应与他的动作就是不相一致的。有必要检验儿童是否有相互矛盾的想法和动作，或者相互矛盾的情绪与动作，以确定为什么会出现这些不一致的现象。

6.2 运用《观察指南》评估游戏中的情绪情感主题

评估儿童内在的情绪世界需要专门的专业背景，这不是所有为儿童工作的人都具备的。如同 TPBA2 中其他领域的问题一样，如果有超出评估团队专业知识之外的问题，应该由合适的专家对儿童和家庭做进一步的评估。尽管可能需要一个合格的儿童心理学家或者儿童精神病学家来全面评估儿童的社会情感问题，但是儿童游戏中所展现的情绪主题也提供了有价值的信息。游戏引导员应尽力从儿童的视角来了解他们的世界,并尝试确定儿童个体化的需求、他的优势、他的冲突、他心目中的英雄,以及他的恐惧(Marvasti, 1994; Warren, Oppenheim, & Emde, 1996)。

亲自观察并与儿童照料者进行讨论可以提供有关行为出现的频度、强度、持续时间,以及动作和情感发展具体状况的信息。由于游戏评估通常只有一次,因此与儿童照料者一起讨论儿童典型的游戏材料和游戏主题很重要,而且可能需要对儿童进行额外的观察。

评估团队还必须要了解儿童在具体情境中的行为,才能确定某种缺陷的程度。高危儿童常常会以非典型的方式对他生活中的事件给出反应。坎贝尔(Campbell, 1997)说过:"孤立的行为不能用来确定是否存在一种障碍(p4)。"因此,对在 TPBA 中所看到的行为模式进行分析时,应该与家庭成员和儿童照料者所反映的儿童典型的游戏模式的信息加以对照来考虑。

如果一个儿童主要是由于其社会情感问题而加入 TPBA,那么可以选择一位心理学家来作为引导员对其进行干预。他可以从不同于教师的视角来分析游戏的内容、评估儿童游戏的主题所反映出的内在冲突。《观察指南》可以用来作为观察与情绪问题有关的儿童游戏的辅助手段。如果跨学科评估团队中没有心理学家,那么评估团队的其他成员可以通过游戏分析,来确定儿童是否需要做进一步的心理评估。TPBA2 中对所有领域的评估,都应在不做病理学结论的情况下仔细记录和描述所有的行为并存档。

VI. A. 儿童在整个游戏中的思维模式是否灵活而合乎逻辑?

作为游戏引导员,只要是他跟随着儿童的引导,就可以观察到儿童是如何组织游戏的。如果儿童的认知水平能够使他将自己的想法和动作按顺序排列,那么评估团队就可以看到一个游戏活动的开始、中间过程和结尾。不论是在建构、绘画,还是在角色扮演游戏中,儿童都应该能够为实现其目标而组织自己的动作。有情绪问题的儿童可能很难组织自己的想法,因为他们的情绪和感情压制了其思维过程。他们有关游戏的想法可能会飘忽不定,无章可循。在确定可能会影响到儿童的情绪问题之前,评估团队应该检查儿童的认知状况,诸如注意力、记忆力、问题解决能力等等,以确保其游戏模式未受到认知缺陷的限制。

儿童游戏中除了需要组织能力外,必要时他们还需要能够灵活地从一种思维模式转入另一个新的思维序列。有情绪问题的儿童,或者有特定障碍的儿童,比如自闭谱系障碍等,他们可能会在整个游戏过程中严格地循着同一个游戏主题。例如,一个心态沮丧的儿童,可能会画出黑暗的、不快乐的图画,在戏剧中扮演难过的宝宝或者生病的动物,选择有关找不到家的图书来读;孤独症患儿可能会要求玩同一个类型的玩具,或者做重复性的、不加改变的动作。评估团队应该细心地观察儿童做出的选择和动作,因为它们可以反映出在儿童身上占主导的情绪主题是什么。

VI. B. 在角色扮演游戏中，儿童对他人的情绪角色和动作有怎样的认识？

儿童在游戏中如何对待他人也与其社会和情感的发展有关。一些儿童可能完全意识不到游戏中的其他人；另一些儿童会意识到他人的存在，但并不让他们参与到游戏中；还有一些儿童，他们很高兴让其他儿童加入到其游戏中来，并分配给他们一定的角色（比如，你搭建一座桥，我将开车过桥），或者假定他们在游戏中的角色（比如，引导员说："请给我一杯咖啡。"儿童会递给他一个杯子以作为回应）。他们的谈话中会说到"我""我的""你""你的""他或者她们""他们的"。儿童将其他人适当地结合到其游戏中的能力，是儿童情感意识和社交能力的重要指标。

游戏中意识到他人的情绪并对之做出反应是很重要的（Charman et al.，2000）（见Ⅶ.）。角色扮演游戏场景中需要观察的另一个方面，就是儿童指派他人扮演的角色，或者选择自己扮演的角色的是什么。儿童通常选择当好人，或者当一个救助者，而不愿意充当反派人物或者一个受害者。分析儿童选择的角色，以及针对游戏中的其他参与者儿童有什么样的后续动作，可以了解儿童内心深处对自己的认识。

VI. C. 儿童在游戏中表达出怎样的情绪情感主题？

如同我们在《TPBA2 和 TPBI2 实施指南》第七章（游戏引导）中所提到过的那样，合适的玩具类型和游戏材料对于进行有效的评估非常重要。在开始评估前，先确定儿童喜欢的玩具类型是什么，事先准备好用来画画的彩色笔或者马克笔、用来讲故事的木偶，以及用来给儿童阅读和讨论的有关各种主题的图书。情绪主题不仅在假扮游戏中表现出来，而且在积木游戏、画画、讲故事的过程中也可以表现出来。让儿童自己选择游戏材料和游戏的主题，避免引导或指导儿童的想法和行动。可以对正在发生的事给出评论，或者问儿童："接下来干什么？"这样将促使儿童决定游戏的主题和内容。

在进行 TPBA 期间，评估团队通过观察儿童的所有行为，注意倾听儿童说的话，来寻找儿童的行为模式。这些模式可能就是发现正在影响儿童想法的情绪主题的线索。儿童可能会多次重复去拿特定的玩具，也可能会以一种特定的方式去玩多种玩具，或者可能暴露出一种占主导地位的特定情绪。例如，儿童可能选择用玩具恐龙来攻击他人、在医生打针游戏中表现出他的攻击性、出现交通事故并压死了"行人"，或者对引导员、同伴、父母做出攻击行为。对因意外事故、虐待而受到创伤的儿童，或者有其他创伤经历的儿童，应该向他们提供可使其安全地表达其想法和感情的玩具和游戏材料。木偶、艺术活动、戏剧性游戏的道具或者与创伤经历有关的玩偶等，可以唤起那些经历，也可以通过动作和言语或公开或隐含地引出某些情感。

对所观察到的游戏模式和游戏主题，应结合儿童的整体发展状况来进行检验，以便将认知、沟通、感知觉和情绪问题区分出来。这一点非常重要,因为许多心理学家和精神病学家并没有接受过感觉统合和语言加工方面的训练,而且这些领域的问题常常由于相关的行为而看起来像是情绪失调的问题。评估团队在了解儿童全面发展方面所做的努力,对于今后可能在没有跨学科团队的情况下实施进一步心理评估的其他人,将具有不可估量的积极作用。

VI. D. 在角色扮演游戏中,儿童是如何将想法、动作和情绪整合起来并使之相匹配的?

在进行 TPBA 检验时,另一个方面就是观察儿童游戏中动作和情感的相互匹配情况。在角色扮演游戏中,儿童是否能够表现出与动作以及情感特征相符合的情绪情感?换句话说,如果儿童的动作行为是愤怒的,那么儿童的表情是愤怒的吗?如果动作和情感匹配不当,那么,儿童可能会在生气时表现出一种快乐的表情。儿童是否能够在游戏中根据需要而转换情绪?例如,如果儿童假装受伤并假装哭,那么他在"治愈后"是否能够转移到一个更适当的情绪上呢?将想法和感情配合起来的能力,对于认知、沟通、社会性发展是至关重要的。

凯利(Kelly),6 岁男孩,他已经在几个寄养家庭里生活过。由于他的父母有虐待儿童的情况,法院判定将他安置在寄养中心。在他玩玩具士兵游戏时,评估团队人员看到他改变了自己玩了几次的玩具人偶的身份。开始时,这个玩具士兵叫"凯利",然后变成"丑恶的怪物",再然后变成了"我的朋友"。在玩具人偶是"凯利"时,它是一个坏人,攻击所有其他的玩具人偶;当它是"丑恶的怪物"时,它吃人;当它是"我的朋友"时,它和别的人偶打架,并抢他们的东西。甚至凯利在把玩具士兵放到床上睡觉时,表现出愤怒的情绪,发出命令说:"马上去睡觉!而且不许起来!"

凯利游戏中的内容没有连续性。人物的身份在各个动作之间进行转换,而没有任何的说明,没有说明故事是否发生了变化。玩具人偶的动作变化,从一个打仗的人物,到一个吃人的怪物,再到一个放到床上睡觉的娃娃,看来都是由突然出现在凯利头脑中的某种念头而激发出来的。

此外,在游戏评估期间,凯利的时间观念是混乱的。他说他那天下午要去他奶奶家,而实际上他是在上周已经去过住在另一个州的奶奶家了。他对奶奶的执着还显现出他僵化的思维模式,不论谈论什么话题,凯利总是把话题转移到他奶奶身上。在凯利的生活中,奶奶是一个稳定的、令他感到放松的人。因此,即使奶奶仅仅是出现在他的头脑中,对他来说也是重要的。

心理学家说凯利看起来是一个非常爱生气的小孩。他的游戏表现出对权力和掌控的渴望,被这种渴望所掩盖的是他对自己生活更深层的恐惧和焦虑。他还表现出受害者和施暴者的双重身份(这两种身份都是其生活中经历过的),附加在这上面的是其对奶奶的依赖。

　　凯利还表现出在幻想世界和现实世界之间的混乱。一旦他开始玩起自己最喜欢的玩具，他就变得非常全神贯注，以至于很难将他引回到当前的现实中来。而且在他看来在场的引导员与他毫无关系。他对现实和幻想之间的界限十分困惑。凯利在游戏中表现出的情绪问题很显著，这表明他需要进一步的评估和治疗。

第七节　人际互动观察指南

7.1　人际互动观察指南

　　积极的人际关系对于儿童的健康发展是至关重要的。从儿童与其父母的第一次交流开始，人际互动的模式就逐渐建立起来。与生俱来的遗传特征（比如性别）、环境因素（比如父母的育儿风格）与文化期望相结合，共同影响了儿童人际交往能力的发展。儿童在社交情境中的行为方式，影响到儿童的学习，因为大部分学习是在人际互动中发生的。儿童的社交能力还影响到他如何看待自己，以及别人如何看待他。

　　社交能力强的儿童，能与他人良好相处，并能避免消极关系以及冲突的发生（Dodge & Murphy, 1984）。他们能够参与游戏中的人际交往活动，并能读懂和沟通人际交往的信息。社交能力强的儿童还能够调整自己的情绪，并有良好的解决问题的技能。其结果是，他们能够主动发起并维持人际互动。

　　思维和判断上的错误会影响到人际交往的技能。儿童看待并解读人际信息的方式影响到他的社交行为。例如，儿童可能会错误地解读了社交暗示，将其他儿童说的话和做的事都解读为"刻薄的"。儿童可能有不恰当的动机——比如想要掌控或者报复，而不是想要交朋友（Welsh, Bierman, & Pope, 2000）。儿童还可能无法对另一个儿童发出的社交愿望给出适当的反应。冲动的回应会阻碍儿童对所有相关的社交信息进行处理加工（Crick & Dodge, 1994）。对人际互动和人际交往进行分析，需要对之前介绍过的社会情感领域的所有子类的相关信息加以整合。

Ⅶ. A. 儿童对他人的情绪有什么反应？

　　尽管对专业人员来说，观察儿童在各种情景下的情绪反应（见第一节情绪表达）并不少见,但是观察儿童对其他人的情绪给出怎样的反应却还不是很多。很有必要对表达情感和接受情感这两方面的能力进行检验,因为这两个方面的表现对于有效人际交往的发展发挥着关键作用。

儿童通过观察、体验,以及对他人的情绪给出反应,会学到如何理解自身的情绪。他们还通过了解他人如何进行自我控制而学到如何控制自身的情绪、行为、人际互动。当儿童试图建立人际关系以及友谊时,有关情绪的知识是非常有用的。另外,对他人的回应和责任感(包括移情行为和道德行为)这些更深层次的思维,都扎根于儿童对某些问题的不断深化的理解中,这些问题包括:为什么他们的所作所为会带给他人一定的感受,应该对他人的感受做出怎样的回应等等。关于道德行为在本章第四节行为调节一节有所介绍。

移情(empathy)是对他人情绪的一种意识——即分辨不同情绪、替他人着想、间接体会(feel)他人感受的一种能力(Zahn-Waxler & Radke-Yarrow,1990)。移情被认为是促进社交能力、亲社会行为以及利他主义(即做使他人受益的事情但不期待回报)发展的一个重要动因和中介物(Denham,1998;Roth-Hanania et al.,2000)。然而,移情也会导致儿童产生焦虑、关注自我,而不关注他人。儿童可能会被他们所看到的情绪所"淹没(flooded)",他自己也会变得不安,而不是对需要关心的人表示同情(Eisenberg et al.,1998)。

意识到自己快乐会让他人感到高兴,这也是一种非常重要的情绪能力。能够辨识出什么可以使某人微笑,并作出相应的情绪反馈有助于社交性话轮(social turn-taking)的进行。

婴儿最开始对他人的情绪会给出反应,而全然不知为什么要那样做。听到另一个婴儿的哭闹,婴儿也会"痛苦地哭闹",这样的哭闹是不知不觉自动发生的。佐木(Sagi)和霍夫曼(Hoffman)(1976)把这种反应称作"移情性痛苦(empathetic distress)",并把它看作是一种先天反应。在出生后的第一年,婴儿开始能够确定其他婴儿情绪信号的含义,但是他们还不能将自己的情绪与其他婴儿的情绪区分开来。

当婴儿开始能够将他们自己与其他儿童区别开时,他们表达移情性关心(empathetic concern)的能力得到了增长(Des Rosiers & Busch-Rossnagel,1997)。他们还开始认识到,他们所看到的面部表情是对周围的一个物体或者事件的反应。这种认识引导他们去寻找是什么引起了这种表情,他们会采用联合参照(joint referencing)方式查看父母正在看什么,通过这种方式,8—10个月大的婴儿就能够将父母脸上反映出来的物体或者事件附加上情绪的含义。这种社会参照(social referencing)使儿童利用另一个人的情绪表达来判断他自己应有什么样的反应。如果他信任的成人(首先是父母,然后是其他人)看上去高兴、害怕、难过,那么儿童常常会据此作出回应。儿童通过他们对父母行为暗示的认知,而对情绪信号予以解码(decoding)(Prizant,Wetherby,& Roberts,2000)。给出的情绪线索很微弱的父母,或者情感平淡的父母,可能很难让他们的孩子解读其情绪,其结果是,儿童可能很难利用父母来作为其遇到困难情境时的情绪晴雨表。另外,有感知觉缺陷的儿童,可能会错误地理解或者解释父母给出的线索。确定儿童是否能够准确地解读他人的情绪线索,是评估的一个重要方面。

在 12—18 个月大时,当一个儿童看到另一个儿童感觉痛苦时,他会表现出关心的表情,模仿那个儿童的情绪表情,脸上露出安慰的神情,并作出亲社会的支持性举动(Roth-Hanania et al.,2000)。到了 1 岁半的时候,儿童能利用面部表情来判断他人的喜好,并认识到他人的感觉可能与自己的感觉是不一样的(Saarni et al.,1998)。在对他人情绪给出回应时,可以看到他们基本的移情行为,包括模仿面部表情、脸上露出关心的样子,以及求救性的哭闹(Roth-Hanania et al.,2000)。出生后的第二年,儿童能够说出他们感觉到的基本情绪(高兴、难过、气愤),到 24 个月大时,儿童还会主动替处于困境中的人出面介入某事。随着 2 岁后儿童语言能力的提升,儿童将会在口头上表达出他的关心。

到了学前时期,儿童能推断并解释自己以及他人情绪的原因(Stein & Levine,1999)。他们能够更好地预测一个事件发生之后人会有怎样的感受,预测其他人出现情绪之后最可能发生怎样的行为(Russell,1990)。亲社会行为,或者主动代替他人介入某事物中,是学前阶段中儿童一整套技能的组成部分。

全然不考虑其他人的想法、感受以及需要的儿童,可能会有严重的社会情感障碍。例如,缺乏读懂情绪线索的能力、不能将注意力集中于大家都关注的事物上、不能做出移情性回应、不能理解为什么其他人会有那样的行为,等等,都是自闭谱系障碍的基本特征。其他类型的障碍也可能与读懂情绪线索和移情性表达有关。例如,由于认知理解是必要的社交技能,因此患有严重认知迟滞的儿童,还可能表现出在情绪理解和情绪回应上的不足。感觉统合失调的儿童,他们对各种刺激过于敏感或者过于迟钝,他们还很难解读他人发出的感觉线索。而缺乏解读情绪线索的能力是社交与情绪情感障碍的显著因素,为了进行诊断和干预,应该结合其他子类和领域来对此加以考虑。

VII. B. 儿童是怎样表现出对父母的愉悦感和信任感?

儿童与他的父母以及主要照料者,包括亲生父母、养父母、祖父母、寄养家庭等之间的关系,都在儿童的情感与社会性发展上发挥着极其重要的作用。这种关系的影响,几乎波及到了儿童生活的方方面面,而且影响是长期的(Benoit & Parker 1994, Elliot & Reis,2003;Peck,2003)。照料者与儿童之间的关系是复杂的。育儿风格、环境因素以及儿童的性格,包括遗传而来的优势与劣势,都影响到他们之间的关系(Collins, Maccoby, Steinberg, Hetherington and Bornstein 2000;Goldberg,1990, Maccoby,2000)。

父母如何应对新的情境、如何管理恐惧和压力,以及如何鼓励儿童探索并发展他的能力,在这些方面他们的做法为儿童提供了一面镜子,有助于儿童获得安全感和信任感。儿童对父母的依恋而产生的安全感，对他未来的发展具有本质上的重要性（Ainsworth，Blehar，Water & Wall，1978；Carson & Parke，1996；Denham，Mitchell‐Copeland，Stranberg，Auerbach，& Blaire，1997；Lamb & Malkin 1986；Tomasello，Kruger & Ratner，1993；Weinfeld，Sroufe，Egeland，& Carlson，1999），特别是在人际关系、情绪调节、行为调节、解决问题技能方面尤为重要（Isabella 1995，Lamb，Thomason Gardner & Charnov 1985，Thompson 1999）。由于非典型的依恋模式在残障儿童的亲子互动中是常见的，因此，发现与依恋有关的因素是非常重要的（Kelly & Bernard 2000）。然后，可将干预的重点集中于亲子关系中能够带来愉快互动的那些方面。

有关依恋的传统研究，是检验父母在场的情况下儿童的探索行为、与父母分离时的反应，以及再见到父母时的行为。有安全的依恋感的婴儿，当父母在场时他能舒适地玩、探索周围的环境，必要时会返回来验证一下父母是否还在那里。当分离之后再次见到父母时，他们会表现出高兴的样子。与此相反，没有安全的依恋感的儿童，再次见到父母时，则表现出抗拒、避开、痛苦以及愤怒（Ainsworth et al.，1978）。

尽管安全的依恋模式在所调查的各个社会中是非常一致的，但在亲子关系中的文化差异也是非常明显的（van IJzendoorn & Sagi，1999）。互动模式反映出父母所处文化对诸如拥抱、哭闹、独立性等事物的价值观（Harwood，Miller & Irizarry，1995；Takahashi，1990）。来自不同文化的父母，甚至在同一种文化中的父母，对他们在尊重孩子、依恋、独立与依赖、睡眠模式、纪律约束等等方面的角色和作用，都会有不尽相同的观点（Greenfield & Suzuki，1998；McCollum，Ree，& Chen，2000；Rodrigo & Triana，1996）。残障儿童的父母对残障的认识也受到其文化的影响。因此，评估过程的一个重要的作用，就是确定家庭的价值观和信仰（McCollum & Chen，2003）。但是，保持敏感、及时回应、给予前后一致的养育方式这几个方面，在任何文化中都是重要的。

有关亲子互动的文献资料强调父母和孩子在二元互动中的作用。儿童生活中主要的成人养育者的行为应该一致，他们需要具备读懂、理解和及时响应儿童需求、交流和行动的能力。同时，他们应该能够提供约束和限制、界限、支持和资源，来促进儿童的发展。有许多父母并不具备所有这些能力，有些父母可能因自身情绪的、经济的或者家庭的问题而面临压力，因而无法满足儿童的情绪需求。

父母在和孩子互动中的掌握感，在一定程度上依赖于儿童情绪的易懂性、可预测性，以及对父母的回应能力（Goldberg，1977），而所有这些在残障儿童那里都可能会成为问题。早期研究（Rheingold，1977）提出，有几个因素会影响到婴儿的社会性行为，其中包括对社交刺激的反应、人际接触的开始、成人行为的改变等。然而，残障儿童常常在这些社会性方面有困难。如沃克（Walker）（1982）所注意到的那样，残障幼儿的人际互动往往具有如下特征：
1. 较少的人际互动（即与成人的互动主要限于生活照料或者教学）；
2. 很少有自发的、或者儿童主动发起的人际接触；
3. 非交互式的人际交往关系；
4. 缺乏对沟通互惠性的意识；
5. 单方积极的活动，或者是极端活跃，再或者是极端不活跃。

显然，许多重要的社会性成分在残障幼儿身上可能不完整，这对他们与照料者之间的互动有着负面的影响。

父母和孩子在彼此互动上有着同等的作用，他们中的任何一方都可能会缺乏适当的行为，或者具有不常见的反应模式（Cassidy & Berlin, 1999；Collins et al., 2000；Comfort, 1988；Goldberg, 1977）。可能会对人际互动产生消极影响的儿童特点，包括儿童情绪展示的程度、反应阈限、肌肉张力、易怒的情绪、较差的情绪调节能力、不能解读成人给出的暗示，以及苛刻的行为（Barnett, Clements, Kaplan-Estrin, & Fialka, 2003；DeGangi, 2000；Emde, Katz, & Thorpe, 1978；Greenspan & Wieder, 1999；Watson, Baranek, & DiLavore, 2003；Wetherby & Prizant, 2003；Williamson & Anzalone, 2001）。因此，结合亲子互动的情况来检验这些因素，是十分重要的。

互动双方之间的活动状态是人际交往的另一个重要方面。调查发现，残障儿童整体活动水平比没有残障的同伴要低（Hanzlik & Stevenson, 1986；Williamson & Anzalone, 2001）。这对亲子之间的互动是重要的，因为不活跃的儿童可以引起父母的消极状态，也可能会刺激父母过度活跃，或者刺激父母掌控他们之间的交往。残障儿童或者高危儿童与没有残障的儿童相比，还很少会主动发起与父母的互动（Hanson, 1996；Watson et al., 2003）。这些儿童就处在了应答者的角色位置上，而不是他们所处环境的积极应对者。因此，改变互动发起的模式是干预的重要方面。

以发展的角度来看，完全有可能检验照料者与儿童相互关系的进程。格林斯潘（Greenspan）(1997)根据亲子之间的关系，详细描述了儿童情绪发展的几个阶段（参见表4.3），格林斯潘的模型是有帮助作用的，它整合了亲子互动中社会情感的组成部分，而这些成分是受到认知、动作、语言发展所影响的。

VII. C. 儿童如何区分不同的人？

社会性区分（social differentiation）是指识别人的各种特征或者特点，以将其划归到各种类别（比如熟悉或者不熟悉，男孩或者女孩，年轻或者年老的）的能力。这样的区分有助于儿童确定他应该在社会情景下如何面对这些人。区分出谁是可信任的、谁是不可信任的，这对婴幼儿来说是非常重要的一种能力。在婴儿早期，他们就能够将其妈妈与其他人区分开来，而且通常更易于接受父母的安慰。然而，通常只有到了出生后的下半年，婴儿发展出了恐惧的情绪时，他才开始对陌生人有了警觉。对陌生人的恐惧程度因人而异，这取决于气质、经历以及文化差异（Saarni et al.，1998；Thompson & Limber，1991）。

表4.3 格林斯潘提出的照料者-儿童相互关系的进展

阶段	儿童年龄	本阶段父母与儿童之间的关系
1	出生—2个月	● 儿童看着父母，注意父母的面部、声音和动作； ● 父母是儿童进行愉快的活动，感到舒适、规矩的来源。
2	2—4个月	● 儿童通过微笑、接近和触摸来表现他对互动感兴趣； ● 父母引发儿童的运动、声响和表情，并给予回应。
3	4—8个月	● 在"沟通环路"中出现了儿童发起的和父母发起的双向交流或者话轮； ● 儿童结合面部表情、口头表达、手势、身体动作来进行20—30个来回的"沟通环"。
4	8—18个月	● 儿童坚持独立做事； ● 父母鼓励儿童进行探索，给情绪和动作命名，并对与安全相关的事物用情绪作出提示线索（比如会提示你被烫到会很痛——译者）。
5	18—30个月	● 儿童学习如何谈论情绪，找到依赖与独立之间的平衡，父母不在场时，他们也有把握父母会再回来； ● 父母允许儿童在安全的界限内进行探索，向儿童解释动作、反应、情绪的缘由。
6	2.5—5岁	● 儿童能够将想法和感觉联系起来，讨论时间、空间、因果关系，并玩复杂的角色扮演游戏； ● 父母通过示范、解释、提问和强化，鼓励儿童解决问题、进行人际互动，以及发挥创造性。

随着儿童认知能力的发展，他们利用识别能力来建构有关人群和社会信息的各个类别，以确定他们对这些类别的人应该给予怎样的反应。儿童懂得了他们需要对不同年龄、不同性别、不同能力的人给出不同的回应。然而，由于各种原因，包括缺乏依恋、缺乏认知理解力、缺乏社会理解力等等，有些儿童不能表现出适当的社会区分能力。例如，受到不良对待的儿童，特别是受到性虐待的儿童，他们对成年人常常表现出极端的不信任，或者过度深情的、不分青红皂白的行为。

社会性区分不仅对于儿童的安全很重要，而且对于认知和社会性发展也很重要。当儿童开始将其他人的特征进行归类和辨别时，他们也在与他人特征的关联中开始明确了自己的特征。他们开始能够区分出老年人和小孩，男孩和女孩，一个种族与另一个种族，等等。随着这些技能的发展，儿童还懂得了他人的角色和行为有什么不同，并开始理解了为什么人们会有不同的行为。他们还懂得了何时、如何以及为什么他们自己的行为需要在不同环境中因人而异。尽管社会性区分是建立在认知能力基础上的，但是它促进了儿童采用适当的方式进行人际交往。

如前所述,儿童首先是将父母与他人区分开的。早在儿童 7—12 月大时,他们就开始根据性别和年龄区分出不同的人和不同的声音了(Bahrick, Netto, & Hernandez-Reif, 1998; Poulin-Dubois, Serbin, Kenyon, & Derbyshire, 1994)。在出生后的第二年,儿童能轻易地区分出熟悉的人和不熟悉的人。到了大约 3 岁时,儿童通过发型、着装、行为,开始能够确定自己和他人的性别。到了 3、4 岁时,儿童能够改变自己的语言和行为,以适应发展水平比他低的儿童的需要(Howes & Farver, 1987)。他们还知道向比自己大的儿童寻求信息,以及玩什么、怎样玩。学前期的儿童还开始区分人的特点,最开始时,他们是按具体特征来区分人,比如技能、头发、眼睛的颜色,稍后会区分更抽象的特征,比如谁是友好的、谁是善良的。这样的归类能力为儿童理解一些较难理解的概念,比如"品质""友谊"等,打下了基础。

VII. D. 儿童与其兄弟姐妹以及同伴都玩什么类型的社交性游戏?

与同龄人的社交能力(social competency),涉及到儿童能否参与到有意义、有回报的互动中,是否被其他儿童所喜欢并接受,是否能够与他们建立友谊。如前所述,他在适当地表达和调整情绪、读懂他人发出的线索、表现出同理心和关心、主动发起互动、注意到他人的独特之处等等方面的能力,对于发展与同伴和兄弟姐妹之间积极的人际关系是非常重要的。与同伴的人际关系还通过早期建立起来的亲子之间温暖、敏感的依恋而得到滋养。

早在婴儿 3—4 个月大的时候,他们就会看着对方并相互碰触。到 6 个月大时,婴儿会对其他婴儿做出微笑,并发出声音。到 12 个月大时,婴儿可以把玩具递给别人,这是婴儿做出的第一个真正意义上分享的举动。他们还咧嘴笑,做出身体上的动作,并开始模仿其他儿童的行为(Vandell & Mueller, 1995)。随着儿童不断长大,他们有了更精湛的游戏技能,以及更熟练的行走和奔跑的能力。他可以寻找并与周围附近的儿童玩耍。特别是长到 18 个月以后,同龄人之间的游戏会升级。彼此协调的互动主要通过模仿对方的行为,比如扔球、跑等而得到增强,并且不断提高的口头表达技能也扩展了儿童之间的沟通范围(Eckerman & Didow, 1996)。围绕玩具而产生的彼此接触,常常会有争抢的动作,这时,得到一个东西的渴望往往超过了进行愉快的人际互动的渴望。如前面所说过的那样,在这个时候,儿童开始对其他儿童的情绪给出回应,当其他儿童不高兴时,他能利用身体动作给出安慰。

在 2—3 岁之间,儿童一起做游戏的能力有了快速的发展。在这个阶段期间,儿童懂得了如何使用物体,以及从事于*平行游戏*(parallel play)。在这种游戏中,儿童彼此之间很靠近,但各自玩相似的游戏材料。*联合游戏*(associative play)——儿童从事于不同的游戏活动,但对彼此的活动保持兴趣和评论——也随着早期的角色扮演游戏而出现。在这个时候,儿童发展出了使用各种策略来解决问题的能力,并能与另一个儿童一起完成一项任务,比如一起搭一个建筑等。

在3—4岁之间,儿童逐渐形成了友谊。他们能够进行交谈、从事合作游戏（cooperative play）,即为了共同的目标而玩耍。4—6岁时,儿童的社交游戏变得更具合作性和组织性。角色扮演游戏占据了主导地位,在这类游戏中,儿童承担不同的角色,或者进行一系列相关的动作活动。在整个学前阶段,独自（isolated）游戏、平行（parallel）游戏、联合（associative）游戏、合作游戏都随时可见。令人惊奇的是,在幼儿园自由活动时间,非社交性的活动占据了所有活动的三分之一,其他类型的游戏所占时间则基本上大致相同（Howes & Matheson, 1992）。人际互动的类型在某种程度上说仍然没有太大的变化,但从认知角度来说,互动的内容则变得更加复杂。这一点非常重要,因为单单是非社交性游戏本身并不足以引起警觉,但是,如果儿童是由于对社交性游戏没有意识、没有兴趣,或者由于有刻板的游戏模式而不与其他儿童一起玩的话,那么,就需要对其进行更深入的检查。另外,由于极度恐惧或焦虑而避免参加人际交往的儿童,可能在"情绪风格"子类相关表现上需要特别关注。

除了之前列出的人际互动的发展水平外,人际互动的其他几个方面也值得注意。在儿童社会化过程中,性别偏好也非常重要,女孩的人际交往的活动往往不同于男孩。研究表明,除了环境的影响外,荷尔蒙也影响到男孩和女孩对游戏的选择。男孩往往偏好运动导向的游戏,比如奔跑、打仗、建造、破坏等类型的活动,女孩往往偏好安静的、温柔的游戏（Beneson, Apostoleris, & Parnass, 1997; Maccoby, 1998）。这些偏好可能会随着儿童的逐渐成熟而导致性别上的分离。早在2岁的时候,女孩就会撤出男孩玩的喧闹打斗的游戏。到了学前阶段开始时,性别差异在同伴游戏中就很明显了,不论是男孩还是女孩都会选择与同性别的小朋友互动（Hartup, 1983）。女孩往往偏好人少的游戏,喜欢进行角色扮演游戏和艺术性手工活动;而男孩则喜欢人多的游戏,喜欢玩更活跃的、更具竞争性的游戏（Eder & Hallinan, 1978）。

VII. E. 儿童如何应对人际冲突（social conflict）?

在出生后的第一年,随着婴儿的意愿和目标感增加,婴儿之间的冲突就开始出现了。与兄弟姐妹和同伴的冲突在出生后的第二年往往会增加,在这个年龄,儿童的语言能力还不足以表达他的需求和愿望,他往往会用踢和咬来表达他的不满。随着儿童联合游戏的增加,与同伴的冲突也随之增多。儿童知道了必要时他可以寻求成人的帮助,并且常常会请求成人的介入来解决争端。在3—4岁之间,儿童可以更多地通过自己的努力来解决冲突,常常采用屈从于其他儿童、退出、协商等手段来解决人际冲突（Cheah et al., 2001; Landy, 2002）。

在学前阶段,冲突发生的数量和频率以及解决冲突的手段是相互关联的。诸如推搡、碰撞、口头伤害、干涉他人、冲动的举动等攻击性行为,一时心血来潮、发脾气等不成熟的行为,孤僻、退缩、无所事事，以及其他与群体不同步的行为，常常会同时出现在儿童群体中（Bierman, Smoot, & Aumiller, 1993）。研究者确定了在成人和儿童身上的两种攻击性行为，即关系攻击（relational aggression）和身体攻击（physical aggression）（Crick, 1997; Crick, Casas, & Ku, 1999; Crick, Casas, & Mosher, 1997; McEvoy, Estrem, Rodriguez, & Olson, 2003）。关系攻击被定义为排斥其他儿童参与游戏，或者鼓励其他儿童排斥某个儿童，或者以排斥或者忽略来实施威胁的任何口头上的或者非口头上的行为。身体攻击被定义为为了得到某个东西、逃避某项任务、得到某人的注意以及提供感觉刺激而采取的踢踹、碰撞、推搡、推挤、抢夺以及扔玩具、毁坏他人的游戏材料，或者威胁要做这类动作的各类行为（引自 McEvoy et al., 2003, based on definitions by Crick et al., 1997）。研究发现，男孩有更多的身体攻击行为，而女孩则有更多的关系攻击行为，但是从整体上讲，在这两种攻击行为的实施上，男孩都多于女孩（McEvoy et al., 2003）。

在辨识人际交往方面的问题时，这些因素都应该考虑在内。然而，注意到文化影响的重要性以及文化在对待攻击、情感、沉默寡言等方面的不同态度也很关键。一些家庭可能对男孩做出攻击和武断的行为持赞赏的态度，而另一些家庭则视安静和合作为更适当的行为。因此了解家庭的价值观和对儿童的期待很重要，因为儿童的行为将受到家庭成员的强化，以展现出家庭认可的行为。

VII. F. 在双人或小组环境中，其他儿童对该儿童的反应是怎样的？

另一个对社会性发展非常重要的方面，就是儿童的社会接受度，或称社会好感度。研究表明，被别人喜欢的儿童有更多的朋友和更积极的人际关系（Newcomb & Bagwell, 1995），同伴认可度对今后的心理适应性是一个有力的预示指标（Gest, Graham-Bermann, & Hartup, 2001）。由于攻击性，或者由于退缩而不受同伴喜欢的儿童，未来出现人际的、情绪的、学业上的问题的风险都更高些。因此，非常有必要尽早检视学前幼儿是否在人际互动方面不受欢迎。早期干预可以帮助他们形成必要的社会性技能。

残障幼儿往往没有特别喜欢的游戏伙伴，尽管这通常是由于无残障的同伴没有能力对这些儿童表现出的差异予以了解和回应，但是，由于游戏中各自的能力不同，与残障儿童游戏时不能很好的沟通也是一定的原因。残障儿童可能会在加入群体、维持游戏，以及解决问题的能力等方面表现出一定的困难。观察这些儿童的特点，能帮助评估团队针对儿童与同伴的人际交往能力制定干预策略。

VII. G. 儿童如何展现出他的幽默感（sense of humor）？

幽默是一个宽泛而多层面的结构（Klein, 2003; Martin, 2000），它涉及到对刺激物或者事件的创造、感知、理解、领会等认知过程,并产生开心、微笑或者大笑的结果。尽管很难给幽默感下定义,但是,它通常都表现为对惊奇的或者意外的包括身体的、口头的、认知的成分给出愉快的回应。具有幽默感对于儿童发展是很重要的(Bergen, 1996; Klein, 2003; McGhee, 1991; Nevo, Aharonson, & Klingman, 1996),而且,它对身体健康和心理健康也都很重要(Bizi, Keinan, & Beit-Hallahmi, 1988; Kuiper, Martin, & Olinger, 1993; McGhee, 1991; Nevo, Keinan, & Teshimovshy-Arditi, 1993; Zajdman, 1993; Ziv, 1983, 1988)。幽默还有助于应对焦虑、压力、疼痛,增强免疫系统,促进积极的情绪,提升学习和创造过程,减缓紧张情绪,增强注意力,提高记忆力,使人得到放松,并促进语言运用。

儿童的幽默感对人际互动也有重要影响。尽管幽默并不总是涉及到人际互动(比如独自时也会因某事大笑),但是幽默常常发生于人际交往场合,而且幽默感影响到了社交能力。由于这个原因,幽默感被包含在人际关系的范畴内。有关幽默的认知方面,将在认知领域(第七章)给予介绍。

幽默的各种表现形式,既可能是适宜性的,也可能是适应不良。马丁(Martin)和他的同事在2000年发现,具有娱乐他人倾向的人,以及为促进人际和谐来表现幽默的人,会采用"友好式幽默(affiliative humor)";还有些人则采用"自我提升式幽默(self-enhencing humor)",以用来帮助人们应对,或者使其对当下情形保持更为积极的看法。无论是友好式的还是自我提升式的,这两种幽默类型都是适宜的和具积极意义的。另一方面,"攻击性幽默(aggressive humor)"则是利用讽刺挖苦来嘲弄别人;"自我贬低式幽默(self defeating)"则是过度地自我诋毁。这两种幽默都被认为是适应不良的幽默形式(Martin, 2001)。尽管在更年幼的儿童身上不可能看到所有这些幽默的形式,但是到了学前阶段,有可能看到幽默感的萌发,而且可能看到儿童是否利用幽默来达到积极适应的或适应不良的社会性目的(见表4.4)。

理解他人的幽默,需要对出现的任何不协调、不一致有一定的认知理解力以及社会理解力。当一个人有意搞笑时,他会展示出面部表情、音调变化,以及其他细微差别,对此儿童需要去识别。在此意义上讲,幽默感的形成,需要儿童能意识到情绪、感知到意图,并给出与情绪一致的反应。儿童的幽默感还可以告诉我们有关其认知发展水平的很多信息(Ciccetti & Sroufe, 1976; McGhee, 1977, 1979, 1991; Zillman & Bryant, 1993)(见第七章和表4.4)。

不合社会习俗的幽默表达,或者缺乏幽默感,可能与各种心理失调或神经病理异常有关。患有自闭谱系障碍、精神分裂症以及抑郁症患者,可能会表现出非同寻常的幽默感,或者完全没有幽默感。杜考夫尼(Duchowny)(1983)将病理性幽默定义为它是"表面上像是自然的笑声,但因其发动模式、情绪表达不正常,以及与社会情境不相宜而不同"(见 p.91)。病理性的笑声可以在患有安琪儿综合征(Angelman syndrome)的儿童身上看到(Summers et al.,1995)。病理性的笑声有这样几种：(1)笑声过度(excessive laughter)，或者是所处的情境并不好笑时笑，或者是笑起来就制止不了；(2)被迫发笑(forced laughter)，这种笑是不在儿童所能控制的范围内；(3)癫痫式痴笑(gelastic epilepsy)，这种笑可能是一种惊厥症状(Arroyo et al.，1993；Duchowny，1983)。如果有这几种形式的笑声出现，在对儿童进行全面评估时，就应将其考虑在内。这方面的有关情况将有助于做出明晰的诊断。

表 4.4 幽默的发展

年龄	表达幽默感的手段
出生到第一年	人际互动、社交性游戏(如藏猫猫)； 身体游戏(如踢，动作，感觉游戏)。
1—2 岁	"来追我"(可能指儿童有时故意跑远，逗别人来追自己——译者)； 让人意想不到的动作、声音。
2—3 岁	人和动物的不协调、不一致的动作； "错误地"给物体起名，或者制造错误。
3—4 岁	可笑的动作，或者以可笑的方式使用声音和词汇； 打趣性的话轮转换，让另一方发笑； 有可能看到负面的幽默(如，故意把别人的积木搞塌然后大笑)。
4—5 岁	(有谜面的)谜语和一问一答的敲门笑话； 用一些词汇来形容/比喻身体功能。
5—6 岁	戏弄他人或者开他人的玩笑； 用讽刺挖苦伤害他人感情，或者取笑他人； 首次出现自我诋毁的幽默。

7.2 运用《观察指南》评估人际互动的情况

由于评估团队只能在有限的时间内以及有限的环境中观察儿童的人际互动情况，因此，通过更多的渠道获取人际互动的信息就很重要。由于这个原因，TPBA评估团队除了观察儿童与父母、引导员、兄弟姐妹、同伴的互动外，还应该通过对父母、照料者进行的问卷调查了解有关儿童的社交功能发挥的情况。

在人际互动的子类内，应观察儿童人际交往的情况，包括：解读线索的能力、亲子互动、见到陌生人时的反应、与兄弟姐妹以及同伴的互动、人际冲突的应对方式、对其他儿童的反应、所参与社会性游戏的类型、为了人际交往而采用的幽默等等。要观察儿童与引导员、父母的人际互动，只要有可能，还要观察儿童与同伴以及兄弟姐妹之间的互动，这些都非常重要。评估团队获得的感性认知应与由父母、其他照料者、教师提供的有关儿童在游戏评估之外进行人际互动的信息进行比较。综合考虑其他人有关儿童社会性技能的意见，这是必要的，但这不是为了决定谁"对"谁"错"，而是为了了解儿童在不同情境下的人际互动是如何变化的。

VII. A. 儿童对其他人的情绪有什么反应？

在TPBA2实施中，评估团队有许多机会观察到儿童对照料者、引导员、同伴、兄弟姐妹以及评估团队的其他人员做出怎样的情绪反应。评估团队应观察儿童是否查看周围人的脸。不论儿童是在游戏室还是在家中接受观察，新的情景都可能引发焦虑的情绪。要发现儿童的社交参照情况，比如他是否观看照料者以了解他们有什么样的情绪？当某人微笑时，他是否也给出微笑来回应？儿童在回应父母的情绪时他的表情和动作有何种变化？如果父母表现出惊奇或者愉快的表情，那么儿童会有何反应？有时，父母在游戏评估过程中对儿童显出生气的表情，那么，儿童会有什么样的面部表情、身体动作、口头反应？应观察儿童表情的变化以及对父母或者引导员的反应情况。另外，要发现儿童的联合参照情况，如果父母或者引导员查看并谈论某个物体，那么儿童也会看这些物体吗？

如果儿童既使用社交参照（social referencing），也使用联合参照（joint referencing），那么，他是否能够将在成人脸上看到的情绪与这个情绪的原因联系起来呢（比如积木搭的塔倒下来，成人显得伤心，儿童是否会看看成人，看看积木，作出反应）？对大些的儿童来说，角色扮演类游戏可以用来表演不同的情绪境况。游戏引导员可以即兴设定能够引发儿童不同情绪的情境，并允许儿童对参与到游戏中的其他人的情绪给出回应。例如，当引导员和儿童一起玩假扮医生的游戏时，儿童是否对引导员假装的头疼表现出移情的反应？他会做些什么来使引导员感到好受些？在角色扮演类游戏中，评估团队可以检验儿童在适当的场合扮演各种情绪角色的能力，以及与所表达出的情绪相匹配的角色进行对话的能力（见第一节情绪表达）。父母往往要在游戏表演的不同情绪场合充当儿童的"同谋"，比如，妈妈假装对儿童拿走她正在玩的玩具感到很难过，引导员可以对儿童的这个动作给出口头上的或者非口头上的建议，"看，你拿走了妈妈的点心，她难过了。"然后评估团队可以查看儿童对熟悉的和不熟悉的人的情绪有何不同的反应（见 TPBA2 年龄表，在中文版第 206 页）。

对于具有学前能力水平的儿童来说，引导员应该倾听儿童使用的语言，以此来确定儿童对情绪的理解。当儿童说到他到迪士尼乐园的一次旅行、最近的一次暴雨、遇到的一次烦心事，以及其他情绪经历时，引导员可以利用此机会与儿童讨论在这样的事件发生时他有什么样的感觉，以及是什么使他有了这样的感觉。这将使评估团队判断出儿童的情绪以及对情绪的因果关系有怎样的理解。如果儿童碰巧因某事而哭闹起来，那么引导员可以看到他是否懂得应该怎样才能使自己"感到好受些"。

VII. B. 儿童是否对其父母表现出愉悦感和信任感？

TPBA2 并不提供对儿童的评估，但是它为检验儿童与父母之间的关系提供了机会，而这种关系被看作是行为的安全保证。同时，由于儿童把父母看作是他想获得安抚和鼓励随时可以返回的港湾，因此检验父母与儿童之间的关系也为促进儿童探索和感受环境能力的发展提供了机会。进行游戏评估的过程中，在父母和儿童都感到舒适的情况下，每个父母都要求与儿童在非结构性游戏情境中以及更为结构性的教学任务情境中进行互动。父母在随意性游戏中的互动可能看起来与结构性学习情境完全不同。当父母与儿童之间不是直接互动，而是在室内观看儿童做游戏评估时，也可以观察到儿童与父母之间的关系。评估团队可能会看到儿童需要父母给予多大的支持和关注，或者相反，父母要求儿童独立玩耍或者与其他同伴玩耍有多么困难。此外还可以观察到儿童对于与父母分离以及父母返回有怎样的反应，这取决于儿童的年龄。婴儿和幼儿应该在父母陪伴的情况下进行游戏评估，让父母双方或者父母一方尽可能长地参加到评估中，以确保对儿童产生积极的效果。在某些情况下，父母可以陪伴儿童参与评估的全过程。事实上，如果儿童不愿意与评估团队人员进行互动的话，父母可以作为游戏的引导员。

根据儿童的不同发展年龄，可以看到有大量的行为表明了儿童对父母的依恋，并且已经建立对父母的信任感，相信父母会允许他们去探索周围的世界。评估团队可以观察儿童是否主动参与到与父母的互动中，是否主动寻求情感的交流以及来自父母的支持和鼓励。另外，评估团队需要观察儿童对父母情绪的反应、主动发起与父母的互动以及保持互动的行为。

评估团队还应该对那些表明亲子关系紧张，或者表明儿童和父母需要帮助的指标性行为有所认知，例如，评估团队可能偶尔会看到儿童避开与父母的互动，或者只与父母有初级的消极互动，甚至与父母一方或者父母双方都只有短暂的、焦虑的互动。这些可能都是亲子关系中的预警信号。然而，评估团队需要时刻不忘儿童的发展水平状况，年龄大些的儿童也许表现出对父母缺乏兴趣，将注意力更多地集中到玩具上，这可能是由于他们对玩具和游戏材料更感兴趣。

评估团队可能还会观察到父母向儿童给出的反应的类型。当儿童不高兴时，父母除了安抚他们以外，对儿童取得的成功和积极的感情给出怎样的反应呢？父母会向儿童说些什么？他们的评论是积极的还是消极的？是教导性的还是情绪化的？积极参与到传统治疗中的父母可能开始看上去更像是个治疗师，而不是父母，且这样会耽误他们成为一个善于给出回应、善于提供支持的照料者。

评估团队还应该观察与父母双方的互动情况，因为可能儿童与父亲的关系和与母亲的关系是不一样的。如果其他的照料者，比如祖父母、保姆在儿童的日常生活中是重要角色，那么他们参与到 TPBA 中可以对评估团队提供一定的方向，并使儿童受益。另外，还应查看儿童是如何面对评估团队的其他人员的,因为其中有很多人可能是陌生人,并将儿童与其父母或者他熟悉的其他人之间的关联方式进行比较。受过虐待的儿童,或者人际关系失调的儿童,可能对陌生人没有足够的分辨力,他们也许会表现出不适当的喜爱或者害怕,还可能以同样的方式对待熟悉的和不熟悉的人。对照儿童的年龄表,如果儿童无法区分不同的人,也无法做出适当的回应,就意味着可能需要对其开展进一步的调查研究。

在偶然情况下,评估团队可以观察到父母某些对儿童情感与社会性发展有负面影响的行为特点。评估团队如果观察到父母给出的回应是压抑的、非互动性的、指令性的、过度控制的、前后不一致的、模糊不清的,或者其他一些行为,会令我们怀疑一些育儿风格是否对儿童发展产生了负面的影响。TPBA的目的不是去评估父母,而是去评估儿童。然而,评估团队有责任帮助父母形成满足其期待的互动模式,并由此来促进儿童的发展。对此,评估团队可采用的积极策略,首先是确定父母的目标和意图,然后再与父母谈论实现这些目标的有效方式。

如果担心照料者-儿童之间的互动有问题,就需要转诊,由专家来进行进一步的评估和诊断。另外,关键是不要对父母的行为方式做评判,而是要检验他们的行为如何影响到儿童,是促进儿童的发展,还是阻碍儿童的发展。评估团队还应该确定父母他们自己想要怎样"做父母",以及他们是否愿意得到外部支持。有许多父母很快就能承认他们遇到了挫折,并愿意接受建议,以便能更愉快地育儿,然后评估团队就能够给父母提供辅助性支持和相关资源,让他们做出必要的个人与互动方式的调整等,以使他们更有效地做好父母。

VII. C. 儿童如何区分不同的人?

在 TPBA 过程中,评估团队将观察儿童对照料者、陌生人、兄弟姐妹以及同伴的反应。另外,评估团队还应努力发现儿童对人的区分,以及他们偏好什么年龄、性别、个人特点的游戏同伴。在游戏评估期间,儿童针对不同的人可能表现出喜欢互动或者逃避互动。对有些儿童,观察者可能看不出他们有任何的个人偏好,他们以同样的方式与周围出现的所有人玩耍而看不出对任何人的区分。另外,评估团队应该听听儿童的评论,这些评论表明了儿童对不同的个人特点的认识和理解。例如,儿童可能会评论引导员的头发、衣着、性格(比如说"你真好")。评估团队的观察可以参照儿童年龄表和文化期望得到有关儿童认知理解以及人际意识的信息。

VII. D. 儿童与其兄弟姐妹以及同伴玩什么类型的社交游戏?

TPBA 游戏评估中,提供用来观察儿童与同伴互动情况的机会并不多,除非评估是在教室中进行。由于这个原因,查阅父母问卷调查(CFHQ),以及从教师、儿童保健人员那里获得有关儿童人际互动状况的反馈意见,都是很重要的。以《儿童能力家庭评估工具》(Family Assessment of Child Functioning Tools)(见实施手册第五章),父母将被问到有关儿童人际互动的问题,这与评估团队所关注的问题是同样的。在实施 TPBA 期间,如果儿童与兄弟姐妹以及同伴之间产生互动,那么评估团队就能够观察到这方面的情况。也有些儿童没有兄弟姐妹,那么就无法观察,在这种情况下,来自父母和其他照料者的信息就可以用于回答 TPBA2 中这个部分的内容。如果 TPBA 是在家庭中进行,在评估的某个时段,在场的评估团队人员应该花些时间让儿童与在家的任何兄弟姐妹进行互动。对于不肯接受游戏引导员的儿童,就让他们与父母以及兄弟姐妹游戏,这可能会使他们感到更加自在些。在这种情况下,可以让儿童先与兄弟姐妹玩,然后再与引导员玩。如果游戏评估中儿童对新来的人和新的玩具产生了兴趣,那么,与兄弟姐妹的互动就可以放到稍后一些再进行。

如果 TPBA 是在游戏室进行,且兄弟姐妹都在场的话,可以采用上述同样步骤。如果兄弟姐妹不在场,可以让一个同伴介入进来。介入的方式有如下几种:父母可以和儿童的一个朋友一起参与到评估中(最好是儿童熟悉的小朋友,而不是他不熟悉的小朋友);另外,如果游戏评估是由儿童常去的托幼中心来实施的,那么来自同一班级的同伴(在其父母同意的前提下)可以参与到评估中。所选择的同伴最好是同性别以及能力较之稍强些的儿童。

在观察儿童与兄弟姐妹以及同伴的互动过程中,评估团队还可以观察儿童是否意识到了其他儿童的存在,以及他对其他儿童的接近有何反应。通过游戏,从各种形式的非社交性游戏到平行游戏、联合游戏、合作游戏,都能够观察到儿童互动的水平。另外,评估团队还可以观察儿童是如何回应同伴的,儿童在互动中是退缩的还是主动的,他们对其他儿童发起的互动是否给出回应。

VII. E. 儿童如何应对人际冲突?

评估团队可以观察儿童是否能与其他儿童轮流做事,以及对冲动行为和侵犯行为,比如抢夺玩具、推搡、拍打、咬等,有何种反应。如果儿童能够从事合作游戏(为了一个目标一起努力),那么为了能一道努力,这个儿童是如何与人协商的呢?儿童能够看到共同的目标、协商的作用,以及与他人分享对行动的控制吗?如果出现冲突,儿童是如何应对的呢?儿童是"放弃"、从冲突中退缩、利用成人作为调停者、通过协商达成妥协,还是反过来施以攻击?观察儿童的反应,有助于深入了解儿童典型的同伴互动模式。

VII. F. 在双人或小组环境中,其他儿童对该儿童的反应是怎样的?

有些特殊情况在游戏评估中是观察不到的,除非是在群体情况下才能观察到。如果儿童是处在学前阶段,上了日托中心,或者上了学前班,那么,评估团队还应该努力从儿童教师、儿童照料者那里了解儿童的社会接受情况以及受其他儿童欢迎的情况。可以向教师询问,该儿童是否为其他儿童所欢迎、所接受,或者是否被其他儿童所排斥,他受排斥是因为他的退缩行为,还是由于他的负面行为。如前面已经介绍过的那样,这样的信息对于评估团队来说是有很大价值的。

VII. G. 儿童如何展现其幽默感?

在 TPBA 评估中,幽默既可以在认知领域,也可以在社会情感领域进行观察。在认知领域,通过对幽默感的分析,可以看到它所表现出的儿童的理解水平如何。在社会情感领域,对幽默感的检验可以了解儿童是如何利用幽默来实现其社交意图的,以及其社交意图是积极的还是消极的。消极的幽默只有可能在学龄前儿童身上看到,这个时期的儿童能够为了消极的目的而使用幽默的语言、手势和动作,比如通过模仿别人,或发出好笑的、会激怒某人的声音来取笑他人。

在评估中应该考虑来自教师的评论。通过 TPBA 还可以观察到的其他方面有:儿童是否能主动表现幽默,是否理解他人的幽默并能给出回应?儿童会利用动作和话语来主动让别人发笑吗?如果儿童会使用搞笑的举动,那么接下来的一个重要问题就是:他使用这些举动是否是为了拉近(人际)距离、是否出于积极的社交目的?基于此,评估团队能够观察儿童的一些举动,比如儿童藏起某个东西,然后突然把它拿出来,让别人大吃一惊;还可以看到一些手势,比如儿童把一个玩具放到自己的头顶上,让别人发笑;还有儿童用一些词,比如说"你是一个便便头"以引起那些同样着迷于浴室幽默的人的笑声;还可以观察到儿童利用幽默来伤害他人,学前阶段的儿童会采取用某个物体打别人然后大笑等形式来表现幽默。在上述事例中,叫别人是"便便头"并不被认为他不适应环境,因为其他儿童喜欢这样的幽默。但是,同样的说法如果是用来嘲笑或者取笑某人,那就是不合适的。

评估团队要观察的另一个领域就是儿童对他人幽默的反应。当某人做出搞笑的事情时,在一定发展水平的儿童能够分辨出此人是在搞笑吗?他能够读懂面部表情和声音变化的含义吗?他能理解动作的幽默意图吗?残障儿童可能会以不同寻常的方式对引发笑声的动作做出反应。有感觉统合问题的儿童,可能会认为某些动作,比如挠痒痒是侵入性的动作,一点也不好笑;孤独症儿童可能完全不能感到动作和词语的幽默之处,即使这些幽默是符合其发展水平的。还应观察笑声的数量和对笑声的控制情况。有些儿童可能会对根本就不好笑的事情感到好笑,并发出歇斯底里的笑声,而且一旦笑起来就不可控制。见到有这些类型的笑声时,应该将其作为危险信号来对待,它预示着某些不同寻常的情况正在发生。评估团队应加以关注,并综合观察各种领域的情况,了解当前的行为模式,这些行为模式可能预示着存在某个方面的缺陷、迟滞、失调。

由于幽默最有可能是在"安全"以及放松的情形中观察到的,因此,评估团队可能不能看到儿童所有的幽默类型,儿童在家中与父母和兄弟姐妹之间会有感到很愉快的傻瓜式互动,然而这样的互动在不熟悉的情境中与陌生人之间进行就是不适当的。因此,评估团队应该向父母和教师了解在家中和社区中什么事物可以引起儿童发笑(比如词语、动作、图书、事件),以及儿童为了让他人发笑会说些什么、做些什么。

黛蒙德(Diamond),3岁女孩,非裔美国人,她现在生活在一个寄养家庭中,由乔治·布朗(George Brown)和阿尔西亚·布朗(Althen Brown)照养。黛蒙德在她2岁时离开了她的单亲家庭,原因是她的妈妈吸毒,而且吸毒后对她有虐待和忽略的行为。自那时起,她就到了布朗家,布朗夫妇已有一个小男孩,5岁。如果法院剥夺其母亲对黛蒙德的抚养权,布朗夫妇想要收养她。黛蒙德每周在监护人陪伴下去见一次她的亲生母亲。法院批准的监护人报告说,她的母亲正在努力戒毒,但是,她还是不断地旧病复发。阿尔西亚说,黛蒙德每次看望她的生母后,总是会"一反常态"。布朗夫妇感到黛蒙德自从到他们家后,已经有了很大的进步。他们报告说,当初他们领她到家时,她一句话也不说,她退缩、静止不动、不玩玩具,当有人想要抱起她时,她就显出害怕的样子。布朗夫妇说,她现在尽管还达不到她的养兄在她这个年龄时的水平,但是她很逗人喜爱、快乐、爱说爱笑。

TPBA评估团队的两个成员在黛蒙德的寄养家庭中对她进行了观察,他们认为这个寄养家庭对黛蒙德来说,应该是一个更舒适的环境。她的养父母和养兄都在场。黛蒙德给在门口的语言治疗师和心理学家一个大大的微笑,算是打招呼。她手中拿着一块饼干,说:"我的饼干。"当TPBA评估团队人员到她家时,黛蒙德和她的养兄本杰明(Benjamin)一直在玩塑料积木,因此,评估团队人员看到本杰明试图帮助黛蒙德将积木摆放到一起,为他的车建个车库。黛蒙德看着本杰明,并模仿他的动作,然后当他们轮流着把车库毁掉时,他们两人都大声笑了起来。乔治抱起黛蒙德,把她放到自己的膝盖上,她说:"积木,爸爸,本杰明的积木。"乔治回答说:"是的,你和本杰明为他的汽车搭了一个车库。"黛蒙德说:"本杰明的车。"然后她跳下来,跑过去,拿起玩具汽车。

当阿尔西亚和她玩耍时,黛蒙德拿出茶具,假装为她的养母倒一杯"咖啡",她不时地看看她的养母,递给她想象中的饼干和点心。阿尔西亚说,这是黛蒙德最喜欢玩的游戏,他们每天都做这样的游戏,通常情况下是用真正的牛奶和饼干。

对所有家庭成员之间的游戏观察了近半个小时后,引导员加入到黛蒙德与其养父吹泡泡的游戏中,黛蒙德非常活跃,她跳起来追逐每个泡泡,高兴地尖叫着。几分钟以后,引导员请其他家庭成员到室外去几分钟。其他三人都离开了,到厨房

"去拿饮料",黛蒙德看着他们离开,然后转向引导员,说道:"吹更多的泡泡。"当家庭成员回来时,黛蒙德打量着他们,微笑,跑向本杰明。阿尔西亚评论说,黛蒙德非常依恋本杰明,她每天都等待着他从幼儿园回来。

在游戏评估之后,评估团队回看了TPBA的录像带,黛蒙德的游戏行为和语言发育都有迟缓的现象,但是,她正在表现出对家庭的安全感和信任感。她注视他们以获得社交线索。她追随着他们,向他们显示自己的成就,并寻求他们的喜爱。见到他们回来,她明显地表现出高兴。她对养兄展现出合作性互动,并很喜欢他们的行动所带来的幽默感。她在这一年内有了不少进步,显示出她在探索技能、认知技能、沟通技能,以及情绪安全上都有所改进。

结论

《TPBA2观察指南》中有关情绪情感与社会性发展部分,为获得儿童该方面的大量关键信息提供了一个窗口。观察情绪表达,可以确定儿童的情绪范围,而情绪的范围表明儿童是否能够毫无困难地与人进行必要的情感沟通。检验情绪情感风格,可以确定儿童是否需要支持才能适应新的情境以及进行转换和改变,并且需要什么类型的刺激和多大的刺激量才能产生积极的情绪反应。了解儿童情绪情感和行为调节的能力,可以通过观察各种活动过程中的情绪和行为控制情况而获得。有关这些范畴的信息将有利于有计划地帮助儿童获得情绪的稳定性。另外,《观察指南》考虑到了儿童的自我意识正在不断增强,考虑到了促进儿童独立性、动力以及积极的自我意识的发展的干预措施是否会从正面影响到儿童的学习和人际互动。观察儿童与父母、同伴以及其他人的人际互动状况,可以确定儿童存在的优势,确定需要关注儿童的哪个方面以促进儿童的人际交往。最后,通过发现那些儿童在游戏中表现出来的情绪情感主题,可以发现儿童的内心世界,对儿童的情感与社会性发展可能带来负面影响的内心冲突,一旦确定,就须根据需要予以干预。

观察的结果,将用于制定针对儿童在情绪、行为、人际交往等多方面问题的干预计划。在儿童具有严重情绪情感问题的情况下,则需要进一步的评估。尽管这些领域涉及到了情绪情感与社会性发展的多个方面,但是《观察指南》并没有提供用于对特定情绪失调问题做出诊断所需的全部信息。因此,应根据亲子互动、家庭动态、其他生态学因素,以及儿童的幻想世界等情况,进行更深入的评估。TPBA只是提供了有关上述领域的起始信息,针对特定的缺陷,可能有必要由有资质的专业人士做进一步评估。

参考文献

Ainsworth, M. D. S., Blehar, M. C., Waters, E., & Wall, S. (1978). *Patterns of attachment*. Mahwah, NJ: Lawrence Erlbaum Associates.

American Psychiatric Association. (1994). *Diagnostic and statistical manual of mental disorders (DSM - IV), fourth edition*. Washington, DC: American Psychiatric Association.

Arroyo, S., Lesser, R. P., Gordon-Sumio Uematsu, B., Hart, J., Schwerdt, P., Andreasson, K., & Fisher, R. S. (1993). Mirth, laughter, and galastic seizures. *Brain, 116*, 757 - 780.

Atkinson, J. W. (1964). *An introduction to motivation*. Princeton, NJ: Van Nostrand.

Bahrick, L. E., Moss, L., & Fadil, C. (1996). Development of visual self-recognition in infancy. *Ecological Psychology, 8*, 189 - 208.

Bahrick, L. E., Netto, D., & Hernandez-Reif, M. (1998). Intermodal perception of adult and child faces and voices by infants. *Child Development, 69*, 1263 - 1275.

Barkley, R. A. (1997). Behavioral inhibition, sustained attention, and executive functions: Constructing a unifying theory of ADHD. *Psychological Bulletin, 121*, 65 - 94.

Barnett, D., Clements, M., Kaplan-Estrin, M., & Fialka, J. (2003). Building new dreams: Supporting parents' adaptation to their child with special needs. *Infants and Young Children, 16*(3), 184 - 200.

Barr-Zisowitz, C. (2000). "Sadness": Is there such a thing? In M. Lewis & J. M. Haviland-Jones (Eds.), *The handbook of emotions* (2nd ed., pp. 607 - 622). New York: Guilford Press.

Benenson, J. F., Apostoleris, N. H., & Parnass, J. (1997). Age and sex differences in dyadic and group interaction. *Developmental Psychology, 33*, 538 - 543.

Benham, A. L. (2000). The observation and assessment of young children, including the use of the Infant-Toddler Mental Health Status exam. In C. H. Zeanah, Jr. (Ed.), *Handbook of infant mental health* (pp. 249 - 265). New York: Guilford Press.

Bennett, D., Bendersky, M., & Lewis, M. (2002). Facial expressivity at 4 months: A context by expression analysis. *Infancy*, *3*, 97–114.

Benoit, D., & Parker, K. C. (1994). Stability and transmission of attachment across three generations. *Child Development*, *65*, 1444–1456.

Bergen, D. (1996). Development of the sense of humor. In W. Ruch (Ed.), *The sense of humor: Explorations of a personality characteristic* (pp. 329–358). New York: Mouton de Gruyter.

Bierman, K. L., Smoot, D. L., & Aumiller, K. (1993). Characteristics of aggressive-rejected, aggressive (nonrejected), and rejected (nonaggressive) boys. *Child Development*, *64*, 139–151.

Bizi, S., Keinan, G., & Beit-Hallahmi, B. (1988). Humor and coping with stress: A test under reallife conditions. *Personality and Individual Differences*, *9*, 951–956.

Boekaerts, M., Pintrich, P. R., & Zeidner, M. (2000). *Handbook of self-regulation*. San Diego: Academic Press.

Bracken, B. A., Bunch, S., Keith, T. Z., & Keith, P. B. (2000). Childhood and adolescent multidimensional self-concept: A five instrument factor analysis. *Psychology in the Schools*, *37*, 483–493.

Braungart-Reiker, J. M., & Stifter, C. A. (1996). Infant responses to frustrating events: Continuity and change in reactivity and regulation. *Child Development*, *67*, 1767–1779.

Brazelton, T. B., & Sparrow, J. D. (2001). *Touch points three to six: Your child's emotional and behavioral development*. Cambridge, MA: Perseus Publishing.

Briggs-Gowan, M., & Carter, A. (2005). *Brief Infant-Toddler Social Emotional Assessment (BITSEA)*. San Antonio, TX: Harcourt Assessment.

Brinton, B., & Fujiki, M. (2002). Social development in children with specific language impairment and profound hearing loss. In P. K. Smith & C. H. Hart (Eds.), *Blackwell handbook of childhood social development* (pp. 588–603). Oxford, England: Blackwell.

Brockman, L. M., Morgan, G. A., & Harmon, R. J. (1988). Mastery motivation and developmental delay. In T. Wachs & R. Sheehan (Eds.), *Assessment of young developmentally disabled children*. New York: Kluwer Academic/Plenum.

Bronson, M. B. (2000). *Self-regulation in early childhood: Nature and nurture*. New York: Guilford Press.

Brown, J. R., & Dunn, J. (1996). Continuities in emotional understanding from 3 to 6 years. *Child Development*, 67, 789-802.

Busch-Rossnagel, N. (1997). Mastery motivation in toddlers. *Infants and Young Children*, 9(4), 1-11.

Buss, A. H., & Goldsmith, H. H. (1998). Fear and anger regulation in infancy: Effects on the temporal dynamics of affective expression. *Child Development*, 69, 359-374.

Buss A. H., & Plomin, R. (1975). *A temperament theory of personality development*. New York: John Wiley & Sons.

Buss, A. H., & Plomin, R. (1984). *Temperament: Early developmental traits*. Mahwah, NJ: Lawrence Erlbaum Associates.

Butterfield, P. (1996). The partners in parenting education program: A new option in parent education. *Zero to Three*, 17(1), 3-10.

Butterworth, G., & Cochran, E. (1980). Towards a mechanism of joint visual attention in human infancy. *International Journal of Behavioral Development*, 3, 253-272.

Cain, K. M., & Dweck, C. S. (1995). The relation between motivational patterns and achievement cognitions throughout the elementary school years. *Merrill-Palmer Quarterly*, 41, 25-52.

Calkins, S. D. (1994). Origins and outcomes of individual differences in emotional regulation. *Monographs of the Society for Research in Child Development*, 59(240, Pt. 2-3), 53-73.

Campbell, S. B. (1997). Behavior problems in preschool children: Developmental and family issues. *Advances in Clinical Child Psychology*, 19, 1-26.

Campos, J., Mumme, D. L., Kermoian, R., & Campos, R. G. (1994). A functionalist perspective on the nature of emotion. *Monographs of the Society for Research in Child Development*, 59(240, Pt. 2-3), 284-303.

Carey, W. B. (1998). Temperament and behavior problems in the classroom. *School Psychology Review*, 27, 522-533.

Carey W. B., & McDevitt, S. C. (1995). *Coping with children's temperament: A guide for professionals*. New York: Basic Books.

Carson, J., & Parke, R. D. (1996). Reciprocal negative affect in parent-child interactions and children's peer competency. *Child Development*, 67, 2217-2226.

Carter, A., & Briggs-Gowan, M. (2005). *Infant-Toddler Social Emotional Assessment (ITSEA)*. San Antonio, TX: Harcourt Assessment.

Carvajal, F., & Iglesias, J. (2000). Looking behavior and smiling in Down syndrome infants. *Journal of Nonverbal Behavior*, 24, 225–236.

Caspi, A., & Silva, P. A. (1995). Temperamental qualities at age three predict personality traits in young adulthood: Longitudinal evidence from a birth cohort. *Child Development*, 66, 486–498.

Cassidy, J., & Berlin, L. J. (1999). The nature of the child's ties. In J. Cassidy & P. R. Shaver (Eds.), *Handbook of attachment: Theory, research, and clinical applications* (pp. 3–20). New York: Guilford Press.

Castanho, A. P., & Otta, E. (1999). Decoding spontaneous and posed smiles of children who are visually impaired and sighted. *Journal of Visual Impairment & Blindness*, 93, 659–665.

Charman, T., Swettenham, J., Baron-Cohen, S., Cox, A., Baird, G., & Drew, A. (2000). An experimental investigation of social-cognition abilities in infants with autism: Clinical implications. In D. Muir & A. Slater (Eds.), *Infant development: The essential readings in development psychology* (pp. 343–363). Malden, MA: Blackwell.

Charney, D. (1993). Psychobiologic mechanisms of posttraumatic stress disorder. *Archives of General Psychiatry*, 50(April), 294–305.

Chavira, V., Lopez, S. R., Blacher, J., & Shapiro, J. (2000). Latina mother's attributions, emotions, and reactions to problem behaviors of their children with developmental disabilities. *Journal of Child Psychology and Psychiatry*, 41(2), 245–252.

Cheah, C. S., Nelson, L. J., & Rubin, K. H. (2001). Nonsocial play as a risk factor in social and emotional development. In A. Goencue & E. L. Klein (Eds.), *Children in play, story, and school* (pp. 39–71). New York: Guilford Press.

Chess, S., & Thomas, A. (1996). *Temperament: Theory and practice*. New York: Brunner/Mazel.

Ciccetti, D., & Sroufe, L. A. (1976). The relationship between affective and cognitive development in Down syndrome infants. *Child Development*, 47(4), 920–929.

Clark, K. E., & Ladd, G. W. (2000). Connectedness and autonomy support in parent-child relationships: Links to children's socioemotional orientation and peer relationships. *Developmental Psychology*, 36(4), 485–498.

Cole, P. M., & Tamang, B. L. (1998). Nepali children's ideas about emotional displays in hypothetical challenges. *Developmental Psychology*, 34, 640 – 646.

Collins, W. A., Maccoby, E. E., Steinberg, L., Hetherington, E. M., & Bornstein, M. H. (2000). Contemporary research on parenting: The case for nature *and* nurture. *American Psychologist*, 55(2), 218.

Comfort, M. (1988). Assessing parent-child interaction. In D. B. Bailey, Jr., & R. J. Simeonsson (Eds.), *Family assessment in early intervention* (pp. 65 – 94). Columbus, OH: Charles E. Merrill.

Crick, N. R. (1997). Engagement in gender normative versus nonnormative forms of aggression: Links to social-psychological adjustment. *Developmental Psychology*, 33(4), 610 – 617.

Crick, N. R., Casas, J. F., & Ku, H. (1999). Relational and overt aggression in preschool. *Developmental Psychology*, 33(4), 579 – 588.

Crick, N. R., Casas, J. F., & Mosher, M. (1997). Physical and relational peer victimization in preschool. *Developmental Psychology*, 35, 376 – 385.

Crick, N. R., & Dodge, K. A. (1994). A review and reformulation of social information processing mechanisms in children's social development. *Psychological Bulletin*, 115, 74 – 101.

Crowe, H. P., & Zeskind, P. S. (1992). Psychophysiological and perceptual responses to infant cries varying in pitch: Comparison of adults with low and high scores on their child abuse potential inventory. *Child Abuse and Neglect*, 16, 19 – 29.

Deci, E., & Ryan, R. (1985). *Intrinsic motivation and self-determination in human behavior*. New York: Kluwer Academic/Plenum.

DeGangi, G. (1991a). Assessment of sensory, emotional, and attentional problems in regulatory disordered infants: Part 1. *Infants and Young Children*, 3(3), 1 – 8.

DeGangi, G. (1991b). Treatment of sensory, emotional, and attentional problems in regulatory disordered infants: Part 2. *Infants and Young Children*, 3(3), 9 – 19.

DeGangi, G. (2000). *Pediatric disorders of regulation in affect and behavior: A therapist's guide to assessment and treatment*. San Diego: Academic Press.

DeGangi, G. A., & Balzer-Martin, L. (1999). The sensorimotor history questionnaire for preschoolers. *Journal of Developmental and Learning Disorders*, 3(1), 59 – 83.

DeGangi, G. A., & Breinbauer, C. (1997). The symptomatology of infants and toddlers with regulatory disorders. *Journal of Developmental and Learning Disorders*, 1(1),

183 – 215.

DeGangi, G. A., Breinbauer, C., Roosevelt, J., Porges, S., & Greenspan, S. (2000). Prediction of childhood problems at 36 months in children experiencing symptoms of regulation during infancy. *Infant Mental Health Journal*, 21(3),156 – 175.

DeGangi, G. A., Poisson, S., Sickel, R. Z., & Wiener, A. S. (1995). *Infant-Toddler Symptom Checklist*. Tucson, AZ: Therapy Skill Builders.

de Lorimer, S., Doyle, A., & Tessier, O. (1995). Social coordination during pretend play: Comparisons with nonpretend play and effects on expressive content. *Merrill-Palmer Quarterly*, 41,497 – 516.

Denham, S. A. (1998). *Emotional development in young children*. New York: Guilford Press.

Denham, S. A., Mitchell-Copeland, J., Strandberg, K., Auerbach, S., & Blair, K. (1997). Parental contributions to preschoolers' emotional competence: Direct and indirect effects. *Motivation and Emotion*, 27,65 – 86.

DesRosiers, F. S., & Busch-Rossnagel, N. A. (1997). Self-concept in toddlers. *Infants and Young Children*, 10,15 – 26.

Diamond, K. E. (2002). The development of social competence in children with disabilities. In P. K. Smith & C. H. Hart (Eds.), *Blackwell handbook of childhood social development* (pp. 571 – 587). Oxford, England: Blackwell.

Dodds, J. (1987). *A child psychotherapy primer*. New York: Human Sciences Press.

Dodge, K. A., & Garber, J. (1991). Domains of emotional regulation. In J. Garber & K. A. Dodge (Eds.), *The development of emotion regulation and dysregulation* (pp. 3 – 14). New York: Cambridge University Press.

Dodge, K. A., & Murphy, R. R. (1984). The assessment of social competence in adolescents. *Advances in Child Behavior Analysis and Therapy*, 3,61 – 96.

Doll, B., Sands, D. J., Wehmeyer, M. L., & Palmer, S. (1996). Promoting the development and acquisition of self-determined behavior. In D. J. Sands & M. L. Wehmeyer (Eds.), *Self-determination across the life span: Independence and choice for people with disabilities* (pp. 63 – 88). Baltimore: Paul H. Brookes Publishing Co.

Duchowny, M. S. (1983). Pathological disorders of laughter. In P. E. McGhee & J. Goldstein (Eds.), *Handbook of humor research* (pp. 89 – 108). New York: Springer-Verlag.

Dunn, W. (2002). *Infant-Toddler Sensory Profile*. San Antonio, TX: Harcourt Assessment.

Eckerman, C. O., & Didow, S. M. (1996). Nonverbal imitation and toddlers' mastery of verbal means of achieving coordinated interaction. *Developmental Psychology*, 32, 141–152.

Eder, D., & Hallinan, M. T. (1978). Sex differences in children's friendships. *American Sociological Review*, 43, 237–250.

Eisenberg, N. (2000). Emotion, regulation, and moral development. *Annual Review of Psychology*, 51, 665–697.

Eisenberg, N., Fabes, R. A., Shepard, S. A., Murphy, B. C., Jones, S., & Guthrie, I. K. (1998). Contemporaneous and longitudinal prediction of children's sympathy from dispositional regulation and emotionality. *Developmental Psychology*, 34, 910–924.

Eisenberg, N., Fabes, R. A., Shepard, S. A., Murphy, B. C., Maszk, P., Smith, M., & Karbon, M. (1995). The role of emotionality and regulation in children's social functioning: A longitudinal study. *Child Development*, 66, 1360–1384.

Ekman, P., & Friesen, W. V. (1969). The repertoire of nonverbal behavior: Categories, origins, usage, and coding. *Semiotica*, 1, 49–98.

Elliot, A. J., & Reis, H. T. (2003). Attachment and exploration in adulthood. *Journal of Personality and Social Psychology*, 85(2), 317–331.

Emde, R., Katz, E., & Thorpe, J. (1978). Emotional expression in infancy: II. Early deviations in Down syndrome. In M. Lewis & L. Rosenblum (Eds.), *The development of affect* (pp. 351–360). New York: Kluwer Academic/Plenum.

Erikson, E. H. (1950). *Childhood and society*. New York: Norton.

Erwin, E. J., & Brown, F. (2003). From theory to practice: A contextual framework for understanding self-determination in early childhood environments. *Infants and Young Children*, 16(1), 77–87.

Fall, M. (2001). An integrative play therapy approach to working with children. In Drewes, A. A., Carey, L. J., & Schaefer, C. F. (Eds.), *School-based play therapy* (pp. 315–328). New York: John Wiley & Sons.

Fein, G. G. (1989). Mind, meaning, and affect: Proposals for a theory of pretense. *Developmental Review*, 9, 345–363.

Field, T. (1983). High-risk infants "have less fun" during early interactions. *Topics in*

Early Childhood Special Education, *3*,77-87.

Fonagy, P., Steele, M., Steele, H., Moran, G. S., & Higgitt, A. C. (1991). The capacity for understanding mental states: The reflective self in parent and child and its significance for security of attachment. *Infant Mental Health Journal*, *12*,201-218.

Fox, N. A. (1994). The development of emotional regulation: Biological and behavioral considerations. *Monographs of the Society for Research in Child Development*, *59*(240, Pt. 2-3).

Fox, N. A., Henderson, H. A., Rubin, K. H., Calkins, S. D., & Schmidt, L. A. (2000). Continuity and discontinuity of behavioral inhibition and exuberance: Psychophysiological and behavioral influences across the first four years of life. *Child Development*, *72*,1-21.

Frey, K. S., & Ruble, D. N. (1990). Strategies for comparative evaluation: Maintaining a sense of competence across the lifespan. In R. Sternberg & J. Kolligan (Eds.), *Competence considered*. New Haven, CT: Yale University Press.

Friedman, H. S. (2002). *Health psychology*. Upper Saddle River, NJ: Prentice Hall.

Gauthier, Y. (2003). Infant mental health as we enter the third millennium: Can we prevent aggression? *Infant Mental Health Journal*, *24*(3),296-308.

Gest, S. D., Graham-Bermann, S. A., & Hartup, W. W. (2001). Peer experience: Common and unique features of number of friendships, social network centrality, and sociometric status. *Social Development*, *10*,23-40.

Ghaem, M., Armstrong, K. L., Trocki, O., Cleghorn, G. J., Patrick, M. K., & Shepherd, R. W. (1998). The sleep patterns of infants and young children with gastroesophageal reflux. *Journal of Paediatric Child Health*, *34*(2),160-163.

Gifford-Smith, M. E., & Brownell, C. A. (2003). Childhood peer relationships: Social acceptance, friendships, and peer networks. *Journal of School Psychology*, *41*(4), 235-284.

Gitlin-Weiner, K., Sandgrund, A., & Schaefer, C. (2000). *Play diagnosis and assessment* (2nd ed.). New York: John Wiley & Sons.

Goldberg, S. (1977). Social competency in infancy: A model of parent-child interaction. *MerrillPalmer Quarterly*, *23*,163-177.

Goldberg, S. (1990). Attachment in infants at risk: Theory, research, and practice. *Infants and Young Children*, *2*(4),11-20.

Goldsmith, H. H., & Campos, J. J. (1982). Toward a theory of temperament. In R. N. Emde & R. J. Harmon (Eds.), *The development of attachment and affiliative systems* (pp. 161–193). New York: Kluwer Academic/Plenum.

Goldsmith, H. H., & Lemery, K. S. (2000). Linking temperament, fearfulness, and anxiety symptoms: A behavioral-genetic perspective. *Biological Psychiatry*, *48*, 1199–1209.

Goleman, D. (1995). *Emotional intelligence*. New York: Bantam Books.

Gomez, C. R., Baird, S., & Jung, L. A. (2004). Regulatory disorder identification, diagnosis, and intervention planning: Untapped resources for facilitating development. *Infants and Young Children*, *17*(4), 327–339.

Goncu, A., Patt, M. B., & Kouba, E. (2002). Understanding young children's pretend play. In P. K. Smith & C. H. Hart (Eds.), *Blackwell handbook of child social development* (pp. 418–437). Oxford, England: Blackwell.

Gowen, J. W., & Nebrig, J. B. (2002). *Enhancing early emotional development: Guiding parents of young children*. Baltimore: Paul H. Brookes Publishing Co.

Graham, S., Doubleday, C., & Guarino, P. A. (1984). The development of relations between perceived controllability and the emotions of pity, anger, and guilt. *Child Development*, *55*, 561–565.

Greenfield, P. M., & Suzuki, L. K. (1998). Culture and human development: Implications for parenting, education, pediatrics, and mental health. In W. Damon & R. M. Lerner (Eds.), *Handbook of child psychology*, Vol. 4: *Child psychology in practice* (5th ed., pp. 1059–1109). New York: John Wiley & Sons.

Greenspan, S. I. (1997). *Infancy and early childhood: The practice of clinical assessment and intervention with emotional and developmental challenges*. Madison, CT: International Universities Press.

Greenspan, S. I., & Wieder, S. (1999). *The child with special needs: Emotional and intellectual*. Boston: Butterworth-Heinemann.

Grolnick, W. S., Bridges, L. J., & Connell, J. P. (1996). Emotion regulation in two-year-olds: Strategies and emotional expression in four contexts. *Child Development*, *67*, 928–941.

Gronau, R. C., & Waas, G. A. (1997). Delay of gratification and cue utilization: An examination of children's social information processing. *Merrill-Palmer Quarterly*, *43*,

305 – 322.

Hall, T. M., Kaduson, H. G., & Schaefer, C. E. (2002). Fifteen effective play therapy techniques. *Professional Psychology: Research and Practice*, 33, 515 – 522.

Hanson, M. (1996a). Early interactions: The family context. In M. Hanson (Ed.), *Atypical infant development* (2nd ed., pp. 235 – 272). Austin, TX: PRO-ED.

Hanzlik, J., & Stevenson, M. (1986). Interaction of mothers who are mentally retarded, retarded with cerebral palsy, or nonretarded. *American Journal of Mental Deficiency*, 90, 513 – 520.

Harmon, R. J., Morgan, G. A., & Glicken, A. D. (1984). Continuities and discontinuities in affective and cognitive motivational development. *International Journal of Child Abuse and Neglect*, 8, 157 – 167.

Harris, P. L. (1993). Understanding emotion. In M. Lewis & J. M. Haviland (Eds.), *Handbook of emotion* (pp. 237 – 246). New York: Guilford Press.

Harter, S. (2003). The development of self-representation during childhood and adolescence. In M. Leary & J. Price Tangney (Eds.), *Handbook of self and identity* (pp. 610 – 633). New York: Guilford Press.

Harter, S., & Whitesell, N. (1989). Developmental changes in children's understanding of simple, multiple, and blended emotion concepts. In C. Saarni & P. Harris (Eds.), *Children's understanding of emotion* (pp. 81 – 116). New York: Cambridge University Press.

Hartup, W. W. (1983). The peer system. In E. M. Hetherington (Vol. Ed.), *Handbook of child psychology, Vol. 4: Socialization, personality, and social development* (4th ed., pp. 103 – 196). New York: John Wiley & Sons.

Harwood, R. L., Miller, J. G., & Irizarry, N. L. (1995). *Culture and attachment: Perception of the child in context*. New York: Guilford Press.

Hauser-Cram, P. (1998). I think I can, I think I can: Understanding and encouraging mastery motivation in young children. *Young Children*, 53, 67 – 71.

Hay, D. F. (1994). Prosocial development. *Journal of Child Psychology and Psychiatry and Allied Disciplines*, 35, 29 – 71.

Hay, D. F., Castle, J., Stimson, C. A., & Davies L. (1995). The social construction of character in toddlerhood. In M. Killen & D. Hart (Eds.), *Morality in everyday life: Developmental perspectives* (Cambridge Studies in Social and Emotional Development) (pp. 23 - 51). New York: Cambridge University Press.

Helwig, C. C., & Turiel, E. (2002). Children's social and moral reasoning. In P. K. Smith & C. H. Hart (Eds.), *Blackwell handbook of child social development* (pp. 475 - 490). Oxford, England: Blackwell.

Helwig, C. C., Zelazo, P., & Wilson, M. (2001). Children's judgment of psychological harm in normal and noncanonical situations. *Child Development*, 72, 66 - 81.

Hoffman, L. W. (2000). *Empathy and moral development*. New York: Cambridge University Press.

Hofstader, M., & Resnick, J. S. (1996). Response modality affects human infant delayed-response performance. *Child Development*, 67, 646 - 658.

Howes, C., & Farver, J. (1987). Social pretend play in 2-year-olds: Effects of age of partner. *Early Childhood Research Quarterly*, 2, 305 - 314.

Howes, C., Galinsky, E., & Kontos, S. (1998). Child care caregiver sensitivity and attachment. *Social Development*, 7, 25 - 36.

Howes, C., & Matheson, C. C. (1992). Sequences in the development of competent play with peers: Social and social pretend play. *Developmental Psychology*, 28, 961 - 974.

Isabella, R. A. (1995). The origins of infant-mother attachment: Maternal behavior and infant development. In R. Vasta (Ed.), *Annals of child development*: Vol. 10 (pp. 57 - 82). London: Jessica Kingsley Publishers.

Isley, S. L., O'Neil, R., Clatfelter, D., & Parke, R. D. (1999). Parent and child expressed affect and children's social competence: Modeling direct and indirect pathways. *Developmental Psychology*, 35, 547 - 560.

Izard, C. E. (1979). *The maximally discriminative facial movement scoring system (MAX)*. Newark, DE: University of Delaware, Instructional Resource Center.

Izard, C. E. (1991). *The psychology of emotions*. New York: Kluwer Academic/Plenum.

Izard, C. E., Fantauzzo, C. A., Castle, J. M., Haynes, O. M., Rayias, M. F., & Putnam, P. H. (1995). The ontogeny and significance of infants' facial expressions in the first 9 months of life. *Developmental Psychology*, 31, 997 - 1013.

Jacobs, J. E., Bleeker, M. M., & Constantino, M. J. (2003). The self-system during childhood and adolescence: Development, influences, and implications. *Journal of Psychotherapy Integration*, 13, 33 - 65.

Jennings, K. D., Harmon, R. J., Morgan, G. H., Gaiter, J. L., & Yarrow, L. J.

(1979). Exploratory play as an index of mastery motivation: Relationships to persistence, cognitive functioning, and environmental measures. *Developmental Psychology*, 15(4), 386–394.

Kagan, J. (1981). *The second year: The emergence of self awareness*. Cambridge, MA: Harvard University Press.

Kagan, J. (1988). *Temperamental contributions to social behavior*. Presented as a distinguished scientific award address to the American Psychological Association, Atlanta, GA.

Kagan, J. (1996). The return of the ancients: On temperament and development. In S. Matthysse, D. I. Levy, J. Kagan, & F. M. Benes (Eds.), *Psychopathology: The evolving science of mental disorder* (pp. 285–297). New York: Cambridge University Press.

Kagan, J. (1998). Biology and the child. In N. Eisenberg (Ed.), *Handbook of child psychology, Vol. 3: Social, emotional, and personality development* (5th ed. pp. 177–236). New York: John Wiley & Sons.

Kagan, J., & Saudino, K. J. (2001). Behavioral inhibition and related temperaments. In R. N. Emde & J. K. Hewitt (Eds.), *Infancy to early childhood: Genetic and environmental influences on developmental change* (pp. 111–119). New York: Oxford University Press.

Kagan, J., Snidman, N., & Arcus, D. (1998). Childhood derivatives of high and low reactivity in infancy. *Child Development*, 69, 1483–1493.

Kaler, S. R., & Kopp, C. B. (1990). Compliance and comprehension in very young toddlers. *Child Development*, 61, 1997–2003.

Kaplan, H. I., & Sadock, B. J. (Eds.). (1988). *Synopsis of psychiatry: Behavioral sciences, clinical psychiatry* (6th ed.). Baltimore: Lippincott Williams & Wilkins.

Kasari, C., & Sigman, M. (1996). Expression and understanding of emotion in atypical development: Autism and Down syndrome. In M. Lewis & M. W. Sullivan (Eds.), *Emotional development in atypical children* (pp. 109–130). Mahwah, NJ: Lawrence Erlbaum Associates.

Kasari, C., Sigman, M., Mundy, P., & Yirmiya, N. (1990). Affective sharing in the context of joint attention interactions of normal, autistic, and mentally retarded children. *Journal of Autism and Developmental Disorders*, 20, 87–100.

Kelly, J. F., & Barnard, K. E. (2000). Assessment of parent-child interaction: Implications for early intervention. In J. P. Shonkoff & S. J. Meisels (Eds.), *Handbook of early childhood intervention* (pp. 258 - 289). Cambridge, England: Cambridge University Press.

Keogh, B. K. (2003). *Temperament in the classroom*. Baltimore: Paul H. Brookes Publishing Co.

Keogh, B. K., Coots, J. J., & Bernheimer, L. P. (1995). School placement of children with nonspecific developmental delays. *Journal of Early Intervention*, 20, 65 - 97.

Klein, A. J. (2003). *Humor in children's lives: A guidebook for practitioners*. Westport, CT: Praeger.

Kochanska, G. (1995). Children's temperament, mothers' discipline, and security of attachment: Multiple pathways to emerging internalization. *Child Development*, 66, 597 - 615.

Kochanska, G. (1997). Multiple pathways to conscience for children with different temperaments: From toddlerhood to age 5. *Developmental Psychology*, 33, 228 - 240.

Kochanska, G., Coy, K. C., & Murray, K. T. (2001). The development of self-regulation in the first four years of life. *Child Development*, 72, 1091 - 1111.

Kopp, C. B. (1992). Emotional distress and control in young children. In N. Eisenberg & R. A. Fabes (Eds.), *Emotion and its regulation in early development: New directions for child and adolescent development*. San Francisco: Jossey-Bass.

Kranowitz, C. S. (1998). *The out-of-sync child: Recognizing and coping with sensory integration dysfunction*. New York: Berkley Publishing.

Kranowitz, C. S. (2003). *The out-of-sync child has fun*. New York: Berkley Publishing.

Kuczynski, L., & Kochanska, G. (1990). Development of children's noncompliance strategies from toddlerhood to age 5. *Developmental Psychology*, 26, 398 - 408.

Kuiper, N. A., Martin, R. A., & Olinger, L. J. (1993). Coping humour, stress, and cognitive appraisals. *Canadian Journal of Behavioural Science*, 25(1), 81 - 96.

Lamb, M. E., & Malkin, C. M. (1986). The development of social expectations in distress-relief sequences: A longitudinal study. *International Journal of Behavioral Development*, 9, 235 - 249.

Lamb, M. E., Thompson, R. A., Gardner, W., & Charnov, E. L. (1985). *Infant-mother attachment*. Mahwah, NJ: Lawrence Erlbaum Associates.

Landy, S. (2002). *Pathways to competence: Encouraging healthy social and emotional development in young children.* Baltimore: Paul H. Brookes Publishing Co.

LeDoux, J. (1996). *The emotional brain.* New York: Touchstone.

Leonard, R. (1993). Mother-child disputes as arenas for fostering negotiation skills. *Early Development and Parenting, 2,* 157–167.

Lepper, M. (1981). Intrinsic and extrinsic motivation in children: Detrimental effects of superfluous social controls. In A. Collins (Ed.), *Minnesota Symposia on child psychology: Aspects of the development of competence* (Vol. 14, pp. 155–214). Mahwah, NJ: Lawrence Erlbaum Associates.

Lewis, M. (1999). The role of self in cognition and emotion. In T. Dalgleish & M. J. Power (Eds.), *Handbook of cognition and emotion* (pp. 125–142). Chichester, England: Wiley.

Lewis, M. (2000). The self-conscious emotions: Embarrassment, shame, pride and guilt. In M. Lewis & J. M. Haviland-Jones (Eds.), *The handbook of emotions* (2nd ed., pp. 623–636). New York: Guilford Press.

Lewis, M., Alessandri, S., & Sullivan, M. W. (1992). Differences in shame and pride as a function of children's gender and task difficulty. *Child Development, 63,* 630–638.

Lewis, M., Sullivan, M. W., & Alessandri, S. M. (1990). Violation of expectancy and frustration in early infancy: The effect of loss of control. *Developmental Psychology, 26*(5), 744–753.

Lewis, M., Sullivan, M. W., & Ramsay, D. S. (1992). Individual differences in anger and sad expressions during extinction: Antecedents and consequences. *Infant Behavior and Development, 15,* 443–452.

Lynch, E. W., & Hanson, M. J. (2003). *Developing cross-cultural competence: A guide for working with young children and their families.* (3rd ed.). Baltimore: Paul H. Brookes Publishing Co.

Maccoby, E. E. (1998). *The two sexes: Growing up apart, coming together.* Cambridge, MA: Belknap/Harvard University Press.

Maccoby, E. E. (2000). Parenting and its effects on children: On reading and misreading behavior genetics. *Annual Review of Psychology, 51,* 1–27.

MacTurk, R., & Morgan, G. (Eds.). (1995). *Mastery motivation: Origins, conceptualizations, and applications. Advances in applied developmental psychology* series, Vol. 12. Norwood, NJ: Ablex.

Malatesta, C. Z., Culver, C., Tesman, J. R., & Shapard B. (1989). The development of emotion expression during the first two years of life. *Monographs of the Society for Research in Child Development*, 54(219, Pt. 1-2).

Malatesta, C. Z., & Haviland, J. M. (1982). Learning display rules: The socialization of affect expression in infancy. *Child Development*, 53, 991-1003.

Marsh, H. W. (1990). A multidimensional, hierarchical model of self-concept: Theoretical and empirical justification. *Educational Psychology Review*, 2, 77-172.

Martin, R. (2000). Humor. In A. E. Kazdin (Eds.), *Encyclopedia of psychology*. Washington, DC: American Psychological Association.

Martin, R. (2001). Humor, laughter, and physical health: Methodological issues and research findings. *Psychological Bulletin*, 127(4), 504-519.

Martin, R. P., Olejnik, S., & Gaddis, L. (1994). Is temperament an important contributor to schooling outcomes in elementary school? Modeling effects of temperament and scholastic ability on academic achievement. In W. B. Carey & S. C. McDevitt (Eds.), *Prevention and early intervention: Individual differences as risk factors for the mental health of children* (pp. 59-68). New York: Brunner/Mazel.

Martins, C., & Gaffan, E. A. (2000). Effects of maternal depression on patterns of infant-mother attachment: A meta-analytic investigation. *Journal of Child Psychology and Psychiatry*, 41, 737-746.

Marvasti, J. A. (1994). Play diagnosis and play therapy with child victims of incest. In C. Schaefer & K. O'Connor (Eds.), *Handbook of play therapy: Vol. 2* (pp. 319-348). New York: John Wiley & Sons.

Marvasti, J. A. (1997). Using metaphors, fairy tales, and storytelling in psychotherapy with children. In H. Kaduson & C. Schaefer (Eds.), *101 play therapy techniques* (pp. 35-39). Northvale, NJ: Jason Aronson Inc.

Matsumoto, D. (1990). Cultural similarities and differences in display rules. *Motivation and Emotion*, 14, 195-214.

Mattingly, L. (1997). Storytelling with felts. In H. Kaduson & C. Schaefer (Eds.), *101 play therapy techniques* (pp. 26-29). Northvale, NJ: Jason Aronson.

McCollum, J. A., & Chen, Y. (2003). Parent-child interaction when babies have Down syndrome: The perceptions of Taiwanese mothers. *Infants and Young Children*, 16

(1),22-32.

McCollum, J. A., Ree, Y., & Chen, Y. (2000). Interpreting parent-infant interactions: Crosscultural lessons. *Infants and Young Children*, 12,22-33.

McDevitt, S. C., & Carey, W. B. (1996). *Manual for the Behavioral Style Questionnaire*. Scottsdale, AZ: Behavioral Developmental Initiatives.

McDowell, D. J., & Parke, R. D. (2000). Differential knowledge of display rules for positive and negative emotions: Influences from parents, influences on peers. *Social Development*, 9,415-432.

McEvoy, M. A., Estrem, T. L., Rodriguez, M. C., & Olson, M. L. (2003). Assessing relational peer victimization in preschool children: Intermethod agreement. *Topics in Early Childhood Special Education*, 23(20),53-63.

McGhee, P. E. (1977). A model of the origins and early development of incongruity-based humour. In A. J. Chapman & H. C. Foot (Eds.), *It's a funny thing, humour* (pp. 27-36). Oxford, England: Pergamon.

McGhee, P. E. (1979). *Humor: Its origins and development*. San Francisco: W. H. Freeman.

McGhee, P. E. (1991). *The laughter remedy: Health, healing, and the amuse system*. Montclair, NJ: The Laughter Remedy.

McWilliam, R. A., & Bailey, D. B., Jr. (1992). Promoting engagement and mastery. In D. B. Bailey & M. Wolery (Eds.), *Teaching infants and preschoolers with disabilities* (pp. 229-253). New York: Macmillan.

Minde, K., Popiel, K., Leos, N., Falkner, S., Parker, K., & Handley-Derry, M. (1993). The evaluation and treatment of sleep disturbances in young children. *Journal of Child Psychology and Psychiatry*, 34(4),521-533.

Moore, C., & Corkum, V. (1994). Social understanding at the end of the first year of life. *Developmental Review*, 14,394-372.

Morgan, G., & Harmon, R. J. (1984). Developmental transformations in mastery motivation. In R. N. Emde & R. J. Harmon (Eds.), *Continuities and discontinuities in development* (pp. 263-291). New York: Kluwer Academic/Plenum.

Morgan, G. A., Harmon, R. J., & Maslin-Cole, C. A. (1990). Mastery motivation: Definition and measurement. *Early Education and Development*, 1,319-339.

Mundy, P., & Willoughby, J. (1996). Nonverbal communication, joint attention and early socioemotional development. In M. Lewis & M. W. Sullivan (Eds.), *Emotional development in atypical children* (pp. 65 – 88). Mahwah, NJ: Lawrence Erlbaum Associates.

Neisworth, J. T., Bagnato, S. J., & Salvia, J. (1995). Neurobehavioral markers for early regulatory disorders. *Infants and Young Children*, 8(1), 8 – 17.

Neisworth, J. T., Bagnato, S. J., Salvia, J., & Hunt, F. M. (1999). *TABS manual for the temperament and atypical behavior scale: Early indicators of developmental dysfunction*. Baltimore: Paul H. Brookes Publishing Co.

Nevo, O., Aharonson, H., & Klingman, A. (1996). The development and evaluation of a systematic program for improving sense of humor. In W. Ruch (Ed.), *The sense of humor: Explorations of a personality characteristic* (pp. 385 – 404). New York: Mouton de Gruyter.

Nevo, O., Keinan, G., & Teshimovshy-Arditi, M. (1993). Humor and pain tolerance. *Humor*, 6, 71 – 88.

Newcomb, A. F., & Bagwell, C. (1995). Children's friendship relations: A meta-analytic review. *Psychological Bulletin*, 117, 306 – 347.

Newman, J., Noel, A., Chen, R., & Matsopoulos, A. S. (1998). Temperament, selected moderating variables, and early reading achievement. *Journal of School Psychology*, 36, 215 – 232.

Nucci, L. P. (1996). Morality and the personal sphere of action. In E. Reed, E. Turiel, & T. Brown (Eds.), *Values and knowledge* (pp. 41 – 60). Mahwah, NJ: Lawrence Erlbaum Associates.

Owens-Stively, J., Frank, N., Smith, A., Hagino, O., Spirito, A., Arrigan, M., & Alario, A. J. (1997). Child temperament, parenting discipline style, and daytime behavior in childhood sleep disorders. *Journal of Developmental and Behavioral Pediatrics*, 18(5), 314 – 321.

Pajares, F. (1996). Self-efficacy beliefs in achievement settings. *Review of Educational Research*, 66, 543 – 578.

Peck, S. D. (2003). Measuring sensitivity moment-by-moment: A microanalytic look at transmission of attachment. *Attachment and Human Development*, 5(1), 38 – 63.

Pelco, L. E., & Reed-Victor, E. (2001). *Temperament and positive school outcomes: A two-year follow-up of at-risk children*. Paper presented at the meeting of the National

Association of School Psychologists, Washington, DC.

Pelco, L. E., & Reed-Victor, E. (2003). Understanding and supporting differences in child temperament. *Young Exceptional Children*, 6(3), 2-11.

Pipp, S., Easterbrooks, M. A., & Brown, S. R. (1993). Attachment status and complexity of infant's self- and other-knowledge when tested with mother and father. *Social Development*, 2, 1-14.

Poulin-Dubois, D., Serbin, L. A., Kenyon, B., & Derbyshire, A. (1994). Infants' intermodal knowledge about gender. *Developmental Psychology*, 30, 436-442.

Prizant, B. M., Wetherby, A. M., & Roberts, J. E. (2000). Communication problems. In C. H. Zeanah, Jr. (Ed.), *Handbook of infant mental health* (2nd ed., pp. 282-297). New York: Guilford Press.

Provence, S., Erikson, J., Vater, S., & Palmeri, S. (1995). *Infant-Toddler Developmental Assessment: IDA*. Chicago: Riverside.

Pullis, M., & Cadwell, J. (1985). Temperament as a factor in the assessment of children educationally at risk. *Journal of Special Education*, 19(1), 91-102.

Rheingold, H. L. (1977). A comparative psychology of development. In H. W. Stevenson, E. H. Hess, & H. L. Rheingold (Eds.), *Early behavior: Comparative and developmental approaches* (pp. 279-293). New York: John Wiley & Sons.

Rodrigo, M. J., & Triana, B. (1996). Parental beliefs about child development and parental inferences about actions during child-rearing episodes. *European Journal of Psychology of Education*, 11, 55-78.

Rose, S. R. (1999). Towards the development of an internalized conscience: Theoretical perspectives on socialization. *Journal of Human Behavior in the Social Environment*, 2, 15-27.

Rosen, C. L. (1997). Sleep disorders in infancy, childhood, and adolescence. *Current Opinion in Pulmonary Medicine*, 3(6), 449-455.

Rothbart, M. K., & Bates, J. E. (1998). Temperament. In N. Eisenberg (Vol. Ed.), *Handbook of child psychology: Vol. 3. Social, emotional, and personality development* (5th ed., pp. 105-176). New York: John Wiley & Sons.

Rothbart, M. K., & Derryberry, D. (1981). Development of individual differences in temperament. In M. E. Lamb & A. L. Brown (Eds.), *Advances in developmental psychology*, Vol. 1 (pp. 207-236). Mahwah, NJ: Lawrence Erlbaum Associates.

Roth-Hanania, R., Busch-Rossnagel, N., & Higgins-D'Alessandro, A. (2000). Development of self and empathy in early infancy: Implications for atypical development. *Infants and Young Children*, 13(1), 1-14.

Russ, S. W., Niec, L. N., & Kaugars, A. S. (2000). Play assessment of affect: The affect in play scale. In K. Gitlin-Weiner, A. Sandgrund, & C. Schaefer (Eds.), *Play diagnosis and assessment* (2nd ed., pp. 722-749). New York: John Wiley & Sons.

Russell, J. A. (1990). The preschooler's understanding of the causes and consequences of emotion. *Child Development*, 61, 1872-1881.

Saarni, C. (1999). *The development of emotional competence*. New York: Guilford Press.

Saarni, C., Mumme, D. L., & Campos, J. J. (1998). Emotional development: Action, communication, and understanding. In N. Eisenberg (Ed.), *Handbook of child psychology: Vol. 3. Social, emotional, and personality development* (5th ed., pp. 237-309). New York: John Wiley & Sons.

Sagi, A., & Hoffman, M. I. (1976). Empathic distress in the newborn. *Developmental Psychology*, 12(2), 175-176.

Scarr, S. (1981). Testing for children. *American Psychologist*, 36, 1159-1166.

Schaffer, H. R. (1996). *Social development*. Oxford, England: Blackwell.

Schunk, D. H. (1995). Self-efficacy and education and instruction. In J. E. Maddux (Ed.), *Selfefficacy, adaptation, and adjustment: Theory, research, and application* (pp. 281-303). New York: Kluwer Academic/Plenum.

Schunk, D. H., & Pajares, F. (2002). The development of academic self-efficacy. In A. Wigfield & J. S. Eccles (Eds.), *Development of achievement motivation* (pp. 15-31). San Diego: Academic Press.

Shen, Y., & Sink, C. A. (2002). Helping elementary-age children cope with disaster. *Professional School Counseling*, 5, 322-336.

Shonkoff, J. P., & Phillips, D. A. (Eds.). (2000). *From neurons to neighborhoods: The science of early childhood development*. Washington, DC: National Academies Press.

Shweder, R. A., Mahatra, M., & Miller, J. G. (1987). Culture and moral development. In J. Kagan & S. Lamb (Eds.), *The emergence of morality in young children* (pp. 1-83). Chicago: University of Chicago Press.

Sigman, M., Kasari, D., Kwon, J., & Yirmiya, N. (1992). Responses to the negative emotions of others by autistic, mentally-retarded, and normal children. *Child Development*, 63,796 – 807.

Slomkowski, C. L., & Dunn, J. (1992). Arguments and relationships within the family: Differences in young children's disputes with mother and sibling. *Developmental Psychology*, 28,919 – 924.

Smetana, J. G., & Braeges, J. L. (1990). The development of toddlers' moral and conventional judgments. *Merrill-Palmer Quarterly*, 36,329 – 346.

Smiley, P. A., & Dweck, C. S. (1994). Individual differences in achievement goals among young children. *Child Development*, 65,1723 – 1743.

Squires, J., Bricker, D., & Twombly, E. (2002). *Ages & Stages Questionnaires®: Social-emotional (ASQ: SE): A parent-completed, child-monitoring system for social-emotional behaviors*. Baltimore: Paul H. Brookes Publishing Co.

Sroufe, L. A. (1997). *Emotional development: The organization of emotional life in the early years*. Cambridge, England: Cambridge University Press.

Sroufe, L. A., & Waters, E. (1976). The ontogenesis of smiling and laugher: A perspective on the organization of development in infancy. *Psychological Review*, 83, 173 – 189.

Stein, N., & Levine, L. J. (1999). The early emergence of emotional understanding and appraisal: Implications for theories of development. In T. Dalgleish & M. J. Power (Eds.), *Handbook of cognition and emotion* (pp. 383 – 408). Chichester, England: John Wiley & Sons.

Stillwell, B. M., Galvin, M., & Kopta, S. M. (1991). Conceptualization of conscience in normal children and adolescents, ages 5 to 17. *Journal of the American Academy of Child & Adolescent Psychiatry*, 30,16 – 21.

Stipek, D. J. (1993). *Motivation to learn: From theory to practice* (3rd ed.). Boston: Allyn & Bacon.

Stipek, D. J., Gralinski, J. H., & Kopp, C. B. (1990). Self-concept development in the toddler years. *Developmental Psychology*, 26,972 – 977.

Stipek, D. J., & Greene, J. (2001). Achievement motivation in early childhood: Cause for concern or celebration? In S. Goldbeck (Ed.), *Psychological perspectives on early childhood education: Reforming dilemmas in research and practice*. Mahwah, NJ: Lawrence Erlbaum Associates.

Sullivan, M. W., & Lewis, M. (2003). Emotional expressions of young infants and children. *Infants and Young Children*, 16(2), 120 – 142.

Summers, J. A., Allison, D. B., Lynch, P. S., & Sandler, S. A. D. (1995). Behavior problems in Angelman syndrome. *Journal of Intellectual Disabilities Research*, 39, 97 – 106.

Super, C. M., Harkness S., van Tigen, N., van der Vlugt, E., Fintelman, J. M., & Dijkstra, J. (1996). The three R's of Dutch childrearing and the socialization of infant arousal. In S. Harkness & C. M. Super (Eds.), *Parents' cultural belief systems* (pp. 447 – 466). New York: Guilford Press.

Takahashi, K. (1990). Are the key assumptions of the "strange situation" procedure universal? A view from Japanese research. *Human Development*, 33, 23 – 30.

Teerikangas, O. M., Aronen, E. T., Martin, R. P., & Huttunen, M. O. (1998). Effects of infant temperament and early intervention on the psychiatric symptoms of adolescents. *Journal of the American Academy of Child & Adolescent Psychiatry*, 37(10), 1070 – 1076.

Teti, D. M., Gelfand, D. M., Messinger, D. S., & Isabella, R. (1995). Maternal depression and the quality of early attachment: An examination of infants, preschoolers, and their mothers. *Developmental Psychology*, 31, 364 – 376.

Thomas, A., & Chess, S. (1977). *Temperament and development*. New York: Brunner/Mazel.

Thomas, A., Chess, S., & Birch, H. G. (1968). *Temperament and behavior disorders in children*. New York: New York University Press.

Thomas, A., Chess, S., Birch, H. G., Herzig, M. E., & Korn, S. (1963). *Behavioral individuality in early childhood*. New York: New York University Press.

Thompson, R. A. (1990). Emotion and self-regulation. In R. A. Thompson (Ed.), *Socioemotional development: Nebraska symposium on motivation: Vol. 36* (pp. 383 – 483). Lincoln, NE: University of Nebraska Press.

Thompson, R. A. (1994). Emotion regulation: A theme in search of definition. *Monographs of the Society for Research in Child Development*, 59(240, Pt. 2 – 3), 25 – 52.

Thompson, R. A. (1999). Early attachment and later development. In J. Cassidy & P. R. Shaver (Eds.), *Handbook of attachment: Theory, research, and clinical applications* (pp. 265–286). New York: Guilford Press.

Thompson, R. A., & Leger, D. W. (1999). From squalls to calls: The cry as a developing socioemotional signal. In B. Lester, J. Newman, & F. Pedersen (Eds.), *Biological and social aspects of infant crying*. New York: Kluwer Academic/Plenum.

Thompson, R. A., & Limber, S. (1991). "Social anxiety" in infancy: Stranger wariness and separation distress. In H. Leitenberg (Ed.), *Handbook of social and evaluation anxiety* (pp. 85–137). New York: Kluwer Academic/Plenum.

Tomasello, M., Kruger, A. C., & Ratner, H. H. (1993). Cultural learning. *Behavioral and Brain Sciences*, 16, 495–511.

Tronick, E. Z., Morelli, G., & Ivey, P. (1992). The Efe forager infant and toddler's pattern of social relationships: Multiple and simultaneous. *Developmental Psychology*, 28, 568–577.

Turiel, E. (1998). The development of morality. In N. Eisenberg (Ed.), *Handbook of child psychology*, Vol. 3: *Social, emotional, and personality development* (5th ed., pp. 863–932). New York: John Wiley & Sons.

Vandell, D. L., & Mueller, E. C. (1995). Peer play and friendships during the first two years. In H. C. Foot, A. J. Chapman, & J. R. Smith (Eds.), *Friendship and social relations in children* (pp. 181–208). New Brunswick, NJ: Transaction.

van IJzendoorn, M. H., & Sagi, A. (1999). Cross-cultural patterns of attachment. In J. Cassidy & P. R. Shaver (Eds.), *Handbook of attachment: Theory, research, and clinical applications* (pp. 713–734). New York: Guilford Press.

Vaughn, B. E., Kopp, C. B., & Krakow, J. B. (1984). The emergence and consolidation of self control from eighteen to thirty months of age: Normative trends and individual differences. *Child Development*, 55, 990–1004.

Walker, J. (1982). Social interactions and handicapped infants. In D. D. Bricker (Ed.), *Intervention with at-risk and handicapped infants: From research to practice* (pp. 217–232). Baltimore: University Park Press.

Warren, S. L., Oppenheim, D., & Emde, R. N. (1996). Can emotions and themes in children's play predict behavior problems? *Journal of the American Academy of Child & Adolescent Psychiatry*, 34, 1331–1337.

Watson, L. R., Baranek, G. T., & DiLavore, P. C. (2003). Toddlers with autism: Developmental perspectives. *Infants and Young Children*, 16(3), 201–214.

Weatherston, D. J., Ribaudo, J., & Glovak, S. (2002). Becoming whole: Combining infant mental health and occupational therapy on behalf of a toddler with sensory integration difficulties and his family. *Infants and Young Children*, 15(1), 19-28.

Wehmeyer, M., & Palmer, S. B. (2000). Promoting the acquisition and development of self-determination in young children with disabilities. *Early Education and Development*, 11, 465-481.

Weinberg, M. K., & Tronick, E. Z. (1994). Beyond the face: An empirical study of infant affective configurations of facial, vocal, gestural, and regulatory behaviors. *Child Development*, 65, 1503-1515.

Weinberg, M. K., Tronick, E. Z., Cohn, J. F., & Olson, K. L. (1999). Gender differences in emotional expressivity and self-regulation during early infancy. *Developmental Psychology*, 35, 175-188.

Weinfeld, N. S., Sroufe, L. A., Egeland, B., & Carlson, E. A. (1999). The nature of individual differences in infant-caregiver attachment. In J. Cassidy & P. R. Shaver (Eds.), *Handbook of attachment: Theory, research, and clinical applications* (pp. 68-88). New York: Guilford Press.

Welsh, J. A., Bierman, K. L., & Pope, A. W. (2000). Play assessment of peer interaction in children. In K. Gitlin-Weiner, A. Sandgrund, & C. Schaefer (Eds.), *Play diagnosis and assessment* (2nd ed.). New York: John Wiley & Sons.

West, C. (2001). Play/therapy: A Vygotskian perspective. *Journal of Systemic Therapies*, 20, 60-67.

Westby, C. (2000). A scale for assessing development of children's play. In K. Gitlin-Weiner, A. Sandgrund, & C. Schaefer (Eds.), *Play diagnosis and assessment* (2nd ed.). New York: John Wiley & Sons.

Wetherby, A., & Prizant, B. (2003). *Communication and language issues in autism and pervasive developmental disabilities: A transactional developmental perspective*. Baltimore: Paul H. Brookes Publishing Co.

White, R. (1959). Motivation reconsidered: The concept of competence. *Psychological Review*, 66, 297-333.

Wieder, S., & Greenspan, S. I. (2001). The DIR (developmental, individual-difference, relationship-based) approach to assessment and intervention planning. *Bulletin of ZERO TO THREE*, 21(4), 11-19.

Williamson G. G., & Anzalone, M. E. (2001). *Sensory integration and self-regulation in infants and toddlers: Helping very young children interact with their environment.* Washington, DC: ZERO TO THREE: National Center for Infants, Toddlers, and Families.

Wolan, M., & Lewis, M. (2003). Emotional expressions of young infants and children: A practitioner's primer. *Infants and Young Children*, 16(2),120-142.

Yarrow, L. J., Morgan, G., Jennings, K. D., Harmon, R. J., & Gaiter, J. L. (1982). Infants' persistence at tasks: Relationships to cognitive functioning and early experience. *Infant Behavior and Development*, 5,131-141.

Yirmiya, N., Kasari, C., Sigman, M., & Mundy, P. (1989). Facial expressions of affect in autistic, mentally retarded, and normal children. *Journal of Child Psychology and Psychiatry*, 30(5),725-735.

Zadjman, A. (1993). Humorous episodes in the classroom: The teacher's perspective. *Journal of Research and Development in Education*, 26,106-116.

Zahn-Waxler, C., Friedman, R., Cole, P., Mizuta, I., & Hiruma, N. (1996). Japanese and United States preschool children's responses to conflict and distress. *Child Development*, 67,2462-2477.

Zahn-Waxler, C., & Radke-Yarrow, M. (1990). The origins of empathic concern. *Motivation and Emotion*, 14,107-130.

Zahn-Waxler, C., Radke-Yarrow, M., Wagner, E., & Chapman, M. (1992). Development of concern for others. *Developmental Psychology*, 28,126-136.

ZERO TO THREE: National Center for Infants, Toddlers, and Families. (2005). *DC: 0-3 R: Diagnostic classification of mental health and developmental disorders of Infancy and early childhood.* Washington, DC: Author.

Zillman, D., & Bryant, J. (1993). Uses and effects of humor in education ventures. In P. McGhee & J. H. Goldstein (Eds.), *Handbook of humor research* (Vol. 2, pp. 1ZZ71-193). New York: Springer-Verlag.

Ziv, A. (1983). The influence of humorous atmosphere on divergent thinking. *Contemporary Educational Psychology*, 8,68-75.

Ziv, A. (1988). Teaching and learning with humor: Experiment and replication. *Journal of Experimental Education*, 57,5-15.

TPBA2 观察指南：情绪情感与社会性发展

儿童姓名：_____ 年龄：_____ 出生日期：_____
父母：_____
填表人：_____ 评估日期：_____

指导语：记录儿童的信息（姓名、照料者、出生日期、年龄），评估数据和完成评估的人。此观察指南提供已有的行为优势，需要引起特别关注的行为举例和需要为下一步发展"准备好"的新技能。在您观察到儿童的行为对应的三个类别下画圈，突出显示或做出标记。在"备注"栏中列举观察到的其他行为。有经验的TPBA使用者可以使用《TPBA2 观察指南》作为评估期间收集信息的工具。

问题	优势	需要关注的行为举例	需要为下一步发展准备好的新技能	备注
I. 情绪情感表达				
I.A. 儿童是如何表达情绪情感的？	用表情 用身体动作 用出声 用言语 以上都用（以独特的方式）	非常有限的表达方式 不寻常的表达方式 很难看懂的情感或情感表达	面部表情 身体动作或姿态 出声 言语 增强情绪情感表达的易懂性 增加情绪情感表达的适应性 增加情绪情感表达的强度	
I.B. 儿童能否表现出各种情绪情感，包括积极的、不舒服以及与自我意识有关的情绪情感？(PR/TR)	表现出和年龄相符的各种情绪情感	情绪情感范围有限，多为负面的 情绪情感范围有限，不能表达所有的情感 情绪情感与所处情境不相符	快乐 生气、挫折 沮丧 警惕、害怕 害羞 内疚 骄傲	
I.C. 何种经历使儿童感到快乐、不快乐或者影响到其自我意识？(PR/TR)	有很多经历能让儿童感到快乐 有很多经历让儿童不高兴 有些事情塑造了儿童的自我意识	较轻的刺激就可以激起儿童的情绪情感 较强的刺激才可以激起儿童的情绪情感 可以激起儿童情绪情感的刺激为数不多 其他情况：	儿童会在下列情况下增加快乐： 人际互动 感觉输入 身体游戏 物品游戏 戏剧、扮演游戏	

续表

问题	优势	需要关注的行为举例	需要为下一步发展准备好的新技能	备注
II. 情绪情感风格、适应性				
II.A. 儿童见到陌生人、新活动或新刺激物时是如何反应的(需考虑年龄段)? (PR/TR)	对陌生人、新活动或新刺激物很容易适应；在某些情境下表现出相应的警惕性	极端的警惕或恐惧；毫无警惕或恐惧；出现超乎常人意料的情绪情感	减少： 焦虑 恐惧 退缩 生气 过度友好 缺乏警惕	
II.B. 在转换活动和日常规律被打乱时儿童是否容易适应? (PR/TR)	容易转换；容易适应日常规律的改变	难于接受活动转换和日常规律的变化	减少： 转换时的困难 日常规律变化时的困难	
II.C. 儿童对不同类型刺激的反应强度是怎样的? (PR/TR)	情绪表达处于通常平均水平；对不同类型刺激输入的情绪表达	极端的情绪；最低限的情绪强度	减少对刺激输入的回应；增加对刺激输入的回应	
III. 情绪和觉醒状态的调控				
III.A. 儿童是否能轻松地调控意识的生理状态(比如从睡意醒到从醒到睡)? (PR)	无困难	状态调整困难	使以下过程变得更容易： 醒来 进入困的状态 即将入睡 保持清醒的平静状态 减少对烦躁和哭闹	
III.B. 儿童调控情绪和陷入及结束某种情绪状态)是否容易? (PR/TR)	儿童能独立调节情绪；儿童能借助一点支持就能调节情绪	情绪调控困难	为儿童提供言语的和/或身体姿势动作的帮助使他脱离以下状态： 兴奋 沮丧 愤怒生气 悲伤	

第四章 情绪情感与社会性发展

续表

问题	优势	需要关注的行为举例	需要为下一步发展准备好的新技能	备注
Ⅲ.C. 当儿童情绪调整有困难时,他是否有特定的反应模式和"契机"?	无情绪调控问题	对特定刺激敏感 对任何限制都不能容忍 对变化敏感 对特定的人际互动敏感	调整以下方面: 人际互动 感觉刺激输入 特定的人际材料,物品 其他:	
Ⅲ.D. 当情绪激动时,儿童是否容易自己平静下来?(PR/TR)	迅速自我平静的能力	难以或不能靠自己平静下来	需要提供的支持: 稳定住身体或动作 用声音或言语来安慰 移开声音刺激(或消除引起情绪的原因——译者) 调整环境 其他:	
Ⅲ.E. 儿童能否为了专心于一个任务而抑制冲动行为或情绪(如,身体动作,声音或言语的爆发)?	多数时间能够抑制冲动	过度冲动	以下情形下需要抑制: 受到意外且不喜欢的感觉输入 在自我引导的活动中受到打扰 成人试图来主导 解决问题时受到挫折 在社交情境中感到挫折 受到限制	
Ⅲ.F. 儿童占主导的心情是怎样的?这样的感受或心情会持续多长时间呢?(PR/TR)	大多数时间开心而充实	心情变化起伏大 强烈或极端的心情 忧虑的心情持续较长时间	减少: 情感淡漠 不快或沮丧的心情 烦躁易怒 焦虑恐惧 情绪起伏大	

199

续表

问题	优势	需要关注的行为举例	需要为下一步发展准备好的新技能	备注
IV. 行为调控				
IV.A. 儿童遵从成人要求的程度？(PR/TR)	大多数时候遵从成人要求，在协商之后，或者在帮助下遵从	不遵从 争辩 (听到指令或要求)故意不反应 做出反应时有害怕或焦虑情绪 做出反应时带有怒气	需要： 展现行为 给予视觉、听觉或暗示的协助 给予肢体上的协助 对其努力给予肯定 其他：	
IV.B. 儿童能否控制那些被认为是错误的行为？(PR/TR)	独立控制行为 在成人提醒下控制	不理解对错 理解对错但仍要做"错"的举动	增加 对可接受行为的认知 监控对或错行为的能力	
IV.C. 儿童能否识别并运用家庭或主流文化认同的社交习俗？(PR/TR)	能够运用： 社交上的习俗 外表形象上的习俗 功能性的习俗包括家庭和主流文化的	不符合家庭习俗的行为或外表(穿着打扮) 不符合主流文化习俗的行为或外表(穿着打扮)	增加对社交习俗的运用 增加对符合习俗的形象和穿着打扮 增加对家庭和主流文化习俗的运用	
IV.D. 儿童是否表现出与文化不符的行为而且无法制止	行为正常	有以下可见固着行为 对自身 对物品 有不同寻常的重复性行为 不同寻常的言语 自伤行为 其他：	减少： 面部活动 身体活动/刻板印象 对自己的 对物品的 言语中的 自伤行为的 其他非寻常行为：	

续表

问题	优势	需要关注的行为举例	需要为下一步发展准备好的新技能	备注
V. 自我意识				
V.A. 儿童如何表现其自主性和做出符合家庭或文化的决定的意愿？(PR)	能够平衡成人和自己的选择行为 能够独立（不需要额外支持）顺应家庭的期望	过度控制 过度依赖	减少掌控所有决定的需求 增强做选择的能力 在以下方面降低对成人的依赖（符合文化）： 人际互动 游戏 自理	
V.B. 儿童如何表现出成就动机？	坚持达到目标 在达成目标时感到自豪	遇到挑战时容易感到挫折 掌控动机有限	减少失败时的挫折感 增强在以下方面的掌控动机： 人际互动 游戏技能 自理技能	
V.C. 在自我认同方面，儿童具有哪些特点？	情绪 拥有什么（我、我的、你的） 自己擅长之处	对自我的认识有限 对自我持消极认识	增加对以下内容的了解： 情绪 所有物 身体特征 提升对自身特征和能力的正向认知	
VI. 游戏中的情绪情感主题				
VI.A. 儿童在游戏中的思维模式是否灵活且具有逻辑性？	能够用合理的逻辑顺序进行游戏 有调整计划的能力	不灵活，总是重复同一个主题	增加脚本里包含情节顺序的游戏 减少对游戏主题和情节顺序的重复	
VI.B. 在角色扮演类游戏中，儿童是否能意识到其他角色的情绪和行为？	游戏中表现出对别人的关爱，能扮演"好人" 游戏中有多种行动，而非只有攻击性行为	只扮演负面角色（如：悲观的、焦急的、忧郁的） 只愿意扮演攻击者	把惩罚者或"坏人"换成更多正面角色 将过度攻击动作换成更多来解决问题的行动或行为	

续表

问题	优势	需要关注的行为举例	需要为下一步发展准备好的新技能	备注
VI.C. 儿童在游戏中表达了什么情绪主题？	关怀 安全 快乐	过度表达了以下情绪情感： 权力/控制 独自/依赖 失去 害怕/焦虑 暴力 创伤 缺乏情感情绪表达	需要为下一步发展准备好的新技能 需要进一步扩展评估： 表达或扩展认识情绪主题 帮助儿童认识情绪的原因 帮助儿童将情绪转向合适的目标 帮助儿童解决其对情绪主题认知方面的问题	
VI.D. 在假扮游戏中儿童如何把想法和情感融入合适的行为并表现出来？	想法、情感表达和行为动作具有一致性	行为动作和想法与游戏要表达的情感不匹配	帮助儿童辨认情绪并通过相应的行为表现出来	
VII. 人际互动				
VII.A. 儿童对他人的哪些情绪做出回应？(PR/TR)	对他人的以下情绪可以识别和回应： 快乐 沮丧或害怕 气愤	对他人情绪的回应不恰当	增强对他人情绪的回应： 快乐的表现 沮丧或害怕的表现 气愤的表现 恰当地表示同情	
VII.B. 儿童是怎样表现出快乐和对父母的信任的？(PR/TR)	寻找或确认（被要的）线索（D/M） 和他人分享情感（D/M） 寻求他人的安慰（D/M） 能够玩轮流形式的游戏（D/M） 对父母的情绪情感有回应（D/M）	气愤、抗拒，或躲避与母亲的互动 气愤、抗拒，或躲避与父亲的互动	增加以下互动： 寻找或确认（被要的）线索（D/M） 和他人分享情感（D/M） 寻求他人的安慰（D/M） 能和他人分享成就（D/M） 能够玩轮流形式的游戏（D/M） 对父母的情绪情感有回应（D/M） 令人愉快有趣的互动（D/M）	
VII.C. 儿童是如何区别对待他人的？(PR/TR)	对他人的回应有所不同，且符合其年龄	对不同人的互动不加区分 过分地只跟某些人互动	减少对不熟悉的人的焦虑或害怕 减少不适当的感情或信任 增强区分他人特点的能力	

续表

问题	优势	需要关注的行为举例	需要为下一步发展准备好的新技能	备注
Ⅶ.D. 儿童与兄弟姐妹或其他小朋友玩哪种类型的社交游戏？(PR/TR)	观察他人的游戏 独立游戏 平行游戏 联合游戏 合作游戏 游戏中互惠的和相互补充的角色	缺乏社交游戏 和同伴之间有延迟的或不恰当的游戏互动 和兄弟姐妹之间有延迟的或不恰当的游戏互动	减少： 孤立的、重复的或毫无目的的游戏 增加： 对他人游戏的观察 独立游戏 平行游戏 联合游戏 合作游戏 游戏中互惠的和相互补充的角色	
Ⅶ.E. 儿童如何应对人际冲突？(PR/TR)	偶尔向他人让步分享 利用成人来获取支持 能够讨价还价/作出妥协	哭闹/尖叫 过度退缩 对玩具或人的攻击性回应占主导	增加： 通过成人来获取支持 用言语、姿态等进行表示 作出妥协并解决问题 预料可能出现的问题	
Ⅶ.F. 在有两个以上儿童的情况下，其他儿童对他的行为有怎样的反应？	在其他儿童眼里很有名 为众人所接受	其他儿童会拒绝躲避他 受到同伴拒绝的欺负	增加主动交往以减少被同伴忽视或拒绝的情况 减少造成同伴拒绝的负面行为	
Ⅶ.G. 儿童表现出怎样的幽默？(PR/TR)	大笑并用适当的幽默让别人发笑	取笑他人或使用冷嘲热讽式的幽默	增加在社交情境下大笑 减少取笑他人或使用冷嘲热讽式的幽默	

PR 见父母报告《关于我的一切问卷调查》或访谈中父母提供的信息；TR 见教师报告《关于我的一切问卷调查》或教师访谈中得到的信息；
M 代表妈妈，D 代表爸爸，多领域融合游戏评估与干预系统．托尼·林德（Toni Linder）著．版权 Copyright © 2008 Paul H. Brookes Publishing Co., Inc. All rights reserved.

TPBA2 观察记录：情绪情感与社会性发展

儿童姓名：_____ 年龄：_____ 出生日期：_____
父母：_____ 评估日期：_____
填表人：_____

说明：记录儿童信息（姓名、照顾者）、出生日期、年龄、评估日期，填写此表格的人以及您观察到的儿童情况。我们建议在此处记录您观测的结果之前先查看相应的《TPBA2 观察指南》，因为该指南列出了要观察的内容。刚接触 TPBA 的使用者可以选择使用《TPBA2 观察指南》作为在评估期间收集信息的方法，《TPBA2 观察记录》可作为补充信息。

Ⅰ. 情绪情感表达（表达的手段和范围，对引起快乐、沮丧、愤怒等刺激的反应）

Ⅱ. 情绪情感风格/适应能力（适应新情况的方法，适应变化的能力，情感强度）

Ⅲ. 情绪和觉醒状态的调节（生理和情绪状态的调节，情绪的触发因素，持续时间，自我平静和抑制冲动的能力）

续表

Ⅳ. 行为调控（对指令的遵守，能否和制止错误行为，社会习俗，举止）	
Ⅴ. 自我意识（自主性，独立性，掌控力，动机，理解自我特征）	
Ⅵ. 游戏中的情绪情感主题（逻辑性，灵活性，对他人的意识，对角色的意识，情感主题，动作和情感的匹配度）	
Ⅶ. 社交互动（能否读懂线索，同情，依恋，对各种情境的反应，和同龄人/兄弟姐妹的互动，如何解决冲突，社交游戏水平，幽默的运用）	

以游戏为基础的多领域融合体系（TPBA2/TPBI2）

由托尼·林德（Toni Linder）设计。

Copyright © 2008 Paul H. Brookes Publishing Co., Inc. All rights reserved.

TPBA2 年龄表：情情感与社会性发展

儿童姓名：_____ 年龄：_____ 出生日期：_____
父母：_____ 评估日期：_____
填表人：_____

指导语：根据《TPBA2 观察指南》和《TPBA2 观察要点》所做的观察记录，对照年龄表中的具体表现，确定儿童在年龄表上把儿童能够做到的项目标出来。如果标注出的项目出现在多个年龄段，那么就要根据儿童在该年龄水平最多被标注的项目最多来确定儿童的年龄水平。这样可以在年龄表上把儿童能够做到的项目标出来。如果标注出的项目是按月来分的，涵盖了那个年龄水平之前的各个月龄，那么大多数被标注的项目出现在了某个年龄水平。12个月（1岁）以上的儿童的年龄水平代表他的一定的月龄范围，不是按月来分的，涵盖了那个年龄水平之前的各个月龄，如果大多数被标注的项目出现在了"21个月"，那么这个儿童在该子类观察到的成就表现，而不一定与该儿童的年龄水平就是21个月）。

注释：情绪风格/适应性这个子类，未被包含在年龄表中，可直接观察儿童可量化的成就表现，而不一定与该领域的年龄水平有关联。
注释：在社会情感领域，未列出第10个月和第11个月的阶段，因为这两个阶段没有特定的行为标志。

年龄水平	情绪情感表达	情绪和觉醒状态的调整	行为调控	自我意识	游戏中的情绪情感主题	社交互动
1个月	表现出从情绪激动到生气，从不高兴到沮丧，从愉快到兴高采烈的表情；睁大眼睛盯着看；对苦或酸的味道表现出厌恶。	通过爱抚和摇晃，可以安静下来；盯着人的脸，对安抚有回应；每10个小时中有一个小时的时间是清醒的。	间隔一定的时间就想要吃奶；用哭声来获得帮助。	研究周围环境；对别人的脸感兴趣。	游戏反映出他的兴趣、愉快、不愉快（0—9个月）。	聚焦于别人的脸部，对安抚有反应；对抚摸和发声做出反应；看到成人发声和做嘴巴的动作会做出反应。
2个月	能区分出成人生气、惊喜、难过的表情，婴儿的面部表情会变化；对感兴趣的事物会盯着看；对他喜欢的感觉刺激会笑。	对过度刺激会表现出厌恶的目光；通过吸吮手指使自己安静；吃、睡、醒的模式初现。	对抱着他的成人发出的轻声细语会做出回应的动作；调整身体的姿势以适应抱着他的人；期待会动的物体动起来；回应身体的运动。	用眼睛追随父母的移动；协调声音、视觉（比如叼奶嘴）、声感，吸吮奶嘴；开始辨认出家庭成员。	游戏反映出他感兴趣、愉快、不愉快的情绪（0—9个月）；看到熟悉的面孔，整个身体都会激动；参见情绪表达。	（目光越过成人的嘴）关注其眼睛；以兴奋、摇腿、晃动身体或发声对人做出回应；玩自己的嘴和手。
3个月	对话动的刺激物会笑；表达所有基本的情绪（包括惊奇）；会被大声的噪音和突然发生的移动吓一跳。	定期睡眠（每天16.5小时，每次持续3—4小时）；能够在短暂的时间内安静下来观看或者做到自我平静；通过吸吮、观看或者其他的感觉方式获得自我安抚时间。	会追随移动的物体而缓缓移动；有动静时会停下吸吮去听；会自发地抓住玩具并摇晃玩具；当被独自一人留下时会表达不满；建立了固定的喂奶时间。	开始意识到自己能做某些事情发生（0—3个月）；用手探索自己的脸、眼睛、嘴；能够区分不同的声音、味道、距离以及物品的大小。	玩时能反映出所有的情绪；当看到了适宜的视觉、听觉以及触摸刺激时，会高兴；重复做使其感到快乐的动作。	大部分玩耍都是独自的（0—3个月）；喜欢对他人给出回应，喜欢对视；能通过观看分辨出照料者；有了社交性的微笑；玩熟悉的游戏时能预期接下来会发生什么；

续表

年龄水平	情绪情感表达	情绪和觉醒状态的调整	行为调控	自我意识	游戏中的情绪情感主题	社交互动
	在各种状态中循环，但哭闹的时间减少，清醒的时间增加。					和人说话时能看着对方；任何人对他的照料者都会喜欢（0—3个月）；无论对方是谁都会朝人微笑（0—3个月）。
4个月	与人互动时会大笑；如果玩耍被中断，会哭闹；对熟悉的人会笑得更多些；当他想要某种东西，被拒绝后，会表现出生气（3—4个月）。	有多种方式安抚自己；睡眠和清醒的交替状态更加有规律；可以与人持续互动超过一个小时。	可以进行自我安抚和自我刺激，这表明对行为有了一定的控制力。	对镜子里的自己会发笑；开始喜欢自己的掌控能力。	游戏中会表现出狂热的情绪。	通过发音来主动发起人际交往；对不同的人给出不同的反应；通过微笑、伸手去够、以及触摸，表明自己对其感兴趣；婴儿会彼此观看并相互触摸（3—4个月）。
5个月	对很响的噪音会突然发出的噪音显得害怕；看到"做鬼脸"时会大笑。	当有人对他说话时，会停止哭闹；在照料者的安抚下，能在15分钟之内从不高兴中恢复过来；保持清醒状态能达几乎2个小时。	当成人试图拿走他的玩具时会反抗；用发音来引起他人的关注；用发音去打断别人的谈话。	能区分镜子中的妈妈和自己；知道谁是父母、哥哥、姐姐，以及谁是陌生人。	轮到自己时会给出情感回应；对父母的回应尝试做出情绪情感表达。	观察照料者的面部表情；受到阻碍时，会出生气或者反抗；对熟悉的照料者安抚更容易使他得到安抚；对陌生人会给出不同的反应。
6个月	听到咕咕声和咯咯的样子；听到咆哮声和呼噜声会显出不高兴的样子；激动时会尖叫、咯咯地笑、大笑。	睡眠和清醒的状态都开始变长，并稳固（3—6个月）；心情可能会发生突然变化。	对自己不喜欢的动作和物品表现出抗拒；把玩具拿走会使他很不高兴（4—6个月）。	叫他名字时会有反应；需要帮助时会做出表示；探索身体的各个部位，以及它们的动作；朝着镜子里的自己发笑。	对他人情感表达中他人的面部表情做出反应；模仿游戏中他人的面部表情和动作。	对他熟悉的人互动的游戏和常视活泼给予热情的回应；他熟悉的照料者抚摸；易分辨出妈妈的照片与陌生人的照片；妈妈和他打招呼，他会马上做出回应。

续表

年龄水平	情绪情感表达	情绪和觉醒状态的调整	行为调控	自我意识	游戏中的情绪情感主题	社交互动
7个月	能分辨出说话是友好的还是生气的；能做出"撅嘴"的表情；真生气时他会在表情或者声音难过的表情上表现出来（4—7个月）。	不再有毫无原因的哭闹；建立了生活常规（4—7个月）。	哭闹或者大叫来引起注意；开始了解动作的含义；通过声音的语调了解了"不"所代表的意思。	对镜子里的人像，可能会用手去触摸；因达到了目的而高兴；可能对陌生人感到害怕；喜欢看小宝宝的图片。	玩耍时高兴或者不高兴的情感，能通过发出不同的声音表达出来；游戏中开始有戏弄的行为，这表明他开始有了幽默感；重复做以前做过的一套动作。	开始玩社交性的游戏（4—7个月）；用声音、微笑、姿势"取悦""照料者"；看另一个婴儿哭了，他也用哭来回应。
8个月	生气、不高兴、厌恶时有更为强烈的、不同的表达方式；对某事物感兴趣时会"皱眉"（2—8个月）。	每天小睡几次，时间比较固定。	对父母的面部表情做出反应，并根据此调整自己的情绪。	用拍手的动作表达对某些事物的喜欢；可能会试图去拿镜子中的影像。	当不熟悉的人想要和他玩耍时，会给出一定的情绪反应；当游戏中所玩的对象和玩具不是他所选择的时候，会表现出抗拒。	探索自己和照料者的面部和身体部位（4—8个月）；照料者离开或者陌生人接近时，会哭闹（3—8个月）；想要双向交流或者依次轮流做的游戏（4—8个月）。
9个月	表现出害怕；意识到了垂直的空间（4—9个月）；在社交性游戏中表现出高度兴奋。	采用人际互动的方式可以让他在10分钟内平复下来；每天睡眠14.25个小时，84%的睡眠是在晚上（6—9个月）。	想要得到称赞；当他遇到困难时会希望成人过来帮忙；听从自己的指令；开始对说"不"的声调有反应，但可能不会停止自己的动作。	如果得到赞许，会重复那些动作；对自己的东西会去争抢，不放手；离开成人身边，会回头"查看"一下（表明对分离有了一定的了解）；动作有了某种目的性，做出能产生一定结果的任务指向的动作。	游戏反映出他感兴趣、愉快、沮丧的信号（0—9个月）；明白成人发出某种情感（6—9个月）；知道了自己的动作可引发某种游戏；会重复做出那些可引发他人大笑或者称赞的游戏；可能会做出非预期的动作来测试他人的反应。	有意识地发起人际之间的交往（比如，去触摸他人的鼻子、头发、嘴等）；对不同的人给出不同的回应；玩耍时想要在妈妈身边玩；试图引起其他宝宝的注意；努力接近其他小朋友；对其他宝宝的哭闹很敏感。

续表

年龄水平	情绪情感表达	情绪和觉醒状态的调整	行为调控	自我意识	游戏中的情绪情感主题	社交互动
到12个月或者1岁时	开始表现出惊奇(8—12个月);开始表现出害羞(9—12个月);对陌生的人和陌生的地方表现出害怕(7—12个月);对不协调的、新奇的、自创的动作会大笑;在解决问题过程中,"皱眉"的动作表明他对此过程感兴趣。	通过社交性偏好来维持其安全感(7—12个月);90%的婴儿会整夜睡眠;以自己的方式进行自我安抚;可能会不喜欢午睡,发脾气。	开始懂得自己的动作以及含义;能够服从要求;懂得了"不"的含义,不是总能配合他人;可能会拒绝以前吃过的食品;能够给出延迟回应(5—12个月);个人意识开始发展起来。	玩可操作的玩具时会非常高兴(7—12个月);即使他并不真的需要,也可能会要求成人给予帮助;对自己的掌控力感到非常高兴,"炫耀";能根据声音、性别、年龄,来分辨他人(7—12个月)。	与他人沟通自己的意图和愿望(9—12个月);区分游戏中哪些是有威胁的情境,哪些是没有威胁的情境;游戏反映出他人和他自己喜欢的物品的情绪情感;游戏时需要靠近父母身边。	喜欢探索照料者的面部和身体部位(8—12个月);开始模仿照料者或其他儿童的动作(8—12个月);玩藏东西的游戏(8—12个月);独自玩,开始玩并行性游戏(8—12个月);能脱离父母,但眼光保持与父母的对视(7—12个月);分离焦虑(7—12个月);可以将玩具给另一个小朋友玩(7—12个月);喜欢玩依次轮流做的游戏(比如躲猫猫,滚皮球);开始组织自己的行为和情感;能够发起或回应连续轮换三回的游戏;表现出同情的情绪(10—12个月)。
到15个月时	做了错事会表现出内疚;对他人和玩具付以情感。	想法受阻时可能会发脾气;对各种情境有恰当的情绪情感反应;每日睡眠13.75小时(12—15个月)。	理解简单的"对"与"错";独立性;遭从父母"不要做"的指令达45%,而对"要做"什么的指令遵从情况仅有14%;	说"不",表明自己的独立性;看到他人痛苦的表情时,会走过去帮忙做些什么(12—15个月);	角色扮演游戏中对娃娃照料可以再现日常惯例。	对一个物体具有分享注意(8—14个月);模仿他人的动作(8—14个月);能够做到依次轮流(8—14个月);

年龄水平	情绪情感表达	情绪和觉醒状态的调整	行为调控	自我意识	游戏中的情绪情感主题	社交互动
到18个月时	快乐是主导情绪(12—18个月);有了自豪和羞愧的情感;生气和发脾气的情况增多;害怕的事物增多;如遇失败会显出情绪低落;出现嫉妒,特别是对兄弟姐妹和小朋友;因能力所限做不下自己想做的事情时,会有挫败感;鸣鸣地哭,大哭;表现出狂躁(7—18个月)。	常规惯例稍有改变,就会感到不安;每日午睡一次;看到周围有引发不安的人和事时,会离开,并向成人寻求安抚;开始获得了自我控制力(15—18个月)。	在做某些越界的事前会观察看父母的态度。表现出气愤,打人、咬人、用拳头怒人、叫,重击、尖叫;能意识到照料者的愿望和期盼;在要做某些越界的事情之前,会说出反映其内在意识到的词汇("不""不要");能按要求拿到物品并带过来递给他人;对自己的良好行为寻求他人的赞扬。	开始喜欢脱离成人;能坚持完成复杂的任务。完成一项任务后想要得到称赞;独断且独立;受到自主探索的推动,但仍需要接触照料者保持接触(12—18个月);尝试着走开,然后再走回来(12—18个月);能坚持完成中等难度的任务(12—18个月);能在戏剧游戏中再现自己和他人(12—18个月);意识到失败。	通过情感交流,拥有了对自己和他人的理解力(12—18个月);戏剧游戏可能会反映出他所担忧的是什么;通过假装的动作,把这个玩具与另一个玩具联系起来,来反映日常的活动。	喜欢和其他小朋友在一起(8—14个月);看到别人不高兴时,会用手拍、抚摸,提供物品来给予帮助。玩并行游戏(与其他儿童玩同样的玩具,但彼此没有联系)(15—18个月);假装当妈妈给娃娃喂饭;与其他儿童一起分享食物,玩具;向在不远处的照料者说话;给他人设定界限(比如,告诉他们停止那样做);看到某人不高兴时,会表现出关心,并提供帮助(12—18个月);用语言和肢体动作表达对另一人的关心;能用语言、手势、肢体动作来回进行20—30次的互动。

续表

年龄水平	情绪情感表达	情绪和觉醒状态的调整	行为调控	自我意识	游戏中的情绪情感主题	社交互动
到21个月时	看到他人难过，会给予安抚（比如向他提供一个物品）(18—21个月)。	利用物品转移情绪，或者让自己平复下来；在需帮助的情况下，利用各种暗示可使其平静(12—21个月)；当用词语表达不了自己的想法时，会放声大哭。	能执行单步指令(18—21个月)；自我对话；对动作是否成立建立了评估的标准；明白成人是赞成还是不赞成；扯头发、推倒其他儿童、拥抱时太过用力。	认识镜中的自己(18—21个月)；把名字与自己联系起来；占有属于自己的物品。	能用词汇和肢体动作表达自己的需要、愿望、感情；能把他人做的事情演示出来；开始在游戏中象征性表达他的想法和情感。	占有玩具，不愿与他人分享(13—21个月)；为得到游戏材料，与其他儿童会争夺，抓住材料不撒手；不停地要求照看者给予关注；依次轮流的伙伴游戏达到一个更高水平；常常会模仿同伴；通过人际互动获得想要的玩具；开始对他人的情绪做出回应。
到24个月或者2岁时	表现出羞愧、窘迫这些与自我意识相关的情感(15—24个月)；生气或者遇到挫折时会大哭大闹；可能会害怕黑暗、打雷、火车以及动物发出的声音。	夜晚睡眠12—13个小时，白天小睡1—2个小时；说"不"的情况是最多的时期(15—24个月)；经常发脾气(15—24个月)；手淫可能会使自己平静下来(18—24个月)；能够把动作与其后果联系起来(18—24个月)；试图通过口头的、身体的，以及社交的手段来控制情绪；当感到频躁不安时，会改变之前的动作。	展示出某种初步的自我控制能力，使自己停止错误的行为；想要控制他人并要周围的人服从自己(15—24个月)；做事如果达不到标准，会烦躁不安(15—24个月)；表现出羞愧、窘迫、内疚的情绪情感；用词汇来评估行为的好与坏(21—24个月)；能够延迟满足；会拍打或者咬他人；知道自己的行为可以造成他人难过或者发怒。	对性别、身体部位及其功能感兴趣；"我"的词汇(18—24个月)；"我的"是用的最多的(18—24个月)；能够进行自我描述和自我评估(18—24个月)；感觉自己无所不能(19—24个月)；能认出镜子和照片上的自己，并说出自己的名字(19—24个月)；完成任务后显出自豪感(18—24个月)；不能达到目标时，会哭(18—24个月)；争取自己去做各种事(我来做)(18—24个月)。	出现情绪情感语言；开始给客体贴标签，玩情感游戏、角色游戏；戏着和照料他人的经历在角色游戏中表现出情绪情感；在戏剧游戏中，童想象创造出某些代表物，以表现他的情绪情感和想法。	对他人熟悉的成人，他一会儿是依附，一会儿又是抗拒，在两者之间交替；在角色游戏中，有时是指向他人(13—24个月)；开始喜欢玩并行合作游戏，但仍做不到合作(13—24个月)；可以把玩具提供给他人玩，并向其发出微笑(13—24个月)；互动中开始有了来回的打闹行为；女孩子可能会从男孩子的打闹要中撤出。

续表

年龄水平	情绪情感表达	情绪和觉醒状态的调整	行为调控	自我意识	游戏中的情绪情感主题	社交互动
到30个月时	显示出同情心；用整个身体表达强烈的情绪；害怕空间的变化（比如，客体位置的移动和改变）；做出复杂的面部表情。	能够延迟满足，对他想要的东西或者奖励可以等待（18—30个月）；产生了调整情绪以适应他人情绪的能力；每天睡眠13小时，大发脾气时，整个身体都可以有表现。	与他人分享玩具，帮助他人，游戏中有合作，表现出同情和关心（24—30个月）；懂得规则、标准，以及家庭的文化价值观；表现出悔恨。	带着故意伤害的目的攻击其他小朋友；可能会破坏玩具；在与其他小朋友因占有物品或者强行插入活动而发生争执时，可能会有攻击行为；关于自我，有了一定的概念（比如，性别、身体特征、好的行为、坏的行为，个人能力等）；知道了哪些是自己的东西，哪些是他人的东西。	在独自玩与喂养、照料、控制、独立有关的游戏时，有了角色扮演；能够应对更为复杂的愿望和情感（游戏可以反映出亲密、分离、探索、自信、愤怒、自豪和炫耀）。	既可以当领头羊，也可以当追随者（25—30个月）；和同伴一起玩时，角色游戏往往反映出单一的主题，而不是综合性的（并行游戏）（25—30个月）；分享对自己和他人情绪而产生的感受。
到36个月或者3岁时	经历多种视觉恐惧（比如，脸谱、黑暗、动物）；经历各种情绪体验，包括自己的需求、爱护和内心感受；能说出自己的情绪和内心感受（18—36个月）；显示出身体动作表达自己的气愤。	能够谈论情感以及各种情绪会引发什么结果（24—36个月）；能够清楚成人帮助他应对各种情绪（24—36个月）；开始可以靠自己从发脾气的状态恢复到平静状态；能够做到自我控制，表现出努力控制自己的情绪。	开始将规则内化并做到遵守规则（24—36个月）；还不能将规则运用于任何时候和任何情境（24—36个月）；需要在成人的帮助下控制冲动的行为（24—36个月）；开始总结并推断出什么东西能触摸，什么东西不能触摸（24—36个月）；对一个"错误"或者一种情况，会努力做出说明，以图"纠正"。	谈论他能做到的各种事情（24—36个月）；在做不好某事时，会显出羞愧的表情（24—36个月）；能做出具体的自我描述；开始懂得他人，并在游戏中展现出对此方面的理解；更喜欢具有挑战性的任务；清楚知道自己的性别。	玩娃娃时，对娃娃有了情绪归属；利用角色游戏，把情绪表演出来并谈论各种情绪情感（24—36个月）；假装扮演具有各种不同情绪的各种不同的人物；游戏中可以成为分于"好人"与"坏人"的人物；游戏中可反映出分离、兄弟姐妹之间的关系、惩罚，以及身体虐待或者性虐待等问题（30—36个月）。	能够玩联合游戏（一起玩，用同样的游戏材料，但目标不同）；让其他儿童或成人参与到游戏中来；当游戏进程中接下来有两种以上的选择时，需要成人给出建议；社交性游戏剧游戏中明显具有了合作性的、目标定向的内容；开始建立友谊关系。

续表

年龄水平	情绪情感表达	情绪和觉醒状态的调整	行为调控	自我意识	游戏中的情绪情感主题	社交互动
到48个月或者4岁时	表现出嫉妒；口头表达愤怒；害怕黑夜，害怕失去父母，害怕被其他人不一样的人（比如，老年人，其他种族的人）；羞愧、内疚这些更为高级的情绪情感的发展，促进了积极行为的产生。	有时会攻击同伴；可能会表现出自己具有极端的感觉，想要感觉到自己的自我控制力，向自己及他人谈论自己的感受，以及如何才能控制自己使感觉更舒服些。	能辨别出一个人的角色和行为是否适当；已经将"可以"的规则内化；即使知道那样做是不对的，可有时还是会明知故犯；照料者想要做的事情与他想要做的事发生争执时，85%的情况下不会遵从。对成人"不要做"的要求，遵从"要做"的情况占30%。	能描述情绪的起因和结果；爱好争辩；因完成某件事情而自豪；知道害怕是什么感觉（会使用"怕"、"吓人"等词汇）；能够独自去做事，无需他人陪伴；在无需他人帮助的情况下由自己主动想办法解决问题；相信自己能做任何事情。	喜欢假装自己是其他某个人；能够转换成为相反的角色；双重身份，能够讨论假设的情景；在"好人"和"坏人"的游戏中，常常扮演有攻击性的角色；喜欢在角色扮演游戏中表现恐吓（追逐、吓唬、大笑）和有控制力；开始会利用有神奇魔力的人物来代表自己的想法。	通常能够分辨什么是真实的，什么是假装的；90%的角色游戏是合作性的；喜欢与同性别的小朋友玩耍；短暂的分离对同伴会产生情绪低落；形成对同伴的依恋，喜欢交朋友；愚蠢（傻傻的幽默感（傻傻的名字、打拍子、跳舞）；试图独自解决冲突（36—48个月）。
到60个月或者5岁时	因一点小事就会感觉自己"受到伤害"；害怕被丢弃，害怕自己睡觉。	能够考虑到他人的情绪，并采用讨论的方式使人恢复平静，通过自我对话控制自己的情绪。	根据是否会受到惩罚来判断对与错；知道要想交朋友需要怎么做；对规则有了很好的了解；管闲事，并建议对他人予以惩罚。	能对自己的特点做出判断；渴望学习新东西；能够根据不同的场合调整自己的行为举止；开始将自己的成绩与他人的做比较，但仍足高度自信。	能够使自己的动作与其他幼儿的动作相协调一致；能够口头表达自己的情绪；幻想游戏时，经过精心安排，能反射出儿童的内在感受，他的担心，以及与养育有关的内容；游戏中反映出来的问题可能涉及到健康状况、身体掌控。	想要取悦自己喜欢的人们使他们在自己身边；开始害羞，即使在不能理解其含义的情况下与其他儿童进行广泛的对话和游戏。

续表

年龄水平	情绪情感表达	情绪和觉醒状态的调整	行为调控	自我意识	游戏中的情绪情感主题	社交互动
60个月到72个月或者6岁时	不愿意纠正自己；害怕魔鬼、女巫、昆虫、雷电、火、风暴、鲜血、受伤、死亡。	能够在不同的场合调节自己的情绪以适应当时的情境（比如，教堂、游乐场）；能够考虑到他人的情绪，并据此有意识地改变自己；意识到在同一时间会感受到不止一种情绪。	能够公平地做游戏；知道什么是正确的、公正的和规则是不可改变的。可能会僵硬地运用规则来衡量他人的行为；表现出对他人的尊重；能够就行为和结果进行协商；懂得了做错事就要接受惩罚；理解了平等或者等量分配的概念，将其作为公平的标准。	渴望被别人接受，能够改变自己的行为，以便让别人喜欢自己；寻求他人关注自己的行为；认为在许多方面自己比他人更强，包括社交、身体、知识技能以及外表等方面。	在玩医生游戏时可表现出对性的好奇体验的难度（48—72个月）；表演中不断提高情绪体验的难度（48—72个月）；游戏主题中出现了权力，掌控力以及失去自己的；能够指出故事人物经历的某种情绪的原因（60—72个月）；魔幻游戏的内容可能很详细，很精致；扮演夸张的角色和动作。	做联合游戏，比如木偶表演（48—72个月）；游戏中显示出他能意识到别人的想法和情绪；参与小组活动（48—72个月）；参与轮流做的活动时能够等待；能够记住笑话并能讲给别人听；能编造笑话；以各自独立的角色与异性小朋友玩；能够组织小组游戏；有趣性是小朋友之间对话的典型特征。

Transdisciplinary Play-Based System (TPBA2/TPBI2) by Toni Linder. Copyright © 2008 Paul H. Brookes Publishing Co., Inc. All rights reserved. 跨学科游戏评估与干预系统（TPBA2/TPBI2），Toni Linder著。版权 Copyright © 2008 Paul H. Brookes Publishing Co., Inc.

TPBA2 观察总结表：情绪情感与社会性发展

儿童姓名：＿＿＿＿＿ 年龄：＿＿＿＿＿ 出生日期：＿＿＿＿＿

父母：＿＿＿＿＿

填表人：＿＿＿＿＿ 评估日期：＿＿＿＿＿

说明：对于以下各子类，结合"TPBA2 观察指南"或 TPBA2 观察记录中在该子类中的发现，在"目标实现量表"的 1—9 级中，圈出符合儿童发育状态的数字。接下来，根据"TPBA2 年龄表"，将儿童与同龄人相比较，来考虑儿童的发展状况。使用年龄表确定儿童在每个子类的年龄水平（遵循年龄表上的说明）。然后，计算出儿童发展迟缓的年龄百分比，并圈选 AA, T, W 或 C：

如果儿童的年龄水平＜自然年龄：1－（年龄水平/CA）＝＿＿＿＿＿％（迟缓）

如果儿童的年龄水平＞自然年龄：（年龄水平/CA）－1＝＿＿＿＿＿％（高于）

为了计算 CA，请从评估日期的出生日期中减去儿童的出生日期，然后根据需要向上或向下取整。减去天数时，应考虑当月的天数（即 28, 30, 31）。

TPBA2 子类	功能活动中观察到的儿童能力水平									与其他同龄儿童比较 高于 平均 观察 担忧 年龄 典型 (W) (C) 水平 (AA) (T)
情绪情感的表达	1 使用声音和身体活动，表达不舒适的情绪	2	3 采用不同类型、不同水平、不同形式的情绪表达方式，向他人表明自己的各种需要	4	5 经常表达极端的情绪，以使自己的需要被满足，并引起他人的回应	6	7 表达各种情绪，但主导情绪是积极的	8	9 能够在适当的时候轻松表达各种情绪，采用的方式恰好达到可接受的强度水平	AA T W C 评估：
情绪风格/适应性	1 不经过较强的、长时间的情绪反应，就不能适应生人、新物体、新事物或者常规的改变	2	3 在有口头预告和环境支持的情况下，能适应人、事、物或者常规例的改变	4	5 通过采用与情境转换相联结的激励和逻辑手段，能够适应人、事、物或者常规例的改变	6	7 在有口头预告的情况下，能适应人、事、物或者常规例的改变	8	9 保持适度的谨慎和情绪反应，适应人、事、物或者常规例的改变	AA T W C 评估：

续表

TPBA2子类	功能活动中观察到的儿童能力水平									与同龄人相比的评估 高于平均 典型 观察 担忧 年龄 (AA) (T) (W) (C) 水平
	1	2	3	4	5	6	7	8	9	
情绪和觉醒状态的调整	很难控制觉醒状态和情绪,需要外界有力的支持,以及照料者在身体、语言上的帮助;情绪调整需要一个小时以上		在平缓的环境中,在接收到来自照料者身体和语言支持的情况下,能够控制调整觉醒状态和情绪;调整需要30—60分钟		在平静的环境中,或者在得到成人身体或者情感支持的情况下,能够控制调整觉醒状态和情绪;调整需要15—30分钟		通过使用自我调整策略(比如一张毯子、某个特定的玩具),或者来自成人的口头建议,能够调节觉醒状态和情绪;调整仅需要几分钟。		能以适合于所在情境的恰当方式,独立调节觉醒状态和情绪	AA T W C 评估:
行为调控	对成人提出停止行动的要求不能理解,不能给出回应		开始理解但不能做什么;对成人发出的信号和控制,予以抵制		在成人指导下,能理解什么是对的,什么是错的,因此,有时能选择适当的行为;在决定做什么的时候,开始寻求成人的暗示		能独立理解对与错,大多数情况下能选择适当的行为,但在行为选择和行为管理上,仍需要成人的辅助		大多数情况下能选择适当的行为并给予回应;能对自己加以控制	AA T W C 评估:
自我意识	依靠他人来满足需要		试图接近玩具和他人,拿一些物体给成人看,当别人对他反应时,他会笑;在他需要帮助时还不会提出要求		注意力集中到与动作、物体,或他人互动的特定目标上;常常需要成人的帮助,或者需要不断的强化才能使其继续努力		想要独立实现多种类型的目标,能坚持,有自信,行为取得成功而高兴;知道何时自己需要帮助		其行为是目标导向的;面对挑战能坚持下去,对成功有信心,完成任务时感到骄傲,意识到自己的长处和不足	AA T W C 评估:

续表

TPBA2子类	功能活动中观察到的儿童能力水平									与同龄人相比的评估 年龄水平 高于平均(AA) 典型(T) 观察(W) 担忧(C)
	1	2	3	4	5	6	7	8	9	
游戏中的情绪情感主题	游戏中展现出的情绪情感范围是有限的,并对他人的情绪情感缺乏关注		游戏中通过语言和非语言的手段,展现出一定的情绪情感,但是情绪情感所表达的是情感本身的含义而不是对游戏的反应		对在游戏情景中自己和他人的基本情绪情感有所认知,并能给予命名,并在游戏中出现了重复的、未被认知的情绪情感主题		能够将情绪情感赋予戏剧角色身上,并生命的角色是无的,并利用游戏尝试解决情绪冲突		能够适当地再现自己及他人的情绪,能够在互动中、象征性以及社交性戏剧游戏范围内解决的主题情绪情感冲突	AA T W C 评估:
人际互动	观看照料者,对他们发起的互动会出口头或身体动作的反应		对他人能给出情感上的回应,并主动与他人积极互动;与主要照料者分离时可能会出现困难		在与家庭成员以及熟悉的人之间进行互动时可以延迟等待;可以表现出害羞和焦虑,可以和同伴做游戏,但是可能经常发生人际冲突		日常生活中与家庭成员以及同伴之间的关系基本上是积极的互惠的;能主动发起人际互动,并和同伴玩几分钟;能利用成人来解决冲突		能区分出熟悉的人和陌生人,与家人有亲密的关系;在玩有几个朋友的;目标导向的互动、目标时能彼此之间的互动;发起并保持做此冲突能独立进行协商	—
总体需求										

以游戏为基础的多领域融合体系(TPBA2/TPBI2)
由托尼·林德(Toni Linder)设计.
Copyright © 2008 Paul H. Brookes Publishing Co., Inc. All rights reserved.

第五章 交流能力发展领域

与伦尼·查莉芙·史密斯（Renee Charlifue-Smith）和谢丽尔·科尔·鲁克（Cheryl Core Rooke）合著

交流是思想、信息和情感的传递过程，可以通过诸如眼神交流、面部表情、手势、身体姿态（body posture）、扩大性与替代性沟通系统［augmentive and alternative communication（AAC）］、书面语、手语和口语等多种方式来实现。广义的交流包括言语（speech）和语言（language）。言语指使用语言的交流方式，语言则是一个以符号表示概念的规则支配系统，它可以是言语（verbal）的，也可以是非言语（nonverbal）的。交流能力不仅与认知和社会技能的持续发展密切相关，也在很大程度上为其提供了基础。交流方面的困难会影响儿童与他人之间进行积极有效的互动和学习的长期能力。

以游戏为基础的多领域融合评估 2（TPBA2）侧重于分析儿童的整个交流系统，包括内容、方法、态度和情感、手势、身体姿态和动作、身体距离以及交流的质量、数量和有效性等。TPBA2 对于分析上述内容而言是非常合适的，因为儿童的交流可以发生在游戏活动中，也可以发生在常规活动中，如餐点时间、洗手洗脸或者打扮等情境中。环境的设定以及引导员诱导出的技能，使得评估团队能够观察儿童使用怎样的交流模式进行自我表达、如何回应请求以及如何与不同类型的游戏伙伴（比如熟悉的或者不熟悉的成人以及同伴）互动等。

TPBA2 中的交流能力领域包括语言理解（language comphrehension）、语言生成（language production）、语用（pragmatic）、构音和语音（articalation and phonology）、嗓音和流畅度（voice and flueny）、口部机制（oral machanism）以及听力（hearing）等（见表 5.1 中有关各个子类的定义）。虽然每个领域都是单独进行描述的，但实际上，整个交流系统的发展是各个部分相互作用的动态结果。目前，语言可分为三个不同的领域——语言理解、语言产出和语用，以强调分别评估理解、表达和使用的重要性。担心孩子交流能力的父母常常只关注表达性语言。而对三个语言领域进行全面评估，将有助于父母了解语言理解与使用（语用）会是怎样影响着表达性语言的发展。对每个语言领域的观察都将给干预带来不同的思路。对于一些儿童的交流系统评估，包括双语或多语儿童、患有孤独症谱系障碍的儿童以及潜在或正在使用扩大性与替代性沟通系统的儿童，我们给予了特别考虑。听力部分会以单独的章节进行讨论，有关听力如何影响交流、学习和社会性发展的具体信息，请参考第六章。在进行以 TPBA2 之前，应对所有儿童进行听力检查，以确保以 TPBA2 中收集到的信息是对儿童能力的准确评估。

表 5.1 交流能力领域的子类和定义

子类	描 述
语言理解	儿童对语言(包括词汇、问题、语言结构和请求)的理解和回应能力
语言产出	儿童使用任意形式的语言来表达想法和感受,对事件进行关联,以及提出和回答问题的能力
语用	儿童在不同场合下、基于不同目的,进行有意识的言语和非言语交流的能力,包括分享共同注意力、发起语言或者对语言做出回应、使用问候语、轮流表达、掌控话题、交换和澄清信息以及讲故事
构音和语音	儿童产生言语声音(构音)并表现他或她自己的声音系统(语音)以生成可理解的语言的能力
嗓音和流畅度	儿童言语的质量、音高、响度和流畅度
口部机制	发音器官的结构和功能
听力	儿童注意、定位和处理周围环境中的声音和言语的能力

如《TPBA2》&《TPBI2》第五章所述,评估团队获取儿童言语和语言发展,以及家庭言语和语言发育迟缓的周详病史是非常重要的。此外,评估团队也应记录下发展中出现的任何退化或者停滞问题。父母和其他照料者(包括老师)的观察、父母对儿童接受性和表达性语言功能的推测(包括强项和弱项),以及父母对儿童与熟悉和不熟悉成人和同伴互动的观察等,对于获取儿童整体交流技能的样本是非常有帮助的。通过观察亲子互动,评估团队可以观察父母与儿童的交流风格,探索成人如何回应儿童的交流意图以及父母如何促进孩子语言的发展。举例来说,儿童与成人各自发起互动的频率如何？评估团队也应该了解家庭的文化期望、方言以及社区成员的行为,以对儿童是否真的存在交流方面的问题进行评估和确定(Crais & Roberts, 2004)。

回顾 TPBA 的录像对于记录情境信息和语言信息是非常有帮助的。如果言语和语言病理学家也参与了 TPBA,那么他们应该同时记录下互动过程中儿童和成人的言语和非言语生成内容。应将这些交流观察所得数据与其他领域的评估信息进行整合,以获取儿童能力发展的整体面貌。

本章的结构

本章将会呈现对每一个子类的讨论,首先呈现有关子类的研究以及发展信息,随后是观察的策略,并会相应地给出对 TPBA2 子类观察的一个案例。在本章末尾有关《TPBA2 观察指南和概要表格》中,可以找到提供观察方向的一些问题。观察指南和概要表格的使用已经在 TPBA2 的第二章进行了描述。本章最后还呈现了描述所有子类特定过程以及技能发展的《交流能力年龄表》(简称《年龄表》)。

语言

世界各地的儿童都是在不同的文化中成长，也会学习不同的语言。每一种语言习得的里程碑都是共通的，因为其模式是可预测的。但是，每位儿童达到不同语言阶段的速率可能有所差别。很多障碍儿童以及使用辅助与替代沟通的儿童会与正常儿童经历相同的语言阶段。但同时，儿童可能会在某些阶段，因为神经性障碍或者环境因素的影响等各种情况，呈现出延迟或者障碍性语言发展。当一名儿童在不断习得典型的技能并按顺序在发展里程碑上取得进步，但与同龄儿童相比速率较低时，他的语言发展就被认为是延迟的。2岁时出现语言延迟但到3岁时表达性语言接近正常水平的儿童，有时也被称为"开窍晚"的孩子。如果某个儿童在发展非典型的语言技能且没有按顺序依次达到发展里程碑，那么他/她的语言发展就被认为是有障碍的。比如，与同伴相比，孤独症儿童并没有按照预期的语言里程碑发展，所以这些儿童被称为语言障碍儿童。孤独症儿童会表现出非典型的技能：他或她的语言理解水平很差，例如对他或她的名字或者简单的请求（如"给我""过来"）没有回应，而且还表现出非典型的言语产出技能，比如产出某些无意义词语或者句子（如重复电影或广告台词）。

在对婴儿进行评估时，有一点非常重要，就是记住评估的目的在于确定儿童的优势和需求（Spark，1989）。此外，对一些幼儿或特殊需求儿童进行评估时，儿童的生理组织可能会影响到其积极参与评估过程和与他人互动的能力（Paul，2001）。孩子可能表现出的一些行为包括：呼吸模式的改变、皮肤颜色的变化、体格变化、兴奋程度的紊乱等（Browne，MacLeod，& Smith-Sharp，1995）。

第一节　语言理解

1.1　语言理解（language comprehension）

观察儿童实际理解的瞬间是不可能的，因为这些瞬间发生在头脑的隐蔽之处。在评估中可以观察的是能够证明这种理解的动作，Miller和Paul（1995）称之为理解的产物。

I.A. 儿童表现出哪些早期理解能力？

在婴儿早期，婴儿开始对声音、噪音以及环境中的声响做出回应。在最初的几个月里，婴儿可能会被巨大的响声吓坏,而且只能通过稍后父母柔和的声音安抚才能平静下来。随着成熟度和力量的提升,婴儿获得了把头挪向声源的能力,并逐渐发展出精确定位的能力(更多信息参考第六章)。在第一年的后半年里,当听到自己的名字时,婴儿开始转头,也开始通过名字辨认家庭成员,确认熟悉物体的名称,并能用手势对某些熟悉的词,如"向上"或"再见"做出回应。

Tomasello(2003)指出,"儿童到了合适的时候才开始习得语言,因为这一学习过程主要取决于共同注意、意图解读和文化学习这类更基础的技能,这些技能到出生后接近第一年年末才会出现"(p. 21)。正是这三方面技能的发展使得儿童能够通过确定成人谈话的内容、谈话的原因以及一个词在特定情境下是如何使用的来理解词汇。到第一年年末,儿童开始发现共同注意的作用,主要是通过使用注视转移引导他人查看某个物体或某项活动,也通过顺着成人的视线来辨别成人注意的焦点(Crais, Douglas, & Campbell, 2004; Delgado et al., 2002; Lock, 1978; Murphy & Messer, 1977; Tomasello, 2003)。

在儿童早期,对语言理解最好的情形,是当语言使用发生在有序且可预测的熟悉的社交场合或者日常生活中时,比如在换尿布或穿衣服时说出身体部位的名称(Lund & Duchan, 1993)。许多日常动作中对语言的理解,比如穿衣,可以通过环境中的情境支持以及父母的线索得到增强,比如把手势或者眼神和言语结合起来。例如父母可能会说:"该洗澡了",孩子可能基于父母抓毛巾、放洗澡水以及把玩具放在浴盆里等动作作出回应。同样在这个阶段,儿童参与早期的社交游戏,比如"多大(how big)"和"躲猫猫(peekaboo)"等,对于发展语言理解也是非常有帮助的。重复进行以及高度结构化的日常交流和社交游戏可以帮助儿童理解言语和非语言信息的意义。父母在为这些游戏中的语言学习和理解提供鹰架支持(scaffolding)方面起着重要作用。在开始阶段,父母会发起游戏并进行调整使其匹配儿童的行为。在这个阶段,儿童是漫不经心的,不会实现真正的动作轮流,也不能理解游戏的内容、手势以及交流意义。但随着时间推移,儿童会随着理解层次的提升而不断进步,最终能够发起游戏,并使用能表明理解了特定词语的常规反应来参与游戏(Platt & Coggins, 1990)。

12—18个月大时,儿童理解言语的能力明显提高,可识别人体部位和熟悉的物体,寻找视线范围内的物体,并理解早期的动作词汇。在这一时期,特别是当说话人加上手势来辅助理解时,儿童常会对口语字词作出回应。随着日常使用频率的增加,请求渐渐变得熟悉,儿童对手势性和情境性提示的需求逐渐减少,直至可以单凭语言指示作出回应。但是,我们很难评估儿童对日常生活中句子的理解程度,因为其具有一定的可预测形式,也有多种情境性的线索和理解策略帮助儿童理解信息(Chapman, 1978; Haynes & Pindzola, 2004; Miller & Paul, 1995)。评估团队应该观察父母为帮助儿童的语言理解提供了多少支持。父母支持的例子包括:说"给我"并伴有摊开的手势相对于说"给我"但没有主动伸出手;或者父母边指着书边指示孩子说"拿一下那本书",就有别于当书不在视野范围内或在另一个房间时给予了同样指示的情形。随着儿童语言理解能力的提升,他/她将更少依赖情境信息,转而更多依靠语言学知识和过往经验。比如在被问到"＿＿＿＿在哪儿?"时,儿童会去寻找这个人或物,并和被问到"要喝果汁吗?"时一样,无需呈现物体便能给出简单的肯定或否定回答。

Ⅰ.B. 儿童理解了哪些类型的词汇和句子?

在18—24个月大时,儿童对去情境化语言的理解能力会大幅提升。在该年龄段,当物体不在面前时,儿童也可以理解相应的词,并能理解熟悉的常规情境之外的动作词汇。在2—3岁时,儿童的理解会从起初仅限于名词和动词之间的二项关系(比如,亲亲宝贝)拓展到三项组合中(Paul, 2001)。比如,孩子和父亲玩农场游戏,会理解三部分表述结构,"让马咬一下奶牛"(Paul, 2001)。在同一时期,儿童也会对两步相关指示作出回应,比如"拿起你的餐巾纸,把它丢进垃圾桶"。到34—46个月时,儿童能够遵从更有难度的两步无关指示,比如"去拿你的夹克,然后坐下"。

孤独症儿童的父母常会因为孩子不说话而担心,但是孤独症儿童的语言理解能力也是一个令人关切的方面(Philofsky, Hepburn, Hayes, Hagerman, & Rogers, 2004)。有时候,父母会担心孩子的听力,因为孩子对叫其名字的回应或对父母要求的回应存在不一致性。但是,孩子所作回应的不一致性可能跟父母与孩子互动时使用的许多视觉或者情境线索有关,比如物体的展示、手势等(Lord & Richler, 2006)。

残障儿童不像非残障儿童那样花很多时间与同伴、成人和不同材料互动(McWilliam & Bailey, 1995)。没有积极参与互动的儿童可能错失某些与他人交流和获取新能力的机会,比如进行有意义的探索(Rosenberg & Robinson, 1990)。在学前早期,儿童是凭借以往经验而非严格依靠情境中的即时语境来理解他人所说的话,这被称为"世界知识"(*world knowlege*)(Coggins & Timler, 2000; Owens, 2004)。在Carey和Bartlett(1978)的研究中,许多3岁和4岁儿童只接触了一次用来命名新物体的新词就已经理解,并将该信息保留到了6周以后。从42—60个月,儿童开始除了依赖情境线索(Owens, 2004),还能根据字词顺序和句中的字词关系对语言进行前后一致的理解(Tager-Flusberg, 1989)。

包含名词—动词—名词结构的主动语态句子,比如"特里吃了苹果",是英语中最常见的句子类型,也是最易为学前儿童所理解的句型。被动语态句子,比如"苹果被特里吃了",对于学前儿童来说理解起来就更困难(Lund & Duchan, 1993; McLaughlin, 1998),而且通常孩子要满5岁才能理解(James, 1990)。复合句(比如从句或由连词连接的简单句,如但是、而且、或者),比如"特里吃了苹果,还喝了牛奶",以及包括独立从句的复杂句,比如"虽然特里不是非常饿,但她还是把她的苹果吃了",这些对于学前儿童来说也很难理解。

儿童对问题的理解是有序发展的。儿童所能够回答的第一个 wh-问题是有关 *what*(什么)和 *where*(哪儿),随后是 *who*(谁),最后才是较晚版本的 *what*(什么)问题,即 *what-doing*(在做什么)问题(比如,这个女孩在做什么?)。在儿童发展出对时间、因果和举止概念的一定理解之后,这些早期的 wh-问题就会扩展出 *when*(什么时候),*why*(为什么)和 *how*(如何)的问题(McLaughlin, 1998)。表 5.2 呈现了儿童问题理解的一般顺序以及发生的大致年龄。有时儿童的回应不合时宜,是因为他或她专注在了问题的某个字眼上。比如,儿童可能对疑问句"你要什么时候吃东西?"做出如下回答:"一个香蕉",即仅仅对问题中的动词(吃)进行了回答。解释某事为何发生对于大多数学龄前儿童可能都是成问题的,因为他/她得思考该事件之前发生了什么。密切观察儿童对所有类型问题的回应将提供有关理解的信息,并帮助团队决定是否要进行进一步的调查。

表 5.2　问题理解(comphrehension of questions)

大致年龄	问题类型	示例	回应
12—16 个月	哪儿	"球在哪儿"	寻找物体,可能会说出来。
18—30 个月	一般疑问句	"你要喝果汁吗?"	早期形态;先是摇头表示"不",18 个月左右时会点头表示"是"。
		"他在吃东西吗?"	后期形态;用"是"或"否"回应。
18—24 个月	什么	"那是什么?"	/
30—36 个月	哪儿	"爸爸在哪儿?"	用字词回应。
36—40 个月	……在做什么	"这个女孩在做什么?"	/
36—40 个月	谁	"那是谁?"	/
36—40 个月	多少	"有多少只鸭子?"	/
36—40 个月	谁的	"这是谁的外套?"	/
36—40 个月	为什么	"你为什么要这么做?"	/
42—48 个月	如何	"你怎么样做?"	/
52—58 个月	何时	"你什么时候睡觉?"	/
52—60 个月	如果……会怎样	"如果你不完成会怎样呢?"	/

儿童识别物体和图片以及遵从长度和复杂程度各异的口头指示的能力经常受到儿童对基本概念理解的影响。表 5.3 列出了儿童理解不同概念的一些年龄。基本概念的发展问题会在第七章—认知发展领域中充分展开。

表 5.3 概念理解（comphrehension of concepts）

概　念	大致年龄
方位	
里、外、上/开、关、下	33—36 个月
在……前面、在后面	36—42 个月
顶部、底部、之间、在……上面、在下面	48—54 个月
量词	
一个、所有、多少、最多 2 个	24—30 个月
形容词	
大、小	27—30 个月
硬、软、粗糙、光滑	36—42 个月
时间	
夜晚、白天、之前、之后	48 个月
三原色	48 个月
基本形状	48 个月
情绪	
高兴、悲伤、疯狂	18—24 个月

根据以 TPBA2 儿童认知发展年龄表进行概括（参见第七章）

1.2 运用《观察指南》评估语言理解

在评估之前，对儿童家庭历史问卷（CFHQ），儿童功能家庭评估量表（FACF）和其他信息来源进行预评估将有助于团队确定儿童大致的发展水平以便开展规划工作。这些信息将使游戏引导员得以将儿童的词汇水平和语言复杂度匹配起来，确保提供能够激发出儿童语言理解和语言产出的最佳情境。

游戏引导员应擅长环境的创设，从而使儿童获得最充分的机会尽可能多地展示交流技能。我们建议除了使用 TPBA 评估团队所提供的适宜于发展的材料之外，还可以准备一些儿童最喜欢的玩具或活动。这样做的重要之处在于熟悉物体的存在可以增加评估过程中儿童的互动和交流几率。评估团队的任何成员都可以担任游戏引导员，因此每位成员都必须熟悉观察和诱导交流的技巧。下面的一些建议改编自 Crais 和 Robert（2004）以及 Lund 和 Duchan（1993）的游戏方案，对于在以游戏为 TPBA2 评估中促进儿童的交流能力很有用。

- 跟从儿童的主导，同时对其感兴趣的特定话题、物体及活动进行观察并作出回应。

- 注意你的谈话数量。在作出评估、提出要求或者问题之后停一停、等一等,鼓励儿童轮流互动、作出回应或者主动发问。
- 监测你的问题运用,提出真实的、开放性问题,而且少用是/否回答的封闭式问题,这样的问题会阻止交流的来回进行;对材料作出评估;对你在做的事情进行描述。
- 在整个环节中都提供选择物体和活动的机会。
- 破损或者有可活动零件的玩具会引起孩子的兴致,也可考虑请父母带两样孩子最喜爱的玩具。
- 如果有其他人(包括父母或者同伴)在与儿童互动,让他们示范怎样回应。过多的人可能会分散孩子的部分注意。

在 TPBA 中,"引导员"的身份是观察员和助手,其目标是跟从儿童的主导。对儿童的引导和提问应该控制到最低程度,防止对话的环境变成测试场景。在某些情境中,针对某些特别的儿童,言语治疗师可能是对儿童进行评估的最佳人选。

TPBA2 交流部分的其中一个目标是观察儿童与父母之间的互动。这提供了观察父母为促进孩子的交流能力所使用策略的机会。观察孩子与父母或老师的互动可以提供有关儿童能力的更多信息,因为在与引导员的互动中没有出现或频率有限的一些技能可能会在与熟悉的人进行互动时展现出来或频率变高。对日常生活或熟悉的活动进行观察也为收集信息提供了很好的机会。这可以通过让父母和孩子吃个点心或者在诸如玩洗手液这类的感知游戏之后帮孩子洗手来实现。在 TPBA2 中,父母在向团队展示自己孩子能力时往往会感到焦虑,这有时会使得对话变成父母主导,或者父母会提太多问题。对父母角色加以指导对于减少此类行为非常有帮助。在 TPBA2 评估室以外的环境中,比如在家中或者教室里观察儿童,才可能会提供有关儿童技能能力的更具代表性的样本。对儿童与同伴互动进行观察也会得出不同的信息。

麦克阿瑟-贝茨早期语言与沟通发展量表(MacArthur-Bates Communicative Development Inventories)(Fenson et al.,2006)目前有英语和西班牙语版本,包括两个旨在为获取儿童早期沟通技能信息而制定的常模参照的父母检查表。一则检查表是用来获取有关 8—18 个月儿童所理解和使用的字词类型以及手势动作运用的信息,第二则检查表是用来获取有关 16—30 个月儿童使用的字词和句子信息。如与 TPBA2 自发性语言样本的结合使用,该检查表可以提供有关儿童词汇理解和词汇数量及内容方面的信息。

像在 TPBA2 中的环节一样,言语治疗师或团队其他成员将需要对交流样本进行在线转录,记下当时与儿童互动的对象及其交流行为、活动以及儿童对其交流对象的回应和产出。把所观察到的儿童模仿的或是自发的行为,以及非言语行为加以记录是非常重要的。通过回顾录像可以对记录/转录内容进行补充。

接下来的关键之处在于对儿童行为的如下方面进行分析:儿童如何进行交流、交流的频率（比如在特定时间段内的频率）、交流的复杂度、以及与各个交流伙伴和在不同环境中交流的原因等。这些分析将帮助团队确定儿童的语言理解和产出能力，识别一项技能是正在形成还是已掌握。在 TPBA2 环节中通常能够获取足够的信息，但儿童不会展现出其所知道的所有交流技能。如有需要，可由言语治疗师确定是否有必要对儿童的技能进行进一步的评估，特别是针对较年长的儿童。

所获得的所有信息对于制定针对儿童的干预计划和功能性交流目标都是有帮助的，可以整合到儿童和家庭的日常生活和活动当中。

对儿童语言理解能力的分析是通过观察游戏环节中儿童身体和言语的反应来实现的。引导儿童对行为做出回应、操控物体、识别物体和图片或回答问题有助于评估儿童的认知技能和语言理解能力。对语言理解的评估应该通过情境化和去情境化两种方式来进行，以确定儿童是能够单独对语言信息作出反应，还是需要将语言嵌入到日常活动中或在活动内隐线索的支撑下才能作出反应（Miller & Paul, 1995；Paul, 2001）。房间布置以及玩具和活动的选择都会对提供给儿童的情境线索的数量以及辅助理解措施的强度产生影响。基于在 TPBA2 之前所收集的信息以及父母访谈，游戏引导员需要认真选择词汇水平和句子的复杂程度。

I.A. 儿童展现出怎样的早期理解能力？

儿童是如何对环境声音和人声作出反应的呢？儿童是如何回应这些包含着意义的声音和话语的呢？除了对声音进行定位，儿童是否会循着他人的视线来分享就某一物体或活动的共同注意力呢？比如，孩子是否会和父亲一样关注同样的物体或者活动呢？

在对幼儿进行评估时，评估团队应当查看儿童对日常事件的预测能力。比如当妈妈一边准备着食物一边说或者示意："你饿了吧，想吃东西吗？"，儿童是否会期待点心的到来呢？父母或者助手的眼神、手势、面部表情和声调能否帮助儿童理解所说的内容？评估团队应该确定儿童在多大程度上依靠情境线索来理解语言。比如，儿童在厨房玩游戏时，可能会"拿个杯子"，但在房间其他地方进行的活动中可能不会这么做，比如穿衣区。儿童能够理解不同情境下不同类型的字词（比如名词和动作词汇）吗？对儿童提出无意义的要求是可以的，但是需要注意，某些儿童不会对此作出回应，因为这个要求毫无意义。重复提出要求、使用附加情境信息、给孩子多些时间来处理语言是可以帮助儿童成功理解的几项策略，以便收集干预规划过程中的重要信息。

I.B. 儿童可以理解哪些类型的字词和句子？

从父母那里收集关于儿童在家遵循指示的能力相关信息是很有帮助的。让父母给儿童一些可以遵循的指示的例子，然后确定这些指示是否为日常生活的一部分。同样应当观察的,是儿童对不熟悉的指示的遵循能力。儿童是否会在遵循指示方面存在困难或者表现出不一致的情形？较年长的儿童是否只能完成多步指示中的一步,而忘记了第一步或最后一步？如有可能,要在其他熟悉场景中评估儿童遵从指示的能力,比如幼儿园教室或者儿童保育中心。在某些情况下,幼儿可能看似理解了班级指示,但实际上却在观察同学并跟从他们的动作完成活动步骤。但是,当被要求单独遵从某一项特定指示时,幼儿可能没有回应,而只是看着老师或者继续做自己的事。当幼儿似乎不能理解指示时,需要对情形作进一步探究。应当对幼儿在其他方面的发展状态,比如认知、情感和社会性和感觉运动进行查看。评估团队还应确定外在因素是否对幼儿的表现产生了反作用,比如教师使用的语言复杂度和词汇水平或者教室内的听觉和视觉环境。其他外在因素可能会提升幼儿的表现,比如转换阶段的歌曲、可视时间表（当天的活动图片）或手势线索。评估团队也应考虑到幼儿在一段时间内对指示理解的一致性。幼儿是否会在第一天对指示作出回应,第二天就不会了呢？

在 TPBA2 过程中问题的使用应尽量保持在最低水平以防出现"拷问"幼儿的情况。评估团队应经常收集亲子互动中幼儿对问题回应能力的信息,不过,给父母提供有关其角色的指导可能有助于减少过多的提问。游戏引导员可以诱导幼儿识别物体和图片、理解动作词汇、遵从包含多种基本概念的指示的能力,如颜色、形状、属性（如大、小、脏、湿、坏了）、空间（如上、不在上、内、外、下）和数量（如一个、全部、一些）以及理解字词关系的能力：

- 让幼儿把一个物体放到一个特定位置："去把书放在桌子上"。
- 让幼儿操作一个物体："剪一下黄色的纸"
- 让幼儿根据形状、颜色或描述提供其手里某个物体："我们需要所有直的火车轨道"。
- 让幼儿基于颜色、形状或描述识别图片："小汽车在哪里呢？"
- 让幼儿把一样物体定位在某个地点："记号笔在盒子里。"
- 让幼儿记住人名和物品："妈妈的帽子在哪里？"

第二节　语言的产出

2.1　语言的产出

儿童语言的产出是一扇独特的窗口,从中可以窥见儿童对世界上人和事的理解、了解和经验。正是通过儿童语言的产出,他人得以认识到儿童对儿童的世界里人和事的理解、了解和经验(Gerber & Prizant，2000)。

Ⅱ.A. 儿童使用怎样的交流模式?

儿童交流能力的发展首先是通过早期与照料者的互动来实现的(Bruner，1978)，并且人们普遍认为,生命最初的两年对于语言的发展是最重要的(Billeaud，2003；Stoel-Gammon，1998)。随着时间的推移,婴儿会展现出一系列令人瞩目的、前语言阶段的非言语交流模式,包括:1—3个月时开始出现的身体动作,比如摇动手臂、踢腿或者朝着想要的物体或人移动;2个月时开始出现的面部表情,比如扮鬼脸、皱眉或微笑;2个月时开始出现的视线方向的变化,会看着照料者的面部;4个月时开始出现的咿呀学语,随后复杂度逐渐提升;6个月时开始出现的用身体控制人和物体,比如推或拉;7个月时开始出现的手势动作,比如伸够、指向、给东西、发声(生成语音)，并随着年龄不断发展(Prizant & Wetherby，1993)。

在第一个月里,儿童会产出很多反射发声或者植物一样的声音(比如打嗝、打喷嚏)、哭叫和反射性微笑(Stark，Bernstein，& Demorest，1993；Stoel-Gammon，1998)。咕咕学语(cooing)这种由元音和后辅音(如k，g)组成的重复型发声会在接下来几个月内出现。3个月左右时,随着儿童的视觉以及动作控制的成熟,儿童开始保持眼神接触,注视父母的面部(McLaughlin，1998)。

在最初这几个月里,婴儿通过哭叫和发声来表达疲倦、饥饿或者不适感(Bates，1976a，1976b；Crais & Roberts，2004)。虽然婴儿发出的这些早期声音没有目标导向,但是父母会开始对这些行为做出解释并把这些行为看作是有意义和有目的的。

大约4个月时,婴儿进入了咿呀学语(babbling)三阶段(咿呀学语的萌发期、重复型咿呀学语和非重复型咿呀学语期)的第一个阶段(McLaughlin，1998)。咿呀学语的第一阶段称为萌发期(margical babbling)，始于婴儿发出类元音并伴随出现偶发性的声道闭合,这使得婴儿能够接近单个的元音辅音(VC)和辅音元音(CV)音节(Oller，1978)。在接下来的两个月里,随着儿童开始尝试各种声音、发出嘘嘘声、尖叫声和喊声,发声游戏逐渐得到发展(Stoel-Gammon，1998)。到了大约6个月大,当儿童开始把相同的辅音元音音节串联到一起时,类似言语的咿呀学语就出现了,比如"ba-ba-ba"(爸爸)，"ma-ma-ma"(妈妈)，或者"da-da"(爸爸)。这也常称为喃语期或重复型咿呀学语期(canonicall or reduplicated babbling)。Oller和同事(1998)报告称,10个月时如果没有出现喃语,预计字词和短语产出将出现延迟。双唇音(比如,p，b，m)是这一时期生成的主要辅音(Owens，1998)。也是在这个阶段,儿童会有意识地通过眼神、手势以及发声进行交流。大约9个月时,儿童开始使用并将特异手势或一般手势以及发声结合起来进行有意识的交流。他/她可能会把手势和发声搭配使用。比如,儿童可能会伸手够他/她最喜欢的球并发出"啊"的声音。他/她也会发出多变的或者非重复型咿呀语(variegated or nonreduplicated babbling)，即咿呀语的第三阶段：在一串发声中使用不同的辅音和元音音节组合。大约10个月时，儿童开始请求某个物体或者对某个物体与他人分享的注意(Tomasell, 2003)(有关手势和交流功能发展的详细信息,请看本章有关语用学的部分)。到10—12个月大时，儿童开始出现"胡言乱语(jargon)"，其特点是掺杂了类似成人重音和语调模式的发声。

儿童真正说出的第一个词是在一周岁左右，虽然有些儿童会稍早或者稍晚些。所发出的这些第一个词通常是包含简单辅音(C)和元音(V)音节模式的词的近似物(如辅音加元音CV, ba/ball；辅音加元音加辅音加元音CVCV, dada)，其中包含后期咿呀学语所用的语音(Yoder & Warren, 1993)。儿童所发出的词,包括词的近似物(word approximation)，称为言语表达(verbalization)。在这个"首词"阶段,儿童会使用词语句(holophrases)，即用一个词来表达复杂的含义。这些词语句对儿童而言相当于句子。而随着时间的推移,儿童对词的真实含义和特定使用的理解会逐步改善(Ninio, 1992；Tomasello, 2003)。

大约18个月时,儿童会说50个左右的词,这也标志着儿童向双词句阶段转换的开始,在这个阶段,儿童可能开始使用或者模仿两个词语的组合,比如"更多果汁(more juice)"。起初,儿童可能会用明显的词语搭配,并使其实际上概念化为一个大词,比如"干完了(alldone)"(McLaughlin, 1998)。根据Bloom(1973)的观点,当儿童发出两个词且两词之间有暂停时,可以作为将词语进行组合的前兆,此时儿童进入一个新的阶段。这些话语被称为连续的词语话语(successive single-word utterance)。那些词汇中仅包括几种类型词语的儿童将词语进行组合的能力可能有限。例如，如果儿童的词汇主要由标签词及少数动作词汇组成,那么他/她可能无法表达一些需要方位词的概念,如"想上来(want up)!"或者"向下(滑)!"，双词组合应该在儿童临近两周岁时不断出现。随着儿童词汇量的增加,一些手势的使用会减少。

学步儿的多词话语通常被称为电报句(telegnaphic speech)。这是因为儿童可能多使用实词或关键词(如名词、动词、形容词)且省掉了某些虚词,比如连词(如和)、冠词(the, a, an)和助动词(如is, are)。多词组合大约出现在2—3岁时,随着词汇知识的增加和语法能力的增强会变得更加复杂。

随着第一年认知和动作技能的发展,儿童开始模仿和产生其他人发出的语音,这也是后来语言学习将用到的一种典型和重要的策略。鹦鹉式语言(Echolalia)这个词是用来描述孤独症儿童的这种言语行为。鹦鹉式语言可以是立即性也可以是延后式的(Prizant, Schuler, Wetherby, & Rydell, 1997)。立即性鹦鹉式语言是儿童在词语或短语一经他人说出后便立即或不久之后便进行重复的情况。而延后式鹦鹉式语言则是指儿童在一段时间之后对他人说出的短语进行重复的情况。孤独症儿童也可能会重复最喜欢的电影、图书或者广告中的台词。儿童的鹦鹉式语言可能是对他人陈述的准确重复,也可能是准确度有所降低的,即儿童会做出轻微的改变。研究(Prizant et al.,1997;Prizant & Rydell,1993)表明,对孤独症儿童而言,鹦鹉式语言可能是一种有用的语言学习策略,用于多种交流功能。孤独症幼儿交流评估和干预策略方面目前已经有非常好的资源,下举两例:

Charman, T., & Stone, W. (Eds.) (2006). *Social and communication development in autism spectrum disorders: Early identification, diagnosis, and intervention*. New York: Guilford Press.

Wetherby, A. M., & Prizant, B. M. (Eds.) (2000). *Autism spectrum disorders: A transactional developmental perspective*. Baltimore: Paul H. Brookes Publishing Co.

辅助与替代沟通

辅助与替代沟通(Augmentative and alternative communication,AAC)可用来提升、保持或者增强表达性语言延迟或言语产生困难儿童的功能性交流技能。辅助与替代沟通包括使用多种非言语和言语交流模块的低技术和高技术系统。手语(manual signs,特制和常规的)、实物、照片、图片、印刷文字、字母板和电子交流设备都包括在辅助与替代沟通中(ASHA,2004b)。虽然手语也被认为是辅助与替代沟通的一种形式,但有关手语的深入信息在第六章有单独呈现。《年龄表》中附有美国手语里程碑(ASL)。

辅助与替代沟通(AAC)可能是某些儿童的首要交流模式。对他人来说,它可以提供一种临时加强沟通的方法,或者通过增强语音和使言语更清晰来实现。对那些非言语或者与他人有效交流存在困难的儿童来说,提供一种交流的方式是非常重要的。辅助与替代沟通策略有时候会伴随前语言的交流技能力来提升儿童的产出性语言。比如,眼睛注视可以与物体或图片板相结合,可使用物理操作来激活声音输出设备,或可将手势塑造为手语。

辅助与替代沟通给儿童提供了请求、选择、评估、分享情感和参与集体活动,如唱歌或讲故事,或者其他日常安排和活动的机会。总体上来说,辅助与替代沟通通过增加儿童与家庭成员、同伴和他人的互动,提升了儿童的言语、语言和社交能力,促进了儿童对友谊和其他重要关系的发展与保持(Beukelman & Mirenda, 2005)。

更多有关辅助与替代沟通的信息,有很多非常好的图书资料,下举两例:

Beukelman, D., & Mirenda, P. (2005). *Augmentative and alternative communication: Management of severe communication impairments* (3rd ed.). Baltimore: Paul H. Brookes Publishing Co.

Glennen, S. L., & Decoste, D. C. (1997). *Handbook of augmentative and alternative communication*. San Diego: Singular.

Ⅱ.B. 儿童交流的频率如何？

除了识别儿童的交流模式之外，也应对儿童交流的频率进行评估。交流行为频率的测量是通过观察儿童在 TPBA2 中的交流次数来实现的。在对婴儿进行评估时，应该用发声的次数除以样本的总分钟数（Paul, 2001）。频率是很重要的，因为对于处于前语言阶段的发展障碍儿童来说，如交流频率每分钟低于 4 次，那么其在 1 年之后将不太可能产出功能性言语（Yoder, Warren, & McCathren, 1998）。而到 18—24 个月时，我们期望儿童的交流频率更高，且交流的目的也更多样。到 18 个月时，儿童应该大致可以每分钟使用 2 次手势、发声和词语来进行交流；到 24 个月时，儿童应该有目的的进行交流，交流频率达到每分钟 5 次（Paul & Shiffer, 1991；Wetherby, Cain, Yonclas, & Walker, 1988）。随着儿童平均语句长度增加，交流频率也随之增加（Wetherby et al., 1988）。因此我们建议评估团队也许可以通过推导出一个百分比，对儿童与成人各自发起语言的频率进行记录和比较（Bloom & Lahey, 1978；Wetherby et al., 1988）。

交流频率的降低可能是不同领域出现问题的标志。存在严重动作参与问题的儿童可能会存在说话困难，所以言语产出非常少。低频的交流也可能意味着有社会情绪情感问题。比如高度孤僻的儿童可能只有在万不得已情况下才会交流。再比如具有选择性缄默症（selective mutism）的儿童虽然能够进行言语交流，但可能仅针对某些有选择性的对象且在有选择性的环境中。这些儿童惧怕在某些场合交谈，因此交流性互动的频率会减少，其社交关系也会受到影响。

Ⅱ.C. 儿童的语义能力如何？

语义学（semantics）是儿童建立词语意义的规则，包括独立的词语和组合词语。本章该部分讲述儿童语言中通过词语和语义联结表达所展现的知识水平。

词语含义（word meanings）

一旦能理解指称意义之后，儿童会产生近似词然后产出词语。儿童产出的早期词语包括那些对儿童和家庭而言具有重要意义的词语，各个文化可能有所差别。Gentner(1982)发现，在很多语言中，儿童学会的名词数量往往比其他词类多。最常见的早期名词主要是熟悉的动物、食物、玩具和家庭成员的名字；不过儿童的早期词汇也可能包含被称为个体与社会关系类词语（比如你好、再见、请、谢谢、没有了）(Mervis & Bertrand, 1993；Tomasello, 2003)。从 1 岁到 5 岁，词语学习速度加快。1—2 岁期间，儿童起初大约每周学习一个新词，到 2 年末时大约每天学习一个新词。快到 5 岁时，儿童醒着时每小时能学一到两个新词（Fenson et al., 1994）。Fenson 和同事(1994)发现，18 个月时，儿童的平均表达性词汇包括大约 110 个词语，24 个月时为 312 个，30 个月时达 546 个。到 3 岁时，儿童的词汇量可达

900—1 000个,进入幼儿园后可达2 100—2 220个。24个月时词汇量少于50个的儿童有延迟风险(Paul & Alforde, 1993; Rescorla, Roberts, & Dahlsgaard, 1997)。

儿童的词汇能够反映其对世界的概括能力。当儿童过于宽泛地使用一个词语来表示多个物体时,就会出现外延过宽的问题。比如"爸爸"可能指所有男人,"狗狗"可能指所有四条腿动物(Bloom & Lahey, 1978; Clark, 1973)。具体名词的外延过宽出现在13—36个月时(Dale, 1976),而依Clark(1973)之见,儿童是根据原有物体的某个感知特性(如形状、质地、运动、口味、声音)将标签延伸到新物体上的。当儿童某个词语的使用方式有限时,就会出现外延过窄的情况。比如儿童可能会使用"杯子"指代自己的杯子,却不把它延伸到所有杯子上。如语言理解部分所述,概念的发展(如颜色、空间、描述、时间、关系概念)将在第七章认知发展中进行描述。

许多风险因素都可能会给儿童的表达性词汇和语言发展带来不良影响。Hart和Risley(1995)发现,从父母与儿童之间的互动数量来看,来自不同背景的1岁和2岁美国儿童的词汇在词语丰富程度和词语类型上有着显著差异。研究者总结称,父母的教育水平和家庭的社会经济地位与家中的交流程度,继而与儿童的词汇量大小密切相关。除社会经济地位较低之外,Olswang和同事(1998)还发现了其他会给学步儿造成语言困难中的风险因素,包括指示性的亲子互动风格,父母一方或兄弟姐妹有长期学习和语言问题,或长期患有未经治疗的中耳炎。处于这些风险群体的儿童在理解力上延迟了6个月、手势偏少、表达性词汇偏少、包括动词数量偏少,自发性模仿数量更为有限、辅音偏少以及言语中元音错误偏多。这些都是在对儿童进行评估以及为父母提供提升早期儿童语言发展建议方面的重要考量因素。

研究者已经发现,一些语言发展里程碑与游戏发展里程碑相平行。比如儿童会说单个词语时,他们用的是单一的动作游戏模式,当他们能将词语组合起来时,他们用的是多样化的游戏模式(McCune-Nicolich & Carroll, 1981; Shore, O'Connell, & Bates, 1984)。

除名词外,儿童应该已习得动作词语(动词),比如"喝"及其他词类,像方位词(介词),包括上和下;词语的所有格,如我的;主体词,如宝贝;和表示再次发生的词,如更多。儿童会表达存在的观念(如这个球),不存在(如全没了),消失(如全没了),再次发生(如更多),动词(如喝),方位词(如上),所有格关系(如我的),以及物体、人或者事件的特征(Bloom & Lahey, 1978; Brown, 1973; Tomasello, 2003)。随着逐步成熟,儿童的语言反映出对范畴的理解力(categorical understanding)、或者说群体概念能力增强。语义发展的最后一个阶段,开始于幼儿园阶段并持续发展,包括更抽象地去思考的能力,这可以从儿童谈论语言的能力反映出来,即元语言知识(metalinguistic knowledge)(Bloom & Lahey, 1978)。这方面的例子包括儿童使用押韵词语和分割词语读音的能力(如 m-ao)。表5.4对语义知识领域进行了总结并提供了表明什么时候开始的相应年龄段。

表5.4 词语所反映出的语义知识水平(semantic knowledge levels reflected in words)

指涉性知识(referential knowledge)9—15个月	一个特定词语代表一件特定物品(如"毯子"仅指儿童的毯子)
扩展性知识(extended knowledge)15—18个月	一个词语代表各种类型的物品(如"椅子"可以代表几种类型的椅子)
关系性知识(relational knowledge)18个月以上	一个词语被理解为与自身或者其他事物相关。关系型词语的分类包括： 反射相关(表示存在、不存在、消失与重现："这个"、"全没了"、"更多" 动作相关(动作隐含其中："上"、"下"、"再见"、"做") 位置相关(方向或者空间关系;物体所处的位置) 所属相关(与人相关的物品："我的")
范畴性知识(categorical knowledge)2岁以上	词语的语义范畴(semantic category of words)表明儿童意识到物体存在共同之处(如玩具这个词)
元语言知识(metalinguistic knowledge)4—5岁	指思考语言以及评估、生成和理解语言的能力(如儿童说"ball/球"这个词首字母是b)

来源：Bloom & Lahey, 1978.

学前儿童的词汇习得包括两个阶段：快速映射(fast mapping)和扩展映射(extended mapping)。在快速映射阶段，儿童习得了有关词语的粗略含义(Carey & Bartlett, 1978)。而在扩展映射阶段这个更长的阶段，儿童根据经验的积累逐渐理清词语的含义(Carey, 1978)。有了接触词语的不同经验之后，儿童会发展出越来越具体的词语定义，从而理解到词语可能具有不同的含义。学前儿童可能会有获得这类新知的一些表现。比如，一个小女孩可能会问，"妈妈，你的咖啡浓吗？"当妈妈回答"是"时，女孩会表现出她对这个词语不同含义的认识，她会说"就是说你真的会变得很壮①！"有时候学前儿童会"发明"一些词，这是因为他们不知道某个特定的词或者想不起一个相关的词。这些创造性词语叫做"自形符(idiomorphs)"(Reich, 1986)和"发明词(invented words)"(Pease & Berko Gleason, 1985)。在TPBA2中需要考虑的另一方面是儿童对非特定词语或者虚词(如这、那、东西)的使用情况以及以频繁暂停、遁辞(circumlocution)和重复等为特征的唤词困难情况。

语义关系(Semantic Relations)

句子中每个独立词语之间的关系被称为语义关系。在大约18个月时，儿童开始把新习得的词语组合成能表达新语义关系(18—36个月)(Paul, 2001)的双词组合(Nelson, 1973)。随着多词组合形式的形成，以及儿童对物体和人所扮演的各种角色的理解不断扩展，儿童所表达的语义关系范畴(如主体—动作，主体—动作—物体)变得越来越复杂。有关儿童在前语言、单个词和多词组合阶段所表达的语义关系比较，请参见表5.5。

---

① 译注：英文 strong 既有浓也有壮的意思。

表5.5 前语言、词语句和多词句阶段儿童的语义关系表达
(Semantic relations expressed in prelinguistic, one-word and multiword utterances)

通用关系	儿童行为			
	功能/意义	前语言的	单个词	多词
主体(agent)	执行动作的个体	把球丢给老师,然后自豪地笑	丢球然后说"我"	"我丢"
动作(action)	请求动作	把手举起来,等着被抱起来	说"起"表示把我抱起来	"起,妈妈"
客体(object)	对动作对象进行评估	指着正被推开的球	球被推开时说"球"	"球走"
重现(recurrence)	对活动/对象的重复进行请求/评估	喝牛奶然后拿着空瓶子	说"多"表示更多牛奶	"我多牛奶"
消失(Disappearence)	对物体或人的不存在/消失进行评估	指着玩具车上不见了的轮子	指着车,说"轮"	"没轮子"
停止(Cessation)	对活动的停止进行评估	指着停止旋转的上端	说"停",表示上端停止旋转	"上面停了"
拒绝(Rejection)	对不想要的动作或禁止的事进行抗议/评估	把头从食物旁转开	说"不"表示不吃豌豆	"不要豌豆"
位置(Location)	对空间位置进行评估	拿着玩具卡车然后指向盒子	说"盒",一边指向玩具盒	
"放盒子"("Put box")	所属关系	对对象的所属关系进行评估	在其他人的鞋子中间够到自己的鞋,用手指着	边拿自己的鞋边说"我的"
"我的鞋"("My sheos")	主体—动作	对主体和动作进行评估		
"男孩打"("Boy hit")	动作—客体	对动作和客体进行评估		
"踢球"("Kick ball")	主体—动作—客体	对主体、动作和客体进行评估		
"妈妈扔球"("Mommy throw ball")	动作—客体—位置	对主体、动作和位置进行评估		

"放球椅子"("put ball chair")
* 这些是较常用的关系组合示例;这方面存在很多可能性。
引自 Roberts, J., & Crais, E. (2004). Assessing communication skills. In M. McLean, M. Wolery, & D. B. Bailey, Jr. (Eds.), *Assessing infants and preschoolers with special needs* (3rd ed., p.349). Upper Saddle River, NJ: Pearson Prentice Hall.

II. D. 儿童生成了什么样的语法词素(grammatical morphemes)?

词素(morpheme)是语言最小的意义单位。词素可以分为两种,自由词素(free morphesnes)和附着词素(bound morphemes)。自由词素可以独立存在,而附着词素必须与

词语结合存在且不能独立存在。比如将字母 s 加在单词后面使其变复数从而改变含义。词语 *dolls*（玩偶）包括两种词素，*doll*（名词）+ s（指代复数形式）。基于儿童的语言水平，他/她可能会生成简单或者更复杂的语法词素。根据自由词素结合的附着词素以及他们在语句构成中的作用，自由词素可以分为两大词类：主要词类（名词、动词、形容词和副词）和次要词类（介词、连词、代词）(Lund & Duchan, 1993)。

Brown(1973)发现了早期儿童言语中存在 14 种语法词素（grammatical morphemes）。掌握这些词素的年龄从 19 个月到 50 个月不等。Brown 的语法词素习得顺序始于 19 个月，包括儿童最早的发声、单个词尝试，主要包括名词、动词和形容词（参见表 5.6）。随着儿童进入 Brown 的第二阶段，大约在 2 岁 2 个月时，会出现动词的现在进行时（动词 + -ing）、介词（在……内、在……上）和规则的名词复数（-s，-es）形式。到第三个阶段，即 2—3 岁时，儿童开始使用不规则动词的过去式（"*she went*"，"*we went*"）。到第四第五阶段，即 3—4 岁时，儿童开始使用冠词（a，the）、规则的动词过去式（动词 + -ed）、规则动词的第三人称单数（"*he goes*"，"*she eats*"），和 is 的缩写用法（"*here's the shoe*"）。在 Brown 的第五阶段，即 4 岁到 4 岁半，儿童开始使用助动词缩写（"*they're playing*"），不缩写的系动词（"*who's here? I am*"），不缩写的助动词（"*who are playing? I was*"）和不规则的第三人称单数（"*she has*"，"*he does*"）(Bellugi & Brown, 1964; Brown, 1973; deVilliers & deVilliers, 1973; Miller, 1981)。

计算儿童的平均语句长度（MLU, mean length of utterance）是一种普遍接受的用以测量儿童每句话中平均词素的方法。除此之外，如 Brown 所述，平均语句长度还将实际年龄与语言发展的不同阶段相关联(Brown, 1973)。儿童的平均语句长度是由语言样本中的词素总数除以样本中的话语总数得出的，可通过以下方式进行计算：收集一些连续且可识别的话语样本；计算每句话语中的词素数量以及整个样本中的词素总数；用词素数除以语句数。Owen (2004)以及 Lund 和 Duchan(1993)提供了构成词素成分的全面实例以及哪些行为在计算儿童的平均语句长度时需予以排除（比如不可识别的文本、模仿和死记硬背的内容等）（参见表 5.7）。

表 5.6　布朗的 14 个词素（Brown's 14 morphemes）

掌握的月龄*	词　　素	举　　例
19—28	现在进行时-*ing*（无助动词）	Mommy driving. 妈妈开车。
27—30	介词 in	Ball in cup. 在杯子里的球。
27—30	介词 on	Doggie on sofa. 在沙发上的狗狗。
24—33	规则的名词复数-s	Kitties eat my ice cream. 猫咪吃我的冰淇淋。 音素：/s/，/z/，和/ɪz/ Cats(/kæts/)猫 Dogs(/dɔgz/)狗 Classes(/klæsɪz/)班级，wishes(/wɪʃɪz/)愿望

续表

掌握的月龄*	词素	举例
25—46	不规则的过去式	Came 来, fell 掉下, broke 坏了, sat 坐, went 去
26—40	所有格	Mommy's balloon broke. 妈妈的气球坏了。 /s/,/z/,/iz/属于规则的名词复数
27—39	不能缩写的系动词 (动词 be 为主动词)	He is. 他是。
28—46	冠词	I see a kitty. 我看到一只猫咪。 I throw the ball to Daddy. 我把球投给爸爸。
26—48	规则过去式 -ed	Mommy pulled the wagon. 妈妈拉了小车。 Kathy hits. 凯西打。 音素:/d/,/t/,/id/ Pulled(/puld/)拉动 Walked(/wɔːkt/)走路 Glided(/glaidid/)滑行
26—46	规则的第三人称单数 -s	Kathy hits. 凯西打
28—50	不规则的第三人称单数	Does 做, has 有
29—48	不能缩写的助动词	He is 他是
29—49	系动词缩写	Man's big. 人很大。
30—50	助动词缩写	Daddy's drinking juice. 爸爸在喝果汁。

* 年龄准确率在强制性语境中为 90%
来源：Brown, 1973; Miller, 1981; Owens, 1988.

表 5.7　从平均语句长度预测实际年龄[Predicting chronologicalage from length of Utterance (MLU)]

Brown 的阶段	平均语句长度 (MLU)	预测的实际年龄* (Predicted Chronologicalage)	预测年龄±一个标准差 （中间值 68%）
早期阶段 I	1.01	19.1	16.4—21.8
	1.50	23.0	18.5—27.5
晚期阶段 I	1.60	23.8	19.3—28.3
	2.00	26.9	21.5—32.3
阶段 II	2.10	27.7	22.3—33.1
	2.50	30.8	23.9—37.7
阶段 III	2.60	31.6	24.7—38.5
	3.00	34.8	28.0—41.6
早期阶段 IV	3.10	35.6	28.8—42.4
	3.50	38.7	30.8—46.6

续表

Brown 的阶段	平均语句长度	预测的实际年龄*	预测年龄±一个标准差（中间值68%）
晚期阶段Ⅳ/早期阶段Ⅴ	3.60	39.5	31.6—47.4
	4.00	42.6	36.7—48.5
晚期阶段Ⅴ	4.10	43.4	37.5—49.3
	4.50	46.6	40.3—52.9
阶段Ⅴ之后	4.60	47.3	41.0—53.6
	5.10	51.3	46.9—59.7
	5.60	55.2	46.8—63.6
	6.00	58.3	49.9—66.7

*年龄预测基于方程：月龄 = 11.199 + 7.857 * 平均语句长度。通过获取的标准差进行计算。
引自 MCLEAN, MARY; BAILEY, DONALD B.; WOLERY, MARK, ASSESSING INFANTS AND PRESCHOOLERS WITH SPECIAL NEEDS, 2nd Edition, (c) 1996, Pg. 338. Reprinted by permission of Pearson Education, Inc., Upper Saddle River, NJ.

Ⅱ.E. 儿童的句法能力（syntactic ability）是怎样的？

句法（Syntax）是将词语组合成有意义的词组和句子的规则系统，包括词性、词序和句子结构。本章该部分将探讨儿童所用句子的不同类型以及句法发展的不同阶段。句法发展的分析在儿童能将词语组合成双词或者三个词语的语句后便可进行。

句子有四种基本类型：陈述句，即说明句（如"她在吃东西"）；疑问句，即问题，从说明句加上升语调组成的早期形式（如"睡觉觉？"）到则形式更复杂的后期形式（如"爸爸睡觉觉了吗？"）；祈使句，即强制性的请求或者命令（如"捡球"）和感叹句，即表现出强烈情感和兴奋感的陈述（如"我做到了！"）。

否定词（*Negatives*），如 no, not 和 don't, 有时也被认定为一种句子类型。否定句是儿童在 12—48 个月时习得的。起初，儿童将否定词放在句首，如，"no want more"（不要了）。到 2 岁半时，儿童开始把否定词放在句中主谓语之间；如"she don't have a car"（她没有车）。随后萌发的否定形式，如 *shouldn't*（不应），*couldn't*（不能），*isn't*（不是）和 *doesn't*（不，后加动词），会在接下来几年内使用。接近 5 岁时，儿童开始使用不定式的否定式，包括 *nothing*（没什么）、*nobody*（没有人）和 *no one*（没有人）(Owens, 1998)。

儿童产出不同类型问题的能力在发展上具有可预测层次性。表 5.8 列举了这些问题的不同类型及其应当出现的大概年龄。

儿童句子的长度和复杂度随时间推移出现可预测的增长，依次经历下述句子结构范畴：
- 简单句：简单句由表达一个完整想法的独立从句构成，如"Mommy cooks noodles."

("妈妈做面条")。

- **复合句**：由诸如 but，and 和 or 等连词连接的两个或多个从句或简单句组成的句子，如"I washed my hands and ate my cookie."（"我洗了手又吃了饼干。"）
- **复杂句**：由一个独立从句和一个或多个非独立从句构成的句子，如"I took the candy that was on the table."（"我吃了桌上的糖"）
- **复合复杂句**：由至少两个独立从句或一到两个非独立从句构成的句子。

儿童在 2 岁到 2 岁半时开始使用复合句，复杂句在 2—3 岁时出现（Trantham & Pedersen，1976）。所有基础和复杂的句法结构都是儿童到 5 岁时才开始使用的；而到入学年龄后，复杂句会不断变得更加成熟也更精良（Crais & Roberts，2004；Shipley & McAfee，2004）。

表 5.8　问问题

大致月龄	问题类型	示　　例
24—28	升调陈述句	Daddy go bye-bye? 爸爸睡觉觉了吗？
25—28	什么	What that? 那什么？
26—32	哪里	Where ball? 球哪里？
33—36	一般疑问句	Can I ride it? 我能骑(它)吗？
36—40	谁	Who's that? 那是谁？
37—42	be 动词/助动词提问	Is that mine? Do you have a cookie? 那是我的吗？你有饼干吗？
42—48	什么时候	When can we go? 我们什么时候能去？
42—48	为什么	Why can't I? 我为什么不能？

2.2　运用《观察指南》评估儿童语言产出

主要基于儿童语言的观察往往是靠不住的。从历史上看，一般认为语言理解先于语言产出。相应地，人们认为儿童所作的任何陈述肯定也是儿童所理解的；但是，大多数儿童确实会使用某些超出他们理解程度的词语和结构，这些通常来自回忆或重复特定语境下听到的词语和词组。残障儿童也会表现出这种模式。评估团队的观察应该具体表明儿童何时以及如何在几种不同场景下使用了某种语言结构、词语或者词组。

以 TPBA2 使得可以通过对自发性游戏和结构化互动的观察来诱导儿童的语言产出行为。下面是评估儿童如何以及为何交流的一些策略（Wetherby & Prizant，1989；Wetherby

& Prutting，1984）：

1. 激活一个带开关的电子玩具或幼儿独立操作比较困难的非电子玩具（如发条玩具或玩偶匣）。如果玩具有开关，别让幼儿看到你把开关调到了关闭模式。把玩具递给幼儿，等待看其是否会寻求帮助。

2. 给幼儿一个放置在透明拉链袋或者密封容器内的玩具，等待幼儿来向你求助打开袋子或者容器。

3. 在点心时间，用下列任何方式，在不破坏整个点心时间的情况下，选择一两个最合适儿童的技巧：给幼儿一个没开袋的食品（如有包装的谷物棒或者一袋水果糖）；把幼儿最喜欢的食物放在密封容器内；假装忘记给幼儿喝果汁的杯子或者吃布丁的勺子这类必需品；给幼儿一种其不喜欢的食品；给幼儿非常少量的其想要的食物或饮料；吃幼儿想要的食物并且不给孩子吃。

4. 让儿童完成某项缺少一部分的活动；比如拼图或者需要工具来完成的活动，或者对幼儿说，"我们来剪一个圆吧，"但不给幼儿提供剪刀。

5. 将几样幼儿最喜欢的玩具或者物品放在幼儿视野范围内，但不让幼儿够到，或者藏起几样东西。如有必要，指着或者评估物品，鼓励幼儿表达意见或提出请求。

6. 允许或者让幼儿在两件物品中作出选择，但是递给幼儿他或她没有选择的物品，等待幼儿表达意见或者抗议。

7. 吹几次泡泡，把泡泡罐拧紧递给幼儿，等着看幼儿怎么样表达自己想继续这个活动。

8. 发起一种社交游戏，比如躲猫猫、唱幼儿最喜欢的一首歌，或者请父母玩挠痒痒的游戏。停下来等待儿童请求继续玩儿游戏或者唱歌。

9. 把气球吹大，然后放几次气。在自动将气球吹大之前，把它举起在嘴边，等着看幼儿如何表达他或她很想把气球再次吹大的想法。请注意：气球可能会给幼儿带来严重风险，只可在密切监督下使用（U. S. Consumer Product Safety Commission，2003）。

那些可以诱导复杂的较长语句的任务更能代表儿童的技能水平。反之，如果任务太过于结构化或者对于儿童来说不自然，那么儿童的语言使用可能会受限，导致样本不具代表性。与父母或者儿童老师的互动可能会提供有关儿童技能的大部分信息。

Ⅱ．A. 儿童使用怎样的交流模式（Modes of Communication）？

对儿童所用的各种交流模式进行评估对于干预规划的成功是非常重要的。儿童使用的交流模式会根据他/她的发展水平以及任何可能存在的残障状况而有所变化。在游戏环节，观察员应该记录下所有言语和非言语行为以及儿童使用这些行为的频率。

儿童可能主要使用一种交流模式或者多种方法的组合。比如参与身体活动的儿童可能会主要使用眼神、面部表情、身体运动和发声的方式。另外一个儿童可能会说出词语并凝视物体，但避免和人眼神接触。理解力差的儿童可能会严重依赖手势并结合言语尝试，孤独症儿童则可能使用身体控制把成人的手放在想要打开物体的上面，但不会看向成人或者说一个词。总体上，评估团队需要评估儿童所使用的首要和次要交流模式，以及儿童可以使用但并非用得最好的模式。儿童用手势多还是单个词语或短语多？包括动作、语音（声音）和言语（词语和结构）模仿在内的模仿能力应该包括在儿童模仿能力的观察之内，这也为干预计划提供了必要的指引。

游戏引导员应该观察儿童所使用的所有交流模式并给予反馈，包括眼神、面部表情、身体动作、身体操控、手势、手语、声音和近似词等。任何这些内容应和言语表达受到同样重视，如近似词和词语。通过对特定手势和言语表达的描述，以及在语境中对儿童的观察，评估团队可以获得有关儿童如何交流的更为全面的图景。游戏引导员有时必须兼用个人判断和向父母咨询来确定儿童非言语交流的意图。这多数时候是通过对交流的语境进行分析来确定的。替代性解释也可以进行探讨，特别是当儿童存在特殊的动作、手势和声音时。父母对于识别这些特殊行为的意图是非常有帮助的。

主要依赖于前语言交流模式、且时间长于预期的儿童可能会出现口头语言能力的不足。对某些儿童来说，一种可能的原因在于参与剧烈的运动会影响言语的产出，导致口部机制的结构或功能出现问题（详见本章有关口部机制的部分）。儿童使用替代性行为可能会形成一贯的、有意义的行为，这些行为也会变成有意的、功能性的。其中一例便是不能说话的儿童可以举起手挥手致意，作为口语问候的替代方式（Rosenberg, Clark, Filer, Hupp, & Finkler, 1992）。与团队其他成员和父母就这些行为进行讨论并在评估中加以诱导可能会给干预计划提供一些想法。

如果儿童在其他环境中在使用低科技或高科技的辅助与替代沟通（AAC）系统，那么这个系统也应在 TPBA2 中使用。如果评估团队有可用的低科技版 AAC 系统，对非言语或者言语技能有限的儿童的交流能力进行评估和诱导会大有裨益。儿童可以使用眼神或者手指触碰面板来交流。低科技 AAC 的选项之一是一块交流面板，其内容包括小型物体、图片、线图、字母或词语，儿童可以从中使用眼神或者触控面板来交流。此外，交流设备，或称声音输出设备可以把词语或短语录制在设备中对儿童的言语予以辅助；这些可以是单个信息、连续信息或多条信息声音输出设备。这些类型的 AAC 设备通常使用数字化语音，即录制的照料者或同伴的声音——最好是同性同伴。他们把词语、词组或句子录制在设备中，儿童按下带有相应图片的按钮就可以激活他/她的信息。这些类型的设备有很多种，可通过商业渠道购买，也可以通过在当地商店购买零件来制作，比如搞出一个可容纳四种不同录制信息、带有相应图片的会说话的相框。

高科技的 AAC 设备通常造价昂贵而且用起来很复杂。这些设备可以通过使用者设定来储存上百条词语、词组或句子，而且通常为合成语音或者计算机语音。

通过在评估中配备可用的 AAC 系统选项，评估团队或许可以对干预计划实施中 AAC 系统的使用提出一些建议，或者认定由具有辅助技术专长的专业团队进行更深入的评估，会更益于儿童和家庭。

Ⅱ.B. 儿童交流的频率（frequency of communication）如何？

对儿童交流举动的范围和频率进行分析也会得到相关信息。评估团队应该跟父母确认在评估过程中的交流频率是否典型。以 TPBA2 团队也应留意儿童在哪种情景下与何人表现出的交流频率最高。儿童与他/她的照料者、同伴或不熟悉的人之间交流最频繁的是什么内容呢？如果儿童出现在不熟悉的环境中，这是否会影响他/她更频繁交流的意愿？比如在家中、在看护中心或在熟悉的幼儿园环境中，儿童交流意愿可能更强，而有新玩具或新活动的陌生环境可能会影响儿童交流的意愿。

交流频次的降低也可能是其他领域出现问题的一项指标。有动作障碍的儿童会出现表达困难，所以也会很少进行言语尝试。交流频次低可能是情感和社会问题的指标。比如格外孤僻的孩子可能除非万不得已，否则不会选择与人交流。这样的孩子可能具有正常的言语和语言能力，但交流互动的频次降低了。交流的持续时间或长度也很重要。儿童是在整个活动中都在交流还是只在必要的时候呢？

交流举动数量的测量主要通过观察样本时段中儿童的言语尝试频次来完成的。评估团队需要使用之前讨论过的交流模式对儿童试图交流的频次、以及这些交流尝试的持续时间进行观察。

亚历克西斯（Alexis），近三岁，之前未接受过发展性评估。她和爸爸妈妈一起来参加评估。对她的观察包括她跟父母和游戏引导员的游戏过程。在游戏中，亚历克西斯遵循了包括空间概念（上、下、内、外）的两步指示，并通过寻找被要求的物体对需要用是否回答和简单的 *where-*（哪里）问题作出了回应。她主要是说包含物体名称的单个词语和一些双词组合（还要果汁、说拜拜、球没了）来进行请求和表达意见。她在看书时就对标记图片的简单 *what* 问题（"那是什么"）作出了回应。她的父母报告称，她在家里时会偶尔模仿一些四字长的词组。记录表明，亚历克西斯自发性词语产生的频率是很好的，但是，她的词汇不够丰富。她也会说出某些非不定代词（比如这、那、它、那些）。据她父亲说，她会说出某些很机械的词组。他也提出，在 TPBA2 观察到的言语产出特点对亚历克西斯而言是非常典型的。在评估中，亚历克西斯很谨慎，而且在与物体或者与游戏引导员互动之前都要好好观察一番。如果情境设定要求亚历克西斯请求物体或者协助，她看起来很容易放弃并走开或者避免互动。比如说，引导员在洗手液游戏之后带亚历克西斯去洗手。游戏引导员会等待亚历克西斯来请求帮助甚至尝试一诱导她作出回应（比如问，"需要我们做什么？""你需要什么？"）。亚历克西斯没有看引导员，也没有使用手势、发出声音或说出自己的需求（比如，要把她抱起来够到洗手池，请求给一张纸巾，请求帮助开门），而是站在那里，试图自己来完成任务，但后来她放弃了。在与父母的互动过程中，她会使用手势，有时夹杂一些词语来请求物体和继续某项活动，但她不会主动提出需要帮助。她的父母报告称，她通常很少主动提出要求，而且大多数时间她都很独立地满足自己的需求，也很少寻求他们的帮助。

Ⅱ.C. 儿童的语义能力（Semantic abilities）怎样？

通过父母报告和观察儿童玩游戏、看图书和参与日常生活等行为，评估团队可以对儿童所使用词语的种类、数量、类型以及语义关系（如动物、食物）进行评估。在单个词语阶段，评估团队应该将词语的不同种类进行编目并记录他们使用这些词语的原因。评估团队也应该标明所用词语是否存在语义延伸不足（under extension）、过度延伸（over extension）或不确定（non-specific）的情况，也应该标明在什么情况下手势替代了特定的词语。此外，也有必要获取信息和分析语义关系的类型（比如物体＋动作、主体＋客体）以及儿童如何将其用于不同的功能。

词语知识与语境和经验密切相关。一方面，在谈论对于周围世界的真实经验时，儿童会表现出发展最好的语义能力；另一方面，儿童可能对某些不熟悉的或者缺乏自身经验的事情缺少足够的词语知识。因此，儿童需要接触的领域也应该予以记录。比如，一个行动能力受限的儿童可能不会使用很多动作词语，或者视力不佳的儿童对于某些视觉描述的词语使用可能就很有限。因此，干预的焦点就是提供给儿童必要的经验，以获取发展水平较低的词语类型。比如，对运动展现出喜爱的儿童就更容易辨认出动词的效用。记录整理出不同情境下的语义词库将提供最具代表性的样本。

Ⅱ.D. 儿童产生的语法词素（grammatical morphemes）有哪些？

在游戏环节，对于儿童语法词素和句法产生的记录可能是不正式的；但是，充足的语言样本对于理解性分析是必不可少的。根据 Muma(1998) 的观点，言语治疗师所获得的大多数语言样本长度都为 50—100 次发声，但对于发声数量达到 200—400 的语言样本，会建议需要降低发生错误的可能性。游戏引导者需要提供机会给儿童展示自己的自发性能力。应记录下儿童产生的语法词素类型和删减掉的语法词素，还必须记下任何影响儿童产生语法词素能力的发音问题。比如,如果儿童删掉了最后的辅音,则可能无法产生一些词素,如 cats("猫"的复数)中最后的辅音-s 省略掉后发音可能变成 ca。因此,评估儿童对遗漏词素的理解应作为全过程的一部分,比如在复数形式或所有格中。引导员应该给儿童示范某些特定的语法词素,看看儿童能否进行模仿。

Ⅱ.E. 儿童句法能力（syntactic abilities）如何？

评估句法就是评估所产生句子的复杂程度和句子类型。句子是简单还是复杂？儿童产出了什么类型的句子,是表达疑问、意见、请求还是感叹？儿童是否使用了否定形式,如有,使用了什么类型的否定形式？

评估团队在任务规划时,应该尽力使其鼓励儿童产出最多的自发性语言,诱导儿童产出最复杂的语言结构样本。如果任务对于儿童太过结构化或不自然,评估团队可能无法获取儿童能力的代表性样本。与熟悉的同伴、兄弟姐妹或成人一起玩游戏,一起做最喜爱的活动或有助于增加儿童的平均语句长度。

> 看着书本上一只鸭子从水里出来的图片,妈妈说,"这只鸭子好冷。"朱莉安娜问,"他们没有毛巾,妈妈？"她妈妈回答道,"没有,鸭子没有毛巾。"朱莉安娜说,"它们应该像我们一样有毛巾才行。"

第三节 语用学

3.1 语用学(Pragmatics)

以 TPBA2 中对语用的评估包括三大领域：*共同注意（joint attention）* 和 *交流意图（communication intent）*、*交流功能（communication function）* 和 *话语技巧（discourse skills）*。了解这些概念对于理解儿童如何交流、为什么交流,以及对于判定他/她的整体交流能力都是有必要的。相比简单的个人意图,交流意图更加复杂,比如把一本逾期未还的图书退还给图书馆的愿望。理解交流意图需要我们认识到,讯息往往携带着会影响倾听者的期待和意义的内容,比如兑现一个请求,获取某人或某物的注意,或者希望通过一个问候而受到欢迎(Tomasello, 2003; Wetherby & Prizant, 1993)。交流功能把有意图的讯息汇聚成可框定交流意图的类型(Crais et al., 2004; Kaczmarek, 2002; Tomasello, 2003)。最后,话语技巧与情境化语言的特定方面有关,其包括参与交谈、叙事、讲故事和幽默等交流活动所需的技巧(Kaczmarek, 2002; Yoshinaga-Itano, 1997)。

识别和描述儿童与熟悉和陌生的同伴在游戏过程中的语用能力可以使得评估团队获得对儿童交流方式和交流意愿的动态理解。由于语用能力最好是通过有意义的互动进行评估,所以 TPBA2 可能会减少正式的语用评估造成的"语境削弱问题(context stripping problem)"(Duchan, 1988, as cited in Yoshinaga-Itano, 1997)。根据儿童的年龄,评估三大方面应通过行为样本进行评估,即探究和父母报告或观察(Gerber & Prizant, 2000; Kaczmarek, 2002; Yoshinaga-Itano, 1997):

- 分析儿童使用交流功能的频率和类型;
- 分析交谈技巧(conversational skills),包括轮流交谈(taking turns)和持续谈论一个话题(maintaining a topic);
- 分析口头话语技能,包括复述个人事件;
- 观察儿童如何遵从、建立和管理共同注意。

接下来的三个部分会呈现有关儿童语用发展的信息。Ⅲ.A 探讨交流意图的一般性发展,特别关注共同注意行为、手势使用和儿童从非言语交流向有意的言语交流的转变。Ⅲ.B 对特定的交流意图如何在一系列交流功能当中得以表达进行了讨论,最后,Ⅲ.C 将话题从儿童的单个有意举动延伸到描述话语和拓展性交流的不同方面,包括交谈技巧、故事讲述和叙事、连贯性、交互性以及人际交流的频率和质量。

Ⅲ.A. 儿童能够理解和使用共同注意(手势、声音或词语)来表达交流意图吗?

交流意图在儿童刚出生时不存在,但在他/她说出第一个词时便已很明显。这一发展遵循一种可预测的演化方式,从反射性到无意识非言语交流再到有意识的言语交流(Bates, Camaioni, & Volterra, 1975, as cited in Capone & McGregor, 2004)。此外,交流意图可能会通过不同的方式进行表达,包括词语、手势、发声和目光转换,所有这些都会影响倾听者的动作或注意焦点(Capone & McGregor, 2004; Crais et al., 2004; Wetherby & Prizant, 1993)。随着儿童经历习得意图的复杂过程,交流举动也逐渐变得更加抽象、去情境化和符号化,与物体、动作和交流同伴的距离(Werner & Kaplan, 1963, 转引自 Crais et al., 2004)也会增加。比如,刚开始儿童会使用眼睛注视或接触性手势,把一个物体握在手里给另一个人展示;后来,儿童可能会通过把手指向房间另一头的物体来引起成人注意;到最后,儿童可能会使用词语或符号来引起成人的注意。

无目的交流(Unintentional Communication)

从出生到 2 个月大,婴儿的声音和动作主要是反射性或反应性的,尽管这些行为后来也会见到。反射性的声音和动作要么是植物性的,比如咳嗽、打嗝、打喷嚏、打呵欠,要么是表达痛苦的,比如哭闹,因为烦躁发出的响声、咕哝声、叹气、连续晃动手臂和使手臂僵直(Stark et al.,1993)。2—5个月期间,儿童开始出现反应性声音,其包括一些不包含任何情绪的声音,这通常发生在儿童以不展示情绪的面孔注视成人、周围环境或某个特定物体的时候;包括愉快的声音和动作,比如大笑、手舞足蹈、持续地发出声响;以及静止不动的凝视,作为对一个正在微笑、点头或与自己互动的成人的回应(Crais et al.,2004;Stark et al.,1993)。6—9个月大时,儿童的发声次数增加,特别是当儿童在观察、用嘴巴咬或把玩东西、蹦蹦跳跳或拍手的时候(Stark et al.,1993),但这些声音大多并没有表达真正的交流意图。

在这个阶段,儿童的交流主要是双向的,只发生在婴儿与另一个人之间,没有与外界活动、物体或他人进行注意共享(Tomasello,2003)。尽管如此,在这些早期的交流活动中,照料者常常把孩子的声响和动作当作它们是带有特定的意义或意图来对进行回应。比如当孩子哭闹时,父母便想孩子是不是饿了或不舒服。父母会回应说,"你饿了"或"尿布湿了",然后给孩子喂食或换尿布。起初,这些字眼对于孩子来说与噪音无异,但到第一年结束时,儿童会开始理解到这些话是成人想帮自己做些事才说的(Calandrella & Wilcox,2000;Thal & Tobias,1992b;Tomasello,2003;Wetherby & Prizant,1993)。很快,儿童还会学会重复"炫耀行为(showing off)"以成功获取大人的关注(Capone & McGregor,2004;Crais et al.,2004)。

前语言阶段的有意识交流(Prelinguistic Mtentional Communication)

9—12个月期间,儿童日益展现出对社会互动和有意识交流的理解。三种重要行为的改变预示着前语言阶段有意识交流能力的到来(Tomasello,2003):建立共同注意的能力、手势使用和角色互换模仿。

共同注意(Joint Attention)

共同注意将儿童从双向对话转向三向对话。儿童的注意力不仅包括眼前的沟通同伴,还会将注意力焦点转向外界,如另一个人、物体或附近发生的事(Delgado et al.,2002;Markus,Mundy,Morales,Delgado,& Yale,2000;Tomasello,2003)。语言学习似乎主要是在这些既定的共同注意框架内发生的(Mundy & Sigman,2006;Tomasello,2003)。8—9个月时,儿童开始使用眼神与成人建立共同注意(Crais et al.,2004),到12个月大时,儿童会持续使用眼神来改变其他人的行为(Carpenter,Nagell,& Tomasello,1998),这通常是通过从物到人再到物的目光调节实现的(Crais et al.,2004;Tomasello,2003),比如,为了把父母的注意集中在不远处的猫咪身上,1岁的儿童会看着猫咪,然后看向他/她的妈妈,然后再回视猫咪,仿佛在说"看,妈妈!一只猫!"

回应共同注意的请求(比如追随成人的目光或注视点)是理解交流意图的一个重要方面

(Delgado et al., 2002; Mundy & Sigman, 2006; Tomasello, 2003)。12个月大之前,儿童开始在自己的直接视野内追随成人眼神的方向,到15个月大时,这一技能趋于稳定(Delgado et al., 2002)。到大约15个月大时,儿童可以检视自己直接视野外的成人眼神方向,这表明儿童发展出了客体恒常性(object permanence)的意识,也预示着24个月大时会有积极的表达性语言发展(Markus et al., 2000)。比如,如果父亲在地板上跟女儿玩儿时,看向她身后电视屏幕查看曲棍球球赛比分,女儿也会循着父亲的眼神去看向电视。

手势的使用(Gesture Use)

8—9个月大时,儿童开始使用手势,有时会伴随使用发声和注视,来向他人传递有目的的讯息。广义上讲,在手势所构成有目的交流动作中,手指、手和手臂的动作是最多的,但也包括面部特征(比如飞吻)和身体动作(Calandrella & Wilcox, 2000; Capone & McGregor, 2004; Crais et al., 2004)。最开始,手势是模仿性且和语境绑定的,但随着时间的推移,手势逐渐融入符号化的意义,并将指代、澄清或强调功能带入交流当中(Capone & McGregor, 2004; Werner & Kaplan, 1963, as cited in Crais et al., 2004)。观察前语言阶段儿童的手势是非常重要的,因为手势的使用与词汇习得和语言的进步密切相关(Brady, Marquis, Fleming, & McLean, 2004; Capone & McGregor, 2004; Crais et al., 2004; Mundy, Kasari, Sigman, & Ruskin, 1995)。此外,手势分析可有助于区分语迟儿童(late talkers)和语言成熟晚(late bloomers)的儿童,也便于识别有特定型语言障碍(specific language impairment)风险的儿童。语迟儿童是指到18—24个月时尚无法使用两个字词组合成句的儿童;语言成熟晚的儿童在3岁时会从这种延迟中恢复正常(Capone & McGregor, 2004)。真正的语迟儿童手势使用是非常有限的,而语言成熟晚的儿童则展现出不稳定但也正常的手势使用。事实上,语言成熟晚的儿童会比同伴使用更多的手势,特别是发起交流和对交流作出回应时(Thal & Tobias, 1992a)。有特定型语言障碍风险的儿童会表现出不成熟的手势使用,较同龄的同伴相对滞后(Capone & McGregor, 2004)。

在前语言有意识交流阶段,儿童通常依赖两种类型的手势:指示性(deictic)的和表征性(representational)的。指示性手势用于调节行为或建立共同注意(Capone & McGregor, 2004; Crais et al., 2004; Tomasello, 2003),其发展次序显示出逐渐远离指示对象或动作的趋势(Werner & Kaplan, 1963, as cited in Crais et al., 2004)。大约8,9个月的时候,儿童开始使用手势来表达意见或作出请求,主要是通过展示、给予、摊开手够取以及推开来表达抗议(Capone & McGregor, 2004; Crais et al., 2004)。比如,当婴儿想要鸭嘴杯了,可能会通过伸手在柜台上够取来表达。手势有时伴有发声,虽然在这个年龄段其发生率还不到所有交流动作的一半。

指点(pointing)是一种重要的指示性手势,大约9个月时出现,但是早期的指点手势并非都在传达交流的意图。指点发展出更清晰的意图是在 10—14 个月,儿童逐渐有意识地用它进行请求、表达对物体的看法或请求信息(Brady et al., 2004;Crais et al., 2004)。研究发现,指点和语言发展之间存在关联。比如,指点手势和辨认物体名称几乎在相同的年龄中位数出现,分别为 10 个月 21 天和 10 个月 22 天(Harris, Barlow-Brown, & Chasin, 1995)。Bates 等人(1975)、Folven 和 Bonwillian(1991,引自 Capone & McGregor, 2004)报告称,通过指点引起共同注意是说出事物名称和指认事物的先兆。一项有关前语言阶段儿童的纵向研究发现,有指点手势的儿童语言理解能力显著优于没有指点手势的儿童(Brady et al., 2004;Capone & McGregor, 2004)。此外,McLean, McLean, Brady, 和 Etter(1991,引自 Brady et al., 2004)也报告称,那些可以指点一定距离外物体的儿童比起不这样做的儿童交流更加频繁、意图更加丰富、对交流的修正也更加有效。

表征性手势通常出现在"25 词"里程碑之前(Capone & McGregor, 2004)。其包括与物体相关联的符号性手势,比如用吹的动作表示"泡泡",以及一些传统手势,即文化上特有的具有意义的手势,比如挥手说"再见"。大多数表征性手势首先出现在 12 个月时,与社交互动相关联,通常在社会行为游戏和日常语境中得到发展。比如,当参与手指游戏或唱《小小蜘蛛儿》这类童谣时,儿童会做出某些手势。像指示性手势一样,表征性手势情境关联度也会逐渐降低。最常观察到的表征性手势包括挥手、拍手、展示物体功能、拥抱物体、咂嘴、飞吻、点头说"是"、耸肩等(Crais et al., 2004)。

表征性手势的发展先是先于、后平行于早期口头字词的产生(Bates, Bretherton, & Snyder, 1988, as cited in Capone & McGregor, 2004)。事实上,研究表明,经常使用摊开手之类表征性手势的儿童更容易达到他们的第一个 10 词里程碑(相比手势使用较少的儿童)(Acredolo & Goodwyn, 1988)。但到 12—18 个月期间,表征性手势和口头词汇的表达则相互排斥(Capone & McGregor, 2004),到 28 个月时,儿童一般会偏好使用和倾听表示物体及其类别的口头词语。

角色互换模仿(Role Reversal Imitation)

角色互换模仿涉及儿童对"有意识的交流是共同分享的,不存在单向的信号"这一概念(Tomasello, 2003)的理解。成人传达给儿童的内容可以反过来由儿童用来诱导成人作出同样的回应或动作。这要求儿童进行一个基本的视角转换:从交流对象转为有意识的交流主体。比如,成人可能会把儿童的手从一个热熔胶枪艺术项目上推开,儿童便学会"推"的动作意味着"我不要你碰这个"(交流者的意图)。之后,在角色转换模仿中,儿童可以使用这个手势来表达同样的交流意图和主体性,比如把成人的手推离自己最喜欢的玩具。

有意识的言语交流(Intentional verbal communication)

1 岁左右,儿童开始使用词语来表达自己之前不能用言语表达的意图。这种转变不是突发性的,而是随着时间的推移发生,手势逐渐起到支撑词语习得的作用。到 15 个月时,表征性手势伴随发声或词语构成了儿童交流行为的主体(Capone & McGregor, 2004)。但是,随着词语主导交流过程,表征性手势的使用逐渐减少,指示性手势,特别是伴有字词的指点也随之增加。这种组合采用很多用来澄清不同言语交流意图的形式,包括对等信息(如指着杯子说"杯子")、补充信息(指着杯子说"果汁")和附加信息(指着杯子说"烫")。Morford 和 Goldin-Meadow(1992)对这些组合进行了区分,他们提出 16 个月时使用的补充性"词语手势"组合可以比对等组合预测出更多的口头词语。

在 2—3 岁间,儿童开始会组织双词组合和简单句。这些组合使得儿童能够改进早期请求和表达意见的举动,使其更精确。比如,儿童这时候可以请求物体或动作的再现(更多果汁),也可以对物体的指称加以区分(大狗还是小狗)。在这个阶段,指点手势仍是儿童在支持和澄清意义的讯息中不可或缺的一部分。随着儿童度过学前阶段,符号化系统变得更抽象,较少依靠指称物体的真实存在,词语对语境的关联度也逐渐降低。到儿童 3 岁时,交流意图的多样性逐渐扩展,并接近成人的模式(Paul, 2001),包括请求和澄清信息、幻想和幽默。在学前阶段,出现了没有任何明确象征性内容的拍击式手势(Capone & McGregor, 2004)。这种有节奏但不连贯的手部动作(如轻轻挥手或轻弹手指)只用于在言语中强调核心词语,也可以表明词语和句子结构意识的增强。到 42 个月时,手势和言语的组合达到了大致与成人相同的频率(Capone & McGregor, 2004)。到儿童入学时,与多个同伴的交流变成可能,也可以参加小组活动和讨论。此外,随着提问和与他人交换信息能力的提升,语言变成了除社交互动功能之外的学习工具。

Ⅲ. B. 儿童交流都实现了怎样的功能?

交流的功能告诉我们儿童为什么交流。有很多种方法来描述交流功能并对交流功能进行分类(Duchan, 2001; Goldstein, Kaczmarek, & English, 2002),但出于 TPBA2 的目的,我们把交流功能分为三大类:调控性的(regulatory)、陈述性共同注意(declarative-joint attention)以及社交互动(social interaction)(Crais et al., 2004; Mundy & Sigman, 2006)。

大多数的交流功能在生命的前两年开始发展,并遵循独特但可预测的发展模式。儿童先是调动基本的调控功能——寻求物体、发起动作或者表达抗议(Crais et al., 2004)。渐渐成熟后,儿童能使用更大范围的功能,很可能会在表达中单独或组合使用注视、发声、手势、词语或符号等。到儿童 3 岁时,交流举动开始服务于双向功能,比如使用指点手势来引导并将成人的注意转过去,然后请求某个够不到的玩具(Halle, Brady, & Drasgow, 2004)。随着换位思考能力的发展,4 岁和 5 岁儿童在谈论某一话题时,开始对与同伴沟通所需的背景知识表现得很敏感,体现在请求和提供信息的能力逐步增强(Halle et al., 2004;

Kaczmarek，2002；Tomasello，2003）。比如，如果两个5岁儿童决定在街角搭建一个柠檬水小摊，其中一个可能会探索另外一个的先前经验，"你摆过柠檬水小摊吗？"另外一个可能会分享自己的先前知识说，"我总是喜欢把杯子装满。"不同年龄段有关言语行为形式和类型的具体信息参见《年龄表》。

调控功能首先产生，它包括对物体的请求、对动作的请求以及表达抗议（Crais et al.，2004）。具体来说，调控功能包括发起对物体的请求并作出回应，请求某个动作发生，拒绝某个物体或通过交流停止某个动作（Mundy & Sigman，2006；Tomasello，2003）。最早的调控行为大约在6个月时出现，一般包括对物体和动作的请求以及表达抗议，并通过注视的转移、声音的发出、以及幅度大的身体动作来完成。在这个年龄段，玩具拿走时，儿童会哭闹；给了不喜欢吃的食物时，会扭过头并且表情痛苦。在接下来的6个月里，儿童开始使用逐步健全的动作——用手臂或手推、伸手去够、摊开或合上手掌或者通过指点来表达请求或抗议。比如，儿童可能会通过把玩具推向一边表示抗议。到1岁左右，儿童开始使用从物到人再到物的注视转移来要求某个物体。例如，当儿童想要一个够不着的小甜饼时，他/她会通过先看小甜饼再看照料者再看小甜饼的动作来表示请求，仿佛在说"请问我能吃那个小甜饼吗？"到最后，12—15个月时，儿童开始使用类似词语的声音或词语的形式来请求物体或动作。在同一时期，儿童也会开始使用更多的象征性手势来抗议，比如摇着头说"不！"（Crais et al.，2004）。

陈述性共同注意功能是用于监测同伴的注意，分享注意到物体或者动作上，或请求、澄清或提供信息（Crais et al.，2004；Mundy & Sigman，2006）。这些功能首先出现在9个月左右并持续发展到2岁左右，其包括发起对物体的评估或对评估作出回应、评估动作、请求信息、提供信息以及请求澄清。陈述性共同注意功能要比调控功能略晚出现，先是在7个月时，通过发出声音以及眼神注视来表达想法。随后在9—10个月时，出现表达想法的手势，可能伴随声音的发出，也可能没有。儿童会在不同年龄段基于不同的目的使用"指点"这种有力的共同注意手势。通过指点来表达看法或分享注意首先出现在儿童10个月时。而到14—18个月时，儿童开始理解到指点——伴随着发声、词语近似词、词语或声调上扬模式都可作为请求信息的有力工具（Crais et al.，2004）。比如，在这个年龄段，儿童经常会一边指着一样东西，看着照料者，一边用升调提问"那个？"来问某样事物是什么。

人际互动功能主要用于参与社交游戏或进行幻想，调控面对面的互动以及表达社交规范（Capone & McGregor，2004；Crais et al.，2004）。其包括回应、参与和发起社交游戏，如躲猫猫；社交规范，如挥手或者说"你好"；以及表征性手势或游戏，如拥抱物体、飞吻、耸肩或假装睡觉或假装是一只鸟。儿童对游戏社交性本质和游戏规程的认识从9—15个月经历了几个发展阶段（Platt & Coggins，1990）。最开始，儿童不经意地注意到成人的动作，但很快理解到动作和游戏之间的关系。到 15 个月时,儿童开始全面参与游戏,并使用传统的手势轮流参与。表征性手势符号性更强,大多出现在第二年。基本的假装手势,如拥抱物体会在第一年末时出现;更为抽象的手势,如假装睡觉或耸肩,会在第二年年中时观察到。

Ⅲ.C. 儿童会表现出怎样的交谈或话语技巧?

对话语技巧的评估可为了解有关儿童参与广泛、双向互动的愿望和能力提供有用的信息。为了 TPBA2 的目的,话语分析可以检测对话或叙事的成分。

交谈(Conversation)

我们每天都会参与交谈,与朋友家人谈论我们生活中、社区里以及世界上发生的事。交谈表面上看起来相对简单,但仔细一看便可以发现它们其实是多变又复杂。成功地进行交谈参与需要火速选择和调动多种多样话语技巧:话题管理,包括话题选择、导入、保持和改变;连贯性,包括使所有评论在交替和完整会话的基础上关联起来;关于如何轮流交谈的知识;以及如何修复已停止或中断的谈话等。儿童在婴儿期便开始反复尝试着学习这些技能(Capone & McGregor, 2004; McCathren, Yoder, & Warren, 1999; Stark et al., 1993; Tomasello, 2003),而真正的交谈则直到在 2 岁时才出现(Tomasello, 2003)。不过话语技能会持续发展至青少年时期及以后,届时会通过长时间的交谈深入探讨抽象话题。

话题管理(Topic Management)

在第一年里,儿童在共同注意框架内开始了解"话题"这个概念,到 18 个月时,开始对共享话题有关的事物进行预测(如近旁的物体或动作)(Tomasello, 2003)。2 岁时,儿童可以发起话题并通过在后一轮交谈中发表意见或添加新信息来拓展话题(Tomasello, 2003)。但在这一早期会话阶段,相比年长一点的儿童,年幼儿童会引入更多话题,频率也更高,而且大多依靠成人建立并组织谈话(Kaczmarek, 2002)。到大约三岁半时,儿童能够在多个序列中保持多个不同的话题(Bloom, Rocissano, & Hood, 1976)。这一进展的发生是由于儿童对习得高级语言学知识和结构的兴趣渐浓。在这一阶段,儿童的会话技巧更加近似成人水平。

连贯性(Coherence)

连贯性是指会话中的单个话语如何组织在一起构成一个有逻辑且完整的对话。每个回合的交谈必须建立在之前会话基础之上,亦称关联性,且所有回合都必须在逻辑上与整个会话相关联(Haynes & Pindzola, 2004; Kaczmarek, 2002; Tomasello, 2003)。这些技能最先发展于幼儿期但直到青春期甚至以后也无法完全掌握。连贯性需要高水平的换位思考能力、自我监控能力、语义学和句法技能。会话连贯性最重要的一项技巧是能意识到需要在不重复先前所说内容情况下,提供适量的信息使会话继续(Kaczmarek, 2002)。对话连贯性水平低的儿童通常会出现如下行为:

- 信息冗余(Information redundancy)：儿童盯住某个事实或话题的单个方面；
- 信息不充分(Insufficient information)：儿童在交谈回合中提供的信息不充足；
- 信息不当(Inappropriateness)：儿童给出的评估或问题不恰当或不相关。

轮流交谈(Taking Turns)

会话(conversation)是一系列关于一个共享话题的交谈回合。和交流功能一样，儿童发起交谈回合的类型会日趋精湛。起初，婴儿凭借的是眼神交流、哭闹或发出声音；此后，儿童会通过叫喊、手势、生拉硬拽直至最后学会用"知道吗"这样的词组(Haynes & Pindzola, 2004)。满2岁时，儿童会在与成人的会话中说上一两轮，并且是以一种恰当的互谅互让的节奏进行的(Kaczmarek, 2002；Tomasello, 2003)。随着年龄的增长和语言的发展，交谈回合的数量、长度和复杂度都会逐渐增加。

随着儿童轮换能力的发展，他/她必须学会什么时候选择轮流、什么时候选择不轮流交谈的规则，以及一个谈话回合应该有多长。这些规则是会话当中的复杂与微妙之处。TPBA2观察员应该记录儿童在互动当中是否会保持大致平衡的轮换、是否主导轮换、是否轮换时间过长或未能在互动中进行恰当次数的轮换。此外，还应该观察儿童的下述轮换行为：发起、回应、暂停时间(如两次轮流交谈之间的间隔时长，通常不超过2—3秒钟)、中断和重叠(如同伴之间互相交谈的时长)，以及对倾听者的反馈，比如点头表示处于持续参与中(Prutting & Kirchner, 1987, as cited in Goldstein et al., 2002)。

中断、修改和调整(Breakdowns, Repairs, Revisions)

有时候会话会中断，出现尴尬的暂停、误会或错误传达。幼儿会因各种不同的原因经历各种会话中断状况，对这些现象加以描述将提供有关儿童交流能力的有用信息。Yont及其同事(2010)描述了儿童会话中断的常见原因：

- 声音过低：儿童说话声音太轻，无法让人顺畅地理解；
- 发音错误：儿童的言语错误会干扰理解；
- 词法错误：儿童错用了词语或词语组合；
- 语用错误：儿童违反了语言使用的规则，比如突然或不经意间改变话题或言语含混不清；
- 非言语错误：儿童使用某些怪异的、无法识别的、不为人理解的手势；
- 不完整的言语：儿童展开一句话，但没有完成。

为使会话继续下去，儿童必须首先意识到出现了中断然后进行修改或调整所说内容以重启交流。通常是由倾听者示意会话中断并请求澄清，比如给出困惑的表情，明确询问更多信息("你想要我做什么？")，一边说"啊？"或"一个什么？"或者用升调重复之前所说("我们要去？")。到18个月时，儿童开始能够回应基本的澄清请求，一般是通过重述所说内容

(Tomasello,2003)。这种能力在3—5岁不断扩展,期间儿童回应各类广泛澄清请求的能力逐步增强(Tomasello,2003)。到两岁结束之前,儿童开始发起一些一般性的澄清请求(如"啊?""什么?")。以TPBA2观察员应该记录下儿童是否能够理解并对这些请求做出回应。此外,观察员还应该描述儿童是如何要求澄清或获取新信息的——无论言语或非言语方式——并记录下这些策略的缺失情况或使用不当的情况(Halle et al.,2004;Yont et al.,2000)。

2—4岁期间,儿童开始评估对倾听者的熟悉程度,判断交流中哪部分内容被误解了,并对自己的语言作相应调整,渐渐形成的换位思考能力由此显现。比如,一个2岁的儿童在澄清信息时能够将父母和陌生人区分开来。儿童会向父母重复某句话,但是对不熟悉的成人,儿童会重述或者改述说过的某句话(Tomasello,2003)。这可能是因为儿童理解不熟悉的倾听者需要更多或不同的信息。此外,一个4岁的儿童会使用短小的简单句来与一个2岁儿童交谈,但是会使用更长更复杂的语句来与成年人交谈。以TPBA2观察员应该记录下与换位思考能力相关的任何语言调整,即使这些学龄前的幼儿监测自我和倾听者的能力并不发达。

叙事(Narratives)

口头叙事是对过往事件的个人讲述,比如讨论某一次动物园旅行或者向朋友解释某个电影情节。叙事是复杂的话语活动,其对讲述者在认知和交流上提出了很大挑战。除了其他内容以外,叙述者必须以倾听者容易听懂的方式来讲述故事,合乎故事语法规则,对故事事件在时间和空间上予以正确排序。口头讲述的能力在几十年间不断发展并遵循可预测的发展路径。对学前和幼儿的叙事能力进行评估是很重要的,因为这些能力可以预测学业上的成功,特别是阅读理解和写作(Haynes & Pindzola,2004;McCabe & Rollins,1994;Paul,Hernandez,Taylor,& Johnson,1996)。幼儿故事讲述出现一些错误是意料之内的,并不一定意味着存在交流上的问题;其他的错误可能预示着存在交流问题。

2岁儿童

儿童初步尝试叙事可能是在满2岁之前。这个阶段的讲述并非完整的以"很久以前……"开头的故事,而是对事件的有限引用,且需要成人帮忙完成并给予结构支撑。儿童会任意使用**昨天**或**昨晚**来指代事件发生的时间,这反映出他们意识到需要把故事安排在某个时间点上。但是,这些引用很少表明事件发生的真实时间(Tomasello,2003)。在这个阶段,儿童大多数聚焦在消极事件上,如受伤或者宠物去世(McCabe & Rollins,1994)。比如一个2岁儿童可能会指着她腿上的绷带说,"疼,跌倒"成人可能问起在哪儿跌倒的,儿童会添加新信息说"昨天……在滑梯上。"

3—4岁儿童

3—4岁的时候,儿童开始讲述更长更复杂、包含两个不同事件的故事,比如去动物园并在动物园野餐(McCabe & Rollins, 1994)。虽然故事可能已经有了整体意义上的开头、中间和结尾,但故事的讲述却是不按顺序进行的。

5 岁儿童

儿童到 5 岁时,他们讲述的故事逐渐从一连串事件发展成有序的多层次结构,且包含更多的角色和事件(McCabe & Rollins, 1994)。但大多数故事往往在情节尚处最兴奋的、最高潮的事件上时便过早结束(McCabe & Rollins, 1994)。故事往往也没有结局或寓意。

6 岁儿童

6 岁的儿童能够讲述完整的故事,包括复杂的句法结构和如下故事语法成分(Haynes & Pindzola, 2004; McCabe & Rollins, 1994)。

- 背景设定(setting):环境和角色的描述;
- 起始事件(initiating event):引发故事展开的问题;
- 内部响应(internal response):反映角色情绪、想法和意图的问题解决计划;
- 所作尝试(attempts):为达成一项目标或解决问题而进行的尝试;
- 结局后果(consequences):问题的结局或尝试失败的后果;
- 反应感想(reaction):角色对结局的反应,故事的寓意。

有发展障碍或语言障碍儿童可能会表现出叙事发展延迟,叙事产出能力困难。比如,具有特定型语言障碍的儿童直到 3 岁左右才开始产生叙事(Kaderavek & Sulzby, 2000),而且他/她们的叙事会表现出组织上的问题和质量上的差异。语言障碍儿童的叙事与正常儿童的叙事存在如下差异(Kaderavek & Sulzby, 2000; McCabe & Rollins, 1994; Paul et al., 1996; Tomasello, 2003):

- 故事非常短、词汇有限;
- 应有的故事语法成分缺失;
- 事件来回反复,顺序难懂;
- 故事包括不相关的事件或遗漏重要事件;
- 遗漏了常规的故事开头和结尾;
- 提供的信息太多或太少;
- 使用的衔接词太少(如开始、接着、后来、第二天);
- 故事不能满足倾听者对背景信息的需要。

3.2　运用《观察指南》来评估儿童语用水平

请参照前文所述《交流策略的提升与诱导》(Facilitating and Eliciting Communication

Strategies)作为评估语言产出以及就鼓励不同游戏情景下的交流提供活动建议的指南。在确定共同注意、交流意图、交流功能或话语能力水平时,必须包含对儿童行为以及行为观察情境的描述。对特定手势、发声、言语表达及其情境的描述可使评估团队就儿童如何使用其交流系统获得更全面的了解。评估团队也可以探讨某些替代性的解释,特别是当儿童存在特殊的动作、手势、声音或用词时。父母尤其有助于解释儿童的特殊行为。

Ⅲ.A. 儿童能够理解和使用共同注意（手势、发声或词语）来传达意图吗？

语用的很多方面都是由文化界定的,比如与交流同伴的身体距离、手势、面部表情、眼神或触摸等。相应地,不同文化内部与相互之间的观察标准也不相同。评估团队在进行评估时必须确定哪些行为与儿童所处文化中的互动方式是一致的。在游戏环节中,观察员应该同时记录下儿童言语和非言语的行为。当非言语行为发生时,专业人士必须凭借个人判断来揣测儿童的意图,这通常是通过对情景语境的分析来实现的。意图的层面—有意识、前语言或者语言—应大致加以记录,特定层面上所展现的行为也应予以记录。如果儿童尚未用到有意识的交流,则可观察儿童如何使用眼神接触,并对儿童所使用的反射性和反应性的声音和动作加以描述。

7个月大的玛丽的交流是反射性和反应性的。她饿了就哭,累了就大呼小叫,这些都是反射性交流的形式。玛丽很爱在吃饭时跟爸爸互动,参与多种类型的反应性交流活动。当爸爸举起一勺李子喂给她时,她看着他,咂巴着嘴唇兴奋地扭动身体。当爸爸试着喂她吃不喜欢的豆子时,她看起来很不开心并把头从爸爸面前扭开。

在评估过程中及随后使用视频分析来确定是否为有意识的交流时,评估团队应仔细观察前语言阶段儿童的非言语行为。儿童从物体到同伴再到物体的眼神接触、所表现出的手势以及指点动作的使用都应该进行检查,以确定儿童是否在与或父母游戏引导员建立关于物体或动作的共同注意。不同游戏情景下的手势使用也应包括在内,包括展示或给予物体、张开手够东西、推、指点、表征性手势和社会性手势（如挥手、飞吻）。任何协调性眼神接触和伴随手势发出的声音都应进行描述。评估团队应特别注意儿童是否能够指点或使用表征性手势,比如用手做出杯子的形状来表示要喝水。任意这两类手势的缺失都能在患有语言障碍或孤独症谱系障碍的儿童当中看到。

4岁的安娜（Anna）是个患有严重障碍的孩子,她不会说话但以很多方式表现出交流的意图。她不仅欠缺呼吸控制能力还有发音困难,这影响到她的言语和会话能力。即便如此,在观察她与妈妈玩扮演游戏时,发现她使用了共同注意（从物到人再到物的眼神接触）来发起布娃娃游戏。妈妈随后捡起娃娃问她:"你想要抱着它吗,安娜?"安娜点头咕哝了一声。妈妈把布娃娃放到她怀里,安娜笑了。妈妈评估说:"这是个漂亮的布娃娃,对吧?"安娜点点头,看了一下奶瓶。"我们应该喂喂她吗?"妈妈问。安娜点点头。妈妈拿起奶瓶放到布娃娃嘴里,安娜说:"嗯……"。分析显示,安娜是一个前语言阶段有意识的交流者,她会使用从物到人再到物的共同注意模式发出请求,使用表征性手势伴随发声(点头同时咕哝一声)的方式来回答问题和认同评估,并在假装喂布娃娃时使用表征性的发声("嗯")。她在互动中进行的是有意识的交流,但使用的手势范围有限。因此,我们可以为安娜设计强调把手势、声音和眼神接触以及近处和远处指点进行组合的干预方案,并使她从中受益。

评估团队对有语言表达能力的儿童交流意图的观察也应包括对伴随性非言语行为和协同使用共同注意的评估。对言语交流意图的分析应描述儿童是如何将词语与手势进行组合的(如对等词语组合、互补词语组合、词语与指点手势的组合、句子中词语的强调)以及儿童是否过多依赖于手势或词语使其意图得以理解。此外,评估团队还应描述言语意图所处的层面—单个词、双词组合、句子和疑问句。

Ⅲ.B. 儿童能通过交流实现哪些功能?

在评估中,评估团队应记录下有关儿童交流功能的如下信息:

1. 儿童会对下列哪些类型的功能作出回应,会发起哪些功能?

- 调控性功能:请求物体、请求动作、表达抗议;
- 陈述性/共同注意功能:评估物体、评估动作、请求信息、请求澄清,提供或添加信息以澄清表述;
- 社交互动功能:展现兴趣、微笑、回应社会性游戏、发起社会性游戏、点头、社交性手势(如招手、飞吻、耸肩)。

2. 儿童使用怎样的模式来表现交流功能?儿童是否会协同使用眼神接触或注视、发声、指示性手势、表征性手势、社交性手势、词语、双词组合、句子、问句或上升语调模式?评估团队应对这些模式是如何组合使用的予以描述。儿童是否偏好其中一种?儿童表达的模式是否适宜于他/她的年龄水平?

3. 儿童在对话中使用每种交流功能的频率是怎样的?儿童是否主要是依靠一两种功能而不用其他功能?比如,儿童是否会依赖于提问或者请求物体?或者是否在整个游戏活动中恰当使用了多个功能?

4. 儿童是在怎样的情境下使用每种功能?比如,除了在点心时间请求食物或饮料之外,儿童还会不会表达意见、提问、展现兴趣或微笑呢?在评估过程中,儿童会不会仅在某些情境下交流,另一些情境下则不交流呢?

5. 儿童选择使用的交流功能对达成目标是否有效? 比如儿童在请求某个动作时会不会坚持,像吹泡泡,他/她会放弃吗? 儿童给予信息或请求澄清的方式是否能为倾听者所理解?

备注:如儿童处于单个词语阶段,记录下隐含意义也很重要。

这些观察有助于判定儿童功能性交流能力的水平、简要描述儿童在交流上的优势并指出干预可能有所帮助的领域。患有孤独症谱系障碍等疾病的一些障碍儿童会发展出特殊的或社交上不适宜的表达交流功能的方式。如果儿童使用特殊的动作、手势或声音,那么父母对于判定和解释儿童的交流功能和反应就特别有帮助。

希文(Sivan)是个会说话的3岁女孩,她使用词语和词组的方式有些特殊。希文的父母说,他们很担心,因为希文在新的幼儿园不喜欢跟其他小朋友一起玩,也不愿意找老师寻求帮助。有时候,她会重复其他人说的话(鹦鹉语)。在评估中的餐点环节,当给她呈现一盒盖起来的饼干时,希文没有看游戏引导员便直接伸手去够盒子。当她打不开盒子时,她也没有使用眼神、手势或词语来寻求引导员的帮助。此外,弄洒一杯果汁时,希文也没有通过说"啊噢"或通过指点引起引导员的注意。虽然希文的多数交流动作是请求或表达抗议,但她并未对他人发出的请求予以回应,比如"把那个布娃娃给我"。希文的父母告诉评估团队,同样行为也出现在幼儿园和家中。对希文互动方式的分析表明她交流功能使用的范围有限。希文使用不成熟的手势主要是发出请求,但她不使用眼神接触、发声、手势或词语来表达意见、建立共同注意力或参与社会互动。希文有限的功能使用表明她可能存在发展障碍或孤独症谱系障碍,因此建议采取更深入的评估。

III. C. 儿童展现出哪些对话或话语技巧(discourse skills)?

虽然儿童直到2岁才开参与真正的会话,到4岁左右才能进行长时间的交谈,但必备技能仍然可以在年龄更小的儿童中观察到。比如,使用眼神接触来分享共同注意到某个物体或他人动作的能力对于发展"话题"这个概念是必要的。如前所述,婴儿期的眼神注视的来回变化为轮流参与会话建立了模式和节奏。在TPBA2中,引导员将有很多机会参与到儿童的这种来回变化中。在游戏中跟随儿童的引导,观察和回应他/她的活动应可鼓励儿童展现出感兴趣的话题。一旦互动产生,评估团队应观察与轮流参与、话题管理、交谈中断的辨认和修改以及整体互动的连贯性相关的各种行为。评估团队应记录下交谈对儿童而言最容易发生以及更为困难的情境。引导员所使用的任何可能对交流产生负面作用的行为也都应加以描述,比如过度提问、未给儿童充足时间回应等。

下列会话技巧领域应予以观察和描述:

1. **话题掌控**：儿童在使用言语(比如说"看!")或非言语(比如边看边指向物体)的方式发起交谈话题时,是否会建立共同注意作为参照呢?儿童是使用言语还是非言语的方式在两轮或多轮交谈中保持自己谈话的主题?儿童能否对引导员的话题作出回应,并持续一两轮谈话呢?儿童的回应可能包括一种言语或手势上的认同,比如点头或者作出"是呀"的评估,重复说讲话者所说,或者说一句话给话题添加新信息,再或者说一句扩展话题的范围。儿童在会话中是否会改变话题?基于此,儿童又是如何让倾听者知道话题要改变的呢?最后,评估团队应该观察儿童在整个评估中会引入多少个不同的话题,记录下儿童的谈话是否总是聚焦在一两个非常有限的话题上。

一些障碍儿童可能无法发起、保持或适当地改变话题,其他儿童则可能表现出专注于某些话题(Gerber & Prizant, 2000)。对其他障碍儿童而言,在没有别的话题管理策略的情况下,提问就变成了使谈话继续的一种方式,虽然过度提问可能最终会给交流带来限制。一个例子便是儿童接连提问一个又一个问题,问完却不作评估。有时候,提问技巧的使用可能是一种防御机制,可以使儿童有效避免分享个人信息。最后,那些有话题管理困难的儿童可能会做出不适宜的、脱离话题的评估或者出现毫无逻辑的话题改变。观察员应该描述任何可能干扰儿童话题管理能力的行为类型。

5岁男孩托马斯(Thomas)总是谈论卡通人物"穿方形裤子的海绵宝宝"。他会一个劲儿"长篇大论"地谈论海绵宝宝是谁、长什么样儿、住哪儿以及他的朋友是谁等。要是被问到一个不同的话题,比如他的幼儿园老师,托马斯只会告诉倾听者老师的名字,然后立即将话题转回"穿方形裤子的海绵宝宝"上。分析显示,托马斯能够发起、保持和扩展关于一个具体话题的交谈,但要保持在与别人提出的话题上却存在困难。专注于一个狭窄的兴趣上限制了他在不同会话情境下的话题管理能力。

2. **连贯性**：团队成员应就评估中所有谈话的整体连贯性质量进行分析。此外,他们应记录下儿童是否会提供适量的信息,还是会提供过多(像在自言自语)或过少信息。对于一些连贯性差的行为也应进行描述,比如盯住单个事实或话题的某个方面不放,或在谈话中插入不恰当或不相关的信息。

3. **轮流参与**：观察和录像分析可以揭示有关儿童在谈话中轮流参与的很多信息。观察员应该记录下儿童与搭档进行了多少轮交谈(平衡、过多、过少)、每轮谈话是否过长或过短,以及儿童是否会进行不恰当的轮换,比如打断他人或者在轮到他人说话时插话。儿童是否会在谈话中开启一轮谈话?如果是的话,他是怎样开启的?儿童是否会对期望评估、提问或认同的谈话请求作出回应?因为轮换可能是言语的也可能是非言语的,交流的模式也应予以详细记录——包括注视、发声、手势、词语、符号或者句子。

4. **中断和修改**：评估团队应就对话中的任何中断现象、中断的原因和儿童对发生中断的意识予以描述。如果中断发生是因为儿童不理解引导员所说的话，则记录下儿童是否能够使用请求信息、澄清或提问技巧使对话继续。如果是儿童的话引起了谈话中断，那么游戏引导员应弄清儿童能否对简单的澄清请求作出回应，如问"什么？"或问问题。儿童所给出的澄清或修改的类型应予以记录，比如重述话语、改述或添加新信息。

5. **叙事：**引导员应该在游戏中寻找可以鼓励儿童回忆一个事件的机会。因为年幼儿童喜欢回忆自己受伤的事情，在厨房活动中假装受伤或其他扮演游戏可能会有助于叙述。可以尝试一边说"嗷！我戳到手指了"之类的话一边假装用刀切东西来诱导出故事。然后说，"你以前被戳到过吗？"等待儿童作出回应。引导员应带着兴致支持更多轮谈话，但使用不会指导儿童讲故事的中性评估，比如"然后发生了什么？"或"跟我多讲点"。在评估过程中尝试诱导两到三个故事，以尽可能获得具有代表性的叙事能力样本。避免诱导某些熟悉主题的故事，比如生日聚会或假期，因为其可能会反映儿童的原型经验，而非对一个特定事件的叙述。

如有可能，观察员应将叙事样本予以转换，对《年龄表》和研究部分所述不同年龄段的儿童表现所涉及的儿童能力加以描述。可能表明具有潜在语言或学习障碍的行为应在叙事样本的语境下进行描述，如组织及事件顺序问题、对故事语法理解力差、不够连贯，以及未能满足倾听者的背景信息需要的问题。

双语言和双文化

注：就双语、多语儿童或手语儿童的语言发展展开全面探讨超出了 TPBA2 的范畴。但某些特殊的考量因素仍需指出，因为这类儿童的语言习得方式异于单语儿童。典型的双语语言行为常被误认为是语言延迟或障碍的标志。因此，TPBA2 团队在评估双语、多语儿童或手语儿童时，必须确保评估人员接受了适当的培训，并对这类评估有了详细了解。本部分使用了"双语"一词，同样类型的考量因素也适用于多语或手语儿童。

TPBA2 在规划和执行时需对双语儿童予以特别考虑。目前最好的评估双语儿童的实践要求游戏引导员能流利使用儿童的主导语言或有接受过 TPBA2 过程培训的口译人员的协助。根据定义，双语的言语治疗师必须能熟练地掌握自己的主要语言，对于儿童主导语言的口语或手语掌握亦需达到接近或相当于母语者的水平（ASHA，2004a，2004b）。由于不同文化有着独特的照料做法和价值观，因此一位熟悉儿童特殊背景的文化中介者是团队成员所必需的（Moore & Perez-Mendez，2003）。文化考量因素包括儿童在家中的角色、大家庭成员的作用、家庭对障碍的认知、对儿童所处环境中能接触到不同类型词语的强调，如物体、人、食物、社交类词语、接受运用整体医学以及宗教的作用。如果儿童的父母来自不同的文化且说两种不同的语言，比如巴利语和阿拉伯语，那么评估团队必须找到熟悉两种语言、两种文化风俗和信仰体系的中介者。在 TPBA2 过程中，凭借文化中介者或口译工作者可靠的信息输入,观察记录必须与家庭的文化期望和规范进行比较(Kayser,1998)。

团队成员也应通过询问下列问题,对儿童日常生活环境中的语言历史和的语言使用进行评估:

儿童从什么时候开始接触两种语言?

儿童每一种语言的言语和语言的里程碑是什么?

家中使用什么语言,使用到什么程度,在什么情况下使用?

父母或其他照料者使用什么语言互相沟通?

父母和其他照料者使用什么语言与儿童沟通?

儿童在家说什么语言?

其他儿童跟该儿童说话时使用什么语言?

儿童接触每一种语言的一致性程度如何?

儿童在幼儿园或学校里使用什么语言?每周使用多少小时?多少天?

在社区场所和活动中使用什么语言?

家庭中的媒体是什么语言(比如电视、广播、图书或报纸)?

如果儿童是双语,对两种语言的言语和语言有什么担心吗?

儿童的语言发展与其他兄弟姐妹的发展是相近还是相异呢?

学习两种及两种以上的语言是一种不同于单语学习发展模式的独特过程。团队的观察必须进行调整以使其不仅能适应每一种语言的规范,也能适应儿童特定的双语类型。有两种主要的双语类型,同时性双语和继时性双语。每种类型的发展期望和行为均不相同。

同时性双语(Simultaneous Bilingualism)

*同时性双语*是指儿童在三岁之前同时学习两种不同语言的情况。比如父母一方可能说日语,另一方说英语。同时性双语儿童会同时发展出两种独立的语言系统,两种语言存在不同的发展里程碑(Genesee, Paradis, & Crago, 2004)。虽然存在很多语言特异性差异,但是语言发展的四个基本方面会受到影响:词汇习得、跨语言影响、语码混用和语言优势性。

继时性双语(二语习得者)(Sequential Bilingualism, Second-language learners)

继时性双语,有时也叫第二语言学习,主要是指儿童3岁以后才开始学习第二语言的现象。这通常出现在儿童进入日托中心、幼儿园或学校时(Hammer, Miccio, & Wagstaff, 2003;Romaine, 1997)。Tabors(2008)将继时性双语划分为四个明确的阶段:

家庭语言(*Home-language*)阶段:儿童仅仅会说本国语言;

非言语(*Nonverbal*)阶段:儿童可能使用一些词语,但主要使用手势和面部表情进行交流;

电报句或公式语(*Telegraphic or formulaic*)阶段:儿童模仿句子(幼儿学语)或使用某些记住的词组,比如"我不知道",但往往不解其意(Genessee et al., 2004;Wong Fillmore,

1979,引自 Genessee et al.,2004)。

产出性（*productive*）语言阶段：儿童开始使用部分或全部原创的句子；依靠某个载体词组，比如"我想要＋……"，并最终能建构新句子；开始使用中介语，一种系统而有规则的混合语言（Genessee et al.,2004；Selinker,1972）。

双语儿童经常被错误地认定为存在语言障碍，部分是因为他们经常会犯和语言障碍儿童一样的错误。区分这些错误是有难度的，评估团队——特别是父母、受过双语训练的专家以及文化中介者——必须仔细考虑儿童过往和行为的所有文化和双语方面，才能就儿童是否真的存在语言问题达成共识。

斯蒂芬（Stefan）是个 2 岁男孩，生在孤儿院，由于母亲年纪尚轻无力抚养，出生后一直生活在孤儿院。她在孤儿院待到 2 个月时，被养父母收养带到美国。我们对他的家庭、医疗、产前、出生和发展历史一无所知。自从他到了美国，周围人只跟他说英语。尽管在美国的时间不长，但斯蒂芬还是展现出了不错的交流技能。他能跟上有情境线索的单步指示（比如"给我""去给爸爸""过来""站起来""坐下""我们走"）。他能够认出某些常见物体和身体部位（比如鼻子、肚子、脚），理解语境中的动词（比如"给……一个拥抱或亲吻"），能理解简单的用"是否"回答的问题和问"哪里"的问题。斯蒂芬很有表现力，会通过眼神交流、身体活动、手势伴随发声、词语进行交流。他的母亲说，斯蒂芬能够自发地产生 7—10 个英文词语来标记、请求和问候。在评估过程中，他能持续模仿词语，后又自发而恰当地说出了某些词语。他的声音非常准确，与他的语言水平保持一致。

目前有很多精彩的双语相关图书。Goldstein（2004）、Genessee 和同事（2004）提供了有关双语正常和障碍儿童语言发展不同方面的详细信息。

第四节 构音和语音

4.1 构音和语音（Articulation and Phonology）

言语是口头交流，需要协调呼吸、发声、共鸣和构音来产生言语声音（音素）以及语言的声音系统或语音。构音也需要调动运动和感觉（听觉、动觉、本体感觉）系统以便在产生单个声音和组合声音形成词语时使运动得以控制。最后，儿童的整体认知——语言学能力，包括语言理解和产出，对发音过程都有帮助（Hayden，2004；Haynes & Pindzola，2004）。儿童习得可理解的言语需要较长且复杂的过程。这个过程始于出生时的反射性声音，并逐渐发展成为复杂的前言语发声，直到儿童说出第一个词语并逐步发出类似成人的连贯言语。

IV. A. 儿童会产生怎样的语音（如元音和辅音表）？

儿童出生后第一年发音的发展深受动作发展的影响（Morris & Klein，2000）。如果儿童存在动作困难，比如脑瘫儿童的呼吸控制差、口面部动作受限，言语的产生可能会受影响（Beukelman & Mirenda，2005）。此外，认知发展对于儿童习得照料者的语音以及语言的声音规则是很有必要的（Creaghead & Newman，1989）。

儿童第一年内产生的类似言语和非类似言语的声音是未来交流发展的前提（Bates，1976a，1976b；Oller，1980；Stark，1986）。从出生到3岁，儿童产生植物性声音（比如打喷嚏、打嗝）和前言语声音，比如饿了、不舒服了哭闹和发出其他声音如喔啊声（Crais & Roberts，2004；Oller，1980；Stark，1986；Stoel-Gammon，1998）。儿童在他们处于舒服的状态或者与父母互动时产生喔啊声。喔啊声是由元音"oo"与一个类似辅音的软腭音或小舌音/k/和/g/组成的（Stoel-Gammon，1998）。在第一年内，婴儿不断试验，产生在几乎所有语言中都非常常见的声音（Oller et al.，1998）。在4—6个月时，儿童会通过与照料者产生反复性声音来拓展发声游戏。而随着文化关联声音的模仿和强化，儿童的吵闹逐渐听起来与照料者的声音更加接近。咿呀学语和儿语句子阶段可以让他们练习这些声音。

在第一年的后半段，语前的发声从形式上变得更加像词语，随着儿童进入咿呀学语期和儿语期。在预测早期语言发展影响因素的综述中，McCathren，Warren，and Yoder（1996）断定，咿呀学语以及发声中辅音使用的程度具有非常强的预测价值。重复型的或者规范的咿呀学语是当儿童开始说出同样的辅音—元音音节的时候才产生的，比如bababa，mamama或dadada，这大约出现在6个月时。非复制性的咿呀学语（nonre duplicated babbling）或者多变性咿呀学语（variegated babbling）出现在9个月时，随着儿童能够将不同的辅音—元音组合在一起，比如dabo，元音、辅音或两者都发生了变化（McCathren et al.，1996）。最后，咿呀学语变成了儿语句子（jargoning）。在语前发声期的最后阶段，不同的语调类型和语型变化覆盖了辅音—元音组合，使得发声更加类似于成人的对话言语。事实上，儿语句子可能包括某些后期才能发展的真正的词语（Sachs，1989；Stoel-Gammon，1998）。

IV. B. 儿童的构音能力（articulation abilities）如何？

言语中单个词语的表达出现在儿童1岁左右。通常这些单个词语是儿童通过组合由嘴唇和舌头顶着口前部发出的辅音实现的功能性词语，比如/b/、/d/、/m/和某些元音，比如

/ah/、/eh/和/uh/。这些辅音经常出现在规范的咿呀学语中——鼻腔音/m, n/,塞音/p, b, t, d/和过渡音/w, y/,这些在儿童产生早期词语的时候,都是非常典型的(Lund & Duchan, 1993; Robb & Bleile, 1994; Stoel-Gammon, 1998)。这些词语很简单,包括音节结构:辅音—元音(CV),比如"bye";或者辅音—元音—辅音—元音(CVCV),比如"dada"或"mama"。儿童最初尝试产生真实词语时大多数情况下是难以理解而且包括很多错误的。这个阶段的儿童经常吞掉词语中的尾辅音,比如将 boat 说成 bo,并吞掉某些头辅音,比如将 hat 说成 at。但总体而言,词语前端的声音要比尾端的声音学得更快(Dyson, 1988)。

18 个月时,儿童产出大约 50 个词。此时声音组合形成辅音—元音—辅音结构的词语,比如 pop,虽然尾辅音可能被吞掉。此外,这个阶段的儿童经常把开头有两个辅音的词语删除一个辅音,这也叫做交融现象(blends)。比如,儿童可能把 block 说成 bock。

很多因素会影响儿童言语的可理解性(儿童言语多大程度上能够被理解),包括构音错误、语音加工、特殊言语产出、方言变异、二语语音、儿童家中使用的其他语言(参见双语部分,p. 228)、发音器官的结构和功能异常,比如腭裂(详见口头机制部分,p. 238)、疲劳、焦虑、高音和韵律的不流畅和异常(详见声音和流畅度部分,p. 233)。但是,务必要注意,典型音高和韵律模式的使用情况实际上可能帮助观察员解释无法理解的语句。比如音高常在疑问句尾抬高。评估语言的时候,我们必须考虑儿童言语理解力如何,因为儿童可能无法清晰地产出词素,比如复数-s 和过去式 -ed。这些也可以由观察员识别出(Hodson, Scherz, & Strattman, 2002)。

IV. C. 儿童口头言语的可理解性(Intelligible)如何?

随着练习和熟练度的提升,到第二年末,儿童言语的可理解度达到 50%,两岁半达到 50—70%。分析 2 岁左右的音节结构和辅音产出可以辅助团队成员区分语言成熟晚和语言障碍。Haynes and Pindzola(2004)报告称,与语言成熟晚的儿童相比,2 岁时语言障碍儿童成熟的音节结构较少,产出的辅音也更少。对这个年龄的儿童来说,使用口腔前部发出的辅音来替代口腔后部发出的辅音是很正常的,比如把 cat 说成 tat。有时候,儿童也会重复某些词语的音节,比如把 water 说成 wawa。

到 3 岁时,儿童可以产出所有的元音,辅音可以产出/p/、/b/、/m/、/w/、/h/、/t/(Sander, 1972)。虽然言语可理解度能够达到 70%左右,但某些辅音替代或形变的问题也常常观察得到。比如,3 岁的儿童可能会将 fish 说成 pish。结构上复杂的词语对 3 岁的儿童来说可能有些困难,而困难的词可能会被儿童简化。到 3 岁半时,几乎所有儿童都可以很容易被一个不熟悉的倾听者所理解(Creaghead, 1989)。

随着辅音的大量掌握,儿童的会话言语到 4 岁时变得很容易理解,这些辅音包括/k/、

/g/、/f/、和/y/。到 5 岁时,很多辅音的使用变得一致而且准确,虽然可能并非所有词语语境中的辅音都能掌握。主要的错误出现在比较困难的辅音或辅音交融上。而在接下来的几年里,儿童会持续改进他们的声音和多音节词语的产出(Crais & Roberts, 2004)。5—6 岁时,儿童会掌握三种比较有挑战的辅音:-ng、r 和元音后的 r(er, ar, or)和/l/。此后的一年中,随着儿童习得和掌握 th(包括清辅音和浊辅音)、sh、j 和 v 等辅音,儿童逐渐掌握了完整的辅音系统,也不大会出错(Creaghead & Newman, 1989; Sander, 1972)。

一、两个离散声音的发音困难一般称为构音障碍(articulation disorder)。构音错误的模式主要包括如下类型:吞音、替换、附加或者形变。务必要注意这些错误是出现在词语的开始、中间还是末尾的位置上。

- *吞音*(*omissions*),即儿童把词语中的某个声音吞掉。这些错误对于可理解性的影响最大。
- *替代*(*substitutions*),即儿童将词语中的某个音用其他音来替代。
- *附加*(*additions*),即儿童在词语中附加某个音。
- *形变*(*distortions*),即儿童将一个标准音用一个畸变音来替代。

用来干预的发音治疗方法需要一次教授一个目标错音对应的正确发音。

语音学(phonology)

语音学研究的是一种语言的声音系统的规则。当儿童可以说出大约 25 个词时,语音系统——对其所说语言的声音如何组合的理解——就出现了(Hodson & Paden, 1991)。但是,随着儿童把词语放在一起,总是出现语音错误,这意味着儿童会用已知的声音模式来替代尚未掌握的声音,或者改变或者省略复杂的声音。事实上,更简单的声音和模式会用来替代更复杂的声音和模式。儿童简化了成人的语言模型,这被称为语音加工过程(phonological process)(Compton, 1970; Hodson & Paden, 1991; Oller, 1973)。

据 Shriberg 和同事估计,大约 40—60% 有语音障碍的儿童也有语言问题(Paul & Shriberg, 1982; Shriberg & Austin, 1998; Shriberg & Kwiatkowski, 1994; Shriberg, Kwiatkowski, Best, Hengst, & Terselic-Weber, 1986)。当儿童的说话内容相当难以理解时,语音的评估便尤其有用,因为评估可以识别不成熟的言语模式,而非单个的发音错误。如前所述,学龄前儿童会花几年时间用来苦苦思索弄清楚掌管声音分配和序列的语音规则,当掌握之后,儿童逐渐产出成熟的、类似成人的言语。这个过程需要儿童来判定哪些音可以放在一起,声音可以出现在词语中哪些地方,以及重音规律(Ingram, 1976; Oller, 1974)。在这些成熟言语的细微规则习得之前,儿童的产出可能包括语音加工,或者简化言语动作使其可为儿童实现的声音取代模式。研究表明,大多数的语音加工在 2 岁之前的儿童中很常见,到3—4岁就消失了(Dyson & Paden, 1983; Grunwell, 1987)。但幼儿使用不成熟语音加工过程的时间可能更长,这会大大影响言语的可理解性。表5.9展示了一例——但不包括所有——经常出现的语音加工现象。语音评估方法需要通过识别那些影响正确发出与年龄相适应的声音的过程,从而减少对这些过程的使用(Dyson & Robinson, 1987)。

当某个发音影响了前面或后面声音的产出和感知,就产生了协同发音。换言之,在言语产出中,某个音素受到了词语内部或词语周边其他音素的影响。因此,评估单个语音在单个词语不同位置上的发音并不足以评估语音掌握情况。儿童自发的、连贯的言语还必须通过会话来进行评估,以确保对儿童言语的整体可理解性、语音复杂性和产出中的言语变体进行评估。这种更加广泛的言语评估有助于评估团队有效地选择恰当的干预目标。

表5.9 常出现的语音加工(frequently occuring phonological processes)

同化(assimilation)	从词语的开头、中间或末尾复制声音(比如water说成waa);或者复制词语的尾音取代前音(比如shish取代fish)
后部支持(backing)	用口腔前侧的发音替代口腔后侧的发音,比如cop取代top
辅音连缀(consonant cluster reduction)	从辅音连缀中删除某个或多个声音,比如poon取代spoon
浊音清化(Devoicing)	清音取代浊音,比如to取代do
尾辅音缺失(final consonant deletion)	缺失词语的尾辅音,比如po取代pop
舌前位发音(fronting)	用口腔前侧发音需要用口腔后侧发出的声音,比如ta替代car或者do替代go
嘴唇滑音(Gliding of liquids)	用滑音(w, y)替代流音(l, r),比如wabbit取代rabbit
开首辅音缺失(initial consonant deletion)	词语的开首辅音缺失,比如at取代cat
停顿(stopping)	用停顿取代连续气流音,比如dis取代this,或tu取代shoe
浊音(voicing)	清音发成浊音,比如big取代pig
元音化(Vowelization)	把流音发成元音,比如bau取代ball
弱读音节缺失(weak syllable deletion)	词语中的弱读音节缺失,比如nana替代banana

4.2 运用《观察指南》评估构音和语音

IV.A. 儿童会产生怎样的语音(如元音辅音表)?

在整个游戏环节,观察员应该记录儿童所有的发音(比如咿呀学语和不可理解的言语产出)和言语表达用作分析的一部分(Stoel-Gammon, 2001)。很多障碍儿童依靠发声作为交流的首要方式,而这些声音所表达的信息差异甚大。声音的大小以及丰富程度并不总能反映儿童的交流能力;但声音数量越多,儿童形成一致的交流模式的机会也就更大。对发声进行分析可以提供1岁以内儿童乃至稍大一些的非言语障碍儿童交流策略和功能的信息。对于语言表达程度极低的儿童来说，理解发声的范围和复杂性及其交流功能，可以为评估提供参考，为干预计划提供见解。

有关声音典型发展序列的知识对于判断儿童是否能够产出与年龄相适宜的声音是非常有帮助的时，也可以为评估和引导发展适宜性声音的活动提供辅助。比如，仅能产出辅音/b/和/d/的儿童也已准备好尝试其他需要通过口腔前侧发出及处于同一动作水平之内的声音，如/m/和/p/。

Ⅳ.B. 儿童的构音能力如何？

通过记录儿童在游戏环节的言语尝试并在之后分析录像可以建立有关儿童语音和言语可理解度的资料。在TPBA2中，父母的协助对于解释某些不可理解的、对儿童来说比较特殊的或者受到文化和方言差异影响的词语来说可能是很有必要的（Stoel-Gammon，2001）。如果家中使用的不是英语，观察员应该记录儿童早期接触语言的情况。在判定儿童的言语错误是来自语言差异还是因为障碍引起的时，也应该考虑儿童所接触的其他语言的语音。

整个游戏环节以及随后的录像分析中，观察员应该通过转录所有的声音、类似词语、词语和词组的方式来制作一个符号系统记录儿童的全部声音。特别重要的是，观察员需要捕捉那些言语产出有限的儿童的辅音和元音，这可以帮助评估团队来判定儿童所产生的言语是否是有意义的（Stoel-Gammon，2001）。此外，任何元音形变都应该被描述，因为这会显著地影响言语的可理解度。如果儿童使用词组和句子，也应予以转录。有些儿童可以在单个词语的水平上正确发出某个声音，但却在词组、句子或会话中在同一个声音上出错。这种问题通常是因为多个词语产出时联合发音言语动作太复杂造成的。连贯言语中可能会出现比单个词语水平更多的错误，这应该进行记录。如果可能，引导员应该试着引导儿童模仿那些包含发音错误的词语的正确形式。有时候，儿童在模仿中可能会产生某个不能自发说出的词语，这也应予以记录。

在游戏中，引导员可能会有机会使用听觉和视觉线索来确定儿童能否纠正和修改错误的音，即使儿童还没有发展出这个音。儿童能不能正确地模仿发音？儿童对声音、词语和音节的模仿是否好于自发产生的音？在TPBA2中，引导员应该专注于引导高度可视化且容易模式化的声音。比如，引导员可以尝试让儿童在厨房游戏中模仿/h/，一边说食物是"热的"（"hot"），一边让儿童用手感受空气的温度。但是，引导某些不太可视化的声音，可能涉及到使用对TPBA2而言干扰性太强或太过结构化的线索。比如当儿童在厨房玩耍时，尝试让儿童说/k/，可以利用"冷的"食物中的"冷"（"cold"）。这可能需要触碰儿童的口部或颈部，或者寻找一个镜子帮助幼儿了解声音是如何发出的。评估可引导性能够提供有价值的诊断信息，有助于为儿童制定合适的干预计划。例如 Powell 和同事报告称，儿童的全部言语中未出现的可引导声音可能无需干预就会发展出来（Powell, Elbert, & Dinnsen, 1991；Powell & Miccio, 1996）。相反，非可引导声音可能最需要进行干预（Miccio, Elbert, & Forrest, 1999）。

年幼儿童可能不会意识到他们的言语错误，特别是当他们的言语能很容易地被父母或其他照料者理解的时候。随着儿童语言能力越来越强，将更多词语进行组合，其言语可能会变得更难理解，挫败感的迹象就会浮现出来。有的儿童会表现出行为问题，有的可能会迟疑着不讲话，如果他们认为他们不会被理解。起初，儿童可能愿意重复说出发音错误的词语或词组，但如果反复尝试不成功，儿童可能会通过打、踢、哭闹表现出来或者完全放弃互动。尽早进行鉴定和干预是非常重要的，以免儿童的行为、交流兴趣、社会关系和学业成就等受到负面影响。

IV. C. 儿童言语的可理解性（Intelligible）如何？

如果说首要转介的原因是儿童言语的可理解度，那么团队的言语治疗师做观察员比引导员更加有效。这可以使他/她近距离观察儿童的口部，并通过国际语音表转录儿童的言语来获得细致的语音文本。第一手的发音观察通常比音频或视频转录更容易进行也更准确。一旦进行了转录，言语治疗师（SLP）将对符号和转录文本进行分析，查看其中的声音、音节、词语、词组中的错误模式及会话水平，为干预计划提供基础。言语治疗师随后可以判定言语产出错误的本质是发展性的，还是儿童语言中的典型语音发展存在某些问题。另一个需要探究的考量因素是基于儿童的族裔或居住区的方言差异。

如果儿童的言语是非常难以理解的，那么对于引导员、言语治疗师、观察员和父母来说，重要的是要梳理影响因素，以及可理解性受到交流情境影响的程度。佐证资料应该包括只有父母可以理解的话语。为帮助作出关于儿童言语可理解性的代表性描述，可以询问如下问题：

1. 与儿童熟悉的个体能不能理解他/她的言语，到什么程度？
2. 与儿童陌生的个体能不能理解他/她的言语，到什么程度？
3. 如果儿童产出言语的情境是熟悉的或者陌生的，儿童言语的可理解度如何？比如儿童在洗澡时间谈论澡盆里的玩具，可能会更容易推测其不可理解的词语的含义。相比之下，如果儿童在谈论一个不在当前环境内的玩具，对我们来说可能很难理解他或她所说的内容。

最后，评估团队会判定引导员、观察员和父母可理解的语句的比例，并判定背景知识或动作，比如手势是否可以提升可理解性。整体的评定可以通过计算可理解语句的比率来具体表达，或者通过一些简单的形容词如**差**、**一般**或**好**来进行评估。

第五节 嗓音、流畅度

5.1 嗓音和流畅度（voice and fluency）

嗓音是通过呼吸、发声（phonation）（声带产生声音时的震动）和共鸣（resonation）（可放大和调节声带产生的音调的口腔和鼻腔气流的震动）来产生的。呼吸气流在嗓音、发声和言语的产生和持续上发挥着重要的作用。很多因素可能会造成呼吸支持不良或适应不良的呼吸行为，从而影响儿童的言语产出能力。比如，脑瘫儿童的手势稳定性差和肌肉控制力不足会干扰言语产出。嗓音也具有简单和高级的交流功能，可表达情绪和生理状态，比如舒适和疼痛。嗓音也可以为言语交流增加意义。比如韵律和声调，或者声音音高和速率的变化都会使简单一句话的意义发生改变。词组末尾的上升语调意味着问题的提出；比如"爸爸走了？"相反，同一句话结尾使用下降语调则表示事实陈述："爸爸走了。"有趣的是，直到6个月大时，所有婴儿都是使用统一的韵律来咿呀学语，此后，婴儿才开始使用他自己第一语言的韵律或旋律。

流畅度（fluency）是言语产出的平滑度和不间断水平。随着词汇和表达性语言的显著扩展，以及儿童开始产生词组，很多2—5岁儿童都会呈现出言语不流畅的问题（Stuttering Foundation of America, 2002）。此外，对协调的呼吸、发声和构音的需求达到更为复杂的水平，这也导致儿童的言语断断续续（Bloodstein, 1995; Van Riper, 1982）。各类研究表明，表现出言语不流畅但并非口吃的幼儿大约每100个词语会出现6—8次不流畅的情况，学龄前儿童则每100个词语只出现3次不流畅的情况（Yairi, 1997）。但有时候儿童也会表现出可被证实为有口吃的言语行为（Stuttering Foundation of America, 2002）。TPBA2团队成员必须分析儿童的言语模式以区分典型的不流畅行为和口吃行为。

V.A. 儿童嗓音的音高、质量和响度如何？

嗓音障碍的鉴定对于儿童社会情绪情感状态、教育发展和身体健康都是非常重要的（Lee, Stemple, Glaze, & Kelchner, 2004）。儿童嗓音的评估应该通过与相同性别、年龄、地理位置和文化背景的同伴进行音高、音质以及响度方面的对比来进行（Aronson, 1980; Boone & McFarlane, 2000; Green, 1972; Stemple, Glaze, & Klaben, 2000）。嗓音障碍有三种基本的病因：滥用声带、医学原因和人格相关的问题（Lee, Stemple, & Glaze, 2004），这可分为影响喉部功能的习得性（出生时没有）或先天性因素（Gray, Smith, & Schneider, 1996）。呼吸气流在声音、发声和言语的产生和持续上发挥着重要的作用。很多因素可能会造成呼吸支持不良或适应不良的呼吸行为，从而影响儿童的言语产出能力。评估也必须包括儿童的呼吸支持状况，因为头部控制和隔膜控制会影响言语产生的呼吸支持。

很多嗓音障碍都与滥用或错用声带有关，如过度使用声带或者很少关注声带保养，这会影响到声带黏膜以及其最佳功能的发挥（Sapienza, Ruddy, & Baker, 2004）。喉咙嘶哑经常是由于滥用声带，比如喊叫、大声说话、哭闹和发出咆哮、咕噜声或车辆声等噪声引起的（Boone & McFarlane, 2000; Hicks, 1998）。其他的声带压迫迹象可能包括嗓音中断、呼吸困难、音调多变或音调单一等。另一种声带压迫迹象为间歇性失声，一种临时性的嗓音消失现象，父母可能会报告称曾在早上、晚上或者在经过体育运动之类的某项活动之后出现（Hufnagle, 1982; Sapienza & Stathopoulos, 1994）。患有哮喘等严重呼吸系统疾病的儿童可能会出现医学相关的嗓音障碍，这是由于清嗓或咳嗽行为的增多可能会破坏声带。这些行为可能导致声带受到刺激，严重的可能会导致声带息肉、结节或者接触性溃疡的出现。通过进行喉咙清洁并抑制相关的行为，上述情况可以得到改观（Sapienza et al., 2004）。嗓音障碍的病理主要包括脑瘫、听力障碍、腭裂和腭咽闭合不全（VPI）。腭咽闭合不全是指在一些言语动作中，隔开口腔和鼻腔的软腭的功能出现问题，出现异常共鸣和鼻漏气。腭裂或腭咽闭合不全的儿童会出现鼻音过多，反之是鼻音过少，声音听起来就像儿童感冒了一样。脑瘫儿童的音域范围可能有限，也可能存在响度控制问题。患有重度到极重度听力缺失的儿童可能会出现非常规的音高和音量、速率较慢、韵律变化少的言语特征。患有听力损失的儿童嗓音病症的范围和严重程度取决于儿童之前是否有过正常听力。其他可能患有嗓音障碍的儿童可能包括曾有过手术创伤、疾病、头颈损伤病史，导致单侧声带麻痹的儿童。这些儿童会出现嘈杂的呼吸声，并且在消耗体力的过程中增加音量或说话的能力降低（Sapienza et al., 2004）。这些儿童中的一类特殊群体可能包括经历过多个医疗流程的早产儿。最后，儿童的情感状态可能会影响到声音的质量，因此鉴定儿童生活的家庭是否存在任何应激情况也很重要。

对儿童声音的关注将需要由合适的专业人士作进一步的参考和更深度的评估，包括由耳鼻喉科专家来探究可能的器官病理和专门研究声音的言语治疗师。更进一步的信息收集和评估过程对于以游戏为基础的跨学科评估而言会太过结构化且干扰性太强。

V. B. 儿童的言语有多流利？

有些儿童可能偶然重复整个词语和词组，而且在说话过程中没有表现出紧张迹象，这些儿童很可能经历的是正常的不流畅现象。反之,那些将单个言语声音延长一秒或更长,重复单音节词语、部分字词或者单个声音,或者存在显著发音困难的儿童,可能会出现真正的口吃。其他的行为可能也随着儿童的口吃而出现。这包括减少或者回避对话、减少眼神接触、嘴部和下颌紧张、做鬼脸、眨眼和无关的身体动作(Guitar,1998)。儿童也可能经常出现一种非中央(重读)元音(Schwa Central Vowel)(比如 uh)或 um;使用修正(用不同的词或以描述代替目标词);或表现出嗓音的变化,比如调高音量、改变音高、嗓音过强或频率过快等变化(Nelson,2002)。另一种类型的流畅度障碍称为*语言错乱*(cluttering)。语言错乱的特点是言语很难理解,因为言语的速度太快或者太不规则。此外,言语可能出现发音含糊不清;声音和音节可能会从词中遗漏(如辅音连缀减少或音节缺失);说出的字词不完整,导致言语无法理解。句子也可能由于找词、使用非特定词语或语法差出现混乱。这些儿童通常不会表现出吃力的行为,因为他们可能没有意识到他们的言语很难懂(St. Louis & Myers,1997)。

评估口吃儿童时,如下几个方面需要重点关注:出现的时间、是否有家庭口吃病史、家庭对不流畅的回应方式、父母的交流方式(比如他们的语速,与儿童交谈时如何提问,对儿童的响应性,与儿童交谈用语的复杂程度,以及他们可能给儿童施加的压力)。其他可能会触发或增加口吃出现的因素有新场景或特殊场景、人、活动或环境。家中或儿童生活中其他地方发生的应激性生活事件也可能会影响流畅度(Williams,2002)。

5.2 运用《观察指南》评估嗓音和流畅度

V.A. 儿童嗓音的音高、音质和响度如何?

第一步是评估儿童的呼吸。儿童是否有足够的呼吸支持来产生持续的声音?呼吸是否很浅?呼吸是否过重?嗓音听起来是疲倦还是舒服?儿童使用哪种类型的呼吸?比如,儿童是否首先呈现出锁骨呼吸,即大多数的吸气和吐气动作是由肩部和锁骨完成的?这种类型的浅呼吸会影响到儿童嗓音的音质。或者儿童是否呈现出隔膜或腹式呼吸,即吐气和吸气动作是在腹部完成的?这种类型的呼吸不需要太频繁的吸气。儿童会不会呈现出一种张大嘴巴大口呼吸的动作?习惯性的张嘴呼吸可能会对发音产生消极影响,因为开口姿势会影响到舌头运动和位置。此外,长期的开口呼吸可能预示着鼻腔或口腔存在障碍或缺陷,比如过大的扁桃腺。其也可能预示着存在慢性淤血或者呼吸疾病,比如哮喘(Dworkin,1978)。如果儿童是开口呼吸而且可能有或没有出现充血,应该询问父母儿童是否感冒、过敏或哮喘。长期开口呼吸的儿童可能会在评估的整个过程都出现开口动作,只会暂时性地闭上嘴巴。父母在被问及时,也往往报告称儿童睡眠时也是张着嘴巴。其可能存在家庭哮喘或者过敏病史。

不同类型嗓音障碍——音高、音质和响度——可能会单独出现,也可能会组合出现:

音高：
- 说话声音颤抖，可能是由于肌肉萎缩症或脑瘫之类的神经障碍；
- 太高或太低；
- 音高中断：言语中出现音高的偏移；
- 单调音：很少或没有起伏。

音质：
- 气息声：可以听到气流声；
- 声音粗糙度：声音刺耳且粗糙；
- 嘶哑：兼有气息声和声音粗糙状况；
- 共振障碍：

鼻音过多：在非鼻音声响中出现过多的鼻腔共鸣或鼻漏气；

鼻音过少或去鼻音：在产生鼻腔音/m/,/n/时缺少鼻腔共鸣、产生的音质类似感冒。

响度：
- 响度：太响或者太弱；
- 失音或发音困难：声音丢失、耳语。

评估嗓音时也应考虑如下两个其他领域：
- 速率：太快或太慢
- 节奏：起伏过大

　　大卫（David）是个3岁男孩，他的幼儿园老师寻求TPBA2的协助，因为大卫很容易受挫。他的父母想知道怎样促进他的言语发展。总体而言，大卫的发展都很正常，但他的言语和语言发展比他的双胞胎兄弟和其他朋友要慢。大卫不会经常讲话，而真到他讲话时，对父母来说通常都可以理解；但父母报告称其他人常常不能理解他。据大卫父母讲，大卫不像其他同龄人一样擅长与人交往。他不喜欢人太多或者太吵闹的环境，并且"他似乎需要更多的注意力"。他容易暴躁，动不动就发脾气，而且很难平静下来。

　　在TPBA2过程中，大卫的言语存在发音替换（sound substitution）现象，这本质上发展性的。但是在评估中，大卫的话常常让人无法理解，因为他经常使用耳语，音高也缺乏变化，或者说他的音质为单调音。引导员作了多种尝试引导大卫发出典型音量，包括用一种嗓音告诉父母房间另一头的某件事情，发出喊声（跟哥哥在游乐场上玩儿），以及其他在游戏中实现变音的不同方式，都没能改变大卫的音量和嗓音质量。在评估中，大卫曾一度在谈话时自发地使用了一种高音；这种行为持续了几分钟。他的老师认为这些发音行为在教室里是很常见的。

Ⅴ.B. 儿童的言语有多流利？

评估团队需要在整个 TPBA2 过程中收集信息，包括与父母进行对话来收集信息，区分典型的儿童期言语不流畅和真正的口吃（stuttering），以及对父母和儿童互动的观察。表 5.10 中的信息有助于评估团队鉴定口吃行为。

最后，评估团队应该确定儿童自己是否意识到不流畅状况。一些儿童很少或者没有意识到自己的口吃问题或者并不为此烦恼，其他的儿童可能自我意识更强，且受到了负面影响。因为口吃会影响言语、语言、语用以及情感和社会性发展，所以早期的鉴定和干预是势在必行的。如果团队观察到了异常的不流畅现象，应该请言语治疗师为其做专业的流畅度障碍诊断。早期干预的目的是通过减少不流畅的持续时间和频率来增加儿童的言语流畅度。对早期口吃儿童的治疗已经表明早期鉴定和干预是有效的。

艾莉森（Allison）是个四岁的女孩，与父母、8 岁的哥哥和 6 个月的妹妹住在家里。一家人在几个月前搬家。此后，艾莉森跟妹妹同住一个房间。她父母说，大约是搬家那段时间，她开始重复字词中的首音。家人很担心她是不是有口吃。她自己没有意识到这种不流畅行为，但哥哥经常为此取笑她。在评估中，艾莉森表现出困难行为，也经常重复字词中的 /m/、/b/ 和 /p/ 等辅音。

表 5.10 口吃行为（Stuttering behaviors）

标准	正常的不流畅	初期口吃
初期口吃（incipient stutterer）	每 100 个词语中出现 9 个或更少的不流畅情况	每 100 个词语中出现 10 个或 10 个以上不流畅
主要类型	整个词语和词组的重复、感叹和修正	部分词语的重复、出声或不出声的语音拖长、说话断断续续
单位重复（unit repetitions）	不超过 2 个单位的重复，b-b-ball	至少 3 个单元的重复，b-b-b-ball
嗓音和气流	在开始、持续说话和气流方面很少或基本没有困难；部分词语的重复中出现持续发声	开始、持续说话和气流方面经常存在困难；讲话带有部分词语的重复、语音拖长和断断续续的状况；更严重的不流畅
非中央元音侵入（intrusion of the schbva）	没有感知到非中央元音（ba-ba-baby）	经常感知到非中央元音（buh-buh-baby）

引自 Haynes, W. O., & Pindzola, R. (2003). *Diagnosis and evaluation in speech pathology* (6th ed.). Boston: Allyn & Bacon. Copyright © by Pearson Education. Reprinted by permission of the publisher.

第六节 口部运动机制

6.1 口部运动机制（oral mechanism）

口部动作的发展、结构和功能为言语声音的产生提供了生理基础。在出生后的头6个月内，儿童会发展出躯干的稳定性，获得对颈部、头部、下颌、嘴唇、舌头的控制，并发展出吞咽能力，所有这些可促进与言语相关的口部动作技能的发展（Morris & Klein, 2000）。对口部机制的检查，包括功能和结构，可以为病理、诊断和预后提供信息参考，从而有利于实施恰当的干预计划（Haynes & Pindzola, 2004）。如对儿童的肌肉张力、姿势、呼吸支持和执行口部结构（下巴、嘴唇、上颚、舌头）运动的能力有所担心，则必须要进行检查，因为这些可能会影响到儿童发出单个声音和声音序列的能力，视所涉及的严重程度甚至会妨碍正常的语言发展模式。比如，有重度运动障碍的儿童可能会有一些严重的口部动作问题，因而采取一些形式的辅助与替代沟通措施或许会有助于改善。

VI. A. 发音器官的结构和功能如何？

在TPBA2中，对发音器官（嘴唇、牙齿、舌头、下颌、上颚）及其功能进行粗略检查可就任何影响言语产生的问题提供信息参考。需要观察儿童的下颌、嘴唇、面颊和舌头的肌肉张力，判断是正常、弱、还是强。儿童的下颌、嘴唇、上颚和舌头是否拥有肌肉力量和张力、运动速度和范围、协调性和感觉信息（触觉和本体感受）以产生与其发展年龄相符的可理解性的言语？此外，儿童整体的体格和相应的体态会直接影响到发音器官的运动。例如，如果儿童的肌肉张力太小（张力低下）或太大（张力亢进），就会影响到儿童在不同位置上的身体平衡性，削弱呼吸支持，干扰到产生可理解言语的肌肉和发音器官的良好和分级运动（Hayden, 2004）。

口部结构的流畅运动有困难可能预示着儿童有言语动作障碍，比如构音障碍（dysarthria）或儿童期失语症（apraxia of speech）。构音障碍主要特点在于肌无力、轻度痉挛或者会导致发音器官运动不协调，运动速度下降的麻痹问题。构音障碍儿童的言语问题包含错乱、替代、吞音和持续性言语错误。此外，言语的速度很慢，讲话很费力，整体上的可理解性会随着语句长度和复杂度的增加而降低，加重了肌肉的疲劳状况（Crary, 1993）。儿童期失语症（CAS）也称发展性言语失用症（DAS），会单独出现也可能伴随语言障碍的出现。失语症儿童在对需要意志的言语动作进行计划、执行和排序方面存在问题，也常表现出如下特征（Crary, 1993; Duffy, 2003）：

- 咿呀学语期有限；
- 会发出的声音有限，包括元音；
- 元音和辅音中的吞音、缺失和替代；
- 接受性语言技能可能强于表达性语言技能；
- 音质单调且速率慢；
- 按要求模仿嗓音和词语有困难；
- 模仿不一致且存在自发性声音；
- 言语错误随语句长度和复杂度增加而增加；
- 摸索性的言语动作。

TPBA2 是评估存在动作规划困难儿童的一种最佳情境，因为评估团队可能包括职业理疗师和物理治疗师，他们可以提供额外的有关儿童肌肉张力和动作规划能力的观察。如果 TPBA2 观察员在粗略检查中留意到了口部外观、结构和功能等方面的问题，则应通过言语治疗师开展更深入的口部检查。

6.2 运用《观察指南》来评估口部运动机制

Ⅵ. A. 发音器官的结构和功能如何？

第一步是评估儿童整体的体态和肌肉张力，其可能会影响儿童言语产生所需要呼吸支持以及精细化、分级化的动作。以游戏为基础的跨学科评估观察员应该进行如下观察：
- 儿童的头是否与身体呈一条线？
- 儿童的头是否在中线位置？
- 儿童的头伸出来还是缩回去？
- 儿童的体态能否提供充足的肺活量以支持持续地发声？

有关体格及其如何影响儿童表现的详细信息请参考第二章。

接下来的一步是观察儿童脸部的整体情况，评估说话或休息状态下口部的结构和功能。在和儿童玩游戏的过程中对发音器官（嘴唇、牙齿、舌头、下颌和上颚）进行观察较为容易。TPBA2 中的很多游戏都支持对口部结构言语动作的观察。观察儿童的面部或口部结构是否活动过度或者出现异常。嘴唇、舌头或下颌出现任何不对称或异常的动作都应该进行记录，牙齿的整体情况也应该进行记录。以下是评估口部结构的指南（Haynes & Pindzola, 2004; Shipley & McAfee, 2004）。

嘴唇

检查儿童在休息或运动时整体的外观、对称性和移动性。比如，如果有已经修复的唇裂以及缝合的伤疤时,应对此进行评估。在言语活动中可以很容易地观察到"圆唇(lip rounding)",比如宝宝睡着时说"嘘嘘"("shhh")或边推着火车边说"呜呜"("choo-choo")。"嘴唇后缩(lip rearaction)",即把嘴角收回到嘴里,可以在孩子发出诸如"嘶嘶"("s-s-s")的蛇的声音或在喂宝宝吃饭或点心时间孩子说"吃"("eat")时进行评估。有些儿童可能会在安静状态或言语状态下呈现出不恰当的回缩嘴唇的动作,这表明儿童在将嘴唇变圆发出诸如"啊哦"("uh-oh")或"哞"("moo")声音时存在困难。不恰当的嘴唇后缩可能包括上嘴唇或下嘴唇或上下嘴唇一起。这种行为会影响儿童发出清晰和正确的声音,导致言语畸变或音量过小的情况。嘴唇分离(lip seperation)的现象可以在产生双唇音时,需要儿童打开和闭合口部的言语活动中进行观察,比如说"妈妈"("mom")这样的词或在吹泡泡时说"泡泡"("pop")。

牙齿

掉牙、排列不齐的牙齿及咬合和闭塞会影响儿童的言语产出和整体的可理解性。口部卫生不好,比如蛀牙或严重的腐烂,也应该进行记录。在日常生活环节和父母访谈环节中,日常的刷牙记录也应进一步予以评估。

舌头

观察舌头在静止时的整体外观、对称性、张力和运动时的移动性。首先,检查舌头的大小、张力和表面。同时评估舌头能够提升的高度,该技能需要用以产出某些声音,比如/t/、/d/、/n/或/l/。这可以通过在一场有趣的游戏结尾唱"啦啦啦啦啦"或者说"嗒哒!"来实现。一些儿童会做出齿音但是得通过抬下巴来达到抬高舌头的效果。这表明儿童在分离舌头和下颌运动方面存在困难,这应加以记录。通过引导儿童发出/k/(比如"咔")或/g/(比如"狗")的声音,可以判定儿童是否能够缩回和抬高舌根。一些儿童表现出不恰当的舌头突出,或在安静状态下、产生特定言语声音或吞咽时的一种舌头冲力,对此应予以记录。还需记录在舌头突出时是松弛还是紧张。有时候儿童的舌头可能在说话时伸到左边或右边,或做出不恰当的动作,如在安静状态下颤抖。把这些行为记录下来很重要,因为其预示着可能存在肌无力或神经性障碍等问题。

下颌

对安静状态下下颌的外观和对称性及说话时的移动性进行评估。上下牙齿及其咬合时接触的点和面的排列情况是怎样的?上颌(上颌骨)要比下颌(下颌骨)大。如果牙齿拱形与牙齿排列不整齐,没有正常的咬合,那么上下颌骨的咬合关系就会很差,比如覆咬合、反颌、开合或闭合。错位咬合可能会影响舌头和下嘴唇的运动和位置,进而影响/f/、/z/、/d/这类声音的产生,也会影响依靠两个嘴唇发出的声音,如/m/、/p/和/b/。一些儿童对下颌的控制力差,因而出现不恰当的或者过度的动作,比如在说话时向前挤或者向旁运动。所有非对称或异常动作都应该进行记录。

腭

对硬腭和软腭的粗略评估有时候可以在以游戏为基础的多领域融合评估中实现。硬腭的形状——高度和宽度如何？有没有任何可见的疤痕或者色差？对硬腭和软腭进行更为深入的评估对以游戏为基础的多领域融合评估而言可能过于结构化或有干扰性。如果出现令人担忧的状况，应该单独对腭进行检查。

有运动障碍的儿童可能出现流口水的问题。Morris and Klein(2000)报告称，儿童的运动整合程度、活动本身、儿童所处的位置以及儿童的口部动作控制状况都会影响流口水。此外，他们提出了如下的发展阶段（参见表5.11），可借以判断流口水问题。当儿童在完成某项困难的动作任务或儿童不能闭合嘴唇时，可能就会产生流口水的现象。如果儿童在其他情况下流口水，观察员应该考虑如下问题(Morris & Klein, 2000)：

1. 儿童的下颌在安静状态和言语过程中的运动和控制程度如何？
2. 儿童是否张口呼吸？
3. 在安静状态、言语过程中、吃东西时和动作任务状态下，儿童的嘴唇位置分别是怎样的？儿童在哪些活动中流口水？
4. 儿童是否意识到自己流口水？

表5.11 流口水(drooling)行为发展阶段

儿童年龄	唾液量
0—3个月	很少出现唾液
6个月	在所有位置下都能控制唾液量，除了喂食、积极地与物体游戏或出牙期
9个月	同上，吃饭时间很少出现
15个月	露出牙齿或做出某些小肌肉动作时会出现流口水
24个月	不会出现流口水

基恩(Gene)是个近3岁的男孩，经常出现开口的姿势，上嘴唇有回缩现象。在发出双唇音/p/和/b/的过程中，他把上牙触碰下嘴唇来发出声音。他能够通过将上下嘴唇闭合的方式成功地发出/m/的声音。我们给他示范了咂舌声，但他并没有尝试产出这个声音，反而是看着引导员。在需要嘴唇圆化的言语声音的发出中（如"噢"，"噢噢"），他的嘴唇处于回缩状态，嘴唇的圆化程度很低，这有时影响到了他言语的可理解性。亲吻妈妈和布娃娃时，他的嘴巴保持张开的状态，不闭合也没有圆化。他的父母报告称他睡觉时也经常张着嘴巴。未发现他有过敏或哮喘问题。

结论

语言、构音和语音，以及嗓音和流畅度相互交织，共同支撑着儿童的交流能力发展。而外在和内在因素，如口部机制的功能或者接触特定的语言文化，会影响交流发展。对这些因素进行探索并逐渐发展其与认知、情感、感觉运动和社会发展的共同作用对于获得有关儿童交流能力和潜能的全面资料是极其重要的。

如本章所述，过去几十年对双语学习的研究已经提供了大量丰富的信息供评估过程参考，也使得区分学习多种语言儿童群体中的正常和障碍语言发展成为可能。对语用的研究也拓展了我们对言语和非言语发展如共同注意力、有意识交流和会话参与能力的知识。交流发展的所有方面可以很容易通过与儿童的游戏活动来进行观察，并通过与照料者的访谈进行补充。基于在 TPBA2 中获取的信息，干预的计划和干预本身应该能反映出儿童藉以成为积极有效交流者的发展进程。

相关资源

American Academy of Audiology
11730 Plaza America Drive
Suite 300
Reston, Virginia 20190
www.audiology.org

American Cleft Palate Foundation
104 South Estes Drive, Suite 204
Chapel Hill, North Carolina 27514
www.cleftline.org

Autism Society of America
7910 Woodmont Avenue
Suite 650
Bethesda, Maryland 29814
www.autism-society.org

American Speech-Language-Hearing
 Association
10801 Rockville Pike
Rockville, Maryland 20852-3279
www.asha.org

Brain Injury Association of America
8201 Greensboro Drive
Suite 611
McLean, Virginia 22102
www.biausa.org

Childhood Apraxia of Speech Association
123 Eisele Road
Cheswick, Pennsylvania 15024
www. apraxia. org
www. apraxia-kids. org

National Institute on Deafness and
　Other Communication Disorders
National Institutes of Health
31 Center Drive, MSC 2320
Bethesda, Maryland 20892-2320
www. nidcd. nih. gov

National Stuttering Association
119 W. 40th Street
14th Floor

New York, New York 10018
www. nsastutter. org

RESNA (Rehabilatation Engineering and
　Assistive Technology Society of North
　America)
1700 N. Moore Street
Suite 1540
Arlington, VA 22209 - 1903
http://www. resna. org/

Stuttering Foundation of America
3100 Walnut Grove Road, Suite 603
Post Office Box 11749
Memphis, Tennessee 38111 - 0749
www. stutteringhelp. org

参考文献

Acredolo, L., & Goodwyn, S. (1988). Symbolic gesturing in normal infants. *Child Development*, 59, 450 - 466.

American Speech-Language-Hearing Association. (2004a). Knowledge and skills needed by speech-language pathologists and audiologist to provide culturally and linguistically appropriate services. Available from www. asha. org/policy

American Speech-Language-Hearing Association. (2004b). Roles and responsibilities of speechlanguage pathologists with respect to augmentative and alternative communication: Technical report. Available from www. asha. org/policy

Aronson, A. (1980). *Clinical voice disorders: An interdisciplinary approach*. New York: Brian C. Decker.

Bates, E. (1976a). *Language and context: The acquisition of pragmatics*. New York: Academic Press.

Bates, E. (1976b). Pragmatics and sociolinguistics in child language. In M. Morehead & A. E. Morehead (Eds.), *Language deficiency in children: Selected readings* (pp. 411 - 463). Baltimore: University Park Press.

Bellugi, U., & Brown, R. (1964). The acquisition of language. *Monographs of the Society for Research in Child Development*, 29(92), 1 - 192.

Beukelman, D. R., & Mirenda, P. (Eds.). (2005). Educational inclusion of students who use AAC. In *Augmentative and alternative communication: Supporting children and adults with complex communication needs* (pp. 391 - 431). Baltimore: Paul H. Brookes Publishing Co.

Billeaud, F. P. (2003). *Communication disorders in infants and toddlers: Assessment and intervention* (3rd ed.). St. Louis: Butterworth Heinemann.

Bloodstein, O. (1995). *A handbook on stuttering* (5th ed.). San Diego: Singular Publishing Group.

Bloom, L. (1973). *One word at a time: The use of single-word utterances before syntax*. The Hague: Mouton.

Bloom, L., & Lahey, M. (1978). *Language development and language disorders*. New York: John Wiley & Sons.

Bloom, L., Rocissano, L., & Hood, L. (1976). Adult-child discourse: Developmental action between information processing and linguistic knowledge. *Cognitive Psychology*, 8, 521 - 551.

Boone, D. R., & McFarlane, S. C. (2000). *The voice and voice therapy* (6th ed.). Boston: Allyn & Bacon.

Brady, N., Marquis, J., Fleming, K., & McLean, L. (2004). Prelinguistic predictors of language growth in children with developmental disabilities. *Journal of Speech, Language, and Hearing Research*, 47, 663 - 677.

Brown, R. (1973). *A first language: The early stages*. Cambridge, MA: Harvard University Press.

Browne, J., MacLeod, A. M., & Smith-Sharp, S. (1995). *Family-infant relationship support training (FIRST)*. Manual, national workshop for community professionals. Denver: The Children's Hospital.

Bruner, J. S. (1978). Berlyn memorial lecture: Acquiring the use of languages. *Canadian Journal of Psychology*, 32(4), 204 - 218.

Calandrella, A., & Wilcox, M. J. (2000). Predicting language outcomes for young prelinguistic children with developmental delay. *Journal of Speech, Language, and Hearing Research*, 43, 1061-1071.

Capone, N., & McGregor, K. (2004). Gesture development: A review for clinical and research practices. *Journal of Speech, Language, and Hearing Research*, 47, 173-186.

Carey, S. (1978). The child as word learner. In M. Halle, J. Bresnan, & G. Miller (Eds.), *Linguistic theory and psychological reality* (pp. 264-293). Cambridge, MA: The MIT Press.

Carey, S., & Bartlett, E. (1978). Acquiring a single new word. *Papers and Reports on Child Language Development*, 15, 17-29.

Carpenter, M., Nagell, K., & Tomasello, M. (1998). Social cognition, joint attention, and communicative competence from 9 to 15 months of age. *Monographs of the Society for Research in Child Development*, 63(4, Serial No. 255).

Chapman, R. (1978). Comprehension strategies in children. In J. Kavanagh & W. Strange (Eds.), *Speech and language in the laboratory, school and clinic* (pp. 308-327). Cambridge, MA: The MIT Press.

Charman, T., & Stone, W. (Eds.). (2006). *Social and communication development in autism spectrum disorders: Early identification, diagnosis, and intervention*. New York: Guilford Press.

Clark, E. V. (1973). What's in a word? On the child's acquisition of semantics in his first language. In T. Moore (Ed.), *Cognitive development and the acquisition of language*. New York: Academic Press.

Coggins, T. E., & Timler, G. (2000). Assessing language and communicative development: The role of the speech-language pathologist. In M. Guralnick (Ed.), *Interdisciplinary clinical assessment of young children with developmental disabilities* (pp. 43-65). Baltimore: Paul H. Brookes Publishing Co.

Compton, A. J. (1970). Generative studies of children's phonological disorders. *Journal of Speech and Hearing Disorders*, 35, 315-339.

Crais, E., Douglas, D. D., & Campbell, C. C. (2004). The intersection of the development of gestures and intentionality. *Journal of Speech, Language, and Hearing Research*, 47, 678-694.

Crais, E. R., & Roberts, J. E. (2004). Assessing communication skills. In M. McLean, M. Wolery, & D. B. Bailey, Jr. (Eds.), *Assessing infants and preschoolers with special needs* (3rd ed.; pp. 345 - 411). Upper Saddle River, NJ: Pearson Prentice Hall.

Crary, M. A. (1993). *Developmental motor speech disorders: Neurogenic communication disorders series*. San Diego: Singular Publishing Group.

Creaghead, N. A., & Newman, P. W. (1989). Articulatory phonetics and phonology. In N. A. Creaghead, P. W. Newman, & W. A. Secord (Eds.), *Assessment and remediation of articulatory and phonological disorders* (2nd ed.). Columbus, OH: Charles E. Merrill.

Dale, P. S. (1976). *Language development: Structure and function* (2nd ed.). New York: Holt, Rinehart and Winston.

Delgado, C. E. F., Mundy, P., Crowson, M., Markus, J., Yale, M., & Schwartz, H. (2002). Responding to joint attention: A comparison of target locations. *Journal of Speech, Language, and Hearing Research*, 45, 715 - 719.

deVilliers, J., & deVilliers, P. (1973). Development of the use of word order in comprehension. *Journal of Psycholinguistic Research*, 2, 331 - 341.

Duchan, J. (2001). Impairment and social views of speech-language pathology: Clinical practices re-examined. *Advances in Speech-Language Pathology*, 3(1), 37 - 45.

Duffy, J. R. (2003). Apraxia of speech: Historical overview and clinical manifestations of the acquired and developmental forms. In L. D. Shriberg & T. F. Campbell (Eds.), *Proceedings of the 2002 childhood apraxia of speech research symposium* (pp. 3 - 12). Carlsbad, CA: Hendrix Foundation.

Dworkin, J. P. (1978). II. Differential diagnosis of motor speech disorders: The clinical examination of the speech mechanism. *Journal of the National Student Speech Hearing Association*, 6, 37 - 62.

Dyson, A. (1988). Phonetic inventories of two- and three-year-old children. *Journal of Speech and Hearing Disorders*, 53, 89 - 93.

Dyson, A., & Paden, E. P. (1983). Some phonological acquisition strategies used by two-year-olds. *Journal of Child Communication Disorders*, 7, 6 - 18.

Dyson, A. T., & Robinson, T. W. (1987). The effect of phonological analysis procedure on the selection of potential remediation target. *Language, Speech, and Hearing Services in the Schools*, 18, 364 - 377.

Fenson, L., Dale, P., Reznick, J. S., Bates, E., Thal, D., & Pethick, S. (1994). Variability in early communicative development. *Monographs of the Society for Research in Child Development 59*(5), v-173.

Fenson, L., Marchman, V. A., Thal, D. J., Dale, P. S., Reznick, J. S., & Bates, E. (2006). *MacArthurBates Communicative Development Inventories (CDIs), Second Edition.* Baltimore: Paul H. Brookes Publishing Co.

Genessee, F., Paradis, J., & Crago, M. B. (2004). *Dual language development and disorders.* Baltimore: Paul H. Brookes Publishing Co.

Gentner, D. (1982). Why nouns are learned before verbs: Linguistic relativity versus natural partitioning. In S. Kuczaj (Ed.), *Language development* (Vol. 2). Hillsdale, NJ: Lawrence Erlbaum Associates.

Gerber, S., & Prizant, B. (2000). Speech, language, and communication assessment and intervention for children. In *Clinical practice guidelines* (pp. 85-122). Bethesda: The Interdisciplinary Council on Developmental and Learning Disorders Press.

Glennen, S. L., & DeCoste, D. C. (1997). *Handbook of augmentative and alternative communication.* San Diego: Singular Publishing Group.

Goldstein, B. A. (Ed.). (2004). *Bilingual language development and disorders in Spanish-English speakers.* Baltimore: Paul H. Brookes Publishing Co.

Goldstein, H., Kaczmarek, L. A., & English, K. M. (Vol. Eds.). (2002). In S. F. Warren & M. E. Fey (Series Eds.), *Communication and language intervention series: Vol. 10. Promoting social communication: Children with developmental disabilities from birth to adolescence.* Baltimore: Paul H. Brookes Publishing Co.

Gray, S. D., Smith, M. E., & Schneider, H. (1996). Voice disorders in children. *Pediatric Clinics of North America*, 43(6),1357-1384.

Greene, M. (1972). *The voice and its disorders* (3rd ed.). Philadelphia: J. B. Lippincott.

Grunwell, P. (1987). *Clinical phonology* (2nd ed.) Baltimore: Lippincott Williams & Wilkins.

Guitar, B. (1998). *Stuttering: An integrated approach to its nature and treatment* (2nd ed.). Baltimore: Lippincott Williams & Wilkins.

Halle, J., Brady, N. C., & Drasgow, E. (2004). Enhancing socially adaptive communication repairs of beginning communicators with disabilities. *American Journal of Speech-Language Pathology*, 13,43-54.

Hammer, C. S., Miccio, A. W., & Wagstaff, D. A. (2003). Home literacy experiences and their relationship to bilingual preschoolers' developing English literacy abilities: An initial investigation. *Language, Speech, and Hearing Services in Schools, 34,* 20 – 30.

Harris, M., Barlow-Brown, F., & Chasin, J. (1995). The emergence of referential understanding: Pointing and the comprehension of object names. *First Language, 15,* 19 – 34.

Hart, B., & Risley, T. R. (1995). *Meaningful differences in the everyday experience of young American children.* Baltimore: Paul H. Brookes Publishing Co.

Hayden, D. (2004). PROMPT: A tactually-grounded treatment approach to speech production disorders. In I. Stockman (Ed.), *Movement and action in learning and development: Clinical implications for pervasive developmental disorders* (pp. 255 – 298). New York: Elsevier.

Haynes, W. O., & Pindzola, R. (2004). *Diagnosis and evaluation in speech pathology* (6th ed.). Boston: Allyn & Bacon.

Hicks, D. M. (1998). Voice disorders. In G. H. Shames, W. A. Secord, & E. H. Wiig (Eds.), *Human communication disorders: An introduction* (5th ed., pp. 349 – 393). Boston: Allyn & Bacon.

Hodson, B. W., & Paden, E. (1991). *Targeting intelligible speech: A phonological approach to remediation* (2nd ed.). Austin, TX: PRO-ED.

Hodson, B. W., Scherz, J. A., & Strattman, K. H., (2002). Evaluating communicative abilities of a highly unintelligible preschooler. *American Journal of Speech-Language Pathology, 11,* 236 – 242.

Hufnagle, J. (1982). Acoustic analysis of fundamental frequencies of voices of children with and without vocal nodules. *Perceptual Motor Skills, 55*(2), 427 – 432.

Ingram, D. (1976). *Phonological disability in children.* London: Arnold.

James, S. L. (1990). *Normal language acquisition.* Austin, TX: PRO-ED.

Kaczmarek, L. (2002). Assessment of social-communicative competence: An interdisciplinary model. S. F. Warren & M. E. Fey (Series Eds.) & H. Goldstein, L. A. Kaczmarek, & K. M. English (Vol. Eds.), *Communication and language intervention series: Vol. 10. Promoting social communication: Children with developmental disabilities from birth to adolescence* (pp. 55 – 115). Baltimore: Paul H. Brookes Publishing Co.

Kaderavek, J. N., & Sulzby, E. (2000). Narrative production by children with and without specific language impairment: Oral narratives and emergent readings. *Journal of Speech, Language, and Hearing Research, 43*, 34–49.

Kayser, H. (1998). *Assessment and intervention resource for Hispanic children*. San Diego: Singular Publishing Group.

Lee, L., Stemple, J. C., & Glaze, L. (2006). *Quick Screen for Voice*. Gainesville, FL: Communicare Publishing.

Lee, L., Stemple, J. C., Glaze, L., & Kelchner, L. N. (2004). Quick Screen for Voice and supplementary documents for identifying pediatric voice disorders. *Language, Speech, and Hearing Services in Schools, 35*, 308–319.

Lock, A. (1978). The emergence of language. In A. Lock (Ed.), *Action, gesture, and symbol: The emergence of language* (pp. 3–18). New York: Academic Press.

Lord, C., & Richler, J. (2006). Early diagnosis of children with autism spectrum disorders. In T. Charman & W. Stone (Eds.), *Social and communication development in autism spectrum disorders: Early identification, diagnosis, and intervention* (pp. 35–59). New York: Guilford Press.

Lund, N. J., & Duchan, J. F. (1993). *Assessing children's language in naturalistic contexts* (3rd ed.). Englewood Cliffs, NJ: Prentice Hall.

Markus, J., Mundy, P., Morales, M., Delgado, C. E. F., & Yale, M. (2000). Individual differences in infant skill as predictors of child-caregiver joint attention and language. *Social Development, 9*, 302–315.

McCabe, A., & Rollins, P. (1994, January). Assessment of preschool narrative skills. *American Journal of Speech-Language Pathology, 3*, 45–56.

McCathren, R. B., Warren, S. F., & Yoder, P. J. (1996). Prelinguistic predictors of later language development. In S. F. Warren & J. Reichle (Series Eds.) & K. N. Cole, P. S. Dale, & D. J. Thal (Vol. Eds.), *Communication and language intervention series: Vol. 6. Assessment of communication and language* (pp. 57–76). Baltimore: Paul H. Brookes Publishing Co.

McCathren, R., Yoder, P., & Warren, S. (1999). The relationship between prelinguistic vocalization and later expressive vocabulary in young children with developmental delay. *Journal of Speech, Language and Hearing Research, 42*, 915–924.

McCune-Nicolich, L., & Carroll, S. (1981). Development of symbolic play: Implications for the language specialist. *Topics in Language Disorders*, 2(1), 1 – 15.

McLaughlin, S. (1998). *Introduction to language development*. San Diego: Singular Publishing Group.

McWilliam, R. A., & Bailey, D. B. (1995). Effects of classroom social structure and disability on engagement. *Topics in Early Childhood Special Education*, 15, 123 – 147.

Mervis, C. B., & Bertrand, J. (1993). Acquisition of early object labels: The roles of operating principles and input. In A. P. Kaiser & D. B. Gray (Eds.), *Enhancing children's communication: Research foundations for intervention* (pp. 287 – 316). Baltimore: Paul H. Brookes Publishing Co.

Miccio, A. W., Elbert, M., & Forrest, K. (1999). The relationship between stimulability and phonological acquisition in children with normally developing and disordered phonologies. *American Journal of Speech-Language Pathology*, 8, 347 – 363.

Miller, J. F. (1981). *Assessing language production in children: Experimental procedures*. Boston: Allyn & Bacon.

Miller, J. F., & Paul, R. (1995). *The clinical assessment of language comprehension*. Baltimore: Paul H. Brookes Publishing Co.

Moore, S. M., & Perez-Mendez, C. (2003). *Cultural contexts for early intervention: Working with families*. Rockville, MD: American Speech-Language-Hearing Association.

Morford, M., & Goldin-Meadow, S. (1992). Comprehension and production of gesture in combination with speech in one-word speakers. *Journal of Child Language*, 19, 559 – 580.

Morris, S. E. & Klein, M. D. (2000). *Pre-feeding skills* (2nd ed.). San Antonio, TX: Therapy Skill Builders.

Muma, J. (1998). *Effective speech-language pathology: A cognitive socialization approach*. Mahwah, NJ: Lawrence Erlbaum Associates.

Mundy, P., Kasari, C., Sigman, M., & Ruskin, E. (1995). Nonverbal communication and early language acquisition in children with Down syndrome and in normally developing children. *Journal of Speech and Hearing Research*, 38, 157 – 167.

Mundy, P., & Sigman, M. (2006). Joint attention, social competence, and developmental psychopathology. In D. Cicchetti & D. J. Cohen (Eds.), *Developmental psychopathology* (2nd ed.). Hoboken, NJ: John Wiley & Sons.

Murphy, C. M., & Messer, D. J. (1977). Mothers, infants, and pointing: A study of gesture. In H. Schaffer (Ed.), *Studies in mother-infant interaction* (pp. 325 - 354). New York: Academic Press.

Nelson, K. (1973). Structure and strategy in learning to talk. *Monographs of the Society for Research in Child Development*, 38, 11 - 56.

Nelson, L. A. (2002). Language formulation related to disfluency and stuttering. In *Stuttering therapy: Prevention and intervention with children* (Publication no. 20). Memphis, TN: Stuttering Foundation of America.

Ninio, A. (1992). The relation of children's single word utterances to single word utterances in the input. *Journal of Child Language*, 19, 87 - 110.

Oller, D. (1973). The effect of position in utterance on segment duration in English. *Journal of the Acoustical Society of America*, 14, 1235 - 1247.

Oller, D. (1974). Simplification as the goal of phonological processes in child speech. *Language Learning*, 24, 299 - 303.

Oller, D. K. (1978). Infant vocalization and the development of speech. *Allied Health and Behavioral Sciences Journal*, 1(4).

Oller, D. K. (1980). The emergence of sounds of speech in infancy. In G. Yeni-Komshian, J. Kavanaugh, & C. Ferguson (Eds.), *Child phonology* (Vol. 1, pp. 93 - 112). New York: Academic Press.

Oller, D. K., Levine, S., Cobo-Lewis, A., Eilers, R., & Pearson, B. (1998). Vocal precursors to linguistic communication: How babbling is connected to meaningful speech. In S. F. Warren & J. Reichle (Series Eds.) & R. Paul (Vol. Ed.), *Communication and language intervention series: Vol. 8. Exploring the speech-language connection* (pp. 1 - 23). Baltimore: Paul H. Brookes Publishing Co.

Olswang, L. B., Rodriguez, B., & Timler, G. (1998). Recommending interventions for toddlers with specific language learning difficulties: We may not have all the answers but we know a lot. *American Journal of Speech-Language Pathology*, 7(1), 23 - 32.

Owens, R. E. (1998). Development of communication, language, and speech. In G. H. Shames, E. Wiig, & W. A. Secord (Eds.), *Human communication disorders: An introduction* (5th ed., pp. 27 - 68). Boston: Allyn & Bacon.

Owens, R. E. (2004). *Language disorders: A functional approach to assessment and intervention* (4th ed.). Boston: Allyn & Bacon.

Paul, R. (2001). *Language disorders from infancy through adolescence: Assessment and intervention* (2nd ed.). St. Louis: Mosby.

Paul, R., & Alforde, S. (1993). Grammatical morpheme acquisition in 4-year-olds with normal, impaired, and late developing language. *Journal of Speech and Hearing Research*, 36, 1271–1275.

Paul, R., Hernandez, R., Taylor, L., & Johnson, K. (1996). Narrative development in late talkers: Early school age. *Journal of Speech and Hearing Research*, 39, 1295–1303.

Paul, R., & Shiffer, M. (1991). Communicative initiations in normal and late-talking toddlers. *Applied Psycholinguistics*, 12, 419–431.

Paul, R., & Shriberg, L. (1982). Associations between phonology and syntax in speech-delayed children. *Journal of Speech and Hearing Research*, 25, 536–547.

Pease, D., & Berko Gleason, J. (1985). Gaining meanings: Semantic development. In J. Berko Gleason (Ed.), *The development of language*. Columbus, OH: Merrill.

Philofsky, A., Hepburn, S. L., Hayes, A., Hagerman, R., & Rogers, S. (2004). Linguistic and cognitive functioning and autism symptoms in young children with fragile X syndrome. *American Journal of Mental Retardation*, 109(3), 208–218.

Platt, J., & Coggins, T. (1990). Comprehension of social-action games in prelinguistic children: Levels of participation and effect of adult structure. *Journal of Speech and Hearing Disorders*, 55, 315–326.

Powell, T. W., Elbert, M., & Dinnsen, D. A. (1991). Stimulability as a factor in the phonological generalization of misarticulating preschool children. *Journal of Speech and Hearing Research*, 34, 1318–1328.

Powell, T. W., & Miccio, A. W. (1996). Stimulability: A useful clinical tool. *Journal of Communication Disorders*, 29, 237–254.

Prizant, B. M., & Rydell, P. J. (1993). Assessment and intervention considerations for unconventional verbal behavior. In S. F. Warren & J. Reichle (Series Eds.) & J. Reichle & D. P. Wacker (Vol. Eds.), *Communication and language intervention series: Vol. 4. Communicative alternatives to challenging behavior: Integrating functional assessment and intervention strategies* (pp. 263–297). Baltimore: Paul H. Brookes Publishing Co.

Prizant, B. M., Schuler, A. L., Wetherby, A. M., & Rydell, P. J. (1997). Enhancing language and communication: Language approaches. In D. Cohen & F. Volkmar (Eds.), *Handbook of autism and pervasive developmental disorders* (2nd ed., pp. 572–605). New York: John Wiley & Sons.

Prizant, B., & Wetherby, A. (1993). Communication and language assessment for young children. *Infants and Young Children*, 5(4), 20–34.

Prutting, C. A., & Kirchner, D. M. (1987). A clinical appraisal of the pragmatic aspects of language. *Journal of Speech and Hearing Disorders*, 52, 105–119.

Reich, P. A. (1986). *Language development*. Englewood Cliffs, NJ: Prentice Hall.

Rescorla, L., Roberts, J., & Dahlsgaard, K. (1997). Late talkers at 2: Outcomes at age 3. *Journal of Speech and Hearing Research*, 40, 556–566.

Robb, M. P., & Bleile, K. M. (1994). Consonant inventories of young children from 8 to 25 months. *Clinical Linguistics and Phonetics*, 8, 295–320.

Romaine, S. (1997). *Bilingualism* (2nd ed.). Malden, MA: Blackwell.

Rosenberg, S., Clark, M., Filer, J., Hupp, S., & Finkler, D. (1992). Facilitating active learner participation. *Journal of Early Intervention*, 16(3), 262–274.

Rosenberg, S., & Robinson, C. (1990). Assessment of the infant with multiple handicaps. In E. Gibbs & D. Teti (Eds.), *Interdisciplinary assessment of infants: A guide for early intervention professionals*. Paul H. Brookes Publishing Co.

Sachs, J. (1989). Communication development in infancy. In J. Gleason (Ed.), *The development of language* (pp. 35–57). Columbus, OH: Charles E. Merrill.

Sander, E. (1972). When are speech sounds learned? *Journal of Speech and Hearing Disorders*, 37, 55–63.

Sapienza, C. M., Ruddy, B. H., & Baker, S. (2004). Laryngeal structure and function in the pediatric larynx: Clinical applications. *Language, Speech, and Hearing Services in Schools*, 35, 299–307.

Sapienza, C. M., & Stathopoulos, E. T. (1994). Respiratory and laryngeal measures of children and women with vocal nodules. *Journal of Speech and Hearing Research*, 37, 1229–1243.

Selinker, L. (1972, August). Interlanguage. *International Review of Applied Linguistics in Language Teaching*, 10, (3), 209–231.

Shipley, K. G., & McAfee, J. G. (2004). *Assessment in speech-language pathology: A resource manual* (3rd ed.). Clifton Park, NY: Delmar Learning.

Shore, C., O'Connell, B., & Bates, E. (1984). First sentences in language and symbolic play. *Developmental Psychology*, 20,872–880.

Shriberg, L., & Austin, D. (1998). Comorbidity of speech-language disorder: Implications for a phenotype marker for speech delay. In S. F. Warren & J. Reichle (Series Eds.) & R. Paul (Vol. Ed.), *Communication and language intervention series: Vol. 8. Exploring the speech-language connection*. Baltimore: Paul H. Brookes Publishing Co.

Shriberg, L., & Kwiatkowski, J. (1994). Developmental phonological disorders I: A clinical profile. *Journal of Speech and Hearing Research*, 37,1100–1126.

Shriberg, L., Kwiatkowski, J., Best, S., Hengst, J., & Terselic-Weber, B. (1986). Characteristics of children with phonologic disorders of unknown origin. *Journal of Speech and Hearing Disorders*, 51,140–161.

Sparks, S. (1989). Assessment and intervention with at-risk infants and toddlers: Guidelines for the speech-language pathologist. *Topics in Language Disorders*, 10(1), 43–56.

Stark, R. E. (1986). Prespeech segmental feature development. In P. Fletcher & M. Garman (Eds.), *Language acquisition: Studies in first language development* (2nd ed.). New York: Cambridge University Press.

Stark, R., Bernstein, L., & Demorest, M. (1993). Vocal communication in the first 18 months of life. *Journal of Speech and Hearing Research*, 36,548–558.

Stemple, J. C., Glaze, L. E., & Klaben, B. G. (2000). *Clinical voice pathology: Theory and management*. San Diego: Singular Publishing Group.

St. Louis, K. O., & Myers, F. L. (1997). Management of cluttering and related fluency disorders. In R. F. Curlee & G. M. Siegel (Eds.), *Nature and treatment of stuttering: New directions* (2nd ed., pp. 313–332). Boston: Allyn & Bacon.

Stoel-Gammon, C. (1998). Role of babbling and phonology in early linguistic development. In S. F. Warren & J. Reichle (Series Eds.) & A. M. Wetherby, S. F. Warren, & J. Reichle (Vol. Eds.), *Communication and language intervention series: Vol. 7. Transitions in prelinguistic communication* (pp. 87–110). Baltimore: Paul H. Brookes Publishing Co.

Stoel-Gammon, C. (2001). Collecting and transcribing speech samples: Enhancing phonological analysis. *Topics in Language Disorders*, 21(4).

Stuttering Foundation of America. (2002). *Stuttering therapy: Prevention and intervention with children*. Memphis, TN: Author.

Tabors, P. O. (2008). *One child, two languages: A guide for early childhood educators of children learning English as a second language* (2nd ed.). Baltimore: Paul H. Brookes Publishing Co.

Tager-Flusberg, H. (1989). Putting words together: Morphology and syntax in the preschool years. In J. Gleason (Ed.), *Language development* (pp. 139 – 171). Columbus, OH: Macmillan.

Thal, D. J., & Tobias, S. (1992a). Communication gestures in children with delayed onset of oral expressive vocabulary. *Journal of Speech, Language, and Hearing Research*, 35, 1281 – 1289.

Thal, D. J., & Tobias, S. (1992b). Relationships between language and gesture in normally developing and late-talking toddlers. *Journal of Speech and Hearing Research*, 37, 147 – 170.

Tomasello, M. (2003). *Constructing a language* (pp. 19 – 31). Cambridge, MA: Harvard University Press.

Trantham, C. R., & Pedersen, J. (1976). *Normal language development*. Baltimore: Lippincott Williams & Wilkins.

U. S. Consumer Product Safety Commission. (2003). *CPSC warns consumers of suffocation danger associated with children's balloons*. Retrieved December 1, 2003 at http://www.cpsc.gov/CPSCPUB/PUBS/5087.html

Van Riper, C. (1982). *The nature of stuttering* (2nd ed.). Englewood Cliffs, NJ: Prentice Hall.

Wetherby, A. M., Allen, L., Cleary, J., Kublin, K., & Goldstein, H. (2002). Validity and reliability of the Communication and Symbolic Behavior Scales Developmental Profile™ with very young children. *Journal of Speech, Language, and Hearing Research*, 45, 1202 – 1218.

Wetherby, A., Cain, D., Yonclas, D., & Walker, V. (1988). Analysis of intentional communication of normal children from the prelinguistic to the multiword stage. *Journal of Speech and Hearing Research*, 31, 240 – 252.

Wetherby, A. M., & Prizant, B. M. (1989). The expression of communicative intent:

Assessment guidelines. *Seminars in Speech and Language*, 10, 77 - 91.

Wetherby, A. M., & Prizant, B. M. (1993). *CSBS™ Manual: Communication and Symbolic Behavior Scales™, Normed Edition*. Baltimore: Paul H. Brookes Publishing Co.

Wetherby, A. M., & Prizant, B. M. (Eds.) (2000). In S. F. Warren & J. Reichle (Series Eds.) & A. M. Wetherby & B. M. Prizant (Vol. Eds.), *Communication and language intervention series: Vol. 9. Autism spectrum disorders: A transactional developmental perspective*. Baltimore: Paul H. Brookes Publishing Co.

Wetherby, A. M., & Prutting, C. (1984). Profiles of communicative and cognitive social abilities in autistic children. *Journal of Speech and Hearing Research*, 27, 364 - 377.

Williams, D. E. (2002). Emotional and environmental problems in stuttering. In *Stuttering therapy: Prevention and intervention with children* (Publication no. 20). Memphis, TN: Stuttering Foundation of America.

Yairi, E. (1997). Speech characteristics of early childhood stuttering. In R. F. Curlee & G. M. Siegle (Eds.), *Nature and treatment of stuttering: New directions* (2nd ed.). Boston: Allyn & Bacon.

Yoder, P. J., & Warren, S. F. (1993). Can developmentally delayed children's language development be enhanced through prelinguistic intervention? In A. P. Kaiser & D. B. Gray (Eds.), *Enhancing children's communication: Research foundations for intervention* (pp. 35 - 61). Baltimore: Paul H. Brookes Publishing Co.

Yoder, P. J., Warren, S. F., & McCathren, R. (1998). Determining spoken language prognosis in children with developmental disabilities. *American Journal of Speech-Language Pathology*, 7, 77 - 87.

Yont, K. M., Hewitt, L. E., & Miccio, A. W. (2000). A coding system for describing conversational breakdowns in preschool children. *American Journal of Speech-Language Pathology*, 9, 300 - 309.

Yoshinaga-Itano, C. (1997). The challenge of assessing language in children with hearing loss. *Language, Speech, and Hearing Services in Schools*, 28, 362 - 373.

第五章 交流能力发展领域 291

TPBA2 观察指南：交流能力发展

儿童姓名：_____ 年龄：_____ 出生日期：_____
父母：_____
填表人：_____ 评估日期：_____

指导语：记录儿童信息（姓名、照料者、出生日期、年龄），评估日期和完成本表格的人员。观察指南提供了已有的行为优势，需要引起特别关注的行为举例，以及需要为下一步发展"准备"好的新技能。当您观察儿童时，圈出、突出显示或在与您观察到的行为相对应的这三个类别下列出的项目旁边做一个复选标记。在"备注"栏中列出任何其他观察。有经验的TPBA使用者可以使用TPBA2观察笔记作为记录在评估期间收集信息的工具。

问题	优势	需要关注的行为举例	需要为下一步发展准备的新技能	备注
I. 语言理解				
I.A. 儿童表现出哪些早期理解能力？	回应或识别声音 识别和回应非言语线索（例如：面部表情、姿势） 将声音与意义联系起来 回应或预期常规的言语线索 使用情境线索 不适用言语线索	难以回应识别声音 不能理解或回应非言语线索 不能回应或预期熟悉的常规 使用情境线索 不使用言语线索	增加声音与物体的联系 增加对非言语线索的理解 增加动作与后果的联系	
I.B. 儿童可以理解什么类型的单词和句子？	了解具体单词（例如，名词，动词，基本概念）的含义 抽象单词（例如，感觉或想法） 多义词 词组或表达 句子类型（例如，简单，复合，包含短语） 遵循指令 单步指令 两步指令（相关，无关） 多步复杂指令 以上所有 了解以下类型的问题： 是/否 简单的"wh"：什么，在哪里，谁，做什么 复杂的"wh"：哪个，何时，为什么，怎么样，准的	对单词的理解有限 对句子的理解有限 对指示（严重依赖于姿势和情境线索）的遵循有限或不一致 回答问题不恰当	增加理解： 不同类型单词 抽象单词 多义词 词组或句子陈述 句子或句子陈述 提高遵守指令能力，指令的长度和复杂度增加 增加对不同类型问题的理解	

续表

问题	优势	需要关注的行为举例	需要为下一步发展准备的新技能	备注
II. 语言生成				
II.A. 儿童使用怎样的交流模式?	使用以下模式进行交流: 眼睛注视 面部表情 身体运动 身体控制 姿势 发声:元音、辅音、牙牙学语 言语:单词,包括类似单词、短语、句子 与姿势匹配的发声或语言表达 手语:特殊性与替代性沟通系统(AAC):低科技&高科技	主要交流模式不在预期水平 交流模式仅限于眼睛凝视 面部表情 身体运动 身体控制 发声:元音、辅音、牙牙学语 发声:单词,包括近似单词 言语:特殊的&标准的 手语:低科技&高科技 AAC:	增加运用: 眼睛注视 面部表情 身体运动 身体控制 声音:元音、辅音、牙牙学语 言语:单词,包括类似单词、短语、句子 手语异常 AAC: 低科技 高科技	
II.B. 儿童交流的频率如何?	在所有环境中,与不同类型同伴的交流频率相同	同以下人交流的频率和多样性降低: 熟悉的人 不熟悉的人 同伴 成人	增加同以下人交流频率和多样性: 熟悉的人 不熟悉的人 同伴 成人	
II.C. 儿童的语义能力如何?	语义知识水平反映在词语中: 参照性知识(9—15个月) 扩展性知识(15—18个月以上) 范畴知识(24个月以上) 元语言知识(48—60个月) 表达以下语义关系: 主体(例如,宝贝) 动作(例如,饮酒) 客体(例如,杯子) 循环出现(例如,更多) 存在(例如,这个球)	语义知识和语义关系的表达受限	提高以下语义关系的使用和复杂性: 主体(例如,宝贝) 动作(例如,饮酒) 客体(例如,杯子) 循环出现(例如,更多) 存在(例如,这个球) 不存在(例如,全部消失) 停止(例如,停止) 拒绝(例如,否) 位置(例如,向上)	

续表

问题	优势	需要关注的行为举例	需要为下一步发展准备的新技能	备注
II.D. 儿童产生的语法语素有哪些?	不存在(例如,全部消失) 停止(例如,停止) 拒绝(例如,否) 位置(例如,向上) 所有格关系(例如,我的) 主体-动作(例如,婴儿喝) 动作-客体(例如,喝饮料) 主体-动作-客体(例如,婴儿喝饮料) 动作-客体-位置(例如,把球扔上去) 以上所有 使用以下内容: 现在进行时(-ing) 介词(in, on) 规则和不常规的过去式(-ed, come) 所有格(复数) 可缩略和不可缩略的联结词("小小的狗""他是"回答问题,"谁,是) 使用:常规和不常规第三人称(英语中的跳(jumps)、做(does)) 缩略和不缩略的助动词("谁在梳头发?") "他是"回答问题 平均语句长度(MLU)符合预测年龄水平 以上所有	错用或遗漏: 现在进行时(-ing) 介词(in, on) 规则和不规则的过去式(-ed, come) 所有格(复数) 可缩略和不可缩略的联结词("小小的狗""他是"回答问题,"谁开心?") 常规和不常规第三人称(跳,是) 无法使用常规和不常规第三人称(英语中的跳(jumps)、做(does)) 无法使用缩略和不缩略的助动词("谁在喝妈妈的酒""他是"回答问题,"谁在梳头发?") 平均语句长度(MLU)在预测年龄水平之下 以上所有	增加使用以下内容: 现在进行时(-ing) 介词(in, on) 规则和不规则的过去式(-ed, come) 所有格(复数) 可缩略和不可缩略的联结词("小小的狗""他是"回答问题,"谁开心?") 是 常规和不常规第三人称(跳中的跳(jumps)、做(does)) 常规和不常规的助动词("谁在喝妈妈的酒""他是"回答问题,"谁在梳头发?") 增加平均语句长度(MLU) 以上所有	
II.E. 儿童的句法能力如何?	产生句子结构: 简单句	发生语法错误	生成更多正确的句子增加句法的复杂性	

问题	优势	需要关注的行为举例	需要为下一步发展准备的新技能	备注
	复合句 复杂句 复合复杂句 产生不同的句子类型 陈述句（即语句） 疑问句（即问题：是/否） 简单的"wh"：什么，在哪里 复杂的"wh"：哪个，谁，为什么，如何，什么时候，使的 折使句（即请求） 感叹句（即强烈的情绪） 否定句（例如，no, not, Don't）			
III. 语用学				
III. A. 儿童是否理解并使用共同注意（动作、发声或语言）来传达意图？	无意识的交流： 做出眼睛接触 反射性的声音和动作 遵循并规范共同注意： 用眼神调节共同注意 跟随其他人在视野中的共同注意 跟随别人在视野之外的共同注意 使用有意义的指示性动作： 显示或拿给出物体 摊开手伸够物体 推他人表示抗议 推他人以提出请求 通过指点来评论 将发声和动作匹配在一起 使用表征性动作 使用社交动作（例如，飞吻，再见）	无意识的交流 没有有意识地共同注意 没有建立起共同注意 不遵循共同注意 不使用有意识的动作 没有有意识地使用单词和动作	提高以下能力 眼神接触 回应回应性声音 建立共同注意 跟随他人的共同注意 使用他指示性动作 使用表征性动作 匹配发声和动作 把单词和动作进行匹配 发起社交游戏 使用单词表达意图 使用敲打动作 以上所有	

续表

问题	优势	需要关注的行为举例	需要为下一步发展准备的新技能	备注
	发起社交游戏（例如藏猫猫）			
	使用不断增加的语调来请求信息			
	用言语和动作来表达意图			
	平衡的单词/姿势匹配			
	补充性的单词/姿势匹配			
	将单词和指点动作进行匹配 使用敲打动作来强调单词			
Ⅲ.B. 儿童的交流有达到什么功能？	儿童为了各样的目的进行交流（记录交流模式：眼睛注视、动作、发声、姿势、单词）： 监管功能 请求物体 请求动作 抗议 陈述性的共同注意 评论物体 评论动作 请求信息 提供信息 要求澄清 澄清意义 社交互动 显示兴趣 微笑 回应社交游戏（例如藏猫猫） 发起社交游戏 点头 社交姿势：招手、飞吻、耸肩 喜欢笑话	功能有限： 只有请求 只有评论 不会澄清 不使用社交功能 使用率有限： 每分钟不到一个交流行为 对该年龄来说功能形式有限	增加交流功能的范围： 监管 陈述式（比如请求、请求、澄清） 社交（即兴评估、笑容、抗议） 游戏、动作、笑话 以上所有	

续表

问题	优势	需要关注的行为举例	需要为下一步发展准备的新技能	备注
III.C. 儿童表现出什么样的对话或沟通能力？	使用以下对话策略： 转向回应说话者（非言语/言语） 做出并保持眼神交流 发起对话（动作和声音/口语） 话轮转换比较平衡 掌控话题 适当地改变主题 认可他人 对澄清的请求做出回应 分享信息、想法和建议 提问 终止对话 以上所有	表现出对话困难： 参加对话的能力有限 频繁的修改 过度依赖澄清或重复 固定在一个事实或话题上，不能转换 做出偏离主题的评论或快速的话题转换 不寻求澄清 提出重复的、死记硬背式的问题 不提供足够的信息	提高使用以下对话策略的能力： 转向说话者 发起对话 适时地轮流对话 掌控话题 适当地改变话题 认可他人 对澄清的请求做出回应 分享信息、想法和建议 提问 终止对话	
III.D. 双语使用和双语文化 儿童是否会使用双语吗（同时性双语），接续性双语）？		不论其双语形式如何，双语或多语言儿童的言语和语言发展的阶段特征往往不同。评估人员必须咨询文化协调员或有能力的双语言语治疗师，以确定每个儿童在语言系统发展发展阶段。评估人员还要防止将双语儿童的正常延迟归为语言障碍。		
IV. 构音和音系				
IV.A. 儿童能产生什么语音（即元音和辅音）？	发出适当的声音	发出的声音不合要求	增加声音训练，产出目标音	
IV.B. 儿童的构音能力怎样？	儿童在日益复杂的环境中一贯表现出适合年龄的发音技巧： 单词 短语 句子 对话	对适合年龄的发音技巧的表现不一致 表现出不一致的发音可理解性 儿童的言语可理解性与年龄不相符，因为出现如下错误： 单词水平 短语水平 句子级别	减少构音错误 减少双语言加工 增加可理解性	

续表

问题	优势	需要关注的行为举例	需要为下一步发展准备的新技能	备注
IV.C. 儿童的言语可理解性如何？	儿童是可理解的： 对家庭成员 对熟悉的人 对不熟悉的人 在已知的情境中 在未知的情境中	对话级别 儿童表现出： 构音错误 语音加工 不一致的言语产出 儿童是不可理解的： 对家庭成员 对熟悉的人 对不熟悉的人 在已知的情境中 在未知的情境中	增加可理解性	
V. 嗓音和流畅度				
V.I 儿童嗓音的音高，质量和响度如何？	儿童有充分的呼吸来支持言语的产出 适合儿童的年龄、大小和性别的： 音高 质量 共振率 等级 音量	儿童没有充分的呼吸来支持言语的产出 声音不适合儿童的年龄、大小和性别： 音高：震颤的，太高或太低、单调 质量：喘气声、刺耳、嘶哑、鼻音 音量：模糊不清的 速度：太快或太慢 韵律：太软或太大声 音量：断断续续	提高质量： 音高 语调 共鸣 等级 音量 参考医学评估	
V.II 儿童的言语流畅度如何？	儿童表现出流畅的言语 儿童表现出典型的不流畅： 全字重复 短语重复	儿童展示不流畅行为： 主要：过长的声音、声音重复、单词部分重复 次要：表情痛苦，经常眨眼	通过在不同交流情境下与不同的交流伙伴的交流提高流畅度 寻求语言病理学家的帮助	

问题	优势	需要关注的行为举例	需要为下一步发展准备的新技能	备注
VI. 口部机制				
VI.A. 发音器官的结构和功能如何？	儿童的姿势和肌肉张力对于支持呼吸和产生言语是适直的 构音器官的外观是对称的 全方位的舌头运动：仰角、缩回、突出 构音器官的唇部运动：圆形、回缩、分离 下颌运动：控制良好，不会过度运动 构音器官对于言语的产出是有效的 儿童能够产生快速和交替的动作 准确地产生声音序列	头部不在身体中线位置，过于前身或回缩 肌张力影响语音产生：音调太低（低音）或过多音调（高音） 姿势不足以支持呼吸 构音器官的外观和运动是不对称的 有限的舌头运动 有限的嘴唇运动：圆形、回缩、分离 下颌运动：控制不善或运动过度 不良口腔卫生影响了牙齿 唇裂和/或腭裂状态伸出或出现修复的证据 舌头在静态伸出时出现频抖 反颌、闭牙合、开牙合 习惯性使用口腔呼吸 流体运动难度： 摸索言语动作 言语速度慢 言语错误不一致 随着言语长度和复杂性的增加，言语错误也增加 不适合年龄的流泪 有意识？ 在哪些活动中？	进一步评估： 医学评估 牙科评估 言语病理学家 增加对言语产出构音器官的控制	

TPBA2 观察记录：交流能力发展

儿童姓名：_____ 年龄：_____ 出生日期：_____

父母：_____

填表人：_____ 评估日期：_____

指导语：记录儿童的信息（姓名、照料者、出生日期、年龄）、评估日期、完成本表格的人员以及您观察到的儿童情况。在记录您的观察之前，您可以查看相应的《TPBA2 观察指南》，因为指南列出了要观察的内容。TPBA 用户可以选择使用《TPBA2 观察指南》作为在评估期间收集信息的方法，而不是 TPBA2 观察记录。

注意：听力包含在本观察记录中，但不包括在"回应观察指南"或"观察注意事项"表格中，因为 TPBA 没有真正评估听力，而 TPBA 可以进行听力的筛查。

I. 语言理解 （理解和回应语言）	II. 语言生成 （任何形式的语言使用）

续表

Ⅲ. 语用学(在不同的社会环境中基于不同的目的,使用的有意识的非言语和言语交流)			
Ⅳ. 构音和音系(产生声音即构音和表征语音的声音系统)			
Ⅴ. 嗓音和流畅度(质量、音调、响度、流畅度)			
Ⅵ. 口部机制(口腔咬合器的结构和功能)			

TPBA2 年龄表：交流能力发展（含美国手语技能）

儿童姓名：_____ 年龄：_____ 出生日期：_____
父母：_____ 评估日期：_____
填表人：_____

指导语：根据《TPBA2 观察指南》《TPBA2 观察记录》记录的观察结果然后对照年龄表，在年龄表上圈出儿童表现最接近年龄水平。如果所圈的条目出现在多个年龄水平上，通过查找共性（即观察到儿童能够做到的事情，以确定与儿童表现最接近年龄水平）。3 个月以后，如果 1 年以后，都是以一段年龄而非单个月份来划分的。如果圈圈最多数的条目落在某个年龄水平里，就表示儿童达到了该月份的年龄水平（例如，如果大多数圈起来的条目出现在"3 个月"，这个月该子类的儿童的年龄水平为 3 个月）。

注意：交流能力发展年龄表还包括美国手语里程碑。然而，这些里程碑对于所有年龄段都不存在。
注意：这个年龄表将构音与口部运动机制类别组合在一起。
注意：语音和流畅性子项目不包括在此年龄表中。交流观察指南中反映的定性因素比年龄相关变化更适合语音和流畅度。

年龄水平	语言理解	语言产出	美国手语（ASL）	语用学	构音、音系和口部机制
1 个月	区分熟悉和不熟悉的声音 可以将他或她的母语的音节和语调，韵律和重读与其他语言区分开来 平静的回应 可以通过触摸和摇摆来安慰和平息 注视面部	哭泣表达饥饿，不适，痛苦或痛苦 使用身体动作并配上声音		微笑回应高音 注视着照料者的脸 哭泣是未分化的 可能产生其他声音：打嗝、打喷嚏或咳嗽	产生植物性声音（例如，打嗝，打喷嚏） 哭泣 模仿舌头和嘴巴的动作
2 个月	区分成年人的愤怒和悲伤 区分父母的嚷嚷声和外语 区分父母语与外语 积极回应安静的声音 惊吓会发出大的声音 对母亲声音表现出微笑	咕咕声（即，喉咙声与元音） 哭泣和使用身体动作和面部表情来表达需求 通过身体动作反应来预测物体的运动 与运动有关的咕噜声；有一个反射性的咕噜声正在出现顶峰 冲说话者微笑		微笑回应熟悉的面孔 做出眼神接触	咕咕声（即，声音在口腔后面，带有元音） 延迟模仿面部动作
3 个月	识别熟悉和不熟悉的声音 停止吸吮来倾听 预期熟悉游戏的下一步 搜索声者	哭声分化，能发"咿""哑" "鸣"等单个元音 抱起会变安静 咕噜声，笑声和微笑	出生至 3 个月： 注视说话人或者扫视说话人的面孔 做出眼神接触	喜欢回应人，喜欢做出眼神接触 产生真正的社交微笑 固定注视者	把手放进嘴巴 吸吮手指咯笑 出现咯笑 咕咕声，尖叫声和咯笑

续表

年龄水平	语言理解	语言产出	美国手语(ASL)	语用学	构音、音系和口部机制
		表达所有的基本情绪(即开心、愤怒、悲伤、痛苦、惊喜)发声以回应熟悉的身体发声时移动身体			
4个月	转向声源 区分和回应不同的声音和声调	回应其他人的声音 如果游戏中断就会哭闹		点头、微笑,并与成人互动	尝试模仿声音 哭泣模仿音量,音高和长度有所不同 产生元音"ah" 笑
5个月	害怕大声或意外的噪音 偶尔他说话时停止哭闹 当玩具被拿走时,可能会哭泣 独自一人时咯咯声和牙牙学语 模仿声音 大胆要求关注 面对物体产生中性和开心的声音(2—5个月)			声音开始社会化 回应不同的人 社交时候会笑	通过产生辅音-元音(CV)音节来牙牙学语 与元音和声音模式游戏 发出辅音(例如,p,b,n,k,g)
6个月	专注于别人的嘴部 把头移动到一边,用他或她的眼睛搜索声音/噪音(3—6个月)	表现出对咯咯声和咕声的乐趣 表现出不满声、尖叫声、笑声和捧腹笑声 表达高兴 热情回应熟悉的游戏或常规,比如躲猫猫 与镜子里的自己对话 对手中持有的物品发声(6—9个月)	3—6个月: 激动时踢、挥手、微笑 回应手势时会停下动作 喋喋不休	当沮丧时表现出愤怒或抗议 显示对熟悉面孔的偏好(例如咧嘴笑) 回应陌生人(可能会退缩或皱眉)	经常把物品放在嘴里 发出不同的元音(例如,ah,eh,ee,oo)和早期辅音(例如,p,b,t,d,m,n) 做出咋舌声 控制睡液,除了喂养,积极地玩耍制牙的玩具 模仿好的牙牙学语
7个月	通过声音来理解"不"的意思 区分友好和生气的谈话	预期动作并在动作来临之前表现出兴奋高或者失望 哭泣或喊叫来引发注意		阻止他/她不想要的动作 物体把玩具带走	回应玩躲猫猫和拍手等游戏(4—7个月) 表明加入社会互动的期待	产生音节链(例如,"bababababa") 有节奏的牙牙学语

续表

年龄水平	语言理解	语言产出	美国手语（ASL）	语用学	构音、音系和口部机制
8个月	喜欢听自己的嗓音 喜欢复杂的声音刺激	伸出手臂表示自己想要抱抱、哭着回应另一个婴儿的哭泣 使用摊开手的伸来表示物体的请求		对他人的情感表达做出反应	模仿语音
8个月	有选择地倾听声音和单词 用头转、眼神接触或微笑回应自己的名字 对熟悉的事件做出预测 双语儿童区分在言语流中区分L1和L2单词	如果照料者离开或陌生人在附近会哭泣 抗议 产生姿势或发声，这些都被父母解释为具有交流意图的（出生至8个月）		跟随别人指向的物体 指向物体来展示给其他人 遵循他人的视觉注视来寻找视野内的物体 使用注视来影响他人的动作 当一个人时会指向物体，表达抗议的交流意图 使用有意识的双向交流或轮流交流（4—8个月）	增加语音模仿 重复产生音节
9个月	遵循与动作匹配的一些简单的请求 理解某些单词 和着跳舞音乐	不停地重复另一个人的声音 双语儿童：对不同语言的说话者产生牙牙学语的语码转换 说非特定的"妈妈"或"爸爸"	6—9个月：用动作回应简单的请求（例如，再见，向上） 在使用花名册时查看家庭成员 开始将符号与物体相关联 视觉转向做出手势的人 眼神注视着手势	发起有意的互动（例如，伸够鼻子、头发、嘴巴） 在50%或更多声音配对的交流行为中使用手势（比如，推开） 使用陈述句表示给人看，把物体交给他人做评论，先于共同注意） 交流意图：请求动作、物体、评论请求 使用眼神来建立视野内物体的共同注意 一个人在场时，使用某种无意识的指向动作	产生不重复或嘈杂的牙牙学语：不同的音节和声音结构（比如，"badebu"） 双语儿童在牙牙学语时使用某一种语言的语音特征 在进餐期间流口水少

续表

年龄水平	语言理解	语言产出	美国手语(ASL)	语用学	构音、音系和口部机制
10个月	理解一些物体的名称 有兴趣地听熟悉的单词 了解与动作匹配的更多指令(例如"给我") 水平移动头部,并向下动向声源(6—10个月)	牙牙学语出现语调 使用近或接触地点来请求和评论物体 可能不断地重复一个单词,使其成为对每个问题的回应		指向物体表示请求 指向物体并做出评论 发起社交游戏 使用表征性姿势展示物体的功能	产生成人般的语调
11个月	识别物体的单词和符号(例如,飞机[指向天空],小狗[叫]) 回应"不"	玩游戏 用推和拉来交流 产生声音以获得其他人的注意		使用远程姿势,如指向远处的物体 使用单个单词来评论 用单个单词来寻求关注 给他人物体来请求动作	言语主要是具有一些可理解声音的乱语 对语音、言语节奏和面部姿态的模仿超过声调
12个月或1岁	命名后,能够识别常用物体 长时间地注意回应单词 使用"嗨"和"再见" 将物体的属性与物体联系(例如,动物物体的声音、物体的位置) 通过搜索名但不在眼前的物体 遵循简单的有线索的指令(例如"给我球""拿鞋子""展示给我") 最多可以说50字	可以请成人帮忙 1岁左右产生第一个字 开始标记物体 与他人"谈话"	9—12个月: 使用真实的单词/符号满足需求和想要 形成不同于成年人的手势(例如,指代妈妈/爸爸的是食指而不是拇指)	喜欢轮流游戏 发生来回应他人 监督他人的注视方向,以建立共同注意	产生第一个单词 熟悉的听众可以理解构音 在牙牙学语中产生各种辅音和元音 模仿其他人的咳嗽、笑声、舔嘴唇
15个月	直接把头移动到声源(15—18个月) 持续2分钟或以上的兴趣观看命名但不在眼前的图片 搜索已经命名但不在眼前的物体	使用感叹句(例如"uh-oh") 有意义地使用"dada"或"mama" 可能产生4—6个不同的单词,包括物体、家庭成员和活动的名称 说"嗨"和"再见" 说一个版本的"谢谢" 可以使用"那里"		与他人分享对某物的共同注意(8—14个月) 模仿别人的动作(8—14个月) 一致地使用一个远程指向来请求和信息 使用上扬语调来请求信息 使用单个单词来请求动作 与发声配对的姿势构成了大多数交流行为	产生早期辅音(例如,b、m、n、t、d、w) 产生词汇近似音(例如,"milk"的"muh") 在刷牙或者某些口水动作任务中会小肌肉流口水

续表

年龄水平	语言理解	语言产出	美国手语(ASL)	语用学	构音、音系和口部机制
	能从一组物体中认出某个物体 水平向下移动头到声源(10—15个月)	模仿单词 使用姿势加上发声		遵循直视视野外的其他视觉目光 回答是/否问题(摇头以表示"不") 遵循"看"的指令 使用单词指向动作表达请求信息(12—16个月) 使用表征性姿势(12—13个月)	
18个月	通过指向来再认和识别物体和图片 指向最多三个身体部位 遵循单步指令 理解问题的意图 使用摇头或点头对是否问题予以回应	模仿动物声音和其他环境声音 出现语调 经常模仿单个单词 说5—20个单词(大多是名词) 确认问题(例如,"是","嗯") 使用一个单词来请求想要的物体 尝试唱歌 喜欢使用"所有走了"或"更多" 说出"不" 说出"我的" 使用现在进行时-ing	12—16个月:每周了解新的手势 开始"听"简单的手语故事 使用1个字的手语并伴随非语言指向动作	显示控制自己的情绪和行为的能力 显示对照料者的愿望和期望的意识 表现出沮丧 设置别人行为的限制(例如,"停止") 更多的使用指点动作伴随表征性单词 回应简单的澄清请求"嗯?"或"什么?")(16—18个月) 进行口头抗议(10—18个月)	模仿声音和单词 吞掉单词中大部分尾辅音,单词具有辅音元音 吞掉单词中的一些首辅音 产生类似句子的语调 哼唱歌曲 产生较简单版本的成人化单词(例如,"baba"为瓶子(ball))
21个月	识别5个身体部位 倾听简短的伴随有趣声音、特别动作或图片的节奏 了解一些情感词(例如,快乐,悲伤,疯狂)	尝试用讲话和语调讲述经验 问:"那是什么?" 命名物体 模仿并产生主要由名词和动词组成的2个字组合	认识到他人的手语名字(16—20个月) 回应摇头或表示否定的手势(16—20个月) 认识到环境中常用物体的手语(16—20个月)	33%的时间开始要求澄清(例如"嗯?") 使用动作来澄清一个词(例如,表征性动作/杯子)	对不熟悉的听众发出低于50%理解度的言语 不断地删除单词中的尾辅音

续表

年龄水平	语言理解	语言产出	美国手语(ASL)	语用学	构音、音系和口部机制
24个月或2岁	了解一些代词(例如我/我的,你,我) 回答wh-问题 移动头部以找到声源 认识并指出最常见的物体 理解动词 识别并指出大家庭成员 倾听并享受简单的故事	自发产生超过50种不同的单词 命名图片 发出与动作或物体相关的声音(例如动物或汽车噪音) 看着自己名字指着自己 产生更多的单词(超过50) 用姿势和话语交流需求、愿望和感受 使用早期经常使用与非语言发音配对的动作 不再经常使用与非语言发音配对的动作 命名身体部位 产生2个字组合(例如,主体-动作、主体-客体、主体-位置、动作-位置、所有格) 几乎能命名他或她在家里、外面和在幼儿园经常接触的任何东西	使用简单的2—3个单词的句子(12—24个月) 语言和动词之间没有形态上的区别(12—24个月) 再认他人名字手语(20—24个月) 回应摇头表示否定的手势(20—24个月) 认识到环境中常用物体的手语(20—24个月)	用一个单词的主题发起共同注意(18—24个月) 开始在成人帮助下叙述过去的事件 对不熟悉的成人回应 要求澄清不熟悉成人的澄清 展开1—2组话轮 启动话题并使用新的信息进行回应	约50%的言语可理解 使用早期辅音:p, b, m, n, t, d, h, w,生成辅音-元音辅音(CVC)结构(例如"mo mik"/更多的牛奶) 回应成年人的单词和变化 不再流口水
30个月	识别图片中的动作 通过其功能识别物体 知道大小的区别 指向较小的身体部位 遵循两个步骤相关联的指令 理解一个和所有	通过成人的提示传达以往的经验 命名至少一种颜色 产生2—3个字组合 产生介词"in"和"on" 现在进行时(例如,"宝宝在吃")(19—28个月)。	开始使用范畴来展示物体(例如,用"3"的手形来表示汽车) 用摇头或使用"不"的手势来进行否定 眉毛上扬加上手势表示是/否	合作游戏(24—30个月) 回答成人间的33%的问题	产生对熟悉听众的50%—70%的言语 从辅音混合中删除一个辅音(例如"_top"/stop) 重复音节(例如"wa wa"/water)

续表

年龄水平	语言理解	语言产出	美国手语(ASL)	语用学	构音、音系和口部机制
		用上升的语调问问题(25—28个月) 问 what that 问题(25—28个月)	用眉毛和手势提出 wh-问题 使用手势指代不在场的人 在动词中使用参照词来指示时间轴 使用主题化(主题-评论单词的序) 使用角色转换来表示对话中的两个或多个角色		
36个月或3岁	了解描述性词语 识别性别 识别基本颜色 了解 why 问题 了解空间概念(例如,在、外、上、下)(33—36个月) 能够回答"在哪里"和"在做什么"的问句 了解类别	要求成人帮助处理情绪(24—36个月) 给予姓名 命名较小的身体部位 用语言表达上厕所的需求 使用代词"I" 产生空间,比较、对比和时间的概念 开始使用"is" 产生韵律(26—32个月) 产生常规复数-s(例如"狗")(24—33个月) 出现具体名词使用过度扩张的现象(例如,认为所有四条腿动物都是"狗")(13—36个月)	分类通常涉及未标记不正确的手形(24—36个月) 可以跟随包含多个想法的会话(24—36个月) "听"的时间扩大到 20 分钟(24—36个月) 尝试更复杂的手势,但通常会使用较简单的手形来代替(例如"水"与"5"姿势)(30—36个月)	时间和地点规则的泛化(24—36个月) 经常要求澄清(例如"嗯?" "什么?")	简化多音节词 产生辅音的替代和扭曲 产生75%可理解的言语 能够发出用口腔后部才能产生的音
42个月	遵循 2—3 步无关的指令 识别最常见的物体及其图片 理解别人说的话 理解家庭关系术语 理解基本形状和大小的单词	问 who 问题(36—40个月) 问"是……?"和"做……?"问题(37—42个月) 产生数百个单词 产生 3 到 4 个字的组合 计数到 3 适当地使用代词		在叙述中组合两个事件 动作和言语的配对与成人水平相似	产生陌生听众可以理解的言语 产生辅音 l, f, s 和 y 等 使用一些语音加工:辅音连缀减少、前置、停顿和元音化

续表

年龄水平	语言理解	语言产出	美国手语(ASL)	语用学	构音、音系和口部机制
	理解描述性概念(例如硬、软,粗、平滑) 理解"前面,后面,顶部,底部,之间" 理解"多少""谁和"的问题(36—40个月)	询问时表明性别和年龄 使用"和""但是""因为"来组合句子 使用所有格 通过观察或标准测量会发现,双语儿童词汇通常不大,发达两种语言都不大,因为双语学习语言是不同化的,语言的接触也是不同的。评估人员应该非常小心,不要认定其为语义缺陷 每一种语言中的动词、语法以相同的速率发展,但发展的时机可能不同(例如,意大利词可能与英语动词产生的时间不同)。 备注:双语儿童每一种语言达到同样阶段的年龄基本相同。			
48个月或4岁	知道反义词(例如长/短,热/冷) 理解时间概念(例如,之前/之后,昨天/今天) 理解空间概念(例如,在前面,旁边) 识别原色和形状 回答how问题 回答when问题(42—48个月)	说出4到5个字的句子 能够问"什么时候""为什么""怎么"等问题(42—48个月) 产生不规则的过去时(例如,fell, broke)(25—46个月) 产生冠词(例如,a)(28—46个月) 使用规则的过去时-ed(26—48个月)		区分适当的角色和动作 组合3个序列来描述事件 在会话中进行4个话轮 85%的时间可应澄清的请求(24—48个月)	言语可理解性约为80% 语速更快 产生一些辅音替换和吞音 产生更多的辅音混合,但仍然不能呈现全部的辅音 产生更多的辅音:z, v, sh, ch, j

续表

年龄水平	语言理解	语言产出	美国手语(ASL)	语用学	构音、音系和口部机制
		双语儿童的主导语将具有更高的MLU、更高级的语法结构、更多种类的单词类型（特别是动词）、更少的停顿和犹豫、更大的音量			
54个月	区分白天和夜晚	重述一个故事的顺序 唱歌曲/童谣 描述如何做某事 在有支持的情况下说明过去的事件 创造韵律词		询问另一个人的感受	
60个月或5岁	识别硬币 理解约13 000个单词 理解"一些""更多""更少" 理解"上下" 能够回答"如果……会发生什么?"的问题	展示元语言知识(思考和评论语言的能力)(48—60个月)。 背诵经文、短篇故事和歌曲 命名颜色 回答有关故事的问题 请求单词的定义 能够独立复述经验中的细节 能用6—8个词组成句子 产生语法正确的句子 使用过去时态动词 使用连词：如果、因为、何时、所以 喜欢争论和理由 使用单词比如"因为" 重复故事叙述 使用关系词（例如，向前，然后，第一，下一个，后面，在前面）		开始理解幽默（即使不明白也喜欢笑话） 开始能转变观点/理解他人的观点 能够将不包含道德寓意结局的多个事件进行排序	能在所有位置上准确地产生大多数辅音 可能会出现以下声音的错误：l, s, r, th 说出能让陌生人理解的话语

续表

年龄水平	语言理解	语言产出	美国手语(ASL)	语用学	构音、音系和口部机制
72个月或6岁	知道左和右 能对一组指令进行适当的回应 喜欢单词游戏和韵律 能够描述物体之间的差异和相似处 理解被动句	产生过去时态和未来时态动词 产生不规则名词和动词 以正确的顺序命名各星期几 说出反义词 产生约2 000个单词 表达强调 产生所有句型 双语儿童: 在6岁时,在第二语言中单词量占总词汇量的50% 儿童在大学之前都会充分运用这些单词		在小组活动中积极交流 向其他人询问和交流信息 讲述一个具有高潮的完整故事	7岁以前产生所有声音 在产生复杂单词方面还存在困难

与 Renee Charlifue-Smith 和 Cheryl Cole Rook 共同判定

TPBA2 观察总结表：交流能力发展

儿童姓名：_____ 年龄：_____ 出生日期：_____
父母：_____ 评估日期：_____
填表人：_____

指导语： 对下面的每个子类，以1—9点目标达标量表显示，依据《TPBA2观察指南》或该领域的《TPBA2观察笔记》的结果，圈出表示儿童发育状态的数字。接下来，通过将儿童的表现与TPBA2年龄表与同龄人的表现进行比较，并考虑儿童与同龄表来确定每个子类中儿童的年龄级别（按照年龄表上的指示）。

通过计算延迟百分比，圈出AA、T、W或C：

如果儿童的年龄水平<自然年龄：1-（年龄水平/CA）= _____%延迟
如果儿童的年龄水平>自然年龄：（年龄水平/CA）-1= _____%以上

为了计算CA，请从评估日期减去儿童的出生日期。减去天数时，请考虑当月的天数（即28、30、31）。

注意： 本观察汇总表包含了听力，但不包括在相应的《观察记录表》或《观察指南》表格中，由于听力并非真正由TPBA进行评估，但如果需要，TPBA可能会将儿童转介进一步的听力筛查。

TPBA2子类	在功能活动中观察到的儿童的能力水平									与其他同龄儿童比较				
	1	2	3	4	5	6	7	8	9	高于平均水平	典型	观察	担忧	年龄水平
										AA	T	W	C	MODE
语言理解	专注于说话者的面孔，并对嗓音和声音做出反应	注意或回应自己的名字和熟悉的动作、手势或单词		理解动作、手势和/或单词和单步骤请求的提问形式：是/否，什么，在哪里		理解熟悉和新颖的两步骤指令，理解who和when的问题，并对口语做出评论		理解与年龄相适应的基本概念和词汇，why和how的问题，语法结构以及多步骤的手势或口语请求	AA	T	W	C	—
注释：														
	1	2	3	4	5	6	7	8	9					
语言生成	进行反射性的表达需要（例如，哭泣、厌恶性皱眉、身体动作等）		通过眼睛注视、面部表情、身体动作、手势和发声来进行交流		使用动作、声音、手势、口头表达（单词、单词组合或短语）和/或AAC进行交流		使用动作、单词、短语、手势和/或AAC来产生句子（非语法正确的），并提出和回答问题		始终能够使用完整的句子，并提出和回答各种问题	AA	T	W	C	—
注释：														

续表

TPBA2 子类	在功能活动中观察到的儿童的能力水平									与其他同龄儿童比较				
	1	2	3	4	5	6	7	8	9	高于平均水平	典型	观望	担忧	年龄水平
											T	W	C	MODE
语用学	不理解意义或需要成人给一些"可读"的、身体的、声音的提示来传达需求	使用并回应眼睛注视,以让照料者注意某些物体/活动。使用眼睛注视,有意地使用动作和声音来向他人发送消息		在会话中进行1—2个话轮,并使用眼睛注视,手势和/或单词来请求、评论、抗议、打招呼和示范他人的行为		能够在长时间内轮流发起,回应话题并拓展对话的主题,询问信息或澄清,讨论过去和料者支持下发生的事情		在不同情况下,基于不同的目的,使用和回应口头和非语言交流	AA	T	W	C	—
									注释:				
构音和音系	发出咕咕语、尖叫声、笑声,参与发声的游戏		产生不符合意义的元音和辅音的字符串		生成可理解的近似短语、单词或单词		熟悉和不熟悉的听众在谈话的各种活动中都能理解该儿童的言语。		能够在不同活动和对话中准确地说出让人理解的言语	AA	T	W	C	—
									注释:				
嗓音和流畅度	呼吸支持足以用于哭泣、咕噜声、咕咕声或笑声、嘶吼声,但不能用于产生音(发音)		呼吸支持和能够支持且儿童可能牙牙学语或者产生近似的单个单词		呼吸支持足以用于产生嗓音,但下任何行为都是慢性的、明显的,并且会干扰儿童交流的:音调:非常高、非常低或单调音质:呼吸厉害、明显的刺耳、鼻音重或沉闷响度:响声不足或非常响亮		呼吸足以用于产生嗓音。以下任何行为都是明显的,但不会明显地干扰儿童的交流:音高:略高,略低,或稍微有些单调音质:有轻微呼吸声,有轻微刺耳、嘶哑的鼻音,声音略显沉闷响度:轻微或略大声		音高、音量和响度都与儿童的年龄、体型、性别和文化相适应	AA	T	W	C	—
									注释:				

续表

TPBA2 子类	在功能活动中观察到的儿童的能力水平									与其他同龄儿童比较				年龄水平
	1	2	3	4	5	6	7	8	9	高于平均水平	典型	观察	担忧	MODE
										AA	T	W	C	—
口部机制	上颌、嘴唇、下巴、舌头或咬肌的结构和/或对称性会干扰功能性言语		结构完整,但言语主要是由于颌骨和嘴唇的移动而产生,运动范围可能过大或受限制		结构完整,儿童可以做出圆唇或收唇动作,能够将舌头向上、向下和向前移动,并能精确地运动下巴以产生声音和简单的单词		结构完整,儿童能独立地移动嘴唇、舌头、下颌,但是在运动中整合动作发出复杂的单词或词组时存在困难		口头机制的结构和功能足以发出与年龄相适应的言语	AA	T	W	C	—
									注释:					
听力	不知道或只是最低限度地意识到环境中的声音		能够区分一个声音与另一个声音不同,有或没有自适应支持		能够区分环境和一些声音,有或没有自适应支持		能够不断地回应声音和口语,有或没有自适应支持		能够注意和定位声音和言语,使用听力功能,有或没有自适应支持	AA	T	W	C	—
									注释:					

第六章 聋儿或听力受损儿童的听力筛查和矫正

与简·克里斯蒂安(Jan Christian)、谢丽尔·科尔·鲁克(Cheryl Cole Rooke)和蕾妮·查利夫·史密斯(Reene Charlifue-Smith)合著

听力使得个体能够注意,定位,并对他/她环境中的声音作出反应。听力在口语、社会情绪情感和整体学习的发展中起着关键作用。成功地在环境中与物体、人物和事件建立友好关系的基础是早期的交流和语言,而这种交流和语言在很大程度上受听到语言声音的影响(见第5章)。本章旨在实现两个目的。首先,它提供关于听力领域的信息和听力筛查的指南,作为《以游戏为基础的多领域融合评估》(TPBA2)的一部分。这些 TPBA2 观察指南适用于所有在评估法1中见过的儿童,并应该与第五章所讨论的 TPBA2 观察指南一起考虑。

本章的第二个目的是探讨与失聪或听力受损儿童进行 TPBA 测评所需要做出的调整。这包括为寻求评估自家儿童的家庭考虑,对环境和设施进行的调整,以及对正在使用或可能需要开始使用手语或一些替代交流方式的儿童应增加的额外准则。第五章的沟通年龄表中已经囊括了使用美式手语(ASL)的里程碑,以评估使用手语进行交流的儿童。

6.1 听力筛查

尽早识别婴幼儿的听力损伤对实现最佳发育至关重要(Yoshinaga-Itano, Sedey, Coulter, & Mehl, 1998)。研究发现,如果在6个月时对听力损伤的儿童和积极参与的家长进行早期干预,那么这些儿童的语言水平在3—8岁期间可与的正常听力的同龄儿童持平(Joint Committee on Infant Hearing, 2000; Moeller, 2000; Yoshinaga-Itano et al., 1998)。如果没有这样的早期干预,将会出现语言延迟和社会、学习和情感上的困难(Yoshinaga-Itano & Sedey, 2000)。这就是为什么早期识别听力损伤是至关重要的。例如,如果一个儿童天生就有听力损伤,如果没有诸如助听器或手语和家庭教育等适应性措施来针对听力损伤带来的发展上的影响,那他们就不能发展起正常的、与年龄相适应的交流技能。大约90%的听力损伤儿童的父母听力是正常的。其余10%的儿童的父母是聋人,他们已经意识到适应环境的必要性,并且他们在儿童一出生就能够用手语和他们失聪的儿童进行有效的沟通(Meadow, 1967)。

现在大多数州都要求进行新生儿听力检查（universal newborn hearing screening，UNHS），因此几乎所有在美国出生的婴儿在出院时都会接受听力检查。新生儿筛查的目的是尽早确定儿童是否有听力损伤，以便及早进行适当的干预。这很重要，因为每 1 000 个新生儿中有 1—4 个儿童存在听力损伤的问题（Centers for Disease Control and Prevention, 2005；Culpepper, 2003）。尽管新生儿听力筛查的出现使医学界能够在婴儿一个月的时候就检测到可能的听力损伤，但超过半数未通过筛查的新生儿没有接受后续治疗（Culpepper, 2003）。

随着听力筛查的开展，许多人相信大多数听力受损的儿童会立即被识别出来。不幸的是，情况并非如此。这个筛查检查的是儿童某一时刻的听力，而经过初步筛查的婴儿在此后也有可能发生听力损伤（Widen, Bull, & Folsom, 2003）。遗传疾病、创伤性损伤、感染和其他原因可能会导致出生前、后的听力丧失。此外，10%—20% 的儿童会有三次或更多的中耳炎，每次发作会平均持续一个月。密切监控中耳炎的影响是非常重要的，因为它可能影响语言的发展。在儿童刚出生的几年，他们听到并回应别人的声音和讲话。在耳朵感染时，中耳的液体会造成对声音的抑制。当耳朵内空间没有空气流动时，中耳骨可能无法正常振动，这可能导致轻度和暂时性的听力损伤。当中耳中的粘液和液体发生感染，会引发急性中耳炎。分泌性中耳炎常发生在急性中耳炎之后，液体还残留在中耳的情况下。中耳炎可以是一只耳朵，也有可能两只耳朵同时发生。如果一个儿童有中耳炎的病史，应定期评估听力，在语言和语言发展有问题的情况下更应如此。

当前的挑战是将筛选项目与干预服务联系起来。Culpepper 报告说，夏威夷和罗德岛都建立了连接筛查和干预服务的系统，从而增加了让这些儿童发展起与听力正常的同伴相同的交流能力的可能性。这些项目中，识别和干预的服务对象的平均年龄小于 6 个月（Culpepper, 2003）。

6.1.1 传统的筛查过程

根据儿童的年龄不同，有两种类型的方法用于听力筛查：听觉功能的生理学方法通常用于新生儿或是那些不能对声音作出明确的行为反应的儿童，而通过行为来检测的方法可用于 6 个月以上的儿童。如前所述，听力损伤可能发生在所有年龄层，因此当儿童长大后，应该进行周期性的测试。一般来说，被确认为有听力损伤风险（或确认已经损伤）的婴儿应该每 6 个月重新检查一次。儿童会在进入幼儿园之前接受筛查，如果出现行为迹象的话，在入园之后也要再查。

两种常用的筛选听觉功能的生理方法都是在婴儿睡觉时进行的。耳声发射（Otoacoustic emissions，OAEs）是在有声音刺激时，内耳外部毛细胞发出的一种声音。当产生这些声音时,一个灵敏的麦克风会接收这些声音。听觉脑干反应(Auditory Brain-stem Responses,ABRs)通过附着在头皮上的电极,获取听觉神经反应并连接到电脑来进行信息的分析和解读(Widen et al.,2003)。

行为筛查(Behavioral screening)通常是通过儿童看到一个刺激就举手或做出其他行为的条件反射,能表明儿童是否听得到耳机中的声音。

生理和行为的筛查方法都是为了快速而便捷地识别需要进一步评估的儿童。如果儿童未对生理指标或行为筛查作出反应,就会被要求重新进行筛查,或进行进一步的诊断听力测试。一旦证实了听力损伤,家长和咨询专家就可以制定干预计划。这个计划不仅限于助听器,还包括沟通交流策略,了解听力损伤对语言发展的影响,文化因素(包括了解聋人文化),以及教育项目的选择等。在诊断出听力损伤后,不久即会讨论人工耳蜗植入的有效性。

6.2 什么是听力损伤(Hearing Loss)?

当父母怀疑儿童听力受损时,他们通常会咨询他们的儿科医生,认为这可能是一个医学问题(Gatty,2003)。然后,儿科医生将他们介绍给一位耳科医生或听力学家,他们会进行诊断性的听力测试以确定每只耳朵的损伤程度、损伤类型和听力阈值水平(threshold level)(Widen et al.,2003)。一旦这些信息被记录下来,就计划进行个性化的适当干预。

父母通常在儿童 6 个月或更大的时候,对医生的诊断结果产生怀疑(Mertens,Sass-Lehrer,& Scott-Olson,2000)。这个断定听力损伤的过程往往需要几个疗程,因为正如之前所解释的,婴儿和非常年幼的儿童还不具备自愿接受听力测试的认知和运动技能(Culpepper,2003)。

6.2.1 听力损伤的定义

诊断或听力评估过程将决定听力损伤的程度、类型和结构。程度(Degree)是指判定损伤是轻微(15—30 分贝[dB])、中度(31—60 分贝)、严重(61—90 分贝),还是十分严重的(>90 分贝)(Gatty,2003)。任何程度的听力损伤都会对儿童充分发展口语和听力技能造成风险,然而,听力损伤越严重,口语交流技巧落后的风险就往往更大。结构(*configuration*)指的是听力损伤的斜率或形状,它会考虑到儿童所感知到的声音的程度(音量)和频率(低至高)(参见图 6.1,以了解中度听力损伤对听各种声音的能力的影响)。听力损伤的类型(*type*)是指听力丧失发生的位置。感觉神经性(*Sensorineural*)的听力损伤发生在内耳,内耳毛细胞(hair cells)在将听觉刺激传导到大脑的过程中不能充分发挥作用。这是一种永久性的疾病,可能是环境因素造成的,如药物、噪音、发烧、损伤、遗传或先天性因素。传导性的

(*conductive*)听力损伤发生在外耳或中耳,通常是由感染、耳垢堆积或畸形造成的。如果提供医疗干预,这种听力损伤可能是暂时的。最后,混合性损伤(*mixed loss*)综合了感觉神经性损伤和传导性损伤两种情况(Martin & Clark, 2000)。

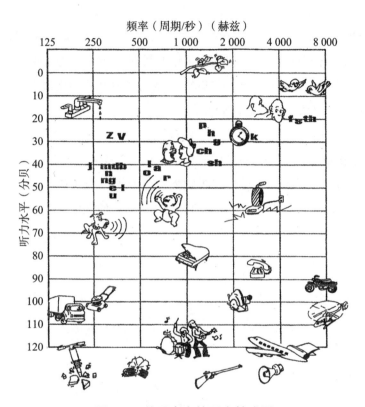

图 6.1　熟悉声音的听力敏感图

引自 Northern, J., & Downs, M. (2002). Hearing in children (5th ed., p. 18). Baltimore: Lippincott Williams & Wilkins. Reprinted by permission.

儿童应该在接受 TPBA 之前接受正式的听力评估。使用专门仪器进行正式的听力检查将检查下列内容:

1. *阈值*:可感知到声音的响度(分贝)。需要确定阈值,以提供给儿童所需的声音强度,确保他们能听到。虽然测听仪和其他仪器被正式用于确定每只耳朵的阈值,但 TPBA 的一般观察应该提供关于儿童是否听到和听到什么的线索。

2. *注意力*:为了处理信息,儿童们需要注意听觉刺激。有些儿童可能需要帮助,以便区分优先次序并了解那些声音他们是否应该加以注意。例如,成年人可能需要帮助儿童注意世界上的某些声音。我们可以鼓励儿童通过模仿,在游戏中提升其兴趣来获取儿童的注意力。也可以将声音和视觉吸引结合,以帮助引导儿童的注意(如,使用带有灯光的玩具)。

3. 接收到的声音的质量：听力受损的儿童通过放大听到的声音与耳功能完全正常的儿童听到的声音质量不同。使用助听器分析工具可以帮助父母发现声音的失真。但不管使用助听器与否，我们在一定程度上可以通过观察儿童的模仿能力来确定儿童接受到的声音的质量。

4. 听觉感知能力（auditory perceptual skills）：为了充分受益于那些被放大的声音，儿童必须对所听到的声音有选择、综合、辨别、记忆和排序的能力。儿童能否正确地加工听到的声音依赖于神经系统的完整性（Gatty，2003）。通过观察儿童的交流反应和行为的准确性和速度，可以帮助判断其听觉加工的准确性和速度。

Schuyler 和 Rushmer(1987)发现了一些能够表明儿童在使用听觉进行感知的行为指标。这些指标已经纳入了 TPBA2 的观察指南。无论儿童是完全失聪还是听力困难，或在过去没有过听力问题的指标，都有必要检查听觉能力。如果一个儿童已经被确诊患有听力损伤且被要求佩戴助听器，一定要确保儿童在 TPBA2 期间戴佩戴助听器。

第一节　听力

1.1　听力（Hearing）

TPBA2 中，听觉技能的观察指南是检查儿童对环境中声音和语言的反应。从儿童的行为反应判断他听到了什么声音，他靠什么识别声音来源，什么行为表现出了对声音和语言意义的理解，这些都是听力的重要方面。儿童对不同类型和水平的声音的差异反应，以及对不同类型的听觉输入的反应速度和准确性，不仅对听力，也对语言发展和信息加工有重要影响。

Ⅰ.A. 什么行为表明儿童能够听到各种声音？

婴儿在最初的 6 个月里对声音定位的能力有了很大的提高，并且从此到大约 7 岁之间都在持续改进（Eliot，1999）。听到声音的儿童通常会表现出某种行为反应（Northern & Downs，2002）。他们可能会停止移动、发声、微笑或转动头部。如果被声音吓了一跳，可能会哭。行为的改变是儿童听到声音（Northern & Downs，2002）的一个可能的信号。小于 36 个月的婴儿对突发的巨大声音[65 分贝声压级（SPL）或更大]将会表现出惊吓反应（莫罗反射）。眨眼睛、睁大眼睛，还有简单的转头，也是儿童听到听觉信号的标志。

I.B. 儿童会寻找或转向声源吗?

寻找声音的来源,不仅表示有听觉,而且还能表示儿童理解了是某些事物导致了声音的出现(Flexer,1999;Schuyler & Rushmer,1987)。当儿童们学习接触他们的环境时,他们不仅需要明白有什么声音,而且需要识别到声音的来源,这样他才能真正地进行互动。这一点与沟通交流尤其相关,因为儿童需要知道向谁做出回应(Northern & Downs,2002)。

I.C. 儿童能够对声音或言语做出有意义的回应吗?

一旦儿童听到一个声音或一个单词,他需要知道声音或单词的意思,以便做出适当的反应。给一个声音或单词赋予意义的能力不仅需要大脑记录听觉信息,而且还需要把听觉信息与它的本源相联系,将信息转化为意义,才能做出一个适当的反应(Flexer,1999;Gatty,2003;Schuyler & Rushmer,1987)。例如,当儿童听到门砰砰作响的声音时,他先是听到了声音,将声音与先前听到过的声音联系起来,转身看,然后说,"da-da",心里期待着爸爸走进房间。儿童的反应表明了他明白声音对他的意义所在(Schuyler & Rushmer,1987)。当听到一个有趣的笑话,大脑必须识别出这些词,给出它们的意义,并回忆起这些词的关联,识别言语中出现的不一致,然后用笑声作为回应(Schuyler & Rushmer,1987)。儿童用笑声作出回应,告诉观察者,听到和理解了这些话。儿童需要理解他们所接受的听觉信息。如果儿童缺乏理解能力或理解困难,就需要进一步的评估来确定困难的程度,及其对学习的影响有多大(Flexer,1999)。

I.D. 儿童回应声音或言语的速度有多快?

儿童听到、理解和回应声音和语言的时间被认为是"加工时间"。通常,加工时间只需要花费几毫秒。然而,对一些儿童来说,听觉信息的加工则需要更多的时间。信息加工困难对干预有影响,因为儿童需要更多的"等待时间",并可能用多感官输入的办法帮助他们理解听觉信息(Cacace & McFarland,1998;Hafer,1984)。视觉、触觉或动觉的线索可以帮助儿童解释或回应信息。然而,延迟反应可能是听力困难的一个指标,因为儿童需要时间来理解他能听到的内容(Jones & Jones,2003;Schuyler & Rushmer,1987)。

I.E. 儿童能够准确地模仿声音吗?

判断儿童能否准确听到声音的一种方法是模仿(Schuyler & Rushmer,1987)。如果儿童能够精准地进行模仿,表明他听到了正确的声音,然后会记住声音,并且能确保发音准确,以便重现声音。模仿对产生语言至关重要。有中度听力损伤的儿童可能会在口语中产出元音,而不是辅音。例如,儿童可能会把"cat"重复为"at"。

1.2 运用《观察指南》进行听力筛查

所有儿童都应在 TPBA 之前接受完整的听力评估,并将评估结果提交给评估团队。由于永久性或暂时性的听力损伤可能导致语言的延迟或丧失,因此判断听力对言语和语言的影响至关重要。

不仅需要询问父母孩子是否做过听力测试,还需要问清测试的过程。例如,医生可能会用耳镜检查孩子的耳朵,以评估耳道和耳鼓的状况。在任何 TPBA 评估之前,应该问家长关于儿童对环境声音和对别人说话作出反应的能力等具体问题。此外,在整个评估中,观察者应该注意到儿童对各种环境声音的反应,无论是新奇的,还是熟悉的声音和语言。

儿童倾听和回应声音的多方面能力能在评估期间观察到。听力的观察指南是一种筛查工具,以确定一个儿童是否需要进一步、更全面的听力评估,或者助听设备是否对儿童有帮助。听觉观察指南应该被视为更广义的"沟通交流领域"的一个方面(见第五章)。第三章中有关于视觉的观察指南的一节,也是对沟通交流领域的一个重要补充。这两方面的沟通对于有任何听力损伤的儿童都很重要。

如果父母对孩子的听力有顾虑,或者要对听力损伤的儿童进行评估,那么就应该注意记录儿童在佩戴和未佩戴助听器时对听觉刺激的反应。如果儿童戴助听器,要求家长把助听器带来,不要想当然地认为家长自然会如此。听力专家、聋人教师、或在受过训练的语言病理学家应该在开始前检查助听器,以确保正常工作。

下列评估听力的指南可用于所有参与评估的儿童。有些儿童可能已经被确认患有听力损伤,其他的则可能没有。如果儿童有助听器,那么在评估期间必须戴上。在评估过程中,利用各种各样的声音玩具来观察儿童对大小(分贝)声音,高低(频率)声音和定位声音的反应,即是否能转向声源。引导员应该用各种音量(从轻声到响亮)对儿童说话以判断儿童对每个水平上的反应。对于婴儿或学步儿,引导员可以根据本章末表《TPBA2 观察指南:听力(Auditory Skills)》中提到的儿童的运动协调能力水平,对儿童声音定位的能力进行非正式的评估(即可参考本章末表《TPBA2 观察指南:听力(Auditory Skills)》看儿童是否可以达到能够用某种动作的能力,以此来观察定位声音的能力——译者)。

听力筛查的指南并不是为了取代正式的听力学评估或用于诊断或干预计划。相反,应该用于找出需要进一步听力评估的儿童。任何有关听力损伤的迹象,如缺乏对声音或言语的反应,应由儿童听力专家进一步检查,该听力学家应是听力方面得到学位、从业许可和技能认证的人。听觉信息应该作为全面评估的一部分,在制定儿童发展的干预计划之前完成。

下面的每一道问题都是听觉技能观察指南中用来判断通过或未通过的题目。

Ⅰ.A. 什么行为表明儿童能够听到各种声音？

在整个游戏过程中，评估团队应该观察儿童对声音和语言的反应。观察者应该注意到儿童的回应声音的强度（响度）。例如，儿童是否会对轻柔的声音做出回应，如点一下桌子或窃窃私语等；是否会对适度的声音做出回应，如在地板上拖椅子或用交谈的语气说出的一个词；还是只对非常大的声音做出回应，如摔门或者喊叫？应该尝试不同的音高和音量，因为儿童可能会只回应一些声音，而不回应其他声音。例如，一个儿童可能会对一个高音报以微笑，例如母子间使用的"妈妈语"，但可能不会对父亲声音的较低音调作出反应。声音的响度也可能造成影响。儿童可能不会理睬铃铛或者拨浪鼓发出的轻微声响，但是一个响亮的声音，例如木琴发出的声响可能会让儿童转过头来。引导员可以通过说不同强度的单词来进行实验，从柔和到响亮，看儿童听到时是否反应。需要注意的是，缺乏回应并不一定表明儿童没有听到声音。当然，这些指标应该更精确地记录在正式的听力测试中。重要的是要确保游戏引导员最初时不提供视觉提示和声音，只有在声音单独出现后才能使用视觉提示。

Ⅰ.B. 儿童会寻找声音或转向声源吗？

评估团队成员不应在儿童的视野内呈现所有声音。例如，如果要引入一个发声玩具，先把它放在儿童边上，再使它发声。如果儿童看到了一个玩具动起来了，那观察到的反应就可能是对于玩具的动作而不是声音本身。如果声音从一个位置移动到另一个位置，应该刺激儿童在另一个方向进行搜索，还要观察儿童对房间里各种声音的反应。他在父母说话的时候会转向他们吗？当其他团队成员发言时呢？当不同的人说话时，儿童是否会在不同人之间转移注意呢？如果出现儿童不熟悉的声音，他是否会寻找声音的来源呢？

Ⅰ.C. 儿童能够对声音和言语做出有意义的回应吗？

一旦儿童长到足够的年龄，他能够移动或者用发声的方式对声音做出回应，就可以观察到儿童对于所听到的声音的释义。例如，当播放音乐时，儿童是否开始有节奏地随声音活动？如果是这样的话，那么就表明声音被儿童感知和判断为音乐。根据儿童的年龄不同，对声音意义的理解能力应该与他的发展水平相关。对声音的反应可以从儿童的动作、行为、声音、语言、标志、手势和情绪等表达中看出来。

当游戏引导员发出声音或单词（没有伴随的标志或手势提示）时，儿童能够适当地回应就说明儿童能够准确理解声音和单词。例如，引导者可能会说："牛：'哞'！"如果儿童看着玩具牛，或者以某种方式回应奶牛，观察者可以推断出他（她）理解了"牛"或"哞"的含义。然而，有些儿童可能会听到这些话，但却无法理解其意思。这样儿童可能会对引导员的话作出不恰当的回应。在前面的例子中，有听力困难或理解听觉信息困难的儿童可能会看着引导员,却摆弄另一个玩具。引导员需要保持句子的简短和清晰,并进行进一步的评论,或再提出问题,以确保儿童的行为表现反映的是他缺乏理解,而非缺乏兴趣或由于漠视引导员而造成的。

评估团队需要仔细观察,确保儿童是在对环境中的声音和语言,而非对动作、手势或其他视觉刺激作出反应。成人用肢体语言和手势进行交流是很常见的,所以当听到问题的时候,注意不要使用手势。如果评估团队最初没有担心听力方面的问题,但是在游戏过程中出现了这方面的怀疑,评估团队应该提示引导员不要给儿童提供视觉线索。儿童甚至可能把唇读作为视觉提示,所以观察儿童对声音或语言的理解时应该避免让儿童看到引导员的脸。因为儿童可能会使用视觉线索来弥补听力的不足,因此非常有必要观察儿童在有视觉线索和无视觉线索时的理解情况。

I.D. 儿童回应声音和言语的速度有多快?

在所有与儿童的互动过程中,游戏引导员需要留出时间让儿童对环境中的声音做出反应,以及口头和其他交流。如前所述,大多数儿童会立即回应他们所听到和理解的。如果儿童需要延长时间,如延迟反应时间,可能表明了儿童存在听力问题、信息加工问题或智力缺陷。

I.E. 儿童是否能准确地模仿声音?

游戏引导员需要为儿童提供模仿声音和语言的机会。年幼一些的儿童通常会模仿好玩的声音、有趣的新词,或者他们喜欢的句子。在游戏互动过程中,游戏引导员可以把所有这些作为游戏的一部分。应该尝试看一看当儿童没有看着引导员或没有注意引导员的嘴巴时,他是怎样模仿的。没有用眼睛看的儿童依赖于准确的听觉输入和心理表征来进行模仿,而用眼睛看也用耳朵听的儿童能将两种感觉系统——听觉和视觉的输入结合起来,以帮助他进行模仿。模仿应尽可能多地作为玩耍的一部分。然而,如果模仿没有自然而然地发生,引导员可以引入一种每个人轮流发出声音来让人模仿的游戏。

艾伦(Alan),一个18个月大的男孩,正在和引导员一起玩汽车。艾伦喜欢把车推到地板上,让车在斜坡上上下移动。当这些简单的指令与手势配对时,他成功地遵循了引导员的指示。(如,"给我""过来""放进去""拿……"和"给妈妈")。他能够定位电子玩具车发出的警报声(即知道警报是从那辆车上发出的—译者)。在评估过程中,他的父亲进入房间叫他名字。当他的父亲走进房间,他没有对开门和关门的声音或者他的名字有任何反应,但是当爸爸靠近时,他注意到了。在儿童看护中心,艾伦跟着他的同伴,观察同伴从一个活动过渡到另一个活动时的活动表现。根据他父母的说法,他喜欢坐在电视机旁边看电视。艾伦通过眼神接触、手势和发出一些元音(例如"啊""嗯")来进行交流。

艾伦不怎么说话,他的父母说他看起来很沮丧甚至会动手打他们,所以带艾伦来进行 TPBA2。艾伦父母说他已经通过了新生儿听力测试。艾伦在 6 到 16 个月大的时候有耳朵感染的病史。在这段时间里,他大约有 5 次耳朵感染,有些感染持续发作了 2 个月。他的父母并不担心他的听力,因为他似乎能理解他们对他说的大部分话。然而,他们说他并不总是遵照要求行事,觉得这更可能是一个行为问题。TPBA 显示,艾伦能够依靠他人的手势和配合语音的环境线索来与他人顺利交流。

这一个案强调在 TPBA 之前完成听力测试的必要性,以便排除任何可能的临时或永久性的听力损伤,这是可能导致语言延迟的原因。

1.3 中枢听觉处理障碍(Central Auditory Processing Disorder)

美国语音语言听力协会(American Speech-Language-Hearing Association ASHA,2005)将听觉过程定义为中枢神经系统的机制和过程,它们负责下列的行为:声音的定位和侧化、听觉辨别、听觉模式识别、听觉信息的短时加工、有干扰性信号出现时的听觉以及声音信号减弱的听觉表现。中枢听觉处理障碍(CAPD)的识别可能是困难的,因为听觉并不是一种单一的感知能力。听觉信息加工中必然包含一些神经认知机制,另一些尽管并不是特定的,例如注意、动机、记忆和决策等,也必然地积极参与了听觉信息加工过程。

美国语言语音听力协会(1996)提醒从业人员要"切勿简单地将语言理解困难归因于中枢听觉处理障碍。"但是,如果观察到儿童或是父母反映儿童有如下的许多行为,那么评估团队应该探究儿童有中枢听觉加工障碍的可能性:

- 忽略讲话者
- 习惯性地说:"啊?"或"什么?"
- 对噪音过于敏感
- 难以遵照句子中的指令,常常出现遗漏
- 在没有听力损伤的情况下说话大声
- 误解别人的意思,或者认为你说了不同的话
- 省略单词的发音
- 对词语中的语音或音节排序错误,例如,"animal"错误排序成"aminal"
- 当有背景噪音或其他人谈话时感到沮丧

美国语言语音听力学会(2005)指出,识别中枢听觉处理障碍的最佳方式是团队合作。

评估小组可能由一个具有中枢听觉处理障碍经验的语言病理学家以及与听觉学家合作的其他学科成员组成。然而，只有听力专家才有资格进行中枢听觉加工障碍诊断。这一评估必须包括以下要素：完整的病史、对听觉行为的非标准化但系统的观察、确定儿童的能力和沟通功能的言语和语言测评以及由听力学家所做的全面的检查和电生理测试。在 TPBA2 中无法完成听觉的部分，但是可以实现前三部分。这将帮助团队决定是否推荐进一步的中枢听觉加工障碍测试。在一定程度上，美国语言语音听力学会对中枢听觉加工障碍评估的要求可以在 TPBA2 中通过以下的方式达到：

1. 历史信息可以在家庭的配合下从儿童和家庭历史调查表（CFHQ）以及来自外部的附加信息中获取。背景信息必须包括怀孕和出生的信息、健康、言语和语言行为和里程碑、家庭病史、心理因素、认知技能、教育经验、社会性发展、文化和语言背景以及听觉行为。

2. 言语和语言评估的要求应通过以 TPBA2 交流领域的评估和观察来达到。应该特别注意儿童遵循指令的能力，讲话时的发音错误、语音省略问题，以及说单词时的音节错误和句子中词语的顺序错误。

3. 系统的、非标准化的听觉行为观察可以在游戏中记录，通过向父母提问加以拓展。应在以下的方面进行观察：

- 能够定位（localize）和侧化（lateralize）声音的能力和讲话能力。

- 听觉辨别（Auditory Discrimination）：这是区分两种不同声音（如，f 和 th）或两个听起来很像的词（如，pig 和 big）的能力。如果在游戏中没有观察到，应该询问家长孩子是否经常混淆发音相似的词。

- 听觉模式识别（auditory pattern recognition）：这可以通过让儿童模仿拍手来观察，也可以在游戏中让儿童告诉你两个节拍是否相似（必须理解相同/不同）。

- 短时加工（Temporal processing）：儿童必须达到一定年龄，确保能识别单词中的第一个音，或者记住一个简单句子中或三个词表中的第一个词。这可以在玩娃娃时完成，说："宝贝要（暂停）豌豆、苹果和牛奶。""宝宝想要什么？"（必须能够回答"什么"问题。）

- 在有干扰音或弱化的信号时倾听的能力：这需要一些预先计划，以便当别人在附近说话以及当环境噪音比较大的时候（例如：一盘 CD 或磁带、一台风扇、一种嘈杂的发条玩具），要求儿童倾听和回应。团队成员应该注意，儿童是否会变得沮丧或不那么专注，或者很难理解他们说的内容。

如果该小组怀疑儿童有中枢听觉加工障碍，就应转介儿童进行进一步的正式听力评估。对有中枢听觉加工障碍语言问题的儿童相关的有效干预研究很有限，但美国语言语音听力学会指出，最佳的干预措施包括跨学科的、集约化的策略，聚焦直接的技能调整、补偿性策略和环境调整。该小组可以考虑为有疑似中枢听觉加工障碍的儿童推荐以下策略，提高儿童的语言输入的质量：
- 对儿童说得慢一点。
- 在陈述之间多增加停顿。
- 强调关键词。
- 利用视觉信息配合讲话，例如手势或图片。
- 在活动、谈话或小组讨论之前介绍期间会用到的新词汇。

听力学家也建议通过一些方法来提高儿童的声音信号质量，比如在学校优先安排座位、减少背景噪音，或者使用辅助设备来增强语音信号。

汤米（Tommy）的父母担心他的听力，尽管儿科医生说似乎没问题。他说话总是很大声，也常常混淆单词。他说，衣架是"hoat canger"，他最喜欢的蔬菜是"cob-on-the-corn"。当被问到一个问题时，汤米几乎总是说："啊？"如果重复一遍，他就会回答。当他的父母告诉他"把玩具放好，来吃晚饭"时，他就把玩具放在一边。他们说这种情况发生更常发生在看电视或洗碗机运行的时候。汤米的父母不确定他是没有注意，还是存在行为方面的问题，或是只是听不清。

第二节 视觉交流能力

2.1 视觉交流能力

在 TPBA 评估过程中，失聪儿童或听力受损的儿童的视觉和听觉能力是必须考虑的因素。必须小心避免因为一些错误的假设而忽视了对一些行为的观察。比如，对于在家或者学校里没有接触过标准手语的听力困难儿童，应该分别在一个视觉情境和一个听觉情境下进行观察。这些对于儿童的整体发展来说都是非常重要的。虽然本章提供的《观察指南》包含了评估失聪儿童或听力困难儿童的特别的技巧或者特殊考虑，但是评估团队应该包括在聋人教育方面有专业训练的成员。

下列技能是进一步学习美国手语或其他视觉语言的基础，而且对于所有儿童的语言学习来说都是重要的部分。很显然，儿童的视觉注意对于学习使用手语来交流是非常重要的（Holzrichter & Meier, 2000）。婴儿首先是注意到人脸，然后会调整视线，盯着人脸传递的各种信号，然后注意到周围环境中的对象（Spencer, 2003）。失聪儿童必须依靠视觉来监视周围环境来与环境中的事件和人产生联系。最后,在视觉环境中引起别人注意是年幼失聪儿童学习利用视觉进行交际的重要基础能力。虽然失聪儿童可能会使用其的声音来获取他人的注意,但是视觉的方式,比如招手或敲击,会更有效果。

Ⅱ.A. 儿童会不会调整视线看向交际同伴(引导员)？

有听力损伤儿童可能经常尝试用唇读和理解面部表情,而不会把注意转向成人的面孔。很多儿童不会注意成人,而是聚焦在玩具上,因为他们尚未发展出交际的策略。听力损伤儿童可能会抓着引导员的脸朝向自己,以此尝试和理解这个人说的话。使用手语进行交际的儿童会看着他人的面孔,而不是使用手。视觉注意是视觉交际的前提条件。

Ⅱ.B. 儿童会将视觉注意调整到多个焦点上吗？

使用视觉通道的听力损伤儿童会按照一定的顺序将注意转向物体或者人(Mohay,2000),通过调整她/他对信号源和物体之间的注意来获取信号源提供的语言学信息和环境中的信息。因此,儿童可以将注意从物体转向手势或者他人面孔是非常重要的。

Ⅱ.C. 儿童会使用或者对视觉引起的注意行为作出回应吗？

有听力损伤儿童会使用很多行为来引起他人的注意。虽然失聪儿童或者听力损伤儿童会使用声音来吸引注意,但是他们也会使用身体动作的方式来获取注意。最初他们会拉一拉他人的衣服、胳膊或者脸来获取注意。

Ⅱ.D. 儿童会用目光扫描周围的环境吗？ 儿童能够意识到周围环境的存在吗？

扫视环境以定位环境中的物体和人是非常重要的。如果儿童不能指望用声音来帮助他们定位人或物,他们会很依赖看和触摸。儿童应该能够创造环境的心理地图,(凭记忆和理解)估计物体和人的可能位置,然后描绘出人和物之间的关系。比如,不能听的儿童可能听不见父母打开洗衣机,但是当他看到成人拿着一篮子衣服时,儿童就能理解衣服篮子和洗衣机之间的关系,因为他有有关房间的心理地图,所以他知道在哪里能够找到父母。

2.2 运用《观察指南》来评估视觉交流能力

有听力损伤儿童,不管能不能使用手语,都会对世界产生视觉定向(Visual Orientation Meadow-Orlans, 2003)。因此,评估过程应该特别注意利用视觉支持交流的指标(口语或手语)以及有关儿童从他自己的世界获取信息的指标(Wood, Wood, Griffiths, & Howarth,

1986)。如下的指南主要用来评估视觉交流能力。这些视觉交流能力可能在尚未学习手语的儿童中是明显存在的。事实上,研究表明,失聪儿童或此前没有接触过标准手语学习的儿童会发明复杂的手势系统,这个系统中还植入了很多美国手语的成分(Goldin-Meadow,2003;Goldin-Meadow & Feldman,1975)。即使是使用手工编码英语系统(按英语单词顺序使用了美国手语)进行手语的儿童也会发明与美国手语语法类似的词法(Supalla,1991)。

Ⅱ.A. 儿童会不会调整视线看向交际同伴(游戏引导员)?

游戏引导员应该将自己置于合适的位置,使得儿童能够注意到手边的玩具和引导员本人。这与引导员和听力正常的儿童玩耍时选择的位置可能是完全相反的。比如,(通常来说)游戏引导员可能会坐在旁边,随着与儿童的交谈再逐渐靠近儿童。而当与听力损伤儿童游戏的时候,游戏引导员应该将自己置于一个视觉上容易接近的位置,从而鼓励儿童来发起交际。如果在游戏事件中儿童不能够主动看引导员的脸,就得试试把孩子感兴趣的物体放在自己脸部附近鼓励孩子参与交际。

Ⅱ.B. 儿童会将视觉注意调整到多个焦点上吗?

儿童能否在注意某个物体或活动时,去寻找信息,然后返回物体或活动呢?儿童看起来是不是不愿意打断其对某个活动的注意呢?视觉注意能力好一些的儿童能够标记空间中的注视焦点,还能够依靠视觉监视周围环境。引导员应该遵从儿童的引导,聚焦在儿童感兴趣的东西上。当儿童寻求"交流"的时候,游戏引导员可以给点评论来引导其注意转回到先前物体上,或鼓励儿童回到评论的主题上。使用眼神来引导儿童的视线是一种非常有效的视觉策略(Mather,1987)。应该注意避免消极地看待缺乏眼神协调的问题,因为从发展的视角来看,也许儿童正在往理想的方面发展(Singleton & Morgan,2004)。

Ⅱ.C. 儿童会使用或者对视觉引起的注意行为作出回应吗?

如果有人用动作表情或物体、尤其在手语交流中试图吸引儿童的注意,儿童就可能会在引导员面前招手以吸引注意,用手轻拍引导员,或者再踩一下引导员的脚,或者在桌子上敲两下来发出声音或震动。观察员必须记录下儿童如何对引导员给出的那些吸引注意力的行为作出回应。儿童会不会看一下引导员或者做出"等一下"的反应呢?

Ⅱ.D. 儿童会用目光扫描周围的环境吗? 儿童能够意识到周围环境的存在吗?

儿童会不会去目光找寻喜欢的人或物的位置呢?他多久扫描一下房间或用目光寻找一下父母呢?其他人进入房间时他会注意到吗?失聪儿童会经常目光巡视一下房间以确定是

否有变化。观察团队应该记录下在什么场景下儿童会用目光扫视房间来找"新"信息。

在游戏环节中，萨利（Sally）对玩具特别感兴趣，把注意力集中在它上面，然后抬起头来评论或提出一些问题。有时候她真的在提问题（"还有其他的车在哪里，在哪里呢？"），有时候她又只是看着引导员，脸上露出疑惑的表情。当游戏引导员在房间里行走时，萨利想要获取她的注意，她跺了跺脚，但没有得到回应，她又在游戏引导员面前招了招手。当他们近距离地做游戏时，萨利敲了一下引导员的膝盖或者肩膀来获取注意。整个环节，萨利都是通过目光来扫视周围环境，观察员在房间内走动，或者观察她母亲喝水，她都注意到了。

这个小故事囊括了之前提及的所有视觉交流技能。这个典型的语言场景说明了用口语或手语进行交流的视觉框架。

2.3 TPBA2 中需要为失聪儿童或听力困难儿童考虑的内容

所有的 TPBA2 成员都应该对影响失聪儿童或听力困难儿童的生活问题有一个基本的了解。这最好是通过多领域融合的角色延伸来实现（参见第二章，TPBA2 和 TPBI2 实施人员导引），需要懂失聪儿童或听力困难儿童专业的专家共同参与。评估团队的培训应该聚焦在不同的主题上。团队的专业资料库应该包含对失聪儿童或听力困难儿童的材料（参见本章末尾的推荐读物）。

不论失聪儿童或听力困难儿童的家长提出怎样的问题，评估团队都应该想法解答。这需要评估团队广泛了解各种主题，比如听力损伤对儿童语言和交流的影响，视觉在语言发展中的作用，聋人社区（社交圈子—译者）的特点，人工电子耳蜗和其他听力设备的优势和问题，支持读写发展的策略，获取社区服务的方法，以及父母养育的策略等。不幸的是，到今天为止，父母和大多数接受早期干预系统服务的儿童和家庭，是经由未受过聋儿或听力损伤教育培训的专家来完成的（Stredler-Brown & Arehart, 2000）。为了聋儿和听力损伤儿童及其家庭的利益和对提升早期教育领域的考虑，必须改变这种情况。评估和干预团队需要在聋人文化、语言、职业和教育实践方面受过培训并具有专业知识的专家组成，以便恰当地评估失聪儿童和听力损伤儿童，从而为家庭提供有关儿童教育前景的信息和建议。评估聋童或听力损伤儿童的准备如下所述。

2.3.1 关于评估团队的考虑：专业团队成员

为失聪儿童及其家庭服务需要专门的培训和工作经验而形成的高度专业的知识库，这可以在接受过失聪儿童和成人培训并具有聋哑或听力障碍经验的专业人员中找到。TPBA 的过程使得评估团队的成员可以根据儿童和家庭需要而变化。当儿童已经被评估鉴定为失聪或听力损伤时，团队应该纳入那些接受了相关培训并具有相关工作经验的成员。根据评估儿童和家庭的需要，评估团队应该是如下人员的组合：有资格认证的聋儿教师，美国手语专家，聋人（成人），手语翻译，语言病理学家和听力学家。

聋儿教师

聋儿教师应该具有聋儿教育方面的本科或研究生学历和聋儿教师资格证（州或教育部水平的）。聋儿教师，不论其本人是聋人或者是听力良好，都应具备大量有关口语发展和指导、听觉训练、听觉辅助技术、语言习得、聋人文化、课程制定、评估、家长教育、美国手语和耳蜗植入与其他听力辅助设备相关的知识。专业的训练使其广泛而深入了解儿童有关社交、情感和沟通交流等发展问题。TPBA 中的聋儿教师应该具有资格证，或经过早期教育培训或早期特殊教育培训。聋儿教师在评估过程中会在聋儿童教育方面贡献其高度专业化的知识。在 TPBA 中，聋儿教师也会担任不同的角色，包括游戏引导员、言语和语言观察员、父母引导员等。

美国手语专家

美国手语专家加入聋儿教育领域是一个新的尝试。通常来说，这些专家应该具有聋人研究、美国手语教学或语言学的学位。这些专家，可能本身是聋人也可能听力正常，他们经过了深入的训练，手语非常流畅。对聋人文化的了解以及把聋人社群聚集在一起的专业能力也是很重要的。专业的态度和能力对 TPBA 团队来说是非常重要的，这涉及评估手语技能，帮助父母进入聋人群体，或为设计视觉上方便可达的环境提供指导等。

聋人或听力受损的成人

聋人（成人）（已被鉴定为聋人群体并使用手语）可能是团队召集的额外专业评估人员或主要负责某个角色（聋儿教师、美国手语专家、心理学家、社会工作者、家庭引导员，或游戏引导员）。成年聋人因为生活经验的缘故，可以为建构视觉可达环境、计划基于视觉的互动策略提供见解，最重要的是，能在评估后的会议上回答家长的问题。聋人应该能够提供有关残余听力的功能使用，包括唇读在内的交流策略的有用信息。专业的态度和能力对这些人发挥其能力是很重要的，这需要认识到言语对很多家庭的重要性，认识到新兴技术，比如耳蜗植入技术在提升儿童听力和言语潜能方面的价值。聋人参与到对聋儿或听力受损儿童的评估，并支持和指导父母，可以确保评估和干预过程的可靠性（Hafer & Stredler-Brown, 2003）。政策也规定，应该给聋儿或听力受损儿童的父母在评估和教育的开始阶段与聋人进行接触的机会。聋人是非常有价值的团队成员，其可以参与到个别化家庭服务计划（IFSP）和个别化教育计划（IEP）中（Andrews, Leigh, & Weiner, 2004）。

如果聋儿的父母选择使用手语的话，很多项目都为其提供了与聋人导师见面的机会，(Watkins, Pitman, & Walden, 1998)，而结果表明，这些父母会比那些没有机会与聋人进行交际的父母更有能力与儿童开展积极的交流。某些项目会在评估起始阶段就介绍听力正常父母认识聋人，这种尽早的接触非常重要（Andrews et al., 2004; Hafer & Stredler-Brown, 2003; Schlesinger & Meadow, 1972）。

聋儿的父母向成年聋人的初步咨询至关重要，因为这可以让父母从高于幼儿发展水平的人的经验中受益。(Schlesinger & Meadow, 1972)。很多美国聋人特别担心，因为没有人在评估和干预的早期阶段把手语和聋人社群的益处告知父母（Andrews et al., 2004）。Bodner-Johnson（2003）采访了年轻的、在读大学年龄的聋人，他们辛酸地描述了他们如何渴望父母能够理解失聪的意思。一位名叫大卫的年轻人说道：

> 我的父母不知道我是谁。如果他们早就知道了我是谁，他们就会知道我是一个非常乐观的人，我是一个很有趣的人……我认为，如果我早点与我的家庭进行交流，他们会理解我。但凡我们交流过了，如果他们能够像我现在这样和我沟通，我想一切都会好起来的。

如果团队没有与聋人社群的联系，那么这种信息就无法传递到父母那里。TPBA 团队中聋人的参与，会帮助父母开始理解儿童的需求，也会帮助父母通过评估做出更加详细的决策。正如美国手语专家和聋儿专家一样，作为评估团队成员的成年聋人，也应该接受与幼儿（发展）有关的培训或增加与幼儿相处的经验。

教育翻译人员

2004 年《残疾人教育改进法案(IDEA)》(PL108-446)要求，在评估过程中必要时为其使用非英语的父母提供翻译人员。这项服务也应该为使用手语的失聪儿童和听力损伤儿童的家长提供。很多失聪或有听力损伤的成人在个别互动的时候可以通过交谈和读唇来交流，此时就可能不需要翻译人员。但是，如果参与的人员较多，比如 TPBA，那么需要一个翻译来确保父母的全程参与并可以听到针对所有信息的讨论。对评估团队中的聋人或听力受损的成人也应该提供翻译。手语翻译人员应该能在评估开始之前到场与团队成员会面，以便为参与评估的成员确定最有效的交流策略。教育翻译人员支持不同类型的交际，包括美国手语、手动编码的英语系统，或其他交际方法。聋人或听力受损的人有需求时应该与翻译进行讨论。翻译的专业态度对 TPBA 是最重要的，这包括理解到评估中和评估后会议上保持家庭友好气氛的重要性。如果可能，一小批翻译人员可以介绍一下他们在 TPBA 中的独特作用，以及关于幼儿评估的核心概念。当然，翻译人员应该提供免费的口译服务。

言语障碍治疗师（Speech-Language Pathologist）

言语障碍治疗师应该接受与失聪儿童或听力受损儿童工作相关的专业培训。他们必须了解听力受损对于言语和语言习得的影响，能够排除助听器的问题以确保其功能正常，还能够设计交流的顺序、方法，分别来评估儿童在佩戴助听器和不佩戴的情况下能否感知和发出一定频率的声音。言语障碍治疗师应该熟练运用大量的策略和技巧来示范和诱发口语，并且在一定程度上熟练掌握美国手语之类的视觉语言。他们还应该具有专业的态度，尊重聋人社群，同等对待美国手语和其他任何口语，充分认可视觉在失聪儿童或听力受损儿童交际中的重要性(Padden & Humphries, 1988)。在 TPBA 中，言语障碍治疗师可以作为一个语言和沟通专家，在评估期间观察儿童，并提供能够诱发儿童进行口语交流的建议。

听力学家

评估团队中的听力学家会与言语障碍治疗师一起工作，共同构建可以诱发儿童对听力刺激做出反应的评估方法。听力学家应该熟练地提供全方位的听力测试，还应该能够向团队的其他成员和父母解释，根据听力损伤的程度和类型，儿童接受听力辅助的时间长短，儿童使用听力辅助设备的一致性，家庭接受服务的类型和质量等的考虑，解释预期中儿童可能会有怎样的反应。TPBA 团队中的听力学家应能够解释与耳蜗植入有关的问题(Gatty, 2003)。观察和解释儿童在自然环境中的听力反应也是很重要的。听力学家应该对聋人社群有所了解并有与成年聋人交流方面的经验。与聋儿或听力受损儿童家庭进行工作时的专业态度包括对聋人社群的尊重，以及承认手语和口语具有同等地位。与团队其他成员一样，听力学家也应该具有与聋童或听力受损儿童工作的经验或经受过专门培训。

2.3.2 环境考量：准备 TPBA 时确定视觉环境的导向

……聋人首先，最后，

永远属于视觉主导的人群。

——乔治·韦迪兹(George Veditz, 1913)

当评估聋儿或听力受损儿童时，评估团队必须意识到视觉对于这些儿童了解世界的重要性。不管儿童的听力状况如何，必须设定一个支持儿童的学习和充分利用视觉沟通/交流规则的环境，这对于确保评估效果是非常重要的(Padden & Humphries, 1988)。Meadow-Orlans(2003)强调，由于听力有限，因此儿童需要依靠视觉来感知和与世界互动。重度失聪儿童会更多的依靠视觉来交流，而听力困难的儿童则学习使用视觉信息来辅助其残存的听觉能力。

建立听觉环境

因为视觉对与失聪儿童和听力受损儿童是非常重要的，所以有可能的话，必须特别注意为评估设计的视觉元素。当然，照明必须充分。调整百叶窗，防止过于刺眼。游戏和材料放置在儿童可看到和可拿到的地方。如果儿童被看到的其他东西吸引以致于干扰了评估过程，那么把架子蒙上或者拿掉某些玩具。玩具应该按照主题来放置，这样能够便于儿童在游戏中将自己的想法和创作联系起来。戴着助听器的娃娃、用于角色扮演游戏的TTYs（聋人远程交流设备）、个人数字助理（PDAs）或呼叫机等对于失聪儿童来说都是非常重要的适宜于文化的游戏材料。耳机和麦克风除了作为主题材料之外，可以用来激发某些特别的主题游戏，比如"访问听力学家"。在整个环节中，失聪儿童的视线应该与游戏引导员直接相对。

儿童照料者和家庭成员也需要身处在儿童看得到的位置。像其他的年幼儿童一样，失聪儿童或听力受损儿童会通过与父母和照料者的互动来确认父母是否在场，尽管只是简单的眼神交流。听力正常儿童听到父母的说话声即可知道父母的位置，但是听力受损的儿童则更多的依靠视觉来定位。需要意识到某些物体比如旗子、汽车和飘带等会分散孩子在行动时的注意力，儿童在转移到一项活动之前可能会先扫视这些东西。就像对听力正常儿童评估时一样，需要预先考虑到这些干扰因素。

评估团队的观察计划必须具有灵活性——团队成员必须能够移动来观察游戏引导员和儿童之间的目光—手势交流。对这个环节进行录像能够准确地记录儿童的视觉交流行为。

为TPBA设定听力环境导向

设计环境需要考虑聋儿或听力受损儿童的视觉需要的同时，也应该提供最佳的听力支持。规划环境时必须考虑到在自然的、功能性的情境中诱发儿童的听力和言语能力。

房间应经过隔音处理，以降低环境噪音。吸音地毯、隔音墙（比如软包）和天花板上的吸声瓦等都可以提供支持聋儿或听力受损儿童听觉发展的环境。如果儿童的听觉评估中推荐调频系统，那么也应该提供给儿童。同时，还应该考虑评估的区域中的噪音管理。如果儿童已经事先接受了听觉辅助，或者进行了耳蜗植入，那么应该在评估前检查器械是否有问题，并应该在评估期间佩戴。

还应该考虑使用不同类型的玩具来呈现不同频率和响度的声音。听力学家可以协助判定玩具声音的分贝数（响度）和频率（范围）。

2.3.3 互动方面的考虑：游戏的引导

评估团队可能决定与父母和儿童进行游戏环节，以了解父母是如何与儿童进行交流，一旦评估团队清楚了亲子交流模式，游戏引导员就可以借鉴采用相似的交流模式。评估团队需要记录下父母和儿童使用的"家庭暗号"，而游戏引导员需要将它们整合到游戏环节中。如果团队需要评估的聋儿或听力受损儿童其父母也是聋人，而且团队中的所有人都无法发挥游戏引导员的作用，那么就可以请其父母作为游戏引导员，加上手语翻译或其他的懂得失聪儿童的专业人员。在某些情况下，在评估使用手语的儿童时，即便游戏引导员可以熟练运用手语，也仍需要父母解释儿童的手语表达的意思。

游戏引导员应该系统地使用，也可以配合或单独使用面部表情、言语、姿势、手势、哑剧、和视听线索来尽可能多地诱发儿童产生大量的回应。儿童的回应其实就反映出游戏引导员使用这些技巧的程度。观察员和游戏引导员应该针对儿童对不同交际模式的回应来反问自己。比如，如果游戏引导员提出，"她想要布娃娃"，她可能在评估中多次使用手语、口语来表达，或使用姿势来表示。多应用不同类型的交际模式可以辅助观察员查看哪一种模式更加有效或者更加表明儿童需要进行某方面集中的评估。游戏引导员应该使用下面章节所提及的视觉交际策略。

在评估过程中，游戏引导员对序列性视觉注意重要性的认识对于他与聋儿和听力受损儿童互动的有效性和质量是非常重要的（Hafer & Stredler-Brown, 2003）。因为听力受损儿童可能在视觉上一次只能注意一个物体，所以，游戏引导员必须给儿童留出充分的时间让他们观察某个物体，然后再期望儿童在与引导员交流时注意到他们的脸和手。

有效的早期交流策略

我们经常认为，聋儿会存在语言迟缓，因为他们是听不见的。实际上，语言的迟缓是儿童与成人之间的交流策略不够有效造成的，而不是因为失聪（Harris & Mohay, 1997）。大多数聋儿或听力受损儿童父母的听力是正常的，但他们的父母必须学习有效的视觉交际策略（在使用或不使用手语的情况下）来满足儿童的交际需求。如下的策略是通过观察失聪的母亲与失聪儿童交流时发现的（Koester, 1994; Mohay, Milton, Hindermarsh, & Ganley, 1998; Spencer, Bodner-Johnson, & Gutfrend, 1992; Swisher, 1984）。在 TPBA 中针对聋儿或听力受损儿童使用这些策略可能会带来更有效的提升。此外，这些策略也可以作为干预策略推荐给家庭成员：

- 非言语交流：微笑、面部表情和姿势来支持视觉模式的发展，这对视觉模式交流是非常重要的。
- 获得视觉注意：在儿童视线范围内招手、移动某个物体，或者前后摇晃可以训练儿童将注意力集中在成人面孔上。
- 使用触觉来获得视觉注意：触摸、轻拍和抚摸是失聪父母使用的可以获得儿童注意的有效策略。当父母不在孩子的视野范围内时，失聪父母也可以使用触摸给孩子提供积极的反馈和安慰。
- 使用指点来引导注意，但同时准许语言输入：视觉注意是有序列的，而不是同时并行的。失聪父母先引起儿童的注意，告诉其可以看到什么，然后再将儿童的注意力引向话题。他们也可以在讨论的物体近旁做手语，让儿童同时看到物体和手语。
- 降低沟通交流频率，从而意识到其重要性：失聪儿童必须在活动和与他们交流的人之间转换注意。失聪父母通常较少主动交流，而是等着儿童来关注他们，以确保儿童重视起与他们的交流。

- 使用短句(using short utterances)：短句降低了对儿童活动的干扰,在儿童把视觉注意从一个焦点转向另一个焦点时,短句也降低了对记忆的需求。
- 将自己和物体置于儿童目光可视可及的位置：失聪父母会让自己居于儿童后面或者旁边,来减少儿童的分神,弯下身体就能让儿童能看到自己和儿童感兴趣的东西。
- 把手、脸,或者二者都移动到儿童的视线内：在儿童身上做出手势或者在儿童视线内做手势,这样儿童不需要重新将注意力从活动转移到父母身上。
- 支架(bracketing)：失聪父母会给物体命名,然后手指着物体,再做出物体的手语,如此来说明他们语言的含义
- 修改手势：失聪父母通过重复、放大、延长和置换等手势调整来吸引儿童接近注意对象。给予儿童足够的时间将语言内化,从而促进了儿童的理解。

失聪母亲和失聪儿童之间的自然交流符合使用视觉模式进行交流的需要。当听力正常的父母将这些策略植入到日常与聋儿或听力受损儿童的互动之中时,"语言就能看得见了。"(Mohay, 2000)。

2.4　为聋儿或听力受损儿童评估而准备团队

所有的 TPBA 团队成员都应该对影响聋儿和听力受损儿童生活的问题有一个基本的了解。这最好是通过跨学科的角色延伸来实现(参照第二章,以游戏为基础的多领域融合评估法 2 和干预法 2 实施手册),这需要与聋儿或听力受损儿童一起工作的专家来共同参与。评估团队的培训应该聚焦在不同的主题上。团队的专业图书馆应该捐献一些书本给聋儿或听力受损儿童(参见本章末尾的推荐读物)。

当然某些情况下,没有诊断出听力问题的儿童也需要进行评估。在这种情况下,有专门知识的团队成员可能不在场。因此一个强有力的、针对聋儿或听力受损儿童的专业教育项目以及有关听力损伤的行为指标会辅助团队来观察那些没有诊断出听力损伤的儿童。

以下是与聋儿发展有关的重要概念的总结,所有的团队成员都应该知道这些概念。当然,在评估聋儿或听力受损的儿童时,团队成员中至少应有一名成员具备与聋儿和听力受损儿童及其家人一起工作的深入知识和培训经历。

2.4.1　基本事实

美国大约有 2800 万的聋人或者听力困难的人(Blanchfield, Feldman, Dunbar, & Gardner, 2001)。出生时出现失聪或者听力受损的比例达到千分之一到四(CDC, 2005;

Culpepper,2003)。当然,90%的儿童出生在父母听力正常的家庭,这些父母对于失聪或者听力受损知之甚少。近来,Karchmer and Mitchell(2003)的报告称,95%的聋儿父母的听力是正常的。美国教育部(2000)报告称,1998—1999年间,大约有7万聋儿和听力受损儿童。Holden-Pitt and Diaz(1998)报告称,学龄儿童中聋儿或听力受损儿童的比例中约有34%还兼具有其他的障碍。

导致听力损伤有很多原因,其中一些因素会导致其他的障碍。失聪的主要致病因是感染,包括风疹、巨细胞病毒、脑膜炎、单纯性疱疹病毒,人体免疫缺陷病毒(HIV)和先天性弓虫病。造成听力损伤的非传染性原因包括胎儿成红细胞增多症(Rh因子)、耳毒性药物、早产、和其他各种遗传问题(Andrews et al.,2004)。所有这些非遗传性和某些遗传性原因也会导致其他障碍,比如语言问题、发育迟缓、视觉障碍、癫痫、脑瘫和运动障碍(Batshaw,2007)。三分之二的遗传性耳聋仅仅会引发听力损伤,但是剩下三分之一则可能是因为医学或者身体的原因导致障碍(Willems,2000)。

2.4.2 理解父母

一旦完成正式的评估,两组父母对确认听力损伤的反应往往大相径庭。听力正常的父母会感觉到极为震惊,虽然他们也会有一种解脱感,即知道了他们原来的怀疑是错误的。但是聋人父母则会有些高兴,因为他们的孩子跟他们一样。为什么这两组父母,一般情况下,会对自己的儿童鉴定为失聪产生如此不同的反应呢?原因很复杂,但是可以理解。

听力正常的父母在怀孕期间绝不会想到家庭中会有一个聋儿出现。而聋儿或听力受损儿童的听力正常父母很有可能从未遇到过失聪的人。他们对失聪之于交流和学习的影响一无所知。他们脑海中的聋人形象可能是一个戴着助听器的老年人、一个电视剧中使用手语的老演员,或者是一个机场上拿着字板乞讨的乞丐。

但是,失聪父母会把养育一个失聪儿童作为一种自然而轻松的事(Erting,2003;Lane,Hoffmeister,& Behan,1996;Meadow,1967)。他们不仅具有第一手有关失聪的知识,也会因为作为"三代聋人"家庭而感到骄傲。在多数情况下,他们知道如何调整和适应来获取使生活幸福的必需品和各种体验。一个建设完好的聋人社群可以为这样的聋人家庭提供重要的支持。最重要的是,失聪父母和失聪儿童可以不费力且有效的进行交流,还有一种对失聪儿童未来美好生活的期望和信心。

这两种家庭,虽然家里都有失聪或听力受损儿童,但完全不同。他们有着非常不同的经验和期待,因此,进入到评估过程后,他们会有不同的问题,也需要儿童发展出不同的优势和能力,因此,评估团队需要确定他们的需求。

2.4.3 技术和感觉辅助（Sensory Aids）

在对听力损伤的类型、特征和程度进行测量之后，父母会与听力学家一起，判定是否选择扩音器。在很多情况下，父母会决定不使用扩音器；但多数父母会选择使用。大量的听力辅助设备、调频系统、触感式助听器或手术过程比如耳蜗植入，都可以实现。听力辅助是个人根据儿童的听力损伤情况选择的。调频系统主要在教室内使用。教师会通过麦克风来将自己的声音传输到儿童的听力设备上。触感式助听器主要给没有听力或者听力很差的儿童使用。对他们来说，传统的助听器是没有用的。触感式助听器通过将麦克风中的声音发送到处理器，再传送到传感器来相应地震动皮肤，从而给儿童提供声音刺激信息。耳蜗植入则是通过手术来完成，其通过电信号来刺激听觉神经。

随着儿童的长大，需要将适宜的设备与个体的听力损伤状况重新进行匹配。进一步咨询不同专家才可以确保选择到合适的辅助设备。

2.5 聋儿或听力受损儿童的交流方法

对于聋儿或听力困难儿童来说，有很多种不同的交际方式。但是，最频繁使用的则是口语、手语、手势语、综合沟通法和双语法。这些方式的目标都是为儿童提供语言和交流的路径。

口头的方式可以在儿童利用现有听力的同时获得口语的发展。儿童需要利用功能性听力辅助设备或者其他听力设备来获取足够的信息，以进一步地受益于口头交流方式。根据儿童所接受服务项目的理念差异，有些会强调有些也不会强调唇读的使用。支持这种方式的人认为语言是交际和进行读写的媒介。支持者认为技术和适宜的学习环境，会给失聪儿童提供成功的机会。同时也有一些人对听力严重受损的儿童长时间缺乏成功经历的担忧。虽然这种方法对于听力困难儿童来说往往很成功，但是那些不适合这种方式并开始使用手语的儿童在关键的语言技能方面则会落后。

手语（Cued speech）是一套由 8 个手形（4 个手形代表辅音、4 个靠近面部的位置代表元音）构成的系统，其与自然发音相协调。这个系统使得语音变得"可见"。支持者相信这种方式可以让口语变得具体可见，从而提升儿童的阅读和书写的能力。对这种方式的担心主要是考虑到手语的使用并不能确保儿童可以发展出表达性口语技能。

研究表明，从出生起就开始接触手势语的聋儿会与使用口语的儿童遵循同样的语言习得路径，并达到所有的语言里程碑(Newport & Meier, 1985; Pettito & Marentette, 1991)。说和听的能力对于语言的完全习得来说并非必要(Pettito & Marentette, 1991)。不管听力损伤的程度如何，手势语言的使用都可以支持聋儿或听力困难儿童口语和书面英语的发展(Marschark, Lang, & Albertini, 2002)。在一项对 4 岁聋儿的研究中表明，通过使用手势语和口头语，早期听力损伤儿童的阅读成绩超过了听力正常的儿童（Notoya，Suzuki，& Furukawa，1994）。

听力困难儿童经常被认为不需要手势语，因为他们可以听到口语（虽然通常不会太清楚）。但是，对于听力受损儿童来说，同时使用手语和口头英语会产生积极的结果（Rushmer，2003）。手势符号可能会帮助理解言语的意义，使接受性语言和口头英语都能够持续地发展（Rushmer，2003）。

完整交流法（Total Communication Approach）是指完整使用所有的交流模式，对于儿童来说可行的包括美国手语、手动编码英语（比如手势英语、手势基本英语）、口语等，尽管其中各自分量不同。完整交际法通常会简化成即时交流或成为"同步通信工具"，即个体会在谈话中简化英语中的手势。使用这种方式的项目认为，他们通过强调手势和言语达成了两全其美。对这种方式的担忧是，如果完整交流法在实践中简化成即时交流的话，那么两种语言都有所缩减。儿童可能不会基于美国手语或英语（手语或口语）发展出比较稳固的语言基础。

双语的方式是指使用美国手语作为儿童的第一语言，因为其对儿童的语言、认知、社会和情感发展来说是非常重要的。支持者认为，这是一种提升聋儿或听力困难儿童（他们可以容易且有效地通过视觉媒介来学习）的交流技能、生活成就和读写发展的重要路径。英语作为第二语言则通过阅读和书写习得，这个过程需要美国手语的调节。在儿童通过视觉学习语言的过程中，也应该强调听觉和言语技能。对这种方式的担忧则是，学校中并没有广泛存在实施这种方式的环境（聋儿的同伴行为榜样，教师美国手语的流畅度）。

不幸的是，年幼聋儿或听力困难儿童的父母不得不选择其中的一种方式。越来越多的家长希望能够使用所有的方式，比如双语项目中，（植入人工耳蜗的）儿童可以接受言语和听觉训练，也可以熟练掌握美国手语。聋人教师和其他的成人导师可以辅助聋儿和家庭来寻找听力正常又能适合聋人的环境。英语读写是通过包括视觉语音学在内的视觉策略发展起来的。这并不意味着对聋儿的早期教育应该采取"一刀切"的方式，而应该是通过探索所有可能的资源，灵活而又及时地满足父母的需求。TPBA 团队需要精通不同方式的优势、弱势和研究基础，这样家庭才能为儿童选择哪种交流方式做出更细致的判断。

结论

本章为读者提供了有关听力损伤对儿童发展影响的基本介绍。本章首先强调的是，要认识到视觉在失聪和听力困难儿童体验世界过程中的重要作用。强调把听觉和视觉技巧结合起来，满足听力受损儿童独特的交流和语言需求。本章提供的《观察指南》考虑了聋儿和听力困难儿童听觉和视觉两方面。我们建议读者将聋儿看做聋人社群中的一分子，关注到聋儿的存在，了解失聪的含义及其对评估过程的影响。成年聋人和接受过聋儿和听力困难儿童相关培训的专家在整个跨学科团队组成中是非常重要的。

个案研究

接下来的个案研究是一个针对聋儿进行 TPBA 的典型案例。这是一个学习美国手语的儿童的例子，因为文献的大部分都描述了对听力损伤儿童的评估，之间也强调了听力。请读者思考这一个案研究并将之与更熟悉的个案研究进行比较和对比。最后我们邀请读者找到本章的观点，呈现在米亚的故事中的例子，并思考这种经验是如何影响他们对聋儿和听力困难儿童评估的理解的。

历史

米亚（Mia）出生在墨西哥。父母在她出生不久以后就移民到了华盛顿哥伦比亚特区。在米亚 1 岁的时候，她被诊断出极其严重的听力损伤。随后，米亚开始接受口头言语和语言治疗服务，并配备了一个助听器。两年过后，她在发展可理解性言语方面取得的进步很小，有人介绍她参与一个专为聋儿服务的项目。米亚进到了一个双语（美国手语和英语）幼儿园并开始学习美国手语，与此同时，她的父母则接受了美国手语的免费课程。她的父母发现这个课很困难，因为缺少一个西班牙语的翻译。尽管如此，米亚的父母还是学会了用基本的手语词汇与米亚沟通，并继续跟米亚说西班牙语。当提及对米亚的发展有什么担心时，他们提到，她看起来在与邻居小朋友分享方面存在困难。

评估过程

4 岁 10 个月时，米亚接受了评估。TPBA 过程以家访开始，由游戏引导员和家长引导员进行。游戏引导员是聋人，而家长引导员存在听力困难，但西班牙语口语很流利。获取背景信息之后，游戏引导员开始有了与米亚互动的机会。他们决定评估要在周五在米亚的教室内进行，因此米亚的妈妈和妹妹也到了学校参与评估。TPBA 团队成员包括游戏引导员（失聪）、家长引导员（听力困难）、言语障碍治疗师（听力正常）、学校心理师（失聪）、米亚的老师（听力正常）、录像师（听力正常）和教练（失聪）。评估团队成员的选择是基于这样的考虑：他们都非常看重母语能力（西班牙口语和美国手语）和聋人在视觉方面的作用。教练与其他团队成员配合开展视觉性的沟通。家长引导员主要作为翻译人员（将美国手语翻译成西班牙语口语）。家长引导员将团队介绍给米亚的母亲，苏亚雷斯女士。她说西班牙语，而团队成员既可以说英语也可以使用美国手语。她会把苏亚雷斯女士所说的所有话转成美国手语。

观察发展状况

当米亚第一次进入教室的时候，她环顾四周并停下来观察每一个团队成员。她微笑了一下，向团队中的两个成员招了招手，并用手语说道，"谁？"（你是谁？）。

一开始适应环境的过程中，米亚的活动水平是非常高的，她会从一个活动跳到另一个活动中，好像她对环境很熟悉。一旦游戏引导员开始和她对话中，她就能够静下来。看起来米亚在评估中的结构化互动中参与度很高。

当游戏中的米亚变得沮丧的时候，苏亚雷斯女士不停地鼓励她。这是米亚与母亲之间充满爱的积极关系的例证。米亚在整个游戏环节都会用目光看母亲，而苏亚雷斯女士则报以微笑或者鼓励的姿势。当她的母亲离开去喂她妹妹的时候，米亚变得很焦虑，并使用美国手语发问，"妈妈去哪里"（妈妈去哪里了？）。回答了她的问题之后，她才会打消疑虑并继续游戏。因为她的父母担心米亚很难与其他儿童一起游戏，所以评估团队决定整个星期都在教室和户外活动场地中继续对米亚进行观察。评估团队发现她与同伴之间有一些冲突，并会通过闭上眼睛来发泄自己的沮丧——这种方式就完全不可能与同伴交流自己的行为和感受。在游戏场上，米亚和朋友之间发生了一件小事。米亚自己自玩"公共汽车"的游戏。当另外一个小朋友尝试加入游戏活动时，米亚使用美国手语告诉她，"不，不想"（不，我不想你跟我玩）。她意识到她的朋友在旁边玩但是决定不去加入。不久之后，米亚允许另一个儿童加入到她的游戏中，但只能按照她的玩法。当米亚想要自己玩的时候，她把书递给小朋友，并使用美国手语说，"我的书，阅读你，分享"（你可以阅读我的书，我想跟你分享）。看起来米亚与同年龄伙伴交往有一定的困难。她的确使用了语言引导其他儿童，但是并没有使用语言来修复社交情境或解决冲突。

米亚的交流模式包括手势和美国手语。米亚能够将自己的手势调整为美国手语。比如，她使用骑马手势来表示一个马形动物饼干。当她使用美国手语表示马的时候，也是对的。米亚从美国手语的使用者那里学会了语言模型。此外，随着米亚小肌肉动作持续的发展，她可以模仿更加复杂的手势，比如噪音，还能模仿一些量词，比如词组中的"车—正在—多—转身"（car-making-several-turns，此处是车老在转弯—译者）。

米亚的语言能力处于言内行为阶段，随着交际能力的提高，正式的、符号性的交际（通常是口头语言）也在不断发展。她也会使用美国手语展现形容词的程度，比如表达单词"热"时，她会使用适当的面部表情。但是，当她需要帮助时，比如把积木放在塔尖上，她会不停地使用手势或肢体语言。米亚的语言和交流能力表明她在表达的复杂性方面存在不一致的情况。

米亚使用手语描述不同的目的，包括提问（妈妈在哪里？）、回答问题、请求别人的行动、通知别人和表达抗议。但是，我们观察到米亚主要是为了与母亲、妹妹、游戏引导员、同伴和老师进行交流。

在学习美国手语的过程中，手语水平得到发展。她的句子长度包括三、四个手势或单词，结构相对简单，有主宾结合，动词恰当。她也能够开始使用包含主题化的复杂句子结构。此外，她并没有掌握"扬眉"这个重要的美国手语语法特征。

米亚能够回答简单的特殊疑问句。通过回应简单的问题，米亚表现出了一定的语言理解水平。但是，有些情况下米亚没有对问题做出回应，但是我们并不清楚是因为她不理解问题还是她主动选择不予回应。

米亚具有生成性的对话能力。因为米亚是一个视觉型学习者，所以她发展了很好的目光注视能力。在她给妈妈、妹妹和游戏引导员阅读时，当保持和某人对话时，她会表现出适宜的目光注视。她不仅能够通过转移目光或查看房间中的物体和人（当一个人使用手势指代某个物体或人时）来跟两个人的手势对话，还能够通过轻敲肩膀或招手来回应或诱发适当的注意行为。

琼·斯密斯（Joan Smith），米亚的言语障碍治疗师报告称，她在干预米亚言语中的超音段。这是发声的基本阶段，是针对聋儿提出的典型言语目标。米亚没有使用自发性的言语，但是会模仿简单的元音，比如"ah"和"oh"。她也会模仿短的和长的发声，比如"Ahhhh"（长的）和"ba/ba/ba"（短的）。米亚的目标是发展超音段能力。她刚刚开始通过读唇法认识颜色。米亚并不是经常地佩戴助听器。虽然在游戏环节她戴着助听器，但是当我们在她背后敲鼓时，她并没有做出回应。

米亚会使用很多词，特别是名词、动词、形容词和某些否定词。她已经能够接触一些副词、介词和连词，这已经是美国手语中很丰富修饰词了。米亚还表现出了她对书面英语和唇语关系的理解。她可以使用手势拼写自己的名字，当展现物体的图片时也可以拼写单词 cat，dog，ball，和 cup。她还能够通过手势拼写来再认书面语中的字母。

后期评估会议

在结束了对米亚发展水平的观察之后，评估团队与父母碰面一起讨论他们的观察并从苏亚雷斯夫妇那里了解更多有关对米亚的担忧和需求。这个会议使用了三语翻译（英语、西班牙语和美国手语）。会议之前，评估团队的初始报告已经翻译成了西班牙语，翻译者也参加了本次会议，以便能尽快地修改最终报告。

在这个会议上，苏亚雷斯夫妇表达了对学习美国手语的沮丧。他们感觉到，虽然学校给父母授课也提供了看护服务，但是他们仍然感觉到不舒服，特别是在这样一个英语/美国手语的双语环境中感到自己傻乎乎的。他们请求再上手语课时要有一位西班牙语翻译。评估团队同意这个意见，他们表示会帮助父母更容易地学习美国手语，而且会将父母的请求纳入修改建议。

与父母的讨论主要聚焦在评估的三个领域：英语和美国手语发展和社会性发展上。评估的结果表明，米亚虽然在英语和美国手语能力上都有了进步，但是与同伴存在差距。苏亚雷斯夫妇忧伤又愤怒,因为米亚已经浪费了两年时间来学习如何说话,但她本来可以学习手势语的。他们想知道为什么没有人告诉他们米亚学校里的教职工都会流畅地使用手势语言。评估团队解释说,很多专家认为手势语会阻碍儿童言语的发展,所以不到万不得已是不会使用的。尽管米亚在接受了适当的语言服务之后仍然存在发展延迟,但她正在发展美国手语能力,这会为她学习书面英语提供基础。评估团队指出,米亚能够认识字母表并能够使用手势拼写某些单词,包括她的名字。她也喜欢分享图书,对故事讲述的顺序有清楚的理解。苏亚雷斯夫妇担心,如果米亚不接受持续的口语治疗,她可能不会说话。评估团队指出,米亚可能不会发展出功能性言语技巧,但是如果父母请求,口语治疗会继续。虽然米亚在有助听器的情况下仍然不会对声音做出回应,但是父母应该鼓励她尽可能戴着助听器。父母也表示了对米亚不能学习西班牙语的沮丧。评估团队讨论了如何学习美国手语可以为米亚的西班牙语口语和英语学习之间建立良好的桥梁。

评估团队描述了米亚与同伴之间的社会交往能力,并请父母来评论米亚在家庭中的互动情况。父母也认为米亚在与其他儿童游戏时会很沮丧,有时候她不理解发生了什么,有时候她不想回应。邻居儿童都是听力正常的,而且米亚除了简单的手势之外,与他们交谈起来很困难。团队讨论了社交能力和沟通交流能力之间是如何相互影响的。评估团队提供了很多案例来展现了米亚是如何使用美国手语进行交际的,尽管如此,米亚如果不能理解或不能表达自己,也会在与同学游戏时变得沮丧。团队重申了在家庭和学校接触美国手语的重要性。团队询问父母是否会考虑参与学校提供的分享阅读计划,这个计划中成年聋人会访问家庭并向父母展示如何与聋儿开展分享阅读。参与这个项目会支持米亚的美国手语和英语的发展,并协助父母学习手势语言。学校同意为这个活动提供西班牙语翻译。苏亚雷斯夫妇同意,有了西班牙语翻译,他们会尝试这个项目。就促进与邻居儿童交际的策略问题也进行了讨论。教简单的手势并提醒儿童在与米亚谈话时面对米亚辅以手势。拓展米亚的游戏同伴圈,将她的同学加入其中,可以为她提供更加满足的游戏体验。评估团队还鼓励苏亚雷斯夫妇和米亚的老师探索如何为米亚提供游戏经验,并发挥西班牙语翻译的作用。

苏亚雷斯女士遗憾地感叹,她对自己的女儿仍然有非常多的不理解之处,还有对手势语、聋人社群、助听器、提出多个话题等方面缺乏知识。评估团队随后修改了建议,增加了一个双周的家庭访问计划,主要由家校合作联络员及学校提供的西班牙语翻译来进行,其主要回答父母担忧的问题。

评估后的建议

1. 给米亚提供独立解决问题的机会(比如,要耐心等待,鼓励米亚使用手势寻求帮助,提供富有挑战的玩具或材料);

2. 提供分类、配对、比较和对比物体的机会,用不同的方式拓展米亚的理解和词汇;

3. 给米亚提供机会参与到需要多个步骤进行的活动,并与米亚进行讨论、实施和回顾(比如,爆米花、种种子、做布丁)所经历的步骤;

4. 给米亚提供认识数字(1—10)、基本单词和名字(比如颜色,家庭成员名字和同学名字)的机会;

5. 给米亚提供抄写单词、字母和形状的机会,可以使用不同的媒介;

6. 给米亚提供给物体数数的机会,并将书面数字(1—15)与数字的手势进行匹配;

7. 在完成任务中,使用语言来给米亚提供支持;

8. 当米亚开始表现出自我刺激行为(比如抖动腿、过度的面部和身体动作)时,成人应该关心,并使用美国手语来确保米亚能够理解发生了什么;

9. 在提下一个问题或者提供答案之前,留出更多的时间来等待米亚对问题做出回应;

10. 鼓励米亚使用手势语来寻求帮助,而非使用姿势或身体语言;

11. 给米亚提供发展抽象能力的机会,通过讲述一个故事来引导进行角色置换,如身体的转移(假装成自己和对方角色—译者)、角色之间的面部表情和相互的目光注视等;

12. 给米亚提供接触自然美国手语榜样的机会;

13. 鼓励米亚从指点向使用手势语的转变;

14. 通过观察和跟从米亚的动作表达出的对问题的理解,如果可能,改述一下问题;

15. 当米亚可以接触英语的时候,使用手势增加手势拼写;

16. 提供榜样示范来拓展米亚对修饰词的使用(比如,大房子);

17. 为米亚的家庭提供一个西班牙语翻译,帮助指导手语;

18. 当发生冲突时,帮助米亚学习解决冲突的技巧。鼓励米亚睁开眼睛(哪怕只是边缘视觉),这样她就可以看到可以解决冲突的语言模式;

19. 当米亚拒绝表达情绪的时候,使用角色游戏来帮助她表演出如何恰当地掌控冲突和情绪,成人可以使用美国手语给米亚提供适宜反应的示范;

20. 提供一个双周家访项目,依靠家校联系人来回顾这些建议,并为父母提供更进一步的支持来落实这些建议。回答父母的问题,并提供额外有关父母兴趣话题的信息。

推荐阅读

Bodner-Johnson, B., & Sass-Lehrer, M. (Eds.). (2003). *The young deaf or hard of hearing child: A family-centered approach to early education.* Baltimore: Paul H. Brookes Publishing Co.

Christiansen, K. (2000). *Deaf plus: A multicultural perspective.* San Diego: DawnSign

Press.

Marschark, M. (1997). *Raising an educated deaf child*. New York: Oxford University Press.

Marschark, M., & Spencer, P. (Eds.). (2003). *Deaf studies, language and education*. New York: Oxford University Press.

Meadow-Orlans, K. P., Mertens, D. M., & Sass-Lehrer, M. A. (2003). *Parents and their deaf children: The early years*. Washington, DC: Gallaudet University Press.

Meadow-Orlans, K. P., Spencer, P. E., & Koester, L. S. (2004). *The world of deaf infants: A longitudinal study*. New York: Oxford University Press.

Ogden, P. (1996). *The silent garden: Raising your deaf child* (2nd ed.). Washington, DC: Gallaudet University Press.

Rousch, J., & Matkin, N. D. (Eds.). (1994). *Infants and toddlers with hearing loss: Family-centered assessment and intervention*. Baltimore: York Press.

Schick, B., Marschark, M., & Spencer, P. E. (2006). *Advances in the sign language development of deaf children*. New York: Oxford University Press.

Schwartz, S. (1996). *Choices in deafness: A parent's guide to communication options* (2nd ed.). Bethesda, MD: Woodbine House.

Spencer, P. E., Erting, C. J., & Marschark, M. (Eds.). (2000). *The deaf child in the family and at school: Essays in honor of Kathryn P. Meadow-Orlans*. Mahwah, NJ: Lawrence Erlbaum Associates.

相关资源

Alexander Graham Bell Association for the Deaf and Hard of Hearing
http://www.agbell.org

American Society for Deaf Children
http://deafchildren.org

Boys Town National Research Hospital
http://www.babyhearing.org

Deaf Education Web Site
http://www.deafed.net

Gallaudet University
http://www.gallaudet.edu

National Association of the Deaf
http://NAD.org

Raising Deaf Kids
http://www.raisingdeafkids.org

参考文献

American Speech-Language-Hearing Association. (2005). *Central auditory processing disorders: The role of the audiologist* [Position statement]. Available at http://www.asha.org/members/deskrefjournals/deskref/default

American Speech-Language-Hearing Association Task Force on Central Auditory Processing Consensus Development. (1996, July). Central auditory processing: Current status of research and implications for clinical practice. *American Journal of Audiology*, 5(2), 41–54.

Andrews, J., Leigh, I., & Weiner, T. (2004). *Deaf people: Evolving perspectives from psychology, education, and sociology*. Boston: Pearson.

Batshaw, M. L. (2007). *Children with disabilities* (6th ed.). Baltimore: Paul H. Brookes Publishing Co.

Blanchfield, B., Feldman, J., Dunbar, J., & Gardner, E. (2001). The severely to profoundly hearing impaired population in the United States: Prevalence, estimates and demographics. *Journal of the American Academy of Audiology*, 12, 183–189.

Bodner-Johnson, B. (2003). The deaf child in the family. In B. Bodner-Johnson & M. Sass-Lehrer (Eds.), *The young deaf or hard of hearing child: A family-centered approach to early education* (pp. 3–33). Baltimore: Paul H. Brookes Publishing Co.

Cacace, A., & McFarland, D. (1998). Auditory processing disorder in children: A critical review. *Journal of Speech, Language, and Hearing Research*, 41, 355–373.

Calderone, R., & Greenberg, M. (1997). The effectiveness of early intervention of deaf children and children with hearing loss. In M. J. Guralnick (Ed.), *The effectiveness of early intervention* (pp. 455–482). Baltimore: Paul H. Brookes Publishing Co.

Centers for Disease Control and Prevention. (2005). *The Early Hearing Detection & Intervention (EHDI) program: Promoting communication from birth* [Factsheet]. Retrieved December 1, 2006, from http://www.cdc.gov/ncbddd/ehdi

Culpepper, B. (2003). Identification of permanent childhood hearing loss through universal newborn hearing screening programs. In B. Bodner-Johnson & M. Sass-Lehrer (Eds.), *The young deaf or hard of hearing child: A family-centered approach to early education* (pp. 99 – 126). Baltimore: Paul H. Brookes Publishing Co.

Eliot, L. (1999). *What's going on in there? How the brain and mind develop in the first five years of life.* London: Penguin.

Erting, C. (2003). Language and literacy development. In B. Bodner-Johnson & M. Sass-Lehrer (Eds.), *The young deaf or hard of hearing child: A family-centered approach to early education* (pp. 373 – 403). Baltimore: Paul H. Brookes Publishing Co.

Flexer, C. (1999). *Facilitating hearing and listening in young children* (2nd ed.). San Diego: Singular.

Gatty, J. C. (2003). Technology: Its impact on education and the future. In B. Bodner-Johnson & M. Sass-Lehrer (Eds.), *The young deaf or hard of hearing child: A family-centered approach to early education* (pp. 403 – 424). Baltimore: Paul H. Brookes Publishing Co.

Goldin-Meadow, S. (2003). *The resilience of language: What gesture, creation in deaf children can tell use about how all children learn language.* New York: Psychology Press.

Goldin-Meadow, S., & Feldman, H. (1975). The creation of a communication system: A study of deaf children of hearing parents. *Sign Language Studies*, 8, 225 – 234.

Hafer, J. C. (1984). *The use of sign language as a multisensory approach to teaching sight word vocabulary to hearing, learning disabled children.* Unpublished doctoral dissertation, University of Maryland, College Park.

Hafer, J. C., & Stredler-Brown, A. (2003). Family-centered developmental assessment. In B. Bodner-Johnson & M. Sass-Lehrer (Eds.), *The young deaf or hard of hearing child: A familycentered approach to early education* (pp. 127 – 149). Baltimore: Paul H. Brookes Publishing Co.

Harris, M., & Mohay, H. (1997). Learning to look in the right place: A comparison of attentional behavior in deaf children with deaf and hearing mothers. *Journal of Deaf Studies and Deaf Education*, 2, 95 – 103.

Holden-Pitt, L., & Diaz, J. A. (1998). Thirty years of the annual survey of deaf and hard of hearing children and youth: A glance over the decades. *American Annals of the Deaf*, 142, 72 – 76.

Holzrichter, A. S., & Meier, R. P. (2000). Child-directed signing in American Sign Language. In C. Chamberlain, J. P. Morford, & R. Mayberry (Eds.), *The acquisition of linguistic representation by eye* (pp. 25 - 40). Mahwah, NJ: Lawrence Erlbaum Associates.

Individuals with Disabilities Education Improvement Act of 2004, PL 108 - 446,20 U. S. C. § § 1400 *et seq.*

Joint Committee on Infant Hearing. (2000). Year 2000 position statement: Principles and guidelines for early hearing detection and intervention programs. *American Journal of Audiology*, 9,9 - 29.

Jones, T., & Jones, J. (2003). Young deaf children with multiple disabilities. In B. Bodner-Johnson & M. Sass-Lehrer (Eds.), *The young deaf or hard of hearing child: A family centered approach to early education* (pp. 297 - 333). Baltimore: Paul H. Brookes Publishing Co.

Karchmer, M., & Mitchell, R. (2003). Demographic and achievement characteristics of deaf and hard of hearing students. In M. Marschark & P. E. Spencer (Eds.), *Deaf studies, language and education* (pp. 21 - 38). New York: Oxford University Press.

Koester, L. S. (1994). Early interactions and the socioemotional development of deaf infants. *Early Development and Parenting*, 3,51 - 60.

Lane, H., Hoffmeister, R., & Behan, B. (1996). *A journey into the deaf world*. San Diego: DawnSign Press.

Marschark, M., Lang, H. G., & Albertini, J. A. (2002). *Educating deaf students: From research to practice*. New York: Oxford University Press.

Marschark, M., & Spencer, P. (2003). *Deaf studies, language, and education*. New York: Oxford University Press.

Martin, F. N., & Clark, J. G. (2000). *Introduction to audiology* (7th ed.). Boston: Allyn & Bacon.

Mather, S. (1987). Eye gaze and communication in a deaf classroom. *Sign Language Studies*, 54,11 - 31.

Meadow, K. (1967). Early manual communication in relation to the deaf child's intellectual, social, and communicative functioning. *American Annals of the Deaf*, 113,29 - 41.

Meadow-Orlans, K. P. (2003). Support for parents: Promoting visual attention and literacy in a changing world. In B. Bodner-Johnson & M. Sass-Lehrer (Eds.), *The young deaf or hard of hearing child: A family-centered approach to early education* (pp. 39 – 60). Baltimore: Paul H. Brookes Publishing Co.

Mertens, D. M., Sass-Lehrer, M., Scott-Olson, K. (2000). Sensitivity in the family-professional relationship: Parental experiences in families with young deaf and hard of hearing children. In Spencer, P. E., Erting, C. J., & Marschark, M. (Eds.), *The deaf child in the family and at school: Essays in honor of Kathryn P. Meadow-Orlans* (pp. 133 – 150). Mahwah, NJ: Lawrence Erlbaum Associates.

Moeller, M. P. (2000). Early intervention and language development in children who are deaf and hard of hearing. *Pediatrics*, *106*(3), E43.

Mohay, H. (2000). Language in sight: Mothers' strategies for making language visually accessible to deaf children. In P. A. Spencer, C. J. Erting, & M. Marschark (Eds.), *The deaf child in the family and at school: Essays in honor of Kathryn P. Meadow-Orlans* (pp. 154 – 158). Mahwah, NJ: Lawrence Erlbaum Associates.

Mohay, H., Milton, L., Hindermarsh, G., & Ganley, K. (1998). Deaf mothers as language models for hearing families with deaf children. In A. Weisel (Ed.), *Issues unresolved: New perspectives in language and deafness* (pp. 76 – 87). Washington, DC: Gallaudet University Press.

Newport, E., & Meier, R. (1985). *Acquisition of American Sign Language: Volume I. The data* (pp. 881 – 938). Hillsdale, NJ: Lawrence Erlbaum Associates.

Northern, J. L., & Downs, M. P. (2002). *Hearing in children* (5th ed.). Baltimore: Lippincott Williams & Wilkins.

Notoya, M., Suzuki, S., & Furukawa, M. (1994). Effectiveness of early manual instruction of deaf children. *American Annals of the Deaf*, *139*(3), 348 – 351.

Nussbaum, D. (2003). Support services handout # 4010 communication sheet: Communication choices with deaf and hard of hearing children. Retrieved October 30, 2006 from http://clerccenter.gallaudet.edu/SupportServices/series/4010.html

Padden, C., & Humphries, T. (1988). *Deaf in America: Voices from a culture*. Cambridge, MA. Harvard University Press.

Petitto, L., & Marentette, P. (1991). Babbling in the manual mode: Evidence from the ontogeny of language. *Science*, *251*, 1493 – 1496.

Rushmer, N. (2003). The importance of appropriate programming. In B. Bodner-

Johnson & M. Sass-Lehrer (Eds.), *The young deaf or hard of hearing child: A family-centered approach to early education* (pp. 223 – 251). Baltimore: Paul H. Brookes Publishing Co.

Schlesinger, H. S., & Meadow, K. (1972). *Sound and sign: Childhood deafness and mental health*. Berkeley: University of California Press.

Schuyler, V., & Rushmer, N. (1987). *Parent-infant habilitation: A comprehensive approach to working with hearing-impaired infants and toddlers and their families*. Portland, OR: Infant Hearing Resource.

Singleton, J. L., & Morgan, D. D. (2004, April). *Becoming deaf: Deaf teacher's engagement practices supporting deaf children's identity development*. Paper presented at the annual meeting of the American of Educational Research Association, San Diego.

Spencer, P. (2003). Parent-child interaction. In B. Bodner-Johnson & M. Sass-Lehrer (Eds.), *The young deaf or hard of hearing child: A family-centered approach to early education* (pp. 333 – 368). Baltimore: Paul H. Brookes Publishing Co.

Spencer, P., Bodner-Johnson, B. A., & Gutfrend, M. K. (1992). Interacting with infants with a hearing loss. What can we learn from mothers who are deaf? *Journal of Early Intervention*, 16, 64 – 78.

Stredler-Brown, A., & Arehart, K. H. (2000). Universal newborn hearing screening: Impact on intervention services [Monograph]. In C. Yoshinaga-Itano & A. Sedey (Eds.), Language, speech, and social-emotional development of children who are deaf or hard of hearing: The early years. *The Volta Review*, 100(5), 85 – 117.

Supalla, S. (1991). Manually coded English: The modality question in signed language development. In P. Siple & S. Fischer (Eds.), *Theoretical issues in sign language research. Vol 2: Acquisition* (pp. 85 – 109). Chicago: University of Chicago Press.

Swisher, M. V. (1984). Signed input of hearing mothers to deaf children. *Language Learning*, 34, 69 – 86.

U. S. Department of Education. (2000). *Twenty-second annual report to Congress on the implementation of the Individuals with Disabilities Education Act (IDEA)*. Washington, DC: Author.

Watkins, S., Pittman., P., & Walden, B. (1998). The deaf mentor experimental project for young children who are deaf and their families. *American Annals of the Deaf*, 143

(1),29-34.

Widen, J. E., Bull, R. W., & Folsom, R. C. (2003, July/September). Newborn hearing screening: What it means for providers of early intervention services. *Infants and Young Children*, *16*(3),249-257.

Willems, P. (2000). Genetic cause of hearing loss. *The New England Journal of Medicine*, *342*(15),1101-1109.

Wood, D., Wood, H., Griffiths, A., & Howarth, I. (1986). *Teaching and talking with deaf children*. New York: John Wiley & Sons.

Yoshinaga-Itano, C., & Sedey, A. (Eds.). (2000). *Language, speech, and social-emotional development of children who are deaf or hard of hearing: The early years*. Washington, DC: Alexander Graham Bell Society.

Yoshinaga-Itano, C., Sedey, A. L., Coulter, D. K., & Mehl, A. L. (1998). The language of early- and later identified children with hearing loss. *Pediatrics*, *102*,1161-1171.

TPBA2 观察指南：听力（Auditory Skills）

儿童姓名：_____ 年龄：_____ 出生日期：_____
父母：_____
填表人：_____ 评估日期：_____

如果儿童有听觉辅助设备，那么评估过程中应佩戴，除非听力学家不建议佩戴。

打分示例：
P＝儿童成功地出现该行为
F＝儿童没有出现该行为
◆＝该条目失败，自动转给听力学家
√＝需要进一步的评估观察到该行为
NO＝没有机会观察到该行为
NA＝该行为对于评估来量化分数
该行为对于儿童来说不具有发展适宜性

问题	优势	需要关注的问题	通过/失败
I. 听力			
I.A. 什么行为表明儿童能够听见各种声音？	可以对不同声音做出回应——响亮/柔和，高/低的 通过以下一致的行为： 被鲜明的事物吸引 寻找 定位 回应（姿势、发声、言语、手势）	回应不一致或没有对声音做出任何回应	P　F　◆
I.B. 儿童会寻找声音或者转向声源吗？	寻找和定位环境中的熟悉声音： 单方向 双方向	回应不一致或没有对声源进行做出任何定位	P　F　◆
I.C. 儿童能够对声音和言语做出有意义的回应吗？	用以下方式作出有意义的回应： 眼神接触 姿势 发声 言语 手势	回应不一致或回应没有意义 需要支持： 视觉 触觉 动觉	P　F　◆

311

第六章 聋儿或听力受损儿童的听力筛查和矫正 351

续表

问题	优势	需要关注的问题	通过/失败
I.D. 儿童回应声音和言语的速度有多快？	快速且一致地回应声音和单词	回应不一致或对声音的回应很慢 需要支持： 视觉 触觉 动觉	P F
I.E. 儿童能够准确地模仿声音吗？	对声音和言语的模仿具有一致性	对声音和言语的模仿不具有一致性	P F
II. 视觉交流能力			
II.A. 儿童会不会调整视线看向交际同伴（引导员）	在寻找信息或交际时，能够注意交际同伴的面孔	交流中没有注意，而且不会关注交际同伴的面孔，取而代之的是查看物体准备好下一步的新技能	增加对交际机会的关注，注意交际伙伴的面孔（将物体靠近面孔）
II.B. 儿童会将视觉注意调整到多个焦点上吗？	注意交际对象而且同时很容易关注物体	存在困难的情况，不能同时注意物体和交际同伴	增加交际机会来在物体和交际同伴之间进行协调
II.C. 儿童会使用或对视觉引起的注意行为作出回应吗？	使用不同类型的引起注意行为	很少表现出或者表现出不恰当引起注意行为，比如招手、轻巧、敲桌子或跺脚	增加交际机会来观察和展示注意引起行为
II.D. 儿童会用目光扫描周围的环境吗？儿童能够意识到周围环境中新的人或新物体的存在吗？	检查环境，记录新的事件、新的人或新物体，使用视觉标记来定位人或物体的存在，并能持续关注	不能检查环境	增加机会来注意不同类型的视觉刺激

与简·克里斯蒂安·哈弗（Jan Christian Hafer）共同开发
游戏为基础的多领域融合法（TPBA2/TPBI2）
由托尼·林德（Toni Linder）设计
Copyright © 2008 Paul H. Brookes Publishing Co., Inc. All rights reserved.

第七章　认知发展领域

认知的发展与感觉运动、语言交流,以及情绪/情感和社会领域的发展密切相关。简单而言,认知主要包括以下方面:1. 基本认知过程,如注意和记忆;2. 问题解决策略;3. 元认知,或对自我和他人思维的认知;4. 学科知识,或概念理解(Siegler, 1998)。我们可以通过研究脑功能的神经生理学、心理过程、或理论模型来考察认知。本章重点强调能够通过观察儿童行为来推测的心理过程,并结合已有研究概括总结这些行为对发展和学习的意义。神经生理学的一些内容也将在本章相关论述中有所涉及。以游戏为基础的多领域融合评估(TPBA2)将这些关键的认知过程纳入到 TPBA2 观察指南和年龄表的子类中。

评估儿童认知能力的常见做法是测评其在不同年龄段的发展技能或达到的发展里程碑。例如,一个常见的测试项目是 17 个月大的儿童能否用 3 块积木垒高。这种方法能反映出该儿童知道什么(物体可以相互叠加)和能做什么("我可以把积木搭到这个上面")。但这类测试通常无法体现以下内容,如:该儿童是否选择了这项任务(选择性聚焦);之前是否做过这件事(记忆);他能玩多久(持续注意);他使用的是固有策略还是创新策略(记忆/问题解决);积木倒塌时,他能否意识到其原因(注意转移及问题解决)以及他搭积木是因为意识到有人希望他这样做(社会认知)还是因为他自己想要搭积木(目标设置)。此外,认知理解的表现还受到大肌肉和精细运动技能的影响。认知能力的评估不仅要关注儿童表现出的能力,还应注意儿童行为背后的动机、儿童对特定概念或行为的理解,以及行为或事件背后的操练过程。如果我们想要充分了解儿童是怎样理解或完成一项任务或活动,以及他们成功完成任务或失败的原因,那么上述认知评估诸方面都是值得关注的。充分了解儿童做什么、怎么做以及做与不做的原因对有效干预尤为重要,因此也应将其纳入评估要素。

TPBA2 认知领域评估的是儿童游戏所反映出儿童的概念及程序性知识的水平。通过特定的测试来考察儿童在游戏中的认知过程与策略使用可以帮助我们了解其对物理环境和社会环境的认识,以及入学准备情况。因此,TPBA2 中的认知领域评估内容包括以下子类:1. 注意;2. 记忆;3. 问题解决;4. 社会认知;5. 游戏复杂性(complexity of play);6. 概念性知识;7. 前读写能力①。(这些子类的定义见表 7.1。)

---

① 注释:虽然第七章的 TPBA2 观察指南、观察记录、概念发展年龄表和观察总结表内包含了读写能力,但第八章将单独阐述儿童的前阅读和前书写能力。

执行功能

虽然越来越多的文献关注执行功能的整体结构,但并没有将其作为认知领域中独立的子类。下面将从儿童发展的角度解释为什么执行功能被分散到了不同的子分类。

注意、记忆、问题解决和社会认知这四个子类会随着儿童的发展而联系更加紧密。注意环境中的重要方面的能力、在特定情境下记忆和提取相关信息的能力,以及根据各种情况选择、应用、监控和调整策略的能力是思考和学习之根本(Lyon,1996)。计划、执行及调整行动的能力则是目标导向行为的必要能力。儿童应当能够思考他想要的结果,并设想完成目标的途径。此外,他还需要对活动或问题保持注意,能够记住过去成功或失败的做法,并能将注意转移到相关方面以解决出现的问题。虽然很难分析这些能力,但我们还是可以在儿童游戏行为中观察到这些。

表 7.1 认知领域的子类

子类	描述
注意	选择刺激物、专注于所选刺激物、注意保持、注意转移和抗干扰的能力。
记忆	在短期/长期延时后,识别、回忆或重构惯例、技能、概念和事件的能力。
问题解决	理解因果关系,针对目标独立按时间顺序组织想法与行为,监控进程、按需调整,以及将习得的经验运用于新情境的能力。
社会认知	根据结果推测社会成因、理解其他人的想法和意图、区分有意事件和偶然事件的能力。
游戏复杂性	儿童在感觉运动游戏、功能性/关系性游戏、建构游戏、角色扮演游戏、规则游戏等各类游戏中表现出的主要游戏类型、最高水平、灵活性和创意。
概念知识	再认或回忆有关人、物体、事件、类属、特性、早期学习概念的个人信息或概念信息。
读写能力	使用和理解图书、图片和故事,阅读故事的行为,语音和语素意识,认识字母和单词,绘画、书写和拼写的能力。

研究儿童如何解决问题、学习新的概念和程序(如,如何操作新玩具)是神经科学和心理学研究日益关注的焦点。"执行功能"这个概念通常用来表示上述与学习有关的方面(Lyon,1996;Zelazo,& Muller,2002)。虽然文献中并未明确定义执行功能,但已知的是它由多个部分组成,包括自我调节(见第四章"情绪情感与社会性发展")、记忆、行为序列化、灵活性以及行为的计划性与组织性(Eslinger,1996)。这些能力都需要儿童其他能力的支持,包括关注、发起、抑制、转移注意、专注以及制定策略等(Mirsky,1996;Mirsky, Ingraham, & Kugelmass,1995)。执行功能也可以看作是问题解决的框架,其中整合了以下能力:表征

（represent）或识别（identify）问题、计划如何解决问题、根据规则执行计划来达成预期结果、评估成果并在必要时作出调整（Zelazo，Carter，Reznick，& Frye，1997）。高效执行功能能力的发展对整体认知功能有着重要意义。

虽然执行功能在儿童1岁左右开始形成，但是在2—5岁期间会发生许多变化。在儿童4岁前，我们一般不把执行功能作为整体结构来进行测评，TPBA2也未对执行功能本身进行评估，而是考察那些促成执行功能的基本能力（包括注意、记忆、问题解决和社会认知等）。以下将简要回顾儿童生命最初的几个月和几年，以揭示是哪些方面共同塑造了执行功能的加工过程。

在出生后的头4个月，婴儿开始学习关注他所处环境的各个方面。4个月时，婴儿可以预测物体移动时会发生什么（Meltzoff & Moore，1998）。8—12个月时，婴儿会出现手段-目的（means-ends）或目标导向的行为，他可以通过声音或身体动作实现简单的目标。12个月左右，儿童在符号化思维能力的基础上出现了表达性或口头语言及早期对动作的扮演性表征行为。当他人解释、讨论和交流各种想法时，语言能够大幅度地提升儿童将问题概念化的能力，以及将过去、现在和未来相联系的能力。18个月时，儿童就可以预测一系列行为的结果，还可以用言语和动作表达想法，并寻找解决问题的方案。18—30个月期间，儿童的*自我控制*（self-control）（即根据需要开始或停止活动的能力）发展起来。能够预期自己或他人行为的结果对儿童选择性注意和计划能力的发展有着重要意义（Kopp，1997，2000）。4岁时，儿童不再仅仅是被新奇的事物所吸引，而是可以审视环境、选择注意的焦点、为达到目标做计划（Halperin，1996）。7岁时，儿童的集中性注意（focused attention）已发展完善，但持续性注意还将在青春期继续发展（Halperin，1996）。学习能力的发展涉及以上所有维度，还加上儿童在游戏中发展的表征能力（representation ability）。

社会认知包含对社交中的线索（social cues）的注意和理解，对不同社交行为和观点所导致的后果的理解，因此对解决社会领域的认知问题有着重要意义。社会认知情感和情感与社会性领域内的社会关系子类直接关联，但它强调的是儿童对人际交往和他人想法的认知。

游戏的复杂性（complexity of play）可以评估儿童如何将原创性（originality）、流畅性（fluency）和灵活性（flexibility）等思维能力融入到不同类型和不同水平的游戏活动中。该子类关注儿童在越来越复杂的游戏活动中运用认知、感觉运动、沟通和社会交往的能力。儿童对程序性知识（procedural knowledge）（世界如何运行）的理解来自在各类游戏中的探索及在各种环境下的交流互动。

概念性知识（某事物的意义）来源于上述各种能力，并形成理解构成世界各种要素的框架。概念性和程序性知识的发展均关乎对心理状态和人类行为的理解，对物理概念和技术程序的了解，对生物过程的概念化，以及对数概念（numaracy）和读写（literacy）概念的学习。

儿童对这一系列事物的理解，是基于前文所述的认知过程的发展。在生命的最初几年，儿童每一天都在习得越来越复杂的知识。

最后一个子类，前读写能力（emerging literacy），既融入了概念性和程序性知识，也包含了读写能力的发展。虽然前阅读和前书写能力可以包含在概念发展之中，但为强调读写能力对学业成功的重要性，将其作为一个独立的子类。为确保专业人员以适合每个儿童发展的方式来培养读写能力，对前阅读和前书写能力的评估是有必要的（第八章）。

以下章节将逐一讨论各子类，首先总结与该子类有关的研究和发展信息，然后阐述观察指南，再辅之以一个 TPBA2 子分类的观察实例。问题或观察指南见本章末第 397 页的认知领域 TPBA2 观察总结表。《TPBA2 和 TPBI2 实施指南》第三章及表格自带的使用说明介绍了该总结表的使用方法。本章末第 383 页的 TPBA2 概念发展年龄表介绍了所有认知领域子类的发展过程和技能发展时间。前阅读和前书写能力可参考第 378 页的 TPBA2 观察指南以及第 391 页的概念发展年龄表。

第一节 注意

1.1 注意

注意是确保各发展领域充分发展的关键。儿童必须专注于环境中最重要的因素和特征才能进行学习。注意的几个方面对学习尤为重要，包括选择、聚焦、保持专注，和转移（switch）注意、共享注意（share attention）、注意分配（divide）、忽视干扰和调节（modulate）注意强度（intensity of attention）。注意对诸如复述、提取、编码等建构记忆的过程来说也是不可或缺的。本节所探讨的注意和下章讨论的记忆都对儿童的认知、社会、语言和动作发展有着重要作用，因此都应该共同作为评估的内容。

I.A. 儿童在任务中的注意选择、注意集中程度以及注意稳定性如何？

在注意的子类中，儿童选择自己想要注意的事物的能力，以及集中、持续或延长对特定物体注意的能力是儿童注意的第一要素。婴儿很早就发展出了朝向重要感觉输入的能力。在出生头 4 个月，婴儿就会被明暗对比更强烈、边角数目适中以及会动的物体所吸引（Taylor, 1980）。对于 4 个月后的婴儿而言，新奇感越来越重要，如果相同的刺激反复出现，婴儿就会习惯它或失去兴趣(Bahrick，Hernandez-Reif，& Pickens，1997)。照料者引导婴儿关注并回应他们感兴趣的物体或事件，有助婴儿形成选择注意焦点的能力(Moore，1999；Posner，Rothbart，Thomas-Thrapp，& Gerardi，1998)。父母会看着并指向一个感兴趣的目标、情境中的关键方面或即将参与的动作，从而帮助孩子选择应予注意的方面。这种在9—12个月发展起来的分享注意的能力，对儿童的社会性、语言和认知发展有着重要作用。唐氏综合征、孤独症或其他残障儿童可能在某些类型的注意方面会遇到困难，尤其是在与成年人分享共同注意(joint attention)方面(Conrood 和 Stone，2004；Paparella & Kasari，2004)。共同注意对学习语言和社会技巧的作用尤为显著，因此共同注意能力的缺失可能会造成长远的影响。

注意保持(sustain)包括对目标物体、行为或互动作出迅速反应并持续关注的能力。这需要儿童付出努力，延长对该物体或事件的兴趣。儿童对注意的有意控制始于1岁末(Ruff 和 Rothbart，1996)。虽然除年龄之外，注意还受儿童对事物的兴趣和偏好等诸多因素的影响，但大部分2岁儿童都能对某一事物(除电视外)有3—5分钟的持续关注，3岁则为5—10分钟，4岁为10—12分钟，5岁为15分钟(Landy，2002；Squires，Bricker，& Twombly，2002)。

Ⅰ.B. 儿童抑制外部刺激的能力如何？

屏蔽干扰(screen out distraction)、抑制(inhibit)对外部刺激作出反应的能力，是注意保持的基础。例如，对学前儿童而言，能够忽视从走廊传来的噪音、听清教师讲话的内容、不受干扰地解决一个拼图问题，或与朋友交谈是十分重要的。一旦儿童参与某种活动时，他需要抑制自己不被其他有趣的事物所吸引而转移注意。

抗干扰能力发展缓慢，直到4岁左右，儿童才能排除干扰，将注意力集中于当前的任务(Ruff 和 Capozzoli，2003；Ruff & Rothbart，1996)。干扰刺激物的有趣程度也是一个重要影响因素。随着儿童目标导向的成熟，他们靠成人的提醒来集中注意的情况越来越少，还能通过自言自语来提升对注意的自我调节。Tomlin(2004)指出，由于注意的自我调节能力发展缓慢，"即使3岁以下儿童注意广度'窄小'，我们也应慎重讨论这一问题"。

Ⅰ.C. 儿童能否能将注意从刺激或问题的一个方面转移到另一个方面？

当对某些活动或问题形成注意时，儿童不仅要做到注意保持、忽视干扰因素，还要注意到该情境的所有相关方面。将注意从问题的一个方面转移到另一个方面的能力是问题解决的关键。有目的且敏锐的注意转换十分有用，仅仅将注意集中在活动的某一方面可能会阻碍儿童发现那些可以帮助他们解决问题或采取下一步行动的事物之间的内在联系。例如，一个孩子拿起一块拼图，想把它拼到他第一眼看到的空缺处。为了把拼图拼到合适的位置，他需要注意到这块拼图的颜色、形状、尺寸或特点，从而解决问题。要做到这点，儿童需长时间地注意并记忆信息,才能在脑中完成表征、操作等心理活动(Mirsky,1996)。

将注意从一个事物转移到一名成人身上的能力也很关键。当成人与儿童谈论一个物体或活动时,儿童经常会先看向该物体,然后转向成人,再转回目标物体。这种注意转换的能力有助于儿童语言和概念的习得。唐氏综合征患儿就缺乏这种注意转换能力,他们将注意转向成人后,不会再将注意转回到玩具(Harris, Kasari, & Sigman, 1996),而注意转换的缺失会导致儿童操控玩具能力的减弱。听障妈妈在帮助聋儿学习语言时,会在用手势告诉他们所看的或所做的是什么之前,让儿童先关注游戏的材料,并等待他们将注意转向成人(Prendergast & McCollum, 1996)。这段等待时间可以让儿童有序地调整自己的注意力,从而更加有效地利用每次注意聚焦。

注意不同的事物需要不同程度的努力,儿童对某些事物的注意几乎是自动的,而对另外一些事物的注意则需要付出努力(Ruff 和 Capozzoli,2003)。婴儿看到奶瓶时会自动注意到它,但他可能需要"努力"才能持续盯着图片几秒钟。注意所需的努力程度取决于儿童的需求、兴趣和任务难度。4 岁儿童在上厕所时,能够做到不被其他事物分心,但如果要求他写自己的名字,他可能会因没有兴趣或者需要付出太多努力而难以集中注意。

注意还与记忆和理解能力有关。例如,当儿童想要找一件衣服给玩偶穿上时,她就需要注意(并记忆)房间里的不同位置,然后决定在哪里最可能找到裙子。如果无法记忆或理解衣服可能放在哪儿,她在注意方面的努力程度就可能会降低。

注意在上述方面存在的问题可能导致各种学习缺陷或发展障碍。一个有注意选择缺陷的儿童容易分心且无法挑出他所注意到的事物最显著的特征。阅读障碍儿童也常会有注意选择方面的问题(Dykman, Ackerman, & Oglesby, 1979;Fletcher 等,1994;Shaywitz 等,1991;Torgesen,1996),他们难以确定在阅读中应注意哪些方面,是关注整个单词、字母顺序,还是单独的字母。而注意保持缺陷(sustained attention deficit)常出现在那些能够选择适当的注意点,但无法维持必要注意水平的儿童身上。多动症(attention deficit/hyperactivity disorder)儿童的持续性注意存在问题(Seidel 和 Joschko,1990;Van der Meere, van Baal 和 Sargent,1989)。注意缺陷还出现在被诊断患有各种神经功能障碍的儿童身上,如癫痫、各种遗传疾病(如 X 染色体易损综合征)、精神分裂症、极端羞怯和侵略性、环境造成的残疾如胎儿酒精综合征(Dykens, Hodapp 和 Finucane,2000;Hodapp, DesJardin 和 Ricci,2003;Mirsky,1996;Mirsky 等,1995;Streissguth 等,1994)。

1.2 运用《观察指南》评估注意

注意偏好(attentional preference)不仅为注意过程提供信息,还为洞察儿童注意的动机提供了机会。评估小组在 1—1.5 小时中，可以观察到儿童在不同游戏类型或活动的不同环节中对不同刺激物注意持续时间的波动。

跟随儿童的注意焦点是 TPBA 中的一个关键性评估策略。要密切注意儿童在玩耍的过程中会有什么不同的表现。在观察游戏及游戏后观看回放录像时，评估小组成员应记录儿童参与不同游戏类型的时间。儿童花更多时间在简单的探索游戏上还是在其他类型的活动中？研究小组尤其应关注获得儿童注意时间最长的活动，因为这些很可能是最令他们感兴趣、最能调动他们的积极性、最令他们感到愉悦的活动或者是他们最为擅长的领域。

值得注意的一点是，认知领域所提到的注意问题会与其他领域的评估目标相重叠。例如，情绪情感与社会性领域的子类中的情绪情感调节、行为管理、自我意识和社会关系，以及沟通和语言领域的子类中的接受和表达都与注意、记忆和问题解决相关联。运动技能对展现儿童在任务中所表现出的与注意相关的事项也十分关键。评估小组应评估这些领域之间的相互关系，找出与思考和解决问题相关的潜在模式。在注意、记忆以及执行功能方面存在障碍的儿童也经常表现出行为或情绪问题。

观察者应牢记，要谨慎对待有关注意及注意分散的问题，避免过度解读幼儿的注意问题。由于许多年幼儿童都会表现出注意广度较小的现象，与儿童的父母讨论他们对儿童的期望就十分重要，因为他们的期望不一定与儿童发展的实际相契合。与家庭成员讨论与注意有关的事项，包括注意的频率、情境因素和动机等，并将其与研究小组的观察结果进行对比。

I.A. 儿童在任务中的注意选择、注意集中程度以及注意稳定性如何？

儿童保持注意的能力会影响解决问题的能力，这在面临有挑战性的任务时尤为明显。因此，评估小组应评估儿童面对有困难的活动时注意保持的时间。另一方面，还应注意儿童对哪些活动注意的时间最短。儿童注意时间最短的活动可能是那些无趣的、令人不愉悦的或太难的活动。

评估小组还应注意该儿童是否特别注意游戏对象或情境的某些特征。一些儿童选择视觉特征明显的物体，如颜色亮丽、尺寸较小或类似的部件（如轮子）。其他儿童则更多注意发出声响或具有独特触感的物体。这些信息都可以为了解儿童的兴趣、优势和需求提供线索。同样重要的是儿童注意的顺序。儿童选择先做什么，后做什么，以及不同阶段做什么都可能反映出他们的兴趣，而兴趣又会影响他们的注意。评估小组可以观察儿童与引导员、家庭成员以及同龄人之间的互动。儿童对不同人群的注意持续时间也可能存在差异，这为研究儿童的社交偏好提供了线索。

就婴儿而言，研究小组应观察他们关注人和物体、预测行动以及尝试达成目标的能力。

例如，一名婴儿可能对音乐玩具有兴趣并产生注意，那么他是试图让成年人去摇动这个玩具，还是自己进行尝试呢？

Ⅰ.B. 儿童抑制外部刺激的能力如何？

在游戏期间，评估小组应观察儿童持续注意某一物体或人物而不分心的能力。家庭或社区环境可能十分嘈杂且凌乱，尤其有其他儿童在场的情况下。评估小组应观察儿童如何应对这些干扰。他的注意可能被其他东西或声音短暂地转移，但他能迅速将注意焦点转回到游戏上。但是，一些儿童太容易被其他活动、声音、气味或视觉干扰而将注意力转向其他方面。这时，评估小组可观察儿童需要多大的帮助或激励才能保持注意。儿童是否无需成人协助就可以忽视干扰或重新集中注意？声音或视觉引导、肢体动作是否能帮助儿童保持注意？存在注意缺陷的儿童即便对自己感兴趣的事物，可能都很难集中注意力。他们可能显得漫无目的，需要大量的语言或动作支持才能对特定活动保持兴趣，继而做到专注。查阅注意和干扰的参数指标可以帮助评估小组提供有效的干预建议。

Ⅰ.C. 儿童能否能将注意从刺激或问题的一个方面转移到另一个方面？

在儿童游戏期间，评估小组可以通过考察情境和问题的特点来观察儿童的问题解决能力。一些孤独症或注意困难儿童往往执着地关注问题的某个方面，而不会去寻求其他的替代性解决方案。他们可能会坚持重复一些无效的做法。他们似乎无法将注意从情境的一个方面转移到另一个方面，也无法分析该情境各方面之间的关系。尽管他们看起来专注于玩具或情境，但却无法在活动中表现出注意的灵活性。

孤独症、唐氏综合征、听觉障碍和其他残障的儿童都需要较长的等待时间才能适当转换注意，因为他们可能需要更多时间来处理信息（Paparella & Kasari, 2004）。在游戏和交流中使用序列化注意策略（如让儿童先玩一会儿，再将视线转移到成人身上）也可以让儿童更有效地采用成人的建议。评估小组可以记录提示是否有效以及哪种类型的提示（如语言、动作模仿、手势表达）有效，以及儿童需要多长时间才能成功地将注意转移到游戏和互动的相关方面上。

伊莱（Eli）是一名4岁的儿童，老师认为应对他在学前班级环境中做行为问题和注意缺陷的评估。老师称，伊莱存在注意困难，在活动之间过度"转换"注意。他很容易分心，由于抢夺玩具，他也经常与其他同伴发生摩擦。他的父母说伊莱在家里可以长时间地将注意放在电视上，但是他不喜欢玩拼图、玩具卡车或阅读书籍。

在TPBA评估期间，评估人员发现伊莱一进房间就立即奔向滚珠玩具。他把一个滚珠放进滑槽内，看着它滚落，抬头张望时，他看到了厨房，于是他又奔向厨房。他拧开水龙头,又关上,然后看到电话,就拿起电话放在耳边。之后他四处张望,看到桌上的拼图,于是放下电话,跑向拼图。拼了一块拼图后环顾四周,瞥见了妈妈,于是就跑到了妈妈身边。没有成人帮助的情况下,伊莱的注意会不断从一个玩具转向另一个玩具。通常,只要他抬头张望,就会被新的事物吸引。他的父母称这就是伊莱的典型行为。当心理学家与伊莱共同游戏时,她在活动中使用了指向性动作,用热情、夸张的表达和示范帮助伊莱专注于一项活动。在视觉、听觉和手势的引导下,伊莱能够完成一幅拼图,看完一本书以及玩过家家。伊莱能够选择注意焦点,但是没有成人的帮助就不能保持注意。伊莱也缺乏分配注意的能力,当爸爸妈妈和他说话时,他会抬头看他们,就顾不上手里正在做的事情了。

伊莱的表现符合注意缺陷障碍的特点。无法集中注意影响了他的学习,而且除了注意缺陷,他还表现出认知迟滞。伊莱对涉及因果关系的玩具和材料能保持更长的注意,因为这些玩具能够吸引他的视觉注意。虽然他很容易受到视觉和听觉的干扰,但我们也可以借助同样的方式帮助他将注意集中到活动上。他的行为问题看起来很大程度上源自他的视觉注意容易被分散,因为只要他看到什么玩具,就会直接跑过去玩,也不管是不是有人正在玩这些玩具。评估小组需要帮助他的家庭和老师找到提高伊莱专心程度和问题解决能力的方法。

第二节　记忆

2.1　记忆

记忆是一个复杂且富有争议的概念。我们可以从多个方面对记忆进行阐述,虽然这看起来是一个简单的概念,但却很容易让人困惑。前文已经介绍了多种记忆系统。陈述性(declarative)记忆或外显记忆(explicit memory)涉及对特定信息的再认或回忆,例如物体、地点、日期和事件的名称。陈述性记忆可以分为情景记忆(episodic memory)与语义记忆(semantic memory)两种类型:情景记忆是对个人经历有意识的回忆,而语义记忆则是有关语言、规则和概念的知识,包含了大量复杂且有组织的知识体系(Haith & Benson, 1998; Peterson & Rideout, 1998; Roediger & McDermott, 1993; Schneider, 2002)。非陈述性、程序性或内隐记忆(implicit memory)则涉及无意识能力,如能够重复从经验中学到的习惯和技能(Bauer，2002；Nelson & Collins，1997；Zola-Morgan & Squire，1993)。视觉空间记忆包含两种不同类型的信息，包括内容的视觉化和记忆、空间定位和位置记忆(Schneider，2002；Schumann-Hengsteler，1996)。工作记忆(working memory)是一个用来解释大脑存储信息和加工利用信息的术语(Gaithercole，1998；Pennington，1997)。要记忆的信息是一般性信息，还是关于某特定领域且与先前知识相关联的信息，也会影响人的记忆能力(Hasselhorn，1995；Schneider 和 Bjorkland，1998)。记忆的表达可以是言语的或非言语的。记忆的维持可以是短时的，如几秒钟、几小时或几天，也可以是长期的，如数周、数月或数年(Bauer，2002；Bauer，Wenner，Dropik，& Wewerka，2000；Carver & Bauer，2000；Carver，Bauer，& Nelson，2000)。记忆可以复现详细的细节，也可能只有模糊的"要点"(Reyna & Brainerd，1995)。

　　记忆涉及行为和发展的各个方面，从上文对多种记忆元素的概述可以看出，它不是一个简单的概念。有关记忆加工过程的理论则更复杂且更具争议性。

　　信息加工理论基于这样的观点：大脑通过感觉系统获取信息，然后在大脑中对感觉信息进行编码，在短时记忆或工作记忆中储存和加工信息，随后将知识储存在长时记忆或永久性记忆中，以便日后进行检索和加工。工作记忆是该心智系统的意识部分，在这里我们对有限数量的信息进行加工。工作记忆被假定至少存在两个方面：一方面用于储存语音信息，另一方面用于储存视觉信息(Torgesen，1996)。Pennington(1997)则将工作记忆的另一部分——中央执行系统定义为注意在认知任务中的分配，即选择、应用和监控所用策略的有效性。

　　另一方面，长时记忆是一个复杂系统，包含了我们通过不同类型记忆储存的永久性知识，包括：1. 语义记忆；2. 情景记忆；3. 程序性记忆；4. 习惯记忆(Torgesen，1996)。神经网络可以让儿童获取信息、关联想法、制定规则和分类系统，然后产生解决问题的新方法(Halford，2002)(见下文"概念性知识")。必要时，大脑通过再认、回忆和重建从长时记忆中提取信息(如按照个人知识重新解释复杂信息)。然后，儿童以某些思考或行动方式作出反应。在 TPBA 中，观察人员从儿童的表现中寻找短时记忆和长时记忆的线索。

Ⅱ．A. 通过儿童自发的行为和交流可以证实哪些短时和长时记忆能力？

　　由于儿童记忆力和问题解决能力的同时发展，多种记忆能力得以整合。包括触觉、嗅觉和运动，视觉影像记忆，行为和情景记忆，顺序和策略记忆，概念性信息记忆在内的感觉经验记忆对认知能力的发展有着关键性作用。在生命之初的几天和几个月，婴儿的行为就表现出他们具备对行为、顺序和概念的记忆。一项研究利用婴儿对某事件的习惯化并对此进行了探究。在这项研究中，首先让婴儿重复接触一个特定刺激，当婴儿的注意大幅度减少或者说习惯了这种刺激时，再同时向婴儿呈现"熟悉的"和新的刺激。婴儿对新刺激表现出的不同的关注度就可以作为再认记忆（recognitory memory）的证据（Bahrick 和 Pickens，1995）。习惯化（habituation）和"恢复"（去习惯化）的速度与未来的智商（IQ）相关联，这可能是因为注意、记忆、对新刺激的反应和快速思考都与智力相关（Sigman，Cohen，& Beckwith，1997）。

第二种婴儿记忆的研究范式是在婴儿的腿上系一条丝带，并将丝带与可移动的物品相连接。在多次无意识的踢腿并使物品移动后，婴儿获得对踢腿的随因反应。几天后再系上丝带，观察婴儿是否记得踢腿来让物品移动，从而评估其记忆能力（Rovee-Collier & Gerhardstein，1997）。

这类研究揭示了新生儿具有记忆力。新生儿能够识别并偏爱自己母亲羊水和乳汁的气味，这表明他们具备嗅觉记忆（olfactory memory）（Marleir，Schall，& Soussignan，1998；Porter & Winberg，1999）。与出生后听妈妈讲的新故事相比，新生儿甚至更喜欢出生前两周在妈妈肚子里听的故事，这表明新生儿听觉记忆的存在（DeCasper & Spence，1986）。

新生儿需要3—4分钟来适应新的刺激，但是4—5个月大的婴儿只需要5—10秒钟即可。记忆恢复能力的快速发展在婴儿两个月大时出现例外，两个月大的婴儿需要比新生儿更长的记忆恢复（习惯化）时间。这可能是因为婴儿在2个月左右时强烈的视觉感知变化暂时延长了婴儿的关注时间（Slater，Brown，& Mattock，1996）。2—3个月大的婴儿在训练结束一周后还可以记住如何通过踢腿来使物品移动（Rovee-Collier，1999）。6个月时，婴儿就可以学会按按钮、手柄或开关来启动玩具，且在经过训练后数周内不忘。但是，6个月前婴儿的记忆高度依赖情境。婴儿需要相同的玩具和情境才能触发记忆。12个月后，当婴儿能够自主活动并开始探索不同的情境时，这种依赖性就会减弱（Hayne，Boniface，& Barr，2000）。

对物体、行为或事件进行心理表征是学习发生的基础。婴儿的心理表征能力主要通过以下几种方式体现：1. 延迟模仿（deferred imitation），当成人不再示范某行为时仍可以表现该行为的能力；2. 对事件的预测和对已有经验的重现；3. 客体永久性（object permanence），即能够理解物体虽然看不见但依然存在。

延迟模仿能力还揭示了婴儿记忆或行为回忆能力的相关内容。延迟模仿对扩展婴儿独立操作物品的能力有重要意义。虽然最初对于成人面部表情和头部动作的模仿，需要与成人的动作同步进行，但我们还是能在小婴儿身上观察到延迟模仿，这表明了婴儿具有保留和加工视觉运动信息的能力（Butterworth，1999）。研究表明，对面部表情延迟模仿可见于6周大的婴儿（Melzoff，2002），6个月大时，婴儿已经能够回忆和模仿成人示范过的启动各种玩具的动作（Collie & Hayne，1999）。9—14个月的婴儿身上还出现了更长时间（比如1—7天）的延迟模仿（Hudson & Sheffield，1998）。动作序列记忆或顺序回忆也从婴儿9个月时开始发展，这时婴儿可以回忆和再现两个步骤的动作序列。从第二年起，婴儿记忆并重现多步骤动作的能力开始提高(Bauer，2002；Bauer 等，2000)。12—18 个月期间，婴儿不仅会模仿成人，还会模仿其他同伴，并可将这种模仿行为保持几个月(Hayne，Boniface & Barr，2000)。18—20 个月大的婴儿在 2—8 周后仍能够记住动作顺序(Boyer，Barran & Farrar，1994)。

当对动作结果的记忆和对动作或过程的记忆相结合时，婴儿就可以发展出目标导向行为。1—4 个月时，婴儿开始在过往情景记忆的基础上对行为进行预测；7—8 个月时，婴儿会出现明确的目标导向行为；10—12 个月时，婴儿会记住在一个目标上成功的策略，并将其用于其他目标上(Chen，Sanchez & Campbell，1997；Willats，1999)。18 个月到 2 岁期间，儿童无需动手操作就可以通过思考解决问题，这表明他可以记住不同问题的解决策略并将其运用于新情境。2 岁时，对动作序列的延迟模仿所表现出的心理表征能力，加上儿童记忆并在新情境下应用这些动作序列能力，使他们可以参与更复杂的游戏形式，解决更复杂的问题。在这些情境中，儿童可以想象一些他们未曾见过的事情(Rast & Meltzoff，1995)。

当婴儿开始储存和比较身边事物的特征时，概念记忆与程序性记忆就同步发展起来了。1—4 个月时，婴儿可以根据动作或空间定位识别自己熟悉的物体，并可以将人和物体区分开来(Gelman & Opfer，2002)。他们开始获得客体永久性，即明白当物体不在自己视野范围内时仍然存在。4—8 个月时，婴儿可以借助其所有感官去探索物体，并根据外形、颜色、质地及其他感官特征识别物体和人(Howe，2000)。随着感觉、空间、概念和动作记忆的发展，加上不断提高的运动、语言和社会能力，幼儿逐渐发展出新的能力。例如，幼儿可以记住玩具的位置并找到它们，可以按照功能和行为将物体分类，还有记住和预测与不同照料者的社会性互动。

记忆涉及将已有经验或想法运用到当下。早在一岁半到两岁期间，幼儿就开始谈论过去的经历，开始再现以前见过或经历过的事情。随着年龄增长，幼儿讲故事和表演的顺序变得越来越具体而详细，反映出其记忆力的提高(Bauer，1996)。起初，儿童能够模仿的动作序列很短，随着记忆和表征能力的提升，他们能模仿的序列会逐渐延长。四五岁的儿童还可以将在不同时间、地点看到的动作"碎片"组成新的序列和脚本。此时，儿童形成了一个关于动作、角色、场景和关系的记忆库，并能创造性地构建这些记忆，以此来帮助儿童解释经验，达成目标(Hudson，Sosa，& Shapiro，1997)。从认知而言，儿童此时的模仿能力仅仅受限于他的先前经验基础以及利用这些经验形成新的游戏玩法的能力。

学龄前儿童知晓心理活动的发生，但不能说出他们使用的过程或策略。一个 3 岁儿童可以通过口头语言准确地描述他们的经历。3 岁时，许多儿童都可以回忆描述过去 18 个月内发生的事件(Fivush，1997；Rovee-Collier，1999)。尚不清楚的是，为什么大部分成人无法记住 3 岁前发生的事情。这种现象被称作"婴儿期失忆"，可能与 3 岁后大脑皮层中额叶及其他结构的发展有关(Diamond, Towle, & Boyer, 1994)。3岁之后,儿童的表征和角色扮演类游戏能力得到提高,可以根据记忆中的生活惯例和事件构思脚本。这种能力提高了儿童对自身发展过程中自传性事件的记忆能力。

脑与记忆(the brain and memory)

胼胝体是连接和沟通两个脑半球的大束纤维,胼胝体的髓鞘化在儿童一岁时才开始进行,3—6岁时进入发展高峰(Giedd等,1999;Thompson等,2000)。在此期间,大脑会发生诸多变化,以支持记忆力和问题解决能力的发展。18个月时,大部分记忆结构已经成型(Liston & Kagan, 2002; Spencer, 2001)。2—3岁,儿童开始利用歌曲和手指游戏、视觉标志和手指计数,这为提高记忆力提供了时间和逻辑结构上的支持(Gauvain, 2001; Spencer, 2001)。持续的髓鞘化增加了大脑半球间的联系,使得包括感知、注意、记忆、语言和问题解决在内的多方面思维能力得以整合(Thompson等,2000)。

Ⅱ.B. 儿童需要多长时间来对概念、动作序列或事件进行加工和回忆?

加工时间的长短因年龄、记忆类型和对记忆对象的熟悉程度而定。记忆不同类型材料的能力有赖于大脑发育的成熟度。虽然目前已有关于不同类型信息能被记住多长时间的研究(Halperin, 1996),但对儿童加工和表达记忆所耗时间的研究较少。研究表明,记忆唤起的速度可能反映了思维加工的效率(Rypma & D'Esposito, 2000)。处理时间的问题对于残障儿童而言尤为重要,他们往往需要更长的时间去接收信息,作出反应。

2.2 运用《观察指南》评估记忆

通过一个简单的测试来评估上文所述的记忆的各个方面是不可能的。TPBA2并非用于神经功能评定,且TPBA未能涵盖发展的各个方面,但会关注和涉及到其中的诸多方面。TPBA2主要关注那些能从功能性游戏互动中观察到的记忆特点。具体而言,TPBA2观察指南主要涉及:1.通过再认和回忆对概念的记忆(涉及具体的刺激、图片或符号);2.在短期或长期延时后模仿或回忆概念的能力;3.记住有关日常活动或技能程序的能力;4.笼统或详细地重构复杂图片、事件或故事的能力;5.儿童记住概念和动作所需的时间。记忆的其他方面则会在其他认知子分类中涉及(如问题解决和社会认知)。

Ⅱ.A. 通过儿童自发的行为和交流可以证实哪些短时和长时记忆能力?

在用TPBA进行评估时,无论进行评估的场所是家、社区、学校,还是诊所,我们都可以在自然的游戏互动和引发性的游戏活动中观察儿童的记忆能力。对于婴儿,评估小组将根据其辨识(指向、发声、动作)、运用词语或标识进行回忆的情况评估其概念记忆的水平。由于年幼儿童的记忆具有很强的情境性,所以对于半岁前的婴儿,利用熟悉的材料是十分重要的。

此外,评估小组也将观察儿童自发性的动作和习惯,这反映了生成这些动作和过程性序列的长时记忆。如果儿童不能产生特定动作,那么,能够模仿动作或序列,是否可以表明他在用工作记忆进行加工?

评估人员还会观察儿童模仿行为发生的情境。从发展角度而言,多数婴儿不会在原初动作情境之外来模仿动作。但是,一些残障儿童会在不恰当的情境下模仿姿势、语言或声音。例如,这些儿童可能会重复先前听过的词语或短语,但是他所使用的情境是不合适的。

观察儿童对动作序列的模仿也十分重要。在评估小组观察儿童游戏时,家庭成员可以补充说明他们在家中见过的儿童动作序列与新出现的序列。如果观察到了新的动作序列,则游戏引导员可以在几分钟后让儿童重复该活动,观察该儿童是否自动表现出(或记住)先前的动作序列,以此评估其记忆能力。这对于刚开始进行系列动作儿童来说尤为重要。儿童经常会在角色扮演游戏中重现熟悉的日常生活。

评估小组需要确定儿童表现的情节是来自记忆,还是将记忆中的动作加以创作组合成的新序列。例如,评估小组观察到3岁的布兰迪(Brandy)主要参加感官游戏。但是,他还发展出一套延伸的游戏序列,包括倒咖啡、端咖啡、吹凉咖啡、搅拌咖啡并假装喝咖啡。与他妈妈沟通后,评估小组了解到这是他们家的日常活动,并已成为日常惯例。这说明布兰迪可以记住已经成为惯例的动作序列,但这并不代表她具有对陈述性信息的记忆能力。

那些能够展现许多概念和动作序列,并且进行语言交流的儿童,往往具有更高层次的记忆能力。在游戏过程中,引导员可以帮助儿童将正在进行的活动与过去的经验关联起来。例如,当一名幼儿在搭积木时,引导员可以询问其在家喜欢搭什么建筑,在哪里见过这样的建筑,以及在这样的建筑里会发生什么,等等。这可以让评估小组观察他对个人记忆的回忆情况。让儿童讲故事、用会动的玩偶讲述故事,或在角色扮演游戏中创编故事情节,给研究人员提供了另一个观察记忆的机会。此外,可以利用书籍或相册引发儿童对过去、现在或未来活动的讨论。

评估小组应尝试确定儿童分享言语记忆和信息的能力与他通过肢体表达将知识和经验联系起来的能力是否处于相同水平。一些语言障碍儿童或需更多地用肢体动作而非语言来表现其概念和程序性知识,而通过动作所表现出的记忆力或可为研究他们的认知能力水平提供重要线索。

某些儿童可能会表现出非同寻常的记忆能力。他们可能会展现出对一些非同寻常的细节或内容的记忆力。例如,一名5岁的孤独症儿童可以背诵家中的车牌号码、电话号码、地址、鞋码以及任何与数字有关的信息。另一位儿童则能回忆起假期中一些不寻常的细节,告诉引导员飞机座位的罩布上有一个洞,以及前排乘客的发型。通过有效引导,这类对细节或特定信息的记忆可以成为一种非同寻常的能力或优点。

此外,研究小组还应观察那些看起来有助于儿童记忆的过程。游戏引导员能够确定需要给予儿童多少鹰架支持(例如提问、道具的使用)才能激发其对信息的回忆。记录下能帮助儿童记忆的感官输入、结构、示范和反馈类型,以便纳入干预计划之中。

II. B. 儿童需要多长时间来对概念、动作序列或事件进行加工和回忆?

了解儿童加工信息所需的时长十分重要。在引导员引出上述信息类型时,评估小组应观察儿童的反应时间。引导员也需要提供足够的等待时间,让儿童思考并作出反应或动作。

儿童的模仿能力与注意相关,因为该能力反映其短时记忆加工能力。一些儿童会表现得较为迟缓——他们能够重复引导员的动作,只是要在引导员示范动作完成几秒钟甚至几分钟后,才会重复该行为。延迟反应意味着儿童在加工信息方面存在困难。研究小组应关注出现的刺激类型是听觉、视觉、动觉、触觉还是以上各类感知觉的结合,以便更好地理解儿童在信息加工时遇到了何种困难。我们还应注意到,儿童在游戏中重复动作或概念时出现迟缓并不一定意味着信息加工存在问题。实际上,模仿的延迟也可能是短时记忆或长时记忆的指标,能够模仿、再现概念或动作的儿童可能会练习这项新技能。两者的区别在于模仿的时机和情境可能存在差异。

另一类型的迟缓模仿,即延迟性模仿是正常的现象。如上所述,延迟模仿,或模仿先前所见行为和角色的能力,是学步儿或学龄前儿童的一项重要技能。观察延迟模仿可以让小组深入理解儿童的经验背景。小组可以分析确定儿童的动作类型,并询问照料者是否在儿童面前表现出过这些行为。例如,在一项游戏期间,研究小组观察到一名接受测评的2岁儿童拿起玩具锤子敲打桌子。孩子的妈妈表示他的爸爸是一名木匠,他喜欢学他爸爸敲敲打打。这种情况就说明孩子表现出了延迟模仿。如果他在做这个动作前从未见过锤子或类似的玩具,则可以将这种行为解释为感觉探索而不是延迟模仿。在延迟模仿中,儿童可以自由地根据记忆复现经历。这与模仿的迟缓不同,迟缓的模仿是因为儿童加工信息的速度较慢,需要时间组织,因而无法立即模仿。与照料者的谈论有助于评估小组辨别儿童模仿行为的类型。

7个月大的胡里奥(Julio)可能存在整体发展迟滞的问题。他现在尚不能翻身,也不会发声。研究者观察了他在家里与妈妈旺达(Wanda)和哥哥胡安(Juan)在一起的情景。旺达抱着胡里奥坐在沙发上,游戏引导员桑迪(Sandy)在旺达旁坐下。胡里奥先看了看桑迪,然后看向妈妈,再看回桑迪,并注视了一会儿。当旺达把他放在地板的毯子上时,他安静地在两人之间来回看。当听到胡安在厨房喊他时,他笑了。桑迪说胡里奥好像能够辨别出哥哥的声音。旺达笑着说胡里奥最喜欢胡安和他爷爷。"他一听到汽车喇叭声就兴奋。他的爷爷总是把车停在车道上按喇叭,他知道那是爷爷。"桑迪拿起一个玩具递给胡里奥,这是从旺达那里了解到胡里奥最喜欢的玩具,胡里奥接过玩具塞进嘴里。当桑迪从包里拿出一个不熟悉的玩具时,胡里奥在两个玩具间来回看,最后拿起了新玩具。

胡里奥和旺达之间的互动显示胡里奥可以区分妈妈和陌生人(视觉识别);他可以清晰地辨认哥哥的声音(听觉记忆);他可以记住爷爷回来后发出的声音(程序性记忆);他可以记住动作(非陈述性记忆或延迟性模仿);他选择新奇的玩具而不是熟悉的玩具(对新奇事物的偏爱)。这些记忆能力说明即便胡里奥存在发展迟滞,但他仍可以识别熟悉的人和物,可以根据条件作出随因反应和选择。根据这些能力,家人可以开始帮助他进一步发展随因反应和模仿技能。

第三节 问题解决

3.1 问题解决

如前所述,当前的理论模型将问题解决纳入到执行功能这一更宽泛的结构之中(见272页)(Borkowski & Burke, 1996; Denkla, 1996; Lyon, 1996; Morris, 1996; Zelazo & Muller, 2002)。问题解决包括识别问题、以某些形式进行心理表征、制定解决问题的计划、执行方案、评估结果,以及作出必要的调整(Zelazo & Muller, 2002)。问题解决整合了概念性知识(见下文)和程序性知识。婴儿通过前庭平衡觉、本体感受、视觉、听觉、触觉、味觉和嗅觉等感觉系统获取信息。然后,大脑在知觉和概念系统中组织这些信息,以理解物体、人物、事件、关系和抽象概念。基于儿童对问题的解读、儿童的目标,信息加工策略以及身体素质的不同,问题解决的结果会有所不同。注意、记忆和心理加工过程都会随着儿童的成熟而发生变化,他需要解决的问题以及所采用的策略也会在不同的发展阶段有所不同。

在问题解决这个子类中,TPBA2关注儿童:1.预测行为的能力(这也反映了早期记忆能力);2.对因果关系的理解(同时显示了对先前结果的记忆);3.组织行为序列的能力(同时反映了对想法和行为的记忆和心理组织);4.反应速度(儿童记忆和加工信息的耗时);5.观察和注意任务成功或失败的能力（在心理表征基础上预测和监控行为结果）；6. 纠正错误的能力（对任务或结果的心理重构）；7. 记忆并将问题解决的方案应用到新问题中的能力（考察概括能力）。注意、记忆和问题解决的能力互相交织，儿童在注意和记忆方面的问题将会直接影响其问题解决的能力。因此，仔细研究这三个子分类之间的相互关系十分必要。

3.1.1 子类观察指南问题的相关研究

下文不会将 TPBA2 观察指南中的问题拆开来进行研究讨论，因为有关问题解决的研究往往同时包含多项相关议题。因此，在讨论已有研究之前，我们先呈现问题解决的观察指南，然后分解讨论如何对这些领域进行观察。

Ⅲ.A. 哪些行为说明儿童具备因果推理能力或问题解决能力（执行功能）？

Ⅲ.B. 儿童如何识别和计划解决一个问题？

Ⅲ.C. 儿童根据目标来组织、监控、评估进展和修正错误的能力如何？

Ⅲ.D. 儿童分析和回应问题情境的速度有多快？

Ⅲ.E. 儿童将一个情境下的信息归纳并迁移到另一情境中的能力如何？

利用习惯化技术（即儿童面对变化时，注意的改变）进行的研究表明，无论一个物体在眼前的距离远近、尺寸和形状如何变化，一周大的婴儿都可以识别此为同一物体。（Slater & Johnson, 1999; Slater, Mattock, & Brown, 1990）。这是一个感知觉类问题解决的任务，在婴儿开始获得概念技能时，这类任务有助于他们理解遇到的物体和问题。研究表明，新生儿也会采用某种程序性问题解决方式。他们会改变吸吮节奏让有趣的事情重复出现，如产生图像（图片）和声音（音乐）（Floccia, Christophe, & Bertoncini, 1997）。

2—4 个月大的婴儿会利用动作和空间位置来识别物体（Jusczyk, Johnson, Spelke 和 Kennedy, 1999），比如踢腿、触摸和抓握。这提高了他们移动、探索物体以及模仿的能力，催生了之后的问题解决能力。用嘴咬是婴儿探索物体的基本方式。这一阶段的婴儿已经开始把人和运动的物体联系起来并预测某些事件（如，母亲拿着奶瓶出现就意味着"我可以喝奶了！"）。

4—6 个月期间，儿童坐立、拿取、抓握的能力不断发展，也影响着其问题解决能力的发展。儿童学会坐立后，手臂和手掌就得到解放，能够摆弄各种物体，同时他们也会（通过本体感觉输入）调整手臂和手掌以拿取和操作物体（Thelen, Corbetta, & Spencer, 1996; Wentworth, Benson, & Haith, 2000）。他们现在可以用两只手来回传一个物体，也可以一只手拿着东西，用另一只手去拨弄它。我们知道，在此期间婴儿也发展了寻找隐藏物体（客体永久性）的能力，5—8 个月大的婴儿就能找到透明屏幕后面的东西（Shinskey, Bogartz, & Poirier, 2000）。这一阶段的婴儿还能通过形状、质地和颜色区分物体（Cohen 和 Cashon，

2001)。这些都是婴儿学习如何寻找、操作和对物体进行分类时的重要技能。

在 6—8 个月时,额叶皮层的神经发育使得婴儿的批判性思维和问题解决能力更具发展潜能。此时,儿童的目标导向行为也有所增加。他们开始通过移动自己的身体去拿到想要的物体,通过看向成人使他们参与解决问题并积极探索物体。对深度线索理解能力的提高使儿童能够利用空间意识解决问题。大约在 7—8 个月时,儿童开始能够解决简单的问题,如掀开一块布找到玩具(Willats,1999)。在 8—12 个月时,随着前额叶皮层活动的增加,儿童的问题解决能力也有所提高。不断丰富的神经组织为儿童规划和预演即将采取的行动奠定基础,同时也连接大脑的边缘系统,以实现情绪调节。在这一时期,食指和拇指发展出相对或钳状抓握的能力,让儿童可以进行更精细的探索。

在 9—12 个月,婴儿运动能力的发展使他们能够接触更多玩具和材料,问题解决能力随之也越来越强。在这一阶段,他们可以通过类比解决问题,即把在一个情境中的学习经验应用到另一个情境中(Chen 等,1997)。爬行和精细动作技能的提高使儿童能够发现和比较物体及其相互作用和结果。探索物体的能力也有助于儿童理解物体的功能。

12—18 个月期间,儿童学习了更多事物运转的原理。他们了解了物体本身、它们的部件、机制、与其他物体的关系,以及人们是如何影响物体的。儿童使用试误的方法来解决问题的情形增加,还会探寻那些并不显而易见的解决方案。延迟模仿能力的出现反映出儿童的表征性思维,使儿童能够运用先前所见过的问题解决方法(Barr & Hayne,1999;Hayne 等,2000。)

18—24 个月期间,儿童开始尝试思考他们自己的行为。结合不断提升的精细动作技能和正在形成的语言技能,儿童可以理解成人的指令并进行更准确的探索,这也让他们学会如何通过语言表达来解决问题。现在儿童不仅可以模仿他们所观察到的行为,还可以预测成人的目标和意图,并且表演他们预测到的行为(Meltzoff,1995)。

在 2—4 岁期间,儿童的问题解决包含吸收习得的知识并将其应用于新的情境。因此,问题解决包含从情境到情境的推理。到 2 岁半时,儿童可以用思考、记忆和假装等术语对头脑中产生的想法进行分类,并将其与真实世界中发生的事件区分开来。他们开始明白解决问题是一种心理活动。3 岁后,儿童进行表征游戏和角色扮演游戏的技能提高了,可以将记住的生活中的日常事物和事件形成脚本。该年龄段的儿童还表现出预先思考或对当前问题进行反思的能力。儿童可能通过视觉扫描来寻找解决问题的方案,也可能身体力行尝试所有的方案,或使用言语这一媒介来思考问题。例如,许多儿童会用言语表述他们的问题解决过程:"我觉得它不适合放在这儿。它走这条道吗?不。那它走那条道吗?我就把它放在这儿吧。"

4 岁时,儿童可以借助实际生活中的事件预测类似情境中将发生什么,或者在特定的情况下解决问题。例如，在安静的候诊室里，孩子可能会问爸妈："这里像教堂吗？我是不是该保持安静？"儿童将这些情境分门别类，并据此总结出行为准则（参见后文的"表征技能"）。

从5岁起，儿童的问题解决能力越来越少地依赖于感知觉，而是更多地建立在对事物运作规律的综合理解之上。到了5岁，儿童还能认识到他们用以解决问题的思考过程和策略。他们认识到有助于记忆的方法，比如重复地自言自语。5到6岁期间，儿童认知的自我调节逐步增强，或者说他们能更好地对过程进行监控和管理，并做出必要调整，以便达成目标。在辨别能力和分类能力持续发展的基础上，儿童的概念发展得到提升，进一步促进读写能力和计算能力的出现（见后文"概念性知识"和"前阅读和前书写能力"发展。）

3.2 运用《观察指南》评估问题解决能力

问题解决能力对所有儿童而言都至关重要。问题解决能力的不足会对整体发展产生深远的影响，许多残障儿童的问题解决能力都存在缺陷。例如，患有运动障碍的儿童可以在心理层面想出解决问题的方案，但由于动作的限制可能无法执行解决方案。认知发展迟缓的儿童可能在心理层面都无法构想出解决方案。注意的问题会抑制对问题的识别，导致无法准确把握解决问题的正确方向或让儿童无法坚持解决问题。有情绪或行为问题的儿童可能无法抑制冲动反应，而孤独症儿童可能只专注于某些类型的问题。有视觉或听觉缺陷的儿童可能需要使用补偿机制。专业人员应仔细观察和考虑儿童问题解决的各个方面，包括从问题识别到评估解决方案的全过程，以确定在哪一环节为他们提供帮助。

Ⅲ.A. 哪些行为说明儿童具备因果推理能力或问题解决能力（执行功能）？

TPBA 小组应配备、设置一系列儿童不熟悉的因果关系玩具和精细动作任务。对于婴幼儿而言，摇铃、发声器、或可以产生视觉、听觉或触觉效果（如振动）的玩具是必需的。对年龄较大的婴儿和学步儿而言，应提供装有开关、按钮、旋钮、坡道或其他装置的玩具，让儿童从中学习如何启动玩具、预测行为结果，且在第一次尝试失败的情况下作出调整。对学前儿童而言，让其接触更复杂的玩具或情境是很重要的，这些玩具应当需要儿童对情境进行分析且能理解什么物体导致事件的发生。游戏期间可以提供收银机、钥匙与锁盒等，以及带有不同开启装置的弹出式玩具。例如，带有坡道、旋转装置、滑槽和不同尺寸零件的玩具，这些玩具需要儿童研究如何将零件组装成一个可移动的部件，并使其按照自己的意愿移动。评估小组则从旁观察儿童对因果关系的理解。

Ⅲ.B. 儿童如何识别和计划解决一个问题？

儿童寻找解决方案的能力与对其因果关系的理解息息相关，儿童的这种能力在许多情境下都可以观察到。例如，儿童如何找到所需的缺失材料？在游戏过程中，研究小组成员需观察儿童完成目标所用的方法，以及在活动、情境或事件中面临挑战时如何努力达到预期目的。小组可以通过对环境的设置让儿童接触极具激励性但同样有挑战性的新玩具和材料，以观察他们的问题解决能力。几乎任何材料或情境都可以用来为儿童创造一个挑战性的情境。例如，不要直接为儿童打开装有泡泡水的瓶子，而是把它交给儿童，观察其如何尝试打开它。

引导员可以为儿童提供一些不能正常运转的玩具或创设一个问题情境，要求儿童去解决问题。在与儿童一起搭建积木时，引导员可以问："可以用什么来做我们房子的屋顶呢？""我想知道怎样才能让屋顶保持稳定呢。"引导员还可以增加难度，"破坏"儿童认为很简单的活动。例如，在装有泡泡水的瓶盖上缠胶带，取下电动玩具的电池，故意遗漏一块拼图，看儿童如何反应。搭建积木时，形状特殊的积木块往往需要更加仔细的规划和平衡。研究小组可以在儿童搭建期间观察其监测进展和做出调整的能力。

Ⅲ.C. 儿童根据目标来组织、监控、评估进展和修正错误的能力如何？

问题解决需要儿童具有组织化、序列化思考的能力。对于幼儿而言，可以通过观察他们如何安排自己的动作顺序去了解其组织思路和解决问题的能力。当儿童使用一个物体时，评估小组应观察他利用该物体完成目标而采取的动作顺序。例如，儿童尝试用马克笔写写画画时，他是否先是用带着笔帽的笔直接涂写，然后发现了笔帽，取下笔帽，再继续写，这能否反映他理解问题和解决问题的逻辑顺序？儿童放弃尝试并拿起另一支马克笔，是否表明他缺乏对问题的理解能力？如果儿童把它交给成人"修理"，是否表明他能理解别人知道如何解决这个问题？

当儿童采用多种材料进行游戏时，评估小组可观察儿童如何组织材料并实行计划。例如，用一堆积木、坡道、小汽车模型和人偶搭建车库时，儿童是如何处理这个问题的？他又是如何组织材料、安排序列化的动作并借助成人的帮助的？

评估小组可以通过观察儿童对遇到的各个问题的处理方法，以此来确定儿童一般情况下如何组织他的想法，再如何将想法付诸行动。观察应包括儿童遇到不熟悉的大肌肉动作玩具时利用大肌肉动作解决问题或在障碍训练场地中所采取的策略（见第二章第Ⅳ运动计划）；移动小零件玩具时的精细动作操作，以及儿童想让别人做某事时的社会性问题解决。

Ⅲ.D. 儿童分析和回应问题情境的速度有多快？

引导员应给予儿童足够的时间试错。有些儿童可能会反复尝试同样的策略，而另一些则会在原有策略无效时做出调整。如果儿童不能尝试任何解决方案,引导员可以先做示范,观察其是否可以执行、或在此基础上扩展策略。研究小组应观察儿童分析、找出解决方案并解决问题所需的时间,以及儿童的问题解决是独立完成的,还是在示范基础上进行模仿,或是在更多结构性的支持下完成的。有些儿童会很快理解所处情境,并得出解决方案。有些儿童需要充足的时间独立尝试,从而找到解决方案。还有一些儿童需要他人的建议才能识别问题或得出解决方案。有时候,幼儿可能会放弃解决某个问题,但是过一会儿又重新回到这个问题上来。他们可能是需要更多的时间来处理该情境的信息。游戏引导员在提出建议或作出示范前给幼儿足够的"等待时间"十分重要,这样研究小组才有机会观察幼儿加工信息所需的时间,以及当有更多时间来加工信息时,幼儿能否成功。

Ⅲ.E. 儿童将一个情境下的信息归纳并迁移到另一情境中的能力如何?

在自然情境下观察儿童角色扮演或搭建积木期间用不熟悉的材料解决问题的过程,可以看出儿童将先前情境中的已有技能迁移到新情境的能力水平。例如,儿童打开玩具屋的烤箱门所采用的策略或当煎锅放不进冰箱时采取的做法,可以作为判断儿童归纳迁移能力(skill generalization)和问题解决能力的参考信息。

儿童如何利用环境中的材料作为工具来解决遇到的问题,也反映其归纳迁移能力。例如,儿童可能踩着椅子去拿高处的玩具,这说明他使用了之前见过的方法。年龄较大的儿童可能会使用更复杂的工具,例如探索如何在新情境中使用杠杆或钳子。

下面的案例是对先前讨论过的4岁儿童伊莱(Eli)在注意、记忆和问题解决方面的整体性观察。

4岁的伊莱在记忆和问题解决方面存在的问题,在一定程度上与前文所述的注意力问题有关。但是,即使在引导员的帮助下伊莱能够参与游戏,他表现出的对处理不同情况的组织计划能力也十分有限。在拼图时,伊莱会反复试图将拼图块强行塞入拼图内,而不会注意到特定拼图块的方向或特点。他很难将注意从事物的一个方面转移到另一个方面,在解决问题时,他会重复失败的问题解决方法,直到引导员指出一条拼图线索,如"看,这是小狗的头。"伊莱在理解诸如物体、人物、动作和事件的名称等基本概念时有些迟缓,且常常需要通过视觉线索来激发他的认知。例如,当引导员说"我需要一支蓝色蜡笔",伊莱可能递过去一支棕色的。然而,伊莱具备颜色的概念。当他从盒子中拿出蓝色蜡笔时,他会说"我喜欢蓝色。"当引导员提出要求时,伊莱似乎只专注于蜡笔这一个方面,而不能同时关注到"蓝色"和"蜡笔"两个方面。伊莱的问题解决能力受到注意时间短和注意广度有限(即仅能关注问题的有限要素)的影响。伊莱在回忆、计划、组织、排序和监控自己的行为方面存在困难。他的老师称,这些问题以及伊莱对社会因果的认知理解的不足还导致了伊莱在班级中的社会性问题。

第四节 社会认知

4.1 社会认知(social cognition)

儿童不仅学习了解物理实体,也学习了解心理或心理过程。社会认知意味着对社会世界的理解和对人们在不同情境下行事方法和原因的深度思考。社会认知,也被称为心理理论(theory of mind),是对自我及他人心理状态理解的发展(Flavell, 2000; Wellman, 2000)。认知领域中的社会认知与社会情感领域的多个子类相重合。TPBA2的社会情感领域着重于儿童对情绪情感的表达和理解、对情绪和行为调节控制的能力,以及对自我和社会关系的认识。这些领域显然涉及了认知过程,但人们更为关注情绪情感以及社会性能力发展所带来的行为。认知领域的社会认知关心儿童如何理解人们的愿望、动机和意图的原因,如何推断遇到的社会行为背后的原因和所导致的后果。

对他人的想法、观念和意图的理解(comprehension)能力的发展与认知能力的发展相一致,如模仿(Meltzoff, 2002),对因果关系的理解(Gergely, 2002),理解事物之间的关系并发展出分类系统,理解有关愿望、情感、思维、认识和信仰的概念(deVilliers & deVilliers, 2000)。对社会理解而言,抑制不恰当反应、注意的灵活性和工作记忆这三种能力同样重要(Carlson & Moses, 2001; Welsh, Pennington, & Grossier, 1991)。此外,对人们思考和感受的社会性模仿(social modeling)和口语交流也促进了社会认知的发展。社会认知包括理解他人行为背后的想法和动机的能力,对假扮游戏、共同计划和协商,以及更高层次的思考,包括作出道德判断,都至关重要。

社会认知是一个在理论层面存有争议的复杂领域。本节重点讨论的能力来源于具有研究支撑的、可能对社会认知发展有重要意义的理论,以及可以在儿童游戏互动中观察到的能力。总之,已有研究的总结表明社会认知的特点主要包括:1.从婴儿期开始快速发展;2.全球的儿童都遵循相同的发展轨迹,但发展速度有所不同;3.需要注意和模仿他人,以形成在对个人事件之前、之中和之后行为的心理表征;4.可能需要以第一人称和第三人称视角来思考问题的能力、和以自己的经验推断他人想法的能力。(Gergely, 2002; Lewis &

Carpendale，2002；Meltzoff，2002；Wellman，2002）。目前尚不清楚的是，社会推理（social reasoning）是否需要单独的认知机制——是使用了与物理因素推理所不同的大脑部位，还是作为与记忆、问题解决和抽象思维相关的思考能力的一部分（Wellman，2002）。

IV. A. 儿童表现出哪些与社会认知有关的基本技能？

要理解儿童的社会认知以及儿童如何开始理解他人的想法和意图，我们必须从婴儿期的头几个月就开始进行评估。目前，模仿被认为是后续社会认知发展的基础。几天大的婴儿就能模仿成人嘴巴和舌头的动作。一些研究者认为这些早期的模仿行为是婴儿与生俱来的采纳他人行为的能力体现，这些能力和之后发展的更复杂的模仿能力共同促进了儿童对他人意图的理解（Meltzoff，2002）。模仿复杂的动作和语言需要儿童观察、心理上辨识定位、吸收内化他人的行为，再计划如何实施，这是社会性和物理性问题解决能力的结合。

从出生到 8 个月间，婴儿不仅会模仿他人，还开始预测人和事物的行为（（Legerstee，Barna，& DiAdamo，2000；Striano，2001）。对面孔和运动物体的天生偏好使儿童更容易对人产生注意，并由此进一步关注到表情和动作的变化。在此期间，婴儿已经可以判断某人或某事是否是导致某事发生的诱因以及这个人或事的目标或基本意图是什么（Premack，1990）。他们开始具备客体永久性，即明白一些物体即便看不见也依然是存在的，这是以后表征思维的基础。同时，儿童对动作和声音模仿能力提高，记忆也同步增强，使他们具备前文所述的延迟模仿（deferred imieation）或模仿不在眼前的事物的能力。这一能力同时需要记忆力和表征思维的支持。6—9 个月时，儿童开始玩各种物体，他们有机会与成人及兄弟姐妹互动，并观察这些人如何使用物体和材料。他们有目的的行为得到发展并观察其他人如何帮助自己达到预期的目标。这些新技能让儿童开始了解他人如何实现目标。

9—12 个月大的婴儿会经历一场"社会认知革命"（Gergely，2002）。9 个月左右，婴儿开始出现共同参照，或跟随成人的目光，成人往哪里看，他就往哪里看。这种能力对语言发展至关重要，因为儿童关注某一物体时，成人会说出该物体的名称。对社会认知而言，这种能力也是必不可少的，因为婴儿会根据成人的视线转移来推断其看向某种物体的意图（Carpenter，Nagel，& Tomasello，1998；Phillips，Wellman，& Spelke，2002；Prizant，Wetherby，& Roberts，2000）。第二次发展转变在婴儿 9 个月左右出现，即在他们不明白情况的时候，会通过社会参照或观察父母来理解父母的面部表情（Prizant 等，2000）。父母的反应似乎可以影响婴儿的后续行为。这可以解释为婴儿能够在一些最基本的层面理解人们可以互相感知精神状态，成人的情绪可以作为情感状态模仿的对象。同样在 9—12 个月期间，婴儿的行为具有了目的性。婴儿在客观环境中的行为都具有特定的意图。他们开始用"指一指"的动作或手势将成人的注意力转向自己的目标（Wetherby，Prizant，& Schuler，

2000)。研究还表明,在 9—12 个月大时,婴儿认为,生命体和无生命体的移动都有其意图(Csibra, Gergely, Biro, Koos, & Brockbank, 1999; Gergely, Magyar, Csibra, & Biro, 1995; Woodward, 1999)。同时,婴儿开始能够将一个问题的解决方案应用到另一个问题上,从而表现出类比思维(analogical thinking)(Chen 等,1997)。(见 3.1"问题解决")将想法从一种情境迁移到另一种情境的能力非常重要,这有助于儿童理解他人意图和想法。这些早期发育的里程碑奠定了心理理解能力的发展基础。

IV. B. 儿童推断他人想法和行为的能力如何?

12—18 个月期间,运动和语言能力的显著提高,使儿童能够去探索、体验和观察更多的人以及他们的行为及行为后果。由此,儿童越来越了解成人行为的目标。象征性手势(symbolic gestures)的增加和语言的发展使儿童得以掌握与行为和情绪情感相匹配的词汇(Prizant 等,2000; Wetherby 等,2000)。同时,儿童已经开始意识到不同的行为既能引起自己的感受,也能引起他人的感受。现在他们可以使用社会参照,推断成人如何回应他们的行为(例如,"我遇到麻烦了吗?")。延迟模仿也变得更加复杂,儿童开始通过简单的角色扮演游戏表现他们的生活。

在 18—24 个月期间,儿童的思维变得更加内化,可以思考行为的社会后果(例如,"如果我把它扔掉,爸爸会生气的。")。18 个月时,儿童还会观察成人开始做一件事,了解成人的意图并帮助他们完成任务(例如,看到成人假装不能分开扣在一起的串珠时,儿童会在成人的注视下分开串珠(Meltzoff, 2000)。儿童还开始发展出用多种方法观察和对物体进行分类的能力,由此可见,其思维的灵活性提高了。儿童会去寻找那些被藏起来或被拿走的东西(即便他们没有目睹别人拿走物品的过程),这说明他们对看不见的东西具备心理印象(mental image)。更复杂和更具创造性的游戏序列也反映了儿童更高水平的表征思维。新习得的词汇让儿童能够表达喜欢和不喜欢、愿望和情绪(Bretherton & Beeghly, 1982);不断发展的语用技能让儿童可以根据周边环境分辨含义和进行合作(Abbeduto & Short-Meyerson, 2002);不断提高的概念化能力让儿童得以理解其他人可能持有与自己不同的感觉和愿望(Gergely, 2002)。

2—3 岁时,语言能力的增强逐渐使儿童无需依靠实际参照物就能解决过去、现在和未来的问题。他们对于"想""假装""知道"等概念的运用,表现出其对精神活动的认识(Bartsch & Wellman, 1995; Wellman, Hickling, & Schult, 2000)。然而,使用"知道"这个词时,更多的可能是表示他们能完成这件事,而不是理解这一心理过程(例如,"我知道怎么涂色"意味着"我能够")(Lyon & Flavell, 1994)。这个年龄的儿童认为人的行为受愿望的驱使(例如,"妈妈想要冰激凌,我们去商店")(Bartch & Wellman, 1995)。随着对各种概念的理解逐渐增强，儿童在角色扮演游戏中会有超越日常生活范畴的扮演，出现其经验和日常行为（如表演一组童谣）之外的想象出来的事物（如怪兽）。他们开始能够在游戏中用一个物体象征另一个物体，从而进入更高级的符号表征形式。随着游戏越来越有象征性，理解他人意图也变得更加复杂。2岁半时，儿童开始让他人参与到角色扮演游戏内，尽管不一定成功，但这种能力是与幼儿的社会认知直接相关的。因为在角色扮演游戏中，每个幼儿都需要了解其他幼儿表现的内容或意图。早期的合作游戏中经常发生冲突，因为幼儿需要了解彼此的目标和观点，以制订一个合作计划。这个年龄出现的纷争往往有助于社会认知的发展，成人可以帮助幼儿分享想法、协商、并帮助其识别他人的感受和意图。

3—4岁期间，儿童加深了对与身体行为相对的心理过程的理解，明白愿望和意图独立且先于他们的行为（Gergely, 2002）。他们意识到思考发生在人的头脑里，而且人们可以对不在眼前的事物进行思考，但儿童尚未意识到思考是一种连续的活动（Flavell, 2000）。他们还可以使用类似"如果……那么……"和"因为……"的表达方式。这样的因果推理对心理理解而言有着重要意义。例如，"因为蓝色是爸爸最喜欢的颜色，所以如果我穿这件衣服，爸爸会喜欢。"

到了4—5岁，儿童能同时理解各种各样的角色，可以理解别人的观点，可以比较和交流想法，还可以协作完成剧情复杂的角色扮演游戏（Dockett, 1999; Goncu, 1993; Goncu, Patt & Kouba, 2002）。儿童认识到愿望和信念都能决定行为，因此他们开始从多个维度进行思考。一个有关"错误信念（false beliefs）"的研究，主要评估儿童是否理解他们的观念可能导致错误的结论，研究表明3—5岁的儿童开始意识到他们的信念可能并不能准确地表征现实（Bartsch & Wellman, 1995; Gopnik & Wellman, 1994）。例如，在"错误信念"实验中，让儿童先看一些东西（如一个巧克力盒），问他们里面是什么。然后，给他们看盒子里的真相（并不是糖果），让他们猜测其他儿童会认为盒子里面装的是什么。在4岁前，儿童还不理解信念如何影响认识，他会认为下一个儿童会知道他们现在知道的事实，即知晓盒子里是什么。4岁后，儿童开始认识到他人可能有着不同想法，并将这种认识融入到自己的思考中，让他们更能理解他人的行事原因，也因此具备了更强的社会能力。

学龄儿童可以更好地理解错误信念，以及其他人如何理解事件的情况（Gopnik & Astington, 2000）。他们因此更善于用推理来改变他人的信念（或证明自己的信念）。5岁儿童对他人想法的理解让他可以将想法融入复杂的、需要与他人协调的游戏中，包括精心设计的象征性游戏。假装和理解他人的想法似乎是相互影响的，两种能力彼此之间会产生积极的影响。这个年龄的儿童也开始明白，一个人的观念和行为可以影响另一个人的观念和行为。由于能更好地理解他人的预期、感受、想法或观念，儿童也变得更加善于欺骗和操纵（Wellman, Cross, & Watson, 2001）。

一类研究在评估认知的子类方面具有重要作用。诸多研究已经证实,孤独症儿童缺乏社会认知能力。在前面提到的许多有助于社会认知的能力上,这些儿童经常表现出延迟或障碍。例如,孤独症儿童可能无法表现出共同参照、社会参照或目的性指向;无法区分精神和物理实体;无法认识自己或他人的情绪;不具备移情能力;无法推断他人的意图或目标;无法理解动机和观念。此外,他们可能在手势、语言和象征性游戏等表征思维上存在困难(Baron-Cohen, Wheelwright, Lawson, Griffin, & Hill, 2002)。Baron-Cohen(1995)将孤独症谱系状况描述为,除其他特征之外,具有不同程度的"心盲(mindblindness)"。在本书中,对他人感受的情绪反应属于情绪情感和社会领域中的社会关系,而认知理解他人的想法或"心理理论"则包含在认知领域中。

有失聪、失明、唐氏综合征和严重语言障碍等病症的残障儿童,除了有其他症状之外,也会表现出社会认知困难,其严重程度取决于他们在上述领域和其他发展领域的能力(Farmer, 2000; Garfield, Petersen, & Perry, 2001)。对社会认知的评估是评估年幼儿童的一个重要方面。在这个领域的缺陷具有诊断意义,并对早期干预、防止后期缺陷的加剧也有着重要意义。

4.2 使用《观察指南》评估社会认知

IV.A. 儿童表现出哪些与社会认知有关的基本技能?

IV.B. 儿童推断他人想法和行为的能力如何?

　　TPBA 小组可以在观察认知、情感和社会发展的其他方面时一并对儿童的社会认知能力进行分析。例如,观察指南中的第一个问题是考察有关 1 岁以上的儿童在社交互动中展现的重要基本能力,诸如能注意到成人正在看什么,能参照成人的情绪提示作出反应,能用手势等符号语言表明意图,能觉察他人的感受。这些行为会在情感和社会领域中得到更深入的考察。而且只有当儿童的行为水平与其年龄不相符的时才会引起注意。同样,理解社会因果关系和通过角色扮演游戏表达他人想法和行为的这一类基本能力将在其他子类讨论。观察指南将这些技能纳入具有重要意义,同时缺乏这几种能力可能表明儿童在社会认知上存在问题。

　　评估小组还应观察儿童为了从成人那获得预期回应所做的努力。这些行为可能仅仅是简单地重复一个让父母发笑的动作或通过哭闹得到他们想要的。这两种情况都表明儿童了解先前行为的后果,并期望可以有意识地重复或设计这些行为以得到想要的结果。通常来说,在 TPBA 评估期间,总有机会观察到儿童为得到想要的东西时自发所做的尝试。

捉弄人的行为展示了对他人反应的更高层次理解。当儿童捉弄某人时,他首先能够知晓成人所期望的结果,然后做出相反的行为,以给人惊喜(积极意图)或欺骗(消极意图)。可以通过父母的报告来了解儿童在家中喜欢玩的"恶作剧"类型。引导员也可以通过自己的小"诡计"来引出孩子的这类行为。

当引导员采用不同形式的符号与儿童交流时,评估小组还可以了解儿童对社会推理(social inference)的理解能力。例如,指向(如指向特定形状的积木应该穿过的洞口)、使用物体来表示一个动作(如举起饼干盒表示可以开始吃零食了)、手势(举起手示意儿童把球扔得更高)或符号性表征(如拿着纸盘假装在开车)。即便是年幼的婴儿也知道奶嘴或瓶子暗示的是什么。可以通过观察儿童在整个游戏过程中对物体、手势和动作的反应来了解其社会推理能力水平。儿童一般在3岁以后才出现对手势和动作隐含动机的更高层次的理解。

预测他人的行为、愿望和信念是社会认知的另一个重要领域。对这些方面的评估要考虑儿童的年龄,必要时需引导员进行适当组织和指导。就年幼儿童而言,评估小组应观察其如何回应引导员的行为。引导员需要使用一定的非语言动作和手势,以便确定儿童能否理解和预测引导员的意图,这一点非常重要。当儿童能够回答更高层次的问题时,引导员可以将问题融入相关游戏中,从而得到信息以判断儿童对于他人想法、意图以及后续行为的理解能力。

4岁的阿德琳妮(Adrianne)正在和引导员玩洋娃娃。引导员问:"我的宝宝哭了,你觉得她为什么会哭呢?"阿德琳妮很快答道:"她尿湿了,我们给她换尿布吧。"她的逻辑推理展示了其对行为背后动机的理解。接下来,阿德琳妮的游戏内容是生日聚会。在她为爸爸做蛋糕时,引导员拿出各种各样可以当作爸爸礼物的物品,包括一个娃娃、一条漂亮的领带、一个鼓和一些积木。引导员说:"让我们去商店挑选一份礼物送给爸爸吧,我们可以把它包起来去参加聚会。"阿德琳妮认为这是一个好主意,赶忙跑到"商店"。她说:"我爸爸喜欢音乐。我要给他买一个鼓。"这一反应表明阿德琳妮能考虑到别人的愿望和信念。引导员也设计了一个"错误信念(false belief)"情境来观察阿德琳妮对基于信念之行为的理解。引导员拿出一个糖果盒,里面装着玩具人偶(一个假的情境),然后问阿德琳妮:"我为这次聚会准备了一些东西,你觉得这里面是什么?"阿德琳妮说:"糖果!"引导员回答道:"让我们瞧瞧看。"当阿德琳妮偷偷看了一眼,发现里面是什么之后,她的脸上写满惊讶。引导员接着说:"你爸爸会认为盒子里装的是什么呢?"阿德琳妮想了一会儿,说:"玩具。"

TPBA展示了儿童对他人想法和行为理解力的发展适宜性水平。阿德琳妮已经开始思考别人的愿望会与自己的有所不同,但她还不能够把自己放在他人的位置上去感知和思考,还只是根据自己当前已知的来进行判断。但阿德琳妮非常聪明,且有敏锐的观察力,毫无疑问她的这种能力将会很快出现。

第五节 游戏复杂性

5.1 游戏复杂性（complexity of play）

许多儿童游戏都需要多种资源支持，包括人、动作、物体、空间和语言（Franklin，2000）。每一发展水平的儿童都会以不同的方式、在不同程度上运用这些资源。小婴儿会快乐地踢腿、注视物体、平静或兴奋地在空中进行交替运动，还会被声音所吸引，但人始终是其活动的主要对象。随着儿童其他运动能力和认知能力的发展，活动对象变得更加丰富有趣。在学步儿时期，随着儿童的社交、运动和认知技能愈发复杂，他们开始探索和控制大大小小的空间。语言和精细认知理解能力的发展是增加儿童社会性游戏趣味的另一要素。到了幼儿园阶段，儿童喜欢所有要素的整合，还会在这个发展"混合体"中融入个体差异和文化差异。

认知领域的一个子类"游戏复杂性"考察了儿童运用上述各种资源要素所进行的游戏，阐释了儿童游戏所能达到的最高水平及主要类型，包括面对面游戏、感觉运动游戏、功能/关系游戏（functional/relational play）、建构游戏、角色扮演游戏、规则游戏（game with roles）以及嬉戏打闹（rough-and-tumble play）。虽然这些游戏类型是层层递进的，即后者建立在前者的基础上，但所有游戏对孩子的整个童年期（甚至成年期）都很重要。每类游戏都会成为童年某一阶段的主要游戏类型，而且每类游戏都能促进儿童认知、运动、语言交流和社会性等多方面的发展。虽然目前有关性别与游戏材料、主题、类型之关系的研究存在矛盾观点，但在这里不作讨论。就 TPBA 而言，性别差异的影响还不足以进行差异讨论和年龄划分。

此外，该子类还探讨了儿童在每种游戏中的行为模式。儿童是重复同一个动作，还是运用各种不同的动作赋予玩具创造性的玩法，也是评估游戏复杂性的重要指标。和其他领域一样，游戏中的任何极端行为都值得注意。

有些学者认为幽默是另一种形式的游戏（Bergen，2003）。本节也介绍了幽默感所体现出来的儿童发展水平，因为幽默感揭示了他们对矛盾的理解。对于有严重运动问题的儿童而言，他们可能无法通过语言和作用于物体的身体动作来表达对事物的理解。这时，分析儿童对他人言行的反应，就可以判断他们的认知理解水平。社会领域也会探讨幽默感，因为幽默感不仅与认知有关，还与社会关系相关联。

V.A. 哪些行为展示了儿童游戏的水平和复杂性？

即使许多残障儿童已发展出有意识地玩玩具的能力，但他们还是有可能会表现出游戏和非游戏两种行为(如,被动或不参与、闲逛、刻板或破坏性行为)。例如,患有唐氏综合征的儿童可能有被动或不参与游戏的行为,而孤独症儿童可能会在玩一些玩具时呈现功能性行为,在玩另一些玩具时则呈现刻板(Stereotypical)或强迫(Obsessive)行为状态(Baron-Cohen & Wheelwright, 1999; Linn, Goodman, & Lender, 2000)。由于认知、语言和社会技能都能通过游戏获得提升,因此有必要观察游戏和非游戏行为的类型、游戏行为的范围以及儿童所展现的游戏复杂性。

已有文献对游戏的定义多种多样,有些甚至相互矛盾(Sutton-Smith, 1999)。在TPBA2和其他一些文献中,游戏被分为:1.面对面的交往游戏;2.探索或感觉运动游戏;3.功能/关系游戏;4.建构游戏;5.角色扮演游戏;6.规则游戏;7.嬉戏打闹(Jennings, 1995; Piaget, 1962; Rubin, 1984; Rubin, Fein, & Vandenberg, 1983; Smilansky, 1968)。儿童参与游戏的种类是一种还是多种取决于他们的发展水平和兴趣。幽默被单独视作一种游戏形式是因为它与以上7类游戏都有交集。儿童的游戏行为随着年龄的增长变得更加复杂和抽象(Harley, 1999; Van Hoorne, Nourot, Scales, & Alward, 1993),以下各类游戏按顺序出现。

交往游戏(interpersonal play)

在出生的头几个星期,婴儿就已经在愉快地与人接触了。出生后的几个月内,游戏行为主要包括看、发声、微笑、制造声音以及回应环境中的所见所闻。单独的游戏可能包括腿脚踢蹬、手臂运动、发声和观望。与照料者的游戏包括眼神和声音交流、简单的面部表情模仿以及有节奏的身体运动。Jennings(1995)将这种类型的游戏称为"具身体验式游戏(embodiment play)",或者说是一种身体和感官持续参与互动的游戏。Uzgiris 和 Raeff(1995)使用"交往游戏"这一术语来涵盖面对面互动、社交游戏或常规行为。早在婴儿4个月时我们就可以观察到他们对于躲猫猫(peekaboo)游戏或音乐游戏的反应(Rochat, 2001; Rochat, Querido, & Striano, 1999; Rock, Traino 和 Addison, 1999)。亲子交往为后期的游戏互动奠定基础,并且随着儿童能微笑、自主行动、做手势、发出特定声音,交往变得更加复杂。早在2个月大时,婴儿就对观察其他婴儿感兴趣,到6—9个月大时,他们就会试图引起其他婴儿的注意、微笑、咿呀学语和触摸(Vandell & Mueller, 1995)。9—12个月时,婴儿就会与成人或同龄婴儿进行发起、模仿以及轮流游戏。对因果关系理解的加深能让儿童表达他想要成人重复某一动作的期望(如坐在膝盖上上下晃动)。这些能力加之对物体日益增长的兴趣,使得6个月大的儿童能进行独立的探索和感觉运动游戏。

探索/感觉运动游戏(Exploratory/Sensorimoto play)

探索/感觉运动游戏是一种能带来感官愉悦的活动,它与以发现为目的、通常包括操作和问题解决的探索活动是有区别的。探索行为包括咬、看、触摸或不断重复某一动作。在实物玩耍中，照料者通常较少参与互动，主要扮演观众、评论者、引导员的角色（Uzgiris & Raeff，1995）。3—9 个月的婴儿可能通过看、触摸或者咬等感官探索行为来探索玩具。探索或感觉运动游戏通常涉及重复行为，如开心地扔掉桌子上的勺子，让妈妈去捡起来，或反复推倒积木。婴儿长大后，将水从容器中倒入倒出、用嘴或物体发出声音、反复上下攀爬台阶等活动都会给他们带来快乐。年龄大一些的残障儿童也可能出现类似的游戏行为或重复行为（如扔积木），这只因为他们喜欢这些动作带来的感受。但过于专注探索/感觉运动游戏可能会抑制儿童进入功能性游戏阶段。探索游戏主要发生在出生到 2 岁期间，但在整个童年中都很重要。事实上，即使是成人偶尔也喜欢探索和感觉运动游戏。

功能/关系性游戏（Functional-Relational play）

功能/关系游戏是将游戏中的简单操作和感官探索延伸为对物体的功能性使用和组合。功能游戏揭示了儿童在游戏中使用物体以达成目的的能力（Fenson，Kagan，Kearsley 和 Zelazo，1976），包括正确使用简单物体的能力，如用梳子来梳头，以及运用物体使其发挥功能的能力，如按压手柄的顶部。关系游戏还包括对物体进行组合的能力，如将积木放进相应形状的盒子，或对相关联的物体进行配对组合，如卡车和司机。年幼儿童经常会尝试组合那些不应该组合在一起的物体，如把玩具放到尿布桶里。照料者在功能/关系游戏中的角色是提供行为示范，并不断对幼儿正确使用材料的行为进行强化。从 9 个月开始就可以观察到儿童能采用功能性或关联性的方式玩玩具，按照物体本身的功能使用物体，发现物体间的关系，并将功能相关的玩具组合起来等行为（Belsky & Most，1981；Fenson 等，1976）。例如，儿童会将像碗和勺子那样每天常一起使用的物体建立起联系。儿童关联物体的能力会不断增长，并在出生第一年到第二年间占据主要地位（Fenson 等，1976；Snow & McGaha，2003；Uzgiris & Raeff，1995）。这也是建构游戏和角色扮演游戏的先决条件（并在这些游戏中会持续展现）。残障儿童在发展过程中可能会在关系游戏阶段停留更长时间。

建构游戏（constructive play）

Rubin（1984，p. 4）给建构游戏下的定义是"为构建或创造一些东西而操作物体"。建构游戏要求儿童能够有意义地将物体联系并组合起来。建构游戏不同于探索游戏和关系游戏的地方在于，参与建构游戏时儿童的头脑中已有一个最终目标，需要将物体改变成一种新的形状。例如，用积木搭建栅栏、用黏土做一个脸、画画、拼图等。虽然 1 岁的儿童可以将两块积木组合在一起，但只有在儿童能用积木创造一个结构时才算得上真正的建构。虽然 2 岁儿童也会出现搭积木然后推倒的行为，但直到儿童 3 岁时，建构游戏才占主导地位。3—3.5 岁的儿童可以建构围栏。3 岁半以后，儿童可以建构出象征房屋的三维结构（Westby，1980）。区分简单关系游戏和建构游戏是很重要的。串珠子或组合彩色串珠可视作关系游戏，因为儿童是将类似的物体以一种有意义的方式关联到一起，而将珠子串成项链则可视作建构游戏,因为这需要儿童把物体组合起来以表征一个新事物,体现的是一种更高水平的能力。三岁半幼儿的积木搭建开始出现"模式",他们能够识别和创造模式,并能解决基本物理问题,"儿童尝试各种不同的积木搭建模式并进行平衡、对称、重量、力等方面的猜想假设"(Weiss,1997,p. 37)。随着孩子从学步时期进入学龄前阶段,建构游戏的频次和复杂度都在不断增加。儿童逐渐习得与同伴合作一起实现目标,建构游戏因而变得更具合作性,而且在儿童的想象世界中建构游戏还能与角色扮演游戏和象征性游戏相联系(Johnson, Christie, & Yawkey, 1987; Owacki, 1999; Wilford, 1996)。

角色扮演游戏(也称假扮游戏)(Dramatic play)

关系游戏引导儿童探索物体和事件之间的相互关系。在发现物体功用后,儿童就可以正确地使用物体了(如用梳子梳头发),并由此发展出对空间关系、因果关系和类别关系的理解——所有这些元素都能在角色扮演游戏中观察到。在角色扮演游戏(Rubin, 1984; Smilansky, 1984)中,儿童会假装做某事或假扮成某人。在假装的过程中儿童会借助物体(如拿一个空杯喝水)或不借助物体(如用手指刷牙),又或者是借助其他无生命的物体(如把娃娃当做动物,假装给它们喂食)。在假装游戏中,儿童会改变物体的含义、身份、情境以及时间(Goncu 等,2002)。由于这种心理转变,Piaget(1962)将假装行为称作象征性游戏。后来,角色扮演游戏或象征游戏的定义得到进一步延伸,即用拟人的方式重演相关文化和重要情感经历的过程(Goncu 等,2002; Sawyer, 1997)。因此,认知和情感的发展都能在角色扮演游戏中有所体现(见第 4 章"游戏中的情感主题")。

学步儿的早期假扮游戏与日常生活经验相关,而学龄前儿童则能够逐渐表演故事情节和虚构情境。大多数文化中都存在角色扮演游戏,但数量、类型、角色和剧情可能会因文化差异而有所不同(Goncu, Mistry, & Mosier, 2000; Haight, Wang, Fung, Williams, & Mintz, 1999; Roopnarine, Shin, Donovan, & Suppal, 2001)。因此,了解家庭价值观,家长支持或反对的游戏类型,以及儿童在游戏中反映出的相关经验显得十分重要。在将角色扮演游戏视为一种学习机会的家庭中,假扮游戏会得到鼓励和支持。而在那些认为时间需要用于工作的家庭中,假扮游戏则可能被认为是在浪费宝贵的时间。家长的受教育水平、收入水平和生活来源都会影响家长对于假扮游戏的价值判断(Goncu, Tuermer, Jain, & Johnson, 1999; Haight 等,1999)。

早期的表征游戏(如假装用勺子吃东西),可在儿童约 1 岁时观察到。直到 2 岁后,由一系列假装行为构成的角色扮演游戏才占主导地位(Belsky & Most, 1981; Howes & Matheson, 1992; McCune-Nicholich, 1981)。1—2 岁的儿童会花大约 5%—20% 的游戏时间在假扮游戏上(Haight 等,1999),2 岁儿童可以理解别人的假装动作(Walker-Andrews & Kahana-Kalman, 1999)。2—6 岁时,角色扮演游戏变得更加复杂精细,儿童会以越来越复杂的方式组合材料和事件。当儿童理解符号后,他们开始用一个物体代替另一个物体。例如,一个3岁儿童可能会用一块积木代表一根香蕉并假装吃掉它。相比于以往的游戏,儿童在角色扮演游戏中不太受手头材料和物体的限制,能更好地计划游戏中的事件和角色(Garvey,1977)。

3—4岁的儿童在角色扮演游戏中开始表现出更多的社交行为,特别是在得到父母或兄弟姐妹帮助的情况下,与同龄人的社交的角色扮演游戏常见于4岁时。3—4岁儿童扮演的角色范围也随之扩展。在西方,想象力会促使儿童扮演的角色从简单的家庭角色扩展为虚拟角色或电视、书籍以及电影中的角色。如果儿童所处的文化没有这些媒体,或者父母不讲述神话、传说或故事,抑或儿童的家长不重视、或没有时间进行假扮游戏,那么儿童只表现出模仿成人简单活动的行为(Gaskins & Goncu,1992;Haight等,1999)。这种文化下的儿童会复制成人的行为,但不会创造幻想游戏(参见表7.2文化差异举例)。在观察儿童、解读观察、以及与其家庭成员讨论儿童游戏时,应注意思考假扮游戏在内容、结构和表现上的文化和家庭差异。

对于大多数学龄前儿童而言,假扮游戏是他们表达自己对世界的认识的方式,也是表达积极情绪和消极情绪(特别是恐惧和担忧)的安全方式。不管在哪一种文化中,儿童游戏都反映出他们对所处世界以及在这个世界中的自己的认知和情感(见第四章"游戏中的情绪情感主题")。

角色扮演游戏也有助于提升读、写中的象征能力与理解能力。目前有研究发现,儿童在假扮游戏中象征性转换物体、动作以及情境的能力与其在阅读和写作时进行象征性转换的能力存在一定关系。因为在假扮游戏中,儿童经常扮演读者和作者的角色,从而得以探索阅读和写作的目的和过程(Neuman & Roskos,1991;Rowe,2000)。假扮游戏也与儿童理解和回忆故事的能力相关(Rowe,2000;Soundy & Genisio,1994)。事实上,Berg(1994)发现"相较于智商或社会经济水平,儿童游戏的复杂程度能更好地预测其在一年级时的阅读和写作能力"。此外,由于输入和表达形式的多样性,与故事绘本相关的假扮游戏可能会增强儿童对词汇和故事的理解(Rowe,2000)。(参见下文的"读写能力发展"。)

表7.2 角色扮演游戏的非西方文化差异举例

文化	角色扮演游戏	研究
台湾人(中国台湾地区)	社会常规和正当行为	Haight等,1999
玛雅人(尤卡坦半岛)	成人工作活动	Gaskins,1999
克佩列人(利比里亚)	日常生活	Lancy,1996
湖里人(巴布亚新几内亚)	日常生活、神话	Goldman,1998
原住民(澳大利亚)	人、动物、符号、战斗游戏	Johns,1999

规则游戏(Grames-with-Rules play)

规则游戏(Rubin,1984；Smilansky,1968)是指儿童所参加的按照公认的规则或限制所进行的活动。规则游戏意味着有共同的期望并愿意遵循共同约定的程序(Garvey,1977)。游戏中可能会存在竞争元素，与另一名儿童竞争或与自己竞争均可(Rubin,1984)。限制因素、常规、纪律和责任可以让儿童理解规则的目的，并将其整合进游戏中(Wilburn,2000)。从婴儿期开始，儿童就开始发展约束自身行为、内化他人期望的能力。同时，认知能力的发展可帮助他们确定因果变量，制定/预测规则，将规则应用于新的情境，并在面临挑战时坚持规则(Siegler & Chen,1998；Wilkening & Huber,2002)。这些技能帮助儿童理解和发展规则游戏。

规则游戏中的规则可以是预先设定的(如"钓鱼"卡牌游戏)，也可以是儿童自己规定的。直到儿童对游戏角色具有社会性理解，形成竞争或胜负观念，并明白游戏规则或指导原则不会随情境的变换而变化时，他们才开始探索规则游戏(Piaget,1962)。5岁后，规则游戏开始占据主导地位。学会"轮流"使年幼儿童更愿意玩规则游戏，但他们会在规则游戏中通过改变规则来满足自己的需求，而年长儿童则会进行协商从而对规则达成一致。

身体活动和嬉戏打闹(Physical Activity and Rough-and-Tumble play)

在游戏领域，身体活动和嬉戏打闹得到的关注相对较少。然而，研究人员认为这种游戏能促进耐力、力量及运动技能的发展，同时也有助于认知能力、社会组织能力和社交技能的培养(Pellegrini & Smith,1998)。Thelen(1980)将婴儿出生第一年的身体活动游戏定义为"有韵律的刻板行为"(rhythmical stereotypies)，如晃动或踢腿。这种类型的游戏大约在婴儿6个月时达到顶峰，然后逐渐减少。身体游戏通常来自亲子互动。父母会把孩子抛起，或把孩子放在膝盖上上下摇晃，以及进行其他类型的嬉戏打闹(Roopnarine, Hooper Ahmeduzzaman, & Pollack, 1993)。

由移位动作构成的运动游戏，在儿童1岁末开始出现(Roopnarnine等,1993)，同时也会有嬉戏打闹，这样的游戏大约在儿童4—5岁时达到顶峰，并一直持续到童年早期和中期。嬉戏打闹在幼儿园和小学阶段会逐渐增加，然后在青春期开始下降。虽然有韵律的刻板行为似乎不存在性别差异，但运动游戏和嬉戏打闹却更多的发生在男孩身上，这可能是激素和文化共同作用的结果(Maccoby,1998；Pellegrini & Smith,1998)。

喧闹声和身体动作是嬉戏打闹的两大基本特征，但除此之外，它还有一些区别于其他类型游戏和攻击性行为的独特特点(Pellegrini,2002)。嬉戏打闹由跑、追逐、逃离、摔跤、击掌等一系列行为构成，孩子通常流露出笑容或顽皮的表情。而攻击行为的特点是用拳头击打、撞、推、踢，并通常伴随皱眉或哭泣的表情。在嬉戏打闹后，儿童通常还会待在一起共同玩耍，但攻击行为发生后则会分开。嬉戏打闹游戏的另一个重要特征是儿童会在"追逐者"和

"被追逐者"或者"受害者"和"加害者"之间转换角色。年纪较大的儿童经常让个子较小或年幼一点的儿童占上风,而他自己成为"受害者"。相比之下,攻击行为中则没有角色转换,加害者会一直保持加害的角色。嬉戏打闹通常会在较大的空间中进行,奔跑、跌倒和打闹都会时常发生,而攻击行为则不受场地限制。

Pellegrini(2002)认为嬉戏打闹对儿童发展起重要作用。它让儿童在角色转换中学会换位思考(Pellegrini,1993),并以一种社会可接受的方式来确定主导的同伴社会结构(Pellegrini & Bartini,2001)。在幼儿园和小学阶段,想象游戏通常会与嬉戏打闹相结合,特别是男孩,他们会在角色扮演游戏中加入嬉戏打闹。

嬉戏打闹不会伴随着攻击行为,也不会升级为攻击行为,除非有排斥社交且好斗的男孩参与(Pellegrini,1988)。好斗的儿童可能会故意利用嬉戏打闹以达成他们的捣蛋意图,开始时是无害的嬉戏打闹,然后演变成攻击行为。那些有情绪调节困难或触觉防御的儿童也可能表现出攻击行为,但与好斗儿童不同的是,他们并非出于恶意,而是自身的神经和生理反应导致其误解了同龄人的意图。

了解儿童主要的游戏类型对儿童工作者十分重要。首先,他们需要了解儿童游戏的发展水平。其次,他们要基于儿童的偏好来进行干预活动。最后,工作者要向家长提出建议,让他们了解如何在家庭和社区开展游戏活动。TPBA游戏期间,评估小组有在各类游戏活动中观察儿童的机会,因而可以很快发现儿童的游戏类型和偏好。

V.B. 哪些方式最能体现儿童在不同游戏类别中行为的复杂性?

除了观察儿童喜欢的游戏类型和在游戏中表现出的最高水平,观察一类游戏中的活动范围以及每一游戏水平中游戏动作的类型、风格也很关键。例如,一名处于感觉运动/探索游戏水平的儿童可能会喜欢所有类型的探索。他可能对会发光、发声、具有纹理结构、会动的玩具感兴趣,并在探索玩具和材料的这些特性中找到乐趣。而处于同水平的另一位儿童则有可能只对移动的或有明显反应的玩具感兴趣。

在更高水平的游戏中也是如此。例如,一些儿童喜欢表演各种场景——像是举办生日聚会、开车去商店或扑灭火灾。而有些儿童可能只对扮演恐龙感兴趣。观察各种游戏中儿童的兴趣范围,有助于确定儿童选择游戏的动机和发掘一些有待进一步调查的内容。例如,只对会动玩具或会发光的玩具感兴趣的儿童可能存在视觉问题,因而影响他们对玩具的选择。只想玩恐龙玩具的儿童通过恐龙玩具这个媒介表现出他们可能存在思维模式僵化或情绪方面的问题。还有一些儿童可能只愿意参与自己熟悉且能胜任的游戏。因而对评估小组而言,关注儿童活动选择的局限性并将其与在其他领域和子类中观察到的信息相联系就显得格外重要。

除了观察儿童在每类游戏中感兴趣的活动范围,还需观察其操作行为的多样性。例如,9个月大的婴儿在感觉运动/探索游戏中可能出现用嘴咬玩具的行为,这是正常的。但如果儿童只做这一种行为,那么探索就具有局限性。处于该游戏水平的儿童还应该通过观察、拿取、翻转、摇动和敲击等各种方式来探索物体的特征。随着小肌肉动作和大肌肉动作的发展以及认知技能的日渐复杂,儿童逐渐进入更高层次的游戏水平,其游戏行为应能反映出他们将不同动作和思想顺序序列化的能力在不断增长。在探索、实践、观察和了解世界运行法则的过程中,婴儿和学步儿会经常重复一些动作。同时他们也开始修正动作,添加动作,并尝试将动作序列化。即使是婴儿也是先对拨浪鼓进行观察、认识、摇动、啃咬,然后再进行一遍遍地摇动或击打。

评估小组在观察儿童操作玩具和材料时,若儿童未表现出行为的多样性,那就需要进一步调查其认知的发展状况。例如,对于一个偏爱转动东西的儿童,即便他知道如何转动一些别人不会转动的东西,但其行为依旧存在局限性。同样,如果儿童对所有玩具都只是重复相同且有限的两步动作序列(如把东西放进去、拿出来),那么其行为也是有局限性的。即使该儿童看起来是在进行更高层次的游戏,但事实可能并非如此。例如,在厨房区域游戏中,儿童所有的游戏行为就只是把食物放进煎锅或者烤箱、拿出煎锅或者烤箱这两个动作。这表明儿童行为选择的局限性,而这又可能会限制他进一步学习。

V.C. 幽默感展现了儿童怎样的认知能力?

幽默被视作一种游戏形式(Klein, 2003)。对幽默的定义存在分歧,同样,关于幽默感开始出现的准确时间也有争议。大多数人认为事物的游戏性贯穿一生,同时其中的幽默感通常涉及较复杂的认知过程并包含着非一致性的情形(Klein, 2003; Martin, 1998; McGhee, 1977; Roeckelein, 2002)。非一致性(Incongruity)是指将不相关或通常不为一体的动作或想法组合在一起(Bergen, 1998; Kolb, 1990)。由此,物体、行为、图片或单词被故意曲解,潜在的"规则"或常规的事物概念被打破。理解这其中的规则能让儿童识别其所观察或经历的荒谬。幽默还有助于儿童解决问题(如在笑话、谜语、卡通中的问题),发现观点之间的独特关联(发散思维),学习让他人"惊喜"的规则(Klein, 2003)。因此,儿童的幽默感可以反映其认知发展水平和社交意识(Bergen, 1998; Cicchetti & Sroufe, 1976; McGhee, 1977, 2002)。幽默可以促进社交互动(让互动更简单、愉悦),提高人气和促进友谊,以社会可接受的形式表达攻击,以及让主导的或自信的互动风格更容易被接受(McGhee 1989)。事实上,人们常常将幽默发起者视为领导者,因为他们似乎能控制社交场面而不产生负面影响。当然,幽默也会产生负面的社会效果(见第4章)。

尽管真正的幽默感在1岁之后才出现,但3个月大的儿童就能发出笑声了。通常,挠儿童痒痒、上下晃动儿童、或把儿童抛向空中,儿童都会开心地大笑(Bergen,1998)。随后,婴儿喜欢成人做一些事情来逗弄他们,如发出奇怪的声音、做鬼脸,以及用意想不到的方式移动他们。再长大点,如果事物能够以合乎预期或意想不到的方式呈现,儿童会觉得很有趣。随着儿童语言的发展,不合常规的话可能会让儿童觉得很幽默,因而也会试着非常规地变换和使用话语。随着语言技能的继续发展,儿童开始以用笑话或新的语言使用方式来娱乐自己和朋友(Bergen,1998;Clay,1997;Garvey,1977;Socha & Kelly,1994)。此外,儿童开始能够分析情境,并发现不一致情境的幽默之处。

McGhee(1977,1979,1989)将幽默发展分为四个阶段。在第一阶段(2岁初),儿童会觉得不一致的行为是幽默的。这些基于不合宜行为的笑料"折射出儿童的快乐源于在幻想游戏中虚构一些与现实不相符的情况"(McGhee,1979,p.67)。例如在这一阶段,儿童可能会觉得成人假装把帽子拿起来喝水很好笑。在第二阶段(2岁末),儿童会觉得不相称地标记物体和事件是好笑的事情(如把鼻子叫作耳朵)。在第三阶段,由于3岁左右的孩子对事物特征有了更好的理解,因而表现出对幽默概念更好的理解。在这个阶段,幽默源于偷换概念(一头会汪汪叫的牛)或对熟悉景象和声音的变化(押韵的单词或无意义的单词)。直到儿童7岁才会进入第四阶段,即对词汇多种意思有了理解。在每一阶段,儿童都需要具有相应的认知能力,以理解各个阶段的幽默。因此,幽默可以同时反映儿童社会性发展和认知发展的情况(Bergen,1998)。

身体残障的儿童无法像其他儿童一样用语言或行动与周围的环境互动,因此观察其幽默感可以为了解其认知和社会性发展情况提供宝贵的信息。对于具有严重语言障碍的儿童也是如此。

5.2 使用《观察指南》评估游戏的复杂性

V.A. 哪些行为展示了儿童游戏的水平和复杂性?

TPBA有助于评估小组观察儿童自发探索的和通过鹰架支持引发的游戏类型。例如,被评估儿童可能主要通过面对面互动、探索或感知运动行为来探索物体并发现它们的特性。对于婴儿,评估小组可以观察亲子互动。引导员可以随后参与到游戏中,看是否能引出更高水平的游戏。对于年长的儿童,评估小组可以观察儿童选择的游戏类型。引导员可尝试提供各种游戏类型需要的简单物体和材料从而让儿童接触到各种类型的游戏(面对面游戏除外,因为这类游戏主要适用于0—6个月的婴儿)。

不管选择什么类型的玩具,儿童都会根据偏好或能力(或两者兼而有之)使用玩具。例如,年龄稍大但功能性发育延缓的儿童可能会选择一个假扮游戏道具,如电话,但之后却开始用它去敲打其他玩具并听由此发出的声音。这种游戏行为应该属于探索或感觉运动水平。引导员可以示范将电话手柄放回电话底座，来引导儿童进行更高层次的游戏。如果儿童能模仿这种行为，那说明他在模仿引导员行为时表现出了功能/关系水平的游戏。评估小组接下来要关注的是儿童能否自发地表现功能/关系游戏技能。评估小组需要观察儿童表现出的最高游戏水平，以及其出现频率最高的游戏水平，这一点很重要。最常玩的游戏类型可以显示儿童主要的技能水平或其需求。例如，如果一名儿童能够进行假扮游戏但主要选择感觉运动游戏，这表明他/她可能存在感觉统合失调，从而需要相应的感觉输入。

每一种游戏类型都应配备各种材料，因为儿童的兴趣会随前期经验而变化。（实用材料类型清单可参见《TPBA2 和 TPBI2 实施指南》第 7 章。）例如，丰富的感官材料应包含色彩鲜艳、能发出不同声音、有各种质地、可以进行不同类型操作的物体。梳子、抹布、勺子这类功能性日常用品也是极好的。能以一种有意义的方式进行组合的物品也是很重要的，如碗勺、积木以及拼图。对于建构游戏，我们有必要提供一系列可以创造出"某样东西"的材料。特别重要的是，应预备一些适合运动障碍儿童进行操作的材料，以便他们能够演示用材料创造的东西。除了日常物品，假扮游戏材料还应包括更多的幻想类游戏物品，如适合不同角色或人物的帽子、服装、道具等。迷你公仔和小游戏布景在更高水平的假扮游戏中十分有用，儿童借助这些可以展示他们扮演角色和进行角色互动的能力。

在 TPBA 的游戏情境中，可能不太容易观察到规则游戏。评估人员可以询问父母，儿童是否会发起或喜欢参与规则游戏，如 Duck-Duck-Goose（类似于"丢手绢"游戏）。当在 TPBA 游戏过程中观察年龄较大的儿童时，可以引导儿童玩他们最喜欢的纸牌游戏，如 UNO 优诺，纸牌配对或记忆游戏，简单的卡片或棋盘游戏，或是具有规则的竞争性球类游戏，其中规则由儿童单独制定或与引导员共同制定。通过这些游戏，引导员不仅有机会观察到儿童对概念的理解，还可以观察到他们的轮流/组织能力、记忆能力，以及理解棋盘游戏所蕴含的"故事"和规则不可改变的能力。除了以上这些，观察者还应关注儿童理解和维护规则的表现，输赢对儿童的重要性，以及在这类游戏中表现出的持久性。

身体活动和追逐打闹游戏常见于群体或教室情境中，因为儿童互相熟悉。如果观察者有机会观看儿童上课或与其教师进行交流，那么就可以对儿童参与身体活动和追逐打闹游戏的情况进行调查。在实际的游戏环节，引导员或父母可以尝试让儿童参与到有趣的身体活动或追逐打闹游戏中（尤其是如果从父母处得知这是儿童喜欢与他们做的事情）。许多儿童会全身心享受这类活动，但有些儿童却对此根本不感兴趣，甚至可能觉得游戏性的身体互动并不令人愉快。而对另外一些儿童，这类游戏可以提供一个其他类型游戏不能提供的互动途径。

总之，对所有可能的游戏类型进行探索，可以让评估小组观察儿童的行为、反应和动机如何随不同的游戏形式而变化。引导员应尝试吸引儿童进行各种类型的游戏,然后尽可能帮助其在每类游戏中达到最高能力水平。同时,提供不同的玩具和材料也很重要,因为儿童可能会对激励性的材料表现出更多的兴趣,从而展现更高级别的技能。观察不同的游戏类型可以揭示儿童的技能发展水平。此外,观察儿童所参与的主要游戏形式可以为其他发展问题提供线索。这些信息对方案规划非常宝贵。

V.B. 哪些方式最能体现儿童在不同游戏类别中行为的复杂性?

TPBA 小组需要观察儿童游戏中的多样性:玩具和材料选择的多样性、作用于物体的行为的多样性、动作序列的多样性,以及儿童在不同类型活动之间变换顺序的能力。这需要寻找模式,并关注超过一般"练习(practice)"或掌握游戏(mastery play)所需的额外重复行为。在练习游戏中,儿童会纯粹因为想再次体验活动而重复动作和序列。在掌握游戏中,儿童重复动作是为了完成特定任务或达到特定目标。这两类游戏在各个年龄段都可以看到。但残障儿童重复动作则是因为他们不能想到另一个动作或者没有兴趣修正自己当前的动作。这种重复通常被称为固着(perseveration)。一旦固着,儿童可能会对一些动作缺乏兴趣或一旦开始某个一个动作,就似乎无法停止。儿童兴趣广泛而动作序列有限,这使得其他的重复模式更不易被察觉。

从儿童的实物游戏和表征游戏中可以观察到他们对动作的排序(sequenting)和系列化(seriation)能力(如将同一系列元素排序的能力)。在 TPBA 观察中,评估小组可以区分儿童游戏展示的是一种逻辑顺序,即对开始、中间和结束的理解;还是对视觉顺序的理解;抑或是对抽象顺序的理解,如时间的进展。这些观念将反映在其行为和对话中。

V.C. 幽默感展现了儿童怎样的认知能力?

TPBA 小组应评估儿童对他人幽默意图的理解以及自身幽默意图的表达。观察游戏的时候,评估小组应注意将儿童微笑或大笑的次数作为一项测量幽默感的指标。引导员可以根据儿童的年龄设立一些他们可能会认为有趣的情境(如推倒积木、将锅当成帽子戴、把一盒麦片放入烤箱或讲一个笑话)。此外,当儿童想要表现出幽默感时,评估小组应注意儿童在其中表现出的认知理解水平和扮演的社会角色。重要的是,应注意将社交性微笑或试图引人注意的笑声与真正的幽默区分开。对于一些有运动障碍的儿童,一个微笑,甚至一个鬼脸都可能表明他们已经理解某件事情是有趣的。然而,一些残障儿童可能已经知道,笑着回应总能让成人重复社会互动或给予关注。如果是这种情况,评估小组可能会发现大笑并不总是有意义的,而可能只是一个偶然反应。

参与开端计划的 4 岁的康纳(Connor)被认为存在潜在的发育迟缓问题。康纳走进房间,马上跑向汽车和卡车。他开始让这些汽车绕圈比赛,然后让它们互相撞击,发出碰撞的声音。当引导员开始在他旁边玩汽车时,他也跑向了引导员的车。康纳也模仿引导员推着汽车上下坡道,然后进入车库。康纳在玩的过程中没有说话,只是发出汽车的噪音。在对康纳的行为进行了几分钟的模仿后,引导员试图了解康纳能否参与到互动的角色扮演游戏中。她开过来一辆警车,说道:"你的车开得太快了,我恐怕得给你一张罚单了。"她递给康纳一张小片纸。康纳接过纸片,然后继续让他的汽车绕圈比赛。引导员把罚单纸和警车放到康纳旁边,然后开始驾驶另一辆车。康纳拿起警车,开到引导员的车面前,说"罚单",并递给她一张纸。做了几分钟开车、开罚单的游戏后,引导员开着她的车到水台边去"洗车"。康纳也照样洗了他的车。整个游戏期间,康纳也能按物体本来的功能正确使用物体,但仅以重复方式或模仿成人的方式进行。

之后,评估小组讨论了康纳的游戏类别。引导员提出,起初她并不清楚康纳仅仅是功能性地使用汽车并将它们与周围的其他物体结合起来,还是以角色扮演游戏的形式演绎他的动作。他的父母和老师表示,康纳经常模仿他的兄弟姐妹和其他儿童的行为,但他使用假扮游戏道具所表现的大部分行为都是简单的功能性操作行为而不是一系列相联系的复杂行为。康纳的父母描述了他的哥哥姐姐是如何经常围绕着公仔和他们自己虚构的故事开展游戏的。评估小组注意到,这种类型的角色扮演游戏对康纳来说很难理解,所以他只好模仿他们的行为。他的模仿能力使他能够在一个角色扮演游戏情境中做出一些行为,让他看起来更多的像是在做象征游戏。这些模仿行为是他的强项,它们让康纳可以与处于更高水平的同龄人或兄弟姐妹们一起玩并保持社会互动。然而,他已准备好学着将他的自发性游戏序列推进到2—3个步骤。

两岁半的露辛达(Lucinda)是脑瘫患儿,一直坐在有托盘的轮椅里。引导员问露辛达能否看到她手中抓住的大鸟,露辛达努力想把玩具放在她面前的托盘中,但这样做的时候,她那不稳定的动作碰巧把大鸟碰到了地板上。玩具开始在房间里滚动,引导员喊道:"哦,不!它逃跑了!我要抓住他。快回来,大鸟!"露辛达尖叫着,张开嘴,表情扭曲,头向后仰,发出咯咯笑的声音。"她认为你非常好笑。"她母亲说。引导员抓到大鸟带回来,把鸟放在托盘上,说:"来吧,大鸟。让我带你到你的朋友露辛达这里。你现在呆在这里了!"露辛达看着大鸟,然后抬头看着引导员,嘴巴咧出一个不对称的笑脸。慢慢地,她在大鸟上方举起手,然后笨拙地给了大鸟一击,在伴随着喘息的笑声中,玩具大鸟飞过了屋子。

显然,露辛达能够理解和制造幽默。她知道引导员第一次追逐是由于意外滑落引发,并且如果再次故意将鸟滑落到地上,她能够预测到将会发生什么。这一次她在跟引导员"恶作剧"。这种程度的幽默显示了一个高水平的认知理解。露辛达的运动障碍让她无法使用语言来表达幽默感,但她能够使用动作来创造笑话。她不仅理解了引导员的搞笑动作,还能做出让他人发笑的动作。

第六节 概念性知识

6.1 概念性知识（conceptual knowledge）

当新生儿进入一个充满景象、声音、气味、味道、质地、运动、压力、温度和痛苦的世界,这个世界对于他而言会是什么样子的呢？年幼的儿童将如何去理解这如洪流般的刺激？又如何将知觉信息结构化从而理解世界的意义？概念和分类知识的发展提供了一个重要的信息组织框架。

概念性知识是各种信息"碎片"之间的联系网络(Hiebert & Lefevre, 1986)。分类可以让儿童将所有的感知觉信息划分为像档案夹一样的易于管理的单元。这些分类也让记忆和检索信息变得更加容易,并提供了一个比较和组织新信息的方法。因此,对认知进行概念化和分类是对输入大脑的信息进行组织和使用的一种方法(Quinn, 2002)。与物理知识相关的概念的发展以及在心理层面运用这些概念的认知过程的发展,会促进分类系统的产生以及与心理学、生物学、数学和物理学相关的更高层次思维的出现。

认知发展的哪些方面是天生的、概念结构是通用的还是有特定范围的、概念是如何发展的,这些内容都尚存争议(Gelman & Opfer, 2002)。虽然本节并不讨论这些问题,但显然促进概念性知识的干预在某种程度上取决于这些问题的答案。出于这个原因,下文会涉及一些有关这些问题的研究。

VI. A. 儿童能识别什么样的异同？

能够对经验和信息进行有意义的分类使人类受益匪浅。Quinn(2002)提出了分类的三大好处,分别是:1. 将无限量的细节信息精简成可管理数量的信息;2. 组织已存储在记忆中的信息使得信息检索更高效;3. 快速分析新刺激并将其归入已有类别,从而节约脑力进行其他重要的认知任务。例如,大多数语言都会将颜色分为十几个主要的类别,因而无需去记忆700多万种不同的颜色。

研究概念性知识的发展可以帮助我们理解婴儿、学步儿和学龄前儿童如何理解他们世界中的人、事、物并与之发生联系。婴儿的生命始于区分景象、声音、味道、质地和气味,这展示了他们对世界进行初步分类的能力。他们不仅可以区分熟悉和陌生的刺激,还能区分意料之中和之外的事情。这些早期区分能力让研究人员可以观察婴儿的早期概念性知识。研究发现,婴儿已经能够从感知上区分人类语言中的大部分语音、小数量的物品(如两个一组和三个一组的物体)、因果关系和非因果关系事件的序列、有生命和无生命的物体,并能简单地理解空间、大小、数量、客体永久性、支持、控制等概念以及其他物理特性和事件(Baillargeon,2002,2004;Flavell,2000)。

随着区分人、事、物特征能力的与日俱增,婴儿对世界运行法则的理解也日益深厚。其概念发展有如下几个步骤:1.认识到物体、动作或事件的重要属性;2.注意到相似点和不同点;3.通过识别物体的共同属性,将其分成几个集合,发展概念分类能力。因此,注意、记忆和问题解决是概念化过程中必要的成分。

年幼儿童的大脑能够系统地将周围世界的各个方面与其相似的类别相联系。儿童注意的特征既包括静态方面(如轮廓、面孔、质地、颜色)也包括动态方面(如物体为什么移动以及如何移动)。动态特征可以在媒介(谁在做某事),意图(为什么某人在做某事)或指向的目的(会发生什么结果)方面给儿童提示(Gelman & Opfer,2002)。此外,静态和动态特征还可以帮助儿童确定在不同情况下遇见的是否是同一个人或对象(数目的同一性),或者当前这个是否只是与另一个相似(性质的同一性)Meltzer,2002)。例如,"这是我昨天玩的那个球"(数目的同一性)或"这像我玩过的球,只不过它是红的"(性质的同一性)。出于这个原因,了解儿童能否区分静态特性,辨识动态特征,以及察觉人、事、物的相似点和不同点是很重要的。若儿童在辨识这些特征方面存在困难,则会在语言发展、社会发展、认知发展的其他方面(如问题解决)面临问题。

VI. B. 什么可以作为儿童概念性或类别知识的证据?

随着区分理解人—物关系的发展,更高层次的分类系统也会发展。辨别能力,或者说区分感觉的能力,是概念发展和组织的基础,这在婴儿早期就可以观察到。正如前面讨论记忆时所指出的,母乳喂养的婴儿在3天大时就能够分辨出防溢乳垫上母乳的味道,并能将其母亲的声音和脸与其他人区分开(Stern,1985)。这展示了记忆能力和分辨能力的协同发展和相互关系。感觉辨别能力会随着儿童的成熟变得更加精细。

2—6个月的婴儿已经越发觉得不管在身体还是情绪上,他们和母亲之间是相当独立的,与此同时,母亲也不同于其他人;到 2 岁的时候,儿童就能从身体层面将自己视为独特的个体(Pipp, Easterbrooks, & Brown, 1993; Stern, 1985)。如前所述,关于自我和他人的差异意识是认知和社会发展之间的重要纽带(Asendorpf, Warkentin, & Baudonniere, 1996; Fewell & Vadasy, 1983; Gergely, 2002)。社会辨别力,或者说对人之间差异的察觉,让儿童可以与每个个体进行独一无二的回应和互动。

社交意识和辨别能力与婴儿对*物体特性、效用、功能*的意识和辨别同步发展。已有研究显示,2 个月大的婴儿可以区分人类和非人类(Legerstee, 1992)。3—4 个月大的婴儿在新奇—偏好程序(novelty-preference procedures)中可以区分不同类别的特征。例如,3—4 个月大的婴儿已经能够对猫和狗形成单独的分类表征(Eimas & Quinn, 1994)。研究表明,婴幼儿能辨别方向、颜色和动物物种(Bomba, 1984; Bornstein, 1981; Quinn, 2002; Quinn, Eimas, & Rosenkrantz, 1993)。7—12 个月大的婴儿开始将物体进行有意义的分类,如食物、动物、车辆、植物等等(Mandler & McDonough, 1998)。例如,7 个月大的婴儿会相信人可以自己移动,无生命的物体则不会(Poulin-Dubois, Lepage, & Ferland, 1996);而 9 个月大的婴儿能够区分不同的动物和车辆,以及基本的动物类别(如犬类、鱼类),并且可以区别鸟和飞机(Mandler 和 Mc-Donough, 1993)。

大脑似乎能够在不同类型的感知觉中区分连续性和不连续性,然后进行分类。除了视觉,婴儿还能识别和区分其他的感知类型,包括质地、声音、动作等。当开始探索时,婴儿会发现探索对象的触感、声音和移动方式都不同。首先通过看和咬,然后通过手的探索和实验,婴儿逐渐学习物体的特征(Rakison & Butterworth, 1998)。9 个月大时,婴儿会对不同的物体有不同的反应。

9—12 个月期间,儿童开始看到物体间的联系并把相关的对象组合到一起,如铲子与水桶。12 个月大时,儿童会触摸联系在一起的物体,但不会对他们进行分组(Gopnik & Meltzoff, 1997)。到了 1 岁末,儿童不仅能按知觉类别分类,也能基于功能和行为使用概念进行分类。越来越多的研究指出整体概念的发展(如动物和车辆)在基本水平概念(如马和狗、汽车和卡车)之前。这些区分首先基于感知差异,然后建立在对事物功能和原理的概念理解和区分之上。

小肌肉动作能力的发展,加上对物体组成部分更强的感知觉分辨能力和概念性理解,让儿童可以通过非系统的尝试错误法,练习将事物组合到一起(如给盒子盖上盖子)。儿童在学会组合、穿过、翻转、拉拽、放在上面等动作的过程中,问题解决能力得到提升,从而进一步增强儿童精细辨别和分类的能力。儿童开始辨别事物的功能,发现哪些东西能滚动、哪些会发出噪音、以及哪些会反弹——换句话说,哪些东西在功能上是一样的(Morgan & Watson, 1989; Quinn, Johnson, Mareschal, Rakison, & Younger, 2000; Rakison & Butterworth, 1998)。

对物体进行不断的实验和比较可以发展儿童根据颜色、形状、大小匹配物体的能力。在出生第二年，婴儿开始按照类别（汽车）或属性（大的）进行识别和分类，受感知觉的束缚减少，更抽象的分类开始出现。2岁儿童可以将一个圆形或正方形放入拼图，3岁儿童能辨别三角形（Kusmierek, Cunningham, Fox-Gleason, Hanson, & Lorenzini, 1986）。到了3岁，儿童可以基于感知到的和非感知到的类别从多个方面讨论物体的相似性和差异性（Gelman, Spelke, & Meck, 1983）。也是3岁的时候，儿童已经学会区分大小并能构建三维积木结构（Cohen, & Gross, 1979）。随着表征能力、空间理解能力和问题解决能力的不断增长，4—5岁大的儿童可以完成复杂的拼图游戏，并能构建复杂的对称或不对称的积木结构（Morgan, & Watson, 1989）。

4岁大的儿童能够理解多重属性对一个特定类别的重要性。例如，他们知道生物体有各种各样的形式，如生长、进食、繁殖、生病和死亡（Gutheil, Vera, & Keil, 1998）。尽管儿童对每一个定义概念的理解并不深入全面，对概念之间的关系也不完全熟知，但是他们正在观察了解同一类别事物的多重属性。5岁时，儿童可以根据简单的因果关系理解诸如速度、时间和重力这样的抽象概念，到了6—7岁，就能学着结合多个维度来思考某一概念。

在先前描述的技能中，那些能让儿童参与丰富的操作、建构、想象游戏的技能也是发展影响学业技能的更复杂的概念系统的基础。

VI. C. 哪些行为表明儿童将概念整合到了一个分类系统中？

婴儿似乎与生俱来就会形成心理分类系统来捕捉物体之间的共性，然后用相应的标记或单词来表达它们（Waxman, 2002）。因此，概念发展是认知发展和交际发展的重要桥梁。跨文化的语言发展研究表明，婴儿更加注意包含内容的单词和短语，从而帮助他们将现实世界的物体进行标记并归入相应类别（Jusczyk & Kemler Nelson, 1996）。成人与儿童的语言互动也会影响概念发展。

语言学习的某些方面也会促进概念的发展。Gelman和Meck（1992）总结了儿童给物体命名时的三个基本假设。首先，把物体作为一个整体来进行命名标记，而不是某一部分或它周围的事物（如这是一把椅子）（Spelke, 1982）。第二，一旦给属于某一类别的物体分配了一个命名标签，则该名称可应用于同类的其他成员（如这个大的也是一把椅子）（Waxman & Gelman, 1986）。最后，特有的物体（如狗、鱼、鸟）会有单独的个体名字，不同的物体不能分配相同的名称（Markman, 1984）。当儿童给环境中的实体命名时，他们开始更多关注这些实体的特点，从而形成更大的概念类别。

儿童在形成、认识以及心理表征特定概念时，最初是从具体层面开始的，三维表征从真实物体扩展到在构造和形状上与真实物体/人相近的对象（如，"这是我的狗""这只猫就像我的狗"。)在形象化层面上,儿童也会学着以相同的顺序来表征概念,首先是实际图片,然后是近似的图片,如卡通。当儿童开始用画图、假扮游戏来表现他们对事物的理解时,我们可以在所画的线条、做的手势、表演的"哑剧"和角色扮演行为中观察到他们对概念的理解。抽象的概念表征始于语言,再延伸到符号、符号语言、手指拼写以及书面文字(Goralick,1975)。每一种概念表征都从生命的头一年开始发展,并随着养护者对新经验的呈现、探讨和解释而日益复杂(Nelson,1995)。

众多研究表明,在认知领域,有关各知识系统的概念结构的子领域在形成过程中可能是相互独立的。具体而言,知识至少和四个领域相关:*物理学、数学、生物学*和*心理学*(Bjorkland & Sneider,1996;Schneider,2002;Wellman & Gellman,1992)。另有研究表明,一个潜在的中心概念结构促就了学习和认知的发展(Case,1996,1998)。两种观点皆有道理,核心结构支撑着各种类型知识的独立发展路径。对于年幼儿童而言,所有知识的基础都是从物理知识开始的。

VI. D. 儿童对数学和科学中的测量概念的理解程度如何?

物理知识

正如前文所述,婴儿似乎天生就倾向于将注意和各种感官系统输入的信息进行结构化,这些系统包括肌肉和关节(本体感受系统)以及运动(前庭系统)。婴儿会关注其所处环境中事件的属性、活动和结果。通过了解、尝试和比较外界刺激,儿童的神经系统日益成熟,心理活动日益丰富,由此对物理世界意义的理解也日益成熟复杂。

婴儿根据各种经验获得对物理事件的预期,并开始形成一些"规则",由此来预测特定事件的可能结果。当这些规则与现实相违背时,他们会惊讶地长时间盯着这件事。研究人员采用"违背期望"的范式,发现婴儿对各种各样的概念有着最初的理解。婴儿似乎具备诸如深度、距离、大小、形状等基本的空间知识。例如,2个半月大的婴儿能意识到物体被阻挡或不见后依然存在(Aguiar & Baillargeon,1999);3个月大时,会认为物体只要接触到一个表面(表面任何部分)就可以被支撑起来;6个半月时,婴儿认为只有物体的很大一部分与其他物体表面接触才能被支撑;12个月大时,婴儿意识到要想一个物体不掉下来,放在表面上的部分需要比不在表面上的部分大(Baillargeon,2002)。此外,10个月大的婴儿还能意识到重的物体比轻的物体更能发力和承力(Wang,2001)。当婴儿从绝对判断过渡到相对数量和相对程度判断时,婴儿的知识结构变得更加复杂。在整个童年早期,儿童对关系和结果的辨别能力会持续增长。

婴幼儿看来会独立学习那些碎片化的物理知识,而后才会将这些法则整合进整体物理原理系统中。尽管婴儿似乎天生就具备一些促进理解能力发展的物理知识概念,但是概念的学习主要受意料中和意料外的结果经验（Luo，2001）、与他人社交和练习的影响（Baillargeon，2001）。通过构建对相关特定经验的理解，儿童学会辨别不同的特征、环境和结果，并逐渐将这些理解整合到更广泛的概念性和程序性知识中去。

例如，儿童通过探索学习空间，然后转变到可以通过心理表征理解空间。儿童刚开始以自身为参照，之后以自身及自己旁边的物体作为参照，再之后才使用远处参照物来指示方向。例如，一个2岁儿童会根据自己的身体判断玩具所处的方位。具有感官障碍的儿童可能需要其他来平衡（如失聪儿童会通过发声源与身体的距离来定位物体）。4岁儿童能在脑海中形成有关熟悉房间的画面，据此找到留在床边的鞋子（失明儿童则会利用对运动和方向的记忆。）此外，对空间的心理表征是从考虑局部集群，发展到线性关系，再到构形关系（Liben，2002）。因此，为了组织游戏，儿童首先要能找到堆在一起的玩具，然后运用视线或动作转移到下一个目标物体，再根据物体间的关系思考需要的所有东西在哪里。类似于"数"这样的概念结构发展也遵循此进程。

排序（sequencing），或者说对物体、概念和想法的排序，以概念发展和一一对应为基础，涉及所有认知领域。儿童的早期排序能力与动作的连接和对输入感觉的区分能力有关。儿童对事件的排序能力是在环境中发展起来的，从动作到对话、故事、假扮游戏中的想法（Fein, Ardila-Rey, & Groth, 2000; Rowe, 2000）。同时，儿童能够发现声音、质地、味道、亮度、尺寸和颜色上的差异（Fewell & Vadasy, 1983; Gelman & Opfer, 2002; Meltzer, 2002）。

最终，儿童能够对一系列元素进行比较，然后将它们排成一个连续的序列，起初是两个元素，到了成年阶段会增加到大量比较元素。正是这种比较和排序的能力，使儿童发展出系列化的能力，或是从数量维度排列物体的能力（如按大小排列积木）（Case, 1998; Ginsberg & Opper, 1988; Piaget & Inhelder, 1969）。儿童必须了解序列中前后元素之间的关系，并理解每一单元的等价性。

学前阶段的儿童逐渐发展出更为复杂的推理能力，并逐步从解决感知觉问题过渡到解决逻辑问题。尤其对于那些正进入科学、数学、读写等复杂世界的学龄前儿童而言，Case的研究（1998）中的一个关键方面对他们具有重要意义。在所有认知领域的知识中，儿童会努力以使用思维"单元"进行系统比较的方式去联系和组织概念，而不是以心理参考线（mental reference line）的方式。这将在后文讨论儿童获得数概念时进行阐释。

数量知识（quantitative knowledge）

虽然数量能力（quantitative ability）只是概念发展中的一个领域，但是对幼儿早期学习技能的重视使得数量能力成为评估中尤具意义一个方面。Wolery和Brookfield-Norman（1988）将"早期学习技能"定义为："将来学校学习所必需的认知能力"（p. 109）。阅读、书写以及数学能力是学业成功的基础，而这些能力都建立在分辨能力、分类与感知觉能力、序列能力以及一一对应和绘画能力的基础之上。整合这些能力有助于发展优秀的学业技能。

以下将简单总结数量能力的发展，包括认识数量，等量和序数，以及运算能力。正如之前讨论的，随着整体概念的发展，儿童会首先对相似特征进行匹配，然后才会对其他特征（如等量）进行对比。儿童首先判断看到的是"什么"，然后才是看到"多少"。因为儿童会被物体的相似性所吸引，当两组物体看起来完全一样或是属于同一类别时他们才会首先想到等量特征（Mix, 1999）。也可能是对"同质性"的关注让儿童也注意到了数量。婴儿最初对数量的判定是基于数量的相似性，然后才发展出能思考数量间的差异以及不连续数字的能力（Mix, Huttenlocher, & Levine, 2002）。

Fuson(1992)指出，年幼儿童对数词的理解和使用有以下 7 种不同的情形，详见表 7.3。

表 7.3　理解数概念的情境

1. 在数序列情境中理解数字。儿童会以死记硬背的方式计数，数数就好比一个词语"一二三四五六"。Sophian (1992)将计数描述为具有文化差异的社会传承活动。刚开始，它作为一种与照料者的日常交往方式被儿童死记硬背，之后，儿童慢慢能够基于对数字的区分来数数。
2. 在基数情境中理解数字。对儿童来说，最后数到的数字富有特别的意义，即总数。例如，计数后，即使在没有一一对应的情况下，儿童会认为最后一个词指的是总数（例如，"1、2、4、5，一共有 5 个"）。
3. 在计数情境中理解数字。儿童用一一对应的方式给每一项数过的物体对应一个数字。儿童会通过计数来发现"有多少"或"哪个更多"或由此获得一个确定的总量。
4. 在前后顺序情境中理解数字。儿童能够明白在一个顺序固定的集合中，一个数字不仅代表一个实体，还表示它在该集合中的相对位置（如第一、第二）。儿童能够明白 4 比 3 大 1，比 5 小 1。
5. 在测量情境中理解数字。儿童能够明白一个数词除了代表一个连续数量，还表示能覆盖或填充该数量的单元数。
6. 在数字符号情境中理解数字。儿童为实现各种目标，用书面数字符号表达数量。
7. 在非数值的情境中理解数字。儿童会在非序列情形下使用数字来代表某些事物（如鞋码、电话号码、地址）。

来源：Fuson(1992)。

表 7.3 中列出的儿童对数概念的理解能力大致会按照一个顺序发展。在理解数概念之前，儿童会先从过程上理解数字。Steffe(1992)认为儿童学习数量时会先需要一个感性的计数方法，据此建立起对复数（或哪个数量更大）的认识。婴儿能直接判断 3 以内物体的数量（不通过计数）。紧接着，进入图形计数方法阶段，在计数过程中儿童能记住数到的物体的图像。之后，儿童开始能够将动作统一协调起来，一边指着物体一边计数。一些儿童开始能够在计数时使用手指来代替物体。儿童也需要理解基数，或有能力在计数时将所有之前数过的数字作为一个单元记住。基数和计数刚开始可能是分开的，随后会整合到一起。一旦进入后阶段，儿童就能进行加减、守恒、交换和其他更抽象的运算，因为他们能够将物体和计数过程内化，并在头脑中对数字进行操作。

1978 年，Gelman 和 Gallistel 提出了主导概念计数的 5 个著名原则，Fuson(1988)认为它们是*概念化、程序化和应用能力*所必需的情境：

1. 一一对应——集合中的每个物体必须与一个数字对应(分配到一个数字标签);2. 固定顺序原则——物体对应的数字必须来自一个稳定有序的列表;3. 基数原则——计数时最后使用的那个数字具有特殊含义,它代表所计数的集合的基数值;4. 抽象原则——对于计数物体的类别无限制;5. 顺序无关原则——对物体进行标记的顺序是无关紧要的(Gelman 和 Meck,1986,p. 30)。

在评估儿童对数的理解时,这些都是重要的概念。

整个童年早期,儿童对数量理解能力的发展主要经历三大变化:1. 准确性和精确性得到提高;2. 能处理的集合变得更大;3. 抽象的范围扩大(Mix 等,2002)。直到 4—5 岁,儿童才能真正理解数概念,但前期对数量知识的引导会贯穿整个婴儿时期。

当儿童学会了对物体进行标记和分类,就具有了发展一一对应能力的基础。Bailey 和 Wolery(1999)认为,比较、标记、测量以及使用与数量有关的符号属于前数学技能。比较数量涉及一一对应能力、排序能力,对诸如"1"和许多、多和少等基本概念做出判断的能力,以及理解集合之间关系的能力(Bryant & Nunes,2002)。Piaget(1952)认为,在掌握数词的意思之前有必要理解基数属性(或绝对数量)和顺序属性(或理解数字之间的关系)。

计算数量对于理解数量概念是必不可少的,如重量、长度、时间和金钱。儿童也会学着通过正确的语言标签识别书面数字,如看到数字 8 的时候说"八"(Bailey 和 Wolery,1999)。14—16 个月大的婴儿能够理解 3 比 2 大,2 比 1 大(Starkey,1992)。Gelman 和 Gallistel (1978)发现,2—3 岁的儿童能理解许多潜在的计算原则。2 岁儿童能够使用一一对应的方法对两到三个物体进行正确的计数,而 3 岁儿童能够正确计数 3—5 个。虽然 3 岁儿童还不能给所数的对象分配正确的数字,但他们已经能够在计数时一一对应地指向物体(Geary,1995)。到了 4 岁,儿童能够按固定的顺序对多达 20 个的物体进行计数(Cohen & Gross,1979)。4—5 岁时,儿童开始能够理解基数,明白所数的最后一个数字代表一组物体的总数(Bermejo,1996)。也是在这个时间段,儿童开始通过使用手指在呈现的第一个数上继续数的方式来解决算数问题(Ginsberg,Klein,& Starkey,1998)。

至于儿童究竟是如何形成这些心理过程的,学界还存在争议。Case 曾提出一个数量与诸如空间、时间、音乐、叙述等其他概念如何发展的理论。他认为之所以儿童会萌发这些概念,是因为核心概念结构为发展诸多领域理解力提供了框架或顺序。在 4—6 岁之间,儿童从运用"少量""很多"等数量概念的初级思维阶段进入到通过计数行为确定数量的阶段。Case 着重强调了"心理数字线"(mental number line),或是与心算相关的数字表征能力的重要性(Case,1998;Case 等,1996)。6—10 岁期间,儿童的数运算能力从两个数的运算发展到后来的多个数运算。

要在很多认知领域里形成更高层次的思维,很重要的一点是心理参照线,这是儿童能否建立关系的分水岭。这一概念对于干预尤其重要，因为建立心理参考线之间的关系是后期发展的关键。对于许多残障儿童而言，连接想法和建立关系是特别困难的。出于这个原因，考察儿童在理解数量时的思维过程对于评估而言非常重要。

6.2 使用《观察指南》评估概念理解水平

Ⅵ.A. 儿童能识别什么样的异同？

因为 TPBA 是以游戏为基础的，所以即便是在精心策划的研究过程中也很难观察到婴儿的早期技能。然而，研究小组可以寻找一些表明早期概念理解存在的特征。除非婴儿出生就被诊断出患有先天性障碍，否则大多数婴儿到几个月大时就能有所表现。例如，婴儿最先能分辨出的是熟悉和不熟悉的刺激，包括熟悉的气味、声音、质地和承载这些东西的人。因此，需要观察的第一件事是婴儿能否将他们的照料者与其他人区分开，但这并不意味着需要观察到婴儿表现出焦虑才算，除非婴儿介于 5—11 个月大。对于非常小的婴儿，这种区分可能表现为盯着陌生人看的时间更长。当引导员和照料者靠近婴儿，让他可以来回观察两个人的脸时，婴儿看引导员的时间可能会更长。一定要让父母知道这是"好"的，因为这意味着儿童对新事物感兴趣，而非更喜欢陌生人。

引导员也可以观察婴儿对预料之中和之外事情的反应。婴儿喜欢看到有趣的事情重现，所以可以重复一个动作或者演示几次，看婴儿对每个演示关注的时间有多长（参见第二节"记忆"）。然后，引导员可以用一个不同的玩具或动作进行替换，看看婴儿的注意是否会增加。这表明婴儿能否对呈现在面前的对象进行区分。

随着儿童对物体和动作变得感兴趣，观察儿童的反应，看看他是否会关注物体的各种特点，这一点非常重要。一些儿童对人的兴趣比对物体更大，需要在他人的帮助下才能对已经产生结果的环境保持注意，或对结果比对环境关注得更多。例如，相对于呈现在眼前的有趣物体，儿童可能更喜欢看引导员或父母的脸。另外，儿童也可能只专注于情境中的某一个元素，而忽略了由这个情境产生的整体效果。比如，引导员搭建一个积木塔，然后推倒，而这时儿童可能还是继续看着盒子里的积木。这些情况表明，儿童可能难以专注于那些与他相关的元素，不能形成有关于特征、共性和关系的概念。

Ⅵ.B. 什么可以作为儿童概念性或类别知识的证据？

Ⅵ.C. 哪些行为表明儿童将概念整合到了一个分类系统中？

由于概念化涉及分类思维，且与之密切相关，因而在观察中我们应该同时考虑这两个问题。在游戏期间，评估小组将有很多机会观察儿童如何组合、匹配物体，如何将很多部分组合成一个整体，如何整理，以及如何用非语言的方式对物体进行分类。善于表达的儿童通常会边游戏边说话，评估小组可以从中确定儿童分配给物体、动作、事件的标签、描述和类别。如前所述，词语是给现实世界中的物体、特征、事件贴标签从而识别他们的媒介。如果儿童难以通过看、指、命名或确认等方式建立联系，那么其在形成分类概念的过程中也会存在问题。

引导员可以在与儿童游戏的过程中引出概念和分类知识。例如，可以倒出一堆五颜六色、大小不同的珠子，让儿童给布娃娃或自己做一串项链。他们可能会自发地按颜色或大小进行分类。如果没有，引导员则可以建议："让我们用大珠子做一条项链。"或者更难一些，"让我们用黄色小珠子来做一条项链。"如果是在家里，可以尝试激发儿童的关系性思维（relational thinking），比如已知某个玩具的一部分，然后请儿童帮忙找到玩具的其他部分。若要启发儿童进行分类，可以把一篮子塑胶食品和其他玩具混在一起，然后提议："我们把食品收起来吧。"评估小组应观察儿童解决问题时所使用的分类方法的指标。

评估小组应关注那些能表明儿童能力的行为，包括组合相关物体的能力，按集合组合物体的能力，按颜色、形状或大小区别物体的能力，以及按类别、功能、关系进行分类的能力。在儿童拼图或搭建积木时，可能会观察到更复杂的分类和配对。评估小组也应观察儿童与人、物体、行为之间的言语联系。

TPBA引导员和儿童的照料者在评估TPBA全程中都需要不断给儿童呈现玩具和情境，以激发儿童的兴趣，调动儿童与材料互动的积极性。识别物体、行动或事件的主要特性是概念化过程的一部分。评估小组应观察儿童与环境中物体和材料的互动情况，看看他是否选择了在游戏中最重要、与游戏最相关的方面。如果只对无关方面感兴趣，那么可能说明儿童在概念形成上存在较多困难。例如，如果一个玩具需要用按钮或开关启动，而儿童忽视了这个特性，那么他可能在形成与机械或因果关系相关的概念方面存在困难。如果儿童不能在拼图中注意到颜色或形状的特征，那么他可能在部分—整体概念的形成上有困难。

我们应该注意，主要特性的识别与相似性和差异性有关。无论是在玩叠叠乐的婴儿还是在玩拼图的学步儿，都需要识别玩具在大小和形状方面的相似点和不同点；参与假扮游戏的学龄前儿童需要识别帽子和娃娃的大小并将两者相互匹配。区分不同点的能力有助于问题解决，并能导致儿童对大小、形状、空间、方向和其他更高水平的概念形成概念化。

TPBA评估小组需要给儿童提供各种各样相似的物体，以便确认儿童能否根据不同特点整理物体或对物体进行分类。1岁以下的婴儿可能会先把所有大球放在盒子里，然后再放小球。学步儿可能会从一堆农场动物中挑出汽车然后在"道路"上开。学龄前儿童可能会从"商店"中挑选各种各样的甜点。提供适当的材料供儿童展示整理和分类能力固然重要，但如果儿童没有自发地表现出分类的技能，那引导员还必须提供这样的机会。例如，引导员可以说："给所有我们想在商店买到的食物列个清单吧。"（通过画图或写的方式）。假扮游戏也可以表现出儿童的分类能力。"我爱甜饼干！我们要记得拿一堆甜饼干。"接下来，准备好相似的玩具以观察儿童的反应也很重要。

通过语言可以探索更高层次的概念。因而我们需要关注儿童说的有关人、事、物的内容。儿童做了什么评论？儿童是如何解释发生的事件的？他问了什么问题？引导员可大声提出"疑问"引出信息（如"我在想为什么你的比我的高呢？"），也可以提出开放式问题（如"我的孩子生病了，我们该怎么办？"）。引导员还可以设置需要儿童进行排序的情境（如"我们有5种不同的恐龙。我们来找一找每种恐龙适合吃多大的食物吧。这里有一些不同大小的积木，我们可以用来当做食物。"）。

引导员需要确保所有讨论的概念都考虑到了儿童的兴趣。许多引导员常犯的错误之一是，一旦想观察更复杂的概念，就开始"测试"。引导员应避免使用类似的话语，如"给我拿一个和这个一样的"或"哪一个形状和这个相同"。儿童会感觉他们好像正在接受测试，相处的模式就会从游戏伙伴关系转变成考试情境。

VI. D. 儿童对数学和科学中的测量概念的理解程度如何？

TPBA 评估小组可以在游戏中评估儿童对数量和顺序的理解。有很多机会可以观察到他们对数字的理解和使用。如前所述，通过观察婴儿对数量或位置变化的注意，可以评估婴儿对数量的意识和注意以及获得简单概念的能力。重要的不在于婴儿是否拥有数字概念，而是看他们是否注意到物体的特点以及物体在大小、位置、新奇性等方面的差异。

当婴儿开始与物体玩耍时，引导员可以一只手拿着两块饼干，另一只手拿着一块饼干，看儿童能否区分"更多"这个概念。而看书时，儿童则可能会一次性指出页面上所有的鸭子，无法判断其是否意识到"更多"的概念。1岁儿童在回答"你多大了"这个问题时可能会举起一根手指。这并不意味着儿童理解了1的概念，可能只是因为父母教过他用手指来表示一个数字。2岁的儿童开始尝试数"1、2"，或许可以回答"你有多少"这个问题。但不同的是，即使儿童有两个以上的物体，他可能也只回答他知道的数字。

引导员需要记住引发的技能类别以及激发儿童讨论概念的创造性方法。引导员可以给儿童安排许多计数、比较以及测量的机会。在游戏房间的积木区，儿童可以对汽车、人和积木进行计数，比较他们的大小和数量、衡量轻和重、区分短和长。在游戏房间的"娃娃家"区域也可以进行类似的比较。

通常儿童会在没有任何提示的情况下开始数数。其他时候，引导员则需要根据儿童的理解力引入相关信息进行提示。例如，引导员可以说："我想要一只印有很多樱桃的碗。""你去拿一张上面印有最多饼干的餐巾纸。""我还要三块积木。"或"让我们看看你的是不是比我的高。让我们数一数。"观察儿童在计数时是否使用了"一一对应"的方式,当儿童完成后,引导员可以问:"你有多少?"如果儿童不懂基数这个概念,那么他可能会重新开始计数,不会意识到最后所说的那个数就是总数。

对于明显用一一对应方式计数并理解基数概念的儿童,引导员可以进一步确定其能否理解序数的概念或数字之间的关系。要想了解儿童能否接着先前的总数继续数,引导员可以说:"我们已经有5根轨道了,等铁轨圈铺完之后让我们算算一共用了多少根。"观察儿童能否在轨道数量增加时接着数字5继续往后计数。画画时,引导员可以说:"我有4支记号笔。我要借一支你的笔,那么我有几支笔呢?"或"你有7支记号笔对吗?嗯,给你1支蓝色和1支红色的记号笔。现在你有多少支记号笔?"玩火车的时候,引导员可以说:"让我们把长颈鹿放在最后一节车厢里。"观察大一些的儿童能否在物体不排成线性的情况下进行计数也同样重要。换句话说,就是当所有的食物都放在桌子上时,儿童能否在只数一次的情况下不遗漏地准确计数。这就要求儿童明白每一个物体只能数一次。因而要达到这个效果,儿童需要有一个策略。当评估一个年长的儿童时,引导员也可以探究其做简单具体计算的能力。例如,在享用零食的时候,引导员可以问:"妈妈要两块饼干,你要两块饼干。我需要从盒子里拿出多少饼干?"游戏中也可以通过书写数字符号的方式来观察儿童对数字进行抽象表征的理解,比如为商店制作牌子或钱,或画(写)出一个清单。

引导员不仅需要谨记他所看到的概念方面的内容,还需知道如何引出一系列儿童表现出的对数量的理解的方法。他需要探究儿童计算的精度,可进行运算的最大数字,以及能理解的抽象层次。虽然引导员应多进行轮流对话,使用开放式的问题,而不是"测试"儿童,但是通过提问题的方式来发现儿童的想法可能还是有必要的。如果可能的话,尽量用非正式的对话方式来提问。

2岁的塔马拉(Tamara)和母亲泰拉(Tyria)在家接受言语障碍治疗师和心理学家的诊断。塔马拉以前在另一个州参加过一个早期干预计划,现在刚刚搬到这个地区。评估前提供的信息显示,塔马拉无法走路或说话。她的音调极低且一天中的大部分时间都在婴儿座椅里待着。塔马拉专心地注视着言语治疗师雷珊(Lisa),然后目光又转回到她母亲那里,很明显她意识到雷珊和她妈妈是不一样的。泰拉给塔马拉她最喜欢的玩具,一个有橡胶手柄的拨浪鼓,塔马拉把它直接放进了嘴里。随后,雷珊从包里拿出一根透明的塑胶棒,里面装有颜色鲜亮的液体,当倾斜塑胶棒时液体就会滑落并发出亮光。她拿起玩具,倾斜它,随着光亮液体在塔马拉眼前滑落。于是塔马拉放下拨浪鼓,玩起新玩具。与塑胶棒玩了几分钟后,塔马拉看向了别处。母亲对塔马拉说,:"看,Missy(猫咪的名字)!"塔马拉辨认出了Missy

这个词,然后在没看到猫咪之前,就开始微笑着期待。塔马拉伸手去抚摸猫,接着又笑了。

虽然塔马拉的功能发育还不能赶上同年龄的儿童,但她展示了区分相似性和差异性的能力。同时,她没有以相同的方式使用每个物体,表现出了她对物体进行分类的能力。此外,当她抚摸猫咪的时候,又表现出了按功能将物体分类的能力。

5岁的米拉(Meera)正从融合幼儿园过渡到学前班。米拉的母亲玛雅(Maya)和父亲桑贾伊(Sanjay)来自巴基斯坦,在这个国家已经生活了1年。在家里他们都跟米拉说英语。关于米拉对数字的理解力,他们说她能数到10,会正确递给他们最多3个物品。

游戏评估选在米拉的教室和操场进行。TPBA小组先是观察米拉在教室各个活动区的互动行为,然后用了几分钟观察她在操场上与同龄人的相处情况,最后带她回教室和引导员一起游戏,而其他同学仍在外面玩耍。在教室观察期间,评估小组看到当米拉在数学和科学区的时候,一群儿童正在比较和测量他们的脚和手。米拉能够说她的手相比乔希(Josh)和卡洛(Carlo)的要更"小"。当桌子旁的一群同伴用小积木排在脚边测量脚的长短时,米拉在一旁看着他们然后随机放置了几块积木在她脚边。

操场上,在沙箱玩耍的安妮(Annie)朝米拉喊:"嘿,米拉,带一些铲子过来。我有桶。"米拉走向玩具箱子,拿出两个塑胶铲,然后朝安妮跑去。米拉和安妮正在掩埋塑胶动物。引导员拿着另一个铲子加入了他们,开始一起玩耍。"我也想挖。我也需要一个动物,米拉。"米拉笑了笑,递给她一只奶牛。"奶牛先生希望它的朋友也过来。"米拉和安妮很快找到了很多动物带过来,并放置在"房子"旁边。"哦,看看我所有的朋友!我想知道我的朋友来了多少。"米拉用手指向每一个动物开始数,但有几个动物数了两次,还在一个动物身上用了两个数字计数,最终得到结果共有10个。

米拉能够靠死记硬背数到10,并理解分辨物品的原则,但她还没有形成准确一一对应的能力,也不明白每件物体只能数一次。她能够准确地识别总量,如大的、小的,但不能用更大、更小来作关系性比较。

她能意识到需要拿两个铲子给自己和朋友。米拉似乎总喜欢用"5"或"10"来结束她的计数,也许是因为这些数是常在手指计数或歌曲以及手指游戏中作为结束的数字。

参考文献

Abbeduto, L., & Short-Meyerson, K. (2002). Linguistic influences on social interaction. In S. F. Warren & M. E. Fey (Series Eds.) & H. Goldstein, L. A. Kaczmarek, & K. M. English (Vol. Eds.), *Communication and language intervention series: Vol. 10. Promoting social communication: Children with developmental disabilities from birth to adolescence* (pp. 27–54). Baltimore: Paul H. Brookes Publishing Co.

Aguiar, A., & Baillargeon, R. (1999). 2.5-month-old infants' reasoning about when objects should and should not be occluded. *Cognitive Psychology*, 39, 116–157.

Asendorpf, J. B., Warkentin, V., & Baudonniere, P. (1996). Self-awareness and other-awareness II: Mirror self-recognition, social contingency awareness, and synchronic imitation. *Developmental Psychology*, 32, 313–321.

Bahrick, L. E., Hernandez-Reif, M., & Pickens, J. N. (1997). The effect of retrieval cues on visual preferences and memory in infancy: Evidence for a four-phase attention function. *Journal of Experimental Psychology*, 67, 1–20.

Bahrick, L. E., & Pickens, J. N. (1995). Infant memory for object motion across a period of three months: Implications for a four-phase attention function. *Journal of Exceptional Child Psychology*, 59(3): 343–371.

Bailey, D. B., & Wolery, M. (1999). *Teaching infants and preschoolers with disabilities*. Columbus, OH: Charles E. Merrill.

Baillargeon, R. (2001). Infants' physical knowledge: Of acquired expectations and core principles. In E. Dupoux (Ed.), *Language, brain, and cognitive development: Essays in honor of Jacques Mehler* (pp. 341–361). Cambridge, MA: The MIT Press.

Baillargeon, R. (2002). The acquisition of physical knowledge in infancy: A summary in eight lessons. In U. Goswami (Ed.), *Blackwell handbook of childhood cognitive development* (pp. 47–83). Malden, MA: Blackwell Publishing.

Baillargeon, R. (2004). Infants' reasoning about hidden objects: Evidence for event-general and event-specific expectations. *Developmental Science* 7(4), 391–414.

Baron-Cohen, S. (1995). *Mindblindness: An essay on autism and theory of mind*. Boston: The MIT Press/Bradford Books.

Baron-Cohen, S., & Wheelwright, S. (1999). Obsessions in children with autism or

Asperger syndrome: A content analysis in terms of core domains of cognition. *British Journal of Psychiatry*, 175, 484–490.

Baron-Cohen, S., Wheelwright, S., Lawson, J., Griffin, R., & Hill, J. (2002). The exact mind: Empathizing and systemizing in autism spectrum conditions. In U. Goswami (Ed.), *Blackwell handbook of childhood cognitive development* (pp. 491–514). Malden, MA: Blackwell Publishing.

Barr, R., & Hayne, H. (1999). Developmental changes in imitation from television during infancy. *Child Development*, 70, 1067–1081.

Bartch, K., & Wellman, H. M. (1995). *Children talk about the mind*. New York: Oxford University Press.

Bauer, P. J. (1996). Development of memory in early childhood. In N. Cowan (Ed.), *The development of memory in childhood* (pp. 83–111). Hove, UK: Psychology Press.

Bauer, P. J. (2002). Early memory development. In U. Goswami (Ed.), *Blackwell handbook of childhood cognitive development* (pp. 127–146). Malden, MA: Blackwell Publishing.

Bauer, P. J., Wenner, J. A., Dropik, P. L., & Wewerka, S. (2000). Parameters of remembering and forgetting in the transition from infancy to early childhood. *Monographs of the Society for Research in Child Development*, 65(4, Serial No. 263).

Belsky, J., & Most, R. (1981). From exploration to play: A cross-sectional study of infant free play behavior. *Developmental Psychology*, 17, 630–639.

Berg, D. N. (1994). The role of play in literacy development. In P. Antonacci & C. N. Hedley (Eds.), *Natural approaches to reading and writing* (pp. 33–48). Norwood, NJ: Ablex Publishing.

Bergen, D. (1998). Development of the sense of humor. In W. Ruch (Ed.), *The sense of humor: Explorations of personality characteristics* (pp. 329–360). New York: Mouton de Gruyer.

Bergen, D. (2003). Humor, play, and child development. In A. J. Klein (Ed.), *Humor in children's lives: A guidebook for practitioners* (pp. 17–32). Westport, CT: Greenwood Publishing Group.

Bermejo, V. (1996). Cardinality development and counting. *Developmental Psychology*, 32, 263–268.

Bjorkland, D. F., & Sneider, W. (1996). The interaction of knowledge, aptitude, and strategies in children's memory performance. In H. Reese (Ed.), *Advances in child development and behavior* (Vol. 26, pp. 59 – 89). San Diego: Academic Press.

Bomba, P. C. (1984). The development of orientation categories between 2 and 4 months of age. *Journal of Experimental Psychology*, *37*, 609 – 636.

Borkowski, J. G., & Burke, J. E. (1996). Theories, models, and measurements of executive functioning: An information processing perspective. In G. R. Lyon & N. A. Krasnegor (Eds.), *Attention, memory, and executive function* (pp. 235 – 262). Baltimore: Paul H. Brookes Publishing Co.

Bornstein, M. H. (1981). Psychological studies of color perception in human infants: Habituation, discrimination, and categorization, recognition and conceptualization. In L. P. Lipsitt (Ed.), *Advances in infancy research* (Vol. 1, pp. 1 – 40). Norwood, NJ: Ablex.

Bretherton, I., & Beeghly, M. (1982). Talking about internal states: The acquisition of an explicit theory of mind. *Developmental Psychology*, *18*, 906 – 921.

Bryant, P., & Nunes, T. (2002). Children's understanding of mathematics. In U. Goswami (Ed.), *Blackwell handbook of childhood cognitive development* (pp. 512 – 539). Malden, MA: Blackwell Publishing.

Butterworth, G. (1999). Neonatal imitation: Existence, mechanisms and motives. In J. Nadel & G. Butterworth (Eds.), *Imitation in infancy* (pp. 63 – 88). Cambridge: Cambridge University Press.

Carlson, S. M., & Moses I. J. (2001). Individual differences in inhibitory control and children's theory of mind. *Child Development*, *72*, 1032 – 1053.

Carpenter, M., Nagell, K., & Tomasello, M. (1998). Social cognition, joint attention, and communicative competence from 9 to 15 months of age. *Monographs of the Society for Research in Child Development*, *63*, (4, Serial No. 255).

Carver, L. J., & Bauer, P. J. (2000). The dawning of a past: The emergence of long-term explicit memory in infancy. *Journal of Experimental Psychology: General*, *130*, 726 – 745.

Carver, L. J., Bauer, P. J., & Nelson, C. A. (2000). Associations between infant brain activity and recall memory. *Developmental Science*, *3*, 234 – 246.

Case, R. (1996). Introduction: Reconceptualizing the nature of children's conceptual structures and their development in middle childhood. In R. Case & Y. Okamoto (Eds.), The role of central conceptual structures in the development of children's thought. *Monographs of the Society for Research in Child Development*, *61*(1-2, Serial No. 246),1-26.

Case, R. (1998). The development of central conceptual structures. In D. Kuhn & R. Siegler (Eds.), *Handbook of child psychology: Vol. 2. Cognition, perception, and language* (5th ed., pp. 745-800). New York: John Wiley & Sons.

Case, R., Okamoto, Y., Griffin, S., McKeough, A., Bleiker, C., Henderson, B., & Stephenson, K. M. (1996). The role of central conceptual structures in the development of children's thought. *Monographs of the Society for Research in Child Development*, *61*(1-2, Serial No. 246).

Chen, Z., Sanchez, R. P., & Campbell, T. (1997). From beyond to within their grasp: The rudiments of analogical problem-solving in 10-13-month-olds. *Developmental Psychology*, *33*,790-801.

Cicchetti, D., & Sroufe, L. A. (1976). The relationship between affective and cognitive development in Down's syndrome infants. *Child Development*, *47*(4),920-929.

Clay, R. A. (1997). Why are knock-knock jokes so funny to kids? *APA Monitor*, *28*(9), 17.

Cohen, L. B., & Cashon, C. H. (2001). Infant object segregation implies information integration. *Journal of Experimental Child Psychology*, *78*,75-83.

Cohen, M. A., & Gross, P. J. (1979). *The developmental resource: Behavioral sequences for assessment and program planning*. New York: Basic Books.

Collie, R., & Hayne, H. (1999). Deferred imitation by 6- and 9-month-old infants: More evidence for declarative memory. *Developmental Psychology*, *35*,83-90.

Conrood, E. E., & Stone, W. L. (2004). Early concerns of parents of children with autistic and nonautistic disorders. *Infants and Young Children*, *17*(3),258-268.

Csibra, G., Gergely, G., Biro, S., Koos, O., & Brockbank, M. (1999). Goal-directed attribution without agency cues: The perception of "pure reason" in infancy. *Cognition*, *72*,237-267.

DeCasper, A. J., & Spence, M. J. (1986). Prenatal maternal speech influences newborns' perceptions of speech sounds. *Infant Behavior and Development*, *9*,133-150.

Denkla, M. B. (1996). A theory and model of executive function: A neuropsychological perspective. In G. R. Lyon & N. A. Krasnegor (Eds.), *Attention, memory, and executive function* (pp. 263 - 278). Baltimore: Paul H. Brookes Publishing Co.

deVilliers, J. G., & deVilliers, P. A. (2000). Linguistic determinism and the understanding of false beliefs. In P. Mitchel & K. J. Riggs (Eds.), *Children's reasoning and the mind* (pp. 87 - 99). Hove, England: Psychology Press.

Diamond, A., Towle, C., & Boyer, K. (1994). Young children's performance on a task sensitive to the memory functions of the medial temporal lobe in adults: The delayed nonmatching-to-sample task reveals problems that are due to non-memory-related task demands. *Behavioral Neuroscience*, 108(4), 659 - 680.

Dockett, S. (1999). Thinking about play, playing about thinking. In E. Dau (Ed.), *Child's play* (pp. 5 - 15). Baltimore: Paul H. Brookes Publishing Co.

Dykens, E. M., Hodapp, R. M., & Finucane, B. M. (2000). *Genetics and mental retardation syndromes: A new look at behavior and interventions*. Baltimore: Paul H. Brookes Publishing Co.

Dykman, R. A., Ackerman, P. T., & Oglesby, D. M. (1979). Selective and sustained attention in hyperactive, learning-disabled and normal boys. *Journal of Nervous and Mental Disease*, 167, 288 - 297.

Eimas, P. D., & Quinn, P. C. (1994). Studies on the formation of perceptually based basic-level categories in young infants. *Child Development*, 65, 903 - 917.

Eslinger, P. J. (1996). Conceptualizing, describing, and measuring components of executive function: A summary. In G. R. Lyon & N. A. Krasnegor (Eds.), *Attention, memory, and executive function* (pp. 367 - 395). Baltimore: Paul H. Brookes Publishing Co.

Farmer, M. (2000). Language and social cognition in children with specific language impairment. *Journal of Child Psychology and Psychiatry and Allied Disciplines*, 41(5), 627 - 638.

Fein, G. G., Ardila-Rey, A. E., & Groth, L. A. (2000). The narrative connection: Stories and literacy. In K. A. Roskos & J. F. Christie (Eds.), *Play and literacy in early childhood: Research from multiple perspectives* (pp. 27 - 44). Mahwah, NJ: Lawrence Erlbaum Associates.

Fenson, L., Kagan, J., Kearsley, R., & Zelazo, P. (1976). The devlopmental progression of manipulative play in the first two years. *Child Development*, 47,

232 – 236.

Fewell, R. R., & Vadasy, P. F (1983). *Learning through play*. Allen, TX: Developmental Learning Materials.

Fivush, R. (1997). Event memory in early childhood. In N. Cowan (Ed.), *The development of memory in childhood* (pp. 139 – 161). Hove, England: Psychology Press.

Flavell, J. H. (2000). Development of knowledge about the mental world. *International Journal of Psychology*, 28, 15 – 23.

Fletcher, J. M., Shaywitz, S. E., Shankweiler, D. P., Katz, L., Liberman, I. Y., Fowler, A., Francis, D. J., Stuebing, K. K., & Shaywitz, B. A. (1994). Cognitive profiles of reading disability: Comparisons of discrepancy and low achievement definitions. *Journal of Educational Psychology*, 85, 1 – 18.

Floccia, C., Christophe, A., & Bertoncini, J. (1997). High-amplitude sucking and newborns: The quest for underlying mechanisms. *Journal of Experimental Child Psychology*, 64, 175 – 198.

Franklin, M. B. (2000). Meanings of play in the developmental-interaction tradition. In N. Nager & E. K. Shapiro (Eds.), *Revisiting a progressive pedagogy: The developmental-interaction approach* (pp. 47 – 72). Albany, NY: State University of New York Press.

Fuson, K. C. (1988). *Children's counting and conception of number*. New York: Springer-Verlag.

Fuson, K. C. (1992). Relationships between counting and cardinality from age 2 to age 8. In J. Bideaud, C. Maljac, & J. Fischer (Eds.), *Pathway to number: Children's developing numerical ability* (pp. 127 – 149). Mahwah, NJ: Lawrence Erlbaum Associates.

Gaithercole, S. E. (1998). The development of memory. *Journal of Child Psychology and Psychiatry and Allied Disciplines*, 39, 3 – 27.

Garfield, J. L., Petersen, C. C., & Perry, T. (2001). Social cognition, language acquisition and the development of the theory of mind. *Mind and Language*, 16 (5), 494.

Garvey, C. (1977). *Play*. Cambridge, MA: Harvard University Press.

Gaskins, S., & Goncu, A. (1992). Cultural variation in play: A challenge to Piaget and

Vygotsky. *The Quarterly Newsletter of the Laboratory of Comparative of Human Cognition*, 14(2), 31-35.

Gauvain, M. (2001). *The social context of cognitive development*. New York: Guilford Press.

Geary, D. C. (1995). *Children's mathematical development: Research and practical application*. Washington, DC: American Psychological Association.

Gelman, R., & Gallistel, C. R. (1978). *The child's understanding of number*. Cambridge, MA: Harvard University Press.

Gelman, R., & Meck, E. (1986). The notion of principle: the case of counting. In J. Hiebert (Ed.), *Conceptual and procedural knowledge: The case of mathematics* (pp. 29-57). Hillsdale, NJ: Lawrence Erlbaum Associates.

Gelman, S. A., & Opfer, J. E. (2002). Development of the animate-inanimate distinction. In U. Goswami (Ed.), *Blackwell handbook of childhood cognitive development* (pp. 151-166). Malden, MA: Blackwell Publishing.

Gelman, S. A., Spelke, E. S., & Meck, E. (1983). What preschoolers know about animate and inanimate objects. In D. Rogers & J. A. Sloboda (Eds.), *The acquisition of symbolic skills* (pp. 297-324). New York: Plenum.

Gergely, G. (2002). The development of understanding of self and agency. In U. Goswami (Ed.), *Blackwell handbook of childhood cognitive development* (pp. 26-46). Malden, MA: Blackwell Publishing.

Gergely, G., Magyar, Z., Csibra, G., & Biro, S. (1995). Taking the intentional stance at 12 months of age. *Cognition*, 56, 165-193.

Giedd, J. N., Blumenthal, J., Jeffries, N. O., Rajapakse, J. C., Vaituzis, C., & Liu, H. (1999). Development of the human corpus callosum during childhood and adolescence: A longitudinal MRI study. *Progress in Neuropsychopharmacology & Biological Psychiatry*, 23, 571-588.

Ginsberg, H. P., Klein, A., & Starkey, P. (1998). The development of children's mathematical thinking: Connecting research with practice. In I. E. Sigel & K. A. Renninger (Eds.), *Handbook of child psychology: Vol. 4, Cognition, perception, and language* (5th ed., pp. 401-476). New York: John Wiley & Sons.

Ginsberg, H. P., & Opper, S. (1988). *Piaget's theory of intellectual development*. Englewood Cliffs, NJ: Prentice Hall.

Goncu, A. (1993). Development of intersubjectivity in the social-pretend play of preschool children. *Human Development*, 36, 185 – 198.

Goncu, A., Mistry, J., & Mosier, C. (2000). Cultural variations in the play of toddlers. *International Journal of Behavioral Development*, 24, 321 – 329.

Goncu, A., Patt, M., & Kouba, E. (2002). Understanding young children's pretend play. In P. K. Smith & C. H. Hart (Eds.), *Blackwell handbook of childhood social development* (pp. 418 – 437). Malden, MA: Blackwell Publishing.

Goncu, A., Tuermer, U., Jain, J., & Johnson, D. (1999). Childrens' play as cultural activity. In A. Goncu (Ed.), *Children's engagement in the world: Sociocultural perspectives* (pp. 148 – 170). New York: Cambridge University Press.

Gopnik, A., & Astington, J. W. (2000). Children's understanding of representational change and its relation to the understanding of false belief and the appearance of reality. In K. Lee (Ed.), *Childhood development: The essential readings* (pp. 177 – 200). Oxford: UK: Blackwell.

Gopnik, A., & Meltzoff, A. N. (1997). *Words, thoughts, and theories*. Cambridge, MA: The MIT Press.

Gopnik, A., & Wellman, H. M. (1994). The theory theory. In L. A. Hirschfeld & S. A. Gelman (Eds.), *Mapping the mind: Domain specificity in cognition and culture* (pp. 257 – 293). New York: Cambridge University Press.

Goralick, M. (1975, February 15). A classification of concept representation. In *Piagetian theory and its implications for the helping professions*. Proceedings of the fourth interdisciplinary seminar (p. 336). University of Southern California, Los Angeles. (ERIC Document Reproduction Service No. ED103125)

Gutheil, G., Vera, A., & Keil, F. C. (1998). Do houseflies think? Patterns of induction and biological beliefs in development. *Cognition*, 66, 33 – 49.

Haight, W. L., Wang, X-I., Fung, H., Williams, K., & Mintz, J. (1999). Universal, developmental, and variable aspects of young children's play: A cross-cultural comparison of pretending at home. *Child Development*, 70, 1477 – 1488.

Haith, M. M., & Benson, J. B. (1998). Infant cognition. In W. Damon [Series Ed.] and D. Kuhn & R. Siegler [Vol. Eds.], *Handbook of child psychology: Vol. 2. Cognition, perception, and language development* (5th ed., pp. 199 – 254). New York: John Wiley & Sons.

Halford, G. S. (2002). Information-processing models of cognitive development. In U. Goswami (Ed.), *Blackwell handbook of childhood cognitive development* (pp. 555 – 574). Malden, MA: Blackwell Publishing.

Halperin, J. M. (1996). Conceptualizing, describing, and measuring components of executive function: A summary. In G. R. Lyon and N. A. Krasnegor (Eds.), *Attention, memory, and executive function* (pp. 119 – 136). Baltimore: Paul H. Brookes Publishing Co.

Harley, E. (1999). Stop, look, and listen: Adopting an investigative stance when children play. In E. Dau (Ed.), *Child's play: Revisiting play in early childhood settings*. Baltimore: Paul H. Brookes Publishing Co.

Harris, S., Kasari, C., & Sigman, M. (1996). Joint attention and language gains in children with Down syndrome. *American Journal on Mental Retardation*, 100(6), 608 – 619.

Hasselhorn, M. (1995). Beyond production deficiency and utilization inefficiency: Mechanisms of the emergence of strategic categorization in episodic memory tasks. In F. E. Weinert & W. Schneider (Eds.), *Memory performance and competencies: Issues in growth and development* (pp. 141 – 159). Mahwah, NJ: Lawrence Erlbaum Associates.

Hayne, H., Boniface, J., & Barr, R. (2000). The development of declarative memory in human infants: Age-related changes in deferred imitation. *Behavioral Neuroscience*, 114, 77 – 83.

Hiebert, J., & Lefevre, P. (1986). Conceptual and procedural knowledge in mathematics: An introductory analysis. In J. Hiebert (Ed.), *Conceptual and procedural knowledge: The case of mathematics* (pp. 1 – 28). Mahwah, NJ: Lawrence Erlbaum Associates.

Hodapp, R. M., DesJardin, J. L., & Ricci, L. A. (2003). Genetic syndromes of mental retardation: Should they matter for the early interventions? *Infants and Young Children*, 16(2), 152 – 160.

Howe, M. L. (2000). *The fate of early memories: Developmental science and retention of childhood experiences*. Washington, DC: American Psychological Association.

Howes, C., & Matheson, C. C. (1992). Sequences in the development of competent play with peers: Social and pretend play. *Developmental Psychology*, 28, 961 – 974.

Hudson, J. A., & Sheffield, E. G. (1998). Déjà vu all over again: Effects of reenactment on toddlers event memory. *Child Development*, 69(1), 51 – 67.

Hudson, J. A., Sosa, B. B., & Shapiro, L. R. (1997). Scripts and plans: The development of preschool children's event knowledge and event planning. In S. L. Friedman & E. K. Scholnick (Eds.), *The developmental psychology of planning: Why, how and when do we plan?* (pp. 77 – 102). Mahwah, NJ: Lawrence Erlbaum Associates.

Jennings, S. (1995). Playing for real. *International Play Journal*, 3, 132 – 141.

Johnson, J., Christie, J., & Yawkey, T. (1987). *Play and early childhood development*. Glenview, IL: Scott Foresman.

Jusczyk, P. W., Johnson, S. P., Spelke, E. S., & Kennedy, L. J. (1999). Synchronous change and perception of object unity: Evidence from adults and infants. *Cognition*, 71, 257 – 288.

Jusczyk, P. W., & Kemler Nelson, D. G. (1996). Syntactic units, prosody, and psychological reality during infancy. In J. L. Morgan & K. Demuth (Eds.), *Signal to syntax: Bootstrapping from speech to grammar in early acquisition* (pp. 389 – 408). Mahwah, NJ: Lawrence Erlbaum Associates.

Klein, A. J. (2003). *Humor in children's lives: A guidebook for practitioners*. Westport, CT: Praeger.

Kolb, K. (1990). Humor is not a laughing matter. *Early Report*, 18(1), 1 – 2.

Kopp, C. B. (1997). Young children: Emotional management, instrumental control, and plans. In S. L. Friedman & E. K. Scholnick (Eds.), *The developmental psychology of planning: Why, how, and when do we plan?* (pp. 103 – 124). Mahwah, NJ: Lawrence Erlbaum Associates.

Kopp, C. B. (2000). Self regulation in children. In J. J. Smelser & P. B. Baltes (Eds.), *International encyclopedia of the social and behavioral sciences*. Oxford, England: Elsevier.

Kusmierek, A., Cunningham, K., Fox-Gleason, S., Hanson, M., & Lorenzini, D. (1986). *South metropolitan association birth to three transdisciplinary assessment guide*. Flossmoore, IL: South Metropolitan Association for Low-Incidence Handicapped.

Landy, S. (2002). *Pathways to competence: Encouraging healthy social and emotional development in young children*. Baltimore: Paul H. Brookes Publishing Co.

Legerstee, M. (1992). A review of the animate-inanimate distinction in infancy: Implications for models of social and cognitive knowing. *Early Development and Parenting*, *1*,59-67.

Legerstee, M., Barna, J., & DiAdamo, C. (2000). Precursors to the development of intention at 6 months: Understanding people and their actions. *Developmental Psychology*, *36*,261-273.

Lewis, C., & Carpendale, J. (2002). Social cognition. In P. K. Smith & C. H. Hart (Eds.), *Blackwell handbook of childhood social development* (pp. 375-393). Malden, MA: Blackwell Publishing.

Liben, L. S. (2002). Spatial development in childhood: Where are we now? In U. Goswami (Ed.), *Blackwell handbook of childhood cognitive development* (pp. 6-25). Malden, MA: Blackwell Publishing.

Linn, M. I., Goodman, J. F., & Lender, W. L. (2000). Played out? Passive behavior of young children with Down syndrome during unstructured play. *Journal of Early Intervention*, *23*(4),264-278.

Liston, C., & Kagan, J. (2002). Memory enhancement in early childhood. *Nature*, *419*, 896.

Luo, Y. (2001, July). *Young infants' knowledge about occlusion events*. Paper presented at the Biennial International Conference on Infant Studies, Brighton, England.

Lyon, G. R. (1996). The need for conceptual and theoretical clarity in the study of attention, memory, and executive function. In G. R. Lyon & N. A. Krasnegor (Eds.), *Attention, memory, and executive function* (pp. 3-10). Baltimore: Paul H. Brookes Publishing Co.

Lyon, R. (2000, November 21). *Other factors that influence learning to read*. Available online at http://www.brainconnection.com

Lyon, T. D., & Flavell, J. H. (1994). Young children's understanding of "remember" and "forget." *Child Development*, *65*(5),1357-1371.

Maccoby, E. E. (1998). *The two sexes*. Cambridge, MA: Harvard University Press.

Mandler, J. M., & McDonough, L. (1993). Concept formation in infancy. *Cognitive Development*, *8*(3),291-318.

Mandler, J. M., & McDonough, L. (1998). On developing a knowledge base in infancy. *Developmental Psychology*, *34*,1274-1288.

Marlier, L., Schaal, B., & Soussignan, R. (1998). Neonatal responsiveness to the odor of amniotic and lacteal fluids: A test of perinatal chemosensory continuity. *Child Development*, *69*, 611–623.

Martin, R. A. (1998). Approaches to the sense of humor: A historical review. In W. Ruch (Ed.), *The sense of humor: Explorations of a personality characteristic* (pp. 15–62). New York: Mouton de Gruyter.

McCune-Nicholich, L. (1981). Toward symbolic functioning: Structure of early pretend games and potential parallels with language. *Child Development*, *52*, 785–797.

McGhee, P. E. (1977). A model of the origins and early development of incongruity-based humor. In A. J. Chapman & H. C. Foot (Eds.), *It's a funny thing, humor*. Oxford, England: Pergamon.

McGhee, P. E. (1979). *Humor: Its origin and development*. San Francisco: Freeman.

McGhee, P. (1989). *Humor and children's development: A guide to practical applications*. New York: Haworth Press.

McGhee, P. (2002). *Understanding and promoting the development of children's humor*. Dubuque, IA: Kendall/Hunt.

Meltzoff, A. N. (1995). Understanding the intentions of others: Re-enactment of intended acts by 18-month-old children. *Developmental Psychology*, *31*, 838–850.

Meltzoff, A. N. (2000). Understanding the intentions of others: Re-enactment of intended acts by 18-month-old children. In K. Lee (Ed.), *Childhood development: The essential readings* (pp. 151–174). Oxford, England: Blackwell.

Meltzoff, A. N. (2002). Imitation as a mechanism of social cognition: Origins of empathy, theory of mind, and the representation of action. In U. Goswami (Ed.), *Blackwell handbook of childhood cognitive development* (pp. 6–25). Malden, MA: Blackwell Publishing.

Meltzoff, A. N., & Moore, M. K. (1998). Infant intersubjectivity: Broadening the dialogue to include imitation, identity, and intention. In S. Braten (Ed.), *Intersubjective communication and emotion in early ontogeny* (pp. 47–62). Paris: Cambridge University Press.

Mirsky, A. F. (1996). Disorders of attention: A neurological perspective. In G. R. Lyon & N. A. Krasnegor (Eds.), *Attention, memory, and executive function* (pp. 21–95). Baltimore: Paul H. Brookes Publishing Co.

Mirsky, A. F., Ingraham, L. J., & Kugelmass, S. (1995). Neuropsychological assessment of attention and its pathology in the Israeli cohort. *Schizophrenia Bulletin*, *21*, 183–192.

Mix, K. S. (1999). Similarity and numerical equivalence: Appearances count. *Cognitive Development*, *14*, 269–297.

Mix, K. S., Huttenlocher, J., & Levine, S. C. (2002). *Quantitative development in infancy and early childhood*. New York: Oxford University Press.

Moore, C. (1999). Gaze following and the control of attention. In P. Rochat (Ed.), *Early social cognition: Understanding others in the first months of life* (pp. 241–256). Mahwah, NJ: Lawrence Erlbaum Associates.

Morgan, E., & Watson, S. (1989). *Insight developmental checklist* (2nd ed.). Logan, UT: HOPE, Inc.

Morris, R. D. (1996). Relationships and distinctions among the concepts of attention, memory, and executive function. In G. R. Lyon & N. A. Krasnegor (Eds.), *Attention, memory, and executive function* (pp. 11–16). Baltimore: Paul H. Brookes Publishing Co.

Nelson, C. A. (1995). The ontogeny of human memory: A cognitive neuroscience perspective. *Developmental Psychology*, *31*, 723–738.

Nelson, C. A., & Collins, P. F. (1997). The neurobiological basis of early memory development. In N. Cowan (Ed.), *The development of memory in childhood* (pp. 41–82). Hove, England: Psychology Press.

Neuman, S. B., & Roskos, K. (1991). The influence of literacy-enriched play centers on preschoolers' conceptions of the functions of print. In J. Christie (Ed.), *Play and early literacy development* (pp. 167–187). Albany, NY: State University of New York Press.

Owacki, G. (1999). *Literacy through play*. Portsmouth, NH: Heinemann.

Paparella, T., & Kasari, C. (2004). Joint attention skills and language development in special needs populations: Translating research to practice. *Infants and Young Children*, *17*(3), 269–280.

Pellegrini, A. D. (1988). Elementary school children's rough-and-tumble play and social competence. *Developmental Psychology*, *24*, 802–806.

Pellegrini, A. D. (1993). Boys' rough-and-tumble play, social competence and group composition. *British Journal of Developmental Psychology*, 11, 237-248.

Pellegrini, A. D. (2002). Rough-and-tumble play from childhood through adolescence: Development and possible functions. In P. K. Smith & C. H. Hart (Eds.), *Blackwell handbook of childhood social development* (pp. 438-454). Mauldin, MA: Blackwell Publishing.

Pellegrini, A. D., & Bartini, M. (2001). Dominance in early adolescent boys: Affiliative and aggressive dimensions and possible functions. *Merrill-Palmer Quarterly*, 47, 142-163.

Pellegrini A. D., & Smith P. K. (1998). Physical activity play: The nature and function of a neglected aspect of play. *Child Development*, 69, 577-598.

Pennington, B. F. (1997). Dimensions of executive functions in normal and abnormal development. In N. A. Krasnegor, G. R. Lyon, & P. S. Goldman-Rakic (Eds.), *Development of the prefrontal cortex: Evolution, neurobiology, and behavior* (pp. 265-281). Baltimore: Paul H. Brookes Publishing Co.

Peterson, C. C., & Rideout, R. (1998). Memory for medical emergencies experienced by 1- and 2-year-olds. *Developmental Psychology*, 34, 1059-1072.

Phillips, A. T., Wellman, H. M., & Spelke, E. S. (2002). Infants' ability to connect gaze and emotional expression to intentional action. *Cognition*, 85(1), 53-79.

Piaget, J. (1952). *Origins of intelligence in children*. New York: International Universities Press. [Original work published 1936].

Piaget, J. (1962). *Play, dreams, and imitation in childhood*. New York: Norton.

Piaget, J., & Inhelder, B. (1969). *The psychology of the child*. London: Routledge & Kegan Paul. (Original work published in 1967.)

Pipp, S., Easterbrooks, M. A., & Brown, S. R. (1993). Attachment status and complexity of infants' self- and other-knowledge when tested with mother and father. *Social Development*, 2, 1-14.

Porter, R. H., & Winberg, J. (1999). Unique salience of maternal breast odors for newborn infants. *Neuroscience and Biobehavioral Reviews*, 23, 439-449.

Posner, M. K., Rothbart, M. K., Thomas-Thrapp, L., & Gerardi, G. (1998). The development of orienting to locations and objects. In R. D. Wright (Ed.), *Visual attention: Vancouver studies in cognitive science* (Vol. 8, pp. 269-288). New York: Oxford University Press.

Poulin-Dubois, D., Lepage, A., & Ferland, D. (1996). Infants' concept of animacy. *Cognitive Development*, 11, 19-36.

Premack, D. (1990). The infants' theory of self-propelled objects. *Cognition*, 36, 1-16.

Prendergast, S. G., & McCollum, J. A. (1996). Let's talk: The effect of maternal hearing status on interaction with toddlers who are deaf. *American Annals of the Deaf*, 141(1), 11-18.

Prizant, B. M., Wetherby, A. M., & Roberts, J. E. (2000). Communication problems. In C. H. Zeanah, Jr. (Ed.), *Handbook of infant mental health* (2nd ed., pp. 282-297). New York: Guilford Press.

Quinn, P. C. (2002). Early categorization: A new synthesis. In U. Goswami (Ed.), *Blackwell handbook of childhood cognitive development* (pp. 84-101). Mauldin, MA: Blackwell Publishing.

Quinn, P. C., Eimas, P. D., & Rosenkrantz, S. L. (1993). Evidence for representation of perceptually similar natural categories by 3-month-old and 4-month-old infants. *Perception*, 22(4), 463-475.

Quinn, P. C., Johnson, M. H., Mareschal, D., Rakison, D. H., & Younger, B. A. (2000). Understanding early categorization: One process or two? *Infancy*, 1(1), 111-122.

Rakison, D. H., & Butterworth, G. E. (1998). Infants' use of object parts in early categorization. *Developmental Psychology*, 34, 49-62.

Rast, M., & Meltzoff, A. N. (1995). Memory and representation in young children with Down syndrome: Exploring deferred imitation and object permanence. *Developmental Psychopathology*, 7, 393-407.

Reyna, V. F., & Brainerd, C. J. (1995). Fuzzy-trace theory: An interim synthesis. *Learning and Individual Differences*, 7, 1-75.

Rochat, P. (2001). *The infant's world*. Cambridge, MA: Harvard University Press.

Rochat, P., Querido, J. G., & Striano, T. (1999). Emerging sensitivity to the timing and structure of protoconversation in early infancy. *Developmental Psychology*, 35(4), 950-957.

Rock, A., Trainor, L., & Addison, T. (1999). Distinctive messages in infant-directed lullabies and play songs. *Developmental Psychology*, 35(2), 527-534.

Roeckelein, J. (2002). *The psychology of humor: A reference guide and annotated bibliography*. Westport CT: Greenwood Press.

Roediger, H. L., & McDermott, K. B. (1993). Implicit memory in normal human subjects. In H. Spinnler & F. Boller (Eds.), *Handbook of neuropsychology* (Vol. 8, pp. 63 – 131). Amsterdam: Elsevier.

Roopnarine, J. L., Hooper, F., Ahmeduzzaman, A., & Pollack, B. (1993). Gentle play partners: Mother-child and father-child play in New Delhi, India. In K. MacDonald (Ed.), *Parent-child play* (pp. 287 – 304). Albany: State University of New York Press.

Roopnarine, J. L., Shin, M., Donovan, B., & Suppal, P. (2001). Sociocultural contexts of dramatic play: Implications for early education. In K. A. Roskos & J. F. Christie (Eds.), *Play and literacy in early childhood: Research from multiple perspectives* (pp. 205 – 220). Mahwah, NJ: Lawrence Erlbaum Associates.

Rovee-Collier, C. (1999). The development of infant memory. *Current Directions in Psychological Science*, 8, 80 – 85.

Rovee-Collier, C., & Gerhardstein, P. (1997). The development of infant memory. In N. Cowan (Ed.), *The development of memory in childhood* (pp. 5 – 39). Hove, England: Psychology Press.

Rowe, D. W. (2000). Bringing books to life: The role of book-related dramatic play in young children's literacy learning. In K. A. Roskos & J. F. Christie (Eds.), *Play and literacy in early childhood: Research from multiple perspectives* (pp. 3 – 26). Mahwah, NJ: Lawrence Erlbaum Associates.

Rubin, K. H. (1984). *The play observation scale*. Unpublished manuscript. University of Waterloo, Ontario, Canada.

Rubin, K. H., Fein, G. G., & Vandenberg, B. (1983). Play. In E. M. Hetherington (Ed.), *Handbook of child psychology: Socialization, personality, and social development* (pp. 693 – 774). New York: John Wiley & Sons.

Ruff, H. A., & Capozzoli, M. C. (2003). Development of attention and distractibility in the first 4 years of life. *Developmental Psycholpathology*, 39, 877 – 890

Ruff, H. A., & Rothbart, M. K. (1996). *Attention in early development: Themes and variations*. New York: Oxford University Press.

Rypma, B., & d'Esposito, M. (2000). Isolating the neural mechanisms of age-related changes in human working memory. *Nature-Neuroscience*, 3, 509 – 515.

Sawyer, R. K. (1997). *Pretend play as improvisation: Conversation in the preschool classroom*. Mahwah, NJ: Lawrence Erlbaum Associates.

Schneider, W. (2002). Memory development in childhood. In U. Goswami (Ed.), *Blackwell handbook of childhood cognitive development* (pp. 236 - 256). Mauldin, MA: Blackwell Publishing.

Schneider, W., & Bjorkland, D. F. (1998). Memory. In W. Damon (Series Ed.), D. Kuhn & R. S. Siegler (Vol. Eds.), *Handbook of child psychology: Vol. 2. Cognition, perception, and language* (5th ed., pp. 467 - 521). New York: John Wiley & Sons.

Schumann-Hengsteler, R. (1996). Children's and adults' visuo-spatial memory: The game Concentration. *Journal of Genetic Psychology*, 157, 77 - 92.

Seidel, W. T., & Joschko, M. (1990). Evidence of difficulties in sustained attention in children with ADHD. *Journal of Abnormal Psychology*, 18, 217 - 229.

Shaywitz, B. A., Shaywitz, S. E., Liberman, I. Y., Fletcher, J. M., Shankweiler, D. P., Duncan, J., et al. (1991). Neurolinguistic and biological mechanism in dyslexia. In D. D. Duane & D. B. Gray (Eds.), *The reading brain: The biological basis of dyslexia* (pp. 27 - 52). Parkton, MD: York Press.

Shinskey, J. L., Bogartz, R. S., & Poirier, C. R. (2000). The effects of graded occlusion on manual search and visual attention in 5 - 8-month-old infants. *Infancy*, 1, 323 - 346.

Siegler, R. S. (1998). *Children's thinking* (3rd ed.). Upper Saddle River, NJ: Prentice Hall.

Siegler, R. S., & Chen, Z. (1998). Developmental differences in rule learning: A microgenetic analysis. *Cognitive Psychology*, 36(3), 273 - 310.

Sigman, M., Cohen, S. E., & Beckwith, L. (1997). Why does infant attention predict adolescent intelligence? *Infant Behavior and Development*, 20, 135 - 140.

Slater, A., Brown, E., & Mattock, A. (1996). Continuity and change in habituation in the first 4 months from birth. *Journal of Reproductive and Infant Psychology*, 14, 187 - 194.

Slater, A., & Johnson, S. P. (1999). Visual sensory and perceptual abilities of the newborn: Beyond the blooming, buzzing confusion. In A. Slater & S. P. Johnson (Eds.), *The development of sensory, motor and cognitive capacities in early infancy* (pp. 121 - 141). Hove, England: Sussex Press.

Slater, A. M., Mattock, A., & Brown, E. (1990). Size constancy at birth: Newborns responses to retinal and real size. *Journal of Experimental Child Psychology*, 49,314 – 322.

Smilansky, S. (1968). *The effects of sociodramatic play on disadvantaged preschool children*. New York: John Wiley & Sons.

Snow, C. W., & McGaha, C. G. (2003). *Infant development*. Upper Saddle River, NJ: Prentice Hall.

Socha, T. J., & Kelly, B. (1994). Children making "fun": Humorous communication, impression management, and moral development. *Child Study Journal*, 24(3), 237 – 253.

Soundy, C. S., & Genisio, M. H. (1994) Asking young children to tell the story. *Childhood Education*, 72(1),20 – 23.

Spelke, E. S. (1982). Perceptual knowledge of objects in infancy. In J. J. Mechler, M. Garrett, & E. Walker (Eds.), *Perspectives on mental representations* (pp. 409 – 431). Mahwah, NJ: Lawrence Erlbaum Associates.

Spencer, J. P. (2001). Test of a dynamic systems account of the A-not-B error: The influence or prior experience on the spatial memory abilities of two-year-olds. *Child Development*, 72,1327 – 1346.

Squires, J., Bricker, D., & Twombly, E., (2002). *Ages & Stages Questionnaires ®: Social-Emotional (ASQ: SE)*. Baltimore: Paul H. Brookes Publishing Co.

Starkey, P. (1992). The early development of numerical reasoning. *Cognition*, 43, 93 – 126.

Steffe, L. P. (1992). Learning stages in the construction of number sequence. In J. Bideaud, C. Maljac, & J. Fischer (Eds.), *Pathway to number: Children's developing numerical ability* (pp. 83 – 98). Mahwah, NJ: Lawrence Erlbaum Associates.

Stern, D. (1985). *The interpersonal world of the infant*. New York: Basic Books.

Streissguth, A. P., Sampson, P. D., Carmichael, O. H., Bookstein, F. L., Barr, H. M., Scott, M., Feldman, J., & Mirsky, A. F. (1994). Maternal drinking during pregnancy: Attention and shortterm memory performance in 14-year-old offspring — A longitudinal prospective study. *Alcoholism: Clinical and Experimental Research*, 18, 202 – 218.

Striano, T. (2001). From social expectations to social cognition in early infancy. *Bulletin of the Menninger Clinic*, 65(3),361 – 371.

Sutton-Smith, B. (1999). *The ambiguity of play*. Cambridge, MA: Harvard University Press.

Taylor, E. (1980). Development of attention. In M. Rutter (Ed.), *Scientific foundation of developmental psychiatry* (pp. 185–197). London: Heinemann Educational.

Thelen, E. (1980). Determinants of amounts of stereotyped behavior in normal human infants. *Ethology and Sociobiology*, 1,141–150.

Thelen, E., Corbetta, D., & Spencer, J. P. (1996). Development of reaching during the first year: Role of movement speed. *Journal of Experimental Psychology: Human Perception and Performance*, 22,1058–1098.

Thompson, P. M., Giedd, J. N., Woods, R. P., MacDonald, D., Evans, A. C., & Toga, A. W. (2000). Growth patterns in the developing brain detected by using continuum mechanical tensor maps. *Nature*, 404,190–192.

Tomlin, A. M. (2004). Thinking about challenging behavior in toddlers: Temperament style or behavior disorder? *ZERO TO THREE*, 24(4),29–36.

Torgesen, J. K. (1996). A model of memory from an information processing perspective: The special case of phonological memory. In G. R. Lyon & N. A. Krasnegor (Eds.), *Attention, memory, and executive function* (pp. 157–184). Baltimore: Paul H. Brookes Publishing Co.

Uzgiris, I., & Raeff, C. (1995). Play in parent-child interactions. In M. Bornstein (Ed.), *Handbook of parenting* (Vol. 4, pp. 353–376). Mahwah, NJ: Lawrence Erlbaum Associates.

Van der Meere, J., van Baal, M., & Sargent, J. (1989). The additive factor method: A differential diagnostic tool in hyperactivity and learning disability. *Journal of Abnormal Child Psychology*, 17(4),409–422.

Vandell, D. L., & Mueller, E. C. (1995). Peer play and friendships during the first two years. In H. C. Foot, A. J. Chapman, & J. R. Smith (Eds.), *Friendship and social relations in children* (pp. 181–208). New York: John Wiley & Sons.

Van Hoorn, J., Nourot, P., Scales, B., & Alward, K. (1993). *Play at the center of the curriculum*. New York: MacMillan.

Walker-Andrews, A., & Kahana-Kalman, R. (1999). The understanding of pretense across the second year of life. *British Journal of Developmental Psychology*, 17,523–536.

Wang, S. (2001, April). *Ten-month-old infants: Reasoning about weight in collision events*. Paper presented at the biennial meeting of the Society for Research in Child Development, Minneapolis.

Waxman, S. (2002). Early word-learning and conceptual development: Everything had a name, and each name gave birth to a new thought. In U. Goswami (Ed.), *Blackwell handbook of childhood cognitive development* (pp. 102 – 126). Malden, MA: Blackwell Publishing.

Waxman, S., & Gelman, R. (1986). Preschoolers' use of superordinate relations in classification. *Cognitive Development*, 1, 139 – 159.

Weiss, K. (1997). Let's build. *Early Childhood Today*, 12(2), 30 – 39.

Wellman, H. M. (2002). Understanding the psychological world: Developing a theory of mind. In U. Goswami (Ed.), *Blackwell handbook of childhood cognitive development* (pp. 167 – 187). Oxford, England: Blackwell.

Wellman, H. M., Cross, D., & Watson, J., (2001). A meta-analysis of false belief reasoning: The truth about false belief. *Child Development*, 72, 655 – 684.

Wellman, H. M., & Gellman, S. A. (1992). Cognitive development: Foundational theories of core domains. *Annual Review of Psychology*, 43, 337 – 375.

Wellman, H. M., Hickling, A. K., & Schult, C. A. (2000). Young children's psychological, physical, and biological explanations. In K. Lee (Ed.), *Childhood cognitive development: The essential readings* (pp. 267 – 288). Mauldin, MA: Blackwell Publishing.

Welsh, M. C., Pennington, B. F., & Grossier, D. B. (1991). A normative-developmental study of executive function: A window on prefrontal function in children. *Developmental Neuropsychology*, 7, 131 – 149.

Wentworth, N., Benson, J. B., & Haith, M. M. (2000). The development of infants' reaches for stationary and moving targets. *Child Development*, 71, 576 – 601.

Westby, C. E. (1980). Assessment of cognitive and language abilities through play. *Language, Speech, and Hearing Services in Schools*, 11, 154 – 168.

Wetherby, A. M., Prizant, B. M., & Schuler, A. L. (2000). Understanding the nature of communication and language impairments. In S. F. Warren & J. Reichle (Series Eds.) & A. M. Wetherby & B. M. Prizant (Vol. Eds.), *Communication and language intervention series: Vol. 9. Autism spectrum disorders: A transactional developmental perspective* (pp. 109 - 141). Baltimore: Paul H. Brookes Publishing Co.

Wilburn, R. E. (2000). *Understanding the preschooler*. (Rethinking childhood, Vol. 9). New York: Peter Lang.

Wilford, S. (1996). Outdoor play. *Early Childhood Today*, *10*(7), 31 - 36.

Wilkening, R., & Huber, S. (2002). Children's intuitive physics. In U. Goswami (Ed.), *Blackwell handbook of childhood cognitive development* (pp. 349 - 370). Malden, MA: Blackwell Publishing.

Willats, P. (1999). Development of means-ends behavior in young infants: Pulling a support to retrieve a distant object. *Developmental Psychology*, *35*, 651 - 667.

Wolery, M., & Brookfield-Norman, J. (1988). (Pre-) Academic skills for handicapped preschool children. In S. L. Odom & M. B. Karnes (Eds.), *Early intervention for infants and children with handicaps: An empirical base* (pp. 109 - 128). Baltimore: Paul H. Brookes Publishing Co.

Woodward, A. L. (1999). Infant's ability to distinguish between purposeful and non-purposeful behaviors. *Infant Behavior and Development*, *22*, 145 - 160.

Zelazo, P. D., Carter, A., Reznick, J. S., & Frye, D. (1997). Early development of executive function: A problem-solving framework. *Review of General Psychology*, *1*, 198 - 226.

Zelazo, P. D., & Muller, U. (2002). Executive function in typical and atypical development. In U. Goswami (Ed.), *Blackwell handbook of childhood cognitive development* (pp. 445 - 469). Malden, MA: Blackwell Publishing.

Zola-Morgan, S., & Squire, L. R. (1993). Neuroanatomy of memory. *Annual Review of Neuroscience*, *16*, 547 - 563.

第七章 认知发展领域

TPBA2 观察指南：认知发展

儿童姓名：_____ 年龄：_____ 出生日期：_____
父母：_____ 照料人：_____ 评估日期：_____
填表人：_____

指导语：记录儿童信息（姓名、照料者、出生日期、年龄），评估日期以及填表人。观察指南提供常见的行为优势，需要引起特别关注的行为示例，和需要为下一步发展准备好的新技能。在观察儿童时，请在这三个类别下列出的与您观察到的行为相对应的项目上，进行圈选、标记打勾。在"备注"栏中列出观察到的其他行为。有经验的 TPBA 使用者可以选择仅使用 TPBA2 观察笔记作为在评估期间收集信息的方法，而不使用观察指南。

问题	优势	需要关注的行为示例	下一步可发展的新技能	备注
I. 注意				
I.A. 儿童在任务中的注意选择、注意集中程度以及注意稳定性如何？	能选择一个焦点 能短暂地聚焦 能维持注意集中到任务结束 注意集中表现的方面： 感知 社交游戏 精细动作 大肌肉动作 角色扮演游戏 以上所有	困难的表现 选择焦点 维持聚焦 兴趣狭窄（只聚焦在有限的物品、动作或事件上）	提高能力来维持聚焦 在以下活动中拓宽注意的焦点： 感知探索 社交游戏 精细动作活动 大肌肉运动游戏 角色扮演游戏 以上所有 其他方面	
I.B. 儿童抑制外部刺激能力如何？	能不受一些类型外在刺激的干扰 能不受无关外在刺激的干扰并维持注意	容易受到某些刺激的干扰： 声音的 视觉的 触觉的 其他	提高能不受以下各种刺激干扰的能力： 声音的 视觉的 触觉的 其他	
I.C. 儿童能否将注意从刺激或问题的一个方面转移到另一个方面？	在需要时能否将注意转向情境或问题的需要的方向 从人到物 从物到物 从物的一个方面转到另一个方面	注意被以下刺激固定了 人或物 物的具体方面 问题的具体方面	提高把注意从一个方面移到另一个方面的能力	

续表

问题	优势	需要关注的行为示例	下一步可发展的新技能	备注
Ⅱ. 记忆				
Ⅱ.A. 通过儿童自发的行为和交流可以证实哪些短时记忆和长时记忆能力？短时记忆=能在一个活动或游戏环节里学习 长时记忆=在游戏环节前学习	概念记忆的表现： 通过看、画或手势对概念的识别（短时/长时记忆） 产生的文字、标志、符号（短时/长时记忆） 重复简单的动作和流程（短时/长时记忆） 重复复杂的动作和流程（短时/长时记忆） 通过口头或角色扮演手段建简单的事件或故事（短时/长时记忆） 通过口头或角色扮演手段重复复杂的事件或故事（短时/长时记忆） 以上所有（短时/长时记忆）	短时记忆技能降低的原因：（列举如下） 长时记忆技能降低的原因：（列举如下）	增加与下列有关的再认 概念的再认 产生的文字、标志、符号 重复的程序和常规（简单/复杂的） 通过口头或角色扮演手段重建事件或故事（简单/复杂的） 增加 短时记忆 长时记忆	
Ⅱ.B. 儿童需要多长时间来对概念、动作序列或事件进行加工和回忆？	立即回应： 提供有关当前情况的言语信息的要求 提供有关一段时间情况的言语信息的要求 采取行动的要求	对以下方面处理时间存在延迟 口头表达 模仿动作 需要言语支持来处理视觉或身体信息 需要用身体或视觉的途径处理言语信息	等待几秒钟后反应 视觉提示后反应 口头提示后反应	
Ⅲ. 问题解决				
Ⅲ.A. 哪些行为说明儿童具备因果推理能力或问题解决能力（执行功能）？	拥有与年龄相适应的对以下事物因果关系的理解能力： 物 人 情境 以上所有 形成对以下事物因果关系的理解和解决问题的技能： 物 人 情况 以上所有	在以下方面表现出解决问题技能 发展迟缓 物 人 情境 以上所有	重复动作让同样的事情发生 先看着某些东西然后看着人去拿 人示意重现 预期事件的重现 使用简单的动作来使事情发生 使用复杂的动作步骤来使事情发生 和他人一起组合出有因果联系的行为 确定事件的因果关系 思考引起一个事件的多个原因	

续表

问题	优势	需要关注的行为示例	下一步可发展的新技能	备注
Ⅲ.B. 儿童如何识别和计划解决一个问题?	可以找出与年龄水平相应的问题解决方案 知道这是个问题但需要协助来制定计划	问题解决技能减弱	增加对物和人的探索 预期行动的结果 查找事物的部件来做成什么或发现它们之间的联系 尝试寻找问题的解决办法 不需进行具体操作就解决下一个问题	
Ⅲ.C. 儿童根据目标来组织、监控、评估进展和修正错误的能力如何?	能够向目标组织行动 能够在适合年龄的水平上监控和纠正自己 能够在协助下改正	组织技能降低 监控和更改计划的能力降低	尝试替代行为 组织一系列行动 根据情境选择策略 根据行动的结果调整后继续尝试	
Ⅲ.D. 儿童分析和回应问题情境的速度有多快?	儿童能立刻分析形势与对策 儿童表露延迟的回应时间,但不超过几秒钟	儿童在回应前需要 5—10 秒或更多 面对问题情境,儿童没有回应	练习问题解决方式来提高注意和流畅性	
Ⅲ.E. 儿童将一个情境下的信息归纳并迁移到另一情境中的能力如何?	儿童看到类似的问题 与成人的支持有相似之处	不能概括解决方法	对建议的回应 找出问题具体相似之处 发现情境的微妙或抽象的相似之处	
Ⅳ. 社会认知				
Ⅳ.A. 儿童表现出哪些与社会认知有关的基本技能?	有如下基础技能: 对人感兴趣 模仿成人的行为 共同参照 社会参照 用手势表示愿望 意识到自己/他人的社会原因 理解后果 参与象征性游戏 以上所有	社会沟通理解能力发展迟缓	发展 对人感兴趣 模仿成人的行为 12个月后: 共同参照 社会参照 用手势表示愿望 18个月后: 意识到情绪 理解后果的社会原因 参与象征性游戏	

续表

问题	优势	需要关注的行为示例	下一步可发展的新技能	备注
Ⅳ.B. 儿童推断他人想法和行为的能力如何？	对他人行动感兴趣 对他人想法感兴趣 明白别人的想法和行为 理解自己和他人行为的结果 对自我和他人动机有基本的理解	有限的能力去理解别人的想法和感受	预测 基于背景线索、手势或动作的未来动作 基于行动势的他人行为/感受 理解 他人的愿望不同于自己 他人的信念不同于自己 偶然的和有意的区别	
Ⅴ. 游戏的复杂程度（见年龄表：认知发展详细排序）				
Ⅴ.A. 哪些行为展示了儿童游戏的水平和复杂性？	表现出来的游戏水平： 感觉游戏 功能-联系游戏 建构游戏 假扮游戏 规则游戏 追跑打闹游戏 （在最高游戏水平处标"h"，在主导游戏水平处标"p"）	同类游戏技巧和游戏水平发展迟缓 专注于特定类型的游戏	增强 感觉探索 功能性地组合、关联和使用物品 建构：代表性的建筑 角色扮演：动作序列、事件序列、故事或脚本游戏 规则游戏：轮流和遵守规则 体育游戏	
Ⅴ.B. 哪些方式最能体现儿童在不同游戏类型中行为的多样性？	行动的多样性 排序的多样性 游戏兴趣的多样性 好奇心、尝试和创造性 以上所有	有限的动作 有限的动作顺序 有限的兴趣	增加类： 动作 排序 游戏兴趣 经验和好奇心 以上所有	
Ⅴ.C. 幽默感展现了儿童怎样的认知能力？	微笑和/或大笑 感觉输入 好玩的行为/事件 用好玩的方式说话 让他人微笑或大笑 感觉输入 好玩的行为/事件 用好玩的方式说话	理解幽默能力发展滞后	增强理解非一致性行为的能力 增强理解非一致性语言的能力	

续表

问题	优势	需要关注的行为示例	下一步可发展的新技能	备注
VI. 概念性知识（见年龄表：概念发展详细排序）				
VI.A. 儿童能识别什么样的异同？	能够区分： 人 动物 物体 物体的一部分 行为 相似或组合在一起的物体 不属于一类的东西 以上所有	发现相似和差异的能力发展滞后 分类能力发展滞后	从以下方面提高识别相似性和差异的能力： 人 动物 物体 物体的一部分 行为 事件 功能 特征	
VI.B. 什么可以作为儿童概念性知识的证据？	认识到或联系以下相关概念： 物体 人 动物 行为 地点 事件 功能 因果关系（如：为什么和怎么样） 以上所有	概念的理解和概念联系发展迟滞	增加与以下方面相关的概念： 知识 物 人 动物 行为 地点 事件 功能 因果关系 特征/性能	
VI.C. 哪些行为表明儿童将概念整合到了一个分类系统中？	理解 一层（标签命名） 二层（球是玩具） 多层水平（苹果是水果，水果是食物） 概念的内在联系（水果和蔬菜都是食物）	有限的概念分类	提高以下分类的能力： 基础水平 关系水平 多层关系水平 概念间的相互关系	

续表

问题	优势	需要关注的行为示例	下一步可发展的新技能	备注
VI. D. 儿童对数学和科学中的测量概念的理解程度如何？	明白以下测量概念： 整体水平（一些/许多） 比较水平（更多/更少；高/更高） 分离数量水平（用一对一的对应关系标记项目） 数字心理表征中的比较单元（5比4大） 使用数字心理表征来操作（增加/减少）单元	延迟比较和顺序测量技能发展迟滞	增加对测量概念的理解： 整体水平 比较水平 个别和总量水平 单元间比较 心智控制 （强调需要的概念：数量、大小、时间、速度、距离、力量、重量、质量、温度、金钱）	
VII. 读写（见年龄表：概念发展详细排序）				
VII. A. 儿童表现出什么样的听力技巧？	关注或识别环境和语音 听成人讲话 听成人朗读 倾听并回应歌曲、手指游戏、韵文 注意或识别单词中的声音 注意或识别字母中的声音	以下能力不足： 倾听听觉输入 区分或识别声音 听较长的听觉信息	增加以下的能力： 倾听和寻找声音的来源 识别声音 分类声音（一样、相似、不同） 识别和再现韵律 将字母声音与视觉符号相关联 （声音符号）相关联	
VII. B. 儿童如何使用书？	感觉输入（视觉、触觉、味觉） 对图片识别 和成人互动 对书上的故事 对书中的内容 对字母识别 用于学习阅读或朗读	使用书和书中内容的能力发展迟滞	增加 探索书 功能地使用图书 分享图画书 分享故事书 分享说明书 注意阅读方面的技巧（文本、文字、字母声音）	

续表

问题	优势	需要关注的行为示例	下一步可发展的新技能	备注
Ⅶ.C. 当儿童看或分享一本书时他理解到了什么?	理解图片 作为有趣的刺激 作为真实对象/行为的代表 作为动作序列、故事或信息的代表 理解书中情感 图片/文字的序列每次都保持不变 所读的单词与页面上的文本相关 一些文本（文字）的含义	对书籍的理解延迟	增加对以下事物的理解 图片 词汇和概念 图片/故事发展顺序与生活某方面关系 故事中关于自我/他人的情感的关系 稳定性和可预测的词语和故事 文本与书中文字的关系 印刷文本（字母和文字）	
Ⅶ.D. 儿童从熟悉的故事中能回忆起什么单词、短语、故事情节和内容?	拥有适龄的文字记忆能力 找到最喜欢的书来读 从记忆中描述图片或故事的细节 填写省略的单词 复述部分或全部书 表演故事或所有的故事 将故事书创作成图画 将书本中的概念应用于家庭或学校生活	文字记忆能力的发展延迟	增加: 记住与图片相关联的词汇 记住故事词、短语或句子 通过交流、绘画来表达故事的能力 能够将书籍中的概念应用于新的情境	
Ⅶ.E. 在儿童试图阅读时,出现了哪些新的识字技能?	使用"书面语言"（例如读书的音调） 谈论图画 读标志和标识 用图片讲故事和"阅读语言"结合起来（使用阅读的方式和语调） 认识一些字母 认识一些文字 使用"出声"和混合的声音 读取文本时几乎没有错误	表达文字的能力发展延迟	增加: 谈论画面 识别标志和标识 用图画书讲故事 使用符号和图片来"阅读"文本/文字意识 了解字母表和字母声音 图书阅读中的识字策略	

续表

问题	优势	需要关注的行为示例	下一步可发展的新技能	备注
VII.F. 儿童对书写的理解是什么?	知道: 书写是在纸上做标记 画出代表某些真实事物的东西 纸上的标记可以读 文本具有特殊形式,包含线条和曲线 文字由字母组成 文字组合以共享文本信息	对画和写的意思的理解发展延迟	增加以下的能力: 用标记来代表思想 联系标记来说话 联系标记写字母 形成书写字母 在空间分组中组合书写字母表达意义	
VII.G. 儿童书写时有什么特征?	画或做标记 绘制图片 尝试用"模拟"书写或类似字母的方式写"字" 想要大人写文字 书写的记号可辨认的字母 书写文字在纸张上方向适当(顶部/底部,左/右) 适龄的错误(反转、旋转、定向),顺序,特殊用法,大写字母和小写字母、标点符号	对画和写缺乏兴趣和动机 画和写的技能的发展延迟	增加 探索写作、绘画和艺术材料 诱导写作 在角色表演中有画和写的机会 对书写空间定位的理解 对成人的反馈和支持下进行有意义书写的机会 在有意义写作的技术	

TPBA2 观察指南记录：认知发展

儿童姓名：_____ 年龄：_____ 出生日期：_____
父母：_____ 评估日期：_____
填表人：_____
指导语：记录儿童的信息（姓名、照料者、出生日期、年龄），评估日期、填表人以及您对儿童的观察。建议在记录观察结果之前，参阅相应的 TPBA2 观察指南，该指南接触 TPBA 的使用者可选择使用 TPBA2 观察指南来收集评估过程中的信息，而不是 TPBA2 观察笔记。
指南列出了需要注意的事项。刚接触 TPBA 的使用者可选择使用 TPBA2 观察指南来收集评估过程中的信息，而不是 TPBA2 观察笔记。

Ⅰ. 注意力（选择、聚焦、抑制刺激、注意转移）

Ⅱ. 记忆（再认、生成、重复、重构、简单的、复杂的、短时、长时、加工处理时间）

Ⅲ. 问题解决（因果关系、识别、计划、组织、监控、适应、分析、加工处理时间、迁移）

续表

IV. 社会认知（基础、思维推断、感知他人情感、理解社交原因）	V. 游戏复杂性（发展水平、各种动作、序列、兴趣、好奇心、幽默感）	VI. 概念性知识（理解相似性、差异性、类别、分类水平、测量）	VII. 读写（倾听、图书使用、理解、回忆、阅读、拼写理解与使用情况）

TPBA2 年龄表：认知发展

儿童姓名：_____　　年龄：_____　　出生日期：_____
父母：_____
填表人：_____　　评估日期：_____

指导语：根据 TPBA2 观察指南和/或 TPBA2 观察笔记上的观察结果，查看年龄对照表，确定最接近儿童表现水平的年龄水平。可以将儿童能够表现的年龄水平的项目用圆圈标记出来。如果在多个年龄水平上都有项目被圈出来了，通过找到众数（即最多的圈出项目）来确定哪个年龄水平有儿童表现的年龄水平。12 个月/1 岁后的年龄水平表示的是具体月份，之前加上"满"。如果大多数圈出的项目出现在这些年龄水平中的某一个，那么可以将儿童视为该年龄水平表示的月龄（例如，如果大多数圈出的项目出现在"满 21 个月"，那么该子类出现的儿童年龄水平为 21 个月）。

注释：概念性知识和读写子类未包括在本年龄表中，这两个子类放在一个单独的概念发展表中。

年龄水平	注意	记忆	问题解决	社会认知	游戏复杂性
1 个月	盯着脸看	模仿舌头和嘴的动作 记住在 2.5 秒内重新出现的对象 能够记住（重新确认）每天都发生的动作	固定和跟踪对象 对刺激消失的非自愿、反射性的反应	喜欢观察周围人和环境 关注成人的嘴巴	微笑回应高音调的声音
2 个月	一直盯着周围环境，对比关注轮廓，水平地跟踪对象	能重复产生有趣效果的动作	琢磨自己的手部动作 能够扫描对象的轮廓和内部特征	关注成人的眼睛 寻找熟悉成人的声音	微笑回应点头的脸 重复进行使身体感到舒适的动作
3 个月	更喜欢物而不是人 视线盯着物体画圈 明确寻找声音 一次可以保持专注 2 分钟或更长时间	在期待物体运动中变得兴奋 等待预期事件（例如，喂奶） 能够确认见过的家庭成员	把手放到嘴里 物体消失时不见反应 期待一个动作时表现出兴奋 拍打物体，主动抓住物体	模仿面部运动（出生至 3 个月） 对人的微笑多对物体的微笑 听到安抚人的声音会平静下来	有踢、手臂挥舞等；身体感到舒适的活动（出生至 3 个月） 用感官探索环境（出生至 3 个月） 主要是用口腔感觉物体 做出真正的社交微笑
4 个月	关注自己的手指，而不是拳头 转过头来寻找声音来源 关注内部，而不仅是外部轮廓	用全身对识别的脸做出响应 记得 5-7 秒内发生的事情 尝试模仿声音 基于以前发生的事情来预测将要发生 基于运动或位置识别熟悉的对象	使用踢、伸手和抓来探索对象 主要用嘴尝来探索 重复玩新学到的活动	表现出对他人的言语和声音的兴趣 开始调整对不同人的反应 从人的话语觉察出情绪情感	在社交游戏里展示示笑声，尤其是同时也有生理刺激的时候 喜欢重复动作和声音玩具（例如，摇铃） 开始玩真正声音玩具微笑

第七章　认知发展领域

续表

年龄水平	注意	记忆	问题解决	社会认知	游戏复杂性
5个月	对物品等对象兴趣增加 可能更喜欢1或2个玩具 可以在不同距离同时关注某一物体或事物 对不同气味有兴趣	故意模仿声音和移动 识别熟悉的对象	搜索消失移动的对象 能去够、抓握、用嘴探索对象	听到熟悉的声音会安静下来看成人的声音和表情 发出声音 能够区分不同情绪的面部表情	用自己的手和脚参与游戏
6个月	能保持警醒状态近2小时（5—6个月） 识别并对新环境感兴趣 关注新对象长达3分钟 能够长时间地查看某个东西	记住自己的行动 能记住怎么玩熟悉的玩具 可以记住和模仿成年人如何玩玩具 能取出部分隐藏（盖住）的对象	坐，用手探索 用手指探索和握东西 模仿嘴部运动 意识到自己行动和他人行动的作用	优先注意面孔而不是物体（出生至6个月） 尝试模仿面部表情 喜欢社交游戏	通过努力得到玩具 出现重复各种动作的迹象 享受摇动和挥玩具（5—6个月）
7个月	显示注意喜好 长时间观察、琢磨对象 专注于细节	如果自己参与其中，能够记住短序列的行动 通过目标导向性行为显示自己的记忆力	用手抓探索、操纵玩具 以不同的观点看待事情 预计事件会重演 努力取得远处物体	区分友好和愤怒的情感 对他人情感表现出各种反应 对人有咕咕哝哝等语言反应	把不同物体放在一起 功能性地使用物体 尝试让人笑 社交游戏中热情回应（4—7个月）
8个月	关注某人指出的内容 向他人指出的对象 有选择地听声音和文字	能够回忆出自己过去的事情和行为 预测事件 基于感官特征识别物体和人	会去找看别人藏起来的东西 在解决新问题时会组合不同的行动 期待成年人来解决问题 移动身体来启动获得想要的东西	能够与他人共同关注某事物	在游戏中使用手指戳、拉、推
9个月	对对象细节感兴趣 对同样的刺激重复感到厌倦 持续兴趣（最多1分钟）查看成人显示的图片	期望重复事件或信号并响应 记住简单的游戏 取出完全隐藏的对象	做出目标导向的行为 以不同的方式对物体进行实验 一次可以操纵多个对象 用钳状抓握动作来启动感兴趣的玩具 坚持寻找感兴趣的玩具	朝向同伴微笑 观察他人，了解他们如何实现自己的目标 了解手势，如"再见"和理解游戏，如藏猫猫 了解他人对自己行为的反应	玩藏猫猫游戏（4—9月） 在游戏中组合对象 开始显示自己的幽默感 根据玩具的特点（6—9个月）执行不同的操作

续表

年龄水平	注意	记忆	问题解决	社会认知	游戏复杂性
10个月	保持对游戏的兴趣（注意玩具和成人） 故意选择和关注喜好的玩具 寻求社会关注	记住并模仿他人的行为，特别是使用工具或物品	将对象从容器里拿出来 对把事物结合在一起感兴趣 搜索丢失的对象 尝试用两侧的身体来实验	用行为反应来回应他人微妙的情感表达	喜欢探索有动作和声音的因果玩具 开始欣赏意外的行为并觉得有趣 把两个对象的功能结合在一起（例如，把东西放进去）(7—10个月)
11个月	喜欢关注可以动的玩具	没有实物时也能记住相应的词的意思	使用手段-结局进行实验（例如，像散步的人那样推椅子） 跨越或绕开障碍来达到目标 模仿他人的玩具玩法	寻求成人协助来发动玩具	出现模仿行为，如在游戏中模仿洗漱和喂养（11个月以上） 推玩具，汽车，卡车 喜欢需要用到四肢的大肌肉运动游戏 喜欢把东西拿下来，拿出来
12个月或1岁	对语音声音表现出强烈的关注 注意力从人转移到物品（7—12个月）	可以进行延时的模仿（没有原型时也能） 记住适用于一个对象的策略，并将其应用于另一个对象	查找隐藏的玩具，搜索不见到的物体 进行行动/再行动的实验 进行高度，距离（例如，下降，投掷）的实验 展示以目标为导向的游戏 应用以前使用的解决方案来试验 用小肌肉动作和大肌肉动作技能来探索环境的各个方面 翻转玩具找出内在的功能部分 详细探查物品等对象（6—12个月）	进行联合参照，能够跟随进人的目光（理解"凝视"是指对某事）(9—12个月) 运用社会参照 看其他人的情绪，在行动之前（7—12月） 使用前语言指示和手势进行交流 知道一个人可以分享和改变别人的情绪 知道别人的行动意味着朝着目标采取行动 模仿他人的目标导向行为	尝、晃、挥、摇、滴、拍、扔物体 做"手段-结局"游戏，知道怎样让物品按照自己的意向运动（例如，如拉动弦线拿到玩具） 组合和匹配多个对象（例如，堆叠物体，把多块拼成图） 玩"给出-取回"游戏和轮流游戏 适当成功地使用一些玩具（9—12个月） 享受猜字、追逐、藏猫猫等游戏 试着用滑稽动作让成年人大笑

续表

年龄水平	注意	记忆	问题解决	社会认知	游戏复杂性
满15个月	在查看指定图片或书籍时，保持2—5分钟的兴趣 关注对象的特定物理特征	模仿同伴 记住其他人几个月来的行为（预测要发生的事或者重复行动）	制定实现目标的计划 不断寻找隐藏对象 把东西放在一起 在屏障后面找到对象	知道成人想要什么，并自发地提供 观察成人的行为并预测结果	喜欢把东西放进洞里 享受玩水 照料娃娃，泰迪（如喂食，抱，盖被子等） 喜欢在另一个孩子附近玩耍 用玩具模仿成人的行为
满18个月	注意到远处的物体	指出识别出的图片和物体 模仿出的声音和文字 识别熟悉的地方（15—18个月）	显示有目的地探索玩具（13—17个月） 在试用和错误中使用各种操作操作玩具（13—17个月） 如果不成功就让成人激活玩具（13—17个月） 通过系统搜查找隐藏对象（12—18个月） 根据意愿来移动、撤换、重新排列，根据需要修改内容（12—18个月） 适应新情况时使用熟悉操作（12—18个月）	知道怎样能够激起反应（例如，快乐，疯狂）（9—18个月） 可以解释其行为引起自己和他人的情绪情感 会好奇为有何反应 观察成人开始参与并完成任务（了解成人的目标）	喜欢能有关激活或"做"某事的玩具 知道该怎么做才能再次引起开怀大笑（9—18个月） 在建构开始象征性游戏 喜欢堆叠物体（最多6个）（15—18个月） 自发的象征游戏：儿童假装吃东西，睡觉（17—19月） 在游戏中使用物品功能（如打电话，用梳子梳头）（17—19月）
满21个月	可以跟随别人的注意（看别人看的，做别人做的）	试图用单词和行话来讲述经验（自传式记忆） 记住2个月内的行动顺序	使用功能的真实物体解决问题（例如，格椅子推过来获取高处的东西）（19—21个月）	通过追随说话者眼光的方向来推断成人说人说吃喝指什么 明白别人在假装吃喝 表现出对别人痛苦的真正关注（12—24个月）	搜寻和某玩具关联的物品（如勺子配碗，汽车需要司机等） 在游戏中象征性地使用物品（18—21个月）

续表

年龄水平	注意	记忆	问题解决	社会认知	游戏复杂性
满24个月或2岁	需要他人帮助才能将注意力从一件事转移到另一件事 需要花费几分钟才能独立地将注意力集中在书本上 注意范围因刺激不同而有很大差别，已经有了游戏偏好(18—24个月)	能够有对事件的长期记忆，谈论最近的过去(过去6个月内发生的事件) 能够记住以前看到或使用的策略(18—24个月) 可以把记得的事件加以戏剧化的情节(18—24个月)	一个压一个地将物体摆放平衡(18—24个月) 无需反复试验即可用头脑解决简单的问题(18—24个月) 在口头指导下可以解决问题(18—24个月) 可以使用工具(21+24个月)解决问题	知道别人有不同的情绪如喜欢和不喜欢 为自己和其他人使用与精神状态相关的词语(例如，快乐、悲伤、想要)(18—24个月) 可以区分自己与他人的欲望(18—24个月) 安慰另一个孩子(15—24个月) 仍然会有走另一个孩子的玩具却不考虑别人的感受的情况(12—24个月) 顽皮但不能预测行动的后果	开始共享(12—24个月) 可以指挥自己、娃娃和成人进行角色扮演游戏(19—22个月) 在假扮游戏中组合2个玩具(例如，在碗里搅拌，从瓶子倒入杯子)(19—22个月) 可以进行简单的三步骤事件(例如，"乖乖"睡觉，上床睡觉，说"乖乖") 喜爱追逐游戏 与他人分享幽默(21—24个月)
满30个月	可同时注意和应对多个刺激(几张照片或玩具)	可以识别和命名封面熟悉的书籍 识别缺失的符号 填写缺失的熟悉的韵律、歌曲或故事中的单词 用熟悉的韵律、歌曲或故事来更正成人的口误	把东西拆开、解开包装、撕开物品等以进行研究(24—30月) 对物品拆装装地实验(24—30月) 理解解决问题要通过"思考"	使用"假装"这个词 用"思考"和"知道"来指代思想和信念 知道一个人在不同情况下会感觉不一样 表现出同理心 将他人融入角色扮演游戏，并了解他人意图	喜欢积木游戏(例如，堆叠或倒)和一些简单的构造(25—30个月) 喜欢灌装、浇倒(24—30个月) 开始幻想和假扮真实游戏 使用逼真的玩具在熟悉的日常生活中进行角色扮演(24—30个月) 与其他人在角色扮演游戏中完成多个步骤的行动(25—30个月) 让娃娃动作人物来"执行"有步骤的行为和互动

续表

年龄水平	注意	记忆	问题解决	社会认知	游戏复杂性
36个月或3岁	专注于对象或情境的关键方面,并进行比较来解决问题(例如,在拼图中)。注意数量 寻找和关注因果机制,以弄清它们的内在原因	联系最近经历的详细的经验步骤并能够记住过去长达18个月的事件 记住手指游戏 使用视觉地标 使用手指计数帮助记忆 根据记忆中的日常生活和事件形成角色扮演游戏剧本 唱简单的歌曲或押韵(30—36个月)	系统地拆开物品(24—36个月) 了解有关事物"为什么"和"如何运作"的问题(33—36个月) 理解方位词(例如,在,上,下)(33—36个月) 谈论如何解决问题,同时努力解决它(口头讲解) 使用视觉搜索查找不同解决方案 当第一个解决方案不起作用时,尝试替代方案 可以拼出4至5块相互连接的拼图(30—36个月)	意识到他人的需求可能与自己的不同(24—36个月) 如果他/她伤害了另一个该子(24—36个月),可能会表现出内疚的迹象 能区分快乐情绪比负面情绪更好(24—36个月) 认识到他/她可能会对他人造成情绪困扰(24—36个月) 将思想和感觉归于扮演的角色(31—36个月)	喜欢玩小东西,如按钮、旋钮、珠子 玩标签、捉迷藏(31—36个月) 喜欢做音乐,喜欢跳舞(31—36个月) 在日常中玩一系列的游戏(例如,喂养婴儿、洗澡、上床睡觉) 把简单的歌曲,从书籍中电影看到的模样来扮演戏剧 喜欢打扮成角色的生戏剧表演(30—36个月) 扮演多个角色(例如,母亲、婴儿、医生和病人)(31—36个月) 和列人玩假想游戏 将思想和感觉两个或以上复杂的想法在戏剧游戏中联系在一起 发现浴室中的幽默 用不真实的小道具来代替征性的游戏
满42个月	关注方向性(例如,在排列方块、拼图时) 关注程度不同(按大小、形状组织)	记住显示随后隐藏的几个对象之一(36—42个月) 重复包含形容词的4个或更多单词的句子(36—42个月)	把东西放在一起,并展示出想象力(36—42个月) 依据玩具、图片彼此的关系将它们组织到一起 知道哪些东西是不搭配的 使用不同的材料创建一些东西 了解特定情况下该怎么做 在没有辅助的情况下主动发起、计划和组织,解决问题	描述自己的感受 了解人们的需求、感受和看法	主要搭建封闭式结构(36—42个月) 进行游戏仪式 喜欢拼图游戏 在角色扮演中使用微型模型(例如,娃娃屋、车库) 更喜欢和同龄人一起玩而不是和成人一起玩 在角色扮演游戏中发展一个主题

续表

年龄水平	注意	记忆	问题解决	社会认知	游戏复杂性
满48个月或4岁	维持和控制对有趣活动的注意 注意特定对象或情境的视觉的、听觉的和触觉的方面的特征	根据不同时代和不同地方的回忆事件和故事创作戏剧 描述熟悉的但不在眼前的对象 回顾刚刚阅读的故事的1—2个元素（42—48个月） 使用过去的经验决定如何在特定情况下采取行动	询问并识别"为什么"和"如何"（36—48个月） 将复杂的拼图拼好（8—12块相嵌的拼图） 对积木和坡道游戏中的重力影响很敏感 在问题解决中按大小、类型、颜色和形状对进行分类	理解别人有和自己不同的感情、态度和信念，并可以讨论 可以区分别人的观点和自己的观点 可以对别人用"如果……那么……"（例如，"如果我这样做，那么妈妈会很高兴，因为……"）	开始协调几个儿童进行主题复杂的角色扮演游戏 构建三维积木结构有展示效果 在成人帮助下玩简单的纸牌或棋盘游戏 玩团体游戏
54个月	关注对象或图片的多个特征（例如形状和颜色和大小）	在没有提示的情况下回忆故事的3—4个元素（48—54个月） 唱至少30个单词的歌曲或韵文（48—54个月） 确定图片、拼图、玩具中缺少哪些部件 在演唱时识别并命名熟悉的歌曲	用积木重现复杂的模式 用各种材料创建一个角色扮演游戏的游戏区 描述如何做一些事情 考虑一些物品的新的用途	向他人解释如果他们做某事会发生什么 提出问题以了解他人的想法或感受	用粘土、沙子等创建作品（48—54个月） 使用押韵的词（48—54个月） 听到滑稽的话会大笑，可以玩词语游戏 讨论和谈判游戏中的角色和行动 以其他儿童的游戏为基础进行游戏（48—54个月）
满60个月或5岁	关注对象、字母、图片的方向 长时间集中关注困难任务 阅读时关注长篇故事，尤其是有图画的	详细描述过去的事件 背诵诗句、短文、歌曲等 清晰明了地用语言分享记忆 从记忆的故事、电影、过去的历史等精心创造角色扮演游戏 了解帮助记住事物的策略，例如大声重复单词 阅读后能复述陌生故事中的主要元素 记住四个数字或新颖单词的排列	使用"规则"和理解而不是通过感知找出问题的办法	考虑他人的想法、想象力、知识（48—60个月） 推断他人的动机 计划如何影响他人的目标决定 理解信仰和愿望决定行为 在游戏中与他人比较和谈判想法 了解多个角色并在复杂故事情节中协调 采取骗术或小把戏	玩棋盘游戏，但可能会更改规则（48—60个月） 与同龄人一起创建社会类角色扮演游戏 精心制作的仪式 制作并扮演上行头 喜欢追逐游戏

续表

年龄水平	注意	记忆	问题解决	社会认知	游戏复杂性
满72个月或6岁	通过复杂的问题解决来保持注意 集中注意阅读无图片的故事	使用多种策略来帮助记忆（重复、留下提醒线索、组织需要的对象等） 使用排练棋盘游戏来记住事实 记住棋盘游戏、身体游戏和复杂说明的规则 记得很多歌、手指游戏、书和电影的细节等	制定一个解决问题的计划，监测目标达成的进展，并能根据结果需要变换方法来解决问题 使用文字材料来解决问题 运用数学推理来解决问题	考虑多个角色、他们的行动、信仰和行为，以及他们对彼此的影响	创建和表演自己的故事 确定他人物和服装为他人表演 喜欢纸牌和棋盘游戏 喜欢结构化的户外游戏和运动

以游戏为基础的多领域融合体系（TPBA2/TPBI2）

由托尼·林德（Toni Linder）设计。

Copyright © 2008 Paul H. Brookes Publishing Co., Inc. All rights reserved.

第七章 认知发展领域

TPBA2 年龄表：概念发展

指导语：根据 TPBA2 观察指南和/或 TPBA2 观察笔记上的观察结果，查看年龄对照表，通过找到众数圈出哪个年龄水平有最多的圈出项目来确定儿童的年龄水平。12 个月/1 岁后的年龄水平表示的是月龄范围，而不是具体月份，之前加上"满"。如果大多数圈出的项目出现在这些年龄水平中的某一个，那么可以将儿童视为该子类所示的月龄（例如，如果大多数圈出的项目出现在"满 21 个月"，那么该子类年龄表是对认知发展年龄表的扩展。

注释：此年龄表是对认知发展年龄表的扩展。

年龄水平	概念性知识：数学与科学	概念性知识：前读写
1 个月	感知模式并分类熟悉的物品	喜欢看对比模式
2 个月	区分有生命的（移动）与无生命	触摸图画图片
3 个月	明显区分声音，人、口味、远近，和对象大小	对各种声音有反应（0—3 个月） 可以定位声音起源的方向（0—3 个月）
4 个月	对环境中多种声音可以区分并做出反应（如妈妈的声音）	专心查看图片几分钟（2—4 个月）
5 个月	有意向地移动对象 识别熟悉的对象 使用形状、大小和颜色来区分对象	当看图画时听取大人的话
6 个月	能用动作等使用周围变化 喜欢翻过来翻过去地看东西 用手和嘴探索身体部位	识别熟悉的对象和人员（3—6 个月） 开始发出口头声音（3—6 个月） 可以将声音组成模式和短语（3—6 个月）
7 个月	可以比较两个对象 区分空间中的近物和远物体	把书带到嘴里咀嚼或吮吸（4—7 个月）
8 个月	在有人命名对象时婴儿的眼睛也朝向对象，表明自己已经识别出对象的名称	双手拿书（6—8 个月） 探索和操作书籍（例如，打开、关闭）（6—8 个月） 读书时当成人分开后面的书页婴儿会主动帮助成人把它向左翻过去（7—8 月） 把书拿给成人读
9 个月	对垂直距离有意识，对高度有恐惧	开始喋喋不休（6—9 个月） 命名时眼睛看着图片（8—9 个月） 经常发出"妈妈/爸爸"的词语，但非特指爸爸妈妈

续表

年龄水平	概念性知识：数学与科学	概念性知识：前读写
10个月	显示出对组合对象的兴趣 在对象上尝试因果操作	伸手去抓书(5—10个月) 摇动、撕裂、抓皱纸(5—10个月) 指向图片时嘴里嘟嘟嘟说话(7—10个月) 用手势姿态请求反复阅读书籍(8—10个月) 坐在成人的腿上看书时间长(8—10个月)
11个月	显示出空间理解：将事物放入/放出，关闭/打开(11个月以上) 识别与自己同性别的人(11个月以上) 将属性与对象关联(例如，动物的声音、物体的位置)	翻页，但不一定一次一页 开始命名对象(11个月以上) 随节奏动作
12个月或1岁	通过观察和行动了解物体的特征(7—12个月) 为对象使用第一个有意义的单词(10—12个月)	将书籍从书架拉下来(6—12个月) 更喜欢面部图片(6—12个月) 拍打图片和发声(6—12个月) 摆弄书的现象减少(8—12个月) 独立关注书籍(8—12个月) 翻回翻页，可能难以分开每一页逐页翻弄，但坚持尝试(8—12个月) 看到熟悉的图片会大笑或微笑，通常当成年人发出有趣的声音或以有趣的方式阅读时如此(8—12个月) 按成人命名时指向单个特定图片(8—12个月) 写作技能 模仿涂鸦(8—12个月)
满15个月	关注对象的具体物理特征 把相关对象结合(例如，给娃娃穿衣服) 显示出对功能分类的理解(如桶和铲) 将物体分为类别(如食物、动物、植物) 拼图中可以放置圆圆的图(12—15个月)	看命名的图片保持兴趣至少2—5分钟 看书中的一张动物照片时发出动物的声音(10—13个月) 看书中的对象或动作反复将其与真实世界相联系(10—14个月) 通过搜索或将对象反复将打开该页面来显示对书中最喜欢次的页面的偏好(11—14个月) 说出图片中的对象名称，当被问到"……在哪里"时，正确指向熟悉的对象。(11—14个月) 一边阅读一边念叨(13—14个月) 根据内容选择书籍(10—15个月) 将倒置的书调整好方向，或者让标题朝上(11—15个月) 帮助朗读时翻页(14—15个月) 看书时翻页，但经常是几页操在一起(14—15个月)

续表

年龄水平	概念性知识：数学与科学	概念性知识：前读写
满 18 个月	了解物体的功能(12—18 个月) 识别并指向身体部位 使用"空间概念，如"向上"、"向下"(12—18 个月) 可以在拼图中放置圆和正方形	步行时随身携带书籍(12—18 个月) 在帮助下把书打开(12—18 个月) 把书递给熟人成人读(12—18 个月) 在看到插图时表示熟悉该文本(在说一些文本中的词) 书写技能 自发地涂鸦(13—18 个月)
满 21 个月	理解和使用： 主体人(例如，妈妈) 行动(例如，运行) 物品(例如，杯子) 反复发生的(例如，更多) 停滞(例如，停止) 消失(例如，全部丢了)(18—20 个月) 匹配熟悉的对象(例如，从所有东西中挑选勺子)(18—20 个月) 以某种方式收集类似的东西(例如，将带车轮的玩具放在一起) 知道位置(例如，"那里")(18—20 个月) 把物品装起来(与大、小规格相关) 将圆、正方形、三角形状放入拼图中(18—24 个月) 对两个物体一一对应	阅读技能 指向图片，然后问，"那是什么?"表明需要给对象命名 注意到印刷字，而不仅仅是图片；当叫出图片名时，可能会指向图片中的标签(15—20 个月) 对书中描述的人物或情况表示同情(16—20 个月) 能将不同书籍之间建立一些关联 写作技能 开始绘制垂直和水平线 继续涂鸦
满 24 个月 或 2 岁	指向和命名身体部位(13—24 个月) 区分有生命和非生命的东西 基础水平分类知识，如植物、动物和人 了解"更多"这一概念(18—24 个月) 比较图片匹配形式，大小、颜色(18—24 个月)	阅读技能 喜欢各种互动书籍(12—24 个月) 在看书时说有关书的语言(12—24 个月) 表演书中显示或提及的动作(12—24 个月) 可坐着看几分钟的书(12—24 个月) 将书籍从书架上取下并来回更换(12—24 个月) 可能会意外撕破页面但故意撕裂的情况减少(12—24 个月) 可使用书籍作为慰藉物(18—24 个月) 背诵著名的故事片段、儿歌和歌曲(18—24 个月) 区分印刷字和非印刷字(18—24 个月) 在图片中认出对象(18—24 个月) 可以将故事中的图片与自身经验关联起来(20—26 个月)

续表

年龄水平	概念性知识：数学与科学	概念性知识：前读写
		书写技能 手的优势可能会体现(18—24个月) 探索用铅笔或蜡笔做标记(18—24个月) 模仿垂直笔画(18—24个月) 模仿圆形涂鸦(20—24个月) 在涂鸦过程中绘制锯齿形、线条和循环图形
满30个月	数前三个计数单词(19—30个月) 数两个对象，知道"多一个"的意思(24—30个月) 知道"多少"的数量大到最多两个(24—30个月) 识别并指向对象的功能(例如，滚动、跳跃)(24—30个月) 识别大小差异(例如，能分别指向大和小)(27—30个月) 至少能命名一种颜色(27—30个月)	**阅读技能** 给娃娃、玩偶或自己读书(17—25个月) 喜欢童谣，没有实际意义的押韵儿歌、手指游戏和诗歌(18—30个月) 以表达对故事理解的方式谈论书中人物和事件(20—26个月) 当读者暂停时，在文本中填写一个单词，或者之前说下一个单词，或在读人误读故事时与熟悉故事的书中的单词时提出抗议并且通常能提出正确的词(25—28个月) 当成年人误读可预测或熟悉故事的书时与读者一起阅读(24—30个月)，幼儿就会背诵整个短语 如果正好碰到笔暂停成人读书时出现暂停 识别一些熟悉的环境标志或符号 **书写技能** 用蜡笔在纸面摩擦 模仿横向的笔画(24—30个月)
36个月或3岁	理解最常见的描述词(30—36个月) 理解性别(30—36个月) 可以说出名字和姓氏(30—36个月) 可以做简单词形式拼图(24—36个月) 可以问"什么""在哪里""为什么""什么时候""谁"(30—36个月) 制作带方块形状的空间设计(18—36个月) 知道空间定位词(如向上，向下，向外，在，超过，下)(24—36个月) 排列基本形状(30—36个月) 计数1—10 用一一对应的方法数1—4个物体，或用1—3的组合立即告诉人数量有多少(24—36个月)	**阅读技巧** 在书籍中搜索最喜欢的图片(24—36个月) 可以背诵熟悉的简单故事(24—36个月) 把阅读熟悉书籍(单词)与图片相匹配(24—36个月) 阅读一些环境中的印刷符号、文字(30—36个月) 将手指通过喜欢的书中的文字行，并能将文本准确读出或准确组成句子段落(32个月) 听长篇故事(36个月以上) 了解印刷文字是什么(36个月以上) **写作技巧** 模仿写十字交叉的东西(24—36个月) 开始涂鸦写作，制作有组织的标记(图片/写作)(24—36个月)

续表

年龄水平	概念性知识：数学与科学	概念性知识：前读写
	通过视觉比较就能判断是一样多还是哪个多（也许结论是错的） 理解物体数量的"全部、没有"的含义 能够发现简单的重复模式 匹配形状，首先是具有相同的大小和方向的，然后可以匹配具有不同的大小和方向的物体	通常可以表示自己作品中哪个是图或写字（24—36个月） 画一个圆圈（25—36个月） 可能命名和谈论自己的画（30—36个月） 绘出他人可以看懂的形式（30—36个月）
42个月	有意义地数到3（不是死记硬背）（36—42个月）知道几个形状、颜色、大小、纹理 知道空间关系 识别哪些对象在功能上一起使用并知道它们如何使用的 了解身体部位功能	阅读技能 了解相关图片之间的关系 看图画书时能够说出动作名称 看一本熟悉的图画书时讲述故事 回忆刚刚读过的故事画中的一两个元素 匹配大写字母 匹配书面数字0—9（可能混写6和9） 书写技巧 使用3指握住铅笔或蜡笔（36—39个月） 独立绘制圆圈 仿画十字交叉的东西（36—42个月） 画一个有头并至少有一个特征的人
满48个月或4岁	比较纹理（42—48个月） 识别原色（36—48个月） 匹配多种颜色（30—48个月） 可以对某类物品、动物等的示例命名（例如水果） 询问有关身体功能的问题 计数1—30 计数1—10项，知道最后的数字就是总数 不用挨个数就能说出5以内的个数 识别和命名不同的圆、方形、三角形和矩形 知道地图上与自己有关的一条简单路线 创建对称的2D和3D结构 非正式地比较数量及其差异 复制简单的重复模式	阅读技能 知道字母是可单独命名的一类视觉图形（36—48个月） 识别大约10个字母，尤其是那些以自己名字里包含的字母（36—48个月） 开始在熟悉的词语中识别押韵和押韵的声音 开始关注熟悉的单词中的起始音 享受在故事中听头韵音节 开始（使字母发音）声音匹配 说出单词、短语和句子让其他人记下来 识别简单、高频的单词 开始将单词中分解成音节 在印刷文字中识别自己的名字 阅读故事时，将详细信息、信息和事件与现实生活中的体验联系起来（36—48个月） 开始提问和评论 理解当地故事的字面含义（36—48个月） 识别当地环境中的印刷字义

续表

年龄水平	概念性知识：数学与科学	概念性知识：前读写
54个月	使用更长、更短等等词 识别白天或黑夜，并与经验联系（48—54个月） 以一一对应的方式数到4或以上（48—54个月） 可以做过简单的类比（例如，"炉子很热""冰箱很冷"） 谈论过去、现在和未来时间 了解"与……数量相同" 可以解释对象、人之间的异同	知道自己在故事中阅读的印刷字 对故事中的事件序列感兴趣（36—48个月） 记得故事中的3—4个元素 向他人展示阅读并进行写作尝试 在不熟悉的故事中开始预测下一步会发生什么 书写技能 仿画对角线（36—48个月） 描画6英寸长（约15厘米—译者）的线目偏差较小 画一个有头至少有四个特征的人（42—48个月） 创作人物、场景、动物和设计的视觉形象（能辨认出来但不确切）（42—48个月） 开始意识到书面符号可以传达意思并开始产生自己的符号（42—48个月） 可能会认为自己的涂鸦是写作（36—48个月） 也许有意地将自己的涂鸦当写作在写 在纸上的横线内从左到右重复设计的图案，肌肉的控制明显增加 知道不同的文本形式可用于不同的目的 可能使用绘画来表示写作，以便与他人沟通（36—48个月） 阅读绘画，就像有人在上面写了字一样（36—48个月） 将涂鸦信息作为游戏活动的一部分（36—48个月） 手指呈三角姿势握马克笔
满60个月或5岁	知道10美分、5美分、1美分（不是他们的价值）（54—60个月） 比较重量（例如轻和重）（54—60个月） 指向和命名各种颜色（48—60个月）	阅读技能 开始通过押韵、诗歌、歌曲（48—54个月）进行语音感知 使押韵成为简单的词 写作技能 区分字母和数字 绘制简单的图 仿画正方形 画一个有头并有6个特征的人 阅读技巧 识别频繁发生的单词和周围的印刷字 把口述的消息和故事画下来或写下来

续表

年龄水平	概念性知识：数学与科学	概念性知识：前读写
满72个月或6岁	认识各种形状（48—60个月） 使用关系词（例如，向前，然后，当，第一，下一个，向后，后面，前面）（48—60个月） 当类成员被命名时可以识别类（例如，苹果、香蕉、梨是水果） 用一一对应方法数到20 计数到100 一次最多目测六个对象 使用计数含有数字的简单单词问题时用手指来辅助 在解决含有数字的简单单词问题或模式 使用形状来创建或重现熟悉的空间 使用其他物体比较长度 创建对称模式 正确使用等于、多、少、一点儿这类词 讨论添加1的模式，获取下一个数字 使用假设推理（"如果……会发生什么"） 知道自己多大（理解含义，而不是死记硬背）（60—66个月） 知道大小、重量的关系（例如，瘦和胖、轻和重、窄和宽） 讨论数字中的模式 开始做简单的加和减 知道早上和下午（66—72个月） 按大小分类（60—72个月） 使用"中间"概念（60—72个月） 可以无限期地计数，使用几十、几百、几千的模式	讲述一个简单故事的合适结局（57—60个月）大多数能够说出大写字母的名称（54—60个月） **写作技能** 开始写字母或表形或涂鸦结合的近似字母代表真正的东西（48—60个月） 字母的形状把字母和字母逐渐取代书面涂鸦（48—60个月） 写作时经常把字母写倒（48—60个月） 模仿绘三角形（48—60个月） 描摹自己的名字（48—60个月） 仿画对角线和锯齿形线条（52—60个月） 画一个有头并有8个特征的人 在书面单词之间放空格 独立书写大写字母和小写字母 从左到右，从上到下书写消息 开始使用标点符号进行写作 描摹简单轮廓 **拼写技能** 以语音感知和字母知识来进行自己发明的和符合常规的拼写（48—60个月） 开始构建常规拼写单词的规律写法 模仿环境中的几句话（48—60个月） 写一些朋友和同学的名字 可以使用一组已知字母（通常是辅音）形成一个单词（48—60个月） 写下某个对象或符号的位置的名称，为插图编写说明 **阅读技能** 编造并讲述真实或想象的内容（绘图、结构）的故事（60—66个月） 了解书籍的各部分及其功能（60—72个月） 使用图片提示支持阅读理解 在听熟悉的故事或阅读自己的东西时寻找里面的印刷字 识别和命名所有大写和小写字母 知道很多，但不是全部 将字母对应读词 表明理解口语和字素序列的一致性 理解字母原则 能够从口头语言切换到书面语言风格 可以叫出一些书名和作者

续表

年龄水平	概念性知识：数学与科学	概念性知识：前读写
		识别文本的几种类型或流派（例如，诗歌、报纸、解释文本、标签） 回答关于大声朗读的故事的问题 根据插图或文本部分进行预测 识别故事问题和情节 能说韵律词，并区分韵与非韵组合音节（5—6岁） 在口语中能识别、细分并组合音节（5—6岁） 在口语中识别首音和尾音（5—6岁） 将一个音节的口语混合和细分为音素（5—6年） 从左到右的扫视标识字母（5—6岁） 在看到图示的一组单词中匹配相同的词（5—6岁） 阅读与图片配对的简单的三个字母相同的单词（66—72个月） 通过打节奏标记时间（66—72个月）（将音节与声音匹配非常重要） 回答关于故事的字面问题（例如，谁，什么，什么时候，在哪里）（4—6岁） 回答关于故事的解释性问题（例如，为什么，如果）（5—6岁） 重建/重述故事（5—6岁） 写作技能 模仿钻石形状的绘图（52—64个月） 用视觉追踪自己的手（53—62个月） 画的脸有眼睛、鼻子、嘴并能被识别出来（56—64个月） 跟从示范，写自己的名字和姓（62—70个月） 开始使用符号做出视觉作品和数字（5—6岁） 可开始打印或复制字母或图片（5—6岁） 绘制三个或更多对象的图片（5—6岁） 打印自己的名字且无需示范（5.2—6岁） 把信息和故事记下来 拼写技能 打印名称和简单单词（60—66个月） 拼出单词的语音 使用自己发明的拼写方法 使用资源查找正确的拼写 写自己的名字和姓氏

以游戏为基础的多领域融合体系（TPBA2/TPBI2）
由托尼·林德（Toni Linder）设计。
Copyright © 2008 Paul H. Brookes Publishing Co., Inc. All rights reserved.

TPBA2 观察总结表：认知发展

儿童姓名：_____ 年龄：_____ 出生日期：_____
父母：_____
填表人：_____ 评估日期：_____

指导语：对下面每个子类别，使用1—9级评分的目标达成量表，根据TPBA2观察指南或TPBA2观察笔记的结果来确定该领域的儿童表现，在表示儿童发展现状的数字上画圈。之后，通过将儿童表现与TPBA2年龄表中的同龄儿童进行比较，来考虑儿童的表现情况。使用年龄表来确定儿童在每个子类别中的年龄水平（按照年龄表上的指示操作）。进而，通过计算百分比，在AA、T、W或C上画圈。

如果儿童的年龄水平＜实际年龄：1-（年龄水平/实际年龄）= _____ %延迟
如果儿童的年龄水平＞实际年龄：（年龄水平/实际年龄）-1 = _____ %超出
计算实际年龄时，请用评估日期减去儿童的出生日期，并根据情况四舍五入。计算天数时，要考虑每个月的天数（即28天、30天、31天）。

TPBA2 子类	功能活动中观察到的儿童能力水平									与同龄其他儿童相比的评级 年龄水平（众数）
	1	2	3	4	5	6	7	8	9	
注意	无法注意，对周围环境无意识或分心，无法在一段时间持续集中注意力在一个物体或人上		选择注意的焦点，很难与他人分享注意焦点，或只注意感兴趣的特定事物，很难将注意的焦点从一件事很快地移动到另一件事		经提示能关注相关的人或事件，并能与他人分享注意力的焦点，但需要语言和身体上的支持才能维持或者转移注意力		独立地关注相关的人和事物，偶尔需要言语或手势的指导来维持注意		能选择注意的焦点和维持注意，能适当地从物到人、人到人之间转移注意力。	AA T W C 评语： 年龄 _____ 水平 _____
记忆	长时间看新奇的事物来记忆		尝试做什么或者如何做来应对熟悉的玩具、人或事，在示范之后模仿简单动作		用言语或非言语来表示了解事物、人、地点、行为和日常活动的名称		在经过短时间后，能表现出准确识别、重建日常活动，技能，概念和事件的能力		能联系到复杂的分类和规则系统，概念化的过程，身体技巧和语言，具体表现在事件的各方面细节	AA T W C 评语： 年龄 _____ 水平 _____

续表

TPBA2子类	功能活动中观察到的儿童能力水平									与其他同龄儿童比较 高于平均 (AA) 典型 (T) 观察 (W) 关注 (C)	年龄水平 (众数)
	1	2	3	4	5	6	7	8	9		
问题解决	不能辨认出人、物、行为发生的变化	能辨认出人、物、行为发生的变化	能够发现简单行为或事件的联系和导致其发生的原因		能借助人或他自己之力，使他希望的熟悉的事发生		能够做出一系列的行为反应直到不熟悉到采用"试误"的方式来找到正确的做法	能够做出一系列的行为反应直到不熟悉到采用"试误"的方式来找到正确的做法	能够理解复杂的因果关系，通过心理组织序列能达到目标，需要时能进行调整然后可以泛化到新的情境	AA T W C 评语：	___
社会认知	不能注意到他人面部表情，手势或肢体语言或其附带的意义		能够理解和回应他人的面部表情，手势、肢体语言和动作		通过做些维持积极情绪或减少消极情绪的事来对别人的情绪做出回应		能基于自己的需求想法和逻辑对别人的想法、需求进行预测和回应，即使别人的想法和自己的不一样		理解别人的动机、愿望和想法，即使它们和自己的想法不一样	AA T W C 评语：	___
复杂的游戏	喜欢人并用多种感官来探索环境		喜欢感官探索、身体运动和重复探索事物		喜欢把东西放在一起，尝试让事情发生并再观察熟悉的行为和日常活动		组合多种游戏来创造真实的和想象结构、场景和结果		在各种形式的游戏（感官游戏，身体游戏，功能性游戏，建构游戏，角色扮演和规则游戏）中表现出逻辑和创造性思维。用自己的规则创建自己的游戏	AA T W C 评语：	___

续表

TPBA2 子类	功能活动中观察到的儿童能力水平									与其他同龄儿童比较 年龄 水平 (关注)
	1	2	3	4	5	6	7	8	9	高于 典型 (AA) (T) 平均 观察 关注 (W) (C)
概念性知识	识别熟悉的声音、气味、味道、人、行为和物品		能注意到事物显著特征,看到事物间的异同,能标记一些动物、人、物、行为和事件		识别、讨论、使用异同的具体特点将动物、人、物、行为或事件分组,例如,用途、位置、因果关系		通过具体的和抽象的概念和分类来组织、描述自己的想法和行为。用新的概念和规则来构建分类系统形成联系		描述、比较、区别、理解概念的特征和动态(例如,谁、哪里、何时、为什么、如何)。理解数学、物理、生物和心理学中的文学相关概念中的逻辑关系并通过陈述来分享自己的观点	AA T W C 评语:
读写能力	能听到声音,识别出熟悉的声音和喜欢的节奏		喜欢翻书、看图,听别人朗读的节奏,在纸上做标记		倾听一个简单的故事,翻页、标签图片,重复成人读到的书上的话,模仿成人在纸上表现人和事物		倾听较长的故事,假装去读书,谈论图片时能复述故事,在纸上好像写字母那样画画		能理解故事,有(主动)读书的行为,有语音意识,具备字母知识,能在有意义的上下文中识别词汇,画或收集书写的作品,如卡片,笔记、列表、故事拼字,收集字母的记号	AA T W C 评语:

整体需要:

第八章　早期读写能力

福里斯·汉考克（Forrest Hancock）

注：虽然读写能力这一子类包含在认知发展之中，但在此处作为一个独立的章节，以强调读写能力对于在学校教育中取得成功的重要性。在TPBA2中，第七章中有关认知发展的观察指南，年龄表，观察笔记，和观察总结表将读写能力作为一个子类。在TPBI2中，第八章讨论了在干预中支持读写能力发展的策略。

对阅读和书写的学习是儿童早期发展的一个重要结果。虽然读写能力在本书中包含在认知领域中，这是因为其通常被认为是同一"学术"领域，但其实它是所有发展领域的集合地。证据表明，语言、沟通、社交能力、认知和运动技能的发展都影响着读写技能的获得。从事观察、评估和支持幼童成长的人们都承认，个体发展的进程是无法割裂的，而是一个领域的发展影响着其他领域的发展。即使是对特定发展阶段进行研究，也需牢记应将儿童作为一个整体来探究。

语言和读写能力是交互发展的，并在与其他人的社会互动中不断提升（Justice & Kaderavek，2004；Reese，Cox，Harte，& McAnally，2003；Snow，Burns，& Griffin，1998；van Kleeck，2004；Zevenbergen & Whitehurst，2003；Zigler，Singer，& Bishop-Josef，2004）。语言发展之前的沟通开始于婴儿期最早的相互轮流的交际经验并支持后续语言技能的发展，而这接下来会支持读写能力的发展（Wetherby et al.，2003）。儿童通过与周围图书和印刷品的互动发展出阅读的兴趣，他们的语言能力通过听、学习词汇、韵律、阅读的节奏得到加强。成年人和更成熟的兄弟姐妹及同伴为儿童将词与人、物品、动作、事件以及最终的图片和符号相联系提供了支持和鼓励。通过持续的社会交往，儿童的基本读写能力，包括口语、词汇、元语言意识、语音意识、字母原则、音素意识和对语义和句法的理解等等都得到发展。

游戏是语言和读写技能交互发展的另一个重要渠道。在游戏过程中，儿童参与的经验会很自然地触及到读写技能，例如在社交性的扮演游戏中呈现故事可以发展叙事能力，使用符号代表缺失的物体（如，用一块砖代表汽车），以及在与游戏伙伴沟通的过程中使用口语技能。口语能力是读写基础的一个关键要素（Snow et al.，1998），而且游戏为儿童提供使用和提高其口语能力的丰富机会，从而也创造了一个支持读写能力发展的自然而有力的渠道

(Bowman, 2004; Pellegrini & Galda, 1990, 2000; Roskos & Christie, 2004; Zigler et al., 2004)。这两个途径交织在一起提供了提升和评估儿童不断发展的读写能力的快速通道。

儿童语言和读写能力的发展也得到其认知和运动技能的支持。越来越复杂的与注意力、记忆力、解决问题、概念发展和表征能力等相关的认知能力（第七章有所讨论）为读写能力发展做出了重要贡献。运动技能的发展有助于儿童获取、抓住、探索、摆弄物品和书写材料，如图画书的能力，还使儿童能够集中注意进行绘画和书写。

最近的研究结果加深了我们对儿童读写能力发展的理解，并且推动了关注从很小的年龄开发读写能力的动议。以下部分介绍了指导我们理解和支持幼童读写能力发展的主要研究结果。

第一节　各子类观察指南问题的相关研究

在过去，专业人员认为读写能力的发展始于儿童大约在五、六岁进入学校并正式接触到阅读教学的时候。而现在普遍接受的观点是，读写的学习实际上在婴儿时期就开始了(Lyon, 2000; Miller, 2000; Morrow, 1989; Teale & Sulzby, 1986, 1989; Teale & Yokota, 2000; Whitehurst & Lonigan, 2002)，并且会贯穿整个生命周期（Morrison & Morrow, 2002）。通常认为 Clay(1966)和 Holdaway(1979)开创了"读写萌发（emergent literacy）"理论，该理论支持了儿童最早的语言成就是其读写能力发展组成部分的观点。这一观点已经得到一项纵向研究结果的证实，该研究揭示了前语言表现（prelinguistic performance）与后来语言发展之间(Wetherby, Allen, Cleary, Kublin, & Goldstein, 2002)，甚至与更晚的正式阅读能力之间有着很紧密的关系(Wetherby, 2002; Wetherby et al., 2003)。以前被认为只属于语言发展领域的技能同样也支持后续读写能力的发展。

近年来，读写的概念已经超越简单的读和写的能力，扩展到在任何情况下、任何环境中使用符号（例如，商店标志、产品标签、地图、标志、书籍、文章）(Whitehurst & Lonigan, 2002)抽象和表达含义的能力。此外，读写被视为一种社会文化建构，因为它是代表和传播文化的特征、价值观、信念、规范和经验的途径(Ferdman, 1990; Miller, 1990)。Miller (1990, p. 3)指出"……读写是一种文化现象。"它是因社会而习得、由社会而传播的，并具有社会意义。Shaywitz(2003, p. 3)将阅读描述为"一种非凡的、人类所独有且异乎寻常的能力。它在童年期获得，形成了我们作为文明人存在的内在部分，并且被大多数人认为是理所当然的。"传统的读写形式(如字母的阅读和书写)必须被教授,因为它们不是先天的,但它们也只是读写知识和行为领域中的一个很小的部分。

读写萌发实际上是指儿童不断认识书籍和了解读写组成部分和功能的持续的发展进程连续体(development continuum)。它不是一项单一的技能,而是儿童随时间的推移通过共享社会知识、经验、行为和态度而构建起来的复杂的技能体系(Sulzby,1986;Teale & Sulzby,1986;Whitehurst & Lonigan,2002)。正因为如此,"读写萌发"一词越来越多地被更具描述性的术语,发展中的读写能力(emenging literacy)所替代,以反映其持续发展的本质。

通过与他人互动,儿童不断建构自己对读写的理解。此外,当儿童观察和参与自然发生的、非正式语言和读写活动时,他获得了后来熟练和独立的读写能力所需要的具体知识和技能。儿童必须发展在语言、印刷符号功能和形式等领域的知识和技能,以及元语言、语音、字母和音素的意识,以获取阅读能力,实现阅读的流畅性和独立性。

即使儿童还非常年幼,未来的读写技能已经开始萌发。Wetherby 等人(2003)已经确定了几种可以预测在 2、3 和 4 岁时语言能力的前语言行为。预测的因素包括非语言交流、手势、声音、对词语理解和在游戏中使用物体等行为的频度,以及发挥交流功能的情况(Wetherby et al.,2002;Wetherby,Cleary,& Allen,2001)。这项纵向研究的其他发现也表明对语言的理解和对游戏的测量与后续 4 岁时对语言、语音的敏感性和对印刷符号知识的测量结果存在显著的正相关关系(Wetherby et al.,2003)。这些调查结果表明,"前语言技能可能是以后阅读成就的最早指标",也由此提供了"早期识别儿童可能在未来有语言和阅读困难风险的重要指标"(Wetherby et al.,2003,p.1)。

研究早期读写领域的几个权威机构已经开发出代表读写发展基本组成部分的架构图。在 Adams(1990)、Seidenberg 和 McClelland(1989)工作的基础上,van Kleeck(1998、2003)重点关注了儿童为了能够读写必须学习信息处理的下述四个方面:1.上下文(context);2.意思(meaning);3.语音理解(phonological understandy);4.字词理解(orthographic understanding)(参见图 8.1)。如 van Kleeck 模型中四个"处理器"(processor)之间没有双向箭头所示,单一处理器对于正在学习读写儿童的影响是片面而局部的,而对于可以流利阅读的儿童来说,图表中的所有处理器之间的箭头都是双向,表示它们是相互依赖和相互链接的(van Kleeck,2003)。每一个处理器都很重要,能够支持其他处理器的发展,并且可以通过观察儿童与书籍和环境中的各种印刷品的互动来检验。

Whitehurst 和 Lonigan(1998,2002)开发的有关读写组成部分的架构图稍有不同。他们认为读写能力包括"由内而外"和"由外而内"两个过程。"由内而外"的过程包括字母表知识、文字概念和语音意识。"由内而外"过程中提供的有关文字的信息会嵌入在书面信息中,并有助于阅读者解码印刷读物。我们可以简单地把这些模块看作是用以支持读者"自下而上"或"从部分到整体"的理解能力。而"由外向内"的过程包含上下文、语义、词汇、向读者提供有意义的信息,使读者可以理解他正在阅读的内容和上下文的意思。"由外而内"中的各模块来自单词"内部"本身,支持读者"自上而下"或"整体理解"(参见图 8.2)。这两个模型的重要性在于它们平息了多年来读写发展领域中对二者价值和地位的争论,最终得出理解(自上而下的技能)和解码(自下而上的技能)是相互依存的。

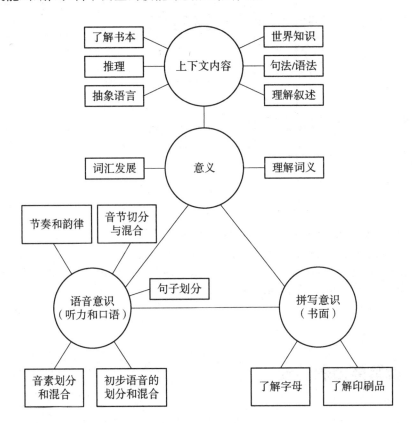

图 8.1 发展读写能力组合模型。[摘自 van Kleeck, A. (2003). Research on book sharing: Another critical look. In A. van Kleeck, S. A. Stahl, & E. B. Bauer (Eds.), *On reading books to children: Parents and teachers* (pp. 271–320). Mahwah, NJ: Lawrence Erlbaum Associates.]

国家研究委员会(Burns, Griffin, & Snow, 1999, p. 8)划定了支持读者顺利阅读的三个主要的语言和读写成就:"1. 口语能力和语音意识;2. 学习的动机和对读写形式的认同;3. 对印刷品的认识和字母知识。"此外,委员会强调,儿童取得这些成就的最佳方法是将所有的发展领域(即认知、社会情感、运动和语言)融合到活动之中。据此,即使这一特定的认知发展子类主要关注发展读写能力,但对儿童所有发展领域能力的测试是全面了解其读写发展能力的基础。以游戏为基础的多领域融合评估(TPBA)的以下部分关注儿童在阅读共享图书时的听力技能、使用图书的能力,阅读共享图书期间的理解力、回忆的熟悉故事、尝试阅读以及对书写和拼写的理解能力。

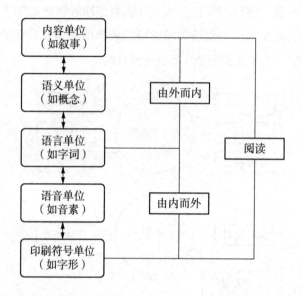

图 8.2　读写的技能与过程。[摘自 Whitehurst, G. J., & Lonigan, C. J. (2002). Emergent literacy: Development from prereaders to readers. In S. B. Neuman & D. K. Dickinson (Eds.), *Handbook of early literacy research* (pp. 11-29). New York: Guilford Press. Reprinted by permission.]

第二节　读写能力的要素

2.1　阅读

Ⅶ. A. 儿童展现出的听力技能如何?

倾听和理解他人朗读印刷品内容为以后独立解释印刷文字的意思提供了基础。儿童的家人和照料者首先通过一系列的活动如指出图片,给图片中的物、人或动作命名,解释标识,共享阅读图书(shared book reading),在特定环境中讨论和使用印刷品等引入符号和印刷品的内容。通过这样的互动,儿童了解到读写要素的内容和重要性。因为共享阅读是支持发展读写能力的丰富渠道,本章的后续内容将对其进行研究。

共享阅读和读写能力之间关系的研究已经持续了三十年,并且同其他读写领域一样也经历了长期的争议(van Kleeck，2003)。一些权威人士质疑共享阅读有助于建立技能并支持后续读写能力的观点(see Kaderavek & Justice，2002)。然而，有关共享阅读研究的结果清楚地表明，家庭读写活动是支持读写能力发展一个重要因素(e.g.，Justice & Kaderavek，2002；Katims，1991；van Kleeck，1998；Whitehurst et al.，1988)。共享阅读以不同的形式出现，如共同关注一本图画书，安静地坐在成年人腿上，大人读故事书，有意识地教授阅读技能，或创造性地探索故事中的一个话题(DeTemple，2001)。故事书分享还为儿童提供了学习和练习新词汇、语言和成人灵活地适应儿童个体独特的最近发展区的机会(见 Vygotsky，1978)，即使是存在语言延迟的儿童也是如此(van Kleeck & Woude，2003)。

在共享阅读期间出现的可预测的路径(包括语言的和行为的)通过为儿童和成人之间的沟通交流提供机会来增强儿童的语言和读写能力。此外，在共享阅读期间开发的路径也让成人捕捉到儿童的兴趣，并通过讨论、解释、提问、回忆、预测和推论来扩展儿童的语言(DeTemple，2001；van Kleeck，2004)。DeTemple 的研究显示，大多数母亲与其孩子进行口头互动，她们往往在孩子读书时集中地进行提问、引发对话和评论等语言互动。此外，书籍分享过程中的互动提升了亲子关系的质量，并且已被证明与获得拼音规则之间有正相关关系(Wasik & Hendrickson，2004)。

大多数有关与学龄前儿童共享阅读的研究都集中在故事书上(van Kleeck，2003)，然而，书的类型可以影响互动和学习类别。有关比较故事书、字母书和文本书阅读的研究结果揭示了阅读不同类型书籍产生的互动方式是不一样的(van Kleeck，1998，2003)。当成人和儿童分享一本故事书时，他们更倾向于关注内容而不是书籍本身。例如，在阅读故事书时，成人会提供图书的常规信息(作者、插图画家)，预测、解释故事的行为和人物的动机。而当成人和幼童分享字母书时，他们更倾向于关注印刷符号本身，即便儿童只是把它们当作图画书。随着儿童年龄的增长，阅读字母书时的讨论越来越偏重印刷符号。令人惊讶的是，即使儿童不理解，成人也往往没有意识到。Van Kleeck(2003)认为这种现象可能是"渐进知识社会传播"(gradual social transmission of knowledge)的证据(见 Vygotsky，1978)。日本母亲阅读故事的实践研究(Kato-Otani，2004)显示，与那些承担"教师角色"的美国母亲不同，日本母亲提问儿童她们知道孩子们可以回答的问题，并且更关注共享阅读的社会和关系层面，从而保持"人际和谐"。加藤大谷(Kato-Otani)认为，美国和日本母亲之间的差异反映了她们各自的文化价值。

当成人分享文本性书籍(即信息性书籍)时，他们更倾向于关注词汇、概念构建和文本中提出的问题，儿童的参与水平也会提高(van Kleeck，2003)。同时，当向他们重新阅读熟悉的书时，儿童的参与度也会增加。当阅读熟悉的书籍时，大人们常常会提高对儿童参与度的期望，希望儿童达到更抽象的认知水平，或增加有关书籍内容的认知需求(van Kleeck，2003)

(例如,要求回忆或预测)。在对熟悉的书籍进行互动的过程中,儿童通常在阅读中承担更多的责任,如给出一个词或指出图片(van Kleeck,2003)。因为很显然,不同年龄的儿童会从不同类型的书籍中学习不同的读写技能。Van Kleeck(2003)指出,更进一步的研究需要对早期读写这一领域给出更深入的理解。一项类似的研究(i.e.,Justice, Weber, Ezell, & Bakeman,2002)关注调查在阅读一本押韵的书籍时,学龄前儿童对父母提示和评论的反应。因为父母在阅读图画书和押韵书时通常较少参考文字(van Kleeck,1998),Justice等人在2002年将家长培训纳入研究设计。这一研究结果表明,儿童的确会回应父母对书中的文字给出的参照,而且儿童回应父母的提示比对评论的频率更高。此外,即使是当读写主题或所需技能高于儿童独立进行(阅读理解)的水平时,儿童也会(对父母的提示—译者)作出反应,这说明了成人的鹰架作用能够将儿童的能力提升到下一个更高的水平(即最近发展区)。

Van Kleeck(1998,2003)认为,读写能力的发展有两个阶段,首先是以意义为中心,其次是以读物为重点,同时进一步了解意义。事实上,Wetherby(2002)在她改编van Kleeck的发展读写组成模型中阐释了这一点。Wetherby的模型包含发展读写知识的以下四个类别:书籍知识、字词知识、印刷品知识和声音意识。基于van Kleeck的研究结果,Wetherby将每个类别的发展划分为两个阶段,第一阶段强调印刷符号的意义,第二阶段强调印刷的形式和早期形式意义的对应性(见图8.3)。每个类别和阶段都包含一个在该水平获得的典型读写行为的列表。列出的诸多行为的学习基础可以在孩子们听到和使用书籍时获得,这将是下一节的重点。

VII. B. 儿童如何使用书籍?

儿童与书的互动方式大不相同。一些儿童会静静地坐着看书,有些则只是短暂地翻看,还有一些则通过挥舞,撕咬或咀嚼等方式"粗暴"地对待书籍。儿童与书互动的风格受到一些因素的影响,会因为儿童独自或有人给他读,或正读的书的类型不同而产生区别。尽管儿童与书互动的方式有所不同,但他们仍在这些互动中建立了书籍使用和内容的知识。

书本知识	字词知识	印刷符号知识	声音意识
第一阶段　强调印刷符号的意义			
熟悉/打开书	命名/评论	认识图片、字词和字母	动物噪音
翻页	谓词		声效
看图片	组词	字母的名字	韵律
书提供的信息	询问词义	印刷符号从左到右从上到下	将单词分解为音节、韵音/韵母

续表

书本知识	字词知识	印刷符号知识	声音意识
书讲述的故事	将句子划分成字词	阅读标识和预测单词	
第二阶段　强调印刷符号的形式和形式与意义的对应			
书有以下部分	定义字词	字母形状	声音意识：
名称、作者	同义词	字母声音	字词混合
插图作者	反义词	字母关联	初始声音
书提供以下内容	近义词	常见字	分段声音
预测	非文本含义	尝试字词	
解释			
事实知识			

图 8.3　早期读写能力。[摘自 Wetherby, A. M. (2002, June). *Language, literacy, and reading in the early years. Do they make a difference?* Presentation at the 2002 NAEYC Institute, Albuquerque. Available online at http://firstwords.fsu.edu. Adapted from Van Kleeck, A. (1998). Preliteracy domains and stages: Laying the foundations for beginning reading. *Journal of Children's Communication Development*, 20(1), 33-51.]

　　Schickedanz(1999, pp. 30—34)综合了她对 2 至 36 月龄儿童与书互动行为的观察记录。这些行为包括拿书、看书、对书显示认识和理解、理解图片和故事以及阅读故事书。许多这些识字行为已经包括在 TPBA2 概念发展年龄表中(参见第 7 章)。

　　书的使用也可以被认为是理解书本身的一个途径：书是做什么的,书如何让人们快乐,我们如何可以从书中学习,以及我们如何以各种视觉形式重建书告诉我们的故事等。van Kleeck(1998,2003)的发展读写模型中的四大处理器之一是"内容处理器",该内容将在后面的部分中全面描述。父母和照料者通常是第一位向儿童介绍各种印刷符号所处的相关背景(意同上下文—译者)的人。这可以自然地发生在日常生活和相处中,在共享的书籍阅读期间,也可能就是成人教给儿童那些印刷符号的含义的时候。

　　理解上下文的重要性有如下几个方面。符号、印刷符号和书籍在社会中都有文化背景内涵,儿童需要知道如何以及为什么需要它们。这种理解随着更多接触和使用符号材料而增加。书还有内部的上下文,所以儿童需要理解写作的语言结构、语法和所叙述的故事发展。此外,信息或故事本身的内容需要符合儿童对世界的知识。随着内容的所有这些方面整合在一起,儿童可以更好地理解书面语言,也实现了从"学习阅读(learn to read)"到"通过阅读来学习(reading to learn)"的飞跃(Adams, 1990; van Kleeck, 1998)。

VII. C. 儿童在看书或分享读书时理解了什么？

在日常生活中，家庭成员不仅展示着各自读写行为的非正式模式，他们也经常直接而有意地教授儿童去了解书、字词、内容、字母名称、形状和声音(van Kleeck，2004；Wasik & Hendrickson，2004)。人们越来越关注共享阅读对于支持儿童读写能力发展的有效性，这也导致了相关研究调查的激增。

广泛的文献综述表明共享图书阅读与下列支持发展读写能力的关键要素有关：语言技能、词汇、口语的复杂性、叙事技巧、将来的语言和读写能力、二年级的阅读理解能力、13岁时的阅读理解能力、拼写和智商(Zevenbergen & Whitehurst，2003)。他们注意到儿童阅读的方式影响着他们从共同互动中获得的好处。例如，当儿童被成人鼓励参与读写活动，并接受成人的提问和故事引导时，他所获得的比仅作为一个被动的倾听者要多得多(Zevenberger & Whitehurst，2003)。

目前已经开发了几种有关共享书籍阅读的模型。Justice and Kaderavek(2004，参见 Kaderavek & Justice，2004)开发了"内嵌—说明式读写萌发能力干预(Embedded-Explicit Emergent literacy)"模型，即成人在自然化、意义化、情境化(嵌入式)的体验以及明确的指导中支持读写能力的发展。嵌入式体验是在使用共享故事书阅读和讲故事的口头和书面语言的社交互动中自然出现的机会，其发生在印刷读物丰富的环境中和读写机会丰富的游戏环境中。模型中的这部分对应了自上而下的全语言方法(top-down whole-language approach)。模型中详述教学要素则关注语音意识、印刷品和印刷符号的概念、字母知识和书写、叙事和说明性语言等领域的直接教学法(Justice & Kaderavek，2004；Kaderavek & Justice，2004)。这是一个建立在跨越两个二分法(即自上而下和自下而上的方法)研究结果之上的混合模型(参见 Justice & Kaderavek，2004)。

共享阅读的另一种策略称为对话式阅读(dialogic reading)，最早由 Whitehurst 等人(1988)提出。在这种方法中，成人主动倾听，提出开放式的问题，询问越来越具有挑战性的问题，在儿童回答的基础上不断扩展而提升他的阐述能力等方式，帮助儿童逐渐成为故事的讲述者。对2至5岁儿童进行对话式阅读的研究结果表明儿童在口语、词汇和正在形成的读写能力方面都有所提升(Whitehurst & Lonigan，1998，2002)。

国家研究委员会在开创性著作《预防幼儿阅读困难》(Snow et al.，1998)中总结道，帮助预防阅读困难的途径之一是提高儿童的口语能力。词汇量较大的儿童在语音意识技能的发展上速度更快，能力更强，并且比那些词汇量少的儿童更能够轻松理解他们阅读的内容(Goswami，2002；Whitehurst & Lonig an，2002)。共享阅读似乎支持早期读写发展的三个重要领域(即口语，词汇和语音意识)。在下节中，我们将关注词汇，词语意识和上下文。

VII. D. 儿童能回忆起熟悉的故事中的哪些单词、短语、故事情节和内容？

在儿童能够回忆故事的内容之前，他必须能够理解这个故事并且已经开发了足够的词汇(lexicon)。van Kleeck 有关发展读写能力组成模型的两个处理器(参见图 8.1)与理解力和回忆力有关。这些处理器包括意义和上下文处理器。

意义处理器(Meaning Processor)

在不同的读写情境中，儿童需要掌握语义和字词意识方面的知识(Adams，1990；van Kleeck，1998)。语义一般包括通用词汇和有关阅读和书籍的特定词汇(例如、页面、故事、单词、阅读等)。字词意识包括将句子分解成字词，理解字词边界的能力，即，字词暗含的意思，但与它们的直接指向有所分离(例如，词语 cat 是指真正的动物"猫")。Wishon、Crabtree 和 Jones(1998)指出，理解词义的概念(一个口语单词对应的书面字词)是学习阅读的关键组成部分。

理解字词意义的基础(即语义理解)在儿童生命最初的几个月，即照料者和婴儿之间互动时就开始了。儿童的词汇从出生到 18 个月期间逐渐增长，然后大约在 19 个月左右迅速增长(Wetherby，2002)。随着儿童在使用和理解字词经验的不断增长，为儿童语音敏感性，特别是比较发音相似的词语能力的出现打下了基础(Goswami，2002)。Whitehurst 和 Lonigan(2002)发现，共享阅读和翻看印刷品可以促进学龄前儿童的词汇开发。在年龄稍大的读者（如，四和五年级学生）中，阅读和语言理解之间的关系是直接和双向的(Whitehurst & Lonigan，2002)。换句话说，具有更多语义知识的儿童能够更好地理解他们正在阅读的内容，他们享受并参与阅读，也因此获得了词汇量的增长。总之，意义处理器包括儿童的词汇量和他对个别字词的理解。

上下文处理器(context processor)

van Kleeck 模型中上下文处理器中的所有要素都有助于儿童理解书面语言的能力。这些要素包括世界知识(关于儿童世界的一般知识)、语法(语法结构)、叙事技能(内容的连接和理解，如故事语法)、书籍的常规知识(书籍是如何创作和使用的)、印刷的功能(理解印刷品的用途，例如制作杂货单，发送贺卡，记笔记，高速公路标志)和抽象语言(在此时此地移除的非文本化语言)。这个处理器超越了字面意思的理解，而是对上下文的理解。意义处理器和上下文处理器一起发挥作用来帮助儿童对单词、句子和文本层级的书面语言赋予意义。

十五个月大的玛雅(Maya)从她的书架上拿出她最喜欢的书《宝贝的肚脐眼儿在哪儿？》(Dónde Está el Ombliguito?)(Katz，2004)。她把书拿给她的祖母，当祖母打开这本书开始读的时候，玛雅掀起她的衬衫指着她的肚子，然后满怀期待地看着她的祖母，祖母则热情地回应，"是的，亲爱的，那是你的小肚脐!"《宝贝的肚脐眼儿在哪儿？》是一本关于身体部位(例如，眼睛、嘴、脚、手，当然还有肚脐)的叠拉故事书。当玛雅的祖母阅读每一页，并掀开叠页露出隐藏的相应的身体部位时，玛雅则指出她自己身上的那个部位。这本书的最后一页"我的宝贝在哪里？"，通常伴随着祖母给玛雅一个拥抱。当她的祖母翻到那一页时，玛雅向她的祖母张开手臂，表示了她对拥抱这一惯例的期待。

Maya 的行为告诉了我们她不断发展的读写能力是什么。她知道书是用来阅读的，是可以分享的，而且分享是很快乐的。正如她对常规的预期和参与所展现的那样，她记得故事的主题以及在阅读这本书时建立的惯例。玛雅不仅可以听故事，而且她还展示出了对与身体部位相关词汇的理解，比如她能够指向每个被命名的身体部位。她还能翻开书中的叠页，做出书中所展示的动作（例如，掀开她自己衬衫指向自己的肚脐），这也表明了她对于内容的理解。

VII. E. 在儿童尝试阅读的过程中，展示出了怎样的读写能力？

前面已经讨论了口语技能、词汇、词义和上下文对于阅读技能发展的重要性。本节的重点是早期读写发展的以下组成部分：元语言意识、语音意识、音素意识和正确拼写的意识，不包括字母、印刷符号和对印刷品的知识。儿童学习阅读的认知之旅受到每一个关键发展技能的影响和支持。

元语言意识（Metalinguistic Awareness）

当儿童能够思考并能使用语言来反思语言时，他们就展示出了元语言的意识（Miller，1990；Wallach & Miller，1988）。"元语言意识"即"语言是可以操纵、分解、重新组合以及重新排序的"（Miller，1990，p.15）。基于对不同语言（例如，英语、法语、西班牙语、荷兰语、芬兰语、俄语、瑞典语）的研究来看，元语言能力是一种普遍现象（Downing，1986）。对有视觉障碍（Tompkins & McGee，1986）和听觉障碍（Andrews & Mason，1986）儿童的研究也表明他们能发展出元语言意识技能，但其发展的速度慢于视力和听力正常的儿童。

当儿童能适当地与书互动，区分印刷与非印刷符号（或文字），并识别一些打印的符号（例如，品牌名称、标志、标志）时，其元语言意识开始发展（Miller，1986，如 Wallach & Miller，1988 中引用的）。儿童谈论语言以及他们的理解和使用语言方式，如幽默语言（例如双关语，"敲击、敲击"的笑话—在英语背景下的谜语）、成语[例如，"像虫子耳朵一样可爱（非常可爱）""戴上你的思维帽（认真思考）"]，和比喻语言，（例如，"狼吞虎咽""易如反掌"），就可以观察到儿童的元语言意识（Miller，1990）。研究结果表明了儿童的元语言意识与其后来学习阅读的进步和成功有着显著的关系（Downing，1986）。

元语言能力是语音意识发展的必要条件，因为儿童就此开始思考和理解语言的组件，如音节、词语和语音。

语音意识(Phonological Awareness)

当儿童有了元语言意识时,他们会将口语的结构和其含义分开来思考。这种情况下,他们能够听到、感知和操纵构成口语字词的声音。这种被称为语音意识的能力是口头—听觉的单一技能,包括 1. 识别和发出韵律和头韵;2. 将句子分解成字词;3. 通过音节和音素分解和混合字词的声音;4. 识别和操纵字词的首音、中间音和尾音。

当儿童倾听有节奏的朗读或口语时,所获得的有关韵律经验(例如,童谣、嵌入了韵律的故事、玩押韵词的字词游戏)有助于他们理解和欣赏语言的韵律和声音。早期接触韵律将有助于儿童后期说出包含押韵的字词。

首尾音是语音意识领域的一个特定技能。首音是指一个词的初始声音,而尾音是指一个词的最后一个音节。例如,在"book(书)"这个单词中,/b/是首音,"-ook"则被认为是尾音;如果首因改变为/l/我们就会有一个不同的(和韵律)词"看(look)"。

在一连串单词中连续重复使用一个单个的初始辅音或元音被称为头韵。一个例子是"The big brown bear broke a branch when he bumped into the blackberry bush."(当这头大棕熊撞进黑莓林时折断了枝条。)

学习如何将单词分解成音节是另一项重要的技能,这项技能是从与其他人的经验中发展起来的。这些人会演示或明确地教导儿童单词如何能够被"分开"成它们的说话部分。通过这些经验,儿童逐渐能独立说出一个个音节。例如,在儿童可以说出或识别自己名字的音节时,其音节的语音意识显而易见。当Shanikuwa(山口华—人名)能够独立配合拍手说出她名字的每一个音节时,她的老师就知道她领会了什么是音节。

儿童识别和操控语言单元的能力是从大的单位(如单词、音节)到小的单位(如韵律、首尾音、音节头韵、音素)(Ka deravek & Justice, 2004)。当儿童可以识别以同样的声音开头、包含或结束的字词并辨识出该特定声音时,他们就已经拥有了语音意识领域的另一项技能—音素意识。

音素意识(Phonemic Awareness)

为了能够解码书面语言,儿童必须获得音素意识,即儿童具备一种能力,可以意识到语言是由可识别和可操控的更小语音单位或音素组成的。在英语中,有26个字母和大约由250种不同的拼写方式所呈现的近40个语音(Institute for the Development of Educational Achievement,2002-2004)。

对音素意识发展的调查研究一直很丰富。Richgels对音素能力发展的研究使他得出了人类天生具有感知音素的能力这一结论。他的另一项研究显示,4周岁的婴儿已经可以区分音素(例如/g/与/k/)(Richgels,2002,p.143)。出生第一年,婴儿开始练习发出自己语言的音素,然后在他人的连续语音中将各种音素分辨出来(Adams,1990)。但 Richgels 并不认为这是真正的"音素意识",因为这是一种无意识的音素感知。

通常,我们不会有意识地注意口语中的单个音素,相反,正如 Austin(1962)所描述的,我们会把它们当作整个话语的一部分来处理,并且关注他们的话外音或话语背后的含义。Richgels 说这种处理音素的能力是"无意识地知道你所知道的"(p.144)。然而,音素意识是有意识地关注音素,它是思考和操控音素的能力(而不只是为了理解口语而将它们彼此区分开来)。例如,当成年人说:"如果我们将'fat'中的/f/的声音改为/h/时,会是怎样的?我们会有什么样的词呢?"如果儿童可以正确回应,那么就意味这个孩子具有了识别音素的能力。

一名具有音素意识的儿童理解词是由声音组成的,而且他/她能够操控单词中的单个声音,以完成分解和混合。例如,儿童知道"dog(狗)"这个词含有三个听起来分开的声音/d/、/o/和/g/,但混合起来听到的就是一个描述四条腿动物的单词。此外,拥有音素意识的儿童能够变换单词的首音、中间音或尾音以创造"新的"或不同的单词。例如,"dog"中的初始音可以用/l/替换,就变成了单词"log";dog 的中间音可以变为/i/,就得到了单词"dig";尾音变成/t/,该单词就变成了"dot"。

音素意识是早期阅读发展和小学期间持续取得学习成就的必要且重要的技能。"没有音素意识的儿童有无法学会阅读的风险"(Adams, Foorman, Lundberg, & Beeler, 1998, p.2)。Lyon(1995)指出,预测幼儿园或一年级儿童阅读困难的最佳指标是儿童无法将单词和音节分解成音素。国际上已经有研究发现,在拼音文字语言的国家中,学龄前儿童的音素意识是预测他们未来能否成功学习阅读强有力的指标(Adams,1990;Adams 等,1998)。

儿童拥有音素意识是学习字母原则的基础,他可以将言语声音的知识应用于字母表中的字母或字母群。亚当斯和同事(1998, p.1)指出,"在儿童能够理解字母原则之前,他们必须理解,与字母配对的那些声音与言语的声音是一致的。"字母原则是理解正确拼写的基础,这将在之后讨论到。

理解正确拼写(Orthographic Understanding)

理解、解释和生成书面语言是基于对正确拼写的了解,包括字母或拼写知识及印刷符号知识。

拼写原则(alphabetic principle)

学习字母表中字母的名称、声音和形状是培育读写能力的关键。这一技能支持儿童掌握拼写原则,即"……意识到书面文字是由有意识的、约定俗成的与口头语言中的音素相关的字母组成的"(Burns et al., 1999,第 147 页)。理解拼写原则是成功学会如何阅读和拼写的最重要的指标之一(Goswami, 2002;Shaywitz, 2003)。

读写领域的大部分研究集中以英语为母语的儿童对于拼写系统的使用(Whitehurst & Lonigan，2002)。Baker, Fernandez-Fein, Scher 和 Williams(1998)(引自 Whitehurst & Lonigan，2002)发现幼儿园的字母知识是预测二年级学生学习和识别字词技能的第二个强有力的指标。有趣的是,最强的预测指标是幼儿园的童谣。虽然字母知识和后期阅读能力之间的相关度很高,但单纯知道字母表中的字母是不足以成功学会阅读的,儿童还必须能够将音素与字母相关联。此外,成为一名合格的读者需要理解发展阅读能力中所有的组成部分(或处理器)并掌握相关的技能(van Kleeck，2003)。

关于印刷品和印刷符号(含文字)的知识

随着儿童逐渐意识到环境中的各种印刷品,他们会不断认识到印刷品是值得关注的：它传递意义,按照功能以具体的方式组织,并且印刷品的单元被区分、命名及组合以生成其他的单元(Justice & Ezell, 2004)。随着儿童获得印刷品的知识并学会书写的功能和形式,他们也开始说书面语言,这展示了书面语言的元语言和元认知意识的发展(Goodman, 1986)。换句话说,他们学会了如何思考通过书写来沟通。

通过观察、与他人的互动和积极参与写作,儿童学习和实践着以书写为工具来表达自己并向他人传达信息。例如,在有文化的社会中幼儿学习杂货单、笔记、信件、贺卡(如生日贺卡)和电子邮件之间形式和功能的差异。这些形式及其相关的功能通常会当幼儿在游戏过程中参与书写时体现出来。

来自拥有大量印刷品,如报纸、杂志、书、计算机、稿纸、文具等家庭的学龄前儿童沉浸在看、使用和重视印刷品的氛围中。这些儿童通过在其日常生活中分享、谈论和使用印刷品的社会和文化经验很自然地获得了元语言意识和印刷品意识。虽然研究尚未确定印刷品和符号意识和后期阅读能力之间关系的强度,但通常认为印刷品意识是阅读能力的必要先决条件(Justice, Skibbe, Canning, & Lankford, 2005)。

儿童读出的第一个词通常是那些在他们的日常经验中有意义的词,例如他们自己的名字和周围的印刷品或标志(如食品标签、餐厅标志、交通标志)。他们能从整体上认识这些单词,但并不认识这些单词中的单个字母(Moustafa, 2000)。然而,阅读这些内容已经可以支持儿童印刷品知识的发展,这反过来也会促进儿童学习印刷品的常规知识,如了解图片、印刷体单词、标点符号和阅读方向之间的差异(Adams, 1990; van Kleeck, 1998, 2003)。阅读方向是指在一个页面和一本书阅读(或书写)的方向,例如,在大多数西方社会,单个页面文字阅读的顺序是从左到右,从上到下,而一本书的阅读顺序是从前到后。

Goodman(1986)五项研究报告的结果表明,研究中至少有60%的三岁儿童能够阅读其周围环境中印刷符号和文字,平均80%的四至五岁儿童能够阅读其周围环境中印刷符号和文字。有趣的是,这些孩子并不认为自己有"阅读"的能力,这提示了教育者和照料者认同和支持儿童的重要性,因为他们不断理解着每天自然发生的活动中所遇到的印刷品和符号。

值得注意的是,当学龄前儿童及其父母一起分享故事书阅读时,他们通常关注内容而不是印刷符号(此处即指文字)本身(van Kleeck,1998;Justice et al.,2002)。然而,当父母阅读字母书时,他们经常会关注印刷符号本身(van Kleeck,1998)。一项利用眼睛运动分析来比较学龄前儿童对印刷文字突出和对图片突出书籍视觉注意力的研究,Justice 等人(2005)发现,年幼的儿童更关注印刷文字突出的读物中的文字,但他们的关注度很低,即使他们有发展良好的早期读写能力,他们还是更喜欢看插图。作者认为,也许是父母对其角色的认知和对自身"鹰架作用"的看法鼓励了儿童关注印刷符号,而不是正在阅读的书籍的类型。

2.2 书写

VII. F. 儿童是怎样理解书写的?

读写领域的权威人士认为阅读和书写技是相互依存的,且实际上是同一过程。然而,在本节中我们将把这两者分开,并专注于书写能力。读写领域在 van Kleeck 的模型(1998,2003)中被称为"正确拼写处理器",并在前一节中讨论过。当儿童观察、再现、操控和谈论他们在日常生活中遇到的标记、形式或符号时,就表现出对于书写的理解。

虽然对书写能力的研究没有阅读相关的研究那么深入,但也有相当长的研究历史。早在 20 世纪初,Gesell 和 Ilg(1943)记载了儿童书写行为的发展,但直到很久以后的 20 世纪 70 年代,研究人员才开始更深入地探究幼儿早期书写的形式和功能。即使 20 世纪的一段时间社会整体都对儿童艺术作品感兴趣,但研究人员并没有将嵌入儿童绘画的中的书写对儿童书写能力的发展的重要性联系起来。他们没有意识到,当儿童创作艺术作品时,他们实际上是在发明不同的书写方式(Goodman,1990)。研究儿童艺术作品、涂鸦和利用字母书写信息的人员对我们理解儿童书写能力的发展做出了贡献(如 Bissex,1980;Clay,1975;Schickedanz,1990)。通过对儿童发明和再发明不同书写形式对观察记录和研究文献,我们了解到儿童在不断发展和改进他们的书写能力(Dyson,1989;Graves,1994;Miller,2000)。

了解书写的形式和功能

当幼儿在他们的环境中观察到其他人将书写作为沟通工具时,他们开始模仿和实验书写的行为,如涂写、绘图、绘制类似字母的形状和随机字母,然后再发明一些拼写组合(Morrow,1989)。Morrow(1997)将这些早期的尝试称为"原始书写";然而,其他人(如 Koppenhaver & Erickson,2000;Miller,2000)认为,早期写作应该是以真实的,有效的方式来写,而不是"原始写作"或"预写"。当儿童积极探索其读写环境(Goodman,1986;Teale &

Yokota,2000),并渴望交流与其生活相关的信息时,早期书写就发展成为正式写作(Vygotsky,1978)。

VII. G. 儿童书写有何特征?

涂鸦(Scribbling)

三岁的幼儿可以将自己的绘画与书写区分开来(Treiman & Bourassa, 2000),即便他们的书写可能会看起来像涂鸦。Goodman(1986)指出,幼儿认为他们的涂鸦或字母排列是有意义的书面表达,而且当他们在从事旁人可能认为无意义的涂鸦时,实际上"他们正在创作"(p. 7)。Clay(1975)报告说,她的研究表明,儿童的早期书写尝试(例如涂鸦)反映了其环境中的书面语言,不同文化场景下的涂鸦各不相同。这一发现得到了 Harste、Woodward 和Burke(1984; as reported in McLane & MacNamee, 1991, p. 5)所开展的调查的支持,他们发现,"说阿拉伯语或希伯来语的儿童的涂鸦看起来与说英语的儿童的涂鸦完全不同"。正如婴儿的发声逐渐接近其母语的音素,同样的,他们的书写记号或涂鸦也逐渐发展接近他们母语的字母或符号。随着接触印刷符号的经验不断增多,常规书写的特征开始出现,诸如定向、间隔、方向(即,从左到右、从上到下)、字母形状、字母排列,最后变为单词。

使用书面符号来代表对象和事件

通常,儿童有兴趣书写的单词是他们熟悉的,如自己的名字或是他们生活中重要人物的名字(Schickedanz, 1990; Schickedanz & Casbergue, 2004)。当儿童开始学习写人名时,似乎记住了字母"稳定的串联排列",但他们往往不能识别名字之间的相似性,或者他们可能在不同的人名中使用相同的字母。换言之,他们把每个人的名字看作一个独特的设计或者是一个"视觉"词汇(Ferriero & Teberosky, 1982, as cited in Schickedanz, 1990)。Schickedanz 称此为视觉设计阶段。例如,3 岁 7 个月的亚当(Schickedanz 的儿子)能够写 MAMA 和 ADAM,虽然其中包含类似的字母,但他认为每个词都是独有的,与其他并不相关。

Treiman 和 Bourassa(2000)报告说,年幼的儿童经常会创造在动词之前代表名词的单词,而且,当儿童书写这些名词时通常会包含这些名词的特征。例如,儿童认为爸爸一词应该比婴儿一词大,因为爸爸的确比婴儿大。

Ferriero 和 Teberosky(1982)认为儿童的书写发展是以代表音节的言语图形开始的,随后他们学习在书写单词时记住和表现每一个音素。根据 Schickedanz(1990)及其他若干研究者(例如,Ferriero 和 Teberosky, 1982; Harste, Burke 和 Woodward, 1981; Sulzby & Teale, 1985)的观察,在儿童试验书写单词时,通常会为该单词的每一个音节制作一个标记或一个字母。这被称为音节假设。例如，Schickedanz(1990，p. 96)报告说，Harste、Burke 和 Woodward(1981)观察到一个名为 Lisa 的小女孩连续写下 5 个数字(即 11111)，并将其读作"我的名字是丽莎"。他们推测，每个数字代表她读的句子中的一个音节。

接下来，儿童开始将音节代码与使用他们写的单词的第一个字母或声音结合起来。例如，Harste、Burke 和 Woodward(1981，Schickedanz 1990 报告)注意到下面的例子。

一位儿童写下字母 I L T P U MY TO 并将其读作"我喜欢玩我的玩具"。随后他评论说这看起来不够长，所以他给 TO 增加了 A 和 Q，变成 TOAQ(代表玩具)。

视觉规则策略(a visual-rule strategy)(Schickedanz，1990)是儿童书写单词和信息的另一种方式。使用这种策略的儿童似乎知道单词看起来应该是什么样子，他们使用各种不同顺序的相似字母来创造单词。例如，儿童可以写下 MOMA，OMMA 和 AMOM 来表示三个不同人的姓名。有时候，儿童可能会写下一串字母，并问一个成年人《这表示什么》，当回答与他不一致时，儿童会变得很沮丧。

随着儿童逐渐学会字母规则，他们在用字母书写时就从呈现单词的音节转到为字母的声音配对。这标志着儿童书写能力的一个重大发展。首先，书面单词最突出的声音更可能用字母呈现。例如，在书写单词"Her"时，掌握这一原则的儿童可能写下 HR。辅音群经常会被拼错，因为儿童通常只会用一个语音，而不是构成音群的两个或三个(例如，写 jee 代表"tree")。写最后的辅音群时，儿童常常会忽略群的第一辅音(Treiman & Bourassa, 2000)。例如，儿童可能将"help"写成 HEP。有趣的是，当幼儿用初始辅音群写出单词时，他们通常会写出初始辅音，而忽略了后面的(例如，孩子可以将"school"写成 SUL)。此外，在字母意识的早期阶段，儿童"开始创造自己非常原始的音素拼写"(Schicke-danz & Casbergue, 2004, p. 37)，他们可能使用单一的字母来呈现单词，如用 C 代表 see，用 R 代表 are，和用 U 代表 you(见 Schickedanz & Casbergue, 2004, 第 39 页)。这将在有关拼写的部分进一步讨论。

书写的发展顺序

根据吉布森本人和其他人的研究(如 Gibson, 1975; McLane & McNamee, 1991; Morrow, 1989)，Schickedanz(1999)确定了幼儿书写发展进程的六个阶段。

阶段 1：儿童约在 18 至 24 月龄开始探索用铅笔或蜡笔做记号。这一阶段提供了学习手指和手的运动把控书写工具并由此产生视觉图景关系的契机。

阶段 2：早期的涂鸦式书写出现在 18 个月至 3 岁之间，这时幼儿有计划的记号看起来像图片和书写。儿童通常可以指出哪个是图片，哪个是书写。在这一阶段，幼儿尝试用有组织的方式创建自己的作品，并不断掌握使用绘图和书写的工具。例如，到 18 个月龄时，涂鸦开始以垂直或水平的方式呈现,随后通常是杂乱的螺旋,环形和粗犷的圆圈。到了3岁,幼儿通常继续涂鸦,但是涂鸦主要在一个方向上进行,并且很少重复。4岁时,大多数儿童可以创作有代表性的图画。

阶段3:在大约4岁时,儿童的书写开始出现若干字母,并持续发展到5岁。儿童开始写字母或结合涂鸦写一些近似体。通常,儿童名字的第一个字母是他能够写出来的第一个字母(字形)。在这一阶段,幼儿正在尝试书写,并且不断地认识更多的字母。

阶段4:4岁到4岁半的幼儿开始模拟字母(Mock letters),他们的书写包含比上一个阶段更少的涂鸦,更多的是字母样的形状混合一些真正的字母。在这一阶段,幼儿的书写中近字母似的形状增加,开始显现出更多的字母特征。

阶段5:书写和练习字母通常出现在幼儿4—5岁时。在这一阶段,孩子们书写真正的字母形式,虽然有些可能不正确或方向有问题,但他们似乎正在练习逐渐接近标准的字母。

阶段6:从书写作品中选择的技能大约出现在儿童4岁半至5岁时。即使在儿童可以正确地书写字母后,也可能再次涂鸦或书写模拟字母(例如,创建购物单、信件或笔记)。换言之,在幼儿还没有掌握成熟的形状并扩展其选择时,他们还没有准备好丢弃先前的形状。在这一阶段,幼儿还可能可以从环境中发明单词拼写,抄写环境中的字母或数字,并且开始在书写中使用标点符号。

组织书写(organizing writting)

书写能力发展的另一个领域是书写的组织和在单词和句子之间插入空格。儿童早期学习了书写的不同功能,如列表、贺卡和故事。这一知识通常在3—5岁儿童的角色扮演类游戏中展现出来,例如在角色扮演中扮演服务员时,写出一个订购食物的清单;或是扮演爸爸,记录接听电话的内容;或者是给生病的同学制作贺卡。

幼儿在书写字母表的字母,特别是字母S和具有对角线的字母(例如,R或K)时可能会出现困难。Schickedanz和Casbergue(2004)表示,书写对角线是一种涉及到方向性和空间感的认知技能,而书写字母遇到的其他困难可能源自精细(小肌肉)运动技能的不成熟。通常,幼儿先写大写字母,之后再写小写字母,这是因为大写字母对小肌肉动作灵巧度的要求较少(Schickedanz & Casbergue, 2004)。

方向性是指有关单词放置的位置及阅读和书写时顺序的知识。例如,在我们的文化中,我们的书写习惯是从左到右,从上到下。儿童早期书写往往对方向性的原则缺乏理解,所以通常在页面上看不出固定一致的方向。也就是说,通常是水平方向与垂直方向相混合,字的方向从上到下、从下到上、从左到右和从右到左,或者没有组织地分散在页面上。儿童到6岁时,经常可能会把字母或整个单词反转过来(Schickedanz, 1999; Schickedanz & Casbergue, 2004)。每个字母都可以反着写,单词从右至左写,当拿到镜子里看时,出现的是一个可以识别的标准形式。这被称为镜像书写。当儿童在纸面上画一条线超出页面的空间时,他们经常用创造性的方法来化解这个困境,例如他们可能将剩下的字母反转过来写在第一行线的下面或者随机写在纸上,也可能将纸旋转180度并继续从左到右写第二行,或者可以将纸张翻转并在背面继续写。

当儿童发现单词是独立的实体时,他们开始尝试各种将他们在书面信息中分离的策略。儿童通常采用的方法之一是在单词和音节之间使用圆点(例如,THIS. IS. MY. HOUS. 和 TAL. A. FON)。这两个例子来自 Bissex 五岁半的儿子 Paul(Bissex, 1980, pp. 23 and 45)。儿童分隔单词或音节的另一种方式是把它们圈出来、垂直放置、放在方框中或在它们之间画线或破折号(McGee & Richgels, 2004)。

Schickedanz(1990, p. 115)指出,"儿童的错误常常告诉我们他们对书写的惯例(conventions)的了解,以及他们还没有学会什么。"观察儿童的书写为我们提供了解释其能力水平的线索,并引发我们思考如何为他们的学习提供更有效的支持。

2.3 拼写(Spelling)

2.3.1 拼写的发展

做了多年读写的"继子"之后,拼写逐渐赢得了此领域研究人员和管理部门的高度重视和尊重。拼写不再被认为是视觉运动或视觉记忆过程(Kamhi & Hinton, 2000),也不被认为是低水平的读写能力,也不再仅仅是学校的一门课程(Scott & Brown, 2001)。现在,这一读写领域被认为是一项由与阅读相同的语音和认知过程所支持的、基于语言的技能(Kamhi & Hinton, 2000; Scott & Brown, 2001)。事实上,阅读能力是拼写能力的最佳预测途径(Kamhi & Hinton, 2000)。

有关阅读与拼写之间的关系存在着两个观点。一个观点是,它们是两个独立的、互不关联的过程;而另外一种观点是拼写包含阅读。最近的研究结果表明阅读和拼写的方法之间存在相关性,这支持了拼写包含阅读的第二种观点(Ehri, 2000; Kamhi & Hinton, 2000)。此外,研究人员还发现拼写能力和儿童的语音、语素、音素(Kamhi & Hinton, 2000; Masterson & Apel, 2000)、拼字法(orthographic)、语义(semantic)、句法(syntactic)(Kamhi & Hinton, 2000)和字母知识(Cassar & Treiman, 2004)之间存在很强的相关性。

儿童的阅读和书写技能对应并支持其拼写能力的发展。儿童在阅读和书写中反复应用字形—音素关系,这帮助他学会认识和运用单词的拼写。拼写能力不仅包括单词的拼写,还包括认出拼写正确的单词(Ehri, 2000; Kamhi & Hinton, 2000; Masterson & Apel, 2000)。最容易生成和识别的拼写是符合拼写者已有的字形—音素关系的知识,或者是遵循其语言的拼写模式(Ehri,2000)。

拼写是一项"元语音(meta phonological)"任务(Butler,2000),为了拼写出一个单词,儿童必须考虑其中的声音排列。同时,它也是一项"元拼写(meta orthognaphic)"技能,因为儿童必须考虑字母和字母的顺序,以便用字母表中的字母形象化地呈现单词。拼写的能力随着儿童学习字母表的字母而进步:获得语法—音素对应规则的知识,理解"文字"的概念,区分单词中的首音、中间音和尾音,理解和应用拼写规则。这一领域的最新研究集中在将建构模型用于拼写教学,基于此儿童可以得到成人或更有能力的同伴的支持,来建构和强化他对于如何使用字形—音素关系进行拼写的理解和知识(Butler,2000;Cassar & Treiman,2004;Ehri,2000;Treiman & Bourassa,2000)。

这一领域的管理部门建议了几种有关拼写发展阶段的不同理论(例如,Bear, Invernizzi, Templeton, & Johnston, 2000; Ehri, 2000; Jones & Crabtree, 1999; McGee & Richgels, 2004)。尽管术语有所不同,但基本原则是类似的。阶段研究的理论家认为,儿童最初开始学习拼写,并将学到的字母名称和相应的声音应用到单词的拼写之中,逐渐地,随着认知能力的提升,他们能够利用更多的信息资源(Treiman & Bourassa, 2000)。例如,一名幼儿可能在能够正确拼写单词 maybe 之前,先将其拼写为 MA B,后来又可能拼写为 mayB。

在 Ehri(2000)的阶段理论中,她将最早的阶段称为"前字母水平",其特点是类似草书的涂鸦,但是没有明显的字母形状。处于这一阶段的儿童还不明白字母—声音的对应关系,其书写中任何字母的使用纯属巧合和随机。接下来的两个阶段(即"部分字母水平"和"字母水平")是 5—7 岁儿童拼写尝试的典型实证。在部分字母阶段,儿童在单词拼写中使用单个字母来创作字母名称的拼写(例如,用字母 U 指代单词 you)。当儿童能够在字母和字母名称之间建立联系,并在拼写中运用这些知识的时候,他们就不断地展示出对于字形—音素对应的不断理解,并且他们越来越意识到书写与言语相关(Cassar & Treiman, 2004)。

在半字母阶段,儿童还没有充分理解字形——音素体系。这是因为他们的拼写中没有元音,而且难以表达单词中的首个和末尾的辅音群(Cassar & Treiman, 2004)例如,这一阶段的儿童可能将 truck 写成 TUK,将 help 写成 HEP。这一阶段的单词拼写表明,儿童理解书面语言中的字母与单词中的声音相对应,但由于其语音学或字母学的知识有限,他的尝试常常是不准确的。然而,在下一个阶段(即,全字母阶段),儿童对于字形—音素的知识和运用不断成熟,并在其拼写能力中得到验证。例如,到二年级时,大多数的儿童会在他们的单词拼写中包含元音(Treiman & Bourassa, 2000)。此外,在这一阶段,形态学的知识增长并支持儿童拼写。例如,最初将 kissed 拼写为 KIST 的儿童开始使用语素—ed,随后他们可能将其过度使用,如将单词 slept 拼写为 SLEPED(Cassar & Treiman, 2004, p. 629)。

当儿童意识到字母原则后,他们开始经常询问其他人如何拼写单词(Bissex, 1980;

Genishi & Dyson，1984；Schicke-danz，1990）。例如，Schickedanz 将她对儿子亚当的观察与同样在这一阶段 Bissex（观察她的儿子 Paul）的观察结果进行比较，她发现了相似之处。两个男孩都在他们开始使用音素拼写时请求词单拼写和语音发音。儿童请求拼写的第二幕发生在他们使用发明拼写的一段时间以后，且开始意识到他们需要帮助或对单词的部分或整个拼写进行验证。Bissex 和 Schickedanz 都报告说，他们的儿子在开始常规阅读后变得不愿拼写，Schickedanz(1990)在对波士顿大学一所托儿所儿童五年的观察中注意到了同样的情形。

2.3.2 创造式拼写（Invented Spelling）

Ehri(2000)就学习单词的拼写提出了以下的三个过程：1. 记忆（回忆拼写）；2. 类比（将单词拼写与已知的单词相联系）；3. 创造（使用音素的技巧和字母的知识选择音素对应并创造拼写）。因为刚开始学习拼写的儿童还无法使用记忆或类比，他们必须依靠于创造(Cassar & Treiman，2004)。

创造式拼写（也称为"声音拼写"）贯穿学习拼写的整个过程中，并在儿童 4—5 岁时尤为明显，那时他们正在假设单词拼写的各种方法(Ehri，2000)。创造式拼写为我们提供了了解儿童掌握字母原则和字形—音素对应规则技能的窗口。幼儿常常在其发明的拼写中专注于使用辅音（例如，用 PHShAn 代表 punishing；Vknl 用于 volcano）(McGee & Rich-gels，2004，第 105 页)。儿童的拼写可能受到他说出单词方式的影响（例如，purple 是 PUPO）。此外，当儿童还没有发展到准备好处理单词中的所有音素时，他们发明的拼写可能会省略辅音群和短元音，特别是单词中的非重读央元音或松元音，如 *about* 和 *circus*。因此，他们对这些单词的书写可能包含一个近似的音素或与他们试图书写的单词音位特征相似的音素，再或者直接不在单词中书写该音素（例如，SRKS 表示 *circus*）(Schickedanz，1999)。

Ehri(2000)指出，发明单词拼写的经验比教授单词的常规拼写更有助于幼儿学习字母系统。当儿童发明拼写时，他经历了分析单词中音素，然后选择字母表中的哪个字母来表示那个音素的过程。儿童通过这个过程构建着自己对拼写的理解。

当儿童的书写和拼写能力得到发展时，读写能力的所有组成因素都不断聚集并相互支持。

2.3.3 双语论与读写（Bilingualism and Literacy）

美国学校中双语儿童越来越多，但是，有关 2 至 8 岁双语儿童的语言和读写能力发展的研究却很少(Barrera & Bauer，2003)。

Tabors(1997)明确区分了同时性（simultaneous）双语和后续（successive）双语的定义，将

同时性双语定义为从幼年开始就同时接触两种语言,并将后续双语定义为在第一语言完全或部分建立之后开始学习第二语言。"双语言读写"的出现是"同时获得两种语言的阅读和书写技能"(Zecker,2004,p.248),一种语言的发展影响着另一种语言的发展。同时性双语的儿童不应被视为具有一种主导性语言,而对另一种语言的能力有限。这些儿童构建"语言相关读写知识的平行储存库(parallel stores of language-specific literacy knowledge)"(Zecker,2004,p.261)。每种语言的早期读写能力并肩发展,所以他们没有必要重新学习他们已经获得的技能。

与此相反,后续双语且英语水平有限的儿童在发展读写能力的知识和技能方面面临困难(Snow et al.,1998)。Downing(1986)发现,学习第二语言的儿童学习音素的概念比他们学习第一语言或主要语言儿童要慢。如果儿童已经开始发展其主要语言的元语言知识,然后希望在使用第二语言时发展读写活动,可能会遭受因无法依靠其已有的读写技能而出现的认知混乱。

Schickedanz 和 Casbergue(2004)报告说,说其他语言的儿童在读写能力的发展进程上可能与母语为英语的儿童有所不同。例如,说西班牙语幼儿的早期音素拼写通常包括元音,而不是说英语儿童主要使用的辅音。他们推测,这可能是因为西班牙语中的元音在大多数单词中的发音方式相同,而且每个元音只有一个元音发音,而在英语中,每个元音有多个发音(例如,长元音、短元音、双元音、元音、r-控制元音)。

对双语儿童书写能力的调查表明,儿童读写能力的发展需要共同的语言知识(common lingnistic knowledge)(Zecker,2004年)。例如,所有的儿童无论讲什么语言都需要具有元语言意识。Zecker 有关字形—音素知识发展(即,知道书写哪个符号或字母代表一个语音声音)的研究报告说,对于学习书写字母语言的儿童来说他最了解(最主要—译者)语言的音素结构影响着儿童对次级重要语言的阅读和拼写能力。她说,她研究中的儿童在用次重要的语言书写时,没有退步到不成熟的状态,而是可以将他们日益增长的读写知识应用到两种语言中。例如,Zecker(2004)发现,掌握了西班牙语中音素—字形对应关系的以说英语为主的儿童能够用西班牙语相当准确地写出单词,即使他们不知道这个单词的含义。

Barrera 和 Bauer(2003)回顾双语儿童阅读故事书的国际文献发现,在美国的研究中,通常是正处在学习第二语言过程中的说西班牙语的儿童(即"后续双语"),阅读故事书的人(通常是父母或照料者)将阅读故事书(通常也是英语)作为一项新的练习方式。研究人员指出,双语的阅读参与者与故事书互动的一个很自然的情形就是代码切换(交互地使用两种语言)。

Barrera 和 Bauer(2003)对现有研究的回顾得出了如下的结论。双语使用者对阅读的故事书中的内容理解有限,因为这种交互是透过"单语视角"完成的。他们认为,研究人员不应该将关于单语故事书阅读的知识应用到双语使用者身上,而是应该扩展对他们的研究以包括影响双语者的文化和语言方面。Barrera 和 Bauer 的回顾研究表明,在故事书阅读中,双语的儿童意识到并利用其阅读伙伴的语言和信息,但不了解他们如何在互动中利用他们的双语。建议未来的重点可以是探究双语者带给故事书阅读活动的技能(例如,儿童对故事书阅读的看法;当来自不同语言背景的人阅读故事书时,儿童如何反应)(Barrera & Bauer, 2003)。根据 Barrera 和 Bauer(p. 266)的表述,研究人员应该利用社会文化的视角开展"讲故事、故事阅读和读写能力之间关系的跨文化探索",因为"故事书阅读是一种社会创造的互动习俗",而不是普世的文化现象。

因为读写是与文化认同相关的社会建构(Ferdman,1990),因此,重要的是教师在准备教授来自其他文化环境的儿童时反思他们自己的文化信仰和价值观。此外,Ferdman 强调,双语应当受到重视,而不应被视为缺陷。

全美幼儿教育协会(NAEYC)最近制定了一份立场宣言,题目是"筛选和评估幼儿英语学习者(Screening and assessment of young English learners)"(NAEYC,2005)。以下是文件中所述的推荐标准:

1. 实施筛选和评估应该是为了恰当的目的,应使用语言和文化方面都适合的工具和策略。

2. 文化和语言上都适宜的评估工具及翻译应该由具备评估和翻译领域知识,且考虑到儿童的语言史、熟练程度、优势和偏好的母语人士来使用和审查。

3. 评估的主要目的是帮助支持儿童的学习和发展的项目。评估应当:
- 包括系统性的观察
- 使用多种方法和措施来评估
- 是持续的,长期重复的评估
- 适合不同年龄的评估
- 是涉及两人或更多人的评估

4. 使用标准化的正式评估适用于项目评估、问责和确定能力不足的情况。然而,开发和实施这些评估的人员应该了解对幼儿英语学习者进行标准化评估相关的注意事项和关注点。

5. 实施评估的人员应当具有文化和语言方面的能力;能够掌握双语言和双文化;具有评估儿童第一语言习得、第二语言习得等一般性知识,尤其是具有对幼儿英语学习者评估等方面的知识。

6. 家庭应当在评估过程中发挥关键作用。他们能够对儿童的评估提供有关的信息和见解。开展评估的专业人员应该就评估的选择、实施和分析等寻求儿童家庭的信息。评估人员应当避免让家庭成员进行评估,在正式评估期间解释或作出评估结论。专业人员应当以对参评家庭更有意义的方式公开儿童评估的结果。

7. 在现场需要：
- 充分了解的第二语言学习者的知识
- 更多和更优质的评估
- 增加具备有关早期儿童双语和双文化知识的专业人员的数量
- 在幼儿英语学习者评估方面提供持续的专业发展和支持

TPBA 中运用的程序和策略可以满足 NAEYC 推荐的这些标准中的前六个。

2.4 使用《观察指南》来评估读写能力

TPBA 为观察儿童读写能力的发展提供了一个自然的场所。在分享读书、艺术活动、角色扮演和其他游戏互动中，儿童的读写能力是显而易见的。游戏引导员需要了解游戏中可以使用什么样的道具、材料和布置环境的印刷品，并创造性地激发儿童读写能力的知识与技能。虽然许多技能可能自发地展现出来，但是引导员需要知道如何扩展这些行动，如何提供建议或者提出问题，从而延展儿童的知识和技能，而不会让游戏变成一个"测试"（参见第 7 章）。

在角色扮演游戏中，儿童可以在自己读写中想象不同的角色和不同的活动。例如，在游戏期间，儿童可能想象自己变成教师的角色，并在黑板上写下班级中的孩子们的名字。在 TPBA 中，儿童可以尝试各种各样的书写工具和材料（如，纸、铅笔、记号笔、蜡笔）和方法（如，涂鸦、绘画、书写）。读写能力也可以通过儿童对猜谜游戏、玩具说明、环境标志和其他符号和书面材料的回应来观察。有关读写能力发展的 TPBA2 观察指南和年龄表参见在第 7 章关于认知的章节中。

VII. A. 儿童展现出的听力技能如何？

听力技能对于语言和读写能力的发展至关重要。在对儿童进行沟通领域的评估中，团队会观察儿童关注什么，如何对环境声音做出反应，以及他是否能够朝向声音或声源进行命名（例如，当听到飞机的声音时，会指向它或说"飞机"）。儿童如何模仿环境和讲话的声音也表明其听到了什么及其如何处理所听到的声音。游戏引导员应该为儿童提供各种能吸引他的机会和各种能发出声音的材料。

韵律词（rhyme words）对于语音发展很重要，并为儿童音位意识的发展提供内在知觉。如果有人念诵含有韵律词的儿童诗或歌曲时，团队可以注意儿童的反应。另外一个对发展读写能力重要的技能是熟悉字母表中的字母。团队成员可以适当地聆听字母知识的示例。例如，可以注意儿童是否会在听到其他儿童、成年人或录音机在演唱歌曲 ABC 时就加入演唱。另外一个倾听字母知识的例子是儿童是否有兴趣、指向、加入阅读，或者在字母图画书、艺术作品、戏剧中读出字母名称。例如，当写购物清单时，儿童可能会说"蛋糕杯，C P KAK"。这不仅展示了字母知识，而且还表现出了儿童的音位和语音意识。可以观察到儿童字母知识的另一个指标是当他看到自己的姓名时能认出一个或多个字母。

迪伦(Dylan)和达里尔(Daryl)（都是三岁半）进入学前教育中心时，他们都会走向标有迪伦名字的玩具盒子。在他们争论这个玩具盒子是谁的时候，老师亚当斯先生走了过来。他分别询问他们为什么认为玩具是自己的。迪伦指着玩具上面的名字，说："这是'迪伦'，迪伦是我。"当亚当斯先生转向达里尔，扬起眉毛和双手表示提问时，达里尔指向名签上"D"说："这是我的玩具盒子。"亚当斯先生拿下了两个人玩具盒上的名签，并排放在一起说："好吧，它俩的确是从同一个字母开头的。你俩的名字也都以'D'开头（同时他指向每一个玩具盒标签上的'D'）。我们怎么知道哪一个是'达里尔'，哪一个是'迪伦'？"两个男孩决定去问幼儿园园长，因为亚当斯先生显然不知道！

VII. B. 儿童如何使用书籍？

应该为儿童提供多种类型和不同层级的图书。如果在儿童的家里实施TPBA，可以利用家里的书籍和材料，但是应该再带一些小说和书写材料。这将有助于团队能够观察儿童对熟悉的书籍和读写材料做些什么，以及如何回应新的图片、故事等等。在游戏过程中，团队可以注意儿童对书籍的兴趣度，如何处置图书，对熟悉或不熟悉的图书如何反应，以及如何试图与成年人分享图片、故事或印刷品。例如，游戏引导员可以让儿童选择要分享的图书。儿童选择图画书、算数书、故事书还是一本熟悉的书？如果这本书是颠倒着或背面朝上地交给儿童，那他知道如何把这本书调换过来吗？儿童翻书时是从前向后翻吗？儿童想要独立探索这本书、看图片，还是和成年人分享？儿童是主动发起与书的互动，还是必须由成年人介绍并带领进行对这本书的分享？

VII. C. 儿童在看或分享图书时理解了什么？

观察儿童与书的互动会揭示更多儿童对于表征性材料的理解。团队可以观察儿童是否只是将其作为一个探索的对象而对书感兴趣，还是他理解了书中图片所代表的真实对象或印刷的单词。儿童阅读图书的方式还将提供儿童如何理解图书的作用等信息。读故事时，儿童是否可以识别书中的人物或物品、人物的情感或行动的后果？他会预测故事的发展吗？他能理解发生了什么、为什么吗？当游戏引导员、父母或照料者与儿童一起读书时，团队观察儿童在没有提示时可以提供什么信息，以及如果他的注意力被书的某一方面吸引时，他能够发现什么。例如,成人可以指着印刷符号、文字说:"我不知道这是什么意思?"

VII. D. 儿童能回忆起熟悉的故事中的单词、短语、故事情节和内容吗?

孩子记住了最喜欢的图书中的哪些部分为儿童不断理解符号表示的含义提供了线索。父母可以询问家庭成员儿童记住了喜爱的图书中的哪些图片、单词或内容。例如,游戏引导员可以选择一本儿童熟悉的书问:"我想知道这本书讲了什么?"引导员应该尝试鼓励儿童在他人尽可能少的帮助下说出更多故事的内容。当儿童停顿或者说"我不知道。"时,引导员可以指着书里的人物问"看看他(书中人物—译者)在做什么呢? 看起来他有麻烦了,你觉得是怎么了呢?"在阅读一本熟悉的书时,成年人可以有意地省略关键词或短语,来看看儿童是否可以将缺失的词语填上。艺术活动和角色扮演游戏也可以了解儿童对故事设置、人物、行动和情节的理解。请儿童画出有关故事的图片或扮演出故事的部分内容,也有助于展现儿童对图书内容的理解。关于这本书的讨论也可以展示儿童对书内容的理解以及与他本人生活的相关点。例如,在读一本有关飞机的书时,一名儿童最近刚刚坐飞行中去拜访了在另一个州的祖母。他停下来,看着每张图片,并说明"他的"飞机与图片上的各有什么相同或不同之处。

VII. E. 在儿童尝试阅读的过程中,展示出了怎样的读写能力?

观察儿童与书的互动揭示了他们对于阅读过程的理解。即使在婴儿出生第一年中,婴儿也会对着书中的图片发出声音,甚至可能会明显地"认识"一些图片。当他们开始认识到图书与说话的关系时,就可能会看到他们经常做"图书拼字(book babble)"(一个术语,指使用类似于在阅读期间使用的语调模式)。团队可以询问照料者儿童认识的环境符号和文字,以及他与图书的口头互动。还可以观察儿童如何与成人或其他儿童分享一本书。孩子们谈论图片吗? 会用阅读的语调讲故事吗? 认识一些单词吗? 会指出单词并尝试发音吗? 儿童与熟悉或不熟悉图书的互动都应该观察,因为与熟悉图书的观察内容可能反映其记忆和学习的能力。然而,用于不熟悉图书的策略可以表明儿童如何将新技能应用于新材料。例如,儿童可能已经记住了一本熟悉的书,但是看起来好像她正在(重新—译者)"读"这本故事。然而,当给她一本故事类书时,她可以仅通过看图片(不需要经过读文字)就知道(猜出—译者)这本书是讲的是什么。与照料者讨论,观察图片、符号或文字出现(时能够确认的儿童的表现),当儿童与读写材料互动时细致地提问,这些都可以为我们提供一幅儿童不断发展的读写能力的图景。

VII. F. 儿童是怎样理解书写的?

即便儿童由于身体或发育的限制而无法书写,评估人员也可以或多或少地了解儿童对于书写过程的理解。儿童向成年人发出关于书写的指令可以揭示儿童知道书写从哪里开始，书写的方向是什么，空格或标点符号在哪里等等。例如，一名儿童告诉引导员在纸上写下她的食物订单，说："从这儿开始，写'汉堡包'。"主持人写好并说："还有什么吗？"儿童说："是的。炸薯条"。当引导员要在'汉堡包'旁边写时，儿童说："不。你必须在这里写。"（表示在另一个词的下面）。这个列表的呈现方式表明，即使儿童还不能自己写，她依然理解印刷符号的各种形式和功能。

VII. G. 儿童的书写有什么特点？

对于引导员来说重要的是提供机会让儿童有理由想要写各种形式的印刷符号（例如，列表、卡片、标签、标记或故事），无论儿童是自己写还是口述这些信息给其他人。为角色扮演的游戏区（如，医生办公室）制作标志，制作所需物品的列表（如聚会的礼物），或者为一幅图写一个故事，这些只是如何在多种活动中评估读写能力的几个例子。激发儿童想要使用已有的读写工具和道具是非常重要的。随着游戏引导员跟随儿童进入一些涉及读写能力的活动中，团队将会观察孩子如何握持、操纵和利用绘画或书写工具，试图做标记、画画、涂鸦、模拟字母、写自己的名字，或使用其他常规的书写技巧。正在发展书写能力的儿童通常有很强的展示这些技能的动机。引导员应确保提供至少写一两句话的机会，以便观察儿童如何构造单词、短语和句子。这通常是一件儿童可以带回家的作品。例如，引导员对一名儿童说，"我想你的老师很想看到这个。让我们在这儿写下你所做的。"可能观察到的其他关键因素有儿童进行绘画或书写的活动时是否达到分享的社会层面，以及儿童阅读和书写能力之间的关系。

TPBA2 观察指南中有关读写能力概念发展的部分有助于评估团队观察培养儿童这一领域的能力所需要的关键技能。

2.5 阅读和书写中的障碍（Disabilities in Reading and Writing）

虽然在 TPBA 中看到的许多儿童太小，还没有表现出阅读和书写"障碍"，但还是可以观察到幼儿可能出现的潜在学习问题的早期迹象。以下讨论的阅读困难和书写困难的初步迹象可以在幼儿前读写技能中观察发现。

阅读困难（Dyslexia）可能是读写领域中最常见的障碍，导致读、写或拼写困难。国家儿童健康和人类发展研究所（NICHD）定义的阅读障碍是基于神经系统的障碍，以在准确和流畅识字、拼写和解码能力方面有困难为特点，由语言的语音障碍引起。参照国际阅读障碍协会（2000 年），有阅读障碍的幼儿可能包括如下一些特点：

- 比大多数儿童说话晚
- 有发音困难的单词(例如,spaghetti 发成"busgetti",lawn mower 发成"mawn lower" i)
- 学会新单词的速度缓慢
- 说话时无法记起正确的词
- 音节押韵困难
- 学习字母表、数字、星期、颜色、形状、如何拼写及写自己的名字时有困难
- 难以用正确的顺序讲述或重述故事
- 难以分离单词中的声音以及混合音来说出单词

上述的许多特征与研究人员发现的读写能力发展所必需的关键技能直接相关(e.g., Adams, 1990; Goswami, 2002; Hart & Risley, 1999; Morrison & Morrow, 2002; Shaywitz, 2003; Shaywitz & Shaywitz, 2004; Wetherby et al., 2003)。Snow 等人(1998)报告说,大多数被确定为有学习困难的儿童在学习阅读方面有困难。他们强调,适当的指导对于满足这些儿童发展其读写能力的需求是非常重要的。

书写困难(Dysgraphia)是一种基于神经系统的书写障碍,罹患此症的人发现很难在限定的空间内写出字母,或使用书面语言进行交流(International Dyslexia Association, 2000; National Institute of Neurological Disorders and Stroke, 2003)。这种障碍可能涉及从小肌肉运动协调性的问题到无法将头脑中的音素、单词和想法转换为字形或书写符号等障碍。书写是涉及运动、语言、视觉、本体感觉、空间和记忆能力等认知结构调节的复杂互动。其功能障碍可能导致笔迹无法辨认,书写得极其缓慢或图像非常小。有书写障碍的个人在书写时无论在身体上、认知上还是情感上都会很费力。

有证据显示这种障碍通常在儿童首次正式书写的时候就开始产生。尽管有足够的智力,经验和学习机会,但儿童还是会展现出如下的阅读障碍:

- 回避书写和绘图(画)
- 字母的大小和间距不正确
- 字母反转和旋转
- 信息含糊不清
- 错误的或拼写错误的单词
- 对书写的要求或建议有情绪反应

尽管儿童通常在其发展的某个时间点会表现出许多这些特征,但是患有阅读障碍的幼儿除此以外还可能会在被要求写字或画画时表现出极端的负面情绪。在 TPBA 期间,团队将观察那些由于书写而产生的过激情绪的迹象。根据团队的观察,可以建议开展相关的干预以支持书写能力的发展。

目前，大多数全国性组织和国家教育机构并不认为拼写困难是学习障碍的结果（Kamhi & Hinton, 2000）。很显然，将拼写作为与读写发展相关的语言技能的现行研究观点尚未对州和联邦监管机构和全国性组织产生影响。因为阅读和拼写是同根同源的，如果一名儿童有阅读问题，那么他就会遭遇拼写困难（Ehri, 2000）。事实上，研究人员认为语音技能的缺陷预示着拼写困难（Cassar & Treiman, 2004）。

患有阅读困难的儿童比一般儿童更容易出现拼写错误，并表现出语音技能弱，发展缓慢的情况（Cassar & Treiman, 2004）。因为拼写需要有将口语的单词分解成音节和音素的能力，所以语音技能不好会导致拼写能力差。Cassar 和 Treiman 指出，患有阅读障碍的儿童的拼写错误是由语音基础造成的，而且与年幼儿童的常规发育类似。这一信息对于那些制定干预计划的人来说有所裨益，因为发展过程是可预测的。

当 5 岁以下的儿童出现上述任何一种语言和学习障碍时，通常不会给出学习障碍的诊断决定。但是，如果要确定这种诊断结果则需要非常谨慎。在任何情况下，记录观察到的行为并制定解决这些读写能力的干预计划是很重要的。应该告知家长早期读写技能的发育迟缓或缺陷与后期阅读、书写和学习困难之间的联系，并且应该长期监测其发展，以确保提供相应的支持。

四岁的玛丽莎（Marissa）由她的老师和她的父母转介来进行评估，因为他们担心她的运动和语言发展。TPBA 在玛丽莎的教室进行。在 TPBA 期间，玛丽莎拿起一本书《棕熊、棕熊、你看见了什么？》（Martin, 1992），靠近她的脸，上下颠倒。她从右向左翻书，翻完大部分，但不是全部页面。然后她在中间打开这本书，说："Bow beh, bow beh, uh-da-ya see?（你看见了什么）"她期待地看着身边的游戏引导员和成年人说："我看见一只红色的鸟看着我。"游戏引导员继续说，"红鸟，红鸟，你……？"她停下来，玛丽莎说："see（看）。"引导师接着说："我看见一只黄色的鸭子……"（暂停），玛丽莎说："ook ah me（看着我）。"

最初玛丽莎抗拒所有成年人引导的画画活动，然而，当她观察一个同伴画画时，玛丽莎也在一个画架上画起来。她左手掌握着画笔，拇指指向画纸（见第 2 章），这是一岁儿童典型的抓握方式。她的笔触是在纸的中心垂直、上下运动。

游戏观察结果的讨论中，TPBA 团队注意到，玛丽莎对熟悉图书中的动词模式很感兴趣并且能够辨识出来。尽管她也会摆弄一本熟悉的书，但她并没有像一名 11 个月大的儿童惯常的那样把书的右侧向上。然而，她确实能翻到正确的页码（即从右向左）。讨论中还指出，玛丽莎能够正确背诵故事书中的短语（通常是 24 至 30 个月大的儿童所表现出的技能），虽然这些短语与她打开的这本书中那一页的图片不匹配，而且她的发音很难理解。当读到熟悉的故事时，如果阅读者犹豫了，她还能够补上下一句短语(通常 24 个月大的儿童掌握的技能)。

无论是玛丽莎的父母还是她的老师都没有注意到过她会做标记、涂鸦或画画，所以观察到她画画的尝试时，着实令人鼓舞。团队注意到，玛丽莎运用垂直运动和一岁儿童典型的不成熟的握笔方式画画和搅拌("做汤")。此外，玛丽莎会用左手画画，用右手搅拌。她的母亲评论说，玛丽莎在家里也是双手并用的。

评估团队认为，认知、语言和感觉运动技能的迟缓影响了玛丽莎学会阅读和书写技能。在评估建议中，评估组认为玛丽莎似乎已准备好进行更多的口语活动，能够利用韵律，如歌谣、歌曲、手指戏剧，以及带有韵律、节拍、头韵和可预见内容的图书。评估组鼓励玛丽莎的老师和家长继续给她读书，使用图画书来帮助她熟悉图书，并引导她看图书中图片和动作并给它们命名。基于团队的总体观察，玛丽莎还被转介给眼科护理专家和视障者老师做进一步的评估(参见第 3 章)。

在运动方面，玛丽莎在摆弄扮演道具时，没有使用优势手，握笔的方式很初级，不愿探索使用绘图和书写的工具。该团队建议给予玛丽莎更多探索和摆弄小物体的机会，并让她进一步尝试去画画。他们认为同伴可能是鼓励此类探索的重要榜样和动力，但是，如果她还是没有进步，该团队将建议进行职业治疗评估。

结论

语言、读写、认知和运动发展是整体相关的。本章探讨了关于发展读写能力的诸多方面的研究，包括有关于书的技能，如听、用、理解和回忆书中的故事内容。此外，还回顾了支持读写能力发展的知识和技能，包括语言、语音和音素的意识。包括字母知识和印刷符号知识在内的理解正确拼写也与学习阅读和书写相关。关于儿童理解和创造表现其思想的符号的研究以及儿童组织思维能力对拼写能力的支持还在进一步探索之中。读写能力的发展是受文化影响的过程，由于社会变得越来越多元化，儿童会讲不止一种的语言，本章还讨论了双语和读写能力发展的问题。本章最后描述了 TPBA 中评估读写能力的过程，并举例说明如何有效而自然地评估儿童倾听、理解、阅读和书写的能力。

参考文献

Adams, M. J. (1990). *Beginning to read: Thinking and learning about print.*

Cambridge, MA: The MIT Press.

Adams, M. J., Foorman, B. R., Lundberg, I., & Beeler, T. (1998). *Phonemic awareness in young children*. Baltimore: Paul H. Brookes Publishing Co.

Andrews, J. F., & Mason, J. M. (1986). Childhood deafness and the acquisition of print concepts. In D. B. Yaden & S. Templeton (Eds.), *Metalinguistic awareness and beginning literacy: Conceptualizing what it means to read and write* (pp. 277 – 290). Portsmouth, NH: Heinemann Educational Books.

Austin, J. L. (1962). *How to do things with words* (2nd ed.). Cambridge, MA: Harvard University Press.

Baker, L., Fernandez-Fein, S., Scher, D., & Williams, H. (1998). Home experiences related to the development of word recognition. In J. L. Metsala & L. C. Ehri (Eds.), *Word recognition in beginning literacy*. Mahwah, NJ: Lawrence Erlbaum Associates.

Barrera, R. B., & Bauer, E. B. (2003). Storybook reading and young bilingual children: A review of the literature. In A. van Kleeck, S. A. Stahl, & E. B. Bauer (Eds.), *On reading books to children: Parents and teachers* (pp. 253 – 267). Mahwah, NJ: Lawrence Erlbaum Associates.

Bear, D. R., Invernizzi, M., Templeton, S., & Johnston, F. (2000). *Words their way: Word study for phonics, vocabulary, and spelling instruction* (2nd ed.). Upper Saddle River, NJ: Prentice Hall.

Bissex, G. (1980). *Gnys at Wrk: A child learns to write and read*. Cambridge, MA: Harvard University Press.

Bowman, B. (2004). Play in the multicultural world of children: Implications for adults. In E. F. Zigler, D. G. Singer, & S. J. Bishop-Josef (Eds.), *Children's play: The roots of reading* (pp. 125 – 141). Washington, DC: Zero to Three Press.

Burns, M. S., Griffin, P., & Snow, C. E. (Eds.). (1999). *Starting out right: A guide to promoting children's reading success*. Washington, DC: National Academies Press.

Butler, K. (2000). From the editor. *Topics in Language Disorders*, 20(3), iv.

Cassar, M., & Treiman, R. (2004). Developmental variations in spelling: Comparing typical and poor spellers. In C. A. Stone, E. R. Silliman, B. J. Ehren, & K. Apel (Eds.), *Handbook of language and literacy: Development and disorders* (pp. 627 – 643). New York: Guilford Press.

Clay, M. M. (1966). *Emergent reading behavior*. Unpublished doctoral dissertation,

University of Auckland, New Zealand.

Clay, M. M. (1975). *What did I write? Beginning reading behavior*. Auckland, NZ: Heinemann.

DeTemple, J. M. (2001). Parents and children reading books together. In D. K. Dickinson & P. O. Tabors (Eds.), *Beginning literacy with language* (pp. 31 – 51). Baltimore: Paul H. Brookes Publishing Co.

Downing, J. (1986). Cognitive clarity: A unifying and cross-cultural theory for language awareness phenomena in reading. In D. B. Yaden & S. Templeton (Eds.), *Metalinguistic awareness and beginning literacy: Conceptualizing what it means to read and write* (pp. 13 – 29). Portsmouth, NH: Heinemann Educational Books.

Dyson, A. H. (1989). *Multiple worlds of child writers: Friends learning to write*. New York: Teachers College Press.

Ehri, L. C. (2000). Learning to read and learning to spell: Two sides of a coin. *Topics in Language Disorders*, 20(3), 19 – 36.

Ferdman, B. M. (1990). Literacy and cultural identity. *Harvard Educational Review*, 60(2), 181 – 204. Reproduced in M. Minami & B. P. Kennedy (Eds.). (1991), *Language issues in literacy and bilingual/multicultural education* (pp. 347 – 371). Cambridge, MA: Harvard Educational Review.

Ferriero, E., & Teberosky, A. (1982). *Literacy before schooling*. London: Heinemann Educational.

Genishi, C., & Dyson, A. H. (1984). *Language assessment in the early years*. Norwood, NJ: Ablex.

Gesell, A., & Ilg, F. L. (1943). *Infant and child in the culture of today: The guidance of development in home and nursery school*. New York: Harper & Row.

Gibson, E. J. (1975). Theory-based research on reading and its implications for instruction. In J. B. Carroll & J. S. Chall (Eds.), *Toward a literate society*. New York: McGraw-Hill.

Goodman, Y. M. (1986). Children coming to know literacy. In W. H. Teale & E. Sulzby (Eds.), *Emergent literacy: Writing and reading* (pp. 1 – 14). Norwood, NJ: Ablex.

Goodman, Y. M. (1990). Discovering children's inventions of written language. In Y. M. Goodman (Ed.), *How children construct literacy: Piagetian perspectives* (pp. 1 – 11). Newark, DE: International Reading Association.

Goswami, U. (2002). Early phonological development and the acquisition of literacy. In S. B. Neuman & D. K. Dickinson (Eds.), *Handbook of early literacy research* (pp. 111-125). New York: Guilford Press.

Graves, D. (1994). *A fresh look at writing*. Toronto: Irwin Publishing.

Harste, J., Burke, C., & Woodward, V. (1981). *Children, their language and world: Initial encounters with print*. Washington, DC: U.S. Department of Education. (ERIC Document Reproduction Service No. ED 213041)

Harste, J. C., Burke, C., & Woodward, V. A. (1994). Children's language and world: Initial encounters with print. In R. B. Ruddell, M. R. Ruddell, & H. Singer (Eds.), *Theoretical models and processes of reading* (4th ed., pp. 48-69). Newark, DE: International Reading Association.

Harste, J. C., Woodward, V. A., & Burke, C. L. (1984). *Language stories and literacy lessons*. Portsmouth, NH: Heinemann.

Hart, B. H., & Risley, T. R. (1999). *The social world of children learning to talk*. Baltimore: Paul H. Brookes Publishing Co.

Holdaway, D. (1979). *The foundations of literacy*. Portsmouth, NH: Heinemann.

Institute for the Development of Educational Achievement. (2002-2004). *Big ideas in beginning reading*. Available online at http://reading.uoregon.edu/reading.php

International Dyslexia Association. (2000). *Just the facts*. Available online at http://www.interdys.org

Jones, M. E., & Crabtree, K. (1999). The emergence of literacy. In T. Linder (Ed.), *Read, Play, and Learn: Storybook activities for young children* (pp. 98-117). Baltimore: Paul H. Brookes Publishing Co.

Justice, L. M., & Ezell, H. K. (2004). Print referencing: An emergent literacy enhancement strategy and its clinical applications. *Language, Speech, and Hearing Services in Schools, 35*, 185-193.

Justice, L. M., & Kaderavek, J. (2002). Using storybook reading to promote emergent literacy. *Teaching Exceptional Children, 34*(4), 8-13.

Justice, L. M., & Kaderavek, J. (2004). Embedded-explicit emergent literacy intervention I: Background and description of approach. *Language, Speech, and Hearing Services in Schools, 35*, 201-211.

Justice, L. M., Skibbe, L., Canning, A., & Lankford, C. (2005). Preschoolers, print, and storybooks: An observational study using eye movement analysis. *Journal of Research in Reading*, 28(3), 229-243.

Justice, L. M., Weber, S. E., Ezell, H. K., & Bakeman, R. (2002). A sequential analysis of children's responsiveness to parental print references during shared book-reading interactions. *American Journal of Speech-Language Pathology*, 11, 30-40.

Kaderavek, J., & Justice, L. M. (2002). Shared storybook reading as an intervention context: Practices and potential pitfalls. *American Journal of Speech-Language Pathology*, 11, 395-406.

Kaderavek, J., & Justice, L. M. (2004). Embedded-explicit emergent literacy intervention II: Goal selection and implementation in the early childhood classroom. *Language, Speech, and Hearing Services in Schools*, 35, 212-228.

Kamhi, A. G., & Hinton, L. N. (2000). Explaining individual differences in spelling ability. *Topics in Language Disorders*, 20(3), 37-49.

Katims, D. S. (1991). Emergent literacy in early childhood special education: Curriculum and instruction. *Topics in Early Childhood Special Education*, 11(1), 69-84.

Kato-Otani, E. (2004, February). Story time: Mothers' reading practices in Japan and the U.S. *Harvard Family Research Project*. Available online at www.gse.harvard.edu/hfrp/projects/fine/resources/digest/reading.html

Katz, K. (2004). *¿Dónde está el ombliguito?* New York: Simon & Schuster.

Koppenhaver, D., & Erickson, K. (2000, February). *Technology supports for balanced literacy instruction: Guided reading*. [Television Broadcast] Houston, TX: Education Service Center, Region IV.

Lyon, G. R. (1995). Toward a definition of dyslexia. *Annals of Dyslexia*, 45, 3-27.

Lyon, G. R. (2000, November 21). *Other factors that influence learning to read*. Available online at http://www.brainconnection.com

Masterson, J. J., & Apel, K. (2000). Spelling assessment: Charting a path to optimal intervention. *Topics in Language Disorders*, 20(3), 50-65.

Martin, B. (1992). *Brown bear, brown bear, what do you see?* New York: Henry Holt & Co.

McGee, L. M., & Richgels, D. J. (2004). *Literacy's beginnings: Supporting young readers and writers* (4th ed.). Boston: Pearson.

McLane, J. B., & McNamee, G. D. (1991). The beginnings of literacy. *Zero to Three*, 12(1), 1-8.

Miller, L. (1986). *Language disabilities, organizational strategies, and classroom learning*. Workshop presented at the Language Learning Disabilities Institutes, Emerson College, San Diego.

Miller, L. (1990). The roles of language and learning in the development of literacy. *Topics in Language Disorders*, 10(2), 1-24.

Miller, W. H. (2000). *Strategies for developing emergent literacy*. Boston: McGraw-Hill.

Morrison, G., & Morrow, L. M. (2002). Early literacy and beginning to read: A position statement of the Southern Early Childhood Association. *Dimensions of Early Childhood*, 30(4), 28-31. Also available online at http://www.SouthernEarlyChildhood.org/position_earlyliteracy.html

Morrow, L. M. (1989). *Literacy development in the early years: Helping children read and write*. Englewood Cliffs, NJ: Prentice Hall.

Morrow, L. M. (1997). *Literacy development in the early years*. Boston: Allyn & Bacon.

Moustafa, M. (2000). Phonics instruction. In D. S. Strickland & L. M. Morrow (Eds.), *Literacy development in the early years* (pp. 121-133). Englewood Cliffs, NJ: Prentice Hall.

National Association for the Education of Young Children. (2005). Position statement on "Screening and assessment of young English-language learners": Supplement to the NAEYC Position Statement on Early Childhood Curriculum, Assessment, and Program Evaluation. Available online at www.naeyc.org/about/positions/pdf/ELL_Supplement.pdf

National Institute of Neurological Disorders and Stroke. (2003). NINDS dysgraphia information page. Available online at www.ninds.nih.gov/health_and_medical/disorders/dysgraphia.htm

Pellegrini, A. D., & Galda, L. (1990). Children's play, language, and early literacy. *Topics in Language Disorders*, 10(3), 76-88.

Pellegrini, A. D., & Galda, L. (2000). Children's pretend play and literacy. In D. S. Strickland & L. M. Morrow (Eds.), *Beginning reading and writing* (pp. 58-65). New York: Teachers College Press.

Reese, E., Cox, A., Harte, D., & McAnally, H. (2003). Diversity in adults' styles of reading books to children. In A. van Kleeck, S. A. Stahl, & E. B. Bauer (Eds.), *On reading books to children: Parents and teachers* (pp. 37 – 57). Mahwah, NJ: Lawrence Erlbaum Associates.

Richgels, D. J. (2002). Invented spelling, phonemic awareness, and reading and writing instruction. In S. B. Neuman & D. K. Dickinson (Eds.), *Handbook of early literacy research* (pp. 142 – 155). New York: Guilford Press.

Roskos, K., & Christie, J. (2004). Examining the play-literacy interface: A critical review and future directions. In E. F. Zigler, D. G. Singer, & S. J. Bishop-Josef (Eds.), *Children's play: The roots of reading* (pp. 95 – 123). Washington, DC: Zero to Three Press.

Schickedanz, J. A. (1990). *Adam's righting revolutions: One child's literacy development from infancy to grade one*. Portsmouth, NH: Heinemann.

Schickedanz, J. A. (1999). *Much more than the ABCs: The early stages of reading and writing*. Washington, DC: National Association for the Education of Young Children.

Schickedanz, J. A., & Casbergue, R. M. (2004). *Writing in preschool: Learning to orchestrate meaning and marks*. Newark, DE: International Reading Association.

Scott, C. M., & Brown, S. L. (2001). Spelling and the speech-language pathologist: There's more than meets the eye. *Seminars in Speech and Language*, 22(3), 197 – 207.

Seidenberg, M. S., & McClelland, J. L. (1989). A distributed, developmental model of word recognition and naming. *Psychological Review*, 96(4), 523 – 568.

Shaywitz, S. (2003). *Overcoming dyslexia: A new and complete science-based program for reading problems at any level*. New York: Knopf Publishing.

Shaywitz, B., & Shaywitz, S. (2004, March). *Overcoming dyslexia*. Lecture at The University of Texas, Austin.

Snow, C. E., Burns, S., & Griffin, P. (Eds.). (1998). *Preventing reading difficulties in young children*. Washington, DC: National Academies Press.

Sulzby, E. (1986). Writing and reading: Signs of oral and written language organization in the young child. In W. Teale & E. Sulzby (Eds.), *Emergent literacy: Writing and reading* (pp. 50 – 89). Norwood, NJ: Ablex.

Sulzby, E., & Teale, W. (1985). Writing development in early childhood. *Educational Horizons*, 64(1), 8 – 12.

Tabors, P. (1997). *One child, two languages: A guide for preschool educators of children learning English as a second language*. Baltimore: Paul H. Brookes Publishing Co.

Teale, W., & Sulzby, E. (1986). *Emergent literacy: Writing and reading*. Norwood, NJ: Ablex.

Teale, W., & Sulzby, E. (1989). Emergent literacy: New perspectives. In D. S. Strickland & L. M. Morrow (Eds.), *Emergent literacy: Young children learn to read and write* (pp. 1-15). Newark, NJ: International Reading Association.

Teale, W. H., & Yokota, J. (2000). Beginning reading and writing: Perspectives on instruction. In D. S. Strickland & L. M. Morrow (Eds.), *Beginning reading and writing* (pp. 3-21). New York: Teachers College Press.

Tompkins, G. E., & McGee, L. M. (1986). Visually impaired and sighted children's emerging concepts about written language. In D. B. Yaden & S. Templeton, (Eds.), *Metalinguistic awareness and beginning literacy: Conceptualizing what it means to read and write* (pp. 259-275). Portsmouth, NH: Heinemann Educational Books.

Treiman, R., & Bourassa, D. C. (2000). The development of spelling skill. *Topics in Language Disorders*, 20(3), 1-18.

van Kleeck, A. (1998). Preliteracy domains and stages: Laying the foundations for beginning reading. *Journal of Children's Communication Development*, 20(1), 33-51.

van Kleeck, A. (2003). Research on book sharing: Another critical look. In A. van Kleeck, S. A. Stahl, & E. B. Bauer (Eds.), *On reading books to children: Parents and teachers* (pp. 271-320). Mahwah, NJ: Lawrence Erlbaum Associates.

van Kleeck, A. (2004). Fostering preliteracy development via storybook-sharing interactions. In C. A. Stone, E. R. Silliman, B. J. Ehren, & K. Apel (Eds.), *Handbook of language and literacy: Development and disorders* (pp. 175-208). New York: Guilford Press.

van Kleeck, A., & Woude, J. V. (2003). Preschoolers with language delays. In A. van Kleeck, S. A. Stahl, & E. B. Bauer (Eds.), *On reading books to children: Parents and teachers* (pp. 58-92). Mahwah, NJ: Lawrence Erlbaum Associates.

Vygotsky, L. S. (1978). *Mind in society*. Cambridge, MA: Harvard University Press.

Wallach, G. P., & Miller, L. (1988). *Language intervention and academic success*. Boston: College-Hill Press.

Wasik, B. H., & Hendrickson, J. S. (2004). Family literacy practices. In C. A. Stone,

E. R. Silliman, B. J. Ehren, & K. Apel (Eds.), *Handbook of language and literacy: Development and disorders* (pp. 154 – 174). New York: Guilford Press.

Wetherby, A. M. (2002, June). *Language, literacy, and reading in the early years: Do they make a difference?* Paper presented at the 2002 NAEYC Institute, Albuquerque. Also available online at http://firstwords.fsu.edu

Wetherby, A. M., Allen, L., Cleary, J., Kublin, K., & Goldstein, H. (2002). Validity and reliability of the Communication and Symbolic Behavior Scales Developmental Profile with very young children. *Journal of Speech, Language, and Hearing Research*, 45, 1202 – 1219.

Wetherby, A. M., Cleary, J., & Allen, L. (2001, November). *FIRST WORDS Project: Improving early identification of communication disorders.* Paper presented at the ASHA Convention, New Orleans. Also available online at http://firstwords.fsu.edu

Wetherby, A. M., Lonigan, C., Curran, T., Easterly, G., Trautman, L. S., & Ziolkowski, R. (2003, April). *FIRST WORDS Project: Improving early identification of young children at-risk for language and reading difficulties.* Paper presented at the 2003 biennial meeting of the Society for Research in Child Development, Tampa. Also available online at http://firstwords.fsu.edu

Whitehurst, G. J., Falco, F. L., Lonigan, C. J., Fischel, J. E., DeBaryshe, B. D., Valdez-Menchaca, M. C., & Caulfield, M. (1988). Accelerating language development through picture-book reading. *Developmental Psychology*, 24, 552 – 559.

Whitehurst, G. J., & Lonigan, C. J. (1998). Child development and emergent literacy. *Child Development*, 69, 848 – 872.

Whitehurst, G. J., & Lonigan, C. J. (2002). Emergent literacy: Development from prereaders to readers. In S. B. Neuman & D. K. Dickinson (Eds.), *Handbook of early literacy research* (pp. 11 – 29). New York: Guilford Press.

Wishon, P., Crabtree, K., & Jones, M. E. (1998). *Curriculum for the primary years: An integrative approach.* Columbus, OH: Merrill/Prentice Hall.

Zecker, L. B. (2004). Learning to read and write in two languages: The development of early biliteracy abilities. In C. A. Stone, E. R. Silliman, B. J. Ehren, & K. Apel (Eds.), *Handbook of language and literacy: Development and disorders* (pp. 248 – 265). New York: Guilford Press.

Zevenbergen, A. A., & Whitehurst, G. J. (2003). Dialogic reading: A shared picture book reading intervention for preschoolers. In A. van Kleeck, S. A. Stahl, & E. B. Bauer (Eds.), *On reading books to children: Parents and teachers* (pp. 177 - 200). Mahwah, NJ: Lawrence Erlbaum Associates.

Zigler, E. F., Singer, D. G., & Bishop-Josef, S. J. (2004). *Children's play: The roots of reading*. Washington, DC: Zero to Three Press.